ISBN 978-0-282-67439-7
PIBN 10461665

Jahrbücher

der Deutschen

Malakozoologischen Gesellschaft.

Redigirt

von

Dr. W. Kobelt.

Neunter Jahrgang 1882.

Frankfurt am Main.

Verlag von MORITZ DIESTERWEG.

Pertransibunt multi, sed augebitur scientia.

Druck von Kumpf & Reis in Frankfurt am Main.

Inhalt.

Literatur.

Register.

(Die nur mit Namen angeführten oder in den Catalogen genannten Arten werden im Register nicht aufgeführt; die *cursiv* gedruckten Arten sind von Diagnosen oder Abbildungen begleitet.)

Museum Löbbeckeanum.

Von

Th. Löbbecke und W. Kobelt.

III.*)

11. *Latirus Troscheli Löbbecke.*

Taf. 1 Fig. 1.

Testa fusiformis spira turrita, solida, sat ponderosa, cauda subelongata, recurva, saturate aurantia, unicolor, vestigiis epidermidis brunneae hic illic obtecta; anfractus (apice decollato) persistentes 6, sutura profunda undulata, inferne subcanaliculata discreti, angulati, ad angulum serie tuberculorum compressorum distantium, interdum carina junctorum muniti, super angulum impressi, laevigati vel liris raris obsoletis sculpti; ultimus ad initium caudae subito contractus, inde biangulatus, nodulis usque ad angulum inferiorem decurrentibus munitus ibique liris' distinctioribus cingulatus, cauda fere laevi. Apertura angulato-ovata, canalis longitudinem vix superans, columella callo crasso appresso porcellaneo supra tuberculifero obtecta, infra obscure biplicata; canalis sat angustus, leviter recurvus, fauces laeves.

Long. 65, diam. 29, long. apert. cum canali 35 Mm.

Gehäuse spindelförmig mit gethürmtem, oben an dem vorliegenden Exemplare decollirtem Gewinde und etwas verlängertem zurückgekrümmtem Stiel, festschalig und verhältnissmässig schwer, einfarbig dunkel orangengelb, hier

*) Cfr. Jahrb. 1880. VII. p. 329.

und da mit Spuren einer dunkelbraunen Oberhaut. Es sind noch sechs Umgänge vorhanden, welche durch eine wellenförmige, tief eingedrückte, nach unten hin fast rinnenförmige Naht geschieden werden; sie sind kantig und tragen auf der Kante eine Reihe von oben nach unten zusammengedrückter Höcker, welche nach unten bis zur Naht laufen, aber nur auf dem letzten Umgange durch eine abgesetzte Spiralkante wenigstens stellenweise verbunden sind, über der Kante sind die Umgänge etwas eingedrückt. Spiralsculptur ist nur durch einige entfernt stehende schwache Reifen angedeutet. Der letzte Umgang bildet am Anfange des Stieles noch eine zweite Kante, bis zu welcher die Knoten durchlaufen; über dieser unteren Kante verlaufen einige stärkere Spiralreifen, auf dem Stiele werden sie wieder schwächer. Die Mündung ist eckig oval, der Aussenrand bei dem vielleicht nicht ganz ausgewachsenen Exemplare scharf, innen glatt, die gebogene Spindel mit einem starken, aber fest angedrückten Callus belegt, der an der Insertion des Mundrandes einen starken Höcker trägt, unten steht eine undeutliche schräge Falte, der Rand des der Mündung ungefähr gleichen, engen, etwas gedrehten Canales bildet die zweite Falte.

Das abgebildete Exemplar lag in der Löbbecke'schen Sammlung als Fusus rufus Reeve, scheint aber von dieser Art, welche freilich wohl ebenfalls zu Latirus gehören dürfte, genügend verschieden, da die Spiralsculptur bei ihm kaum angedeutet ist und die Knoten ganz anders sind.

Aufenthalt an den Philippinen.

12. *Apollon leucostoma var.*

Taf. 1 Fig. 2.

Differt a typo labro ad denticulos pulcherrime castaneomaculato.

Wir bilden hier ein Exemplar ab, welches dem Artnamen geradezu Hohn spricht, indem der Mundrand mit sieben tief kastanienbraunen Flecken, welche den Zahnpärchen entsprechen, gezeichnet ist; weiter nach innen sind noch einige Zähnchen heller gefärbt und auch auf der Spindel stehen ein paar rostbraune Flecken. In allen anderen Punkten ist das Stück eine ächte R. leucostoma.

13. *Streptaxis regius Löbbecke.*

Taf. 1 Fig. 3.

Testa subgloboso-conoidea, regularis, late et perspectiviter umbilicata, solidula, omnino candida, costulis filiformibus obliquis subtilissimis regulariter confertimque sculpta. Anfr. $7^1/_2$ regulariter crescentes, superi planiusculi, sequentes convexiores, inferi convexi, ultimus subteres, ad peripheriam vix angulatus, basi subplanatus ac regulariter in umbilicum pervium, anfractus omnes usque ad apicem exhibentem, diametri $^1/_4$ vix attingentem abiens; sutura linearis, simplex. Apertura subcircularis, valde lunata, peristomate simplici, ad insertionem minime dilatato.

Diam. major et minor 31, alt. 26, diam. apert. 13 mm.
Streptaxis regius Löbbecke Nachr.-Bl. 1881 p. 50.

Gehäuse gross, etwas kugelig-kegelförmig, regelmässig aufgewunden, weit und perspectivisch genabelt, festschalig, rein weiss, mit ganz feinen, dichtstehenden, schrägen Rippen sculptirt, welche nur unter der Loupe deutlicher sind. Es sind über sieben Umgänge vorhanden; dieselben nehmen regelmässig zu und werden durch eine einfache, linienförmige Naht geschieden; die oberen sind kaum, die folgenden schwach, die unteren gut gewölbt; der letzte ist nahezu stielrund, am Umfang nur ganz schwach kantig, unten etwas abgeflacht und geht dann in regelmässiger Rundung in den perspectivischen Nabel über, welcher beinahe ein Viertel des Durchmessers einnimmt und alle

Umgänge bis zur Spitze zeigt. Die Mündung ist nahezu kreisrund, aber sehr stark ausgeschnitten, der — etwas beschädigte — Mundsaum einfach und auch an der Insertion durchaus nicht verbreitert.

Das Exemplar, nach welchem ich vorliegende Art beschrieben, lag schon seit dem vorigen Jahrhundert in einer alten Sammlung, aus der es in die meinige gelangte; es ist daher schon aus diesem Grunde unwahrscheinlich, dass es mit dem in vielen Beziehungen ähnlichen Streptaxis gigas Smith Proc. zool. Soc. 1881 t. 32 fig. 4 vom Nyassasee identisch sein sollte. Es wäre geradezu wunderbar, wenn schon vor hundert Jahren eine Conchylie aus Innerafrika ihren Weg in eine deutsche Sammlung gefunden haben sollte. Auch schreibt Smith seiner etwas grösseren Art nur sechs Umgänge zu und gibt an, dass sie obenher starke Rippen habe, während die Unterseite glatt sei, was für unser Exemplar durchaus nicht zutrifft. Ueber seine Heimath kann ich keine bestimmten Angaben machen; die Angabe „Brasilien“ gelegentlich der Veröffentlichung war eine blosse Vermuthung. (L.)

14. *Streptaxis Dunkeri var. clausa Löbbecke.*

Taf. 1 Fig. 4. 5.

Differt a typo spira magis depressa, anfractibus superis distincte costellatis, umbilico omnino clauso.

Diam. maj. 28,5, min. 22,5, alt. 18 mm.

Diam. maj. 26, min. 21, alt. 20,5 mm.

Streptaxis Dunkeri var. clausa Löbbecke Nachr.-Bl. 1881 p. 50.

Aus der Taylor'schen Sammlung sind durch Vermittelung von Sowerby zwei Exemplare eines Streptaxis in meine Hände gelangt, welche trotz aller Aehnlichkeit mit Streptaxis Dunkeri sich doch sehr erheblich von dieser Art unterscheiden. Der Nabel, welcher bei Dunkeri immer deutlich und ziemlich weit, wenn auch am zweiten Umgang verengt ist, ist bei beiden Exemplaren völlig geschlossen; der Basalrand inserirt sich in einer Vertiefung, welche er durch seine Ausbreitung und den sich anschliessenden Callus völlig bedeckt. Auch die Sculptur der oberen Umgänge ist viel schärfer, bricht aber ganz wie bei Dunkeri dicht vor Beginn des letzten Umganges plötzlich ab, um einer ganz glatten glänzenden Oberfläche Platz zu machen. Obwohl beide Exemplare die Nabelbildung ganz gleichmässig zeigen, glaube ich doch keine neue Art auf sie begründen zu dürfen, da beide noch Spuren ehemaliger Verletzung erkennen lassen und somit der geschlossene Nabel eine individuelle Abnormität darstellen kann. (L.)

15. *Bulimus (Odontostomus) Doeringii Kobelt.*

Taf. 1 Fig. 6. 6 a.

Testa rimato-perforata, ovato-conica, spira exserta, valde attenuata, solidiuscula, griseo-albida, apice fusculo, parum nitens. Anfractus 8 convexiusculi, primi $2^1/_2$ laeves, sequentes costulato-striati, sutura distincta lineari discreti, ultimus subinflatus, basi in carinam rotundatam compressus, extus scrobiculatus. Apertura subquadrato-ovata, lamellis 5 coarctata: prima compressa in pariete aperturali, altera arcuata in parte superiore columellae, tribus compressis, quarum supera minima, in labro externo et basali expansis; margines callo tenui juncti.

Alt. 20, diam. 10,5, alt. apert. 8, diam. 6 mm.

Gehäuse mit weitem, lochförmigem Nabelritz, eiförmig kegelförmig mit fast concav ausgezogenem, auffallend abgesetztem Gewinde, ziemlich festschalig, wenig glänzend, bis auf die bräunliche Spitze einfarbig weissgrau. Die acht Umgänge sind gut gewölbt; die beiden oberen sind glatt, die folgenden dicht, aber unregelmässig rippenstreifig, die unteren häufig mit spiralen Narben, welche die Rippung unterbrechen; die Naht ist linienförmig, aber deutlich; der letzte Umgang ist bauchig, etwas aufgeblasen, an der Basis zu einer rundlichen Kielkante zusammengedrückt, welche den Nabel umgibt und nach aussen durch einige grubenförmige Eindrücke noch mehr hervorgehoben wird. Die Mündung ist nahezu viereckig, glänzendweiss, und wird durch fünf Lamellen verengt: eine auf der Mündungswand, eine zweite auf dem oberen Theile der Spindel, die dritte in der Mitte des Basalrandes; die beiden letzten, von denen die obere bei weitem am kleinsten ist, auf dem Aussenrand. Basal- und Aussenrand sind ausgebreitet, die Insertionen durch einen dünnen Callus verbunden.

Aufenthalt in der Sierra de Cordoba, von Döring entdeckt und mir in grösserer Anzahl zur Beschreibung mitgetheilt. Kobelt.

Diese hübsche Art schliesst sich durch Färbung und bauchige Gestalt noch an die Gruppe des Bul. daedaleus an, hat aber die Lamellen der spindelförmigen Arten, wie Chancaninus und Kobeltianus.

16. *Bulimus (Odontostomus) Philippii Doering.*

Taf. 1 Fig. 7. 7a.

Testa rimata, fusiformi-cylindraceà, gracilis, solidula, opaca, cinereo-lutea, costulis albidis quam interstitia parum angustioribus pulcherrime sculpta; spira elongato-turrita, obtusiuscula; anfractus $10^1/_2$ vix convexiusculi, leniter crescentes, sutura distincta discreti, ultimus vix $^1/_4$ longit. aequans, basi distincte bicristatus, ad aperturam pallescens, scrobiculatus. Apertura parva, peristomate albo, incrassato, marginibus callo crasso junctis, lamellis quinque quam solito dispositis coarctata: prima compressa in pariete aperturali, secunda horizontali ad partem superiorem columellae, tertia valida oblique intrante in margine basali, quarta obliqua et quinta minima ad labrum externum.

Long. 17—19, diam. $3^3/_4$—$4^1/_4$, long. apert. 4, diam. 3 mm.

Odontostomus Philippii Doering Apuntes Faun. Arg. II. p. 456.

Gehäuse geritzt, cylindrisch-spindelförmig, schlank, festschalig, wenig durchscheinend, graugelb, überall mit ziemlich dichtstehenden schrägen weissen Rippen, welche etwas schmäler als ihre Zwischenräume sind, sculptirt; dieselben sind auf den oberen Umgängen gedrängter, als auf den unteren, wo sie auf den verschiedenen Windungen alterniren. Das Gewinde ist gethürmt mit stumpfem Apex, die Naht durch die Rippchen etwas wellig. Der letzte Umgang nimmt nur ungefähr ein Viertel der Gesammtlänge ein; er ist an der Basis zusammengedrückt und bildet zwei deutliche Kiele; nach der Mündung hin, wo er gelblich gefärbt ist, flacht er sich ab und hat einen grubenförmigen Eindruck, welcher der einen Innenlamelle entspricht. Die Mündung ist klein, eiförmig, mit verdicktem glänzend weissem Mundsaum, dessen Insertionen durch einen starken zusammengedrückten Callus verbunden sind. In der Mündung stehen fünf Lamellen in der gewöhnlichen Anordnung, eine auf der Mündungswand, eine horizontale auf dem Anfang der Spindel, eine hier besonders grosse und eindringende auf dem Basalrand und zwei, wovon die obere bedeutend kleiner, auf dem Aussenrand.

Aufenthalt bei Cruz del Eche in der Nähe von Totoral in der Sierre de Cordoba in Argentinien.

Die schönste der spindelförmigen Arten, durch ihre prächtige Rippung von allen anderen genügend unterschieden.

Cataloge lebender Mollusken.

Von

W. Kobelt.

Fusus Lam.

1. *Adamsii* Kobelt M.-Ch. II. t. 47 fig. 3.
(ventricosus H. Ad. Proc. zool. Soc. 1870 p. 110, non Beck, Tryon Man. III. t. 32 fig. 94).
Agulhas-Bank.

2. *afer* Gmelin Syst. nat. ed. XIII. p. 3555. — Kiener t. 10 fig. 2. — Reeve sp. 21. — M.-Ch. II. t. 43 fig. 6. 7. — Tryon Manual III. pl. 40 fig. 177.
Senegal.

3. *albinus* A. Adams Proc. zool. Soc. 1854 p. 222. — Sow. Thes. fig. 72. — Tryon Man. III. t. 86 fig. 599.
Ichaboe.

4. *albus* Philippi Zeitschr. VIII. p. 75.
?

5. *ambustus* Gould Proc. Bost. Soc. VI. 1852 t. 14 fig. 18. — Tryon Man. III. t. 37 fig. 138.
Mazatlan.

6. *aruanus* Rumph Amb. Rarit. t. 28 fig. A. — M.-Ch. II. t. 46 fig. 1.
(proboscidiferus Lam. IX. p. 444. — Kiener pl. 16, 16 h. — Reeve sp. 15.)
(incisus Mörch Cat. Yoldi p. 101.)
Neuholland.

7. *assimilis* A. Adams Proc. zool. Soc. 1855 p. 222. — Sow. Thes. fig. 78. — Tryon Man. IV. t. 86 fig. 601.
China.

8. *aureus* Reeve sp. 17. — Philippi Abb. t. 5 fig. 4. — M.-Ch. II. t. 63 fig. 4. 5.
Australien?

9. *Blosvillei* Desh. Encycl. II. p. 155. — Reeve sp. 25. — M.-Ch. II. t. 66 fig. 2. 3. — Tryon Man. III. t. 40 fig. 178—180.
(lividus Phil. Abb. t. 2 fig. 8.)
Indischer Ocean.

10. *Brenchleyi* Baird Voy Curacao t. 37 fig. 1. 2.
(nicobaricus var. Tryon Man. III. t. 32 fig. 96.)
Ind. Ocean.

11. *buxeus* Reeve sp. 18. — M.-Ch. II. t. 35 fig. 2.
Neuholland?

12. *cinnamomeus* Reeve sp. 16. — M.-Ch. II. t. 56 fig. 3. 4. t. 57 fig. 6. — Tryon Man. III. t. 56 fig. 382 (Siphonalia).
?

13. *clausicaudatus* Hinds Voy. Sulph. t. 1 fig. 10. 11. — Reeve sp. 54. — M.-Ch. II. t. 49 fig. 6. 7.
Agulhas-Bank.

14. *closter* Philippi Abb. III. t. 5 fig. 1. — M.-Ch. II. t. 53 fig. 1.
Antillenmeer.

15. *colus* Linné ed. 12 p. 1221. — Kiener t. 4 fig. 1. — Reeve sp. 11. — M.-Ch. II. t. 30 fig. 3, t. 47 fig. 1. — Tryon Man. III. t. 32 fig. 89—92.
Indischer Ocean.

16. *Couei* Petit J. C. IV. t. 8 fig. 1. — M.-Ch. II. t. 50 fig. 4. 5. — Tryon Man. III. t. 38 fig. 158.
Westindien.

17. *craticulatus* Brocchi Conch. subapp. t. 7 fig. 14. — Wkff. M. M. II. p. 100. — Reeve sp. 74. — M.-Ch. II. t. 51 fig. 4. 5. — Tryon Man. III. t. 37 fig. 143.

(scaber Lam. VII. p. 175. — Kiener t. 9 fig. 2.)
(strigosus Blv. Faune franc. fig. 3.)
(Trophon Brocchii Mtrs. Enum. p. 41.)
Mittelmeer.

18. *crebriliratus* Reeve sp. 20. — M. Ch. II. t. 55 fig. 3.
(australis Quoy var. Tryon Man. III. t. 34 fig. 118.)
Neuholland.

19. *dilectus* A. Ad. Proc. zool. Soc. 1855 p. 221. — Sow. Thes. fig. 36. — Tryon Man. III. t. 85 fig. 190.
?

20. *distans* Lam. IX. p. 445. — Kiener pl. 8 fig. 1. — Rve. sp. 2. 8. — M. Ch. II. t. 51 fig. 1, t. 52 fig. 1. — Tryon Man. III. t. 36 fig. 131.
Indischer Ocean.

21. *Dunkeri* Jonas Abh. Hamb. I. — Phil. Abb. t. 4 fig. 4. M.-Ch. II. t. 65 fig. 6. 7. — Tryon Man. III. t. 37 fig. 142.
(Taylorianus Rve. sp. 85.)
Australien.

22. *Dupetitthouarsi* Kiener t. 11. — Reeve sp. 9. — M.-Ch. II. t. 54 fig. 1. 2. — Tryon Man. III. t. 36 fig. 133. 134.
Westamerika.

23. *excavatus* Sow. Thes. fig. 168. — Tryon Man. III. t. 86 fig. 598.
?

24. *forceps* Perry Conch. pl. 2 fig. 4. — Desh. Lam. IX. p. 466. M.-Ch. II. t. 51 fig. 2.
(turricula Kiener t. 5 fig. 1. — Rve. sp. 23. — Tryon Man. III. t. 38 fig. 154.)
China.

25. *fusconodosus* Sow. Thes. fig. 169. — Tryon Man. III. t. 86 fig. 605.
?

26. *gracillimus* Ad. et Rve. Voy. Samar. t. 7 fig. 1. — Reeve sp. 69. — M.-Ch. II. t. 64 fig. 1. — Tryon Man. III. t. 38 fig. 159.

Indochinesisches Meer.

27. *gradatus* Reeve sp. 65. — M.-Ch. II. t. 59 fig. 2. 3.

?

28. *Hartvigii* Shuttl. Journ. Conch. 1855 p. 171. — M.-Ch. II. t. 61 fig. 3. 4. — Tryon Man. III. t. 35 fig. 124.

(Paeteli Dkr. Novit. t. 33 fig. 5. 6.)

Westindien.

29. *hemifusus* Kobelt M.-Ch. II. t. 59 fig. 4. 5.

?

30. *Kobelti* Dall Proc. Calif. 1873 March p. 4. — Tryon, Man. III. pl. 39 fig. 162.

Californien.

31. *laevigatus* Sow. Thes. fig. 157. — Tryon Man. III. pl. 85 fig. 188.

Australien.

32. *laetus* Sow. Thes. fig. 166. — Tryon Man. III. pl. 86 fig. 606.

?

33. *leptorhynchus* Tapp. Canefri Ann. Civ. Genova t. 19 fig. 5. — M.-Ch. II. t. 57 fig. 4. 5. — Tryon Man. III. t. 35 fig. 129.

(subquadratus Sow. Thes. fig. 28. — Tryon Man. III. t. 86 fig. 597.)

Rothes Meer.

34. *Löbbeckei* Kob. M.-Ch. II. t. 48 fig. 1. — Tryon Man. III. t. 34 fig. 112.

?

35. *longicauda* Bory Enc. pl. 423 fig. 2. — Reeve sp. 13. — M.-Ch. II. t. 47 fig. 4. 5. — Tryon Man. III. t. 38 fig. 157.

Indischer Ocean.

36. *longissimus* Gmel. p. 3556. — Lam. IX. p. 443. — Kiener t. 2 fig. 1. — Rve. sp. 4. — M.-Ch. II. t. 30 fig. 1. 2, t. 32 fig. 3. — Tryon Man. III. t. 34 fig. 120.
(candidus Gmel. p. 3556 No. 113.)
Indischer Ocean.

37. *Meyeri* Dkr. Novit. t. 43 fig. 1. 2. — M.-Ch. II. t. 58 fig. 1. 2.
?

38. *multicarinatus* Lam. IX. p. 447. — Kiener pl. 10 fig. 1. — M.-Ch. II. t. 65 fig. 1. — Tryon Man. III. t. 93 fig. 109, nec Reeve.
Rothes Meer.

39. *nicobaricus* Chemnitz vol. X. t. 160 fig. 1523. — Lam. IX. p. 445, nec Kiener. — Reeve sp. 37. — M.-Ch. II. t. 33 fig. 3.
Indischer Ocean.

40. *nigrirostratus* Smith Proc. zool. Soc. 1879 t. 20 fig. 33. — M.-Ch. II. t. 64 fig. 7.
Japan.

41. *niponicus* Smith Proc. zool. Soc. 1879 t. 20 fig. 34. — M.-Ch. II. t. 64 fig. 12. — Tryon Man. III. t. 39 fig. 168.
Japan.

42. *nobilis* Reeve sp. 60. — M.-Ch. II. t. 50 fig. 1. — Tryon Man. III. t. 38 fig. 153.
?

43. *nodosoplicatus* Dkr. Novit. p. 33 fig. 3. 4. — M.-Ch. II. t. 61 fig. 1. 2. — Lischke Jap. II. t. 3 fig. 6.
Japan.

44. *Novae Hollandiae* Rve. sp. 70. — M.-Ch. II. t. 63 fig. 1.
Neuholland.

45. *oblitus* Reeve sp. 29. — M.-Ch. II. t. 49 fig. 1.
(nicobaricus Kiener t. 6 fig. 1, nec Chemn.)
Indischer Ocean.

46. *obscurus* Philippi Abb. I. t. 1 fig. 5. — M.-Ch. II. t. 64 fig. 4. 5.
?

47. *ocelliferus* Bory Encycl. p. 429 fig. 7. — Reeve sp. 3. — M.-Ch. II. t. 55 fig. 1. — Tryon Man. III. t. 39 fig. 165.
(verruculatus Lam. IX. p. 455. — Kiener t. 15 fig. 1.)
?

48. *Percyanus* Sow. Thes. fig. 77. — Tryon Man. III. t. 85 fig. 586.
?

49. *perplexus* Adams Journ. Linn. Soc. 1864. VII. p. 106. — M.-Ch. II. t. 63 fig. 2. 3.
(inconstans Lischke Jap. I. t. 2 fig. 1—6. II. t. 3 fig. 1—5.)
Japan.

50. *Pfeifferi* Phil. Abb. t. 3 fig. 1. — M.-Ch. II. t. 64 fig. 2. 3.
?

51. *Philippii* Jonas bei Phil. Abb. t. 4 fig. 1. M.-Ch. II. t. 64 fig. 8. 9.
Westneuholland.

52. *polygonoides* Lam. IX. p. 455. — Kiener t. 12 fig. 2. — Reeve sp. 36. — M.-Ch. II. t. 62 fig. 1—4. Tryon Man. III. t. 35 fig. 127. 128.
(biangulatus Desh. Voy. Laborde t. 65 fig. 13. 14.)
Indischer Ocean.

53. *pulchellus* Phil. Moll. Sicil. II. t. 25 fig. 28. — Reeve sp. 81. — Wk. MM. II. p. 103. — M. Ch. II. t. 65 fig. 4. 5. — Tryon Man. III. t. 39 fig. 167.
Mittelmeer.

54. *pyrulatus* Reeve sp. 50. — M. Ch. II. t. 46 fig. 2. 3. Tryon Man. III. t. 39 fig. 171. 172.
Tasmanien.

55. *Reeveanus* Phil. Abb. III. p. 119. — M. Ch. II. t. 65 fig. 2. (multicarinatus Reeve sp. 22, nec Lam.)
?

56. *robustior* Sowerby Thes. fig. 63. — Tryon Man. III. t. 86 fig. 603.
Cap.

57. *rostratus* Olivi Zool. Adriat. p. 153. — Desh. Lam. IX. p. 457. — Reeve sp. 55. — Weinkauff M. M. II. p. 104. — M. Ch. II. t. 48 fig. 4—7. — Tryon Man. III. t. 37 fig. 147.
(Sanctae Luciae Salis Reisen t. 7 fig. 3.)
(strigosus Lam. IX. p. 457. — Kiener t. 3 fig. 2.)
(fragosus Reeve sp. 71.)
var. *caelatus* Reeve sp. 35. — M.-Ch. II. t. 48 fig. 5. — Tryon Man. III. t. 37 fig. 149.
Mittelmeer.

58. *rubrolineatus* Sow. Proc. zool. Soc. 1870 p. 252. — — Thes. fig. 68. — Tryon Man. III. t. 86 fig. 604.
Agulhas-Bank.

59. *Rudolphi* Dkr. Novit. t. 43 fig. 3. 4. — M.-Ch. II. t. 58 fig. 3. 4.
?

60. *Sandvichensis* Sow. Thes. fig. 25. — Tryon Man. III. t. 85 fig. 591.
Sandwichs-Inseln.

61. *Schrammi* Crosse Journ. Conch. XIII. t. 1 fig. 9. — M.-Ch. II. t. 53 fig. 4.
Antillen.

62. *simplex* Smith Proc. zool. Soc. 1879 t. 20 fig. 35. — M.-Ch. II. t. 64 fig. 13.
Japan.

63. *spectrum* Ad. et Rve. Voy. Sam. t. 7 fig. 2. — Reeve sp. 68. — M.-Ch. II. t. 60 fig. 6. — Tryon Man. III. t. 36 fig. 135.
(spiralis A. Ad. Proc. 1855 p. 221. — Thes. fig. 37. — Tryon Man. III. t. 85 fig. 593.)
Indochinesisches Meer.

64. *strigatus* Philippi Abb. III. t. 5 fig. 3. — M.-Ch. II. t. 64 fig. 6.
Patagonien.

65. *syracusanus* Linné ed. XII. p. 1224. — Lam. IX. p. 456. — Kiener t. 4 fig. 2. — Reeve sp. 10. — Weinkauff M.-M. II. p. 102. — M.-Ch. II. t. 52 fig. 3. 4. t. 53 fig. 1. — Tryon Man. III. t. 37 fig. 145.
Mittelmeer.

66. *tenuiliratus* Dunker Novit. t. 33 fig. 1. 2. — M.-Ch. II. t. 57 fig. 1. 3.
?

67. *tessellatus* Sow. Thes. fig. 165, nec Wagner. — Tryon Man. III. t. 86 fig. 607.
?

68. *toreuma* Martyn Univ. Conch. pl. 56. — Reeve sp. 27. — M.-Ch. II. t. 51 fig. 3. — Tryon Man. III. pl. 32 fig. 95.
Indischer Ocean.

69. *torulosus* Lam. IX. p. 446. — Kiener t. 9. fig. 1. — Reeve sp. 24. — M.-Ch. II. t. 52 fig. 2. — Tryon Man. III. t. 36 fig. 136.
Indischer Ocean?

70. *tuberculatus* Lam. IX. p. 444. — Kiener t. 7 fig. 1. — Reeve sp. 38. — M.-Ch. II. t. 49 fig. 2. 3. — Tryon Man. III. t. 33 fig. 100.
(maculiferus Tapp.-Can. Muric. mar. rosso p. 62.)
Indischer Ocean.

71. *tuberosus* Reeve sp. 7. — Lischke Jap. II. p. 27. — M.-Ch. II. t. 50 fig. 2., 3. — Tryon Man. III. pl. 54 fig. 354. (Siphonalia).

Japan.

72. *tumens* Carpenter Mazatl. Sh. p. 508.

Mazatlan.

73. *undatus* Gmelin p. 3556. — Reeve sp. 12. — M.-Ch. II. t. 32 fig. 2. — t. 47 fig. 2. — Tryon Man. III. t. 32 fig. 121.

(incrassatus Lam. IX. p. 446.)

(glabratus Mörch Cat. Yoldi p. 102.)

var. *similis* Baird Voy. Curaçao t. 36. — Tryon Man. III. t. 32 fig. 126.

Central Pacific.

74. *ustulatus* Reeve sp. 66. — M.-Ch. II. t. 65 fig. 3. — Tryon Man. III. t. 39 fig. 170.

Neuholland.

75. *variegatus* Perry Conch. pl. 2 fig. 3. — Desh. Lam. IX. p. 408. — M.-Ch. II. t. 48 fig. 2. 3.

(laticostatus Desh. Magas. Zool. 1831 pl. 21. — Kiener pl. 16. — Reeve sp. 33. — Tryon Man. III. t. 33 fig. 101.)

Indischer Ocean.

76. *ventricosus* Beck mss., nec Gray neque Adams. — Rve. t. 8 sp. 34. — M.-Ch. II. t. 66 fig. 1. 2.

(Beckii Rve. sp. 34. t. 18. — Tryon Man. III. t. 33 fig. 99.)

Indischer Ocean.

77. *verrucosus* Wood Ind. test. t. 26 fig. 77. — M.-Ch. II. t. 31 fig. 4. 5. — t. 60 fig. 1—3.

(australis Quoy Voy. Astrol. t. 24 fig. 9—14. — Tryon Man. III. t. 34 fig. 113.)

var. *marmoratus* Phil. Abb. t. 3 fig. 7. — Reeve sp. 1. — Tryon Man. III. t. 34 fig. 114. 115.)
(articulatus Sow. Thes. fig. 66. — Tryon Man. III. pl. 86 fig. 602.)
var. *nodicinctus* Adams Proc. 1855 p. 222. — Thes. fig. 35. — Tryon Man. III. pl. 86 fig. 595.
Rothes Meer, Australien, Brasilien.

78. *versicolor* Gmelin p. 3556. — Desh. Lam. IX. p. 469. — M.-Ch. II. t. 31 fig. 1—3.
Indischer Ocean.

79. *virga* Gray Zool. Beechey p. 116.
China.

Subg. **Sinistralia** H. et A. Adams.

80. ?*depictus* Sow. Thes. fig. 86. — Tryon Man. III. t. 85 fig. 589.
?

81. *elegans* Reeve sp. 87. — M.-Ch. II. t. 47 fig. 6. 7. — Tryon Man. t. 40 fig. 178.
?

82. *maroccanus* Chemn. IV. t. 105 fig. 896. — Reeve sp. 72. — M.-Ch. II. t. 29 fig. 9. 10. — Tryon Man. III. t. 40 fig. 173.
(sinistralis Lam. IX. p. 458. — Kiener t. 6 fig. 2.)
Antillen.

Subg. **Pseudoneptunea.**

83. *multangulus* Phil. Abb. III. t. 5 fig. 6. — M.-Ch. II t. 63 fig. 6.
Yucatan.

84. *varicosus* Chemn. X. t. 162 fig. 1546. 1547. — Kiener t. 10 fig. 2. — Reeve Bucc. sp. 10. — Tryon Man. III. t. 54 fig. 353.
?

Genus Pisania Bivona.

a. Verae.

1. *cingilla* Reeve Bucc. sp. 101. — Tryon Man. III. p. 71 fig. 213.
   ?
2. *cingulata* Rve. Bucc. sp. 75. — Tron Man. III. pl. 71 fig. 211. 212.
   Liukiu-Inseln.
3. *crenilabrum* A. Ad. Proc. zool. Soc. 1854 p. 138.
   Westindien?
4. *fasciculata* Reeve Bucc. sp. 76. — Tryon Man. III. pl. 71 fig. 195. 196.
   Philippinen.
5. *filaris* A. Ad. Proc. zool. Soc. 1854 p. 313.
   China.
6. *glirina* Blainville (Purp.) Nouv. Ann. Mus. I, p. 254 t. 12 fig. 9. — Tryon Man. III. t. 71 fig. 215. 216.
   (discolor Kiener t. 11 fig. 39. — Reeve Bucc. sp. 47. — M.-Ch. II. t. 11 fig. 6. 7, nec Quoy.)
   Polynesien.
7. *guttata* v. d. Busch in Philippi Abb. I. t. 1 fig. 6. — Tryon Man. III. t. 71 fig. 214.
   ?
8. *Hermannseni* A. Ad. Proc. zool. Soc. 1854 t. 28 fig. 7. — Tryon Man. III. t. 71 fig. 199.
   China.
9. *ignea* Gmelin Syst. Nat. p. 3494. — Tryon Man. III. t. 71 fig. 190.
   (picta Reeve Bucc. sp. 74.)
   (flammulata Quoy Voy. Astrol. II. t. 30 fig. 29. 31.)
   var. *flammulata* Hombron et Jacq. Voy. Zelée t. 21 fig. 1. 2. — Tryon Man. III. fig. 192.
   Indischer Ocean.

10. *Janeirensis* Phil. Abb. Bucc. t. 1 fig. 16. — Tryon Man. III. t. 71 fig. 210.
Rio Janeiro.

11. *Kossmanni* Pagenstecher Reise Moll. p. 53 fig. 27. — Tryon Manual III. t. 71 fig. 196.
Rothes Meer.

12. *luctuosa* Tapp. Canefri Bull. Soc. mal. ital. 1876 p. 242.
Mauritius.

13. *maculosa* Lam. X. p. 164. — Kiener Pupa t. 42 fig. 98. — Reeve Bucc. sp. 85. — M.-Ch. II. t. 4 fig. 3. — Weinkauff Mittelmeerconch. II. p. 112.
(variegata Wagner, pusio Phil. nec L.)
? var. *aethiops* Philippi Zeitschr. 1848 p. 134. — Abb. Bucc. t. 1 fig. 14.
Mittelmeer.

14. *moesta* Philippi Zeitschr. 1851 p. 60.
?

15. *mollis* Gould Proc. Boston Soc. 1860 p. 327.
Japan.

16. *Montrouzieri* Crosse J. C. 1862 t. 10 fig. 7. — Tryon Man. III. 71 fig. 197.
Neu-Caledonien.

17. *pusio* Linné Syst. nat. ed. XII. p. 1223. — Reeve sp. 43. — M.-Ch. II. t. 11 fig. 8—10. — Tryon Man. III. t. 71 fig. 188. 189.
(plumatum Gmelin Syst. nat. ed. XIII. p. 3494.)
(Fusus articulatus Lam. IX. p. 460. — Kiener t. 26 fig. 2.)
Westindien, Brasilien.

18. *strigata* Pease Amer. Journ. Conch. IV. t. 11 fig. 6. — Tryon Man. III. t. 71 fig. 198.
Ponape.

19. *tritonoides* Rve. Bucc. sp. 77. — Tryon Man. III. t. 71 fig. 193.
Philippinen.

b. **Spuriae.**

20. *aspera* Dunker Mal. Bl. XVIII. p. 155.
Upolu.

21. *Billeheusti* Petit Journ. Conch. IV. t. 8 fig. 5. — Tryon Man. III pl. 71 fig. 203 (marmorata var.)
Polynesien.

22. *cinis* Reeve Bucc. sp. 84. — Tryon Man. III. pl. 71 fig. 204.
Galapagos.

23. *crocata* Rve. Bucc. sp. 97. — Tryon Man. III. t. 74 fig. 276.
Philippinen.

24. ? *Crosseana* Souverbie Journ. Conch. 1865 p. 160. — Tryon Man. III. pl. 161 (Cantharus).
Neu-Caledonien.

25. *gracilis* Reeve Bucc. sp. 96. — Tryon Man. III. t. 74 fig. 275.
Philippinen.

26. ? *gracilis* Koch in Philippi Abh. t. 2 fig. 3. — Tryon Man. III. pl. 71 fig. 200.
?

27. *marmorata* Rve. Bucc. sp. 95. — Tryon Man. III. t. 71 fig. 202.
Philippinen.

28. *Pazi* Crosse Journ. Conch. 1858 t. 14 fig. 1. — Tryon Man. III. t. 71 fig. 205.
?

29. *reticulata* A. Ad. Proc. zool. Soc. 1854 p. 138.
Neu-Caledonien.

30. *Solomonensis* Smith Journ. Linn. Soc. 1876 XII. p. 541 t. 30 fig. 4. — Tryon Man. III. t. 71 fig. 217.
Salomons-Inseln.

31. *tasmanica* Tenison Woods Proc. Soc. Tasm. 1875 p. 134. Tryon Man. III. t. 71 fig. 201 (reticulata var.)
Tasmanien.

Genus Pollia Gray.

(Cantharus Bolten.)

1. *aequilirata* Carpenter Cat. Mazatlan p. 515.
Mazatlan.

2. *australis* Pease Amer. Journ. Conch. VII. p. 21. — Tryon Man. III. t. 73 fig. 269.
Australien.

3. *balteata* Reeve Bucc. sp. 59. — Tryon Man. III. pl. 73 fig. 263.
(Turbinella Cecillei Philippi Zeitschr. 1844 fide Tryon.)
(Buccinum Cumingianum Dkr. ibid. 1846 fide Tryon.)
China, Japan, Australien.

4. *bilirata* Reeve Bucc. sp. 71. — Tryon Man. III. t. 73 fig. 253 (rubiginosus var.)
Galapagos.

5. *Boliviana* Souleyet Voy. Bonite t. 41 fig. 22—24. — Tryon Man. III. pl. 73 fig. 259.
Cohija.

6. *cancellaria* Conrad Proc. Phil. 1845 t. 1 fig. 12. — Tryon Man. III. t. 74 fig. 284.-285.
(Fusus floridanus Petit Journ. Conch. 1856 t. 2 fig. 5. 6.)
Westindien.

7. *coromandeliana* Lam. X. p. 169. — Kiener Bucc. t. 22 fig. 85. — Reeve sp. 62. — M.-Ch. II. t. 11 fig. 12. 13. — Tryon Man. III. t. 74 fig. 287.
Westindien. — Coromandel?

8. *Desmoulinsii* (Pisania) Montrouzier Journ. Conch. 1864 t. 10 fig. 3.
Neu-Caledonien.
9. *elata* Carpenter Ann. Mag. 1864. XIV. p. 49.
Californien.
10. *elegans* Gray in Griffith Anim. Kingd. t. 25 fig. 2. — Tryon Man. III. t. 74 fig. 296. 297.
(insignis Reeve Bucc. sp. 58.)
Panama — Mazatlan.
11. *erythrostoma* Rve. Bucc. sp. 14. — Tryon Man. III. t 73 fig. 246.
Ceylon, Japan.
12. *extensa* Dkr. in Phil. Abb. Bucc. t. 2 fig. 11. — Tryon Man. III. t. 73 fig. 258.
Java.
13. *filaris* Garrett Proc. Calif. IV. p. 202.
Viti, Samoa.
14. *fumosa* Dillwyn Cat. p. 269. — Tryon Man. III. t. 73 fig. 247—255.
(undosum Kiener t. 12 fig. 41. — M.-Ch. II. t. 7 fig. 3—7, nec L.)
(Proteus Rve. Bucc. sp. 51. — M.-Ch. II. t. 13 fig. 3. 4.)
Indischer Ocean.
15. *fusulus* Brocchi (Murex) Conch. foss. p. 409 t. 8 fig. 9. — Tryon Man. III. pl. 73 fig. 265.
(Spadae Lib. Atti Pal. 1859 t. 29 fig. 1. 2.)
Sicilien.
16. *gemmata* Reeve Bucc. sp. 49. — Tryon Man. III. t. 74 fig. 283.
Westcolumbien.
17. *Inca* d'Orb. Voy. Amer. p. 455 t. 78 fig. 3. — Tryon Man. III. pl. 74 fig. 301.
Peru.

18. *iostoma* Gray Voy. Blossom p. 112.
Stiller Ocean.

19. *lanceolatus* Koch in Philippi Abb. Fusus t. 3 fig. 9. — Tryon Man. III. t. 74 fig. 274.
?

20. *lauta* Rve. Bucc. sp. 63 b. — Tryon Man. III. pl. 74 fig. 290.
Westindien.

21. *Lefevreiana* Tapp. Glan. Maurice p. 65 t. 3 fig. 7. 8.
Mauritius.

22. *leucozona* Phil. Zeitschr. 1843 p. 111. — Weinkauff M.-M. II. p. 115. — Bull. mal. ital. II. t. 4 fig. 3. Tryon Man. III. t. 74 fig. 270.
Mittelmeer.

23. *limbata* Philippi Abb. Fusus t. 1 fig. 9. — Tryon Man. III. t. 73 fig. 257.
Westindien.

24. *lignea* Reeve Bucc. sp. 57. — Tryon Man. III. t. 157 sp. 262.
China, Torres-Str.

25. *lugubris* C. B. Ad. Panama Shells No. 60.
Panama.

26. *melanostoma* Sowerby Tankerv. Catal. App. p. 21. — Reeve Bucc. sp. 15. — Tryon Man. III. t. 73 fig. 245.
Ceylon.

27. *Menkeana* Dkr. Mal. Bl. VI. p. 222. — Moll. Japon. t. 1 fig. 7. — Tryon Man. III. pl. 73 fig. 264.
Japan.

28. *nigricostatus* Reeve Bucc. sp. 73. — Tryon Man. III. t. 74 fig. 254.
Panama.

29. *obliquecostata* Rve. Bucc. sp. 91. — Tryon Man. III. t. 74 fig. 277. 278.
Philippinen.

30. *Orbignyi* Payr. Moll. Corse t. 8 fig. 4—6. — Lam. X. p. 191. - Kiener t. 13 fig. 42. — Reeve sp. 44. — M.-Ch. II. t. 9 fig. 18—20. — Weinkauff M.-M. II. p. 114.
var. *assimilis* Reeve Bucc. sp. 90.
Mittelmeer.

31. *papuana* Tapp. Canefri Ann. Mus. Civ. Genua VII. p. 1028.
Polynesien.

32. *pastinaca* Reeve Pyrula sp. 64.
(coromandeliana var. Tryon Man. III. t. 74 fig. 289.)
Westcolumbien.

33. *perlata* Kstr. M.-Ch. II. t. 12 fig. 5, 6. — Tryon Man. III. t. 74 fig. 273.
Natal.

34. *Petterdi* Brazier Proc. zool. Soc. 1872 p. 22.
Tasmanien.

35. *picta* Scacchi (Purp.) Cat. p. 10 fig. 14. — Wkff. MM. II. p. 116. — Tryon Man. III. t. 74 fig. 271.
(Buccinum Scacchianum Phil. Enum. II. t. 27 fig. 5. — M.-Ch. II. t. 15 fig. 16. 17.)
var. *homoleuca* Kstr. M.-Ch. II. t. 15 fig. 14. 15.
Mittelmeer.

36. *polychloros* Tapp. Glan. Maurice p. 66 t. 3 fig. 3. 4.
Mauritius.

37. *proxima* Tapp. Glan. Maurice p. 64 t. 3 fig. 9. 10.
Mauritius.

38. *puncticulata* Dkr. Mal. Bl. VIII. p. 44.
Rothes Meer.

39. *ringens* Reeve Bucc. sp. 45. — Tryon Man. III. t. 74 fig. 288 (coromandeliana var.)
Westküste von Nordamerika.

40. *rubens* Küster M.-Ch. II. Bucc. t. 6 fig. 7—9. — Tryon Man. III. t. 73 fig. 261.
Rothes Meer.

41. *rubiginosa* Reeve Bucc. sp. 47. — M.-Ch. II. t. 14 fig. 10. — Tryon Man. III. t. 73 fig. 251.
Indischer Ocean.

42. *Samoensis* Dkr. Mal. Bl. XVIII. p. 165.
Samoa.

43. *sanguinolenta* Duclos Mag. Zool. 1833. t. 22. — Tryon Man. III. t. 74 fig. 293—295.
(haemastoma Gray Zool. Beechey p. 112. — Reeve Bucc. sp. 40.)
(Janellii Valenc. Voy Venus t. 6 fig. 1.)
Panama, Mazatlan.

44. *scabra* Monterosato Giorn. Pal. XIII. p. 102.
Sicilien.

45. *spiralis* Gray Zool. Beechey p. 111. — Reeve Bucc. sp. 13. — Tryon Man. III. pl. 73 fig. 242.
(Bucc. Prevostii Valenc. Voy. Venus t. 6 fig. 3.)
Mauritius.

46. *subrubiginosa* Smith Proc. zool. Soc. 1819 t. 20 fig. 40.
Japan.

47. *tincta* Conrad Proc. Phil. 1846 t. 1 fig. 9. — Tryon Man. III. pl. 74 fig. 286.
Westindien.

48. *Tissoti* (Purp.) Petit Journ. Conch. III. t. 7 fig. 4. — Tryon Man. III. pl. 74 fig. 291. 292.
Bombay.

49. *tranquebarica* Gmel. Syst. nat. ed. XIII. p. 3491. — Kiener Bucc. t. 23 fig. 92. — Reeve sp. 17. — M.-Ch. II. t. 7 fig. 1. 2. — Tryon Man. III. t. 73 fig. 242. 243.
Tranquebar.

50. *undosa* Linné ed. XII. p. 1203. — Reeve Bucc. sp. 55. — Tryon Man. III. pl. 74. fig. 280.
(cincta Quoy Voy. Astrol. t. 30 fig. 5. 7.)
Indischer Ocean.

51. *unicolor* Angas Proc. zool. Soc. 1867 t. 13 fig. 2. — Tryon Man. III. t. 74 fig. 279.
Port Jackson.

52. *variegata* Gray zool. Beechey p. 112. — Reeve sp. 48. — Tryon Man. III. t. 74 fig. 298. 299. — M.-Ch. II. t. 13 fig. 7.
(viverratum Kiener Bucc. t. 10 fig. 35.)
var. *viverratoides* d'Orb. Moll. Canar. t. 6 fig. 38.
Senegal, Canaren.

Genus Metula H. et A. Adams.

1. *clathrata* Adams et Reeve Voy. Samarang p. 32 t. 11 fig. 12. — Tryon Manual III. p. 152 t. 72 fig. 238.
Cap.

2. *Cumingii* A. Adams Proc. zool. Soc. 1853 p. 173 t. 20 fig. 1. 2. — Tryon Man. III. p. 153 t. 72 fig. 241.
Westafrika.

3. *Hindsii* A. Adams Genera p. 123. — Tryon Man. III. p. 153 pl. 72 fig. 24.
(Buccinum metula Hinds Voy. Sulph. t. 16 fig. 13. 14.)
Veragua.

4. *mitrella* Adams et Rve. Voy. Samaraug p. 31 t. 11 fig. 13. — Tryon Man. III. p. 152 t. 72 fig. 239.
China.

Genus Buccinopsis Jeffreys.

1. *Dalei* Sow. Min. Conch. p. 131 pl. 486 fig. 1. 2. — Forbes et Hanley Brit. Conch. vol. III. p. 408 pl. 109 fig. 1. 2. — Jeffreys Brit. Conch. IV. p. 298 pl. 5 fig. 3. V. pl. 83 fig. 2. — Kobelt Conchylienb. t. 11 fig. 5. — Tryon Man. III. t. 79 fig. 387. 388.
(ovum Turton Zool. Journ. II. t. 13 fig. 9, nec Midd.).
(ovoides Midd. Reeve p. 236 t. 8 fig. 7 8. — Tryon Man. III. t. 77 fig. 355
juv. = Halia Flemingiana Macg. fide Jeffr.).
var. *eburnea* Sars Reise Lof. 1849 p. 73. — G. O. Sars Moll. arct. Norveg. t. 13 fig. 13.
Eismeer, Nordsee, Beringsmeer?
2. *canaliculata* Dall Cat. Beringsstr. 1874 p. 5 No. 107. — Crosse Journ. Conch. XXV. p. 107. — Tryon Manual III. p. 197.
Alaschka.
3. *nux* Dall Proc. Calif. Acad. 1877. Sep. Abz. p. 2. — Tryon Man. III. p. 196.
Aleuten.

Genus Neobuccinum E. A. Smith.

1. *Eatoni* Smith Ann. Mag. 1875 p. 68. Trans. Roy Soc. vol. 168 pl. 169 t. 9 fig. 1. — Crosse Journ. Conch. XXV. 1877 p. 7. — Tryon Manual III. p. 197 t. 77 fig. 357. 358.
Kerguelen.

Genus Chlanidota Martens.

1. *vestita* Martens Sitzungsb. Ges. nat. Fr. 1878 p. 23. — Conch. Mitth. t. 9 fig. 3. — Tryon Manual III. p. 201 t. 79 fig. 391.
Kerguelen.

Genus Clavella Swainson.*)
(Cyrtulus Hinds)

1. *serotina* Hinds. Ann. Mag. Nat. Hist. XI. p. 257. — Adams Genera t. 9 fig. 6 c. — Chenu Manual I. fig. 629. — Tryon Manual III pl. 40 fig. 182.
   Polynesien.
2. *distorta* Gray in Wood Index test. Suppl. t. 4 fig. 7. — Chemnitz ed. I. t. 194 fig. 913. — Kiener Bucc. t. 18 fig. 64. 65. — Chenu Manuel I. fig. 624—626. — Adams Genera t. 9 fig. 6. — Tryon Manual (Cantharus) III. t. 74 fig. 300. 305.
   Westcolumbien.
3. *avellana* Reeve (Bucc.) Conch. icon. sp. 52. — Tryon Manual (Cronia) II. t. 55 fig. 179.
   Nordaustralien.

Genus Desmoulea Gray.

1. *abbreviata* Chemnitz ed. I. vol. 10. t. 153 fig. 1463—1464. — Lam. X. p. 194. — M.-Ch. II. t. 2 fig. 6. — Reeve Nassa sp. 194.
   (Nassa globosa Sow. Genera fig. 6. — Reeve Conch. syst. II. p. 237 t. 269 fig. 6.)
   Indischer Ocean.
2. *retusa* Lam. X. p. 168. — Kiener Bucc. t. 34 fig. 94. Chemn. ed. I. vol. 10 t. 153 fig. 1456. 1457. — Reeve Nassa sp. 195. — M.-Ch. II. t. 7 fig. 15—17.
   (ventricosa Encycl. t. 394 fig. 3. — Adams Gen. I. p. 116.)
   Cap, Natal.

---

*) Tryon beschränkt die Gattung auf die erste Art und stellt distorta zu Cantharus und avellana zu Purpura subg. Cronia.

3. *ringens* A. Adams Proc. zool Soc. 1854 p. 42 t. 27 fig. 6. — Reeve sp. 190.
?
4. *pulchra* Gray ubi? — Adams Genera I. p. 116.
?
5. *crassa* A. Ad. Proc. zool. Soc. 1851 p. 113. (Nassa ponderosa Reeve sp. 196.)
Japan.
6. japonica A. Ad. Proc. zool. Soc. 1851 p. 113. — Reeve sp. 192.
Japan.
7. *pinguis* A. Adams mss. — Reeve Nassa sp. 193.
Senegal.
8. *pyramidalis* A. Ad. Proc. zool. Soc. 1851 p. 113. — Reeve Nassa sp. 191.
?
9. *Tryoni* Crosse J. C. 1869 p. 409.
?

Miscellen.

Von

P. Hesse.

(Fortsetzung).

(Hierzu Tafel 2).

IV. *Trigonochlamys imitatrix Bttg.*

Durch die ausserordentliche Gefälligkeit des Herrn Dr. Böttger kam ich in den Besitz des Exemplars von Trigonochlamys, welches als Original für seine Beschreibung und Abbildung Jahrb. VIII. p. 176 Taf. 7 Fig. 5 gedient hat. Es lag mir daran, die systematische Stellung der Art mit Sicherheit zu constatiren, ich konnte mich indess nicht entschliessen, das kostbare Thier ganz zu opfern, und habe deshalb von einer Untersuchung des Geschlechtsapparats Abstand genommen, um so mehr, da das Stück unausgewachsen und somit die Section wahrscheinlich resultatlos geblieben wäre. Dagegen präparirte ich die Mundtheile und hatte die Genugthuung, schon dadurch über den Platz, den das eigenthümliche Genus im System einzunehmen hat, genügenden Aufschluss zu gewinnen; es gehört nämlich zweifellos zu den Testacelliden, wie auch Dr. Böttger richtig vermuthet hatte.

Der Schlundkopf ist, wie bei allen Testacelliden, stark entwickelt, 15 mm lang — bei 33 mm Länge des ganzen (in Alcohol conservirten) Thieres — und umschliesst eine 16 mm lange und 5 mm breite Zunge von gewaltiger Bewaffnung, die mit etwa 40 Quer- und 64 Längsreihen von Zähnchen besetzt ist; genau konnte ich die Zahl der Querreihen nicht constatiren, da die Zunge beim Loslösen des Schlundkopfes verletzt wurde und einige vordere Zahnreihen in Verlust geriethen. Die Zähne sind in schrägen Reihen angeordnet, die in der Mitte in einem spitzen Winkel zusammentreffen, so dass die Zunge das den Testacellidenzungen eigenthümliche gefiederte Aussehen erhält. Ein Mittelzahn ist nicht vorhanden; an dessen Stelle tritt in der Mitte eine schmale Furche, welche die beiden Seiten der Radula trennt. Die Zähne sind lange spitze Haken, wie die Zähne der Seitenfelder beim Genus Hyalina, aber von bedeutenderer Grösse. Die kleinsten, 0,115 mm lang, liegen an der Mittellinie; nach rechts und links werden sie bis bis zur Mitte der Seitenfelder stetig grösser und erreichen 0,5 mm, um dann gegen den Rand hin wieder bis 0,22 mm abzunehmen. Ich zählte in den Querreihen jederseits 32 Zähne, die sehr dicht gedrängt stehen.

Die Zunge scheint der von Daudebardia — die ich nur nach der Abbildung von Goldfuss kenne — sehr nahe zu stehen, und weist dem Thiere ganz zweifellos seinen Platz unter den Testacelliden an. Wie Daudebardia, nach Pfeffer's Beobachtung, hat auch Trigonochlamys einen wohlausgebildeten und in Kali nicht löslichen Kiefer, halbmondförmig gebogen, glatt und von heller Hornfarbe; der concave Rand ist scharf und ohne vorspringenden Zahn, der convexe von einem schmalen Hautsaume umzogen.

Wie ich schon bemerkte, ist das Exemplar, welches mir vorliegt und nach welchem das Genus aufgestellt wurde, ein junges, und die Beschreibung loc. cit. bedarf daher der Ergänzung. Herr Leder hat nun neuerdings sowohl von unserer Art, als von Pseudomilax, auch ausgewaschene Stücke beobachten können und darüber an Herrn Dr. Böttger berichtet, der mir diese Mittheilungen mit grösster Zuvorkommenheit zur Benutzung überliess; ich glaube dieselben hier unverkürzt wiedergeben zu sollen, da sie die frühere Beschreibung theils ergänzen, theils berichtigen. Herr Leder schreibt:

„*Trigonochlamys* von Kutais, Mingrelien. Beim Kriechen des Thieres ist ein Kiel nur über dem Schwanzende wahrnehmbar und auch da nicht allzuscharf. Ganze Länge des kriechenden Thieres 94 mm, Breite der Sohle in diesem Zustand 12 mm. Vom Kopfe bis zum Vorderende des Schildes ziehen zwei einander nahe liegende seichte Furchen, die eine kleine Längsleiste einschliessen. Der Schild bedeckt im ausgestreckten Zustande des Thieres kaum ein Viertel der Rückenlänge. Derselbe ist schwach runzelig; diese Runzelung fast concentrisch. Der Oberkörper grob runzelig; die Runzeln in Reihen angeordnet parallel mit den Seiten. Die Athemöffnung an der rechten Seite vor dem hinteren Ende des Schildes. Die Farbe ist grünlichgrau, ohne Flecke oder Streifen. Beim Berühren sondert das Thier eine gummiguttgelbe schleimige Flüssigkeit ab. Lebt einzeln in faulen Bäumen unter loser Rinde. Sehr selten.“

„*Pseudomilax*. Länge im Kriechen 72, Rückenhöhe 14,

Sohlenbreite $14^1/_2$ mm. — Farbe schwarz. Auf dem Rücken in der Mitte ein abgegrenzter elliptischer Flecken von derselben Farbe, nur unterscheidbar, wenn das Thier ausgestreckt ist. Die Abgrenzung wird bestimmt durch das Aufhören der groben Runzelung. An dessen Rand auf der rechten Seite, und zwar im letzten Drittel desselben, die Athemöffnung. Ist das Thier nicht ganz ausgestreckt, so beginnt auf der Mitte des Rückens, am Ende des erwähnten Fleckes (Schildes) ein Kiel, ziemlich scharf bis zum Schwanzende ziehend. Ist aber das Thier ganz ausgestreckt, so wird dieser Kiel deutlich und scharf nur über dem Schwanzende, weiter nach vorn hin verschwindet er aber nahezu ganz. Furchen nirgends (?)."

Weitere Mittheilungen über diese neuen Nacktschnecken, und auch über ein drittes neues Genus, sind in nächster Zeit von Herrn Dr. Böttger zu erwarten.

Unsere sonderbare Art und die ihr verwandten Genera Pseudomilax und Selenochlamys Bttg. n. gen. sind in mehrfacher Hinsicht von Interesse. Sie zeichnen sich vor allen anderen palaearktischen Testacelliden durch das gänzliche Fehlen der äusseren Schale aus und dürften zweckmässig als Subfamilie Trigonochlamydina zusammenzufassen sein. Sehr wahrscheinlich gehört zu dieser auch das Genus Mabillea Bourg. (Bourguignat, Descript. de deux nouv. genres Algér. etc., Toulouse 1877, p 16.), welches von B. selbst freilich den Limaciden zugezählt wird; seine kurze Beschreibung lässt aber auf nahe Verwandtschaft mit unsern Caucasiern schliessen. Er kennt davon nicht weniger als 5 Species aus dem Libanon und Antilibanon. Das Verbreitungsgebiet der Trigonochlamydina erhält damit eine bedeutende Ausdehnung, und die unerforschten Gebirge Kleinasiens bergen vermuthlich noch manche hierher gehörige Form. Die merkwürdigen caucasischen Genera gehören entschieden zu den interessantesten Funden des Herrn Leder, durch dessen ausgezeichneten Eifer erst der Reichthum der Caucasusländer an Agnathen erschlossen wurde, von deren Existenz man noch vor wenigen Jahren keine Ahnung hatte, während wir jetzt 5 Gattungen mit 8 Arten von dort kennen.

V. *Helix Ammonis Ad. Schmidt und Verwandte.*

Helix Ammonis, candicans und ericetorum werden zwar von den meisten Conchyliologen für sogenannte gute Arten gehalten, und die Verschiedenheit der beiden Letzteren wurde auch bereits anatomisch nachgewiesen, es fehlt aber bis jetzt an einem solchen Nachweis für Helix Ammonis, und dieser Umstand gab und gibt noch jetzt mancherlei Zweifeln Raum über die Berechtigung dieser Art.

Bei den Helices im Allgemeinen und bei den Xerophilen im Besonderen kommen die Verschiedenheiten nahestehender Arten weniger in der Beschaffenheit, der Mundtheile, als vielmehr im Bau der Genitalien zum Ausdruck. Diese Erwägung veranlasste mich, den Geschlechts-Apparat von Helix Ammonis einer Untersuchung zu unterziehen, um vielleicht Merkmale aufzufinden, die eine sichere Unterscheidung dieser Art von den ihr im Gehäuse so sehr nahestehenden Helix candicans und ericetorum ermöglichten, und ich glaube diesen Zweck erreicht zu haben.

Es lagen mir etwa 20 Exemplare aus der Gegend von Ascoli-Piceno vor, die mir Herr Prof. Mascarini unter vier verschiedenen Namen, als Helix Ammonis, candicans var. minor, ericetorum und discrepans Tiberi, gesandt hatte; sie alle entpuppten sich, wie vorauszusehen war, als zu ein und derselben Art gehörig, und ich constatire ausdrücklich, dass Herr Dr. Kobelt Hel. discrepans mit Recht zu Ammonis zieht.

Bevor ich zur Beschreibung des Genitalapparates übergehe, noch einige Worte über die Abbildungen. Ich habe die Pfeile und Genitalien der in Frage kommenden Arten auf Taf. 2 dargestellt und zwar Erstere vergrössert, die Letzteren in natürlicher Grösse. Das Verhältniss der einzelnen Theile zu einander ist bei den Xerophilen, soweit meine Erfahrungen mir ein Urtheil gestatten, sehr constant, während die Dimensionen natürlich je nach der Grösse des Thieres variiren; ich unterlasse es desshalb, Maasse anzugeben, da dieselben stets individuell sind, nur für ein einzelnes Exemplar Geltung haben. Ein Blick auf die, wenn auch nichts weniger als kunstvollen Zeichnungen wird, so denke ich, die Eigenthümlichkeiten der verschiedenen Arten besser veranschaulichen als minutiöse Zahlenangaben. Der abgebildete Geschlechtsapparat von Helix Ammonis erscheint den beiden anderen an Grösse wesentlich überlegen; der Grund davon liegt darin, dass er von einem ungewöhnlich grossen Thiere stammt. Ich bemerke das, um nicht die Meinung aufkommen zu lassen, dass bei Helix Ammonis die Genitalien stärker entwickelt seien, als bei ihren Verwandten.

Der rechte Fühler liegt, wie bei allen Xerophilen, frei neben den Genitalien; ich glaube das hervorheben zu sollen, weil dieses von Ad. Schmidt entdeckte ausgezeichnete Merkmal noch immer nicht genügend gewürdigt zu werden scheint. Die Zwitterdrüse, der vielgewundene Nebenhoden und die zungenförmige Eiweissdrüse bieten nichts Bemerkenswerthes dar. Der Eileiter ist bauschig gefaltet und gewunden, am Grunde verengt er sich plötzlich und geht in die schmale Vagina über. Diese nimmt zahlreiche, meist einfache, hin und wieder auch zweitheilige Vesiculae multifidae und einen divertikellosen Blasenstiel von mittlerer Länge auf, der an seiner Spitze die längliche lanzettliche Samenblase trägt. Unterhalb der Vesiculae multifidae sind zwei Pfeilsäcke einseitig an die Vagina angeheftet, ein grosser, länglich, gekrümmt und an der Vagina festgewachsen, und ein kleiner, dem unteren Theile des grossen anliegend. Dieselben umschliessen zwei glatte Pfeile, deren grösster mehr als die doppelte Länge des kleineren erreicht. Beide Pfeile sind rund, etwas gekrümmt und scharf zugespitzt; der grössere besitzt eine Andeutung einer Krone.

Der Penis ist in seinem unteren, der Vagina zunächst liegenden Theile verdickt, während der obere Theil, etwa drei Viertel der ganzen Länge einnehmend, als eine dünne Röhre erscheint, die an der Spitze, neben der Insertion des Vas deferens ein sehr kurzes, etwa 2—3 mm langes Flagellum trägt. Gleich hinter der erwähnten Verdickung inserirt sich der ziemlich lange Musculus retractor. Das zarte Vas deferens verbindet das untere Ende der Prostata mit dem oberen des Penis, und zeigt keine erwähnenswerthen Eigenthümlichkeiten.

Die Unterschiede der Helix Ammonis von ihren Verwandten sind nicht gering, und ich hoffe dieselben mit Hülfe der beigegebenen Abbildungen vollkommen klar legen zu können; Fig. 2 stellt die Genitalien von Helix candicans, nach Exemplaren von Budapest (Hazay), Fig. 3 die von H. ericetorum nach Stücken, die ich im Herbst 1880 am Hohentwiel sammelte, und endlich Fig. 4 die von H. Ammonis dar.

Auf die Differenzen im Oviduct, der bei H. ericetorum selten so stark gewunden zu sein scheint, wie bei den beiden anderen Arten, ist vielleicht wenig Werth zu legen, dagegen zeigen die Samenblasen constante Verschiedenheiten. Die von H. ericetorum fand ich stets von fast dreieckiger Form und allmählig in den Blasenstiel übergehend; auch Ad. Schmidt bildet sie so ab. Bei H. Ammonis und candicans ist die Samenblase von ihrem Stiel scharf abgesetzt, bei ersterer von lanzettlicher Gestalt, bei letzterer gebogen eiförmig.

Am besten und auffallendsten zeigt sich die Verschiedenheit der drei Arten an den Pfeilsäcken, die bei allen doppelt vorhanden sind. Die von Helix candicans und ericetorum sind einander coordinirt und liegen zu beiden Seiten der Vagina, und zwar sind sie bei ericetorum ihrer ganzen Länge nach mit dieser verwachsen, während bei candicans die oberen Hälften frei sind und von der hier beträchtlich erweiterten Vagina auffallend abstehen; die Pfeilsäcke dieser Art zeichnen sich ausserdem durch eine eigenthümliche schräge Abflachung ihres unteren Theiles aus. Die Pfeilsäcke von H. Ammonis weichen, wie schon oben hervorgehoben, von denen der eben genannten Arten dadurch wesentlich ab, dass sie von ungleicher Grösse sind und nicht zu beiden Seiten der Vagina liegen; der grössere ist an der Vagina und der kleinere an dem grossen angeheftet.

Die Pfeile sind nicht minder verschieden als ihre Behälter und stimmen nur darin überein, dass sie sämmtlich rund und glatt, ohne Leisten sind. Helix Ammonis besitzt, wie erwähnt, einen kurzen Pfeil und einen langen, mehr als doppelt so grossen; die von H. candicans sind einander gleich, gerade oder sehr schwach gebogen, H. ericetorum endlich hat zwei Pfeile von ungefähr gleicher Grösse, aber verschiedener Gestalt; der eine ist stark gekrümmt, der andere weniger, aber dafür doppelt gekrümmt, so dass Ad. Schmidt ihn nicht unpassend mit einem Stück einer lang ausgezogenen Spirale vergleicht. Mit Bezug auf Helix candicans schreibt mir mein verehrter Freund Herr Jul. Hazay, dem ich die untersuchten Exemplare verdanke, dass er „ausnahmsweise bei zwei Exemplaren den einen Pfeil viel kleiner ausgebildet angetroffen habe,“ und sucht damit die Variabilität der Pfeile zu beweisen; ich denke aber, dieses Vorkommniss lässt sich wohl dadurch erklären, dass die Schnecke kurz vorher einen Pfeil verschossen und den Ersatz dafür noch nicht vollständig ausgebildet hatte, was ja immerhin etwa eine Woche Zeit erfordert. Jedenfalls ist es nöthig, weitere Beobachtungen anzustellen.

Endlich wäre noch der Penis zu berücksichtigen. Dass derselbe bei H. ericetorum und candicans etwas stärker ist als bei Ammonis, ist wohl weniger wichtig; das Flagellum dagegen zeigt charakteristische Unterschiede. Am längsten ist das von ericetorum, am kürzesten das von Ammonis; candicans hält die Mitte zwischen beiden. Die Länge des Flagellums scheint gerade bei den Xerophilen sehr constant zu sein.

Ich glaube in Vorstehendem nachgewiesen zu haben, dass die drei im Gehäuse so sehr ähnlichen Xerophilen in ihren Genitalien nicht unwesentliche Unterschiede aufweisen. Sehr gern hätte ich auch die übrigen zu ihrer Verwandtschaft gehörigen Species, namentlich Helix instabilis, derbentina und neglecta mit in den Kreis meiner Betrachtungen gezogen, konnte mir aber das nöthige Material nicht beschaffen. Hoffentlich habe ich bald die Freude, diese Arten lebend zu bekommen; möge dazu freundlichst die Hand bieten wer kann.

Minden, 5. Januar 1882.

Erklärung der Tafel II.

Fig. 1 a Kiefer von Trigonochlamys imitatrix Bttg. Vergrössert.
„ 1 b Derselbe, natürliche Grösse.
„ 1 c—e Zungenzähne.
„ 2 Genitalapparat von Helix candicans Zgl. a. Pfeile.
„ 3 „ „ „ ericetorum Müll. a. „
„ 4 „ „ „ Ammonis Ad. Schmidt a. „

Zur Conchylienfauna von China.

IV. Stück.

Von

P. Vinz. Gredler.

Seit Veröffentlichung des III. Beitrages „Zur Conchylienfauna von China“ (Jahrb. VIII. 1881, S. 110—132) langte aus China nur eine kleine Sendung meines Mitbruders und ehemaligen Schülers *P.* Zeno Möltner aus Tsi-nan-fu in der nordchinesischen Provinz Shan-tung, nebst ein paar neuen Funden des *P.* K. Fuchs aus Hunan ein. Leider befindet sich Möltner in einer nimmer so ganz unbekannten Gegend und als Leiter der dortigen Missionsdruckerei nicht in der Lage, Wanderungen vorzunehmen. Und nachdem auch Fuchs für 1 Jahr China verlassen hat, und somit neue Acquisitionen in nächste Aussicht nicht gestellt sind, so möge hier das wenige als Ergänzung, zum Theil auch als Berichtigung des Früheren zur öffentlichen Kenntniss gebracht sein.

A. Ergänzungen und Berichtigungen.

Im II. Stück (l. c. S. 12) liess ich zwei Hyalinen („spec. indet.“ 2. u. 3.) aus Hunan einstweilen, bis mir eventuell ein umfassenderes Material zu Gebote stünde, unbenannt und gab nur einige Andeutungen darüber. Nun mir eine jüngste Sendung in der That von der einen Art 2, von der andern ein Dutzend Exemplare in die Hände gespielt und ich mich über deren Novität versichert habe, möge nachträglich ihre Benennung und ausführlichere Beschreibung erfolgen.

1. *Hyalina (Conulus) spiriplana Gredl.* n. sp.

Testa depresso-convexa, lenticularis, arctispira, perforata, tenuis, pellucida, cornea, nitida, radiatim arctius, subtus sub lente simul et spiraliter minutissime striatula; spira convexa elevata; anfr. $4^1/_2$—5 angusti, usque ad aperturam sensim pariterque accrescentes, convexiusculi, at sutura sat profunda marginati, ultimus basi paulo convexior, haud carinatus; apertura arcte lunata, vix obliqua; peristoma rectum, acutum; margine columellari brevi, quasi angulato, expansiusculo. — Diam. 3; alt $1^3/_4$ mm.

Ein derart auffallend und völlig linsenförmig gedrückter Conulus, dass man auf den ersten Anblick nur an eine richtige Hyalina denkt, steht diese Art zwischen Conulus sinapidium Reinhardt aus Japan (Ueber japanes. Hyalinen; Sitzungsber. d. Gesellsch. naturf. Freunde zu Berlin; und Jahrb. IV. 1877, Taf. 10, fig. 5) und franciscanus var. planula m. (l. c. S. 13) aus Hunan inmitten, — von jenem durch fast doppelten Durchmesser, von beiden durch flachere Umgänge und niedrigeres Gewinde, von letzterem zugleich durch schwächere Streifung und viel lebhafteren Glanz unterschieden.

Gehäuse sehr eng genabelt (— der Nabel von dem mehr ausgebreiteten als zurückgebogenen Columellarrand kaum bedeckt —), linsenförmig, dünnschalig und durchscheinend, lebhaft gläuzend, heller oder dunkler hornbräunlich, auf den obersten Windungen zuweilen weisslich, ziemlich dicht und ungleichmässig stark quer-, der letzte Umgang unterhalb, spärlich und kaum bemerkbar, auch spiralgestreift. Umgänge $4^1/_2$—5, eng gewunden und bis zur Mündung gleichmässig und allmählig anwachsend, schwach convex, an der Naht nicht gestuft oder eingezogen. Mündung nur wenig schief gestellt, ziemlich schmal mondförmig.

Mundsaum gerade und scharf, der Oberrand an der Insertion nicht eingebogen, der Columellarrand gerade, an den Aussenrand fast winklig angeschlossen, nur ausgebreitet, nicht zurückgebogen.

Am Affenberge unweit Fu-tschiao-zung in der Provinz Hunan von *P.* K. Fuchs entdeckt und bisher in 13 völlig übereinstimmenden Stücken vorgelegt.

2. *Hyalina* (*Zonitoides?*) *Loana Gredl.* n. sp.

Testa depresso-globosa, perspective et aperte umbilicata, solidula, vix striata, nitidissima, albido-hyalina; spira parum elevata; anfr. 5, sensim accrescentes, convexi, sutura profunda, ultimus penultimis simul duobus fere latitudine aequans, subtus minus convexus, striatulus, strigis incrementorum albidis; apertura rotundato-lunaris; peristoma acutum, expansiusculum, albido sublabiatum, margo superior medio productum. — Diam. $4^3/_4$—5; alt 2 mm.

Diess milchweisse oder richtiger hyaline, glatte und glänzende, niedliche Ding verglich Berichterstatter s. Z. (Jahrb. 1881. S. 12. No. 2) nur oberflächlich mit H. hydatina, um den ersten Eindruck zu fixiren, welchen Grösse und Färbung macht; näher besehen erinnert die Art und Weise der Windung, Nabelweite und Mündungsform, Festschaligkeit und der Habitus mehr an nitida Müll. und an die Untergattung Zonitoides.*) Diese Chinesin ist jedoch nichts weniger als ein blosser Blendling der europäischen H. nitida, von welcher sie sich durch viel geringere Dimensionen, weiteren Nabel, Glätte der Ober-

*) Auf diese Zugehörigkeit, wovon ich nunmehr selbst überzeugt bin, wurde ich erst durch Herrn Reinhardt aufmerksam gemacht. Endgiltig kann dieselbe allerdings erst durch eine Prüfung des Thieres (wenn Material nachfolgt) festgestellt werden.

fläche etc. unterscheidet. Näher mag sie der englischen H. excavata kommen, die wir in natura nicht kennen.

Gehäuse niedergedrückt, kugelig, bis zur Spitze offen und ziemlich weit genabelt, festschalig, beinahe glatt, stark glänzend, weisslich wasserhell (das Thier blassgelblich durchscheinend). Umgänge 5, convex mit tief eingezogener Naht, regelmässig zunehmend, stellenweise mit Anwachsstreifen, der letzte nahezu so breit, wie die beiden vorletzten, unterseits wenig convex, etwas reichlicher gestreift. Mündung gerundet mondförmig; Mundsaum schwach (stärker am Columellarrande) ausgebogen, einfach, innen mit einer dünnen weisslichen Lippe belegt, der Oberrand in der Mitte oder näher der Insertion bogig vorgezogen, was sich auch wie die Lippenbildung an den Anwachsstreifen kund gibt.

Habe diese Art, die selten scheint und erst in 2 Individuen vom Affenberge in Hunan vorliegt, dem Missions-Collegen und Mitbruder des *P.* K. Fuchs, *P.* Lo, einem geborenen Chinesen zu Ehren benannt.

Prof. Mousson's Wort (i. lit.), das ich auch in das II. Stück meiner Beiträge „Zur Conch.-Fauna von China“ S. 11 aufnahm: „Was Ihnen namentlich von kleinen Arten (aus dem innern China) zukömmt, dürfen Sie wohl Alles als neu betrachten“ — scheint sich mehr und mehr, selbst bezüglich grösserer Arten, zu bewahrheiten. Dies gilt zunächst von „Helix trichotropis Pfr.“ und „Pterocyclos planorbulus Sow.“, unter welchen Namen der Verfasser 2 Thiere aus der Provinz Kuang-tung (III. Stück) aufführte, die Prof. Martens nun als Novitates erklärt; und zwar erstere als:

3. *Helix (Aegista) Gerlachi* (Möllend.) Martens (Conch. Mitth. I. B. 5. u. 6. Heft, S. 96, Juni 1881, Taf. 18 fig. 1—7).

Auf die vom Pfeiffer'schen Typus abweichenden Dimensionen und die unter sich ungleichen beiden Formen haben auch wir (l. c.) aufmerksam gemacht. Diese bezeichnet Martens ungeachtet ihrer gemeinschaftlichen Benennung (Gerlachi) noch mit eigenem Namen und zwar die grössere, blässere Form als A. granuloso-striata, die andere B. abrupta. Hätte nicht auch *P.* Fuchs beide Formen zusammen getroffen,*) man dächte schwerlich daran, beide zu vereinen. Wenn Martens selbst gesteht: „man könnte vielleicht var. B. abrupta als Art trennen," so möchte ich das aus mehr Gründen als blos der Skulptur wegen. Abrupta misst — nach unseren Exemplaren — blos 14—15 mm und ist dennoch höher als die grössere Form von 20 mm, hat den Nabel auch relativ enger und deren Kante stumpfer, die Umgänge gewölbter und den letzten vorn unmerklicher abfallend, den Kiel an der Peripherie nicht durch eine Begrenzungslinie oder „Concavität" abgesetzt, auch meist bis zu diesem Abfalle (des letzten Umganges) vergraben, d. h. nicht über der Naht vortretend (superficial), die Cilien viel schwächer ausgebildet. Uebrigens sind die „Runzelstreifen" aufgesetzte Hautgebilde, gekörnter bei der grösseren, fädlicher bei der kleineren Form, indess die Abbildungen auf Taf. 18 eher eine gewöhnliche, eingeritzte dichte Streifung des Gehäuses vermuthen lassen. — Endlich aber wird sich's noch fragen: ob diese abrupta von trichotropis Pfr. thatsächlich verschieden? — Der Grund, warum Verfasser auch kein Bedenken trug, um dieser kleineren Form willen trichotropis von Kuang-tung aufzuführen. (Man vgl. Jahrb. l. c. und Conch. Mittheil. I. Bd. S. 99, Taf. 18 u. — die Naturalien selbst).

---

*) Wie bereits gemeldet (vgl. l. c. den Brief von Fuchs), trat dieser bei seinem Abstecher nach Hongkong aus dem Innern mitgebrachte Conchylien an Dr. Gerlach ab. Dr. Gerlach's und meine Exemplare beziehen sich auf dieselbe Fundstätte und Herrn v. Martens und mir lag unzweifelhaft dasselbe Thier vor.

4. *Pterocyclos Lienensis Gredl.* n. sp.

Verfasser führte ebenfalls im III. Stück „Zur Conchyl.-Fauna von China“ (Jahrb. 1881) vom Gebiete des Flusses von Lien-tschou einen Pterocyclos — nicht ohne Bedenken — als *planorbulus* Sow. = variegatus Swains. auf. Prof. v. Martens, dem ich jüngst 2 Stücke überliess, hält ihn „für zwar recht ähnlich, aber dennoch für eine andere neue Art; und nachdem ich durch die Zuvorkommenheit meines Freundes Pätel in die Lage gekommen, Typen des Pt. variegatus von den Philippinen zu vergleichen und Martens' Ansicht zu theilen, gebe ich nachstehend die Unterschiede, sowie in einer absichtlich der Diagnose von Cyclostoma planorbulum Sow. (Martini, Küst. Conch.-Cab. p. 161) angepassten Diagnose unserer chinesischen Art die hauptsächlichsten Abweichungen in Cursiv-Schrift wieder.

Die Unterschiede beider Arten sind zwar zahlreich, aber nur gradueller Natur. Vorerst ist Pt. Lienensis nicht völlig flach wie planorbulus; der Erhebung des Gewindes entsprechend geht auch der weite Nabel bei der chinesischen Art tiefer; der letzte Umgang mehr herabsteigend, sämmtliche etwas gewölbter, stielrunder, auch die Mündung völliger gerundet, grösser; die Querstreifung, namentlich unterseits, weniger dicht und gleichmässig, von Spirallinien, die bei planorbulus hin und wieder in den mittleren Umgängen bemerkbar, keine Spur; der Glanz nicht matt (seidenglänzend), sondern ziemlich stark; die braunen Fleckenzeichnungen reichlicher, gezackter (nach Art des Pt. Albersi Pfr.); das braune Band unterhalb der Peripherie fehlt keinem unserer Exemplare und ist am untern Rande in Flecken zerrissen; der Wirbel nie schwärzlich. Auch erreicht unser Thier nicht die grösseren Dimensionen des Pt. planorbulus.

Der Deckel?*)

Demnach möchte die Diagnose des Pt. Lienensis lauten, wie folgt:

Testa latissime umbilicata, discoidea, solidula, striatula, *nitida*, pallide fulvescens, *irregulariter densiusque* castaneo-strigata, infra peripheriam fascia concolore, subtus solutiore circumdata; spira vix *elevata*, vertice *prominulo*; anfractus $4^1/_2$, *convexi*, sutura profunda discreti, ultimus teres; apertura subobliqua, circularis; peristoma albidum, incrassatum, duplex, limbo interno modo breviori, modo prominente, continuo; externo subexpanso, parte inferiori reflexo, ad anfractum penultimum auriculato, cum interno eodem loco plus minusve sinuato canalim formante penultimo anfractui adnatum, pone canalim convergente. — Diam. 17—18; alt. 8; apertura 6—7 mm.
Operculum?

5. *Buliminus rifistrigatus* Bens. var. *Hunancola Gredl.* (Jahrb. VIII. S. 20).

Endlich hält Prof. v. Martens neuerdings (i. lit.) auch diese Hunan'sche Varietät nach Vergleich mit Exemplaren der Art vom Himalaya für eine wohl unterschiedene Species;

*) Mir lag nur Ein junges Individuum mit Deckel vor, und das gab ich vorzeitig ans Berliner Museum ab. Prof. v. Martens findet auch diesen nicht zutreffend auf die Deckelbeschreibung (Concavität der Mitte) des planorbulus. Ein von Herrn Pätel mitgetheilter Deckel der philippinischen Art scheint aber dieser nicht anzugehören. Bei demselben verläuft die concave Aussenseite mit einer randkantigen Spirale von 4 Umgängen („lamellenartig vorspringenden Windungsrändern") zum kaum weiter vertieften Mittelpunkte, indess diesem an der beinahe convexen Innenseite eine wirbelartige Spitze entspricht. Stimmt also weniger auf die Sowerby'sche Beschreibung, als auf den Gattungscharakter überhaupt.

zunächst „ob des dickern Mundsaums, und des Höckers am oberen Mundwinkel (Insertionsstelle), wovon bei B. rufistrigatus nie eine Spur vorgefunden." — Im Besitze eines reichlichern Materials (— wenngleich nicht typischer Stücke der Benson'schen Art —) muss auch ich constatiren, dass unser Thier eine Verbindungsschwiele auf der Mündungswand aufweist, wovon die Diagnose von rufistrigatus keine Erwähnung macht, die Abbildungen nur unbestimmte Andeutungen geben. Ist diese auf der Mitte der Mündungswand mehr oder weniger unterbrochen, so häuft sie sich an beiden Enden (Anheftungsstellen) entschiedener, schwieliger an. Zugleich sei bemerkt, dass unsere Art bezüglich Streifung und Färbung grosse Variabilität bekundet: in der Regel glatt, zeigen einzelne, blässere Individuen in gleichem Grade deutliche Quer- und Längsstreifen in allen Abstufungen. Wir begnügen uns daher vorderhand, dieser immerhin interessanten Form obigen Varietätnamen beizulegen.

Als neue Vorkommnisse für die Fauna von China sandte *P.* Fuchs mittlerweile ein:

6. *Clausilia ridicula Gredl.* n. sp.

Testa minima, imperforata, fusiformi-subulata, pellucida, nitida, cornea, dense striata; anfr. 9, convexi, regulariter accrescentes, penultimus latissimus, altitudine ultimi, duobus sutura obliqua et profunda disjunctis, ultimo sine carina aut ulla impressione cervicali; apertura valde obliqua, arcte piriformis; lamella supera vix ulla (antrorsum ad marginem), columellaris immersa, alta et acuta, subcolumellaris nulla; plica palatalis unica (principalis), brevis, supra locum perforationis incipiens sive „lineam lateralem" attingens, antrorsum evanescens. Peristoma continuum solutum, parum expansum sed reflexum, haud aut vix incrassatum, isabellinum. — Alt. $7^1/_2$; lat. 2 mm.

Neben Cl. exilis H. Ad. von Formosa und exigua Lowe aus Madera eine der kleinsten, wenn nicht die kleinste Art, und desshalb sowie durch die mangelhafte Ausbildung der Lamellen und Falten leicht erkennbar (aus der Section Phaedusa wohl?). — Gehäuse ziemlich schlank spindelförmig, ungleichmässig, jedoch dicht gestreift, durchscheinend, blass hornfarben, ziemlich glänzend. Umgänge 9, gewölbt, regelmässig zunehmend, der vorletzte (ob der steiler abfallenden Naht) ziemlich unverhältnissmässig hoch und weit, der letzte nach unten verengt, doch ohne Nacken-Eindruck oder Kamm, gerundet. Mündung schief, eng, länglich birnförmig, der Sinulus gross; die untere Lamelle beginnt tief innen und schwingt sich in schöner Bogenlinie nach innen (mit dem unteren Mund- und Columellarrand einen regelrechten Kreis bildend), erhaben und etwas schneidig; die Subcolumellare fehlt, von der äusserst rudimentären Oberlamelle befindet sich vorn am Rande eine Spur. Die einzige Gaumen-(Prinzipal-)Falte weit zurück, über der Stelle des Nabelritzes beginnend, verschwindet nach vorn allmählig; eine Mondfalte fehlt. Mundsaum lostretend, schmal ausgebreitet, zurückgebogen, sehr schwach oder kaum lippenartig belegt, isabellfarben.

Aus Hunan, bisher erst in 2 Exemplaren mitgetheilt von P. Fuchs.

7. *Stenogyra chinensis Pfr.* Scheint in Hunan selten zu sein, da erst 1 Stück mitgetheilt worden.

8. *Planorbis* (Segmentina) *nitidellus Mart.* (Malac. Blätt. XIV. 1867, S. 217). Pan-lun-schü, Markt in der Provinz Hunan unweit Fu-tschiao-zung (Fuchs). Sonst von Japan durch Hilgendorf bekannt.

9. *Planorbis acies var. Hunanensis Gredl.* n. Vom Typus hauptsächlich durch die Art der Aufwindung der Umgänge abweichend, indem die ersten Paar derselben (die embryonalen) oberseits sehr vertieft liegen, die ganze Unterseite dagegen sich eben gestaltet, ja die 2 vorletzten den letzten Umgang beinahe überragen. Die Windungen selbst erscheinen namentlich unterseits etwas gewölbter und durch eine tiefere Naht geschieden; oder selbe sind eigentlich oberhalb in der Mitte hochgewölbt und nach dem Kiele und der Naht abdachend, unterhalb gleichmässig convex. Der Kiel stumpfer, die Querstreifung regelmässiger und dichter; von Längsstreifen dagegen, wie sie sich rudimentär wenigstens an den Laacher Exemplaren beobachten lässt, findet sich keine Spur. Die Färbung blass horngelb. Ueberhaupt ähnelt die chinesische Varietät, von welcher uns 12 Stücke vorliegen, mehr den süd- als norddeutschen Formen. Auf Plan. papyraceus Bens. („anfractu ultimo latiore, diam. 10 mm") scheint sie nicht wohl zu passen. — San-tschiutien, 5 Stunden südlich von Yün-tschen-fu, „in trockener Erde zwischen den Felsen und in Grotten" (Fuchs); wohl sekundärer Fundort!

B. Einläufe aus der Provinz Shantung in Nordchina.

In der Umgebung der Provinzial-Hauptstadt Tsi-nan-fu sammelte der Missionär *P.* Zeno Möltner vorerst 4 Helix-Arten, die bereits von Richthofen ebenda gesammelt und Prof. v. Martens (Novitat. Conch. IV. 1875) publicirt hat. Nur wie zur Bestätigung des Fundortes mögen ihre Namen hier stehen. Es sind:

1. *Helix pyrrhozona Phil.* Die Exemplare von hier sind sehr gross, glätter, viel enger genabelt, mit wulstigerer Lippe und ausgesprochenerem Zahne am Columellarrande,

als jene aus der südlicheren Provinz Hupe. Junge Individuen dieser Schnecke sind deutlich gekielt.

2. *Helix Buvigneri Desh.*, Richthofeni Mart. Stets unter dem gegebenen Maass.

3. *Helix Yantaiensis Crosse.* In wenigen Exemplaren.

4. *Helix tectum sinense Mart.* Ferner eine an diese nahe herantretende neue Form, die wir dem Entdecker zu Ehren benennen:

5. *Helix Zenonis Gredl.* n. sp.

Testa subtecta umbilicata, plus minusve lenticularis, solida, carinata, cinereo-albida, fascia supra et infra carinam huic approximata rufa, nonnunquam deficiente, ornata, superne costulis arcuatis, retrorsum (— inferne antrorsum —) concaviusculis, haud furcatis, epidermide simul striis longitudinalibus evanescentibus; spira obtusa; anfr. $5^1/_2$, convexiusculi, carina vix superficiali aut flexuosa, primus fuscus, granulatus, ultimus subtus circa umbilicum mediocrem inflatus, ad aperturam haud descendens; apertura diagonalis, rhombeo-elliptica; peristoma simplex, margo superus intus incrassatus, strictus, cum basali angulo concurrens acuto, columellaris sublabiatus, arcuatus, latiuscule reflexus. — Diam. 17—20; alt. 7—8 mm.

Von H. tectum sinense Mart. (Neue Arten aus China, Macol. Blätt. XXI, 1873. — Novit. Conch. IV. fig. 5. 6) verschieden durch gedrückteres Gewinde, weitern, beinahe unbedeckten Nabel, gewölbtere Umgänge und feinere Costulirung, durch regelmässig (nicht auf und nieder) verlaufenden, eingebauten (nicht über den untern Umgang vortretenden) und durch eine nahtartige Linie deutlicher abgesetzten Kiel, durch den vorne nicht herabgesenkten letzten Umgang; insbesondere aber ist Hel. Zenonis durch ein über und ein unter dem Kiele verlaufendes rothbraunes Band auszeichnet. — Ungeachtet so vieler Unterschiede, welche diese Art unschwer erkennen lassen, bleibt es aber dennoch fraglich, ob sie als „gute Art“ gelten könne, da wir bezüglich Zeichnung auch einen Uebergang kennen, wo das Band in bräunliche und parallel der Rippenstreifung gestellte Querflecken aufgelöst ist.

Mit Helix tectum sinense aus Tsi-nan-fu in 6 Exemplaren mitgetheilt (Möltner).

6. *Stenogyra striatissima Gredler* n. sp.

Testa subobtecte rimata, subulata, *profunde et confertim striata*, striis quasi rectis, vix antrorsum arcuatis, cerea, *opaca;* apex obtusiusculus; anfractus 7, (2 ultimi minus) convexi, ultimus $^1/_3$ longitudinis aequans, basi coarctatus; sutura sat profunda; apertura subverticalis, angusta, elliptico-piriformis; columella subarcuata, non truncata, margini externo pene angulatim conjuncta; margo columellaris paulum dilatatus infra sensim attenuatus, supra vix reflexus. — Long. 9, diam. 3 mm.

Von Gestalt und Grösse einer St. Fortunei Pfr., allein dicht und tief gestreift; die Umgänge (7) weniger zahlreich, mit Ausnahme der beiden letztern gewölbter und unter der tiefer eingezogenen Naht gestufter, der letzte höher und an der Basis senkrechter absteigend und verengter, die Mündung unterhalb fast spitz; das Gehäuse glanzlos. Durch die markirtere Streifung überhaupt sowie geringere Gewölbtheit der beiden letzten Windungen schliesst sich unsere Art der St. turricula Mart. und der insularischen St. achatinacea Pfr. an; beide jedoch sind beideutend grösser, besitzen zahlreichere Umgänge und wohl kaum so dichte Streifung. Die Zwischenräume hat unsere Art nicht breiter als die Streifenfurchen. Von St. turgida m. endlich ist striatissima überdies durch geringere Breite und Höhe der 2 vorletzten Umgänge ausgezeichnet.

Auf Grund dieser nicht unbedeutenden Skulptur- und Struktur-Verhältnisse durfte auch ein einzelnes Exemplar zur Aufstellung einer spec. nov. als zureichend erachtet werden.

7. *Stenogyra Fortunei Pfr.* Zwei völlig gleiche Exemplare.

8. *Clausilia aculus Bens.* Bereits an die var. labio von Mittelchina einigermaassen herantretend; die Fältelung des Nackens jedoch markirter, abstehender, die Färbung blässer. — Diese Art ist meines Wissens so weit nach Norden noch nicht nachgewiesen; auch dürfte kaum an eine Verwechselung des Fundortes mit Shanghai (wo *P.* Möltner einige marine Thiere aufgelesen) zu denken sein, da die Exemplare nicht die var. Shanghaiensis Pfr. repräsentiren.

Von Süsswassermollusken wurden auch aus Shantung nur die vier bekanntesten chinesischen Arten eingesandt — abermals ein Beweis, dass selbe im Allgemeinen weitere Verbreitung haben, als Landconchylien. Es sind das:

9. *Limnaea plicatula Bens.*

10. *Paludina angularis Müll.* (quadrata Bens.) Unerwachsene Individuen von dunkler Färbung.

11. *Bithynia striatula Bens.* Die Spiralstreifen meist kaum angedeutet, wie diese Form im nördlichen China — wenn nicht ausschliesslich — so doch vorherrschend erscheint. Endlich

12. *Melania cancellata Bens.* Völlig normal.

Tryon's Manual of Conchology.

Von

W. Kobelt.

Unter dem Titel *Manual of Conchology, structural and systematic, with Illustrations of the Species* gibt der bekannte amerikanische Conchologe George W. Tryon jr. ein Sammelwerk heraus, welches die Abbildungen aller bis jetzt beschriebenen Mollusken enthalten soll und in der That in Bezug auf die Zahl der abgebildeten Arten weitaus das vollständigste und reichhaltigste der existirenden Bilderwerke ist. Die sehr reiche Sammlung der Academie in Philadelphia und deren fast einzig dastehende nahezu vollständige Bibliothek haben dem Verfasser das Material zu seinen Arbeiten geliefert. Das Werk ist bis jetzt mit anerkennenswerther Pünktlichkeit erschienen, alljährlich vier Hefte, welche zusammen einen in sich abgeschlossenen Band bilden, der auch mit Register und Tafelerklärung versehen ist und soviel als möglich eine oder mehrere Familien zum Abschluss bringt. Die Abbildungen sind, wenigstens für die grösseren Arten, genügend; ob sie es auch für kleinere und ganz besonders für kritische Formen sein werden, scheint mir fraglich; ich glaube kaum, dass man mit der angewandten Manier, lithographische Federzeichnung, völlig befriedigende Resultate erzielen kann. Für den Verfasser ist das weniger wichtig, denn über die sogenannten kritischen Arten macht er sich nicht viel Kopfzerbrechens: was nicht durch ganz sichere Kennzeichen scharf geschieden ist, zieht er zusammen, ein Verfahren, durch welches allerdings viele Schwierigkeiten aus dem Wege geräumt werden und die Zahl der Arten sehr erheblich vermindert wird. Den Sammlern von Fach werden darüber freilich die Haare zu Berge steigen. Leider lässt Tryon die genügende Begründung seiner Zusammenziehungen vermissen; er begnügt sich einfach, die vorhandenen Figuren zu copiren und verlangt von dem Leser, dass er seine Angaben über die Zusammengehörigkeit auf Grund dieser mitunter nicht besonders exacten Copien auf Treu und Glauben annehme. Zwischenformen, welche die einzelnen Arten verbinden sollen, abzubilden hat der Verfasser für unnöthig gehalten, wie er denn überhaupt in seinem ganzen Werke kaum hier und da einmal eine eigene Figur gibt. Der Text kann diese Lücke aber noch viel weniger ausfüllen, denn er ist noch viel mangelhafter, als in den berüchtigten Sowerby'schen Monographien, nur der Name und ein paar ganz kurze Bemerkungen in englischer Sprache, nicht einmal eine Beschreibung, noch weniger natürlich eine lateinische Diagnose. Wo die Art ursprünglich beschrieben und woher die Abbildung genommen, muss man sich in dem Register und der Tafelerklärung mühsam zusammensuchen. Es thut das der Brauchbarkeit des Werkes einen sehr bedeutenden Eintrag, denn wer wissenschaftlich arbeiten will, muss dennoch den anderen Iconograhieen dabei haben; für ihn hat das Tryon'sche Werk nicht mehr Nutzen, als ein einfacher Catalog der beschriebenen Arten, welcher für den zwanzigsten Theil des Preises herzustellen gewesen wäre.

Auf die Beschreibung neuer Arten hat der Autor fast völlig Verzicht geleistet, obschon es keinem Zweifel unterliegen kann, dass die reiche Sammlung der Academie in Philadelphia noch gar manche Form birgt, welche für die Wissenschaft neu ist. Auch die Anzahl der schon früher beschriebenen und nun zum ersten Mal abgebildeten Arten ist verschwindend gering. Wer abonnirt hat in der Hoffnung, die unsicheren noch unabgebildeten Arten von Gould, Pease, C. B. Adams, A. und H. Adams hier genauer beschrieben oder gar abgebildet zu finden, wird sehr enttäuscht sein; selbst Arten, welche dem Autor in Philadelphia oder Washington unbedingt zugänglich sein mussten, fehlen auf den Tafeln. Tryon hat sich eben darauf beschränkt, die vorhandenen Abbildungen zu copiren, was zwar sehr bequem ist, die Wissenschaft aber nicht sonderlich fördert.

Von den drei Bänden, welche bis jetzt erschienen sind, behandelt der erste die Cephalopoden; mit ihm habe ich mich hier nicht weiter zu beschäftigen. Der zweite enthält die *Muricidae* und *Purpuridae*, nebst einer allgemeinen Einleitung über die Prosobranchiata, welche im Allgemeinen auf Keferstein (in Bronn's Klassen und Ordnungen des Thierreichs) begründet ist. Anatomie wie Entwicklungsgeschichte sind durch zahlreiche Abbildungen illustrirt. In Beziehung auf das System hält sich Tryon an die alte Eintheilung in Siphonostomata und Holostomata.

Die *Muricinae* werden in die Gattungen Murex, Urosalpinx, Eupleura, Typhis und Trophon zerlegt, *Murex* wieder in zwei Hauptabtheilungen nach dem Deckel. Bezüglich der Umgränzung der einzelnen Arten finden wir folgende wichtigere Neuerungen: Murex occa Sow. wird für eine verkümmerte Form von scolopax erklärt und auch M. Macgillivrayi Dhrn. damit vereinigt; — M. nigrospinosus Rve. ist nur eine Farbenabänderung von tribulus; — M. Martinianus Rve. und aduncospinosus Beck werden nicht einmal als Varietäten von ternispina getrennt, auch M. Troscheli Lischke soll hierher gehören, was mir sehr zweifelhaft erscheint; — M. mindanensis Sow. ist ein verkümmerter rarispina Lam.; — M. senilis Jouss. ein dünnschaliger brevispina mit etwas längeren Stacheln. — Von den centralamerikanischen Arten wandern M. nigrescens Sow., lividus Carp., funiculatus Rve., messorius Sow. in die Synonymie von recurvirostris Brod.; auch die westindischen Arten similis Sow., antillarum Hinds, nodatus Rve. und pulcher A. Adams werden zu der pacifischen Art gezogen, was ich aus geographischen Gründen nicht billigen möchte. — Zu

M. motacilla Chemn. werden als Varietäten Cailleti Petit und elegans Beck inclusive trilineatus Rve. gezogen, wogegen wenig einzuwenden sein dürfte, so wenig wie gegen die Vereinigung von M. bella Rve. mit chrysostoma.

In der Untergattung *Pteronotus* Swains. wandert M. roseotinctus Sow. zu triqueter, cancellatus Sow. zu canaliferus Sow., flavidus Jouss. zu lingua, pellucidus Rve. zu pinnatus, bipinnatus Rve. als Jugendform zu clavus. Auch Typhis Angasi Crosse wird zu dieser Gruppe gezogen, bei M. uncinarius Lam. wird der Verdacht ausgesprochen, dass er ein junger M. osseus sei.

In der Untergattung *Chicoreus* werden M. Sauliae Rve. und M. affinis Rve. zu maurus Brod. gestellt, Steeriae Rve. zu torrefactus; — rufus Lam., fuscus Dkr. und trivialis Ad. sind Junge, australiensis Angas und Huttoniae Wright, Farbenabänderungen von adustus Lam.; M. corrugatus Sow., dilectus A. Ad. und multifrondosus Sow. sind Formen von palmiferus; — M. calcar Kiener, mit dem pliciferus Sow. identisch sein soll, wird wohl mit Recht als Varietät zu senegalensis gezogen, sinensis Rve. zu elongatus Lam. nec Rve. — Unter dem Namen brevifrons Lam. werden calcitrapa Lam., elongatus Rve. nec Lam., purpuratus Rve., florifer Rve., crassivaricosus Rve., approximatus Sow. und Toupiollei Bernardi vereinigt, so dass diese Art ost- und westindische Formen umfasst. — M. pudoricolor Rve. wird für ein Synonym von crocatus Rve. erklärt, scabrosus Rve. und Jickelii Tapp. für Synonyme von laciniatus Sow., endlich werden noch M. mexicanus Petit, oculatus Rve. und Salleanus A. Ad. gebührendermassen zu pomum gestellt.

Bei *Homalocantha* wird nur digitatus Sow. zu varicosus gezogen, während die übrigen Arten anerkannt werden.

In der Untergattung *Phyllonotus* wird M. bifasciatus Sow. mit Sicherheit und der unabgebildete M. ananas Hinds mit Wahrscheinlichkeit zu rosarium gezogen, rhodocheilus

King zu brassica, taeniatus Sow. zu regius, hippocastaneum Phil. zu bicolor, hoplites Fischer zu saxatilis, saxicola Brod., depressospinosus Dkr. und Norrisii Rve. zu endivia; — octogonus Sow. zu humilis Brod.; — tenuis Sow. als Jugendform zu angularis Lam., lyratus A. Ad. zu fasciatus Sow., nigritus Phil. und ambiguus Rve. zu nitidus Brod., spinosus A. Ad. und Küsterianus Tapp. zu turbinatus; — M. quadrifrons Lam. wird als gute Art anerkannt, zu welcher megacerus Sow., Moquinianus Duval, castaneus Sow. und mit Wahrscheinlichkeit auch der fossile M. Bourgeoisi Tournouer gezogen werden. — Für Murex scalaris A. Ad. wird der neue Name M. Angasi angeführt, wohl unnöthig, denn M. scalaris Brocchi ist schwerlich ein Murex im heutigen Sinne. — M. cuspidatus Sow. soll mit octogonus Quoy identisch sein und gleichzeitig in Neuseeland und Japan vorkommen, was mir einigermassen problematisch erscheint; — M. lepidus Rve. wird mit vittatus Brod. vereinigt, Trophon fruticosus Gld. mit noduliferus Sow., zu dem wahrscheinlich auch euracanthns Ad. gehört. Alle diese kleineren Arten hatte ich zu Ocinebra stellen zu müssen geglaubt, Tryon rechnet sie zu Phyllonotus, gibt aber nicht an, ob er dieDeckel gesehen.

Die nordpacifischen *Cerastoma* behandelt Tryon etwas glimpflicher, als die anderen Gruppen; er erklärt zwar, dass zahlreiche Arten wahrscheinlich einzuziehen seien, lässt sie aber bis auf Weiteres bestehen. Eigenthümlich nimmt sich in der sonst geographisch so gut umgränzten Gruppe M. centrifuga Hinds von Veragua aus, der hier schwerlich etwas zu suchen hat. M. expansus Sow. wird mit eurypteron Rve. vereinigt, M. californicus Hinds. mit trialatus, phyllopterus Lam., allerdings mit einigem Zweifel, mit foliatus, aciculiger Val. und unicornis Rve. mit Nuttallii. —

Unter *Ocinebra* begreift Tryon, wie ich in meinem Catalog ebenfalls vorgeschlagen, auch Muricidea; er hat aber, wie schon oben erwähnt, zahlreiche Arten zu Phyllonotus gebracht. Auch in dieser Untergattung hat der Autor weniger zusammengezogen, als in den anderen. M. caliginosus Rve., hamatus Hinds, peritus Hinds, erinaceoides Val. und Barbarensis Gabb werden zu lugubris gezogen, talienwhanensis Crosse zu japonicus Dkr., welche ich beide lieber zu Cerastoma stellen würde, aduncus Sow. und acanthophorus A. Ad. zu falcatus Sow., — pauperculus C. B. Ad. und obeliscus A. Ad. nebst Triton Cantrainei Recl. zu alveatus Kiener. — Zu M. contractus Rve. werden Buccinum funiculatum Rve., concentricum Rve. und ligneum Rve. gezogen; ebenso werden die beiden neuen M. Duthiersi Velain und Hermani Velain unter ersterem Namen vereinigt.

Als Anhang wird beschrieben *Murex (Tribulus) Tryoni Hidalgo* p. 134 t. 70 fig. 427 von den kleinen Antillen.

Die Gattung *Typhis* Montf. zählt 15 Arten; T. japonicus Ad. und duplicatus Sow. werden mit arcuatus Hinds vereinigt, Cleryi Petit mit Belcheri Brod., während T. Cleryi Sow. verschieden ist; — T. Jamrachi Martens und fimbriatus Rve. sind = pinnatus Brod. im ausgewachsenen Zustand.

Bei *Trophon* Montf. finden wir wieder eine sehr erhebliche Verminderung der Artenzahl. Mit Tr. craticulatus Fabr. werden vereinigt orpheus Gld., squamulifer Carp., tenuisculptus Carp., Heuglini Mörch und Maltzani Kob.; — mit clathratus L. ausser truncatus und Gunneri auch lyratus Lam., scalariformis Gld., multicostatus Eschsch. und candelabrum Ad. et Rve.; — triangulatus Carp., obschon aufrecht gehalten, ist wohl nur ein junges Exemplar von Chorus Belcheri Hds.; — Mur. pallidus Brod., fasciculatus Hombr. und fimbriatus Gray werden zu Tr. crispus Gld. gezogen, antarcticus Phil. zu laciniatus; patagonicus d'Orb., varians d'Orb., Philippianus Dkr., intermedius Gay, decolor Phil., albidus Phil. und albolabratus Smith zu Geversianus; — ambiguus Phil. und cretaceus Rve. zu Stangeri Gray, lamelliferus Dkr. zu fimbriatus Hds. —

Die Gattung *Urosalpinx* Stimps. wird von Tryon als selbstständig neben Trophon anerkannt. Die Synonymie bietet nichts Besonderes. Ur. tritoniformis Blv. wird für identisch mit Adamsia typica Dkr. erklärt und diese Gattung sowie die ebendarauf gegründete Gattung *Agnewia* Tenison Woods eingezogen; auf unbedeutenden Varietäten derselben Art beruhen Adamsia Adelaidae Ad. et Angas und Purpura neglecta Ad. —

Auch *Eupleura* wird als selbstständige Gattung von Trophon getrennt, und auf fünf Arten beschränkt, von denen aber E. pulchra Gray mehr wie zweifelhaft ist, während ich in E. tampaensis Conrad nur eine Varietät von caudata sehe. Unter E. muriciformis Brod. werden Ranella triquetra Rve., plicata Rve., pectinata Hds. und clathrata Gray vereinigt, was wohl angeht. —

Unter den ***Purpurinae*** wird die Gattung *Purpura* in acht Untergattungen vertheilt. In der Untergattung *Purpura* s. str. finden wir die beschriebenen Arten meist anerkannt; zu P. patula, welche durch alle tropischen Meere verbreitet ist, kommt S. pansa Gould als Synonym; S. inermis Rve. wird zu persica gezogen, Rudolphii Chemn. mit Zweifel davon getrennt gehalten. — Die Untergattung *Purpurella* Dall umfasst nur P. columellaris Lam. nebst deren Varietät leucostoma Desh. — Unter *Thalessa* Ad. werden mit P. hippocastaneum vereinigt: bituberculari Lam., Savignyi Desh., distinguenda Dkr., intermedia Kiener, ocellata Kiener und alveolata Rve., — mit tumulosa Rve.: Bronni Lischke und clavigera Kstr. — P. cuspidata Ad. et Rve. wird für die Jugendform von pica, affinis für die von armigera erklärt; ferner albocincta Kstr. für die von deltoidea. — P. echinata Lam. und aegrota Rve. wandern in die Synonymie von mancinella, — Ascensionis Quoy wird für Localvarietät von neritoidea erklärt, multilineata Kstr. für die Jugendform von bufo. —

In der Untergattung *Stramonita* wird zunächst P. gigantea Rve. zu consul gezogen, capensis Petit zu luteostoma und marmorata Pease zu rustica Lam. Dann wird die ganze Masse der gelbmündigen Arten unter haemastoma L. vereinigt, doch werden als Unterformen unterschieden: haemastoma typica nebst Barcinonensis Hid. für Europa, undata Lam. nebst Forbesii Dkr. für die gewöhnliche westindische, auch an Westafrika vorkommende Form; floridana Conrad nebst fasciata Rve., nebulosa Conrad, Nuttallii Conrad, und viverratoides d'Orb. für eine andere Form des tropisch-atlantischen Oceans; biserialis Blv. inclusive unifascialis Lam., haematura Val., macrostoma Kstr. für die Form von Panama; bicostalis Lam. für die ostindische Form und Blainvillei Desh. nebst Callaoënsis Blv., Delessertiana d'Orb. Peruviana Soul. und Janelli Kiener für die von Peru. Ich bezweifle, ob mit einer solchen Zusammenziehung viel gewonnen ist.

Die Untergattung *Trochia* Swains. ist auf zwei Arten beschränkt, cingulata L. inclusive spiralis Rve. und cribrosa Krauss, — und succincta Mart. nebst squamosa Lam. — Bei *Polytropa* Swains. finden wir unter scobina Quoy die Formen vom Cap und von Neuseeland vereinigt: rugosa Quoy, tristis Dkr., albomarginata Desh., Quoyi Rve., cataracta Rve., lagenaria Duclos, dubia Krauss, versicolor Wood, und Zeyheri Krauss. — Zu lapillus werden ausser den europäischen Formen auch noch die nordpacifischen saxicola Val., Freycineti Desh., ostrina Gould, fuscata Forbes und emarginata Desh. gezogen, während P. lima Mart. mit den Synonymen canaliculata Duclos, attenuata Rve., analoga Forbes und decemcostata Midd., sowie crispata Chemnitz inclusive lactuca Esch., ferruginea Esch., rupestris Val., septentrionalis Rve. und Freycineti Lischke nec Desh. als nahverwandte, aber selbstständige Arten betrachtet werden.

Die Gattung *Jopas* Ad. wird auf eine Art beschränkt,

da P. francolinus und situla als Varietäteu zu P. sertum gestellt werden.

Auch in der Gattung *Ricinula* wird die Artenzahl erheblich vermindert. Zu R. hystrix kommen Reeveana Crosse, speciosa Dkr., clathrata Lam. und Laurentiana Petit als Varietäten, ebenso elegans Brod. zu ricinus L. und lobata Blv. zu digitata; — zu R. (Sistrum) morus Lam. werden aspera Lam. und striata Pease gerechnet. — Ferner kommen Purp. marginalba Blv., cancellata Kien., Ricinula fusca Kstr. Sistrum affine Pease, squamosum Pease und parvulum Gld. zu R. marginatra; — heptagonalis Rve. zu ochrostoma; — rugulosum Pease zu chaidea; — Murex Liénardi Crosse zu dumosa; — reticulata Quoy, humilis Crosse et Fischer und albovaria Kstr. zu undata Chemn.; — ozenneana Crosse und Murex Crossei Lién. zu chrysostoma. —

Von *Monoceros* werden nur neun sichere Arten angenommen; tuberculatum Gray wird zu muricatum Brod. gerechnet, imbricatum Lam., striatum Lam., crassilabrum Lam., glabratum Lam., globulus Sow., costatum Sow., citrinum Sow. und acuminatum Sow. sämmtlich zu calcar Mart., spiratum Blv. zu engonatum. —

Von *Pseudoliva* werden fünf Arten aufgeführt, von denen aber striatula Ad. und sepimana Rang möglicherweise nur jüngere Formen von plumbea sind; — *Chorus* wird auf Ch. Belcheri beschränkt. — Bei *Cuma* wird C. callifera Lam. zu C. coronata gezogen, P. Grateloupiana Petit und trigona Rve. zu gradata Jonas. — Die Gattung *Rapana* im engeren Sinne ist auf bezoar mit Thomasiana Crosse, marginata Blv. und venosa Blv., und R. bulbosa beschränkt. — *Latiaxis* Delesserti Chenu, purpurata Chenu und de Burghiae Reeve werden mit Mawae vereinigt, L. Eugeniae Bern., nodosa Ad., tortilis Ad. und Pyrula fusiformis Chenu mit idoleum Jonas. Die als Latiaxis aus dem Mittelmeer beschriebenen Arten werden mit Coralliophila vereinigt, in welcher Tryon eine Untergattung von *Rhizochilus* sieht. Zu Corall. neritoidea werden P. violacea Kiener, gibbosa Kien. und Trichotropis Orbignyana Pet. gezogen; zu C. galea kommen P. aberrans C. B. Ad., C. nodulosa Ad., salebrosa Ad., deformis Lam., exarata Pease und scalariformis Lam.; C. undosa Ad. und Mur. planiliratus Rve. werden zu C. costularis Lam. gezogen und C. osculans C. B. Ad., distans Carp. nivea Ad., californica Ad., aspera Ad., parva Smith zu nux Rve. Bei den europäischen Formen hält sich Tryon an Monterosoto und vereinigt sämmtliche Latiaxis mit Car. lamellosa Phil. unter dem Namen bracteata Brocchi.

Magilus und *Leptoconchus* werden wieder unter ersterem Namen vereinigt. M. Djedah Chenu, tenuis Chenu und microcephalus Sow. werden mit antiquus vereinigt, auch ellipticus Sow. striatus Rüpp, Peronii Lam., serratus Desh., rostratus A. Ad. und Schrenkii Lischke sollen zu derselben Art gehören; — Cumingii Ad. wird mit costatus Sow. vereinigt, Cumingii Desh. und globulosus Desh. mit Rüppelii Desh., Lamarckii Desh. und solidiuscula Pease mit Maillardi Desh. — Die Untergattung Coralliobia Ad. wird für überflüssig erklärt, dagegen für Cor. madreporarum die Gattung Galeropsis Hupé angenommen. Mit M. fimbriatus werden M. Robillardi Lién. sowie Coralliobia cancellata Pease und sculptilis Pease vereinigt.

Der dritte Band enthält die *Tritonidae*, *Fusidae* und *Buccinidae*. Bei *Triton* werden natürlich die Arten sehr reducirt. Tr. Martinianus Rve. = Veliei Calkins, aquatilis Rve., intermedius Pease und auch vestitus Hinds werden zu pilearis gezogen, mundus Gld. zu gemmatus, Krebsii Mch. zu corrugatus, Loroisi Petit, Strangei A. Ad. und orientalis Nev. zu labiosus; — Ranzanii Bianc. von Mozambique wird mit dem westamerikanischen tigrinus Brod. vereinigt, grandimaculatus Rve. mit lotorium, aegrotus Rve. mit trilineatus, Thersites Rve., elongatus Rve. und gracilis

Rve. mit vespaceus, tortuosus Rve. mit distortus, testaceus Mörch und comptus Sow. mit obscurus Rve., ceylonensis Sow. und Brazieri Angas mit nitidulus, parvus C. B. Ad. mit eximius Rve., latevaricosus Rve. und bacillum Rve. mit bracteatus Hds., tesselatus Rve. mit concinnus. Als neu beschrieben wird Triton (Epidromus) Swifti Tryon p. 31 pl. 16 fig. 158 von Antigua. —

Bei *Distorsio* werden nur drei Arten anerkannt, davon pusilla Pease mit einigem Zweifel; D. constricta Brod., ridens Rve. und decipiens Rve. werden mit cancellina vereinigt.

Bei *Ranella* werden auffallender Weise foliata und margaritula neben crumena aufrecht erhalten; — elegans Beck wird mit subgranosa Sow. vereinigt, albifasciata Sow. mit nana; — tuberosissima Rve., asperrima Dkr., Grayana Dkr., venustula Rve. und siphonata Rve. wandern in die Synonymie von bufonia, — verrucosa Sow., rugosa Sow., rhodostoma Beck und Thomae d'Orb. in die von cruentata; — Thersites Redfield wird zu californica gezogen, coriacea Rve. soll Jugendform von scrobiculator sein; — semigranosa Lam. wird zu granifera gezogen, affinis Brod., mit welcher livida Rve., ponderosa Rve. und Cubaniana d'Orb. vereinigt werden, nur mit Zweifel davon getrennt gehalten; — R. fuscocostata Dkr. wird für eine halbwüchsige tuberculata erklärt, concinna Dkr., rosea Rve. und polychloros Tapp. wandern zu pusilla Brod., ranelliformis King, vexillum Sow. und proditor Ffld. zu argus.

Die Familie der ***Fusidae*** wird in die vier Unterfamilien der Fusinae, Fasciolariinae, Ptychatractinae und Peristerniinae getheilt. Die *Fusinae* umfassen die Gattungen Fusus, Afer, Clavella und Buccinofusus. — *Fusus* beginnt mit pagoda Less. und vaginatus Jan, welche wohl beide in der Gattung nichts zu suchen haben. — F. toreuma Mart. wird mit colus vereinigt, oblitus Rve. mit nicobaricus, zu welchem

Beckii Rve. und Brenchleyi Baird als Varietäten gezogen werden. Mit letzterem vereinigt Tryon später auch meinen F. hemifusus, der mit dieser ganzen Gruppe absolut keine Beziehungen hat. Warum er den Namen ventricosus Beck verwirft, ist mir unbegreiflich; Reeve hat den Namen auf Taf. VIII. regelrecht publicirt und ihn später nur wegen Sipho ventricosus Gray geändert; nach dessen Entfernung aus der Gattung tritt der erstpublicirte Name wieder in Kraft. Ebenfalls unbegreiflich ist mir, warum Tryon den F. longicauda, der sich von colus doch nur durch gerundete Umgänge auszeichnet, aufrecht erhält. — F. nodosoplicatus Dkr. wird mit tuberculatus Lam. vereinigt, marmoratus Rve., aureus Rve., crebriliratus Rve. und caudatus Quoy werden zu australis Quoy = verrucosus Wood gezogen, similis Baird zu undatus Gmelin, Hartvigi Shuttl. = Paeteli Dkr. zu gradatus Rve., closter Phil. und Dupetitthouarsi Kiener zu distans, novaehollandiae Rve., Reeveanus Phil. und albus Phil. zu spectrum, luteopictus Dall und Taylorianus Rve. zu F. (Turbinella) cinereus Rve. Der seltsame F. clausicaudatus wird für eine Abnormität erklärt. Endlich werden noch die beiden linksgewundenen Arten maroccanus und elegans vereinigt. —

Die Gattung *Clavella* wird auf Cl. serotina beschränkt, Buccinofusus Conrad, welcher Name die Priorität von Boreofusus Sars hat, auf berniciensis und terebralis. Die Unterfamilie Ptychatractinae umfasst nur drei kleine nordische Arten der Gattung Ptychatractus und Meyeria alba.

Die *Fasciolariinae* sind auf *Fasciolaria* im engeren Sinne beschränkt. Hier wird distans Lam. als Varietät zu tulipa gezogen, Reevei Jonas zu princeps, papillosa Sow. zu gigantea, persica Rve. zu aurantiaca, granosa Brod. zu salmo. — F. Fischeriana Crosse wird für identisch mit Pollia buxea erklärt.

Bei *Peristernia* wird unter nassatula die ganze Verwandtschaft, also subnassatula Souv., Deshayesii Kob., Forskalii Tapp. und microstoma Kob. vereinigt, auch Philberti Recluz und Löbbeckei Kob. werden angezweifelt; iostoma Nuttall wird mit spinosa vereinigt, der Fundort für irrthümlich erklärt; — Mariei Crosse und Sutoris Kob. werden zu pulchella Rve. gezogen, lauta Rve. zu elegans Dkr. — Mit chlorostoma Sow. werden vereinigt crocea Gray, Newcombi A. Ad., stigmataria A. Ad., scabrosa Rve., solida Rve., Wagneri var. Samoensis Kob. und decorata A. Ad., mit ustulata Rve.: caledonica Petit, iricolor Hombr., infracincta Kob. und marquesana A. Ad. — P. zealandica A. Ad. wird mit der chinesischen despecta Ad. vereinigt.

Die Gränze zwischen *Latirus* und Peristernia erklärt Tryon für rein willkürlich und sie ist es in der That, wenn man nicht die letztere Gattung, wie ich gethan, auf die nächste Verwandtschaft von nassatula beschränkt; andernfalls vereinigt man sie besser. Die Gattung *Chascax* Watson erkennt Tryon nicht an. — L. attenuatus Rve. wird für die Jugendform von infundibulum erklärt, spadiceus Rve. und concentricus Rve. werden zu modestus Anton gezogen, einer verdächtigen Art, die man vielleicht besser hätte auf sich beruhen lassen. Fusus acus Rve. wird mit L. lancea Gmel. vereinigt, filamentosus Koch mit brevicaudatus Rve.

Bei *Leucozonia* werden angularis Rve., Knorrii Desh., Braziliana d'Orb., rudis Rve. und inculta Gould mit cingulifera Lam. vereinigt. Tryon lehnt den ältesten Namen nassa Gmel. ab, weil Gmelin darunter auch lencozonalis verstanden habe, ein Grund, den man kaum gelten lassen kann; denn wieviel Linne'scher Namen könnten dann aufrecht erhalten werden? — L. dubia Petit wird zu triserialis gezogen, agrestis Anton zu subrostrata. — Fusus multangulus Phil., den Tryon hierher rechnet, scheint mir besser neben varicosus zu stehen.

Die ***Buccinidae*** zerfallen in sechs Unterfamilien: Melongeninae, Neptuniinae, Pisaniinae, Buccininae, Eburninae und Photinae. Die Melongeninae werden nur in zwei Gattungen getrennt, Melongena und Hemifusus. — Bei *Melongena* werden ausser M. Belknapi auch bispinosa Phil. und Martiniana Phil. mit corona vereinigt, was mir bei der ganz verschiedenen Textur und Färbung unthunlich erscheint; — M. anomala Rve., lignaria Rve. und Fusus turbinelloides Rve. werden mit M. pallida Brod. vereinigt. — Die Gattung Thatcheria Angas wird, als auf eine Monstruosität gegründet, nicht anerkannt.

Auch bei *Neptunea* werden natürlich zahlreiche Arten zusammengezogen. N. arthritica Val. und fornicata Gmel. nebst ihren Varietäten werden mit despecta vereinigt, während decemcostata und lirata als getrennt und selbstständig aufrechterhalten werden; wenigstens die letztere ist, wenn man die Art wie Tryon auffasst von fornicata nicht zu trennen. N. Largillierti und regularis Dall werden mit norvegica vereinigt, tabulata Baird mit pericochlion; — N. castanea Mörch wird seltsamer Weise für identisch mit Kennicottii Dall erklärt und mit dieser mit Behringii Midd. vereinigt, was ich mir nur durch eine Verwechslung oder einen lapsus calami erklären kann.

Die Arten von *Sipho* müssten bei Tryon's System natürlich nahezu sämmtlich vereinigt werden, doch unterlässt er diese äusserste Consequenz zu ziehen und nimmt die meisten der beschriebenen Arten vorläufig an. Bucc. tortuosum Rve., cretaceum Rve. und S. plicatus Ad. werden mit Kroyeri vereinigt.

Auch die Monographie von *Siphonalia* bringt wenig Neues; nur eine Art, S. maxima Tryon p. 135 t. 54 fig. 355 von Tasmanien wird als neu beschrieben. S. fuscozonata Angas, schon früher unter Peristernia aufgeführt, kommt hier noch einmal; die Adams'schen Japaner sind auch Tryon unzugänglich geblieben. Für Tudicla recurva Ad. wird der Gattungsname *Streptosiphon Gill* eingeführt, Tudicla selbst auf fünf Arten beschränkt.

Bezüglich der Umgränzung von Pisania, Pollia und Euthria kann ich mich den Ansichten von Tryon nicht überall anschliessen, namentlich möchte ich Pisania auf die glatten oder nur schwach sculptirten Arten beschränken, die höckerigen und gekörnelten aber zu Pollia rechnen. Tryon stellt z. B. Euthria lacertina Gld. vom Cap als Synonym zu Pisania tritonoides Rve. von den Philippinen, was mir absolut ungerechtfertigt erscheint; Arten aus verschiedenen Faunengebieten sollte man doch nicht ohne zwingende Nothwendigkeit zusammenziehen. Unter *Pisania* finden wir P. ignea Gmel. mit den Varietäten tritonoides Rve., flammulata Hombr. nec Quoy und picta Rve. — P. crenilabrum A. Ad. und Montrouzieri Crosse werden mit fasciculata Rve. vereinigt. — Unter *Euthria* werden ausser E. ferrea Rve. und viridula Dkr. auch noch Bucc. magellanicum Phil. und B. patagonicum Phil., sowie Fusus rufus Hombr. nec Reeve mit E. plumbea Phil. vereinigt.

Unter *Cantharus* fumosus Dillw. (= Proteus Rve. = undosus Kiener nec. L.) finden wir auch C. rubiginosus Rve. inclusive subrubiginosus Smith, biliratus Rve., nigricostatus Rve. und Pis. Desmoulinsi Montr.; — unter C. (Turbinella) Cecillii Petit, welche nur nach der Beschreibung identificirt ist, Bucc. ligneum Rve., balteatum Rve. und Cumingianum Dkr. Mit der westindischen C. coromandelianus Lam. wird auch ringens von Panama und pastinaca Rve. von Westcolumbien vereinigt, ausserdem als Varietät C. lautus Rve.

Die Monographie von *Buccinum* s. str. ist jedenfalls die schwächste Parthie der bis jetzt erschienenen Abtheilungen des Manual. Vergeblich sucht man authentische Abbildungen der fraglichen Arten von Gould und Stimpson: nur B. Totteni ist nach einem Originalexemplar wenig befriedigend abgebildet. Zu den Varietäten von undatum werden auch parvulum Verkr., fragile Verkr. und conoideum

Sars gerechnet. — B. leucostoma Lischke wird zu cyaneum gezogen, aber Tryon nennt es „an unfigured species", kennt also die ausgezeichnete Abbildung in Lischkes Japan. Meeresconchylien vol. III nicht.

Cominella nimmt Tryon in engerem Sinne, als ich in meinem Catalog gethan, indem er Amphissa ausscheidet und zu den Columbelliden stellt. Er zieht C. ligata Lam., anglicana Lam., tigrina Kstr., pubescens Kstr., robust, Kstr. und biserialis Kstr. zu porcata, lagenaria zu limbata, intincta zu papyracea, cataracta Chemn. zu testudinea Mart., maculosa Mart., testudinea Lam. und Woldemarii Kiener zu maculata Mart., obscura Rve., pluriannulata Rve., linearis Rve. und lactea Rve. zu virgata Ad. = lineolata Quoy nec Lam. = Quoyi Rve. Zu der ungemein veränderlichen C. costata Quoy kommen als Synonyme: C. Angasi Crosse Adelaidensis Crosse, eburnea Rve., funerea Gld., Quoyana Ad. = Huttoni Kob.; acutinodosa Rve. mit den Synonymen glandiformis Rve., zealandica Jacq. und lurida Phil., und C. filicea Crosse werden nur mit grossem Bedenken aufrecht erhalten.

Die Gattung *Eburna* wird anscheinend mit eigenem Masse gemessen, denn Tryon erkennt 14 Arten an, womit sich sogar Sowerby einverstanden erklären dürfte. Um consequent zu sein, hätte er wenigstens Molliana s. Valentiana, semipicta, chrysostoma und borneensis zu canaliculata und Formosae zu japonica ziehen müssen.

Um so schärfer verfährt er, und nicht mit Unrecht, bei *Phos*. In der Synonymie von Ph. senticosus wandern nicht weniger als zehn Arten, nämlich: muricatulus Gould, angulatus Sow., scalaroides A. Ad., filosus A. Ad., ligatus A. Ad., plicatus A. Ad., rufofasciatus A. Ad., fasciatus A. Ad., textilis A. Ad. und nodicostatus A. Ad. — Ph. Morrisii Dkr. und speciosus A. Ad. werden mit plicosus Dkr. vereinigt; — Ph. pyrostoma Rve., cancellatus Quoy, varians

Sow., spinicostatus Ad., Blainvillei Desh. mit textum Gmel. — borneensis Sow. und varicosus Gld. mit roseatus; — notatus Sow. mit pallidus; — turritus A. Ad. mit articulatus, — Cumingii Rve. mit gaudens; — antillarum Petit, Candei d'Orb. und Grateloupiana Petit mit Veraguensis Hds., textilinus Mörch mit Guadeloupensis Petit. —

Auch bei *Nassaria* findet ein bethlehemitischer Kindermord statt. Triton carduus Rve. und N. multiplicata Sow. werden zu nivea Gmel. gezogen; — mit acuminata Reeve werden bituberculāris A. Ad., suturalis A. Ad., recurva Sow., varicifera A. Ad., nodicostata A. Ad., sinensis Sow. und turrita Sow. vereinigt. Es bleiben somit nur noch 8 sichere Arten.

Nicht minder wird *Cyllene* auf sechs Arten reducirt, während mein Catalog 19 aufführt. C. sulcata A. Ad. und maculata A. Ad. kommen zu lyrata, C. fuscata A. Ad. und pallida A. Ad. zu lugubris; — C. Senegalensis Petit und orientalis A. Ad. zu Oweni Gray, die also gleichzeitig in Japan und am Senegal vorkommen soll; — C. Grayi Rve. glabrata A. Ad., striata A. Ad. und Guillaini Petit kommen zu pulchella Ad. et Rve. und diese philippinische Artengruppe möchte Tryon noch als glatte Varietät mit der westafrikanischen C. lyrata vereinigen!

Es ist gewiss ein verdienstliches Werk, der überhand nehmenden Artenfabrikation einmal ernstlich entgegen zu treten, aber man kann auch darin des Guten zu viel thun und ich möchte Herrn Tryon doch rathen, wenigstens die geographischen Gränzen einigermassen zu respektiren.

Diagnosen neuer Arten.

Von
W. Kobelt.

1. *Helix Florentiae Ponsonby* mss.

Testa anguste perforata, globoso-trochoidea, albida, maculis fuscis seriatim dispositis, serieque macularum majorum ad suturam varie ornata. Anfractus $5^1/_2$ convexi, irregulariter striati, regulariter crescentes, sutura lineari discreti, ultimus subteres, basi vix planatus, antice haud descendens. Apertura subcircularis, perparum lunata, parum obliqua, labio tenui, simplici, ad insertionem marginis basalis vix dilatato.

Diam. maj. 7, min. 6, 5, alt. 6, 5 mm.

Bei Tanger von Herrn Ponsonby entdeckt und mir unter obigem Namen mitgetheilt; sie gehört zur engeren Gruppe der Hel. apicina, hat aber eine ganz andere Figur.

2. *Helix Ponsonbyi* n. sp.

Testa anguste sed pervie umbilicata, depresse trochiformis, carinata, solidula, sordide cinereo-alba, ad suturam fusco-maculata nec non fascia distincta rufofusca supra carinam et lineis 4—5 angustis ad basin ornata. Anfractus 5 planiusculi, costulato-striati, regulariter crescentes, ultimus leviter dilatatus, convexior, distinctius costulatus, ad peripheriam carina distincta albo-serrata cingulatus, supra eam impressus, basi planatus et rectangulatim in umbilicum abiens. Apertura transverse ovata, ad carinam distincte angulata, marginibus vix conniventibus, supero producto, infero intus labio distincto fusco sat profundo munitus, ad insertionem vix dilatato.

Diam. maj. 10, min. 9, alt. 5 mm.

Einzeln um Oran, namentlich an den Abhängen des Monte Santa Cruz, am Felsen klebend. Debeaux nimmt sie irrthümlich für Hel. Pech'audi Bgt., welche ich nur für eine Varietät der Tlemcenensis, die Debeaux und ich auch um Oran gefunden, halten kann. Sie gehört in die Verwandtschaft der Hel. amanda Rossm.

3. *Helix sigensis* m.

Testa late et perspectiviter umbilicata, depressa, spira parum elevata, solidula, cretacea vel subtus fasciis rufo-fuscis ornata. Anfractus 5, superi convexiusculi, striati, sequentes costulati et carina irregulariter crenulata suturam sequente muniti, prope suturam impressi, anfractus ultimus supra parum convexus, carina filiformi albocrenulata utrinque compressa munitus, subtus inflatus et costulis albidis, quam superne distinctioribus sculptus, antice leviter descendens. Apertura angulato-ovata, parum lunata, peristomate simplici, marginibus conniventibus, callo tenuissimo junctis, basali intus labio albo distincto remoto incrassatus, ad insertionem leviter dilatato.

Diam. maj. 17, min. 14, alt. $5^1/_2$ mm.

Bei Nemours, in der Nähe des alten Portus sigensis von mir gesammelt und unter obigem Namen verschickt. Debeaux hat mir später dieselbe Form als Hel. Jolyana Bgt. bezeichnet, doch kann ich nicht finden, dass dieser Name irgendwie publicirt ist. Die Form lässt sich als eine gerippte depressula characterisiren.

4. *Helix Lemoinei Debeaux* mss.

Testa pervie umbilicata, depressa vel depresse-subglobosa, fere orbicularis, cretacea, fasciis latis fuscescentibus 4—5 cingulata, confertim costulato-striata, aperturam versus distinctius costata. Anfractus 6 convexi, subteretes, leniter crescentes, sutura lineari discreti, ultimus teres, basi tantum leviter planatus, antice perparum deflexus, pone aperturam distincte costulatus, costulis ad peripheriam subtuberculatim prominentibus. Apertura obliqua, fere circularis, parum lunata, peristomate obtuso, ad insertionem marginis basalis leviter dilatato.

Diam. maj. 16, min. 15, alt. 9—10 mm.

Diese Art, gelegentlich des letzten Aufstandes bei Tomadjeur a Nama im südlichen Oran gesammelt und mir von Debeaux zur. Veröffentlichung mitgetheilt, gehört zur Sippschaft der Helix oranensis, scheint aber doch genügend verschieden, um einen eigenen Namen zu verdienen.

5. *Helix andalusica* m.

Testa depressiuscula vel convexo-depressa, late umbilicata, umbilico ultra anfr. penultimum coarctato, solidula, lutescenti-albida, fusco varie fasciata et maculata. Anfractus 6 convexi, subtiliter costulato-striati, superi leniter crescentes, ultimus dilatatus, subteres, antice subito, sed haud profunde deflexus. Apertura ovato-rotundata, parum lunata, peristomate tenui, intus distinctissime labiato, marginibus conniventibus, basali ad insertionem perparum dilatato.

Diam. maj. 13, min. 11, alt. 7—9 mm.

Aus der Gruppe der Hel. caperata, von mir bei Algesiras auf Zwergpalmen in sehr schönen Exemplaren gefunden, nach Mittheilungen von Hidalgo weiter durch Spanien verbreitet.

6. *Helix simiarum* m.

Testa depresse-conoidea, anguste sed profunde umbilicata, subtiliter regulariterque costulato-striata, alba, fascia latiore saturate castanea suturam in spiram sequente super peripheriam nonnullisque minus distinctis ad basin ornata. Anfractus 5—6 parum convexi, regulariter crescentes, ultimus ad peripheriam subangulatus, antice breviter deflexus, basi planatus. Apertura subangulato-ovata, sat lunata, peristomate simplici distincte labiato.

Diam. maj. 9, min. 8, alt. 5 mm.

Auf dem Felsen von Gibraltar, nur in den höheren Regionen und an dem steilen Ostabhang, im Gebiet der Affen, von mir zahlreich gefunden, der derogata Rossm. nahestehend, aber durch den am Ausgang nicht erweiterten Nabel ausgezeichnet.

7. *Stenogyra decollata var. claviformis* m.

Differt a typo testa permagna distincte claviformi.

Alt. 50, diam. ad truncat. 8, anfr. ult. 25 mm.

Eine prächtige Form, welche durch ihre keulenförmige Gestalt von allen mir bekannten Varietäten sehr erheblich abweicht und wohl einen eigenen Varietätennamen verdient. Ich fand sie bei Nemours, und zwar nur diese Form.

8. *Pupa tingitana* m.

Testa rimato-perforata, fusiformi-turrita, spira gracili, cornea, costis obliquis, arcuatis, sat distantibus sculpta; anfractus 7 leniter crescentes, sutura profunda discreti, ultimus penultimi longitudinem fere duplo superans, basi in cristam obtusam compressus. Apertura ovata, subobliqua, peristomate marginibus conniventibus, callo tenui, prope insertionem marginis externi subtuberculifero subcontiguis, intus lamellis 6 coarctata: una compressa in pariete aperturali, duabus, supera majore, in margine basali, tribus parallelis in margine externo.

Alt. 7, 5 mm; variat minor, ventricosior.

Zur Gruppe Modicella gehörig, doch mit keiner der bekannten Arten zu vereinigen. Ich fand sie häufig an Kalkfelsen in den Bergen der Beni Hosemar gegenüber Tetuan.

9. *Pupa Algesirae* m.

Differt a praecedente, cui proxima, margine externo, lamellis duabus tantum armato nec non tuberculo calli parietalis multo distinctiore.

Von mir in Menge bei Algesiras an einem Kalkrücken gefunden, scheint von der vorigen constant durch das Fehlen der dritten Lamelle auf der Aussenwand verschieden, ist aber doch wohl nur Localvarietät davon.

10. *Pupa vasconica* m.

Testa fusiformi-turrita, spira gracili, apice obtusulo, rufescenti-cornea, subtiliter costulato-striatula; anfractus 8 convexi, sutura profunda discreti, leniter crescentes, ultimus penultimum parum superans, basi compressus, antice distincte ascendens, pone aperturam compressus et lamellis respondens leviter scrobiculatus. Apertura parva, truncato-ovata, peristomate incrassato, marginibus callo tenuissimo junctis, lamellis 6 coarctata: 2 in pariete aperturali, altera majore callum attingente prope insertionem marginis externi, altera profunda intrante parva, tertia ad initium marginis basalis, tribus parallelis, quarum infima ab apertura vix conspicua, extus translucentibus in margine externo.

Alt. 6, diam. 2, alt. apert. vix 1, 5 mm.

Bei Orduna in Biscaya von mir gefunden, nach Ansicht meines Freundes Boettger mit keiner bekannten Art zu vereinigen.

Excursionen in Spanien.

Von

W. Kobelt.

I. Längs der Küstenbahn.

1. Bis Barcelona.

Es war am dreizehnten März, als wir die spanische Gränze überschritten. Wir hatten bei prächtigem Wetter Cette am Vormittag verlassen, in der Hoffnung, am Abend in Barcelona einzutreffen, hatten aber unsere Rechnung ohne den Wirth oder richtiger ohne den spanischen Fahrplan gemacht. Als ich in Cerbère, der letzten französischen Grenzstation, unseren Conducteur fragte, ob wir in Portbou Aufenthalt genug hätten, um etwas zu essen, lachte er und meinte: O ja, bis zum anderen Morgen. Ich glaubte mich verhört zu haben, es war aber richtig, der Zug, welcher die Grenzstation schon um vier Uhr Nachmittags erreicht, geht nicht weiter. Da war nun nichts zu machen; wir fanden uns mit der spanischen Douane ab und mussten nun sehen, wo wir ein Obdach und etwas zu essen fanden.

Das schien nicht eben leicht, denn Porthou — oder wie der Catalonier sagt, Purwu, ist eigentlich noch gar keine Stadt; vor drei Jahren lagen an der kleinen unsicheren Bucht, welcher der Name eigentlich zukommt, nur ein paar Fischerhütten und ein Zollposten, und auch jetzt hat man noch nicht daran gedacht, ein Hotel zu errichten, obschon sich eine ganze Anzahl von Spediteuren und Beamten dort niedergelassen hat. Die Bahndirection sorgt nur für das Seelenheil ihrer Untergebenen; sie läst eine hübsche Kirche aus Pyrenäengranit erbauen und so lange diese noch nicht fertig ist, werden die Gläubigen allsonntäglich mittelst Extrazug unentgeldlich nach dem nächsten spanischen Dorfe befördert, dabei aber sorgsam überwacht, damit nicht auch Ungläubige die Gelegenheit zu einer billigen Fahrt benutzen. — Während wir aus der Entfernung die ärmlichen Häuser musterten, trat ein hochgewachsener Mann in blauer Blouse, spanische Alpargates — Sandalen mit Hanfsohlen — an den Füssen, auf uns zu und stellte sich uns als Inhaber eines Logirhauses vor. Wir folgten ihm und fanden in dem kleinen Hause nicht nur ein ganz passables Quartier, sondern auch eine sehr gute Verpflegung. Zum Ueberfluss trafen wir dort auch noch Landsleute, ein paar Monteure aus Nürnberg, die mit dem Zusammensetzen von Eisenbahnwagen beschäftigt waren. Es war ganz behaglich an dem prasselnden Kaminfeuer und wir beschlossen, ein paar Tage zu bleiben und mit unseren Landsleuten, die gerade unbeschäftigt waren, einige Excursionen in die Umgegend zu machen. Der Plan wurde leider zu Wasser, denn in der Nacht erhob sich ein tüchtiger Levante (Ostwind) und es begann a cantaros (kannenweise) wie der Spanier sagt, zu giessen. In den kurzen Pausen suchte ich die nächste Umgebung des Hauses ab, ich fand nur Helix vermiculata, aspersa, nemoralis und conspurcata. Todte Schalen von Helix punctata var. apalolena Bgt. lagen in Menge herum, aber unsere Wirthin versicherte uns, dass dieselben sämmtlich von Gerona in Catalonien stammten, von wo aus sie mitunter zum Essen nach Portbou gebracht würden.

Da keine Hoffnung auf baldiges Nachlassen des Regens war, entschlossen wir uns kurz und fuhren Mittags um ein Uhr mit dem einzigen Tageszuge, welcher zwischen Perpignan und Barcelona cursirt, weiter. Die Bahn ist eine ächte Gebirgsbahn; sie durchschneidet eine ganze Anzahl enger Thäler, welche vom Osthang der Pyrenäen ins Meer münden; Tunnels und enge, mit Oliven bepflanzte Thäler, welche eine reizende Aussicht auf's Meer bieten, folgen sich in steter Abwechslung, bis man in die flachereren Hügellandschaften Cataloniens eintritt. Mit den hohen Bergen verschwand auch der Regen, und das war gut, denn auf einmal hielt unser Zug und wir mussten aussteigen, weil ein Durchstich durch eingestürzte Felsmassen gesperrt war. Wir verschmähten die Tartanen, das ächt spanische Nationalfuhrwerk, das uns über die gesperrte Strecke hinüber befördern sollte, und gingen zu Fuss, um rasch etwas zu sammeln. Der Boden war mit stacheligem Gesträuch bedeckt, an dem es an Schnecken nicht fehlte. Massenhaft lagen Xerophilen, todt und lebend, herum; Hel. maritima, eine prächtige Varietät von cespitum, splendida Drp., carthusiana Müll, aspersa Müll., Stenogyra decollata L. und eine prächtige kleine blaue Form von Cyclostoma elegans Müll. bewiesen, dass wir uns schon völlig im Gebiet der Mediterranfauna befanden. Leider hatten wir nur sehr wenig Zeit zum Sammeln, denn auf der anderen Seite des Durchstichs hielt schon der andere Zug und sobald das Gepäck herübergeschafft war, ging es weiter, durch Catalonien, an dem uralten Gerona vorbei, nach Barcelona.

Mein Aufenthalt in Barcelona war zu kurz, um in der Umgegend ernstlich zu sammeln; aber auch ein längerer Aufenthalt würde mir schwerlich zu den von Herrn Servain dort neu entdeckten Helices geholfen haben, denn weder Herr Daniel Müller, der neben Insecten schon seit Jahren auch die Mollusken Cataloniens eifrig sammelt, noch Señor Grau, der Conservator des Martorell'schen Museums, noch der gute Don Luis Moxa, der Pfarrer von Sarria, welcher eine prächtige Conchyliensammlung besitzt, wussten das Geringste von diesen Novitäten. — An den Mauern der Ueberreste der Citadelle fanden wir einige verkümmerte Exemplare von Hel. Companyoi Aleron; sie dürfte von den Balearen importirt sein und ist jetzt, wo die Citadelle geschleift worden, um einem prächtigen Park Platz zu machen, im Aussterben begriffen. Neben ihr lebt noch Clausilia bidens L., doch nicht sehr häufig.

Unsere einzige Excursion bestand in der Besteigung des die Stadt beherrschenden Berges, welcher das Fort Montjuich, die Zuchtruthe der freiheitliebenden Stadt, trägt. Die Ausbeute war nicht glänzend; wir kamen offenbar für diese Gegend noch zu früh; Helix variabilis, pisana, punctata, Buliminus quadridens, Cionella folliculus und eine kleine Caecilianella, von der ich ein lebendes Exemplar unter einem Steine fand, waren Alles. Der Montjuich — der Mons jovis der Alten — besteht aus einem tertiären Sandstein, dessen Fauna wie es scheint noch nicht genügend erforscht ist. Freund Müller hat mir versprochen, die Petrefacten zu sammeln und mir zu genaueren Untersuchung zuzusenden.

Catalonien wird bei genauerer Untersuchung noch Manches bieten; eine catalonische naturforschende Gesellschaft ist in der Bildung begriffen und wird sich ausschliesslich der Erforschung ihrer schönen Heimathprovinz widmen. Der verstorbene Martorell hat der Stadt nicht nur seine Sammlungen, sondern auch ein sehr beträchtliches Capital vermacht, aus dem eben ein stattliches Museumsgebäude am Rande des neuen Stadtparkes errichtet wird. Bei dem stark ausgesprochenen Localpatriotismus der Catalonier, welche die Reste ihrer Fueros (Localrechte) den Castilianern gegenüber auf's Eifersüchtigste wahren, ist der jungen Gesellschaft eine rege Betheiligung sicher.

2. Tarragona.

Die Küstenbahn brachte uns beim herrlichsten Wetter in etwa sechs Stunden nach der alten Römerstadt Tarragona, der einstmaligen Hauptstadt von Hispania tarraconensis. Man fährt anfangs durch die Ebene, die Barcelona umgibt, dann folgt man dem grünen Thale des Llobregat bis zu der Stelle, wo die puente del Diablo, die uralte, von Hannibal zur Sicherung der Verbindung zwischen Tarragona und Barcino erbaute Brücke, ihn in einem einzigen Bogen überspannt. Hier kommt gleichzeitig der Monserrat in Sicht; wie eine Gewitterwolke steht dieser seltsamste aller Berge am Horizont; er trägt seinen Namen mit Recht, denn sein Rand ist gezackt wie eine Schrotsäge; ein tiefer Spalt theilt ihn bis zum Grunde herab. Gerne hätten wir ihm einen Besuch abgestattes, den man von der Station Martorell aus bequem in einem Tage ausführen kann, da eine Bahn nun unmittelbar an seinem Fusse vorbeiführt; es war aber für Molluskensammeln noch zu früh im Jahre und für anderweitige Excursionen hatten wir keine Zeit. Von da ab wurde die Gegend langweilig, die Bahn durchschnitt ein kahles Hügelland, das sich in den Durchstichen als ausschliesslich diluvial erwies. Mit Sonnenuntergang erreichten wir das Meer und längs ihm hinfahrend unser vorläufiges Reiseziel.

Auf Tarragona hatte ich grosse Hoffnungen gesetzt, denn es liegt auf Kalkboden, mein Murray sprach sogar von einem limestone rock of 700 feet elevation; daran musste es ja interessante Schnecken geben. Es gab auch Schnecken genug, aber eine Felsenfauna, auf die ich gehofft, existirte hier nicht; die versprechendsten Felsenwände, an denen es in Süditalien von Iberus gewimmelt haben würde, waren hier vollkommen schneckenleer. Besser sah es auf dem Boden aus. Eine ungemein wandelbare Xerophile, die man nach Belieben zu variabilis oder maritima stellen könnte, herrschte überall vor; daneben Leucochroa candidissima Drp., welche ich um Barcelona nicht gefunden. Sie scheint hier ihre Nordgränze zu erreichen, die Schale hat nicht die kreidige Beschaffenheit der südlicheren Formen, sondern sieht sich mehr elfenbeinartig an; nicht selten fanden wir auch Exemplare von dunklerer, gelblicher, in Lila spielender Färbung, bei denen nur der Apex und der Mundrand weiss waren, während andere undeutlich gebändert erschienen.

Anderswo sind mir solche Formen nicht vorgekommen. — Am Boden krochen Helix elegans und acuta herum, unter Steinen sass einzeln Helix punctata in prachtvoll grossen Exemplaren und an den Pflanzen hing Helix splendida, in ausgewachsenen Exemplaren selten, aber mitunter sehr gross, unausgewachsen dagegen massenhaft; diese Art erreicht ihr volles Wachsthum entschieden erst im Sommer, wie wir uns ein paar Tage später auch bei Valencia überzeugten. Häufig waren auch Cyclostoma elegans und Stenogyra decollata, Clausilia virgata, und unter Steinen Cionella folliculus und Pupa.

An einem zum Waschen dienenden Teiche fanden wir ausserdem noch Hyalina Draparnaldi unter faulem Holz in ziemlicher Menge, und ein einzelnes Exemplar von Hyal. crystallina.

Die Umgegend von Tarragona ist dem Oeconomen angenehmer, wie dem Touristen. Im Thale ist schon überall künstliche Bewässerung, wenn auch noch nicht so entwickelt, wie weiter südlich in den Vegas; die felsigen Hügel sind mit Oelbäumen und Karruben oder mit Reben bepflanzt. Die Gegend ist offenbar im Aufschwung begriffen; überall hat man Quintas (Landhäuser) angelegt, an deren Thoren meist ungemein hochtrabende Namen angeschrieben stehen. Dicht neben einander sehen wir Paris, Versailles, Tanger und Tetuan. Schnurgerade Strassen durchschneiden das angebaute Land nach allen Richtungen, man hat sie offenbar nur mit dem Richtscheit ohne Rücksicht auf Steigung und Fallen tracirt. Wir mussten ziemlich weit hinaus, ehe wir unbebautes Land fanden, doch war auch dort die Ausbeute nicht viel anders; auf den felsigen, mit einer prächtigen salbeiblätterigen Pulsatilla bewachsenen Hügeln fanden wir noch eine Varietät von Hel. Arigonis und Buliminus quadridens, und in den Bewässerungsgräben

Limnaea ovata und eine kleine, noch der Bestimmung harrende Bithynie.

Eine mehrere Stunden breite, wohlbepflanzte und bewässerte Ebene trennt Tarragona von den nächsten Sierren; wir hätten eine mehrtägige Excursion machen müssen, um dort zu sammeln, und dazu fehlte uns die Zeit. Auf dem Markte in Tarragona fanden wir nur eine Caracolera (Schneckenhändlerin), und die hatte nur ein Körbchen, das unausgewachsene Hel. vermiculata mit pisana und einigen punctata gemengt, enthielt; auch am Strande und im Flussgenist war nichts mehr zu finden, also — auf nach Valencia.

3. Valencia.

Die Bahn von Tarragona nach Valencia führt Anfangs durch prachtvoll angebautes Land, längere Zeit durch ausgedehnte Haselnusspflanzungen, dann durch dürre Haide, bis sie das fruchtbare Ebrodelta erreicht. Bei Tortosa, der ältesten Stadt Europa's — es hat sie kein Geringerer gegründet als der Erzvater Jubal höchstseligen Angedenkens — überschreitet man den Ebro auf einer langen Brücke, dann geht es in einen endlosen Olivenwald hinein, dessen Boden an Steinreichthum wie an Fruchtbarkeit dem steinigen Apulien nichts nachgibt, und dann folgt wieder eine endlose Haide, landwärts von kahlen Bergen eingefasst, von denen zahlreiche trockene Flussbetten, die für Südspanien characteristischen Ramblas, zum nahen Meere herablaufen. Wie eine Oase liegt das weinberühmte Benincarlo da, dann geht es wieder über die Haide, immer dem Meere entlang. Endlich treten die Berge näher ans Meer heran, schliesslich in es hinein, so dass die Bahn nur vermittelst einiger Tunnels passiren kann; noch ein Tunnel und wir halten im Bahnhof von Benicasin. So weit das Auge reicht, dehnt sich eine baumbepflanzte Ebene, zwischen den

Bäumen mit Waizenfeldern bedeckt, völlig wasserrecht, überall von Wassergräben durchschnitten, welche das belebende Nass auch dem kleinsten Feldstückchen zuzuführen gestatten. Wir sind in einer neuen Welt; mit goldenen Aepfeln beladene Orangenbüsche stehen in stundenlangen regelmässigen Reihen; schon sind sie wieder mit Blüthen bedeckt und erfüllen die Luft mit wahrhaft betäubendem Duft; Palmen und mit buntfarbigen glasirten Ziegel gedekte Kirchenkuppeln erheben sich über das dichte Grün. Wir sind in dem Garten von Spanien, in der Huerta de Valencia. Auch dem blödesten Auge muss es beim Betreten dieser Vega klar werden, dass er in eine andere Region gekommen ist; gerade wie man beim Passiren der Schlucht von Doncères auf der Strecke Lyon-Marseille aus dem mittleren Frankreich sich auf einmal in die Olivenregion versetzt findet, so gelangt man beim Passiren des Tunnels von Benicasin ganz unvermittelt und ohne Uebergang aus der Region der Olive in die der Orange und der Palme. Der Eindruck dabei ist derselbe, wie wenn man von Rom nach Neapel fahrend die Gegend von Terracina passirt und sich nun auf einmal in der üppigen Terra di Lavoro befindet.

Aber auch für den Malacologen ist die Gränze nicht minder scharf, als für den Botaniker. Hier bei Benicasin und dem benachbarten grösseren Castillon de la Plana beginnt das Gebiet der *Melanopsis*, welche für die spanische Orangenregion characteristisch ist. Von hier ab findet man sie in allen Wasserläufen in unendlicher Formenmannigfaltigkeit, doch immer leicht auf die Grundform der Melanopsis Dufourei zurückzuführen. Die Gattung Melanopsis ist in Spanien somit ausschliesslich auf die Orangenregion beschränkt, d. h. auf Andalusien und die Königreiche Murcia und Valencia, und gerade dieser Theil der Halbinsel ist es auch, der zur mauritanischen Provinz gerechnet und von der centralen Hochebene und dem nördlichen Gebirgslande getrennt werden muss. Seine Gränze nach Norden hin wird durch die Sierra Morena gebildet; im Pass von Despeñaperros, wo die Eisenbahn diesen mächtigen Gebirgsstock durchbricht, findet genau derselbe plötzliche Uebergang aus dem Norden in den Süden statt, wie bei Castillon de la Plana.

Die Bahn durchschneidet die Vega von Valencia; immer üppiger wird die Orangenpracht, welche ihren Höhepunkt in dem durch Rossmässlers Aufenthalt für den Malacologen klassisch gewordenen Burriana erreicht. Dann beginnen Waizenfelder und Maulbeerbäume vorzuherrschen, bis man, an einer monumentalen Arena für Stiergefechte vorbei, Valencia erreicht.

Die Stadt des Cid Campeador konnte uns trotz aller Reize nur für ein paar Tage fesseln, denn Neues war hier, wo Rossmässler und verschiedene spanische Conchologen, besonders Arigo, gesammelt, nicht zu hoffen. In dem Universitätsmuseum, dessen Stolz ein prachtvolles Wallfischscelett bildet, fanden wir noch die Spuren von Rossmässlers Aufenthalt, zahlreiche Binnenconchylien mit Etiketten von seiner Hand, leider jetzt verstaubt und vernachlässigt. Einen Besuch verdient das Museum trotzdem schon wegen seiner Vogelsammlung. Auf dem benachbarten Albuferasee geben sich im Winter die nordischen, im Sommer die nordafrikanischen Vögel Rendezvous, neben den nordischen Möven und Tauchern stehen darum Pelikan, Ibis und Flamingo, sämmtlich hier geschossen.

Auch der botanische Garten, die Schöpfung Cardonell's, verdient noch immer einen Besuch, obschon auch er traurig vernachlässigt ist und mit dem in Palermo keinen Vergleich aushalten kann. Wir hielten in ihm eine reiche Ernte von Helix splendida Drp. und Arigonis Rossm., den Characterschnecken der Vega von Valencia, in der man sie überall findet.

Den Schneckenmarkt fanden wir in Valencia besser versehen, als in Tarragona und Barcelona. Die Caracoleros nehmen hier eine eigene Abtheilung des Marktes ein und hatten eine Anzahl Körbe vor sich, in welchen sich die Schnecken, nach Art und Fundort gut geschieden, befanden. Helix alonensis Fer., die unter dem Namen Caracol serrano (Bergschnecke) für die feinste gilt, war in mehreren Formen vertreten, noch mehr lactea und Dupotetiana, ausserdem auch noch vermiculata und aspersa. Man darf aber durchaus nicht immer annehmen, dass eine Schnecke, die man auf dem Markte findet, auch aus der Umgegend stammt, auch dann nicht, wenn die Verkäufer das auf die erste Frage behaupten. Auch hier wurde mir das versichert, aber als ich den Caracoleros sagte, ich wolle die Schnecken nicht para comer (zum Essen) und müsse darum genau wissen, wo sie her seien, sagten sie mir, dass die prachtvolle Hel. lactea von Mallorka komme, Hel. Dupotetiana aber, wie ich aus ihrem Aussehen gleich vermuthet hatte, aus Oran. Seit Errichtung der Dampferlinien und Eisenbahnen hat sich in Südspanien ein sehr ausgedehnter Schneckenhandel entwickelt und besonders von Oran herüber kommen grosse Quantitäten; man erkennt sie sofort daran, dass sie die Spuren längerer Verpackung an sich tragen und muss darauf wohl achten.

Nur eine Excursion wollte ich uns in Valencia nicht versagen, die nach dem herrlichen Albufera de Valencia, dem grossen Süsswassersee, welcher sich zwischen Valencia und dem Meere, von letzterem nur durch eine schmale Dünenstrecke, die Dehesa, geschieden, ausdehnt. Albufera bedeutet im Arabischen See, es ist also Pleonasmus, wenn man von einem Albuferasee spricht. Man fährt, um den See zu besuchen, gewöhnlich mit der Bahn bis Silla und lässt sich von dort aus in einem Boote über den See nach der Dehesa fahren. Da es mir aber darauf ankam, möglichst viel von der Vega zu sehen, nehmen wir eine der landesüblichen Tartanen, ein zweirädriges Fuhrwerk mit zwei Längsbänken und mit Wachstuch überspannt, welches die Stelle unserer Fiaker vertritt, und liessen uns nach dem Fischerdörfchen Albufera bringen, das unmittelbar am Beginn der Dehesa liegt. Der Weg führt leider durch den wenigst schönen Theil der Ebene, anfangs durch langweilige Waizenfelder, dann von Ruzafa ab durch Reispflanzungen, welche im März, wo sie noch nicht ausgestellt sind, mit ihren schwarzen Algenfilzen, aus denen die Stoppeln hervorragen, weder dem Auge noch dem Geruchsorgan sonderlich angenehme Eindrücke bieten. In dem Dörfchen angekommen, entliessen wir unseren Fuhrmann und strebten dem Kiefernwalde zu, welcher die Düne bedeckt. Das Land unmittelbar hinter dem Dorf wird vom See zeitweise überschwemmt und lag offenbar erst seit kurzer Zeit trocken; in den austrocknenden Gräben und Lachen sammelten wir Limnaea palustris, vulgaris, Physa acuta, Bithynia tentaculata und eine kleinere Bithynie in Menge; auf dem Lande lag Helix maritima in Masse, doch meistens todt. Fast noch häufiger als Schnecken waren aber die Schlangen; ich habe nie ähnliche Mengen gesehen, fast bei jedem Schritte raschelten sie vor unseren Füssen und stürzten sich in die Gräben, an deren Rande sie sich sonnten. Es sind natürlich harmlose Nattern, die sich von Fröschen nähren; der Spanier scheut sie aber trotzdem und erzählt wunderbare Geschichten von den Riesenschlangen der Dehesa, welche ein ganzes Kaninchen auf einmal verschlucken können.

Auf der Dehesa selbst war es wunderschön. Der Spanier, namentlich der Südspanier, hat im Allgemeinen keine Idee von der Wichtigkeit des Waldes und vertilgt ihn schonungslos; aber der Valencianer hat doch eine Ahnung davon, dass die Existenz seines Kleinods, der Albufera, an dem Wald auf der Dehesa hängt und dass nach einer Abholzung der Landenge der schöne See rettungslos versanden müsse. Darum bilden hier die Strandkiefern einen wirklichen Wald und in demselben sieht es anders aus, als in unseren Dünen an Nord- und Ostsee. Zwischen den Kiefern wuchert die Zwergpalme, hier nicht der kümmerliche, verdorrte, von Ziegen verbissene Busch der Sierren, sondern mit so breiten und üppig saftgrünen Blättern, dass wir fast zweifelhaft waren, ob wir es mit Chamaerops oder nicht vielmehr mit Latania borbonica zu thun hätten; eben brachen überall die gelben Blüthentrauben hervor. Dazwischen stand ein fast mannshohes Solanum mit gelben Aepfeln und ein reizendes Helianthemum, die rosenartige weisse Blüthe innen an der Basis der Blumenblätter mit einem gelben Kern geziert. Wie ein Gruss aus der Heimath erschien unsere gelbe Immortelle, die mit einem Hieracium zusammen den Sand bedeckte; dazwischen wimmelte es von Eidechsen, grossen Heuschrecken und allem möglichem anderem Gethier. Auch an Schnecken fehlte es nicht, zu Tausenden bedeckten Xerophilenschalen den Boden, lebend fanden wir anfangs nur Helix pisana, dann auch maritima, acuta, pyramidata, trochoides; platt auf dem Sande lag die seltsame Helix explanata, die mir eigenthümlicher Weise hier zum ersten Male auf meinen sämmtlichen Reisen vorgekommen ist, und in den Palmenbüschen sassen tief verborgen Helix splendida, auch hier meistens noch unausgewachsen, und punctata. An dem Strande des hier ganz flach auslaufenden Sees, dessen Sandboden im Gegensatz zu dem gegenüberliegenden Gestade vollkommen pflanzenleer erscheint, krochen hunderte von Riesenexemplaren der Melanopsis Dufourei, mit ihren schweren Gehäusen Furchen in den Sand ziehend, ganz wie unsere Najaden. Mit ihnen zusammen lebten die oben erwähnten Süsswasserarten, ausserdem auch Planorbis subangulatus und Ancylus lacustris. Von Bivalven fand ich nur ein junges Exemplar von Unio valentinus Rossm. und eine junge Anodonta; ihre Heimath ist mehr der sumpfige Boden auf der gegenüberliegenden Seite. — Unter den ausgeworfenen Pflanzen fand sich ausserdem noch Succinea Pfeifferi Rossm.

Ueber unserem Sammeln war es drei Uhr geworden und wir mussten an den Heimweg denken. Umsonst sahen wir uns nach einem Boote um, das uns hinüber nach Silla an die Bahn bringen sollte, es liess sich keins blicken, und so blieb uns nichts übrig, als die drei guten Stunden, die uns von Valencia trennten, zu Fuss zurückzulegen. Anfangs fanden wir noch ein paar schöne Exemplare von Hel. Arigonis, dann hörte aber jedes Molluskenleben auf. Hunger und Durst machten sich natürlich auch geltend, aber umsonst suchten wir nach einem Ventorillo (Schenke), und das gelbe Grabenwasser, das man uns anbot, wollten wir denn doch nicht trinken. Erst dicht vor Valencia fanden wir ein Haus, in dem wir Wein und trinkbares Wasser bekommen konnten, und bald darauf auch eine Tartane, die uns zur Stadt zurück beförderte.

4. Cartagena.

In Valencia hört die spanische Küstenbahn auf; wer weiter nach Süden will, muss entweder den Dampfer nehmen oder die Diligence über Alicante und Elche benutzen, oder er muss den grossen Umweg über Chinchilla machen, wo sich von der Bahn Valencia-Madrid ein Schienenstrang nach Murcia und Cartagena abzweigt. In der Zeit der Aequinoctialstürme ist die letztere Tour immer noch die bequemste, obschon man unter allen Umständen eine Nacht durch fahren muss. In Spanien ist die Zeit noch kein Geld; Schnellzüge in unserem Sinne existiren eigentlich nur zwischen Madrid und der Grenze; sonst fahren auch die treni diretti behaglich langsam, die treni misti aber scheinen sich kaum mehr an eine bestimmte Fahrzeit zu binden und halten an allen Stationen unendlich lang, ohne dass man einsieht, warum. Zwischen Valencia und Cartagena hat man die Wahl, ob man mit einem treno diretto abfahren und mit einem misto ankommen will, oder umgekehrt; der Erfolg bleibt sich gleich. Wir entschlossen uns zu ersterem und verliessen Valencia Mittags um halb drei Uhr. Die Bahn führt anfangs durch einförmige Weizenfelder mit einzelnen Maulbeerbäumen, erst wenn man Silla am Albufera erreicht und nun aus dem Gebiete des Turia oder Guadalaviar in das des Jucar kommt, ist wieder Alles ein prangender Orangengarten und so bleibt es von dem auf einer Insel im Jucar liegenden Alcira bis zu dem weiter landein am Abhang prächtiger Sierren gelegenen Jativa. Hier ist einer der Glanzpunkte Südspaniens. Gerne hätten wir hier für einige Zeit Quartier gemacht, und der benachbarten Venta del Conde, der Heimath der Neritina Velascoi und der Melanopsis Graellsi einen Besuch gemacht, aber wir durften den Dampfer in Cartagena nicht versäumen, also vorüber. Hinter Jativa beginnt die Bahnstrecke zu steigen, Oelbäume treten an die Stelle der Orangen, dann kommt Haide mit einzelnen immergrünen Eichen. Gegen zehn Uhr erreichten wir das hochliegende Chinchilla, wo wir zwei Stunden Aufenthalt hatten. In dem geräumigen Restaurationslocale brannte ein tüchtiges Kaminfeuer, das man hier oben wahrhaftig brauchen konnte. Gegen Mitternacht kam endlich der Zug nach Cartagena und nun ging es weiter, erst über die Hochebene, dann steil hinunter in das Segurathal. In der Dämmerung durchfuhren wir eine trostlose Einöde, aber die aufgehende Sonne vergoldete die Palmen der Vega von Murcia, welche an Ueppigkeit und Schönheit der von Valencia zum mindesten gleichkommt. Da die Fauna dieser Gegend durch Guirao und Rossmässler genügend bekannt ist, hielten wir uns hier nicht auf, sondern fuhren gleich nach Cartagena weiter.

Es ist kaum ein grösserer Contrast denkbar, als zwischen der Vega von Murcia und der schaurigen Einöde, welche man durchfahren muss, um von Murcia nach Cartagena zu gelangen. Nackte, bleiche Thonfelder, ohne einen Baum, ja ohne eine Pflanze strecken sich weithin, nur an den wenigen Bahnwärterhäuschen stehen kümmerliche Exemplare des fieberkündenden Eucalyptus, von Anbau, von Menschen keine Spur. Und doch ist es derselbe Boden wie unten, nur dass ihm das Wasser fehlt!

Langsam ersteigt die Bahn die Passhöhe des Puerto de Cartagena; auch jenseits bleibt es noch geraume Zeit kahl, erst näher nach Cartagena hin treten Oelbäume auf und hier und da hat ein fremder Kaufmann sich eine Quinta (Landhaus) erbaut, in der er im Sommer Schutz sucht vor der verrufenen Gluthhitze von Cartagena. Vielfach haben Windmotoren neuester Construction die arabische Noria verdrängt, mit der man sonst überall in Spanien das Wasser aus den Brunnen heraufholt; aber trotzdem bleibt die Gegend wüstenartig und dürr, auch unmittelbar vor Cartagena, das wir gegen elf Uhr erreichten.

Bis zum Abgange des Messageriedampfers nach Oran blieben uns noch fünf Tage, uns sehr willkommen, denn die Umgebung von Cartagena ist noch nichts weniger als gründlich erforscht und mir war eine genaue Kenntniss derselben zur Vergleichung mit dem gegenüberliegenden Oran unerlässlich. Auf den ersten Blick sah sie freilich nichts weniger als verlockend aus, denn Dürre ist ihr vorherrschender Characterzug. Cartagena liegt am Rande eines fast ringsum geschlossenen Beckens, umgeben von hohen Bergen, deren Kuppen mit Befestigungswerken gekrönt sind; sie waren schon jetzt im März, nach einem besonders regenreichen Winter, völlig kahl, nur hier und da sprosste eine einzelne Liliacee. Die Stadt hat keinen Tropfen Quellwasser; ausgedehnte Cisternen versorgen sie nothdürftig mit Trinkwasser. Mit sehr geringen Hoffnungen zogen wir zu unserer ersen Excursion aus und waren auch richtig schon fast eine Stunde lang gegangen, ohne mehr zu erblicken als eine verirrte Helix vermiculata. Besonders auffallend war das vollständige Fehlen der gemeinen Strandxerophilen; weder pisana noch variabilis noch eine der kleineren Arten waren zu finden und auch bei meinen späteren Excursionen ist mir keine dieser Arten zu Gesicht gekommen, nur pisana sah ich in einer Tienda (Laden) verkaufen, sie war aber schwerlich in der näheren Umgebung gefunden. Erst als wir höher hinaufstiegen, fanden wir, was wir suchten, die schöne Helix carthaginiensis Rossm.; sie fand sich ausnahmsweise einmal an den Felsen, meist unter Steinen, war aber nichts weniger als häufig zu nennen; wir mussten Hunderte von grossen Steinen umdrehen, bis wir eine einigermassen befriedigende Anzahl zusammenbekamen. Mit ihr fand sich ebenfalls nur einzeln Helix lactea var. murcica Rossm. und fasst noch seltener die reizende kleine Helix murcica Guirao (derogata var. angulata Rossm.). Etwas häufiger war Cyclostoma mamillare Lam. in hübsch gefärbten Exemplaren; hier und da fand sich auch Cionella folliculus Gron. — Auf anderen Excursionen fand ich an dem Felsen einige wenige Exemplare von Pupa jumillensis Guirao, ausserdem an anderen Stellen Leucochroa candidissima in schönen grossen Exemplaren, einige Helix lenticula Fer., in einer steilen, zum Theil mit einer prächtigen Aristolochia bewachsenen Schlucht auch Helix splendida und auf den Höhen südlich vom Hafen in ziemlicher Anzahl Pupa granum Drp.

Damit war die Fauna anscheinend erschöpft, denn auch eine weitere Tour in die Berge der Sierra de Cartagena, den Schauplatz eines über alle Beschreibung regen Minentreibens, und bis an das Mar menor, eine salzige Lagune jenseits desselben, ergab keine weitere Ausbeute oder richtiger überhaupt keine Ausbeute, denn in der Sierra de Cartagena ist mir ausser Menschen und Maulthieren keine lebende Creatur, weder Schnecke, noch Insect, noch Eidechse, noch Vogel aufgestossen, ja mit Ausnahme einiger dorniger Büsche auch keine Pflanze. Nackt und kahl liegen die Berge da und man kann es kaum glauben, wenn man erfährt, dass sie noch vor fünfzig Jahren, vor dem Beginn des Minenschwindels, verhältnissmässig gut bewaldet waren.

Auf dem Markte in Cartagena fand ich zwar Schnecken genug, aber leider durchaus keine aus der Umgegend. Seit Eröffnung der leichten Verbindung mit Murcia und Oran haben die Caracoleros in Cartagena das mühsame Schneckensuchen in der Umgegend aufgegeben und sind Schneckenhändler geworden. So konnte ich zwar Helix alonensis nebst ihrer var. lorcana und Hel. lactea var. murcica aus den Sierren, welche die Vega von Murcia umgeben, in grosser Menge kaufen und noch mehr Helix Dupotetiana und punctata von Oran, carthaginiensis war aber nicht zu haben und soll nur dann und wann einmal bei dauerndem Regenwetter zum Verkaufe kommen.

Trotzdem reut mich der Aufenthalt in Cartagena nicht. Ich konnte mich später überzeugen, dass Cyclostoma mamillare (wie auch Helix Dupotetiana, welche Guirao und Rossmässler in den Bergen nach Murcia hin sammelten), durchaus nicht durch Südspanien so verbreitet sind, wie ich angenommen, sondern sich eben nur hier finden, während sie an den Säulen des Hercules vollständig fehlen. Schon dies macht es unmöglich, anzunehmen, dass sie über dort eingewandert seien und deutet, da ihr Vorkommen in den Gebirgen den Gedanken einer Einschleppung durch Menschenhand ausschliesst, auf eine directe Landverbindung mit dem gegenüberliegenden Oran; das von mir constatirte Fehlen der gemeinen Strandarten jenseits Cartagena (wie in Nordmarocco) scheint mir diese Hypothese noch sehr wesentlich zu unterstützen und lässt mich kaum noch daran zweifeln, dass in alten Zeiten die Landverbindung zwischen Spanien und Nordafrika mindestens bis zum Meridian von Oran und Cartagena zurückgereicht hat.

Am ersten April verliessen wir mit dem Messageriedampfer Cartagena und fuhren nach Oran; meine Excursionen in dieser Provinz habe ich schon früher in dem Nachrichtsblatte eingehend beschrieben.

(Fortsetzung folgt.)

Diägnosen neuer Arten.

Von

Th. Löbbecke.

1. *Conus Weinkauffii Löbbecke.*

Testa regulariter conica, sat magna, ponderosa, laeviuscula, lineis incrementi tenuissimis, superne arcuatis, ad basin liris distinctis distantibus, regulariter dispositis, castaneo articulatis sculpta, alba, maculis nigro-castaneis quadrangularibus, interdum confluentibus, majoribus et minoribus, fasciatim et strigatim dispositis ubique ornata; spira plus minusve elata, castaneo maculata, anfractibus 11—12 subgradatis, apice regulariter conico, exserto; anfractus ultimus superne obtuse angulatus, supra angulum leviter excavatus, basi rugosus, rotundatus. Apertura intus alba, maculis externis ad labrum tenuem, acutum, supra profunde excisum translucentibus.

Alt. 80, diam. maj. 42, long. apert. 68 mm.

Hab. ad Novam Caledoniam? — Spec. 2 exstant in museo Löbbeckeano.

2. *Ostrea Lischkei Löbbecke.*

Concha mediocris, solida, irregulariter quadrangularis vel rarius elongata, umbonibus ad angulum sitis; valva superior planiuscula, extus griseo-albida, marginem versus irregulariter foliacea, inferior convexa, marginibus plus minusve angulatim elevatis, vel cymbiformis. Latus internum coeruleo-albidum, ad impressionem muscularem nec non in parte anteriore saturate nigro-violaceo tinctum, pulcherrime irisans, et laete fusco-luteo limbatum; vertices sinistrorsi, areis distinctis triquetribus hiantibus; margines integri.

Long. 80—90 mm.

Hab. ad insulam Ceylon; prope Bentotte litoris occidentalis legit clarissimus Dr. Lischke.

Literatur.

Dunker, Guilielmo, *Index Molluscorum Maris Japonici, conscriptus et tabulis iconum XVI illustratus a ......* Cassellis 1882.

Derselbe Verfasser, welcher 1861 mit seinen Mollusca japonica den ersten Versuch einer Monographie der Meeresmolluskenfauna des damals noch kaum erschlossenen Japan machte, bietet uns heute die Zusammenstellung dessen, was wir gegenwärtig von den Meeresmollusken dieser Gegenden wissen. Damals genügten 34 Seiten und drei Tafeln, heute liegt ein von Th. Fischer prächtig ausgestatteter Band von 300 Seiten vor und trotz der vielen seither aus Japan publicirten Arten waren immerhin noch 16 Tafeln nöthig, um die noch nicht oder doch noch nicht genügend abgebildeten Mollusken zur Darstellung zu bringen. Der Herr Verfasser hat nicht nur seine eigene umfangreiche Sammlung zur Verfügung gehabt, sondern auch das gesammte Material, auf welches die Lischke'schen Monographieen sich gründen. Authentisches Material von sicheren Fundorten erhielt er von den Herren Prof. Rein, Legationssecretär Dr. Ernst Satow in Tokio, Prof. D. Brauns in Tokio und ganz besonders Herrn Prof. W. Burchardt in Bückeburg, welchem das ganze Werk gewidmet ist.

Wenn wir an dem schönen Werke etwas auszusetzen haben, so ist es das, dass der Verfasser unterlassen hat, eine vergleichende Gegenüberstellung der japanesischen und der neuerdings durch Martens so vollständig aufgezählten mascarenischen Fauna zu geben; wir werden dieselbe vielleicht später einmal wenigstens für einige der wichtigeren Familien versuchen.

Von neuen oder noch ungenügend bekannten Arten — die zahlreichen Adam'schen sind leider dem Verfasser nur zu einem ganz geringen Theile zugänglich geworden — werden folgende abgebildet: Murex pliciferus Sow. t. 4 fig. 1. 2, bisher unbekannten Fundortes; — Murex rota Sow. var. t. 2 fig. 3, von den Exemplaren aus dem rothen Meer unterschieden durch kürzere, breitere, vorn gefiederte Varices; Murex foliatus Mart. var. t. 4 fig. 10. 11 mit schmäleren Varices und obsoleter Spiralsculptur; — Trophon luculentus Rve. = fimbriatus Hinds t. 1 fig. 3. 4; — Fusus lacteus Dunker t. 3 fig. 11. 12, auf dasselbe Exemplar gegründet, welches ich als F. Löbbeckei Dkr. nach einer Dunker'schen Etikette beschrieben, welchem Namen jetzt der jüngere nachstehen muss, da ihn auch Tryon bereits angenommen; — pagoda Lesson t. 1 fig. 8—10; — Neptunea plicata A. Adams t. 3 fig. 1. 2, nach einem im Senckenbergischen Museum befindlichen Exemplare; — Nept. lurida Ad. t. 3 fig. 3. 4, ebenso, wohl nur kleine Varietät von arthritica;

— Siphonalia signum Rve. var. t. 3 fig. 9. 10, durch lividblaue Färbung und grosse braune Flecken ausgezeichnet; — S. longirostris Dkr. t. 1 fig. 13. 14; — Euthria viridula Dkr. t. 3 fig. 5—8, die beiden auch vom Referenten in seiner Monographie der Gattung abgebildeten Formen; — Drillia subauriformis Smith t. 4 fig. 5—7; — Ranella bufo Chemn. var. = bufonia Gmel., durch glättere Form und die Färbung ausgezeichnet; — Purpura Heyseana n. sp. t. 15 fig. 10. 11; — Rapana de Burghiae Rve. t. 1 fig. 5—7; — Rapana Lischkeana Dkr. p. 43 t. 1 fig. 1. 2 t. 13 fig. 26. 27; — R. japonica Dkr. p. 43 t. 13 fig. 24. 25, alle drei Rapana wohl zu Latiaxis zu rechnen; — Separatista Chemnitzii A. Ad. t. 2 fig. 1. 2; — Leptoconchus rostratus A. Adams t. 6 fig. 20. 21; — Fasciolaria glabra Dunker p. 48 t. 12 fig. 15. 16, einer zwerghaften filamentosa nicht unähnlich; — Mitra Hanleyi Dkr. = Wrigthi Crosse t. 2 fig. 6. 7; — Mitra Bronnii Dkr. = Suluensis Smith nec Ad. et Rve. = fuscoapicata Smith t. 5 fig. 5. 6; — M. Kraussii Dkr. t. 5 fig. 11. 12; — Amycla Burchardi Dkr. t. 4 fig. 3. 4; — Natica (Lunatia) Adamsiana Dkr. t. 13 fig. 5. 6; — Neverita Reiniana Dkr. t. 4 fig. 15. 16; — Terebra Lischkeana Dkr. t. 5 fig. 13—16; — Ter. Löbbeckeana Dkr. t. 5 fig. 17. 18; — Ter. triseriata Gray t. 5 fig. 19. 20; — Turbonilla multigyrata Dkr. p. 79 t. 13 fig. 18—20; — Conus pauperculus Sow. t. 2 fig. 4. 5; — Radius Adamsii (Volva) Dkr. t. 13 fig. 3. 4; — R. Carpenteri (Volva) Dkr. t. 13 fig. 1. 2; — Trichotropis unicarinata Sow. t. 1 fig. 11. 12; — Cerithium Kobelti Dkr. t. 4 fig. 8. 9; — Vertagus Pfefferi Dkr. t. 4 fig. 12—14; — Bittium scalatum Dkr. p. 108; — Lampania aterrima Dkr. p. 109 t. 5 fig. 7. 8; — Crepidula grandis Midd. t. 6 fig. 1. 2; — Capulus badius Dkr. p. 124 t. 13 fig. 15—17; — Collonia rubra Dkr. p. 128 t. 12 fig. 7—9; — Coll. purpurascens Dkr. p. 129 t. 12 fig. 1—3; — Uvanilla

Heimburgi Dkr. p. 130 t. 6 fig. 6—7; — Umbonium Adamsi Dkr. p. 135 t. 5 fig. 3—5; — Monodonta neritoides Phil. t. 6 fig. 22. 23; — Oxystele Koeneni Dkr. p. 142 t. 12 fig. 4—6; — Enida japonica A. Ad. t. 12 fig. 17. 18; — Stomatia rubra Lam. t. 6 fig. 11—13; — Haliotis exigua Dkr. p. 148 t. 6 fig. 8—10; — Lucapina Sieboldi Rve. var. t. 6 fig. 14. 15 = L. Pfeifferi Dkr. Mal. Bl. XXIV. p. 17; — Dentalinm japonicum Dkr. t. fig. 2; — Dent. Weinkauffi Dkr. t. 5 fig. 1; — Actaeon giganteus Dkr. p. 160 t. 2 fig. 8. 9; — Buccinulus fraterculus Dkr. p. 161 t. 13 fig. 21—23; — Hydatina inflata Dkr. 1. 2 fig. 14—16; — Cylichna semisulcata Dkr. p. 163 t. 13 fig. 7—9.

Parapholas piriformis Dkr. p. 171 t. 14 fig. 7; — Gastrochaena grandis Desh. t. 14 fig. 10. 11; — Clavagella ramosa Dkr. p. 172 t. 16 fig. 1. 2; — Solen Gouldii Conrad t. 16 fig. 11 = S. gracilis Gld. nec Phil.; — Ensiculus marmoratus Dkr. t. 7 fig. 24; — Ens. Philippianus Dkr. t. 7 fig. 23; — Macha divaricata Lischke t. 7 fig. 26; — Novaculina (Siliquaria) constricta Lam. t. 7 fig. 25; Lyonsia praetenuis Dkr. p. 180 t. 7 fig. 13; — Theora lubrica Gould t. 7 fig. 20—22; — Myodora triangularis A. Ad. t. 7 fig. 11. 12; — Trigonella Crossei Dkr. t. 7 fig. 1—4; — Tr. straminea Dkr. p. 183 t. 7 fig. 5. 6; — Donax semigranosus Dkr. = Dysoni Lischke nec Desh. t. 7 fig. 14—16; — Donacilla picta Dkr. t. 7 fig. 7—10; — Dosinia gibba A. Ad. t. 8 fig. 4—6; — Dos. orbiculata Dkr. t. 8 fig. 12—14; — Tapes Greeffei Dkr. t. 8 fig. 15—17! — Rupellaria semipurpurea Dkr. p. 208; — Petricola japonica Dkr. p. 209 t. 9 fig. 4—6; — Cardium Burchardi Dkr. t. 15 fig. 4—6; — Cardium Bechei Ad. et Rve. t. 15 fig. 1—3; — Lucina contraria Dkr. p. 215 t. 15 fig. 12—14; — L. corrugata Dkr. p. 216 t. 8 fig. 9—11; — Lepton subrotundum Dkr. p. 219 t. 14 fig. 12. 13; — Solenomya japonica Dkr. p. 220 t. 14 fig. 3; — Crassatella japonica

Dkr. = donacina Rve. nec Lam; — Modiola Hanleyi Dkr. p. 223 t. 16 fig. 3. 4; — Lithophaga Zitteliana Dkr. p. 227 t. 14 fig. 1. 2. 8. 9; — Avicula coturnix Dkr. p. 228 t. 10 fig. 1. 2; — Av. brevialata Dkr. p. 229 t. 10 fig. 3—5; — Av. Lovèni Dkr. p. 229 t. 10 fig. 6; — Av. Martensii Dkr. p. 229 t. 10 fig. 7—8; — Scapharca Satowi Dkr. p. 233 t. 9 fig. 1—3; — Sc. Troscheli Dkr. p. 234 t. 14 fig. 14. 15; — Pectunculus fulguratus Dkr. p. 236 t. 14 fig. 18. 19; — Pect. rotundus Dkr. t. 16 fig. 9. 10; — Pect. vestitus Dkr. p. 236 t. 16 fig. 7. 8; — Limopsis Woodwardi A. Adams t. 16 fig. 5. 6; — Pecten crassicostatus Sowerby var. aurantia t. 13 fig. 28; — P. squamatus Gmel. t. 11 fig. 14; — P. irregularis Sow. nec Kstr. t. 11 fig. 2. 15; — P. Jickelii Dkr. = trifidus Dkr. olim p. 241; — P. vesiculosus Dkr. t. 11 fig. 1; — P. spectabilis Rve. t. 11 fig. 12. 13; — Vola puncticulata Dkr. t. 11 fig. 10. 11; — Lima japonica Dkr. t. 11 fig. 8. 9; Plicatula cuneata Dkr. t. 11 fig. 3; — Pl. muricata Ad. t. 11 fig. 4; — Pl. horrida Dkr. p. 247 t. 11 fig. 6. 7; — Pl. rugosa t. 11 fig. 5.

Terebratula Blanfordi Dkr. p. 251 t. 14 fig. 4—6. — In einem Nachtrag wird noch beschrieben: Euchelus Smithi p. 259 t. 6 fig. 16—19.

Der Gesammtcharakter der Fauna Japans hat durch die aufgeführten neuen Arten keine Aenderung erfahren, höchstens ist die Procentzahl der mit dem indischen Ocean gemeinsamen Arten gestiegen, da sowohl Burchard als Rein und Satow vorwiegend im Süden des Inselreiches gesammelt haben. Da genauere Fundortsangaben und namentlich Angaben über die Verbreitung der einzelnen Arten innerhalb des japanischen Faunengebietes bis jetzt noch fehlen, lässt sich noch nicht angeben, ob die nördliche und die südliche Fauna allmählig in einander übergehen, oder ob sie an irgend einem Punkte scharf geschieden sind. Die mir zugänglichen Karten zeigen die Meeresströmungen nicht genau genug, um mir darüber eine Ansicht bilden zu können und es muss somit der Localforschung überlassen bleiben, hier Aufklärung zu schaffen.

Der Dunker'sche Index wird vorläufig die Grundlage für die weitere Erforschung der japanischen Meeresconchylienfauna bleiben und darf darum in keiner grösseren Bibliothek fehlen. K.

Beiträge zur Kenntniss der südamerikanischen Landconchylien.

Von

Dr. H. Dohrn.

(Hierzu Tafel 3.)

---

1. *Ammonoceras nitidulus* n. sp.

Testa anguste umbilicata, tenuis, depressa, laevis, nitidissima, albido-hyalina; spira subplana, apice obtuso; sutura vix impressa anguste filomarginata; anfractus $4^1/_2$ subplani, sensim accrescentes, ultimus antice non descendens, basi depressus; umbilicus pervius; apertura vix obliqua, depresse-lunaris; peristoma rectum, acutum, marginibus distantibus, supero arcuato, basali recedente, columellari angulatim ascendente, circa umbilicum breviter protracto, patente.

Diam. maj. 7, min. 6, alt. 3, ap. lat. 3 mm.

Habitat ad fluvium Amazonas in provincia Pará.

Nah verwandt mit Helix Surinamensis Pfr., jedoch mit platterem Gewinde und weniger gewölbten Umgängen. An der Unterseite erscheint der letzte Umgang breiter, der Nabel dagegen enger.

Ob Zonites decoloratus Drouet von H. Surinamensis Pfr. verschieden ist, bleibt mir fraglich.

2. *Ammonoceras amazonicus* n. sp.

Testa perforata, tenuis, depressa, laevigata, nitidissima, pallide cornea; spira vix convexa apice obtuso; sutura anguste filomarginata; anfractus $4^1/_2$ subplani, sensim accrescentes, ultimus basi convexiusculus, antice non descendens; umbilicus vix pervius, punctiformis; apertura parum obliqua, rotundato-lunaris; peristoma simplex, rectum, acutum, marginibus distantibus, basali recedente, collumellari patente vix reflexo.

Diam. maj. $7\frac{1}{2}$, min $6\frac{1}{2}$, alt. $3\frac{1}{2}$, ap. lat. $3\frac{3}{4}$ mm.

Habitat cum praecedente.

Von der vorigen nah verwandten Art durch Färbung, ganz engen Nabel, gewölbtere Unterseite und dadurch bedingte rundere Mundöffnung verschieden.

3. *Ammonoceras trochilionoides* Orb.

Pfeiffer ist zweifelhaft, ob H. spirillus Gould von Lima als Synonym hierher gehört. Ich besitze ein typisches Exemplar von Gould und kann daher die Identität beider bestätigen. Der Mundrand zeigt bei beiden die charakteristischen Bogenlinien von Streptaxis, wie das auch in den Abbildungen bei Orbigny, Gould und Férussac zum Ausdruck gelangt ist.

Bei der grossen Aehnlichkeit der Schale dieser Arten mit der von Hyalina ist es ausserordentlich schwer, zu erkennen, ob man einen Streptaxis mit einfachem Mundrande vor sich hat. Nach meiner bisherigen Erfahrung ist nur die doppelte Ausbuchtung des oberen und unteren Mundrandes als Erkennungszeichen zu verwerthen, dazu vielleicht ein eigenthümlich alabasterner Charakter der Schale, der sich freilich schwer beschreiben lässt. Dass aber ein geübtes Auge solche Textur-Unterschiede oder Aehnlichkeiten wohl sehen kann, selbst bei glashellen und dicken Schalen, halte ich nach meinen Erfahrungen bei Ennea, Gibbulina, Hapalus, Streptostele für erreichbar.

Das mir vorliegende Material der betreffenden kleinen Formen von Streptaxis, Macrocyclis, Hyalina etc. aus Südamerika ist leider zu dürftig, um danach eine begründete Sonderung vorzunehmen; immerhin genügt es, um zu erkennen, dass Pfeiffer's Versuch dazu in seinem Nomenclator vollständig verfehlt ist. Er hat die nächstverwandten Formen in unbegreiflicher Weise auseinander gerissen; so stellt er Helix Flora und vitrina zu Ammonoceras, die nächstverwandte H. euspira zu Macrocyclis, — H. orbicula (siehe die folgende Art) zu Ammonoceras, H. chalicophila zu Scolodonta — H. paucispira zu Macrocyclis, H. alicea zu Microphysa, H. Smithiana zu Hyalina — H. Thomasi zu Streptaxis, H. Guayaquilensis zu Hyalina — etc. etc., die jedesmal nahe zu einander gehören; dagegen steckt er unter Ammonoceras, Macrocyclis etc. die heterogensten Formen zu einander, welche, wie H. Schärfiae, laxata, Franklandiensis gar nichts mit einander zu thun haben. Seine Gruppirung ist freilich an andern Stellen auch nicht glücklicher, was auch begreiflich wird, wenn man bedenkt, dass er dieselbe ohne Vergleichung von Exemplaren, wenn auch nicht begonnen, so doch beendigt hat, da seine Sammlung schon lange vorher in meinen Besitz übergegangen war.

5. *Helix gyroplatys* n. sp.

Testa latissime umbilicata, depressa, subdiscoidea, tenuis, nitida, albida, sub-hyalina, vix striatula; spira plana, sutura distincta; anfractus 5 parum convexi, modice accrescentes, ultimus rotundatus, antice non descendens; apertura rotundato-lunaris, parum obliqua; peristoma simplex, acutum, rectum, marginibus distantibus, callo parietali tenuissimo junctis, supero leviter arcuato; umbilicus $^3/_7$ diametri subaequans.

Diam. maj. $6^1/_2$—7, min. 5—6, alt. 2, ap. lat. 2 mill.

Habitat in provincia Antioquia Novae Granadae (Wallis).

Helix alicea Guppy von Trinidad ist von unserer Art durch die kantig gewölbten Windungen, eine Abplattung der Basalfläche der letzten Windung und die breite Mundöffnung verschieden.

Ob H. gyroplatys zu Macrocyclis oder Hyalina oder gar

wie Pfeiffer mit einigen sehr ähnlichen Arten es macht, mit den Ophiogyren zusammen zu stellen sei, ist mir noch zweifelhaft; dass sie mit Streptaxis nicht zusammengehört, scheint mir sicher zu sein.

5. *Helix suborbicula* n. sp.

= H. orbicula Pfr. Mon. Hel. I. p. 111 (nec Orbigny), H. orbicula Pfr. Chemn. Ed. II. Helix t. 83 fig. 32—34. (Fig. mala!)

Das von Pfeiffer l. c. beschriebene Exemplar liegt mir nebst einem zweiten Stück unbekannten Fundortes vor. Bei etwas über 11 mm Durchmesser hat es nur 7 Windungen, hat gelblich-grüne Epidermis und eine Nabelweite von nur 4 mm. Bei H. orbicula dagegen, wie sie Deshayes (Fér. hist. I. p. 86 t. 83 fig. 5. 6) nach den Originalen Orbigny's beschreibt und abbildet, hat ein gleich grosses Exemplar 9 Umgänge, ist also viel enger gewunden, mit einer gelblich weissen Epidermis und einem Nabel, welcher mehr als die Hälfte der Unterseite einnimmt. Die Abbildung in Chemnitz ist ganz schlecht, sie zeigt nur $4^1/_2$ Umgänge. Reeve gibt (Conch. ic. No. 602) eine rohe Abbildung, welche aber, nach der Nabelweite zu urtheilen, die ächte H. orbicula Orb. darstellen soll.

Mit H. chalicophila Orb. hat unsere Art gleiche Epidermis und gleichen Nabel, ist aber nicht so eng gewunden. Von letzterer liegen mir Exemplare aus dem südöstlichen Theile von Peru vor, welche bei nur 8 mm Durchmesser bereits $6^1/_2$ Windungen haben, und vollkommen mit Beschreibung und Figur bei Orbigny und Férussac übereinstimmen.

H. orbicula steht etwa in der Mitte zwischen H. chalicophila Orb. von Bolivia und H. Thomasi Pfr. von Neu-Granada.

7. *Solaropsis rugifera* n. sp.

Testa late umbilicata, deplanata, tenuis, oblique rugosoplicata, plicis subtus evanescentibus, fulvo-cornea, ad suturam flammulis, fasciisque 2 angustis in mediam anfractum rufis ornata; spira plana, apice laeviuscula; sutura satis profunda; anfractus fere 5 convexi, ultimus rotundatus, antice non descendens; umbilicus $^1/_4$ diametri aequans, infundibuliformis; apertura parum obliqua, rotundato-lunaris; peristoma —.

Diam. maj. 26, min. 22, alt. 12 mm.

Habitat in Peruvia orientali.

Ich besitze leider nur ein nicht vollständig ausgewachsenes Exemplar dieser Art, welches ich vor Jahren mit einer Anzahl anderer Arten aus dem östlichen Peru erhielt. Da die Sculptur dieser Art sehr bemerkenswerth von der aller verwandten Formen abweicht, so habe ich mich entschlossen, eine freilich unvollkommene Beschreibung derselben zu geben, in der Hoffnung, dass von irgend einer Seite her deren Ergänzung erfolgen werde.

Helix selenostoma, welche in der Form am nächsten steht, ist enger gewunden, verhältnissmässig höher, und viel enger genabelt.

7. *Solaropsis diplogonia* n. sp.

Testa umbilicata, depressa, tenuis, undique granulata, corneo-albida, fasciis 3 angustis interruptis et maculis rufis sparsim picta; spira parum elevata, apice plana; sutura profunda; anfractus 4—4$^1/_2$, prope ad suturam et peripheria angulati, inter angulos subplani, ultimus basi convexus, circa umbilicum angustum compressus, antice vix descendens; apertura parum obliqua, truncato-ovalis; peristoma tenue, marginibus callo tenui junctis, dextro expansiusculo, basali subreflexo, columellari dilatato, patente.

Diam. maj. 19, min. 16, alt. 11, ap. lat. 11 mm.

Habitat in Peruvia orientali.

Ich erhielt von dieser Art gleichzeitig mit der vorigen

drei Exemplare. Sie steht der Hel. andicola Pfr. sehr nahe, doch tragen die drei Stücke gleichmässig die zwei Winkel auf den Windungen, deren Pfeiffer nicht erwähnt; Hel. quadrivittata Hidalgo hat einen umgeschlagenen Spindelrand, welcher den Nabel schliesst, kommt aber sonst, abgesehen von der Zeichnung, der vorliegenden Art noch näher.

8. *Solaropsis elaps* n. sp.

Testa anguste umbilicata, depresse globosa, tenuis, striatula et undique minute granulata, fulvo-cornea, fasciis pluribus angustis interruptis ornata; spira obtusissima, depresse-globosa; sutura profunda; anfractus 5 convexi, rapide accrescentes, ultimus rotundatus, circa perforationem compressus, antice descendens; apertura parum obliqua, rotundato-lunaris; peristoma tenue, expansiusculum, marginibus distantibus, columellari dilatato, patente.

Diam. maj. 15½, min. 14, alt. 10½, alt. lat. 8 mm.

Habitat in provincia Pará ad fluvium Tapajos.

Die kleinste bisher bekannte Art von Solaropsis, durch ihre kugelige Gestalt von allen Uebrigen verschieden.

9. *Solaropsis Pascalia Caillaud.*

In der Castelnau'schen Reise gibt Hupé eine Beschreibung und Abbildung dieser schönen Art unter dem Namen H. amazonica Pfr. Beide sind aber nach Pfeiffer's Beschreibung und Reeve's Abbildung der Letzteren zu schliessen, ziemlich verschieden. Ich erwähne dies, weil Pfeiffer nachher ohne Weiteres Hupé zu seiner H. amazonica citirt. Hel. Pascalia ist nicht gerade selten in den Sammlungen, während ich mich nicht erinnern kann, H. amazonica ausser in Cuming's Sammlung gesehen zu haben.

10. *Bulimus (Eurytus) callistoma* n. sp.

Taf. 3, fig. 1. 2.

Testa succinoida, imperforata, tenuis, pellucida, corneoflava, strigis irregularibus et maculis albido-picta, ad suturam fusco-fasciata; spira conica, acutiuscula; sutura distincta; anfractus 4, celerrime accrescentes, superi striati, ultimus striatus et dense granulatus, permagnus, basi dilatatus, rotundatus, antice valde descendens; apertura ampla, acuminato-ovalis; peristoma tenue, violaceo-roseum, undique expansum et reflexum, marginibus callo lato, tenui, fusco-violaceo junctis, columellari arcuatim ascendente; columella ad apicem spirae aperta.

Long. 29, diam. 15, ap. long. 22, lat. 14 mm.

Habitat in provincia Antioquia Novae Granadae.

Am nächsten verwandt dem B. succinoides Pet. aus derselben Gegend, durch die rothe Lippe ausgezeichnet. Alle andere Arten dieser Gruppe haben ein erheblich höheres Gewinde und kleinere Mundöffnung.

11. *Bulimus Semperi* n. sp.

Taf. 3, fig. 3—5.

Testa rimata, acuminato-oblonga, oblique regulariter plicato-striata, tenuis, semipellucida, rufocornea, fusco sparsim punctata et flammulata; spira conica, acutiuscula; anfractus $5^1/_2$ vix convexi, celeriter accrescentes, ultimus elongatus, antice valde descendens, basi rotundatus; apertura obliqua, ovalis, intus concolor; peristoma album, subincrassatum, breviter expansum et reflexum, marginibus callo albido junctis, columellari dilatato, rimam columellarem semioccultante.

a. Long. 43, diam. 18, ap. long. 11, lat. 13 mm.
b. „ 37, „ 17, „ 19, „ $12^1/_2$ mm.

Habitat Sonson in provincia Antioquia Novae Granadae (Wallis).

Zwei Exemplare dieser Art aus der Sammlung von Herrn O. Semper in Altona.

B. Semperi steht ziemlich isolirt unter den Eurytus-Arten von Columbien und ähnelt am meisten dem B. floccosus Spix in der ganzen Gestalt, durch die ungewöhnlich kleine Mundöffnung von allen verwandten Arten weit abweichend.

12. *Odontostomus Ciaranus* n. sp.

Taf. 3, fig. 9.

Testa subperforata, oblongo-fusiformis, obsolete plicato-striata, alba, subnitens, solidula; anfractus 9, parum convexi, primi 6 conice accrescentes, inferiores subcylindracei, ultimus basi compressus; apertura subverticalis truncato-ovalis, quadridentata, dente 1 compresso, sinuoso, oblique descendente, columellari, 3 marginalibus parvis in labro, 1 basali, 1 in medio margine dextro, 1 prope ad insertionem; peristoma undique breviter expansum, extus biscrobiculatum, marginibus distantibus, columellari dilatato, perforationem semitegente.

Long. 22, diam. 7, ap. long. 7, lat. 5 mm.

Habitat Ciará Brasiliae.

Durch den Mangel eines Zahnes in der Mündungswand von den verwandten Arten unterschieden, in der Form dem O. dentatus Wood nahestehend.

13. *Odontostomus occultus Reeve.*

Syn. Pupa Reevei Desh. — Bulimus parallelus Pfr.

Von Sta. Catarina besitze ich vier Exemplare einer dem Bulimus Bahiensis sehr nahe stehenden Art, welche ich nach Pfeiffer's Beschreibung leicht als B. parallelus bestimmen konnte; die eigenthümliche Epidermis, die braune Streifung der Lippe unterscheiden die Arten ja sofort. Beim Vergleichen einiger Abbildungen von Odontostomus-Arten fand ich in Fér. Hist. t. 156. fig. 18. 19. eine ganz vortreffliche Abbildung derselben, die mich um so mehr erfreute, als auf derselben eine eigenthümliche Unterbrechung der braunen Binde treu dargestellt ist, welche sich gerade gegenüber der Columellarfalte befindet, und an meinen vier Stücken gleichmässig vorhanden ist. Die Art, im Texte als Pupa Reevei bezeichnet, wird als Synonym zu Bulimus occultus Reeve gezogen, was Pfeiffer auch adoptirt hat. In der Beschreibung wird die Columellarfalte erwähnt, dann heisst es: „Deux plis dentiformes s'élèvent sur le bord droit: le premier en face de la dent columellaire; le second un peu en avant. Weiter folgt die Beschreibung der Färbung und Sculptur, die vollkommen mit meinen Exemplaren übereinstimmt.

Eine genaue Besichtigung meiner Stücke ergibt nun, dass bei zweien die Aussenlippe gleichmässig dünn ist, bei dem dritten eine leicht schwielige Verdickung auf der Mitte derselben, bei dem vierten sogar zwei Höckerchen vorhanden sind, freilich so unbedeutend, dass man sie nur sieht, wenn man danach sucht.

Es liegt also bei dieser Art eine ähnliche Schwankung in der Faltenbildung vor, wie sie beim O. Janeirensis längst bekannt ist.

14. *Odontostomus neglectus Pfr.*

Bulimus neglectus und costatus Pfr., welche Pfeiffer im Nomenclator unter die kleinen Peronaeus aus den Anden setzt, gehören nach ihrer Columellarbildung hierher und zwar neben O. Janeirensis. Ob B. neglectus Pfr. und B. oblitus Reeve wirklich derselben Art angehören, ist mir zweifelhaft; die Reeve'sche Abbildung zeigt eine schlanke, cylindrische Form, der des O. costatus ganz ähnlich, während das typische Exemplar aus Pfeiffer's Sammlung bis zur letzten Windung hin an Breite zunimmt. Ich besitze ein paar südbrasilianische Exemplare, welche dem B. oblitus entsprechen; sie sind in der Sculptur allerdings dem B. neglectus sehr ähnlich, können aber wenigstens als eine charakterisirbare Varietät desselben angesehen werden.

Bulimus Guarani Orb. gehört unzweifelhaft auch in diese Sippe.

15. *Odontostomus sexdentatus Spix*

ist ganz verschieden von dem, was Pfeiffer und Reeve als solchen bezeichnen; ich kann letzteren nur für eine Varietät des sehr variabeln Od. pupoides Spix halten, dem auch noch Bul. sectilabris Pfr. beizugesellen ist. Schon die Wagner'sche Beschreibung passt nicht zu der Originalabbildung, welche vielmehr einigen argentinischen Formen, z. B. O. Martensi, sowie dem brasilianischen B. scabrellus Anthony nahe kommt. Da letztere Art meines Wissens noch nicht abgebildet ist, so gebe ich auf Taf. 3, Fig. 14 zur Vergleichung eine Abbildung davon. Sie scheint nur durch gröbere Rippung von O. sexdentatus Sp. verschieden.

16. *Otostomus pulchellus Sow.*

Dieser Name muss als der älteste an Stelle von Bulimus expansus Pfr. wieder eingesetzt werden; der Bulimus pulchellus Spix ist ja längst zu Orthalicus gewandert. Der Synonymie sind noch zwei Namen hinzuzufügen, welche noch in Pfeiffer's Nomenclator als selbständige Arten figuriren, nämlich Bul. auris ratti Phil. und Otostomus scitus H. Ad. Von ersterem deutet es uns Pfeiffer (Novit. III. p. 336) bereits an. Die angegebenen Fundorte Huallaga (Sow.) Moyobamba (Yates), Lamas, Tarapoto (Phil.) liegen alle im Thale des Huallaga, Sarayacu (Hupé) am Ucayali, woher auch der O. scitus stammt; Canelos in Ecuador (Hidalgo), der nördlichste beglaubigte Fundort, ist mir unbekannt, gehört aber wohl auch in das Quellgebiet des Amazonas.

Neben der langen schlanken Form, welche Sowerby und Hupé abbilden, besitze ich eine kurze, dicke Varietät, welche bei 33 mm Länge 25 mm Querdurchmesser hat; in der Pfeiffer'schen Sammlung befindet sich ein kleines, schlankes Exemplar von 30 mm Länge und 17 mm Durchmesser. Die breiteren Exemplare haben eine Art von Perforation am Ende der Nabelspalte, welche bei den schlanken Stücken verdeckt ist. Letztere Unregelmässigkeit findet sich auch bei andern Arten vor, so z. B. bei dem Bul. glaucostomus Alb. aus Venezuela, welcher dem Bul. pulchellus sehr ähnlich ist, aber abgesehen von der Form der Mündung und Lippe und der Verschiedenheit des Nabelritzes wenig variirt.

Noch mehr zeigt dies die Varietätenreihe des Bul. Cora Orb. = B. tesselatus Sh. = B. Atahualpa Dohrn; kaum zwei meiner Exemplare haben einen gleich weiten Nabel. Vermuthlich schliesst sich noch B. papillatus Mor. als kugeliges Endglied dieser Reihe an und ist mit seiner fast ganz freien letzten Windung und dem dadurch bedingten ganz weiten Nabel ganz besonders bemerkenswerth.

Ich kann auch die von Pfeiffer vorgenommene Scheidung von Bul. musivus und B. saccatus von Moyobamba nicht für gerechtfertigt halten, welche lediglich auf solcher kleinen Abweichung in der Nabelbildung beruht.

17. *Otostomus nigrogularis* n. sp.

Taf. 3, fig. 10—13.

Testa arcte rimata vel perforata, oblongo-acuminata, spiraliter striatula, oblique rugosiuscula, nitida, tenuis, semipellucida, pallide flavescens vel lutea, unicolor vel castaneo strigata; spira elongata, apice decussata acutiuscula; sutura simplex; anfractus 7 convexiusculi, ultimus spiram subaequans, basi subcompressus; apertura parum obliqua truncato-oblonga, subeffusa, intus concolor, pariete aperturali nigra; peristoma citrinum tenue, expansum, marginibus approximatis, callo tenui junctis, dextro modice arcuato, basali subrecedente, columellari verticali, supra triangulatim dilatato.

Long. 29—34, diam. 13—15, ap. long. 16—17, lat. 10—12 mm.

Habitat Juraty provinciae Pará prope ad ripam dextram fluvii Amazonas.

Gehört zu der zahlreichen Gruppe sehr ähnlicher Arten, wie B. geometricus Pfr., B. xanthostomus Reeve (nec Orb.) etc., von allen durch die schwielige schwarze Mündungswand sofort zu unterscheiden. Die Schwankungen in der Form beschränken sich darauf, dass das Gewinde mehr oder weniger schlank und die Mündung entsprechend mehr oder weniger seitlich abweicht.

18. *Otostomus melanoscolops* n. sp.

Taf. 3, fig. 6—8.

Testa breviter rimata, ovato pyramidata, pertenuis, sublaevigata striis incrementi exilissimis, subpellucida, hyalino-albida, varie fusco-picta; spira elongato-conica, apice acuta, nigra; sutura linearis; anfractus 6, embryonales 2 minutissime decussati, ceteri laevigati, vix convexiusculi, ultimus spira brevior, rotundatus, basi subcompressus, antice breviter ascendens; apertura parum obliqua, truncato-ovalis, intus concolor; peristoma albidum vel pallide aurantiacum, tenue, undique expansum, marginibus approximatis, columellari dilatato.

Variat 1. punctis et strigis evanescentibus fuscis.

Variat. 2. fascia basali et inde ascendentibus strigis latis fuscis.

Variat. 3. fasciis 5 spiralibus fuscis.

Long. 20—21, diam. 9, ap. long. 9½, lat. 7 mm.

Habitat in provincia Pará ad fluvium Tapajos.

Die schwarze Spitze, oder vielmehr die schwarzen Embryonalwindungen sind nur bei wenigen nah verwandten Arten, nämlich bei Bul. protractus Pfr. und Bul. Mariae Moric. (= B. strigatus Pfr. Mon. IV. var. δ.) vorhanden, welche durch ihre sonstigen Merkmale hinlänglich unterschieden sind. Die feine Gitterung dieser Windungen ist dagegen keine bemerkenswerthe Eigenthümlichkeit unserer Art, sondern findet sich bekanntlich weit verbreitet, z. B. bei B. glaucostomus, Knorri, castus, strigatus und seiner ganzen Sippe, pulchellus, lilacinus, etc. etc. Meistens sind die Spiralfurchen stärker entwickelt, als die verticalen Falten; vielfach verhindert äusserliche Abnutzung der Schale, diese Sculptur mehr als an einzelnen Stellen zu erkennen.

19. *Orthalicus Loroisianus Hupé.*

Von Juraty am mittleren Amazonas liegen mir vierzehn meist ausgewachsene Exemplare vor, deren grössestes eine Länge von 68 mm erreicht. Sie sind fast übereinstimmend gefärbt; die oberen Windungen fleischfarben rosa, dann allmälig weisslich-gelb, die letzte Windung mit einer mehr oder weniger abgeriebenen olivenfarbigen Epidermis bedeckt. Das typische, dunkle, schmale Band auf den oberen Windungen fehlt nirgends; mehrfach sind ähnliche Streifen darüber oder darunter, stets unterbrochen. Dunkle Striemen und Flammen sind sehr ungleich vorhanden, so dass einige Stücke besonders dunkel gefärbt erscheinen. Die Mündung ist innen an der Aussenwand milchweiss, Spindel und Oberseite sind glänzend violett schwarz. Die Spindelfalte zeigt grosse Veränderlichkeit; bald ist sie wenig geschwollen, bald mit dicken Wulsten ausgestattet, welche am Rande einen oder ein paar Höcker tragen; dieser Rand ist stets weisslich. Die Entwicklung der Spindelfalte ist unabhängig von der mehr oder weniger schlanken Form der Schale. Der Rand der Lippe ist weiss; nur bei den jüngeren Exemplaren, deren Lippe nicht voll verdickt ist, schimmert die äussere Epidermis dunkel durch. Unter sämmtlichen Exemplaren ist nur eins rechts gewunden.

Folgende Maasse einiger Exemplare mögen zur Beurtheilung der Formverschiedenheit dienen:

a. Long. 68, diam. 30, ap. long. 30, lat. 16 mm.
b. „ 56, „ 32, „ „ 27, „ 17 „
c. „ 56, „ 29, „ „ 25, „ 14 „
d. „ 53, „ 32, „ „ 25, „ 16 „

Ein Exemplar meiner Sammlung unbekannten Fundorts ist etwas länger, nämlich 76 mm.

20. *Porphyrobaphe iostoma Sow.*

Den Farben-Varietäten dieser Art, welche Hidalgo aufführt, habe ich noch eine beizufügen, welche Wallis von seiner letzten Reise nach Europa geschickt hat, nämlich eine vollständig weisse, von welcher ich zwei Exemplare besitze. Dieselbe stammt von Sta. Rosa. Ausserdem befanden sich in derselben Sammlung sehr grosse Stücke, bis zu 82 mm Länge.

Ich finde nirgends eine bemerkenswerthe Eigenschaft dieser Art erwähnt, welche doch bei allen andern Arten der Gattung genug in die Augen fällt, bei P. Saturnus Pfr. in der Beschreibung angedeutet wird, und auch aus Deshayes' Beschreibung unsrer Art wenigstens herausgelesen werden kann. Das ist die Bildung varicoser Streifen, welche eine am Ende jeder Wachsthumperiode vorkommende Lippenbildung andeuten. In diesen verschiedenen Perioden wechselt nun häufig nicht blos die Zeichnung, sondern auch die Sculptur. Die 2½ Embryonalwindungen sind stets glatt, meist ganz weiss oder röthlich; dann folgen 2½—3 Windungen, durch die Sculptur scharf davon abgesetzt, auf der oberen, an ausgewachsenen Stücken sichtbaren Hälfte mit geflammter Zeichnung und ziemlich gleichmässiger Spiralstreifung; die letzte oder die anderthalb letzten Windungen sind gröber gerunzelt, die Spiralstreifung wird unregelmässig und die Flammen lösen sich in Punkte auf; mehrfach ist noch auf dem letzten Viertel der Windung ein fernerer Absatz vorhanden, von welchem bis zur Mündung hin die Schale in Färbung und Sculptur ganz unregelmässig wird. Das Fehlen der sehr hinfälligen bräunlichen Epidermis erschwert es häufig, die feineren Unterschiede in der Sculptur wahrzunehmen. Eines meiner Stücke zeigt die weissliche Binde, welche öfters nicht fern von der Naht vorkommt, nur am Ende jeder Periode, und schliesst dieselbe jedes Mal mit einer breiten violeten Strieme ab.

21. *Porphyrobaphe Saturnus Pfr.*

Pfeiffer nennt diese Art „lilaceo-cornea", und unterlässt es, die auf den unteren Windungen vorhandene feine Spiralsculptur zu erwähnen. Drei mir vorliegende ganz frische Exemplare sind von gelblich-grüner Farbe; nur wo die Epidermis abgerieben ist, tritt der lila Ton auf und verschwinden die feinen Spirallinien. Dieselben messen

1.	Long.	82,	diam.	33,	ap.	long.	41,	lat.	26	mm.
2.	„	73,	„	34,	„	„	40	„	28	„
3.	„	71,	„	31,	„	„	37	„	25	„

Die Mündung ist mit Mundrand und Spindelschwiele gemessen. Der Innenrand der Spindelfalte ist weisslich, wie bei Orthalicus regina. Mousson schreibt (Mal. Bl. XXI. p. 13) den Embryonalwindungen zierlich punktförmige Grübchen zu, die ich nicht sehen kann. Die folgenden Windungen sind durch drei schwarze Striemen in vier Theile zerlegt, deren oberster ungefähr $2^1/_4$ Windungen umfasst, fein faltig gestreift ist, an der Naht ein braun und weiss gegliedertes Band trägt, übrigens verschieden dunkel gezeichnet ist, meist in einfachen, welligen Linien; der zweite Theil, $^3/_4$ bis $1^1/_4$ Windungen lang, ist gröber gefaltet, mit scharf gekerbter Naht und dichterer geflammter Zeichnung, welche sich mit der Nahtbinde der oberen Windungen combinirt; der dritte Theil, $^1/_2$—1 Windung, folgt mit stark gekerbter Naht und obsoleter Faltung, die Zeichnung wird breiter und verschwommen; der letzte Theil endlich, nur $^1/_2$ Windung, ist vom Vorigen nicht wesentlich verschieden.

22. *Porphyrobaphe Deburghiae Reeve.*

Ueber die Veränderlichkeit dieser Art unter dem Namen P. gloriosa Pfr. hat Miller (Mal. Bl. 1878 S. 184) berichtet. Es mag hier genügen, zu bemerken, dass das Exemplar der Pfeiffer'schen Sammlung bis in die Details der Zeichnung hinein mit der gegebenen Abbildung (Mal. Bl. Neue Folge I. t. V. fig. 1) übereinstimmt. Wir haben es danach mit einer Art zu thun, welche eben so stark variirt wie P. iostoma. Ich besitze kein anderes Stück derselben.

23. *Porphyrobaphe Kelletti Reeve.*

Pfeiffer's Angabe, dass diese Art aus Centralamerika stamme, ist wohl hauptsächlich Schuld daran, dass sie von Hidalgo nicht ohne Weiteres mit seinem Bul. Fungairinoi identificirt worden ist. Reeve gibt aber bereits in seiner Monographie von Bulimus als muthmassliches Vaterland Ecuador an, und ziemlich ausser Zweifel wird diese Angabe durch eine Bemerkung von Edw. Forbes gestellt, der die Mollusken, welche während der Reise der Schiffe Herald und Pandora durch Capt. Kellett und Lieut. Wood gesammelt wurden, bearbeitet hat. Er sagt (Proc. zool. Soc.

Lond. 1850 p. 54): „Besides the Bulimi already named, there are specimens of *Bulimus iostomus*, *B. Hartwegi* and a beautiful new species lately described and figured by Mr. Reeve under the Name of *Bulimus Kelletti*, all probably from Ecuador.“

Dass diese Art variabel ist, spricht schon Hidalgo aus; er erwähnt erhebliche Schwankungen in der Grösse und auch in der Färbung. Ich kann auf Grund reichlichen Materials, welches ich aus dem südlichen Ecuador erhalten habe, diese Angaben noch erweitern.

Die Art kommt in schlanken und bauchigen, grossen und kleinen Exemplaren vor; die Spindel ist bisweilen stark gedreht, mitunter geht sie in einem einfachen Bogen in den unteren Lippenrand über. Bald herrscht das Grün, bald das Gelb in der Färbung vor, nur selten findet sich ein von Grün nach Bleigrau hinüberziehender Ton. Die Zahl der Bänder beträgt 4, nicht 3, wie Hidalgo will; aber nicht selten verschmelzen die beiden unteren Bänder mit einander; die oberen Windungen sind bald weiss, bald rosa. Bei manchen Stücken sind die vier Wachsthumperioden durch die Verschiedenartigkeit der Zeichnung sehr charakteristisch geschieden, so dass entweder der Grundton, oder die Zierlichkeit der darauf befindlichen Zickzacklinien wechselt. Einige Grössenangaben mögen hier folgen:

a.	Long.	71,	diam.	34,	ap. long.	44,	lat.	26	mm.
b.	„	71,	„	28,	„	34,	„	22	„
c.	„	70,	„	27,	„	38,	„	21	„
d.	„	64,	„	28,	„	35,	„	23	„
e.	„	61,	„	29,	„	37,	„	24	„
f.	„	57,	„	25,	„	33,	„	20	„
g.	„	58,	„	25,	„	30,	„	19	„

Einer eigenthümlichen Erscheinung muss noch Erwähnung gethan werden. An der Basis unmittelbar hinter der Columellarschwiele befindet sich auf der letzten Windung ein längliches von Epidermis entblösstes Stück der Schale, auch gefaltet und purpurroth gefärbt. Da es an meinen elf Exemplaren vorhanden ist, so nehme ich an, dass es ein specifischer Charakter ist.

Ich finde dieselbe Erscheinung bei einer unbeschriebenen neuen Art meiner Sammlung wieder, muthmasse aber, dass sie noch bei ein paar mir fehlenden Arten vorhanden sein kann. Bei P. iostoma, Saturnus, Deburghiae, Shuttleworthi und labeo ist sie nicht vorhanden.

Ob P. Yatesi Pfr. als selbständige Art bestehen bleiben kann, bezweifle ich, kann es aber in Ermangelung genügenden Materials nicht entscheiden. Die Abbildung von Hupé in Castelnau's Reise gehört sicher zu P. Kelletti.

24. *Porphyrobaphe Fraseri Pfr.*

Das von Pfeiffer beschriebene Exemplar der Cuming'schen Sammlung ist grösser als die meinigen, stimmt aber mit denselben in der Form und Sculptur überein. Dieselben messen:

a.	Long.	73,	diam.	33,	ap. long.	43,	lat.	27	mm.
b.	„	67,	„	30,	„	41,	„	22	„
c.	„	60,	„	25,	„	36,	„	20	„

Der Pfeiffer'schen Beschreibung habe ich noch beizufügen, dass die Zeichnung wie bei den vorhergehenden Arten sehr wechselt, was man übrigens auch aus seiner Abbildung sehen kann, dass die oberen Windungen durch ein aus dunkelbraunen und weissen Flecken gebildetes Nahtband verziert sind, wie P. Saturnus und dass die Naht gekerbt, bisweilen auch gerandet ist.

25. *Helicina Paraensis Pfr.*

Ausser der von Pfeiffer beschriebenen hellgelben Form liegen mir noch rothbraune Exemplare vor, mit den hellen untermischt. Dieselben stammen aus verschiedenen Gegenden von Pará und gehen am Amazonas bis Juraty hinauf.

Sehr nahe verwandt ist Helicina Kühni Pfr. aus Surinam, die ich nur aus der Beschreibung und Abbildung kenne.

Ueber einige centralasiatische Landschnecken.

Von

Dr. H. Dohrn.

Eine kleine Sammlung von Landschnecken, welche ich kürzlich aus der Gegend von Samarkand erhielt, hat mich dadurch ausserordentlich überrascht, dass in derselben eine Anzahl von Formen, ja von Arten enthalten ist, welche wir als vorderasiatisch kennen und bisher als Vorderasien eigenthümlich anzusehen gewohnt waren. Das Vorhandensein von Zonites corax und einer grossen neuen Art der Gattung, von Helix Kurdistana, von Buliminus Kotschyi, fasciolatus, von Cyclostoma costulatum liess mich vermuthen, dass auf irgend einer Weise südkaspische oder kleinasiatische und turkestanische Arten vermischt sein könnten; auf meine bezügliche Frage erhielt ich aber die Antwort, dass wenn nicht etwa die Kurden in neuester Zeit angefangen hätten, nach Centralasien hin Naturalienhandel oder Tauschverkehr zu treiben, diese Annahme ausgeschlossen wäre, da Herr Haberhauer, welcher vorzüglich als Entomologe Centralasien bereist, sich schon lange in der Gegend des östlichen Turkestan aufhalte und von Fergana nach Samarkand gegangen sei.

Unsere bisherige Kenntniss der Fauna jener Länder ist nun allerdings sehr lückenhaft. Von Westen und Nordwesten her sind wir mit dem Kaukasus, Armenien, Kurdistan und, was hier besonders in Betracht kommt, den Gebirgen Ghilan und Mazandaran längs der Südküste des kaspischen Meeres ein wenig bekannt geworden. Gelegentlich des russischen Vordringens in Turkestan haben wir ferner einige Andeutungen über die dortige Fauna erhalten, welche v. Martens in der Reise von Fedtschenko fixirt hat. Für diesen faunistischen Zuwachs bildet Samarkand gerade die südliche Grenze. Endlich haben wir, vorzugsweise durch Engländer, einige Nachrichten über die Fauna von Afghanistan.

Dagegen fehlt uns über das Gebirgsland Chorassan, welches sich vom Süden des Kaspi-Sees zwischen den Wüsten von Iran und Turan nach Osten zieht und die Verbindung zum Quellgebiet des Oxus herstellt, jede Nachricht und wir wissen nicht, wie weit hier, zwischen dem 35. und 38. Breitegrade Zonites, Levantina etc. nach Osten wandern. Es ist deshalb sehr wohl möglich, dass die Ostgrenze des Verbreitungsbezirks gerade in den Gebirgen am oberen Oxus liegt, und dass diese Arten nördlich nicht bis zum Thale des Sarafschan, in welchem Samarkand liegt, vordringen.

Die mir vorliegenden Arten sollen in dem Hasrat Sultan Gebirge, südöstlich von Samarkand, gesammelt sein, also in einer bisher undurchforschten Gegend. Ich werde natürlich nicht unterlassen, über den Fundort noch fernere Ermittelungen anzustellen und führe sie einstweilen mit aller Reserve als von Samarkand stammend auf.

Es sind:

1. *Zonites corax Pfr.*

Sechs Exemplare, unter sich vollkommen übereinstimmend, und von dem Pfeiffer'schen Exemplare in Nichts verschieden.

Kotschy hat diese Art zuerst aus dem Taurus mitgebracht; seitdem ist sie auch von andern Sammlern im nördlichen Syrien aufgefunden.

2. *Zonites latissimus n. sp.*

Testa late umbilicata, depressa, solidula, striata, superne dense granulato-decussata, luteo-fulva; spira parum convexa, apice obtusa; sutura anfractuum superiorum parum impressa, filosa, anfractus ultimi profundior; anfractus fere 6 leniter accrescentes, superi vix convexi, peripheria carinati, penultimus convexior, angulatus, ultimus dilatatus, superne convexus, peripheriae angulo antice evanescente, antice non descendens, basi media depressa, striatula, pallida; apertura parum obliqua, lunato-elliptica; peristoma rectum, marginibus approximatis, callo tenui junctis, columellari triangulatim protracto; umbilicus perspectivus $^1/_4$ diametri subaequans.

Diam. maj. 43—47, min. 36—38, alt. 17—19, ap. lat. 20—22 mill.

In der Form ähnelt Z. latissimus dem Z. albanicus Ziegl. am meisten; die oberen Windungen sind jedoch flacher, die letzte Windung ist eben auffallend gewölbt und im ganzen breiter, der Nabel ist im Verhältniss zum Schalendurchmesser etwas enger.

3. *Helix rufispira Martens.*

In Fedtschenko's Reise zuerst beschrieben, und zwar als bei Samarkand im Thale und auf den Höhen bis zu 9500 Fuss Höhe vorkommend.

Ich bin leider im Studium des Russischen nicht über die Kenntniss des Alphabets hinausgekommen, kann es also nicht lesen, geschweige denn schreiben, wie mein gelehrter Freund v. Martens. Es is mir daher im Ganzen unzugänglich, was auf $2^1/_2$ Quartseiten russischen Textes über diese

Art gesagt ist . Eine längere Auseinandersetzung ist den von Schacko präparirten Mundtheilen gewidmet.

Auf Grund des mir vorliegenden Materials habe ich zu bemerken, dass die Art in der Jugend scharf gekielt und unten convexer als oben ist, dass der Kiel erst mit der vorletzten Windung verschwindet. Das Thier ist dunkelgrau mit entweder ganz schwarzem Kopfe, oder zwei schwarzen Streifen von den Tentakeln nach hinten zu. Drei Exemplare gelangten noch lebend in meine Hände; sie sind ziemlich träger Natur.

4. *Helix* (*Levantina*) *Kurdistana Parr.*

Nach alle dem, was wir von H. spiriplana kennen, und was Kobelt schon vermuthungsweise von H. guttata und den verwandten Formen ausgesprochen hat, trage ich kein Bedenken, unter diesem Namen eine offene genabelte Form aufzuführen, welche von oben gesehen sich von meinen typischen Exemplaren gar nicht unterscheidet. In Rossmässler's Iconographie V p. 6 n. 1169 gibt Kobelt eine ausführliche Beschreibung derselben nach den Pfeiffer'schen Originalen meiner Sammlung. Bei einem Parreyss'schen Exemplare, das ich ausserdem noch besitze, ist zwar der Basalrand der Mündung noch schwielig an die Windung angeheftet, jedoch der Nabel ist nicht vollständig bedeckt; vielmehr nähert sich der Columellarrand, welcher stark schwielig ist, im kurzen Bogen dem oberen Rand, und lässt einen kleinen Theil des Nabels offen, während der Basalrand innen eine breite Schwiele trägt. Letzteres ist bei den jetzt erhaltenen Stücken noch stärker der Fall, ausserdem ist der Basalrand aussen etwas abstehend und der Nabel durch den gelappt vorgezogenen Spindelrand nur zur Hälfte oder zu drei Viertel bedeckt, ganz analog dem Vorkommen bei H. spiriplana. Die Bänderung ist verschieden, meist in Fleckenreihen aufgelöst. Der grösste Durchmesser meiner Exemplare ist 39—43 mill. H. Ghilanica Mouss. ist eine ähnliche Zwergform vom Südrande des Kaspischen Meeres.

Durch die Güte Nevills besitze ich ein schön gebändertes Exemplar von H. Djulfensis mit vollständig geschlossenem Nabel von Mazandaran, also weiter nach Osten, als bisher bekannt war, und zwar auf dem Wege nach Chorassan.

5. *Buliminus eremita Bens.*

Ich bin zweifelhaft über den wahren B. eremita Bens., von dem ich kein zuverlässiges Stück gesehen habe, und folge daher der Deutung, welche Martens in der Reise von Fedtschenko gegeben hat. Da ich hoffe, demnächst noch weiteres Material aus jener Gegend zu erhalten, und damit ein besseres Bild von der Veränderlichkeit der Arten dieser Gruppe zu gewinnen, so will ich hier nur darauf verweisen, dass Martens l. c. sie bereits als sehr variabel characterisirt.

Das Thier ist sehr hellgrau, einfarbig, mit ziemlich langen Augenträgern und recht munter.

6. *Buliminus Sogdianus Martens.*

7. *B. albiplicatus Martens.*

Auch bezüglich dieser beiden Arten, deren letztere ich nur in einem Exemplar erhalten, verweise ich einstweilen auf Martens l. c. Die erstere Art variirt nicht unbedeutend, und mir ist die Unterscheidung des B. oxianus Mart. bedenklich. Das Thier von B. Sogdianus ist schwärzlich-grau.

8. *Buliminus fasciolatus Oliv.*

Die von Kobelt (Rossm. Ic. 1336. b.) abgebildete grosse Form, bei welcher die Striemen in dichte, lose Flecken aufgelöst sind, ist in zwei Exemplaren in der Sendung enthalten. Ich hatte dieselbe Form bereits früher durch Parreyss zugleich mit verschiedenen andern Arten aus Kurdistan erhalten, und zwar unter dem Namen B. fauxnigra. Das Auftreten dieser weitverbreiteten Art weiter nach Osten dürfte nicht besonders merkwürdig sein.

9. *Buliminus Kotschyi Pfr.*

Von dieser Art besitzen wir meines Wissens nur die eine zuverlässige Fundorts-Angabe „Orfa“ bei Martens (Vorderasiatische Conchylien. S. 24); er beschreibt dort eine kleine Varietät, welche Hausknecht gesammelt hat. Die Stammform, genau mit dem Pfeiffer'schen Typus stimmend, ist in der vorliegenden Sendung in drei Exemplaren vorhanden.

10. *Buliminus intumescens Martens.*

In zahlreichen Exemplaren vorhanden, zeigt diese Art kaum individuelle Schwankungen. Der Beschreibung habe ich beizufügen, dass die Längsstriche vielfach weisslich sind.

11. *Cyclostoma costulatum Ziegl.*

Nicht wesentlich von meinen Exemplaren von Kutais und Derbend abweichend; nur drei Stücke.

Catalog der Familie Melanidae

(nach Brot's Monographie in der zweiten Ausgabe des Martini-Chemnitz'schen Conchyliencabinets).

Von

W. Kobelt.

Paludomus Swainson.

1. *Subgen.* *Tanalia* Gray.

1. *loricatus Reeve* C. J. sp. 1. — Mart. Ch. t. 1 fig. 1—5; t. 2 fig. 3. 4; — t. 3 fig. 1—13; — t. 4 fig. 2—6; — t. 8 fig. 2. — Hanley Theob. Conch. ind. t. 121 fig. 2. — Chenu Manuel fig. 2215.

(aculeatus Blanf. (ex parte) Trans. Linn. Soc. XXIII. Soc. I t. 60 fig. 4—6).

var. *undatus* Reeve C. J. fig. 2. — Hanley Theob. Conch. Ind. t. 121 fig. 3. — Chenu Man. fig. 2218.

var. *Layardi* Reeve Proc. zool. Soc. 1852 p. 127. Hanl. Theob. Conch. Ind. t. 121 fig. 6.

var. *nodulosus* Dohrn Proc. zool. Soc. 1857 p. 125. Hanl. Theob. t. 126 fig. 8. 9.

subspec. *aculeatus* (*Chemn.*) *Adams* Genera t. 36 fig. 3. — Chenu Man. fig. 2216. — Blanford Trans. Linn. Soc. XXIII p. 610.

(erinaceus Reeve Proc. zool. Soc. 1852 p. 126. Hanley Theob. t. 121 fig. 1. — Reeve Conch. Ic. fig. 1 a.)

var. *Skinneri* Dohrn Proc. zool. Soc. 1857 p. 124. Hanley Theob. t. 121 fig. 4.

subsp. *aereus Reeve* Proc. zool. Soc. 1852 p. 128. Hanl. Theob. t. 121 fig. 5.

(aculeata Blanf. (ex part.) Trans. Linn. Soc. XXIII t. 60 Ser. I fig. 2. 3. Ser. III 6 fig. 3).

var. *funiculatus* Reeve C. J. fig. 13. — Hanl. Theob. t. 125 fig. 1. 4.

var. *Reevei* Layard Ann. Mag. 1855 p. 138. — Hanley Theob. t. 121 fig. 7. t. 124 fig. 5.
subsp. *pictus Reeve* C. J. fig. 10 a. 6. — Hanley Theoh. t. 122 fig. 7.
var. *distinguenda* Dohrn Proc. zool. Soc. 1857 p. 124. Hanl. Theob. t. 122 fig. 3.
var. *torrenticola* Dohrn Proc. zool. Soc. 1858 p. 535. — Hanl. Theob. t. 124 fig. 9.
var. *similis* (Tanalia) Layard Ann. Mag. 1855 p. 138. — Theob. Hanl. t. 122 fig. 1.
Ceylon.

2. *neritoides Reeve* Conch. Icon. fig. 3. — Hanl. Theob. t. 122 fig. 8. — Brot t. 1 fig. 6—11. — t. 4 fig. 11—14. — t. 8 fig. 1.
(melanostoma Thorpe mss. — Hanley Theob. t. 121 fig. 8. 9).
(Swainsoni Hanl. Theob. t. 124 fig. 6, nec Dohrn).
var. *Gardneri* Reeve C. I. sp. 9. — Hanl. Theob. t. 122 fig. 6. — Brot t. 1 fig. 10. 11.
var. *Tennantii* Reeve C. I. sp. 12. — Hanley Theob. t. 122 fig. 5.
var. *dilatata* Reeve Proc. zool. Soc. 1852 p. 128. — — Hanley Theob. t. 125 fig. 5. 6. — Brot t. 4 fig. 13.
(Ganga dilatata Layard Proc. zool. Soc. 1854 p. 91.
var. *Cumingiana* Dohrn Proc. zool. Soc. 1857 p. 124. — Hanl. Theob. t. 126 fig. 5. 6. — Brot t. 4. fig. 14.
var. *dromedaria* Dohrn Proc. zool. Soc. 1857 p. 124. — Hanl. Theob. t. 122 fig. 9. — Brot t. 4 fig. 12.
Ceylon.

3. *Thwaitesii Layard* Proc. zool. Soc. 1854 p. 91. — Ann. Mag. 1855 p. 139. — Hanley Theoh. t. 125 fig. 8. 9. — Brot p. 9 t. 5 fig. 1. 1 a.
Ceylon.

4. *Swainsoni Dohrn* Proc. zool. Soc. 1857 p. 125. — Brot p. 10 t. 4 fig. 1. 1 a.
Ceylon.

5. *Hanleyi Dohrn* Proc. zool. Soc. 1858 p. 535. — Hanley Theob. t. 125 fig. 10. — Brot p. 10 t. 4 fig. 9.
Ceylon.

6. *solida Dohrn* Proc. zool. Soc. 1857 p. 535. — Hanley Theob. t. 122 fig. 4. — Brot p. 11 t. 4 fig. 7.
Ceylon.

7. *sphaericus Dohrn* Proc. zool. Soc. 1857 p. 124. — Hanl. Theob. t. 124 fig. 8. — Brot p. 12 t. 4 fig. 10.
Ceylon.

2. *Subgen.* **Stomatodon** (*Benson*) *Brot.*

8. *Bensoni Brot* in Mart. Ch. II p. 13 t. 5 fig. 2. (stomatodon Benson Ann. Mag. 1862 p. 414. cum fig. — Hanley Theob. t. 108 fig. 1.)
Travancore, Malabar.

3. *Subgen.* **Philopotamis** *Lagard.*
(Heteropoma Benson).

9. *violaceus Layard* Ann. Mag. N. H. 1855 p. 158. — Brot Mater. Melan. III, p. 54 t. 3 fig. 16. — Mart. Ch. II p. 15 t. 5 fig. 3.
Ceylon.

10. *olivaceus Reeve* Conch. icon. fig. 5. — Brot p. 16 t. 2 fig. 11.
Point Palmas, Sumatra.

11. *globulosus Gray* in Griff. Anim. Kings. t. 14 fig. 6. — Reeve C. I. fig. 4. — Chenu Man. fig. 2210. — Hanl. Theob. t. 123 fig. 5. — Brot p. 17 t. 2 fig. 9. 11. t. 5 fig. 4. 5.
Ceylon.

12. *bicinctus Reeve* Proc. zool. Soc. 1852 p. 129. — Hanley Conch. Misc. fig. 42. — Hanley Theoh. t. 123 fig. 10. — Brot p. 17 t. 5 fig. 6—9.

var. *abbreviatus* Reeve Proc. zool. Soc. 1852 p. 127. — Hanley Theob. t. 125 fig. 7. — Brot p. 18 t. 5 fig. 11. 12.

Ceylon.

13. *clavatus Reeve* Proc. zool. Soc. 1852 p. 129. — Hanley Theob. t. 123 fig. 4. — Brot p. 18 t. 5 fig. 13. 14.

Ceylon.

14. *decussatus Reeve* Proc. zool. Soc. 1852 p. 127. — Hanl. Theob. t. 123 fig. 3. — Blanford Trans. Linn. Soc. XXIV. t. 27 fig. 6. 10. — Brot p. 19 t. 5 fig. 15. 16.

15. *sulcatus Reeve* C. I. fig. 8. — Hanley Theob. t. 122 fig. 2. — Blanford Trans. Linn. Soc. XXIV. t. 27 fig. 5. 11. — Brot Mon. p. 20 t. 2 fig. 7. 8. t. 5 fig. 17—20.

Ceylon.

16. *negalis*. *Lagard* Ann. Mag. 1855 p. 139. — Brot Matei Melan. III. p. 54 t. 3 fig. 15. — Hanley Theob. t. 121 fig. 10. — Brot Mon. p. 21 t. 6 fig. 1—4.

Ceylon.

17. *nigricans Reeve* Conch. icon. fig. 6. — Chenu Manual fig. 2213. — Hanley Theob. t. 124 fig. 1. — Blanford Trans. Linn. Soc. XXIV. t. 27 fig. 3—15. — Brot Mon. p. 22 t. 2 fig. 1. 2 t. 6 fig. 5. 6.

Ceylon.

4. *Subgen.* **Paludomus** *s. str.*

(Rivulina Lea).

18. *Stephanus* (Mel.) Benson Journ. Asiat. Soc. V p. 747. — Reeve Conch. Icon. sp. 11. — Chenu Man. fig. 2209. — Hanley Theob. t. 122 fig. 10. — Brot Mon. t. 6 fig. 7.

(Melania coronata v. d. Busch 6a. Phil. Abb. t. 1 fig. 5. 6).
(adustus Swainson in Brit. Mus.).
Indien, Bengalen, Assam.

19. *reticulatus* Blanford Contrib. Ind. Mall. XI. t. 3 fig. 1. — Hanley Theob. t. 108 fig. 4. — Brot Mon. p. 26 t. 6 fig. 16.
Kaschar, Indien.

20. *conicus* Gray (Mel.) in Griffith Anim. Kingd. t. 14 fig. 5. — Hanley Conch. Misc. f. 34. — Reeve C. J. f. 14. — Chemn. Man. f. 2211. — Hanley Theob. t. 124 f. 4. — Brot Mon. p. 26 t. 2 fig. 12—15 t. 7 fig. 6.
(rudis Reeve Proc. zool. Soc. 1852 p. 126).
(Melania crassa v. d. Busch in Philippi Abb. t. 1 fig. 10. 11).
Vorderindien, Bengalen — Himalaya.

21. *chilinoides* Reeve C. J. fig. 7. — Blanford Trans. Linn. Soc. XXIV. t. 27 fig. 4. — Hanley Theob. t. 123 fig. 2. — Brot Mon. p. 28 t. 2 fig. 5. 6. t. 6 fig. 8—15 t. 7 fig. 13.
(Rivulina zeylonica Lea Proc. zool. Soc. 1850 p. 194).
var. *constrictus* Reeve Proc. zool. Soc. 1852 p. 129. — Hanley Theob. t. 126 fig. 1. 4. — Brot Mon. t. 6 fig. 15.
var. *fulguratus* Dohrn Proc. zool. Soc. 1857 p. 123. — Hanl. Theob. t. 123 fig. 41. — Brot Monogr. t. 6 fig. 11.
var. *piriformis* Dohrn Proc. zool. Soc. 1858 p. 535. Hanley Theob. t. 125 fig. 2. 3. — Brot Monogr. t. 6 fig. 13.
var. *parvus* Layard Proc. zool. Soc. 1854 p. 90. — Hanley Theob. t. 108 fig. 7.

var. *phasianus* Layard Proc. zool. Soc. 1854 p. 88. — Brot Mon. 6 fig. 10. 12. 13. nec Reeve.
Ceylon.

22. *phasianinus Reeve* Proc. zool. Soc. 1852 p. 127. — Brot Monogr. t. 6 fig. 14.
Seychellen.

23. *laevis Layard* Ann. Mag. 1855 p. 135. — Hanley Theob. t. 108 fig. 3. — Brot Monogr. p. 30 t. 7 fig. 1.
Ceylon.

24. *rapaeformis Brot* Monogr. p. 30 t. 5 fig. 10.
Hab. — ?

25. *Isseli Brot* Monogr. p. 31 t. 7 fig. 7. 8.
(crassus Issel Moll. Borneens. p. 95, nec v. d. B.).
Sarawak, Borneo.

26. *Broti Issel* Moll. Borneens. p. 92 t. 7 fig. 19. 20. — Brot Monogr. p. 32 t. 7 fig. 12.
Sarawak, Borneo.

27. *rotundus Blanford* Journ. Asiat. Soc. XXXIX II. 1870 p. 10. — Contrib. XI. t. 3 fig. 2. — Hanley Theob. t. 108 fig. 1. — Brot Monogr. p. 32 t. 7 fig. 9—11.
Südindien.

28. *maurus Reeve* Proc. zool. Soc. 1852 p. 127. — Hanley Theob. t. 124. fig. 2. 3. Brot Monogr. p. 33 t. 7 fig. 4. 5.
Ganges.

29. *regulatus Benson* Ann. Mag. 1858 p. ? — Hanley Theob. t. 108 fig. 5. — Brot Monogr. p. 34 t. 7 fig. 14—17.
Burmah, Pegu.

30. *Andersonianus Nevill* Journ. Asiat. Soc. 1871 p. 35. — Brot Monogr. p. 35 t. 7 fig. 14—17.
var. *Peguensis* Brot Monogr. p. 36 t. 7 fig. 2. 3. — (regulatus var. Hanley Theob. t. 108 fig. 6).
Anam, Pegu.

31. *ornatus Benson* Ann. Mag. 1858 p. ? — Hanley Theob. t. 108 fig. 8. — Brot Monogr. t. 7 fig. 18—20.

Burmah, Ava.

32. *labiosus Benson* Ann. Mag. 1858 p. ? — Brot Mon. p. 38 t. 8 fig. 12.

var. *Blanfordianus* Nevill Journ. Asiat. Soc. 1877 p. 37. — Hanley Theob. t. 108 fig. 9 (labiosus). — Brot Monogr. t. 8 fig. 13.

var. *Burmanicus* Nevill Journ. Asiat. Soc. 1877 p. 36. Tenasserim, Burmah.

33. *paludinoides Reeve* Proc. zool. Soc. 1852 p. 127. — Hanley Theob. t. 123 t. 9. — Brot Mon. p. 39 t. 8. fig. 8—10.

Ganges, Himalaya.

34. *Tanjoriensis Blanford* Trans. Linn. Soc. XXIV. t. 27 fig. 2. — Brot Mon. p. 40 t. 8 fig. 20—23.

(Helix Lauschaurica Gmelin p. 3655 No. 244).

(Helix Tanschauriensis Chemnitz IX. p. 1246. 47).

(Helix fluviatilis Dillwyn No. 959. — Wood Index Test. fig. 160).

(Tanschaurica Hanley Theob. t. 123 fig. 8).

(Rivulina modicella Lea Proc. zool. Soc. 1850 p. 196).

var. *acutus* Reeve Proc. zool. Soc. 1852 p. 127. — Hanley Theob. t. 123 fig. 7.

(gracilis Parreyss in sched.).

var. *spiralis* Reeve Conch. Icon. sp. 15.

var. *lutosus* Souleyet Voy. Bonite t. 31 fig. 28—30. — Hanley Theob. t. 123 fig. 6.

var. *nasutus* Dohrn Proc. zool. Soc. 1857. p. 123. — Hanley Theob. t. 124 fig. 7. — Brot Monogr. t. 8 fig. 18.

var. *spurcus* (Souleyet) Adams Gener. t. 36 fig. 2. — Chenu Man. fig. 2208.
Vorderindien, Ceylon.

35. *punctatus Reeve* Proc. zool. Soc. 1852 p. 127.
Mauritius (?)

36. *palustris Layard* Ann. Mag. 1855 p. 135. — Hanley Theob. t. 126 fig. 2. 3. — Brot Monogr. p. 42 t. 8 fig. 27. 28.
Ceylon.

37. *obesus* (*Mel.*) *Philippi* Abbild. t. 4 fig. 3. — Hanley Theob. t. 126 fig. 7. 10. — Brot Monogr. p. 43 t. 8 fig. 16. 18.
var. *maculata* Lea Proc. Acad. Philad. 1856 p. 110. — Observ. Gen. Unio XI. t. 22 fig. 10. — Brot t. 8 fig. 17.
var. *monile* Thorpe Mss. — Hanley Theob. t. 108 fig. 10. — Brot Monogr. t. 8 fig. 24.
Ahmednugger, Indien.

38. *inflatus Brot* Monogr. p. 44 t. 8 fig. 25. 26.
Travancore.

39. *Grandidieri Crosse et Fischer* Journ. Conch. 1872 p. 209. — 1878 p. 75 t. 1 fig. 3. — Brot Monogr. p. 46 t. 8 fig. 3.
Madagascar.

40. *luteus H. Adams* Proc. zool. Soc. 1874 p. 385 t. 69 fig. 5. — Brot Monogr. p. 46 t. 8 fig. 11.
(Moreleti Issel Moll. Borneens. p. 93 t. 7 fig. 21. 22. — Brot Monogr. t. 8 fig. 14. 15.)
Sarawak, Borneo.

41. *baccula Reeve* Proc. zool. Soc. 1852 p. 128. — Hanley Conch. Misc. fig. 63. — Brot Monogr. p. 47 t. 8 fig. 5. 6.
(Non baccula Hanley Theob.)

(Ajanensis Morelet Ser. Conch. t. 6 fig. 10. — Brot. Monogr. t. 8 fig. 4).
Seychellen, Cap Guardafui. — Ganges?

42. *Madagascariensis Brot* Monogr. p. 48 t. 8 fig. 6.
Madagascar.

43. *trifasciatus Reeve* Proc. zool. Soc. 1852 p. 126.
Ganges.

44. *petrosus* (*Paludina*) *Gould* Proc. Bost. Soc. 1843.
Hab. — ?

Gattung **Hemisinus** *Swainson.*

1. *acicularis* Férussac Monogr. p. 31. — Rossm. Icon. f. 673—75. — Reeve fig. 209. — Brot t. 38 fig. 4.
var. *cornea* Mühlf. mss. — C. Pfr. III. t. 8 fig. 22. 23. — Rossm. Icon. fig. 672 (fig. major).
var. *Audebartii* Prév. Mem. Soc. hist. nat. Paris I. p. 259. — C. Pfr. III. t. 8 fig. 24. — Rossm. Icon. fig. 672 (fig. minor).
var. *glinensis* Parr. mss. Brot t. 38 fig. 4 e.
Südöstreich.

2. *Behnii* Reeve Conch. icon. sp. 8. — Brot t. 39 fig. 12.
Pernambuco.

3. *bicinctus* Reeve Conch. icon. sp. 2. — Brot t. 41 fig. 5.
(cingulatus Moricand J. C. 1860 t. 12 fig. 6).
(? obruta Lea Proc. zool. Soc. 1850 p. 190).
Bahia.

4. *brasiliensis* Moricand Mem. Soc. Phys. Genève t. 3 fig. 12. 13. — J. C. 1860 t. 12 fig. 7. — Phil. Abb. t. 4 fig. 1. — Reeve sp. 5. — Brot t. 40 fig. 12.
var. *scalaris* Wagner in Spix Test. Bras. p. 15. — Chenu Man. fig. 1966.
(Aylacostoma glabrum Spix Test. Bras. t. 8 fig. 5).
Brasilien.

5. *contractus* Lea Proc. zool. Soc. 1850 p. 182. — Reeve sp. 19. — Brot t. 40 fig. 9.
Seychellen.

6. *crenocarina* Moricand Mem. Soc. Phys. Gen. IX. p. 61 t. 4 fig. 10. 11. — Phil. Abb. t. 4 fig. 14. — Chenu Man. fig. 2065. — Reeve sp. 16. — Brot t. 41 fig. 4.
Brasilien.

7. *Cubanianus* d'Orb. Hist. nat. Cuba t. 10 fig. 16. — Brot t. 39 fig. 5.
(dimorpha Brot Rev. Mag. Zool. 1860 t. 16 fig. a—c).
Cuba.

8. *dermestoideus* Lea Proc. zool. Soc. 1850 p. 181. — Reeve sp. 9. — Brot t. 39 fig. 10.
Seychellen.

9. *distortus* Brot Monogr. t. 41 fig. 3.
?

10. *Edwardsii* Lea Obs. Gen. Unio V. t. 30 fig. 1. — Reeve Pirena sp. 8. — Brot t. 41 fig. 8.
Rio Tocantines, Brasilien.

11. *Esperi* Férussac Monogr. p. 31. — C. Pfr. t. 8 fig. 26. 27. — Rossm. Icon. f. 668—671. — Brot t. 38 fig. 5 a. b.
var. *pardalis* Mühlf. mss. Brot t. 38 fig. 5.
var. *turgida* Parr. mss. — Brot t. 38 fig. 5 c.
var. *subtilis* Parr. mss. — Brot t. 38 fig. 5 e.
(decussata Fér. Monogr. p. 30, lurida Fér et maculata Fér. mss.)
(picta Lang Menke Synopsis p. 56).
Ungarn und Illyrien.

12. *Gealei* Brot Matér. III. t. 4 fig. 7. — Monogr. t. 41 fig. 6.
Neugranada.

13. *globosus* Reeve Conch. icon. sp. 26. Brot t. 40 fig. 3.
Pernambuco.

14. *guayaquilensis* Petit J. C. 1853 t. 5 fig. 6. — Chenu Man. fig. 1996. — Reeve sp. 24. — Brot t. 39 fig. 6.
Guayaquil.

15. *Kochii* Bernardi J. C. 1856 t. 3 fig. 6. — Reeve sp. 21. — Brot t. 40 fig. 4.
Brasilien.

16. *lineolatus* Gray in Wood Ind. Suppl. fig. 11. — Phil. Abb. t. 5 fig. 10. — Reeve sp. 4. — Chenu Man. fig. 3. — Brot t. 39 fig. 5.
var. *buccinoides* Rve. sp. 3.
var. *punctatus* Rve. sp. 1.
Jamaica — Pernambuco.

17. *Martorelli* Brot Monogr. t. 39 fig. 3.
Cuba.

18. *Muzensis* Brot Monogr. t. 39 fig. 11.
Muza, Columbien.

19. *obesus* Reeve Conch. icon. sp. 17. — Brot t. 40 fig. 7.
Brasilien.

20. *ornatus* Poey Mem. Cuba t. 33 fig. 5. 6. — Reeve sp. 20. — Brot t. 39 fig. 1.
Cuba.

21. *Osculati* Villa Giorn. Mal. 1854. VIII. p. 113. — Brot Mat. II. t. 2 fig. 9. — Monogr. t. 39 fig. 7. 8.
(Binneyi Tryon Am. J. C. II. t. 2 fig. 8).
(maculata Lea Trans. Am. Ph. Soc. V. t. 19 fig. 78).
var. *aspersus* Rve. sp. 10. — Brot. t. 39 fig. 8 a.
var. *fuscopunctatus* v. d. Busch Proc. zool. Soc. 1859 — Brot t. 39 fig. 8 b.
Columbien, Brasilien.

22. *pallidus* Gundlach in Poey Mem. Cuba II. t. 1 fig. 15. — Brot t. 39 fig. 4.
(Cubaniana Reeve sp. 358, nec d'Orb).
Cuba.

23. *Pazi* Tryon Am. J. C. II. t. 20 fig. 6. — Brot t. 40 fig. 8.
Quito.

24. *planogyrus* Brot Monogr. t. 40 fig. 5.
Lima.

25. *potamactebia* Bourg. Aperc. Bas Danube p. 32.
Donau.

26. *pulcher* Reeve Conch. Icon. sp. 15. — Brot t. 40 fig. 6.
Pernambuco.

27. *ruginosus* Morelet Test. Nov. Cuba I p. 25. — Brot t. 41 fig. 1.
var. *Petenensis* Tristram Proc. zool. Soc. 1863 — Brot t. 41 fig. 2.
(ruginosus Rve. sp. 13).
(zoster Brot Mater p. 62).
Yzabal- und Peten-See, Guatemala.

28. *Schneideri* Brot Monogr. t. 40 fig. 2.
Marañon.

29. *simplex* Tryon Am. J. Conch. II. t. 20 fig. 7. — Brot t. 39 fig. 2.
Quito.

30. *strigillatus* Dunker in Phil. Abb. t. 2 fig. 14. — Reeve sp. 11. — Brot t. 39 fig. 9.
Brasilien.

31. *tenuilabris* Behn mss. — Reeve sp. 22. — Brot t. 40 fig. 1.
Brasilien.

32. *thermalis* Titius mss. — Brot Mat. II. t. 3 fig. 14. 15. — Monogr. t. 38 fig. 3.
Ungarn.

33. *tuberculatus* Wagner in Spix Test. bras. t. 15 t. 8 fig. 4. — Brot. t. 41 fig. 10.
(olivaceus Behn mss. — Reeve sp. 12.)
Brasilien.

34. *Venezuelensis* Dunker mss. — Reeve sp. 81. — Brot t. 40 fig. 10.
var. *tenellus* Reeve sp. 8. — Brot t. 41 fig. 9.
Venezuela.

33. *Wesselii* Brot I. C. 1864 t. 2 fig. 2. — Monogr. t. 41 fig. 7,
?

36. *zebra* Reeve Conch. icon. sp. 18 fig. 15. — Brot t. 40 fig. 11.
Pernambuco.

Gattung **Melanopsis** *Férussac.*

1. *acutissima* Gassies Faune Nouv. Caléd. II t. 6 fig. 73. — Brot t. 48 fig. 24. 25.
Neucaledonien.

2. *aperta* Gassies ibid. t. 7 fig. 11. — Brot t. 48 fig. 21.
Neucaledonien.

3. *aurantiaca* Gassies I. C. 1874 p. 283. — Brot t. 48 fig. 20.
Neucaledonien.

4. *brevis* Morelet Test. nov. Austral. p. 7. — Gassies Faune Nouv. Caléd. II t. 7 fig. 10. — Brot t. 49 fig. 6—9. 11.
var. *neritoides* Gassies Faune Nouv. Caléd. II t. 7 fig 15.
var. *zonites* Gassies ibid. t. 6 fig. 8.
Neucaledonien.

5. *Brotiana* Gassies I. C. 1874 p. 386. — Brot t. 49 fig. 5.
Neucaledonien.

6. *buccinoidea* Olivier Voy. emp. ott. t. 17 fig. 8. — Feruss. Mon. Nr. 1. — Brot t. 45 fig. 1—12.
(laevigata Lam.)
(praemorsa Bourg. Mal. Algér. t. 16 fig. 15—20).
(Ferussaci Roth Moll. Spec. t. 2 fig. 10).
(praerosa Rossm. Icon. fig. 676. 677).
(brevis et Rothii Zgl. mss.)
Kleinasien.

7. *cariosa* Linné ed. 12 p. 1220. — Brot t. 47 fig. 21—24. (costellata Férussac Monog. Nr. 6).
   var. *Sevillensis* Grateloup Mem. plus. esp. Coq. t. 4 fig. 10. 11.
   var. *turrita* Rossmässler Iconogr. fig. 846.
   Guadalquivir.

8. *carinata* Gassies Faune Nouv. Caléd. II t. 7 fig. 13. — Brot t. 49 fig. 1—3.
   var. *Retoutiana* Gassies l. c. t. 6 fig. 9.
   Neucaledonien.

9. *Charpentieri* Parr. mss. — Brot t. 46 fig. 8.
   Persien.

10. *costata* Olivier Voy. Emp. ott. t. 31 fig. 3. — Fer. Mon. t. 1 fig. 14. 15. — Brot t. 46 fig. 4—7. — Kobelt Icon. fig. 1899. 1900.
   var. *bullio* Parr. mss. — Kobelt Icon. fig. 1902. 1903.
   var. *Jordanica* Roth Moll. Spec. t. 2 fig. 12. 13. — Rossm. Icon. fig. 1905.
   var. *insignis* Parr. mss.
   var. *turcica* Parr. mss.
   Kleinasien, Syrien, Mesopotamien.

11. *Deshayesiana* Gassies Faune Nouv. Caléd. II. t. 6 fig. 12. — Brot t. 49 fig. 4.
   Neucaledonien.

12. *Doriae* Issel. Brot. t. 46 fig. 3.
   Persien.

13. *Dufourii* Férussac Monogr. t. 1 fig. 16. — Rossm. Icon. fig. 840—844. — Brot t. 47 fig. 1—9.
   (maroccana Bourg. (ex parte) Mal. Algérie t. 15 fig. 12—18 t. 16 fig. 1—14).
   var. *etrusca* Villa mss. — Issel Moll. Pisa p. 32.
   Spanien, Marocco, Toscana.

14. *Dumbeensis* Crosse I. C. 1869 t. 8 fig. 4. — Gassies Faune Nouv. Caléd. t. 7 fig. 14. — Brot t. 48 fig. 22. 23.
Neucaledonien.
15. *elegans* Gassies Faune Nouv. Caléd. II t. 6 fig. 5. — Brot t. 49 fig. 16.
Neucaledonien.
16. *elongata* Gassies J. C. 1874 p. 384. — Brot t. 48 fig. 19.
Neucaledonien.
17. *eremita* Tristram Proc. zool. Soc. 1865 p. 542.
Palästina.
18. *fragilis* Gassies J. C. 1874 p. 382. — Brot t. 49 fig. 13.
Neucaledonien.
19. *frustulum* Morelet Test. nov. Austr. p. 8. — Gassies Faune Nouv. Caléd. II t. 7 fig. 14. — Brot t. 48 fig. 6—15.
var. *curta* Gassies l. c. t. 6 fig. 7.
var. *lineolata* Gassies I. C. t. 9 fig. 9. 10.
var. *livida* Gass. Faune Nouv. Caléd. t. 7 fig. 9.
var. *variegata* Mcrel. Test. nov. Austr. p. 8. — Gass. l. c. t. 7 fig. 12.
var. *fulgurans* Gass. J. C. VII p. 371.
var. *lentiginosa* Rve. sp. 9.
var. *lirata* Gassies Faune Nouv. Caléd. t. 6 fig. 6.
var. *fasciata* Gass. J. C. 1874 p. 381.
Neucaledonien.
20. *fulminata* Brot Mon. t. 49 fig. 10.
Neucaledonien.
21. *fusca* Gassies Faune Nouv. Caléd. t. 6 fig. 11. — Brot t. 48 fig. 16. 17.
Neucaledonien.
22. *fusiformis* Gassies Faune Nouv. Caléd. t. 6 fig. 12. — Brot t. 49 fig. 14. 15.
Neucaledonien.

23. *Gassiesiana* Crosse J. C. 1867 t. 12 fig. 7. — Gassies Faune Nouv. Caléd. t. 6 fig. 4. — Brot. t. 49 fig. 12.
Neucaledonien.

24. *Graellsii* Villa mss. — Graëlls Cat. Moll. Esp. fig. 16—19. Brot t. 47 fig. 10—12.
(Dufourei var. Rossm. Iconogr. fig. 841—844).
Valencia.

25. *Hammanensis* Gassies Descr. Coq. Alg. fig. 9. 10. — Brot t. 47 fig. 13. 14.
(maroccana var. Bourg. Mal. Alg. t. 15 fig. 21—23
Algerien.

26. *Kotschyi* v. d. Busch mss. — Philippi Abb. t. 4 fig. 11. — Reeve sp. 7. — Brot t. 46 fig. 9.
Persien.

27. *Lorcana* Guirao Mal. Bl. 1854 p. 32. — Rossm. Icon. fig. 845. — Brot t. 47 fig. 15.
Murcia.

28. *Mariei* Crosse I. C. 1869 t. 8 fig. 3. — Gassies Faune Nouv. Caléd. t. 7 fig. 13. — Brot t. 49 fig. 17. 18.
var. *Lamberti* Souverbie J. C. 1873 t. 4 fig. 8.
Neucaledonien.

29. *Maresi* Bourg. Palaeont. Alg. t. 6 fig. 1—4. — Kobelt Icon. fig. 1884.
Marocco.

30. *mingrelica* Bayer mss. — Mousson Coq. Schläfli II p. 91. — Brot t. 45 fig. 19—21.
var. *carinata* Issel Miss. Ital. Persia p. 16.
Transcaucasien.

31. *nodosa* Férussac Monogr. Nr. 7. — Brot t. 46 fig. 17—24.
var. *infracincta* Martens Vorderas. t. V fig. 38. — Kobelt Iconogr. VII. fig. 1907.
var. *obsoleta* Martens l. c. t. 5 fig. 39.
var. *moderata* Mousson Coq. Schl. Mesop. p. 44.
var. *irregularis* Mousson mss.
Mesopotamien.

32. *obesa* Guirao mss. — Brot Mater. II t. 1 fig. 14. 15. — Monogr. t. 47 fig. 16. 17.
Murcia.

33. *Parreysii* Mühlfeldt mss. — Philippi Abb. t. 4 fig. 15. — Reeve sp. 5. — Brot t. 46 fig. 13—16. — Kobelt Icon. fig. 1909.
var. *scalaris* Parreyss mss. — Brot t. 46 fig. 15.
Save.

34. *Penchinati* Bourguignat Moll. litig. t. 40 fig. 1—4. — Brot t. 47 fig. 18—20.
Arragonien.

35. *praerosa* Linné ed. 12 p. 1203 (Bucc.). — Reeve fig. 10 b. — Brot t. 45 fig. 13—18.
var. *Wagneri* Roth Moll. Spec. t. 2 fig. 11.
var. *scalaris* Gassies Descr. Alg. fig. 7. 8.
var. *saharica* Bourg. Mal. Alg. t. 16 fig. 9—14.
Nordafrika, Griechenland, Vorderasien.

36. *robusta* Gassies Faune Nouv. Caléd. t. 6 fig. 10. — Brot t. 49 fig. 19.
Neucaledonien.

37. *Saulcyi* Bourg. Cat. Saulcy t. 2 fig. 52. 53. — Reeve sp. 8. — Brot t. 46 fig. 10—12. — Kobelt Icon. fig. 1908.
(Kindermanni Zeleb. mss. fide Brot).
Syrien.

38. *Souverbiana* Gassies Faune Nouv. Caléd. II t. 7 fig. 15. — Brot t. 48 fig. 18.
Neucaledonien.

39. *Strangei* Reeve Conch. Icon. sp. 3. — Brot t. 49 fig. 23. 24.
Neuseeland.

40. *Tingitana* Morelet I. C. 1864 p. 155. — Brot t. 48 fig. 1—5. — Kobelt Icon. fig. 1883.
Marocco.

41. *trifasciata* Gray in Dieffenbach New Zeal. II. p. 263. — Voy. Ereb. t. 1 fig. 18. 19. — Brot t. 49 fig. 20—22.
(zelandica Gould Exped. Shells fig. 145. — Chenu Man. fig. 2069).
(ovata Dkr. Mal. Bl. 1861 p. 150).
Neuseeland.
42. *variabilis* v. d. Busch Phil. Abb. t. 4 fig. 7. 8. 10. — Brot t. 45 fig. 22—25.
var. *faseolaria* Parr. mss. — Brot t. 45 fig. 24. 25.
Persien.

Gattung **Claviger** *Haldemann.*
(Vibex Gray nec Oken).

1. *auritus* Müller Verm. Hist. p. 192 (Nerita). — Reeve fig. 190. — Brot t. 36 fig. 7.
(Strombus tympanorum Chemn. t. 136 fig. 1255. 66.
var. *rota* Reeve (Jo.) sp. 13. — Brot t. 37 fig. 2.
var. *subaurita* Brot Mater II t. 1 fig. 1. 2. — Brot t. 36 fig. 11.
juv. = *soriculata* Morelet J. C. 1864 p. 287. — Brot t. 37 fig. 7.
Senegal, Niederguinea.
2. *balteatus* Philippi Abb. Register vol. III. — Brot t. 37 fig. 5.
(zonata Phil. Abb. t. 5 fig. 5, nec Benson).
var. *histrionica* Reeve sp. 192. — Brot t. 37 fig. 6.
Senegal.
3. *Byronensis* Gray in Wood Ind. test. Suppl. t. 4 fig. 23. Chenu Man. fig. 2006. — Brot. t. 36 fig. 10.
(Owensiana Gray Zool. Misc. fide Brot).
(tuberculosa Rang Mag. Zool. 1837 t. 13. — Reeve fig. 191. — Chenu Man. fig. 2007).
(Rangii Desh. Lam. VIII. p. 442.)
Senegal.

4. *fastigiella* Reeve Conch. Icon. sp. 189. — Brot t. 38 fig. 2.
?

5. *granulosus* Lam. VIII. p. 501. — Delessert Recueil t. 31 fig. 1. — Brot Matér. III t. 1 fig. 18.
?

6. ? ? *hippocastanum* Reeve Conch. icon. fig. 188. — Brot t. 37 fig. 1.
Borneo.

7. *Matoni* Gray Zool. Misc. fide Brot. — Brot t. 37 fig. 3. 4.
(fuscatus Mat. et Rack. Cat. test. Brit. ed. Chenu t. 17 fig. 6).
(fusca Phil. Abb. t. 2 fig. 1. — Reeve sp. 200. — Chenu Man. fig. 2008, nec Strombus fuscus Gmel.)
var. *mutans* Gould Proc. Bost. Soc. 1843. — Reeve sp. 215.
var. *loricata* Reeve sp. 198.
(quadriseriata Hanley Conch. Misc. fig. 9. — Chenu Man. fig. 2011).
var. *tessellata* Lea Proc. zool. Soc. 1850 p.
Westafrika.

Gattung **Pirena** *Lamarck.*

(Subgen.: 1. Melanatria. — 2. Pirenopsis. — 3. Faunus).

3. *atra* Linné ed. 12 p. 3213 (Strombus). — Féruss. Monogr. Melanops. t. 2 fig. 7. — Reeve fig. 5. — Brot t. 44 fig. 3.
(terebralis Lam. vol. VIII. p. 499. — Sowerby Conch. Man. fig. 316).
var. *picta* Reeve sp. 2.
juv. = *acus* Lesson Voy. Coquille II p. 360.
(princeps Lea Trans. Amer. phil. Soc. V t. 19 fig. 74).
monstr. = *pagodus* Rve. sp. 4.
Ceylon, Neuguinea, Neu-Irland.

3. *Cantori* Reeve sp. 2. — Brot t. 44 fig. 6. 6a..
Penang, China.
2. *costata* Quoy et Gaymard Voy. Astrol. t. 56 fig. 34—37 nec Reeve. — Brot t. 44 fig. 2.
(Lamarei Brot Matér. III p. 52 t. 2 fig. 1. 2.
Vanikoro.
1. *Debeauxiana* Crosse Journ. Conch. 1862 p. 402 t. 13 fig. 6. — Brot t. 43 fig. 4.
Westafrika ?
1. *Goudotiana* Brot Monogr. Mel. t. 44 fig. 1.
Madagascar.
1. *fluminea* Gmelin (Bucc.) p. 3503. — Brot t. 42 fig. 2. 3. — t. 43 fig. 1—3.
var. *sinuosa* Phil. Zeitschr. Mal. 1851 p. 91.
var. *aspera* Brot Mater II t. 1 fig. 6.
var. *Cecillei* Phil. Zeitschr. Mal. 1849 p. 28.
var. *Lamarckii* Valenc. Pot. Mich. t. 31 fig. 5. 6.
(plicata Rve. sp. 11).
(granulosa Chenu Man. fig. 2801, nec Lam.).
(fraterna Lea Journ. Acad. Nat. Sc. Phil. VI t. 22 fig. 28).
(subimbricata Phil. Abb. t. 5 fig. 3. — Reeve sp. 199).
var. *maura* Reeve Conch. icon. fig. 6.
Madagascar.
1. *madagascariensis* Grateloup Actes Soc. Lin. Bord. XI p. 167. — Mem. plus. esp. coq. t. 4 fig. 7. — Brot t. 43 fig. 5.
var. *Duisabonis* Grat. ibid. Mem. t. 4 fig. 8.
var. *bicarinata* Grat. ibid. t. 4 fig. 9.
var. *lingulata* Rve. fig. 7.
var. *pirenoides* Rve. fig. 128.
Madagascar.
3. *nana* Rve. sp. 1. — Brot t. 44 fig. 4.
Neucaledonien (?),

3. *nitida* v. d. Busch Mal. Bl. 1858 p. 36. — Brot t. 44 fig. 5.
Philippinen.

Gattung **Doryssa** *Adams.*

1. *aquatilis* Reeve fig. 73. — Brot t. 35 fig. 2.
(Branca Reeve fig. 493).
Rio Branca.
2. *aspersa* Reeve sp. 325. — Brot t. 35 fig. 5.
(tigrina Brot Matér. I p. 45).
Pernambuco.
3. *atra* Richard Act. S. H. Nat. Paris p. 126. — Brot t. 35 fig. 7.
(truncata Lam. Anim s. vert. vol. VIII p. 429. — Chenu Man. fig. 1989. — Brot Matér. III p. 8 t. 1 fig. 1.
(Nicotiana Reeve fig. 202).
var. *Lamarckiana* Brot t. 35 fig. 1.
(atra Rve. sp. 195. — Philippi Abb. t. 5 fig. 2).
Guyana, Brasilien.
4. *brevior* Troschel Schomb. Reise III p. 550. — Phil. Abb. t. 5 fig. — Reeve sp. 197. — Brot t. 36 fig. 3. 4.
(Krantzii Charp. mss. fide Brot).
juv. = *chloris* Troschel l. c. p. 550.
Guyana.
5. *bullata* Lea Obs. Gen. Unio XI t. 22 fig. 29. — Brot t. 36 fig. 8.
(ventricosa Moricand J. C. 1856 t. 6 fig. 6).
(Batesi Reeve fig. 203).
Brasilien.
6. *capillaris* Brot Matér III p. 51 t. 4 fig. 15. — Monogr. Doryssa t. 35 fig. 8.
Südamerika.
7. *consolidata* Brug. (Bul.) Encycl. Meth. Nr. 48. — Brot t. 36 fig. 9.

(scarabus Rve. fig. 201)
var. *circumsulcata* v. d. Busch Mal. Bl. 1858 p. 35. — Brot Catal. p. 305.
Marañon, Rio Branca.

8. *devians* Brot Monogr. t. 35 fig. 10.
Surinam.

9. *Gruneri* Jonas Zeitschr. Mal. 1844 p. 49. — Phil. Abb. t. 4 fig. 2. — Brot t. 35 fig. 9 t. 6 fig. 6.
Venezuela.

10. *Hohenackeri* Philippi Zeitschrift Mal. 1851 p. 82. — Brot t. 35 fig. 6.
Surinam.

11. *inconspicua* Brot Monogr. t. 36 fig. 2.
Brasilien.

12. *Macapa* Moricand I. C. 1856 t. 6 fig. 7. — Reeve sp. 194. — Brot t. 35 fig. 3.
(Lamarckiana var. minor Brot Matér. III t. 3 fig. 17).
juv. = *Charpentieri* Dunker mss. — Reeve fig. 76.
Macapa am Marañon.

13. *millepunctata* Tryon Amer. J. C. I t. 22 fig. 3. — Brot t. 36 fig. 5.
Marañon.

14. *Pernambucensis* Reeve sp. 3. — Brot t. 36 fig. 1.
Pernambuco.

15. *petechialis* Brot Rev. Zool. 1860 t. 17 fig. 20. — Monogr. Mel. t. 36 fig. 6.
?

16. *transversa* Lea Proc. Zool. Soc. 1850 p. 186. — Reeve fig. 196. Brot t. 35 fig. 4.
Guyana, Brasilien.

Excursionen in Spanien.

Von

W. Kobelt.

(Fortsetzung.)

II. An den Säulen des Hercules.

5. Gibraltar.

Es war am Morgen des sechzehnten Mai, als wir mit der „Africaine" von Nemours kommend den Felsen von Gibraltar vor uns im Morgennebel schimmern sahen, von hier aus ganz wie eine riesige Säule erscheinend; etwas weiter links ragte die gewaltige Masse des Affenberges (Dschebel Musa), die afrikanische Säule des Hercules, empor und an ihrem Fusse glänzten im ersten Morgenstrahle leuchtend die Festungswerke und weissen Häusser von Ceuta. Ein scharfer Westwind wehte vom Ocean herein und verstärkte die ohnehin hier herrschende Strömung, so dass unser guter Dampfer nur langsam vorankam; erst gegen zehn Uhr umfuhren wir die Punta de Europa und warfen Anker in der schönen Bai von Gibraltar.

Ein Frühstück in der gastlichen Fonda española restaurirte mich, dann suchte ich mir den Weg durch Main-Street, die Haupstrasse von Gibraltar, nach South-Port, dem einzigen nach der Halbinsel zu sich öffnenden Thore. Der Felsen von Gibraltar zerfällt nämlich administrativ in zwei Abtheilungen, welche eine von der Südfront der Stadt aus bis zum höchsten Gipfel emporlaufende Mauer trennt; was innerhalb derselben liegt wird zur Festung im engeren Sinne gerechnet, die Verbindung mit dem Reste der Halbinsel vermittelt ausser dem genannten Südthore nur ein kleines Pförtchen unmittelbar unter Signal Point, dicht am Gipfel. Man wird überhaupt in Gibraltar auf Schritt und Tritt daran erinnert, dass man sich in einer Festung befindet. Schon beim Eintritt ins Thor bedarf man eines

Permesses, der aber nur bis zu Sonnenuntergang Gültigkeit hat. Wer über Nacht bleiben will, muss dazu einen weiteren Permess haben, wieder ein anderer ist erforderlich, wenn man den Felsen besteigen will, und auf diesem ist ausdrücklich bemerkt, dass es strengstens verboten ist, vom Wege abzugehen, eine Pflanze abzubrechen, einen Stein aufzuheben oder gar — to offend the apes. In letzeren Fall kommt man allerdings so leicht nicht, wenigstens wenn man den Begriff apes zoologisch nimmt und auf Inuus ecaudatus Geoffroy beschränkt, denn diese Herrn hausen in den unzugänglichen Klüften der Ostseite und werden nur sichtbar, wenn der „Tyrann von Gibraltar," der feuchte Ostwind (Levanter) weht und den ganzen Felsen in einen feuchten Nebel hüllt. Dann sitzen aber Touristen wie Eingeborene zu Hause und blasen Trübsal, denn der Levanter übt einen ganz merkwürdig deprimirenden und verstimmenden Einfluss auf Mensch und Vieh aus, und man muss schon ein ganz enragirter Naturforscher sein, um während seiner Herrschaft den Felsen zu erklettern. Uehrigens habe ich auch dann mich umsonst nach den Affen umgesehen und der wachthabende Sergeant auf Signal Point — er ist mit dem speciellen Schutz der Affen betraut und führt deren Standesregister — sagte mir, dass sie nur bei dauernder Trockenheit auf die Signalstation kämen, um dort zu trinken. Die Colonie befindet sich gegenwärtig wieder in einem ganz gedeihlichen Zustande, freilich nur in Folge einer directen Intervention der englischen Regierung. Der alte Town-major — man bezeichnet höchst unehrerbietiger Weise den Leitaffen mit demselben Titel, wie den Stadtcommandanten von Gibraltar — war nämlich Todes verblichen, ohne einen Nachfolger zu hinterlassen und unter seinen trauernden Wittwen und Waisen, die offenbar für eine republikanische Regierungsform noch nicht reif waren, zeigten sich bedenkliche Symptome von Anarchie. Da griff die Regierung mit starker Hand ein und liess einen hoffnungsvollen Affenjüngling aus Marocco herüberbringen und als town-major installiren. Die Affendamen erwiesen sich dankbarer als Afghanen und Kaffern in ähnlichen Fällen; sie nahmen den octroyirten Regenten mit offenen Armen auf und er hat sich seitdem als eifriger „Mehrer des Reiches" (semper augustus) erwiesen.

Einen Permess zum Betreten der Festungswerke hatte ich allerdings nicht, der Fremde bedarf ihn kaum, denn da er jedem ohne den geringsten Anstand ertheilt wird, haben sich die Wachen das Fragen danach ganz abgewöhnt; und sollte ein übereifriger Rekrut doch einmal fragen: Have you a permess? so genügt ein ruhiges: Yes, Sir, J have. Ich hatte übrigens auch bei meinen ersten Excursionen noch keine Ahnung von der Nothwendigkeit einer besonderen Erlaubniss und stieg darum ganz unbefangen überall umher.

Unmittelbar vor South Port liegt der alte Friedhof, ein stilles, abgeschiedenes Plätzchen mit üppiger Vegetation bedeckt; die Stadtmauer, welche eine Seite desselben einnimmt, ist ganz mit Epheu übersponnen. An ihrem Fusse fand ich in einzelnen todten Exemplaren Helix calpeana Morelet, dann eine schöne grosse Hyaline aus der nächsten Verwandtschaft der *Hyalina Draparnaldi Beck* und ein paar noch der näheren Bestimmung harrende Nacktschnecken. Durch eine kahle Esplanade vom Thore getrennt liegt der Stolz von Gibraltar, die Alameda, früher eine kahle Sandfläche, jetzt ein prachtvoller Park, der sich, was Ueppigkeit und Sauberkeit anbelangt, dreist mit den schönsten Promenaden am Mittelmer messen kann. Heute konnte er mich aber nicht fesseln, denn weiter oben winkte verlockend eine Felsenwand, zu der ich durch ein Wäldchen von schattigen Strandkiefern emporzuklettern versuchte: Meine Bemühungen waren anfangs vergeblich, denn jedes zugängliche Fleckchen Erde ist hier in Gärten umgewandelt und kein Weg führte hinauf. In den Gartenmauern und verborgen unter den Aloeblättern fand ich eine Macularia, welche sich von Helix lactea Müller, wie wir sie gewöhnlich kennen, sehr erheblich unterscheidet und in manchen Stücken kaum von hieroglyphicula zu trennen ist; hatte ich doch das einzige Exemplar, das Freund Noll seiner Zeit dem Senckenbergischen Museum mitbrachte, unbedenklich dort als hieroglyphicula einverleibt. Hier kam ich von dieser Ansicht schnell zurück und glaubte damals, sie als eigene Art auffassen zu müssen, welche mit den verwandten Formen von Algesiras, Tanger und Tetuan eine eigenthümliche, sich zwischen lactea und hieroglyphicula einschiebende Arten- oder Formengruppe bilde. In Hochandalusien, besonders um Ronda, überzeugte ich mich aber bald, dass sie geographisch wie testaceologisch durch Zwischenformen mit Helix lactea verbunden sei und habe die Form von Gibraltar darum als *Helix lactea var. alybensis* m. verschickt. Helix tagina Servain und Bleicheri Paladilhe sowie noch verschiedene andere Arten der Nouvelle école gehören zu derselben Formengruppe, welche ich demnächst (im 8. Band der Iconographie) eingehender zu behandeln gedenke.

Ich möchte bei dieser Gelegenheit auf eine bis jetzt noch nicht hervorgehobene Eigenthümlichkeit in der Verbreitung von Helix lactea Müller aufmerksam machen. Dieselbe, wenigstens was man seit Rossmässler allgemein dafür nimmt, fehlt namentlich in der Provinz Oran und wie es scheint in der ganzen Algerie vollständig, findet sich dagegen im westlichen Marocco ziemlich weit südlich verbreitet. Was Bourguignat als lactea abbildet, gehört Alles zu punctata, welche in Andalusien wie in Marocco zu fehlen scheint, während seine punctata eine Varietät von Dupotetiana ist. Wir haben somit auch hier wieder die Erscheinung, dass die Fauna der einander gegenüberliegenden Gebiete Spaniens und Nordafrika's besser mit einander harmoniren, als die von Oran und Marocco oder Valencia und Westandalusien.

Unter einem faulen Baumstamm fand ich auch ein Exemplar von *Helix Coquandi Morelet*, und zwar in der kleinen verkümmerten Form, welche ich Iconographie fig. 1387 abgebildet habe. Nur diese Form scheint auf dem Felsen von Gibraltar vorzukommen; ich fand sie auch noch an einigen anderen Punkten, namentlich in der üppigen Buschvegetation, welche die Mulde zwischen den beiden südlichen Felsenspitzen (Signal point und O'Haras Tower) ausfüllt und ganz besonders am steilen Ostabhang, aber überall nur ausnahmsweise ausgewachsen, jung häufiger; ihre Saison war eben noch nicht gekommen.

Vergeblich suchte ich aber nach einem aufwärts führenden Pfade; endlich entschloss ich mich kurz und stieg durch eine asphaltirte Rinne, welche einer grossartigen Cisterne das Wasser zuführte, aufwärts. Nebenan war zwar eine grosse Warnungstafel angebracht, aber ich nahm mir nicht die Zeit, sie zu lesen und eine Schildwache war glücklicherweise nicht in der Nähe. Oben fand ich denn richtig die gesuchte *Helix marmorata Férussac*, die Charakterschnecke des Felsens von Gibraltar, in Felsspalten verborgen und nicht allzuhäufig, auch Helix lactea var. alybensis, aber sonst Nichts, und ziemlich enttäuscht kletterte ich über den reich bewachsenen Schuttkegel, welcher den Fuss des steilen Absturzes umgibt, herunter auf die Strasse und ging nach Hause zurück.

Ein Gang über den Markt, der sich unmittelbar vor dem Seethor befindet, bereitete mir zwar den Genuss, den schönsten, ordentlichsten und reichsten Obstmarkt der ganzen Halbinsel zu sehen, gab mir aber auch die Ueberzeugung, dass hier für mich nichts zu holen sei. Die Engländer schaudern natürlich schon bei dem blossen Gedanken, Schnecken zu essen, und die Herren Scorpione — wie man an der Meerenge die spanisch redenden Einwohner Gibraltars nennt, — sind auch schon zu sehr englisirt und respectabel geworden; Caracoles kommen darum nur sehr selten zu Markt. Ein spanischer Händler versprach mir zwar einige zu besorgen, aber als ich am anderen Tage wieder darnach fragte, hiess es mañana (morgen) und dabei blieb es. Von Seemuscheln waren auch nur Austern da; ausser ihnen kommt nur noch Venus gallina L. zu Markt.

Es hiess also selber sammeln und am andern Morgen machten wir beide uns alsbald nach dem Frühstück auf und stiegen durch die steilen Ramps der alten Stadt hinauf zum alten Maurencastell, von wo aus ein mit bewunderns-werther Kunst tracirter Zickzackpfad zum höchsten Gipfel emporführt. Batterien und Schildwachen erinnerten überall an die Festung, doch liess man uns ruhig passiren. An den Felsen dicht am Pfade fanden wir denn auch bald Helix marmorata in genügender Anzahl, aber gut verborgen, und dem flüchtig Vorübergehenden absolut unsichtbar. Leider mussten wir uns auf das beschränken, was wir unmittelbar vom Wege aus erreichen konnten; das unerbittliche „it is not allowed to climb among the rocks" der Schildwachen scheuchte uns zurück, sobald wir Miene machten, von dem schmalen Pfade der Tugend abzuweichen. Uebrigens fanden wir auch so genug und auch Hel. lactea var. alybensis fand sich häufig; auch Helix aspersa Müll. in einer auffallend dunklen Form sass truppweise in Felslöchern.

Unten ist der Felsen ziemlich kahl; grosse Flächen sind mit Cement überzogen, um den riesigen Tanks, den Cisternen, Wasser zuzuführen; aber durch den Cement brach hier und da die üppige südliche Vegetation. Je höher wir kamen, desto grüner wurde es, die natürliche Folge der

Nebel, welche so oft die Höhe umschweben. Besonders fällt ein prächtiges Löwenmaul (Antirrhinum) ins Auge, das zwischen den Klippen wahre Blumenbeete bildet. Mit der Vegetation kam auch *Helix pisana* und eine kleinere, ausnahmslos unausgewachsene Xerophile, welche ich später auch bei Algesiras massenhaft fand, und welche wohl identisch mit *Helix cyzicensis Galland* ist. Vergeblich hatten wir immer noch nach *Pupa calpica Westerlund* gesucht; erst ganz oben, wo sich die Wege nach dem Rock gun und Signal Point trennen, fanden wir sie einzeln am Felsen sitzen, mit dem sie in Färbung so genau übereinstimmte, dass sie nur sehr schwer zu erkennen war. Mit ihr zusammen trat die kleine Xerophile auf, welche ich als *Helix simiarum* beschrieben habe; sie gleicht der derogata Rossm., hat aber den Nabel am Ausgange nicht so erweitert; sie war hier nur einzeln, später fanden wir sie am Ostabhange in grösserer Anzahl. Helix marmorata fand sich oben in grosser Menge und Hel. lactea var. alybensis trat hier nicht selten in ganz prachtvollen Albino's auf, und zwar in allen Abstufungen, bald weiss mit fester, undurchsichtiger Schale, bald mit durchscheinenden Bändern und Zeichnungen und nur mit einem dicken Belag hinter dem Mundrand. — Ganz oben kam aber noch eine weitere Art dazu, die ich kaum zu finden gehofft hatte, die verschollene *Helix Scherzeri Zelebor*; sie fand sich nur in wenigen Klüften ganz oben, aber da immer in Klumpen, lebende und todte zusammen, fest aneinander gekittet, und zwar mit einem schwarzen Schleim, was allein schon genügte, um sie sofort von marmorata zu unterscheiden. Sie scheint nur auf den höchsten Punkten vorzukommen und hat auch lebend gesammelt häufig ein verwittertes, calcinirtes Ansehen. Zum Glück waren hier oben keine Schildwachen und wir konnten sammeln wo wir wollten; doch blieb Scherzeri auf einen sehr kleinen Raum beschränkt. Später fanden wir sie ebenso an den beiden anderen Spitzen des dreigipflichen Felsens.

Ausserdem fanden wir unter Steinen noch ein paar Exemplare einer *Parmacella*, welche in Färbung und Schale von der oraneser Form gut verschieden ist; es wird wohl dieselbe Form sein, welche Rossmässler in einem Exemplar bei Malaga fand; das eine lebende Exemplar ging mir leider später zu Grunde; — ferner eine Hyalina aus der Gruppe der hydatina, eine sehr bauchige Form der Ferussacia folliculus Gronov. und Stenogyra decollata.

Damit hatten wir aber auch beinahe die ganze Molluskenfauna von Gibraltar beisammen, unsere späteren Excursionen lieferten im Wesentlichen nur dieselben Arten. Pupa calpica Westerl. und Helix Coquandi fanden wir an dem von Signal Point nach Windmill Flat hinabführenden Wege häufiger, Helix simiarum besonders an dem wundervollen Weg, der an der steilen Ostseite vom Mediterranean road zum Gipfel hinaufführt, aber einen schwindelfreien Kopf und Westwind verlangt; endlich noch Helix acuta Müll. an einigen Stellen in Menge, Helix lenticula Fér. und eine kleine Hyalina, die noch der Bestimmung harrt.

Mit Seeconchylien hatte ich mich bei der Kürze meines Aufenthaltes nicht weiter beschäftigen können, doch hatte ich Gelegenheit, bei dem Herrn Gustav Dauthez, einem Ingenieur und eifrigen Botaniker, der aber nebenher auch die Seemollusken gesammelt hatte, eine hübsche Anzahl Seeconchylien von Gibraltar zu sehen. Ausser den genannten Arten waren darunter Panopaea Aldrovandi in einer prächtig grossen Schale, Mya arenaria, Lutraria oblonga und elliptica, Ungulina oblonga, Cymbium papillatum, Tritonium nodiferum, corrugatum, Cassidaria tyrrhena in einem offenbar frisch gesammelten Prachtexemplar, Natica filosa, Mesalia varia und eine schöne grosse Turritella, die mit einer Senegalform identisch ist, über deren Namen ich aber noch zweifelhaft bin.

Fünf Tage hatten genügt, um die Fauna von Gibraltar der Hauptsache nach kennen zu lernen. Cyclostoma ferrugineum Lam., welches der gewöhnlichen Angabe nach hier vorkommen soll, hatten wir freilich nicht gefunden, so wenig wie wir es später bei Malaga entdecken konnten; es kommt auf dem Festlande anscheinend überhaupt nicht vor, sondern ist auf die Balearen beschränkt. An den Säulen des Hercules fanden sich überhaupt keine Deckelschnecken, das auffallende Vorkommen von Cyclostoma elegans bei Tetuan abgerechnet. Erst viel weiter südlich in Marocco tritt in Cyclostoma scrobiculatum Mousson wieder eine Verwandte der C. mamillatum auf; beider Verbreitungsbezirke werden wohl längs des Atlas zusammenhängen.

6. Algesiras.

Am 21. Mai bestiegen wir einen der kleinen Dampfer, welche die Verbindung zwischen Gibraltar und Algesiras vermitteln. Die Bai war vollkommen glatt, aber oben in der Luft begannen die Wolken schon tüchtig zu jagen und die Tummler, welche unser Schiffchen begleiteten, schlugen die tollsten Purzelbäume, wie immer, wenn ein Sturm im Anzuge ist. Doch kamen wir noch glücklich über die Bai hinüber und nahmen unser Quartier in der Fonda de Salinas, dem besten und billigsten Hotel, das wir auf unseren Fahrten angetroffen.

Ich hatte von Algesiras viel gehofft, aber ein Blick auf die Umgebung genügte, um meine Hoffnungen ganz erheblich herabzustimmen; es war zu schön grün überall, ein sicheres Zeichen von Sandstein- und Thonboden und die Felsen, welche wir von Gibraltar aus gesehen, bestanden fast sämmtlich aus Sandstein. Verschiedene Umstände veranlassten uns trotzdem, mehrere Wochen zu bleiben und so habe ich die Umgegend von Algesiras genauer kennen gelernt, als die meisten anderen von mir besuchten Punkte Spaniens. Ich will meine Leser nicht mit Aufzählung der einzelnen von mir gemachten Excursionen, welche sich alle ziemlich gleich blieben, ermüden, sondern begnüge mich mit einer allgemeinen Schilderung.

In der nächsten Umgebung der Stadt, soweit eben der Boden aus thonigem Sandstein bestand, fanden wir eine Macularia, welche gewissermassen den Uebergang von der in Gibraltar gefundenen Helix lactea var. alybensis zu der typischen lactea bildet; Herr Servain hat dieselbe als *Helix tagina* beschrieben, wenigstens lässt sich seine Diagnose darauf deuten. Er sagt (Mollusques recueillies en Espagne et Portugal p. 39) über diese Art: „Testa imperforata, utrinque convexa, supra depressa, solidula, nitida, fere laevigata, sub lente argute striatula, ac lineolis longitudinalibus (in ultimo perspicuis) eleganter sulcata; uniformiter albido-subcastanea et maculis vermiculosis undique ornata, aut zonulis 4 castaneis, subevanidis (cum maculis vermiculosis) circumcincta; spira parum elevata, convexa; apice obtuso, laevigato; — anfractibus 5 supra vix convexiusculis (ultimus exceptus), usque ad ultimum regulariter lenteque crescentibus, sutura fere lineari (inter ultimos sat impressa) separatis; — ultimo magno, convexo-rotundato, superne valde deflexo ac descendente; — apertura obliqua, aterrima, transverse oblonga, margine supero convexo, margine columellari aterrimo, recto, in medio tuberculifero; peristomate aterrimo, incrassatulo, expanso; marginibus callo aterrimo junctis. Alt. 18, diam. 31 mm. — Alluvions du Tage au-dessous de Lisbonne; nous la connaissons encore de Algesiras et des environs de Oran.“ — Die Angabe Oran möchte doch auf einer Verwechselung beruhen, wenigstens ist mir nichts derartiges zu Gesicht gekommen und auch Debeaux weiss nichts davon. — Um Algesiras war diese Form übrigens häufig und zwar fand sie sich vorzugsweise an den Aloeblättern; auch hier fanden sich Albino's, doch nicht so häufig wie bei Gibraltar.

Weiterhin fanden sich einige Xerophilen. Am meisten in die Augen fiel eine hübsche Form, welche ich zu *Helix luteata Parreyss* rechnen möchte; sie fand sich ausschiesslich auf einer prächtigen, fast mannshohen, gelbblühenden Distel, fest angedrückt und zwischen den vier starken Stachelreihen des vierkantigen Stengels nicht ohne zerstochene Finger zu sammeln. Eine weitere Art fand sich theils auf dem Boden, theils an den Blättern der Zwergpalme, stellenweise in jungen Exemplaren den Boden beinahe völlig bedeckend. Ausgewachsene Stücke fand ich erst in der letzten Zeit meines Aufenthaltes. Sie scheinen mir mit *Helix cyzicensis* übereinzustimmen; characterisirt wird die Form durch eigenthümliche radiär gestellte Flecken unter der Naht, welche dem Gewinde, wenn man es von oben betrachtet, eine auffallende sternförmige Zeichnung geben.

Mit ihr zusammen fand sich noch die kleinere flache Schnecke, welche ich, da ich sie mit keiner bekannten Art vereinigen konnte, im vorigen Hefte der Jahrbücher als *Helix andalusica* beschrieben habe; sie scheint durch Südspanien weit verbreitet und wurde mir von Hidalgo von zahlreichen Fundorten mitgetheilt.

An gemeinen Xerophilen fand sich noch *Helix pisana* Müller allenthalben, meist sehr starkschalig und mit einem auffallend breiten, scharfbegrenzten, tiefbraunen Bande oberhalb der Mitte; sie zeigte hier und da schon einen geraderen Unterrand und undeutlich kantigen letzten Umgang, damit zu Hel. planata Chemnitz (arietina Rossm.) hinüberführend, welche ja nicht weit von Algesiras in der Sierra de Jeres ihre Heimath hat. Ausserdem war noch

Helix acuta Drp. gemein und an einzelnen Stellen fanden wir auch apicina Lam. und die ächte ventrosa Drp.

Die Korkeichenwälder, welche Algesiras in weiter Ausdehnung umgeben, erwiesen sich fast schneckenleer; nur einmal trafen wir in einem hohlen Baumstamm eine grössere Anzahl von *Helix aspersa Müll.*, zu einem festen Klumpen aneinander gekittet, offenbar schon zur Sommerruhe gegangen. Auch sonst fanden wir diese Art schon überall eingedeckelt oder in Felsspalten verborgen und fest angekittet; ihre Hauptzeit ist in diesen Gegenden wenigstens der Winter.

Nach *Helix Coquandi Morelet* suchten wir im Anfang umsonst; nur ein versprengtes Stück fand sich in einem Zwergpalmenbusch. Erst als wir auf einen an der Strasse nach Tarifa sich erhebenden Felsrücken aufmerksam wurden, der durch seine zackige Form und Kahlheit schon von weitem den Kalk verrieth, fand sie sich in grösserer Anzahl, auch meistens an Zwergpalmen sitzend; sie war hier erheblich grösser als auf dem Felsen von Gibraltar, und viel lebhafter und mannigfaltiger gezeichnet; die meisten Exemplare waren eben gerade fertig geworden und noch sehr dünnschalig; erst gegen Ende unseres Aufenthaltes fanden wir sie völlig ausgebildet. — Mit ihr zusammen an den Zwergpalmen sass *Helix lanuginosa Boissy*, ausnahmslos noch jung, als Fruticicole eine ächte Sommerschnecke. An den Felsen klebte zahlreich unsere *Helix umbilicata Montagu* und mit ihr zusammen die Pupa, welche ich als *Pupa algesirae* beschrieben habe, die nächste Verwandte der calpica und der später von mir bei Tetuan gefundenen Pupa tingitana. Ausserdem fand sich noch die überall am Mittelmeer vorkommende Ferussacia folliculus, Stenogyra decollata und in einzelnen Exemplaren eine kleine Xerophile, welche sich von der Hel. simiarum von Gibraltar wohl kaum trennen lässt.

In den Bächen war mein Nachsuchen nach Melanopsis

vergeblich; dagegen fand ich in einem kleinen Bache am Fusse des erwähnten Kalkhügels *Planorbis Dufourei* Graells in sehr schönen Exemplaren, ferner einen Ancylus, welcher nach Clessin zu striatus zu rechnen ist, und an der Mündung des Rio de Miel ein paar Schaalen eines noch zu bestimmenden Unio.

Von Helix Tarnieri fand ich nur ein junges Stück; sonst von Gonostomen nur Helix lenticula. — Nach Cyclostomen, Leucochroen, Helix vermiculata und variabilis suchte ich hier, wie später auf der anderen Seite der Meerenge, vergeblich.

Mit der marinen Fauna, welche sehr reich zu sein scheint, konnte ich mich mangels Ausrüstung nur wenig beschäftigen. Am Strande herrschten Schalen von Pectunculus und Cardium tuberculatum vor; an den aus dem Meere hervorragenden glatten Sandsteinen sass Siphonaria Algesirae in grosser Menge.

Am Strande sammelte ich ausserdem noch Mesalia varia Kiener, die hier sehr gemein zu sein scheint, die Turritella, die ich auch in Gibraltar erhalten, Ungulina rubra Daudin und ein erkennbares Fragment von *Strombus bubonius* Lam., der aber möglicherweise mit Ballast oder sonst wie dahin verschleppt worden ist. Von einem Fischer, den ich leider erst gegen Ende meines Aufenthaltes kennen lernte, erhielt ich ausser den genannten Arten *Natica filosa Philippi* in grosser Menge und sehr schönen Exemplaren; Cancellaria cancellata L., Natica Dillwyni, Fusus syracusanus, pulchellus, Euthria cornea, Triton nodifer, Scalaria communis, Defrancia reticulata und als Krone des Ganzen ein paar Prachtstücke der seltenen *Mathilda quadricarinata.*

Auf dem Markte war von Anfang nur Venus gallina zu kaufen, am Tage der grossen Feria, der Kirmes von Algesiras aber kamen hinzu Mytilus pictus Born, Purpura haemastoma L. und wahre Riesenexemplare von Trochus articulatus, wie ich sie sonst nie gesehen. Um diese Trochus, die man lebendig isst, aus dem Gehäuse zu ziehen bedient man sich hier allgemein der stacheligen Blattenden der Agave; jeder Käufer bekommt von dem Händler ein paar dazu, und rings um Algesiras waren sämmtliche Aloeblätter an den Spitzen verstümmelt.

Auch Murex brandaris und trunculus wurden mir um diese Zeit gebracht; beide sonderten in reichem Masse ihren Purpursaft ab, was sie durchaus nicht zu allen Jahreszeiten freiwillig zu thun scheinen.

7. Tarifa.

Wir wollten natürlich nicht so lange in Algesiras gewesen sein ohne auch Tarifa, der südlichsten Stadt Europas, der Stadt der schönen verhüllten Frauen und der süssesten Orangen einen Besuch gemacht zu haben; am 26. Mai nahmen wir darum Plätze in dem sogenannten Correo, welcher Algesiras mit Tarifa verbindet. Auf unseren Excursionen hatten wir die Umgegend schon etwas kennen gelernt; wir gingen darum Vorsichts halber eine Stunde vor Abgang des Correo voraus, um unseren Gliedern wenigstens diese Marter zu ersparen und stiegen erst ein, als wir den Anfang der im Bau begriffenen neuen Strasse erreicht hatten; wir sollten darum doch nicht zu kurz kommen. Ich hatte bis dahin immer geglaubt, von allen in Europa im Gebrauch befindlichen Transportwerkzeugen sei das sicilianische Carretino das schlechteste; im spanischen Correo sollte ich eine noch niederträchtigere Erfindung kennen lernen. Es ist auch ein zweirädriger Karren, nach Tartanenart mit einem Wachstuch überspannt, innen mit zwei schmalen Längsbänken und statt des Bodens mit einem Geflecht aus Esparto. Auf dem Boden lagen die Briefsäcke der closed mail, die von Gibraltar über Cadix nach England geht, bis zur Höhe der Bänke, und darüber mussten sechs Personen sehen, wie sie ihre Gliedmassen unterbrachten. Bergauf ging es noch an; aber als wir endlich die Höhe erreicht hatten und es nun im schärfsten Trab bergab ging über die zum Theil frischgedeckte Strasse, da hiess es sich festhalten und es war ein Glück, dass wir so enge gepackt sassen, dass ein Hinundherfliegen absolut unmöglich war.

Die Gegend ist wunderbar schön; man hat überall die prachtvollsten Ausblicke zurück auf Gibraltar und hinüber nach Marocco; gewaltige Korkeichen, deren schwarze, glatt geschälte Stämme eigenthümlich von dem frischen Grün abstechen, beschatten den Weg; hohe Adlerfarrn und der rothe Fingerhut, mit Brombeerhecken gemischt, bedecken den Boden, aber uns war damit nicht gedient. Umsonst spähten wir nach Kalkfelsen, der Boden blieb immer derselbe lehmige Sandstein und damit wurden unsere Hoffnungen auf Ausbeute ziemlich herabgestimmt. In der That war die Molluskenfauna auch nichts weniger als reich. An den Aloehecken fanden wir *Helix tagina* Servain, die hier schon etwas den Mundrand umschlägt und somit zu lactea hinüberführt, und *Helix Coquandi* Morelet, hier wieder in Zeichnung und Form etwas von der in Algesiras beobachteten Varietät verschieden, auch *Helix lanuginosa* und pisana, die Disteln waren mit *Helix luteata* besetzt, auch pisana und acuta fanden sich und in einem Bache *Planorbis Dufourei*, aber damit war auch die Fauna erschöpft. Nach Helix lenticularis und Tarnieri suchten wir vergebens; sie müssen weiter oben in den Bergen oder jenseits des breiten Thales des Rio Salado vorkommen, denn bei Hidalgo habe ich authentische Exemplare von Tarifa gesehen, aber wir hatten keine Lust, noch länger in der ziemlich ungastlichen Casa de pupilos, dem einzigen aufzufindenden Quartier, zu bleiben.

Nach Meermuscheln erkundigte ich mich vergeblich.

Ein Gang längs des breiten Sandstrandes, welcher sich stundenlang ausdehnt, und im Sommer einen prächtigen Badestrand bieten muss, bewies mir zwar, dass es die Wogen des atlantischen Ocean waren, welche sich hier mit voller Gewalt brachen, denn *Spirula Peronii* und *Janthina* in zwei Arten lagen überall herum; aber von anderen Sachen war absolut nichts zu finden und nur eine einzelne Schale von *Panopaea Aldrovandi* bewies, dass diese riesige Art auch hier vorkommt.

Wir entschlossen uns kurz; noch einmal ein paar Marterstunden im Correo, dann waren wir wieder in Algesiras, wo uns unvorhergesehene Umstände zu einem längeren Aufenthalte nöthigten. Erst am sechsten Juni kehrten wir wieder nach Gibraltar zurück und gingen von da alsbald hinüber nach Tanger und Tetuan. Ueber unsere dortigen Excursionen habe ich schon berichtet. Am 25. Juni kamen wir von Ceuta aus über Algesiras wieder nach Gibraltar zurück, machten noch ein paar Excursionen auf den Felsen, der nun schon merklich verbrannter geworden, als bei unserer ersten Anwesenheit und schifften uns am 30. Juni auf dem englischen Dampfer Lisbon nach Malaga ein um auch Oberandalusien einen kurzen Besuch zu machen.

III. In Hochandalusien.

8. Malaga.

Die Fahrt von Gibraltar nach Malaga war die einzige während meiner Reise, welche dem Bilde entsprach, das man sich gewöhnlich von einer Mittelmeerfahrt im Sommer macht. Wie ein Spiegel lag die tiefblaue Fläche da, von keinem Windhauch gekräuselt; ruhig wie durch einen See glitt das Schiff dahin. Heerden von Delphinen kamen heran, um in dem schäumenden Wasser am Bug des Dampfers zu spielen und uns eine Strecke weit zu begleiten; auch mehrere Rochen trieben an der Oberfläche vorüber, einmal auch ein über mannslanger Sägefisch und eine Zeit lang folgte uns auch ein stattlicher Hammerhai. Nach Quallen, wie sie in der Nordsee bei stillem Wasser die Oberfläche beleben, spähte ich vergebens. Nach kaum siebenstündiger Fahrt erreichten wir Malaga und fanden dicht am Hafen in der Fonda de Madrid ein gutes und nicht theures Quartier.

Am anderen Morgen ging ich zeitig hinaus, um mich ein wenig zu orientiren. Auf dem Markte war nichts zu machen; die Saison der Caracoles sei vorbei, sagte mir der Kellner. Auch Meermuscheln waren keine zu verkaufen; nur am Hafen lag ein Boot buchstäblich gefüllt mit Venus gallina L., aber die Fischer lachten mich aus, als ich ihnen sagte, sie sollten mir auch andere Arten verschaffen, ich wolle sie por estudio, nicht para comer. So geht es einem in Seestädten regelmässig und nur bei längerem Aufenthalt kann man hoffen, von den Fischern etwas zu erhalten.

Längs des Hafendammes suchte ich mir den Weg nach dem Fusse des Gibralfaro, des alten Maurenkastells, welches den Weg beherrscht. Badeanstalten luden überall zum Genuss von Seebädern ein, aber das Wasser war hier so entsetzlich schmutzig, dass ich darauf verzichtete, obschon die Sonne schon am frühen Morgen glühend brannte.

Auf einem steilen Pfade klomm ich aufwärts. Leider besteht der Castellberg aus Thonschiefer und bot darum nur wenig Ausbeute, doch fand ich eine Anzahl Exemplare der Schnecke, welche Rossmässler als Helix balearica var. pulchella beschrieben hat; sie hatte sich schon eingedeckelt und tief in den Spalten verborgen, nur junge Exemplare klebten noch aussen herum. Diese Form kann, wie ich mich später an den zahlreichen Exemplaren, die ich bei Ronda sammelte, überzeugte, nicht zu balearica gerechnet werden, sondern gehört zum Formenkreise der marmorata, in welche sie ganz allmählig überzugehen scheint; sie reicht bis in die Sierra Nevada hinein und auch Helix loxana ist zu derselben Formengruppe zu rechnen. Bourguignat hat sie auch zur Art erhoben und für sie den Namen Helix Partschi in Vorschlag gebracht. Ausserdem klebten noch ein paar Helix vermiculata an den Steinen, die einzigen, welche ich seit wir Cartagena verlassen, gefunden; ich suchte sie umsonst an anderen Stellen in der Umgegend von Malaga und muss annehmen, dass die paar Exemplare Flüchtlinge aus irgend einer Küche sind; käme die Art in der Umgebung Malagas wirklich vor, so hätte ich sie nicht übersehen können und wenigstens todte Exemplare finden müssen. Auch ein paar Exemplare der kleinen Varietät von Helix lactea, welche schon Rossmässler bei Malaga sammelte, lagen umher; ausserdem kam noch Stenogyra decollata L. in einer sehr stark sculptirten Varietät und Ferussacia folliculus vor, alles nur in todten Exemplaren; die gute Zeit zum Sammeln war offenbar vorbei.

Mittags suchten wir uns trotz glühender Hitze den Weg durch die Stadt zur Strasse von Granada. Stadt und nähere Umgebung machen einen förmlich tropischen Eindruck, denn überall findet man die Banane in vollster Ueppigkeit und die Ebene ist mit Zuckerrohrplantagen erfüllt. An den Höhen aber dominirt die Rebe, die Mutter des edlen Malaga und der grossen Rosinen; die Trauben begannen eben zu reifen; die delicaten Frühfeigen (Brebas) waren dagegen schon völlig reif und wir delectirten uns nicht wenig an ihnen. Innerhalb der Ebene war keine Spur von Schnecken zu finden; erst als wir der staubigen Strasse folgend ein Stück des Bergabhangs erstiegen und uns zwischen Cactushecken auf die schon abgeernteten Felder durchgewunden hatten, fand sich die kleine Helix lactea, hier und da an Grashalmen sitzend, häufiger aber noch an den Bäumen in ziemlicher Höhe festgeklebt. Sie ist hier ganz constant und weicht auch in der Lebensweise erheblich von der typischen lactea, die ich immer als Felsenschnecke kennen gelernt, ab. Bourguignat hat sie als Helix axia zur selbstständigen Art erhoben, doch ist es kaum möglich, sie von lactea getrennt zu halten. Mit ihr zusammen kam eine gerippte, oft sehr dunkel gefärbte Xerophile vor, welche ich mit keiner der mir bekannten Formen vereinigen kann; ich würde sie als neu beschreiben, wenn ich nicht vermuthen müsste, dass sie unter den vielen von Herrn Servain beschriebenen Xerophilen irgendwo stecke. — Endlich fand sich noch sehr häufig Helix elegans Gmelin, in einer kreideweissen, hochkegeligen Form, welche ganz an die sicilische Helix elata erinnert; sie ist äusserst constant in ihrer Form.

Am folgenden Tage wandten wir uns nach der Richtung von Velez Malaga, um einige Kalkfelsen aufzusuchen, welche Rossmässler als Fundort von Helix barbula erwähnt. Die Hitze war furchtbar, die Gegend weit und breit in Staub gehüllt. Wir hatten ziemlich weit zu gehen bis wir die letzten Landhäuser der Vorstadt San Telmo im Rücken hatten und in freies Feld kamen. Ein ziemlich hohes Vorgebirge springt hier ins Meer vor; man ist eben daran es abzutragen, um aus ihm einen riesigen Molo zu errichten, welcher den Hafen von Malaga gegen den Südwind schützen soll. In seinen Felsen fanden wir hier und da einige Helix marmorata var. pulchella, von besonderem Interesse war mir aber die Leucochroa, welche man seit Rossmässler als Leucochroa cariosula Mich. zu bezeichnen gewohnt ist. Ich sammelte sie in ziemlicher Menge und muss gestehen, dass ich mich mit Rossmässlers Bestimmung durchaus nicht befreunden kann. Ich habe L. cariosula in Oran zu Tausenden gesammelt und kein Stück darunter gefunden, das den spanischen auch nur annähernd geglichen hätte. Beide Formen sind ganz sicher specifisch verschieden; ich meine auch irgendwo gelesen zu haben, dass Bourguignat die spanische Form schon mit einem neuen Namen versehen habe, doch kann ich denselben nirgends finden.

Die übrige Ausbeute entsprach nicht im entferntesten der Anstrengung in der furchtbaren Hitze, und die sonstigen Vorzüge von Malaga vermochten uns nicht zu fesseln, der zweite Juli sah uns darum schon wieder am Bahnhof und auf dem Weg nach dem Herz Oberandalusiens, dem hochgelegenen luftigen Ronda.

9. Ronda.

Die Stadt Ronda lag früher auf ihrer Hochfläche wie ein verwunschenes Schloss im Mährchen; nur zu Pferde nach einem tagelangen ermüdenden Ritt auf halsbrechenden Bergpfaden konnte man sie erreichen; keine Strasse führte durch die Serrania de Ronda, kein Fuhrwerk war seit den alten Römerzeiten in ihrem Gebiet erblickt worden. Dafür war es der Sitz des kühnsten und ausgebreitetsten Schmuggelhandels; der Contrebandista Rondeño wird in unzähligen Liedern gefeiert, wie die Helden des Guerillaskrieges gegen die Franzosen, denen es niemals gelang diese Berge zu bezwingen. Die Glorie der Romantik umweht Ronda in den Augen jedes Andalusiers; hier ist der Stammsitz der ächtesten Majos und die Corridas (Stiergefechte) von Ronda sind die ersten Spaniens. Niemand, so melden die Berichte einstimmig, durfte bei den Stiergefechten in Ronda anders als im Nationalcostüm erscheinen und so hoffte denn auch ich hier noch den ächten Andalusier zu finden, den ich in Algesiras wie in Malaga vergeblich gesucht.

Die alles beleckende Cultur macht sich allerdings schon bei der Reise bemerklich, freilich zuerst in sehr angenehmer Weise. Seit die Eisenbahn von Malaga nach Cordova eröffnet ist, hat man auch in Ronda das Bedürfniss nach bequemerer Verbindung mit der Aussenwelt empfunden und eine Strasse nach Gobantes gebaut, auf welcher eine Diligence verkehrt; man ist somit des mühseligen und nicht ungefährlichen Rittes überhoben und kann die Fahrt nach Ronda bequem als einen Abstecher bei der Tour von Malaga nach Granada machen.

Nur darf man nicht vergessen, die Billete nach Ronda gleich auf dem Bureau in Malaga zu nehmen, sonst riskirt man in dem traurigen Gobantes liegen bleiben zu müssen, wenn zufällig die Diligence besetzt ist.

Die Eisenbahnfahrt von Malaga nach Gobantes ist eine der schönsten, die man sich denken kann; der Bau aller der Bahnen, welche vom Mittelmeer aus zur castilischen Hochebene emporsteigen, hat grosse Schwierigkeiten geboten, aber bei keiner Bahn mehr, als bei dieser. Dieselbe bleibt anfangs in der fruchtbaren Vega von Malaga, welcher grosse Zuckerrohrplantagen und ausgedehnte Eucalyptuswälder ein ganz fremdartiges Ansehen verleihen; dann biegt sie in das Thal des Guadalhorce ein, einen üppigen Garten, gegen den selbst die Ebene von Burriana und das Thal des Júcar weit in den Schatten treten. Die Orangenbäume haben völlig die Stärke unserer Obstbäume; überall stehen Bananen und Palmen und die sorgfältig gepflegten Gärten, welche die Villen der reichen Malagueños umgeben, erhöhen noch den Reiz der Gegend. So erreicht man Alora, die Sommerfrische für Malaga; von da ab verengt sich das Thal, die Berge nehmen kühnere Formen an und plötzlich schiebt sich ein gewaltiger Felsberg quer vor das Thal, nirgends einen Ausweg lassend. In einer vielgewundenen, nur wenige Fuss breiten Klamm, dem sogenannten Hoyo, durchbricht der wasserreiche Guadalhorce diesen Riegel, aber für die Bahn blieb kein Raum; siebzehn Tunnels von zusammen anderthalb Stunden Länge, oft nur durch einen

Zwischenraum von einigen Fuss getrennt, waren nöthig, um ihr den Durchgang in das obere Thal des Flusses zu öffnen. Unmittelbar vor dem letzten Tunnel liegt Gobantes die Station für Ronda. Die Orangenbäume sind hier völlig verschwunden, wir sind wieder in der Olivenregion.

Die Diligence nach Ronda musste erst noch den von Cordoba kommenden Zug abwarten, wir hatten darum noch zwei Stunden Zeit, und machten uns gleich auf, um in den benachbarten Felsen zu sammeln. Auf den Disteln am Wege sass eine Xerophile aus der luteata-Gruppe, am Felsen selbst kam eine der axia Bgt. ähnliche Macularie aus der lactea-Gruppe und in den Spalten tief verborgen, eine der Partschi Bgt. (balearica var. pulchella Rossm.) nahe verwandte Form, welche schon deutlich zu loxana hinüberführt.

Von der Diligence-Fahrt will ich nur berichten, dass wir zu acht im Jnterior sassen, dabei ein Spanier, der von Gottes und Rechtswegen zwei Plätze hätte bezahlen müssen; in Ronda, wo wir in tiefer Nacht ankamen, fanden wir dafür ein gutes Hôtel mit guten Betten, in denen wir uns restauriren konnten.

Am anderen Morgen machten wir uns schon zeitig auf den Weg; zunächst galt es die Hauptmerkwürdigkeit der Stadt, den Tajo de Ronda in Augenschein zu nehmen. Die Stadt liegt auf einer Hochebene, welche nach Gobantes hin allmählig abfällt, nach der anderen Seite aber senkrecht und selbst überhängend über tausend Fuss tief in ein grünes weites Thal abstürzt. Mitten durch diesen Absturz und die Hochebene hat sich der Guadalvin sein Bett gegraben, eine schaurige Kluft, kaum über hundert Fuss breit; in wilden Sprüngen tobt der Fluss durch dieselbe hinab, eine kühne Steinbrücke überspannt sie an ihrer schmälsten Stelle, mit einem einzigen Bogen von 110′ Weite, über dreihundert Fuss oberhalb des Wasserspiegels. Der Anblick von dieser Höhe aus ist grossartig, aber die Zudringlichkeit und

Neugier der Herrn Rondeños verleidete uns bald den Platz und wir gingen nach dem Thore, um zum Ausgang der Schlucht hinabzusteigen. Das Gestein, welches die Stadt trägt, ein wunderlich vom Wasser zernagter Conglomeratfels, sah durchaus nicht versprechend aus, aber zu meiner Ueberraschung fanden sich alle Höhlungen angefüllt mit einer Macularia, welche einen vollständigen Uebergang von Partschi Bgt. zu marmorata Fer. bildet; auch sie hatte schon ihr Sommerquartier bezogen und sich eingedeckelt. Mit ihr zusammen fand sich auch hier, wie bei Gobantes, eine Form von Helix lactea, ebenfalls eine Zwischenform bildend, welche von axia Bgt. zu meiner alybensis hinüberführt. Ausserdem fanden wir aber nur noch ein paar Exemplare einer Xerophile aus der luteata-Gruppe und einige todte Exemplare von Ferussacia folliculus Gronov.

Auf einem steilen Zickzackpfade gelangten wir herunter an den Ausgang des Tajo. Die Kluft erweitert sich hier und bietet Raum für eine Anzahl romantisch gelegener Mühlen; von der letzten herab bildet der Fluss noch einen prächtigen Wasserfall, dann fliesst er friedlich zwischen reich bewässerten und gut gepflegten Gärten hin, in denen Nussbäume, Quitten und Pflaumen an unsere Heimath erinnern. Durch die Gärten folgten wir einem Fusspfad bis zu einer ziemlich entfernten Felswand, sie bestand aus geschichtetem Sandstein, aber trotzdem wimmelte es in den Klüften von Hel. marmorata, die hier durchgehends flacher war, als an der Stadt; nach weiteren Schnecken suchten wir aber sowohl hier, als auf dem Heimweg vergeblich.

Am Abend suchte ich die berühmte Alameda von Ronda auf, um den Andalusier einmal in seiner ganzen nationalen Herrlichkeit zu sehen; aber welche Enttäuschung! Die Damen trugen allerdings wohl noch in der Mehrzahl die kleidsame spanische Mantilla, aber unter den Herrn war auch kein einziger mehr in der Nationaltracht; selbst der

Sombrero calañes, der andalusische Hut, hat einem breitkrämpischen Filz weichen müssen, und wo man noch eine andalusische Jacke sieht, hat sie auch schon einen jupenartigen Zuschnitt, welcher die nationale Eigenthümlichkeit ganz verwischt. Die Kamaschen und die geschlitzten, mit Knöpfen besetzten Kniehosen, sieht man aber nur noch bei alten Bauern, welche „zäh historischen Sinnes" an der ererbten Tracht festhalten, den Majo, den Stutzer in Nationaltracht, sieht man nur noch auf dem Theater und bei den Stiergefechten. Im Uebrigen rechtfertigt die Alameda von Ronda durchaus ihren alten Ruhm; sie hängt gerade am Rande des entsetzlichen Absturzes, über den einzelne Sitzplätze erkerartig vorspringen, und bietet eine wunderbare Aussicht über die grünen Hügel der Serrania, welche von hier aus gesehen wie eine sanft ansteigende Ebene erscheinen, die ein Kranz gewaltiger Kalkberge einfasst.

Nur zwei Dinge bewiesen uns, dass wir in Andalusien waren: zum Essen gab es regelmässig Gazpacho, ein ganz eigenthümliches Gericht aus Essig, Oel, Wasser und Brod mit allerhand Blättern, das Leibgericht der Andalusier; und dann wurde jeden Abend ein unglücklicher junger Stier, ein Novillo, durch die Stadt geführt und dann lief ganz Ronda zusammen und ängstigte und neckte das arme Thier, ein widerliches Schauspiel für einen Nichtandalusier. —

Ronda gilt für kühl, aber die Julihitze ist doch eine ganz respectable, wie wir besonders am zweiten Tage erfahren sollten. Wir machten den Felsenwänden auf der anderen Seite des Thales einen Besuch; sie schienen ganz nahe, aber wir brauchten doch zwei Stunden, bis wir glücklich an ihren Fuss gelangten. Sie bestanden aus Kalk, aber ausser fünf Exemplaren einer Pupa, die wahrscheinlich neu ist, fanden wir nur die schon bekannt gewordenen Arten und auch diese nur in spärlichen Exemplaren. Dafür lernten wir eine neue Plage kennen, die Aehre einer Gramineе, welche sich durch die Kleider bis auf die Haut durcharbeitete und das Gehen zu einer Qual machte. Die Hitze war viel drückender wie am Meere, da hier die erquickende Seebrise fehlt, und wir mussten uns bald überzeugen, dass wir in Südspanien ohne Gefahr für unsere Gesundheit nicht mehr allzuviel Excursionen machen dürften. Botaniker und Entomologen sind darin besser gestellt; sie finden Feld für ihre Thätigkeit in grösserer Nähe der Städte und können zur Siesta in die Stadt zurückkehren. Um Schnecken zu sammeln muss man aber hinaus in die oft stundenweit entfernten Felsen, muss sich also unter allen Umständen der Mittagshitze aussetzen, und das ist bei + 30° R. im Schatten keine Kleinigkeit. Unter solchen Reflexionen kletterten wir aus dem tiefen Thale des Guadalvin wieder hinauf zur Stadt und entschlossen uns noch in derselben Nacht nach Malaga zurückzukehren, unsere Effecten zu holen und dann zu versuchen, ob in Granada und der Sierra Nevada die Verhältnisse für uns günstiger wären. —

10. Granada.

Von der Molluskenfauna der Gegenden, welche die Perle Spaniens umgeben, habe ich nicht allzuviel zu melden. Schon Rossmässler erwähnt, dass er nirgends den Schneckenmarkt so schlecht besetzt gefunden, wie dort; die Ursache dafür liegt in der Armuth der Umgegend. Auch bei günstiger Witterung mag hier nicht viel zu holen sein, bei der erstickenden Hitze aber, wie sie im Juli während unserer Anwesenheit herrschte, war so gut wie gar nichts zu finden. Ein kalkarmes Schuttland bedeckt auf geraume Strecken hin den Nordabhang der Sierra Nevada; weder auf ihm noch im fruchtbaren Alluvialboden der Vega finden sich grössere Schnecken. Wir fanden nur eine Xerophile, wohl xenilica Servain, und im Parke der Alhambra in ziemlicher Anzahl eine schöne Hyalina aus der nächsten Verwandschaft der Draparnaldi, welche ich unter dem provisorischen Namen Hyalina Alhambrae versandt habe. Die Gräben der Vega, von dem eiskalten Schneewasser des Jenil gespeist, scheinen kaum Mollusken zu ernähren; nur im Alhambrapark fand ich einige todte Exemplare von Planorbis Dufourei, dessen Vorkommen dort schon Willkomm beobachtete. Eine weitere Ausbeute ergaben die Excursionen, die ich pflichtgemäss in die nähere Umgebung von Granada machte, nicht; wir stellten sie darum bald ein und widmeten unsere Zeit lieber der zauberischen Alhambra.

Nur zwei grössere Excursionen habe ich hier zu erwähnen. Die eine, von mir allein in die Sierra Nevada unternommene, blieb allerdings fast ohne Ausbeute, war aber dafür um so anstrengender. Im Vertrauen auf die Angaben meines Murray, nach welchem in einer gewissen Höhe etwa drei Stunden von Granada entfernt, Kalk auftreten sollte, machte ich mich frühmorgens mit einem Führer auf den Weg und folgte dem Camino de los Neveros, dem Saumpfad, auf welchem die sogenannten Neveros den Schnee des Picacho de Veleta für die Conditoreien von Granada holen. Dieser Pfad, auf dem man bis fast zum Gipfel emporreiten kann, führt über einen schmalen Bergrücken empor, welcher das Thal des Jenil von dem des Monachil scheidet. Stundenlang gingen wir ohne ein lebendes Wesen, ja ohne eine grüne Pflanze zu sehen; die Küchenfeuer in Granada haben sogar das wenige dornige Gestrüpp verschlungen das sonst an solchen kahlen Stellen zu vegetiren pflegt. Weiter oben wo die schwache Fuente de los castaños uns eine sehr erwünschte Labung bot, eröffnete sich eine weite Aussicht über die Vorberge der Nevada; sie waren alle trostlos dürr und kahl. Von Schnecken war keine Rede, das kalkhaltige Gestein am Fusse des

Dornajo, das wir nach vierstündigem Steigen erreichten, war ein rauher Kieselschiefer. Nach langem Suchen fand ich hier ein paar versprengte Exemplare von Helix loxana Rossm. und weiter oben ein paar todte alonensis, das war die ganze Ausbeute eines fünfstündigen Marsches bei über 30° R. im Schatten. Wir wandten uns darum links hinunter zum Thale des Jenil, wo wir wenigstens unseren brennenden Durst löschen konnten; Mollusken fanden sich auch da nicht, dafür erhob sich ein Scirocco und machte mit den Staubwolken, die er uns gerade ins Gesicht trieb, die Annehmlichkeiten dieser Excursion voll.

Nicht ganz so anstrengend und etwas ertragsreicher war eine andere Excursion, welche ich mit meiner Frau zusammen nach Loja machte. Schon auf der Herreise war uns die vielversprechende Lage dieser Stadt aufgefallen und da sie mit der Bahn von Granada aus leicht zu erreichen ist, machten wir ihr einen Besuch. Die Bahn durchschneidet die berühmte Vega von Granada, eine äusserst fruchtbare reich bewässerte Ebene, welche aber des Schmuckes der Orangen und Palmen entbehrt; Waizen und Hauf spielen hier die Hauptrolle, hier und da sieht man auch Pappelwälder, angepflanzt um den Holzbedarf der Stadt zu decken. Eine zweistündige Fahrt brachte uns in den Bahnhof von Loja, welcher weit von der Stadt liegt und durch den Jenil von ihr getrennt wird. Hier mischten sich Aepfelbäume, deren Früchte eben geerntet wurden, in grosser Anzahl mit den Oelbäumen. Unmittelbar hinter dem Bahnhof erhoben sich gewaltige Kalkfelsen, denen wir natürlich alsbald zustrebten. Wir fanden auch Helix loxana, alonensis und die kleine Xerophile von Granada, aber fast nur in todten Exemplaren, obschon hier die Feuchtigkeit durchans nicht mangelte und allenthalben Quellen herabrieselten; mehrstündiges angestrengtes Klettern brachte uns nur sehr unbefriedigende Resultate. Etwas besser gestaltete sich die

Ausbeute an einer isolirten Felsengruppe, welche unterhalb des Bahnhofes aus dem Jenilthale aufragt; ausser einer ziemlichen Anzahl der typischen Form von Helix loxana Rossm., welche ja nach Loja den Namen trägt, fanden wir auch Helix lactea, lenticula, noch eine zweite Xerophile, Buliminus obscurus, quadridens und Ferussacia folliculus, und ausserdem in einem nächst dem Bahnhof ausbrechenden Nacimiento — einer starken Quelle — eine Form unserer Neritina fluviatilis, Melanopsis buccinoidea, die ich bis dahin noch niemals in Spanien gefunden, und eine Hydrobie, welche Freund Clessin für neu erklärt und Hydrobia Kobelti genannt hat.

Im Ganzen drängte uns aber auch diese Excursion die Ueberzeugung auf, dass für Andalusien die Zeit des Schneckensammelns vorüber sei. Meine beabsichtigte Tour nach dem Badeort Lanjaron am Südfuss der Sierra Nevada, den man von Granada aus mit der Diligence erreichen kann, gab ich darum auf, denn der Südabhang der Nevada ist, wenn das überhaupt möglich ist, noch kahler als der Nordabhang. Leider liess ich mich durch das verbrannte Ansehen der Sierra de Elvira, die sich mitten in der Ebene von Granada erhebt, abhalten, dieselbe zu besuchen; bei Hidalgo in Madrid erfuhr ich dann zu meiner Ueberraschung, dass sich Helix Gualtieriana L. in einer besonderen, zu Helix Laurentii Bgt. hinüberführenden Form dort findet. Die grauenhafte Hitze mag zu meiner Entschuldigung dienen; sie veranlasste uns bald zur Flucht nach dem Norden. Die Fahrt dahin führte allerdings aus dem Fegfeuer in die Hölle, denn in Cordoba, der Bratpfanne Andalusiens, fanden wir + 35° R. im Schatten, in Madrid aber sogar 35½°; wir hielten uns darum durchaus nicht länger als unbedingt nöthig auf und eilten so schnell wie möglich nordwärts, dem Baskenlande zu. —

(Schluss folgt.)

Catalog der Gattung Ovula Brug.

Von

H. C. Weinkauff.

---

1. *Ovum* Linné sp. Conch. Kab. 205. 206. 2 ed. v. 3. 44, 2, 4. 5.
   = *oviformis* Lam. Kiener 1. 3, 5,
   = *Ovulum ovum* Sowerby Spec. 3, 5. Thes. 1, 1—3 Rv. 1, 3.
   Ostafrica, Indien, Pac. Ins.
2. *tortilis* Martyn sp. 60. M.-Ch. 2 ed. V. 3. 44, 7.
   = *angulosa* Lam. Kien. 2, 1 Küster M.-Ch. 5, 14. 15.
   = *Ovulum tortile* Reeve CJ. 1, 4.
   = „ *angulosum* Sowerby sp. 6, 6—9 Thes. 1, 4. 5.
   = *Ovula columba* Schub. et Wagner Suppl. 40 43, 40 44.
   Chagos, Zanzibar, Molukken, Freundschafts-Ins.
3. *lactea* Lamark Kien. 6, 1 M.-Ch. II. Ed. 44, 1. 2.
   Ovulum lacteum Sowerby Spec. 5, 13. 14; Thes. 67—69 Rv. 1, 1.
   Ostafrika u. Ins. Phil., Japan. Neu-Caledonien.
4. *brevis* Sowerby M.-Ch. 2. Ed. 45, 1. 2.
   Ovulum breve Sowerby Spec. 26, 27. Thes. 70, 71. Rv. 2, 5.
   Port Curtis (Ostaustralland).
5. *pudica* A. Adams (Amphiperas) M.-Ch. 2 ed. 45, 3. 4.
   Ovulum pudicum Reeve 2, 5 a. b.
   Ceylon, Neu-Caledonien.
6. *caledonica* H. Crosse Journ. de Conch. XX. 2, 1. M.-Ch. 2 ed. 45, 5. 8.
   Neu-Caledonien.

7. *nubeculata* Adams et Reeve Voy. Sam. 6, 12 M. Ch. 2 ed. 45, 6. 7.
Ovulum nubeculatum Sow. Thes. 80. 81. Rv. 3, 12. a. b.
Ins. Basilan, Ins. Mauritius,
8. *pyriformis* Sowerby M.-Ch. 2 ed. 45, 9. 10.
Ovulum pyriformis Sow. Spec. 21. 22. 25. Thes. 72. 73. Rv. 2, 9 a. b.
Neu-Süd-Wales, Japan.
9. *marginata* Sowerby M.-Ch. 2 Ed. 45, 11. 12.
= *Ovulum marginatum* Sow. Spec. 15. 16; Thes. 9. 10 Rv. 2, 8 a. b.
?
10. *margarita* Sowerby Kiener 6, 4. M.-Ch. 2 ed. 46, 2. 3.
= *Ovulum margarita* Sow. Spec. 19. 20; Thes. 93. 94; Rv. 3, 10.
var. = *O. bulla* Ad. et. Rv. Voy. Sam. 6, 5; Thes. 82. 83; Rv. 5, 20 a. b. M.-Ch. 2 Ed. 47, 10. 11.
St. imperf. = *O. umbilicata* Sowerby Thes. 88. 89. Rv. 3, 14 a. b. M.-Ch. 2 Ed. 46, 9. 12.
Japan, China, Philippinen. Pacif. Inseln.
11. *bimaculata* A. Adams (Amphiperas) M.-Ch. 2 Ed. 46, 1. 2.
= *Ovulum bimaculatum* Reeve CJ. 1. 4.
? Neucaledonien.
Sehr wahrscheinlich nur Varietät der O. pyriformis.
12. *semistriata* Pease Am. Journ. of. Conch. IV. 11, 16. M.-Ch. 2 Ed. 46, 5. 8.
= *Ovulum semistriatum* Reeve CJ. 3, 13 a. b.
Sandor Ins., Viti u. Boston Ins., Ceylon.
Sehr wahrscheinlich fällt diese mit der verschollene O. crystallina Kiener's 4, 3 zusammen.
13. *adriatica* Sowerby Kien. 2, 4 Phil. I 12, 12. 13. II 27, 20 Hidalgo 11, 13. 14 M.-Ch. 2 Ed. 46, 6. 7.
= *Ovulum adriaticum* Sow. Spec. 23. 24 Thes. 13, 14. Rv. 2, 7 a. b.
Mittelmeer und Adria.

14. *carnea* Poiret sp. Schub. et. Wagn. Suppl. 40 41. 40 42. Kien 6, 2 Hidalgo 11, 13. 14. M. Ch. 2 ed. 46, 10. 11.
= *Ovulum corneum* Sow. Spec. 4, 17. 18. Thes. 74 —76 Rv. 17 a. b.
Mittelmeer.

15. *triticea* Lamarck. Kien. 6, 3. M.-Ch. II Ed. 46, 13. 16.
= *Ovulum triticeum* Sow. Spec. 35. Thes. 20. 21. Rv. 15. a. b.
Westafrica.

16. *rhodia* A. Adams Proc. zool. Soc. 1854. 28, 8. (Amphiperas) M.-Ch. II Ed. 46, 14. 15.
= *Ovulum rhodia* Reeve CJ. 18 a. b.
Japan.

17. *frudicum* A. Adams Ms. M.-Ch. II Ed. 47, 1. 4.
= *Ovulum frudicum* Reeve CJ. 16 a. b.
Malacca Strasse.

18. *pyrulina* Adams (Amphiperas) M.-Ch. II Ed. 47, 2. 3.
= *Ovulum pyrulinum* Reeve CJ. 19, a. b.
. Neucaledonien.

19. *concinna* Adams et Reeve Voy. Sam. 6. 8 (Ovulum) Sowerby Thes. 86. 87 (Ovulum) Reeve 21 a. b. (Ovulum) M.-Ch. 2 Ed. 47, 5. 8.
Mauritius, Philippinen, China, Japan.

20. *punctata* Duclos Mag. de Zool. 1831. 7. Kiener 5. 3. M.-Ch. II Ed. 47, 6. 7.
= *Ovulum punctatum* Thes. 90—92. Rv. 22 a. b.
Réunion, Philippinen, China, Japan.

21. *alabaster* Reeve CJ. 23. a. b. (Ovulum) M.-Ch. II Ed. 47, 9. 12.
Senegal.

22. *Adamsi* Reeve CJ. 24, a. b. (Ovulum) M.-Ch. II Ed. 47, 13, 16 Amphipers margarita A. Adams non Sow.
Neucaledonien.

23. *scitula* A. Adams (Amphiperas) Rv. 29 a. b. (Ovulum) M.-Ch. II. Ed. 48, 14. 15.
Radius scitulus A. Ad.
Neucaledonien, Japan.

2. Section (*Calpurnus*).

24. *verrucosa* Linne (Bulla) M.-Ch. 220. 221. Sowerby Gen. of shells 2. Kien. 2, 3. M.-Ch. II Ed. 44, 6. 8.
= *Ovulum verrucosum* Sow. Spec. 10—12. Thes. 78. 79. Rv. 2 a. b.
= *Calpurnus verrucosum* H. et A. Adams Gen. Chenu 1786—1788.
Ostafrica u. Inseln, Vorder- u. Hinterindien, Neucaledonien u. Südsee-Inseln.

25. *striatula* Sowerby Spec. 38 (Ovulum) Thes. 84. 85 (Ovulum) Rv. 28, a. b. (Ovulum) M.-Ch. II Ed. 48, 2. 3.
Philippinen, Japan.

26. *dorsuosa* Hinds Voy. Sulphur 16, 3. 4. (Ovulum) Thes. 97. 99 (Ovulum) Rv. 27, a. b. (Ovulum) M.-Ch. II Ed. 48, 6. 7.
Malacca Str., Japan.

27. *dentata* Adams et Reeve Voy. Sam. 6, 4 (Ovulum) Thes. 101. 102. (Ovulum) Rv. 36 a. b. (Ovulum) M.-Ch. II Ed. 48, 13. a. b.
Singapur, Japan.

28. *bullata* Adams et Reeve Voy. Sam. 6, 13 (Ovulum) Thes. 95. 96. (Ovulum).
Singapur, Japan.

29. *Semperi* Weinkauff M.-Ch. II Ed. 48, 14, 15.
= *Ovulum hordaceum* Sow. Spec. 53 Thes 110—112 Rv. 37 a. b. non Lam.
Borneo, Viti Ins.

30. *formosa* Adams et. Reeve Voy. Sam. 6, 6 a. b. (Ovulum) Thes. 99. 100 (Ovulum) Rv. 39. (Ovulum) M.-Ch. 2 Ed. 48, 10. 11.
Borneo, Japan.

31. *hordacea* Lamarck, Kien. 6. 6 a. non Reeve nec Sow.
? Küste von Africa.

32. *Cumingi* Mörch Cat. Kjerulf 1. 11. (Amphiperas).
Philippinen.

33. *coarctata* Adams et Reeve Voy. Sam. 6, 2 a. b. (Ovulum) Thes. 108. 109. Rv. 57 a. b. (Ovulum) M.-Ch. II Ed. 9. 12.
Sunda Str.

Unsichere Species, vermuthlich Stat. juv. von 29 oder 30

34. *frumentum* Sowerby Spec. 37 (Ovulum) Kiener 6, 5, Thes. 103. 104 (Ovulum) Reeve 25 (Ovulum) M.-Ch. II Ed. 48, 1. 4.
?

Unsicher ob hier oder in einer der folgenden Sectionen zu stellen.

3. Section (*Cyphoma*).

35. *obtusa* Sowerby Spec. 34 (Ovulum) Thes. 22—24 (Ovulum) Rv. 30 a. b. (Ovulum) M.-Ch. II Ed. 49, 1. 4.
var. = *O. indica* Reeve 47 a. b. M.-Ch. 2 Ed. 52. 13. 16.
Bombay, China, Japan.

36. *intermedia* Sowerby Spec. 32. 33 (Ovulum) Kien. 4, 2. Thes. 61. 62 (Ovulum) Rv. 33 a. b. (Ovulum) M.-Ch. II Ed. 49, 10 11.
Brasilien.

37. *Trailli* A. Adams (Amphiperas) Rv. 38 a. b. (Ovulum) M.-Ch. II Ed. 49, 9. 12.
Malakka Strasse.

38. *emarginata* Sowerby Spec. 54. 55 (Ovulum) Thes. 11. 12. (Ovulum) Kiener 3, 2. Rv. 34 a. b. (Ovulum) M.-Ch. II Ed. 49, 5. 8.
= *marginata* Chenu Mon. 1789. 1773. (Cyphona).
Panama, West-Columbia.

39. *gibbosa* Linné (Bulla) M.-Ch. 211—214. Sowerby Spec. 28—31. (Ovulum) Kien. 2, 2. Thes. 15—19 (Ovulum) Rv. 32 a. b. (Ovulum) M.-Ch. II Ed 49, 6. 7.
= *Cyphoma gibbosa* H. et A. Ad. Chenu. 1780 1792.

4. Section (*Radius*).

40. *longirostrata* Sowerby Spec. 46. 48 (Ovulum) Thes. 59. 60 (Ovulum) Rv. 40 a. b. c. (Ovulum) Kiener 5, 5. M.-Ch. II Ed. 50, 1. 3.
Réunion (v. Martens).

41. *volva* Linne (Bulla) Martini C. c. I. 218. Kiener 4, 1. M.-Ch. II Ed. 50, 45.
= *Ovulum volva* Sow. Sp. 56. 57. Thes. 6 —8 Rv. 41 a. b.

42. *recurva* Ad. et Rv. Voy. Sam. 6, 3 a. c. (Ovulum) Thes. 54—56. (Ovulum) Rv. 54 a. b. (Ovulum) M.-Ch. II Ed. 50, 8. 10.
China.

43. *gracilis* Ad. et Rv. Voy. Sam. 6, 11 (Ovulum) Thes. 51—53 (Ovulum) Rv. 61 a. b. (Ovulum) M.-Ch. II Ed. 50, 2. 9.
Borneo Ostseite.

44. *Loebbeckeana* Weinkauff M.-Ch. II Ed. 50, 6. 7.
Vancouver Ins.

45. *birostris* Lam. Schub. et Wagn. Suppl. 4045. 4046. Kien. 5, 1. M.-Ch. II Ed. 5, 22. 23. 51, 6. 7.
= *Ovulum birostre* Thes. 65. 66 Rv. 42 a. b.
Volva „ Chenu Mon. 1796.
var. = *Ovulum roseum* (A. Ad.) Rv. 44 a. b.
Philippinen, China, Japan.

46. *Philippinarum* Sowerby Thes. 57. 58 (Ovulum) Rv. 46. a. b. (Ovulum) M.-Ch. II Ed. 51. 1—4.
Borneo, Philippinen.

47. *lanceolata* Sowerby Thes. 35, 36 (Ovulum) Rv. 59. a. b. (Ovulum) M.-Ch. II Ed. 52, 10. 11.
Philippinen.

48. *Angasi* A. Adams Ms. Rv. 43. (Ovulum) M.-Ch. II ed. 51, 5. 8.
Port Curtis, Ostaustralland.

49. *subreflexa* Ad. et Rv. Voy. Sam. 6, 10 (Ovulum) Thes. 33. 34. (Ovulum) Rv. 55 a. b. M.-Ch. II Ed. 51, 9. 12.
Ins. Biliton-Hinterindien.

50. *Sowerbyana* Weinkauff M.-Ch. II Ed. 51, 10. 11.
= *Ovulum spelta* Sow. Spec. 43. Thes. 65. 66. Rv. 42. a. b. non Linné nec Auct.
Südsee.

51. *spelta* Linné (Ovula) Mart. C. C. L. 215. 216. Kien. 5, 4. Philippi En. 12, 17. Hidalgo 10, 11. 12. M.-Ch. II Ed. 51, 14 15.
var. = *O. Leatheri* Wood 2, 1.
Stat. imperf. = *O. purpurea* Risso Auct etc.
Volva spelta Chenu Mon. 1800.
Mittelmeer und Adria.
Atl. Oc. an den Kanaren.

52. *acuminata* Adams et Rv. Voy. Sam. 6, 1 (Ovulum) M.-Ch. II Ed. 51, 13. 16.
Ins. Biliton.

53. *acicularis* Lam. Kien. 5, 2. M.-Ch. II ed. 52, 2 3.
= *Ovulum aciculare* Sow. Spec. 49—52 Thes. 43—46 Rv. 53. a. b.
= *Volva acicularis* Chenu 1795.
Antillen, Florida.

54. *uniplicata* Sow. Thes. 30—32 (Ovulum) Rv. 51 a. b. (Ovulum) M.-Ch. II Ed. 52, 5. 8.
var. = *Amphiperas canadinensis* Mörch.
Südcarolina, Antillen, Brasilien.

55. *borbonica* Desh. Moll. Réunion, 13, 18. 20.
Ins. Réunion.

56. *deflexa* Sowerby Thes. 37. 38. (Ovulum) Rv. 12, 56 a. b. (Ovulum) M.-Ch. II Ed. 52, 6. 7.
Philippinen, Borneo.

57. *variabilis* C. N. Ad. Pan. sp. M.-Ch. 52, 14. 15, 53, 2. 3.
= *Ovulum variabile* Rv. 60. a. b.
= var. = *Ovulum californicum* Rv. 50. a. b.
Panama bis Californien.

58. *inflexum* Sowerby Conch. Ill. f. 60.
Golf von Dulce.
verschollene Art.

59. *similis* Sowerby Thes. 28. 29 (Ovulum) Rv. 49. a. b. (Ovulum) M.-Ch. II Ed. 53, 1. 4.
var. = *Ovulum formicarium* Sow. Spec. 39, Thes. 47, 48 Rv. 52 a. b.
Ovula formicaria M.-Ch. II Ed. 52, 1. 4.
var. = *Ovulum arcuatum* Rv. 58. a. b.
Ovula arcuata M.-Ch. II Ed. 52, 9. 12.
Hinterindien ohne spec. Fundangabe.

60. *avena* Sowerby C. J. 59. (Ovulum) M.-Ch. II. Ed. 53, 5. 8.
= *O. neglecta* C. B. Ad. No. 3. Rv. 62 a. b. (Ovulum).
Panama, Conchagua, Santa Barbara.

61. *aequalis* Sowerby CJ. 61 (Ovulum).
Panama.
verschollene Art.

62. *secalis* Sowerby Spec. 36 (Ovulum) Thes. 26. 27. (Ovulum) Rv. 66 a. b. (Ovulum) M.-Ch. II Ed. 53, 6. 7.
Hinterindien.

63. *seminulum* Sowerby Spec. 40. (Ovulum) Thes. 41. 42 (Ovulum) Rv. 48 a. b. (Ovulum) M-.Ch. II Ed. 53, 9. 12.

Freundschafts-Inseln.

64. *Antillarum* Reeve CJ. 64. a. b. (Ovulum) M.-Ch. II Ed. 53, 10. 11.

Westindien.

65. *subrostrata* Sow. Thes. 39. 40 (Ovulum) Rv. 65 a. b. (Ovulum) M.-Ch. II Ed. 53, 14. 15.

Bai von Honduras.

wohl nur Var. von uniplicata.

66. *rufa* Sowerby CJ. 58 (Ovulum) M.-Ch. II Ed. 53, 13. 16. = *Ovulum lividum* Rv. 6 9.

Panama, Bai v. Caracas.

Diagnoses specierum novarum Chinae meridionalis

Von

Dr. O. F. von Möllendorff.

1. *Cyclotus tubaeformis* Mlldff.

Testa late umbilicata convexodepressa, solidula, striata, fulva, plerumque infra medium unifasciata et maculis sagittaeformibus seriatis rutilis ornata, interdum unicolor; spira convexa vix conoidea, apice subtili; anfr. 5 convexi, ultimus teres vix descendens; umbilicus profundus fere $^1/_3$ diametri adaequans; apertura subverticalis, circularis, intus margaritacea; peristoma continuum duplex, internum haud porrectum, externum tubae instar breviter inflatum et expansum. Operculum testaceum, leviter concavum, anfractibus 8 transverse costulato-striatis, margine anfractuum subincrassato.

Diam. maj. 17—19, min. 13½—15½, alt. 10½—11½, apert. diam. 7—8 mill.

Habitat in silva prope monasterium Washau in montibus Lo-fou-shan provinciae sinensis Guangdung.

2. *Pterocyclus? Gerlachi* Mlldff.

Testa latissime umbilicata, convexo depressa, solidula, subtiliter striatula, albida, strigis castaneis tenuibus fulminatis, ad peripheriam fascia una fusca ornata, spira breviter conoidea apice acutiusculo; anfr. 5 convexiusculi, ultimus teres vix descendens; apertura sat obliqua, circularis; peristoma duplex, internum breve continuum, expansiusculum, externum expansum et reflexiusculum, saepe multiplex, superne dilatatum, ad anfractum penultimum auriculatum. Operculum?

Diam. maj. 20, min. 16 alt. 9½, apert. diam. (c. perist.) 8½ millim.

Pterocyclus chinensis E. von Martens Conchol. Mitttb. I 5. 6. p. 97 (nec Möllendorff).

Pterocyclus planorbulus Gredler Jahrb. D. M. Ges. VIII 1881 p. 128 (nec Sowerby).

3. *Cyclophorus (Leptopomoides) cuticosta* Mlldff.

Testa pyramidata, sat anguste umbilicata, oblique striata, pallide cornea, strigis et flammis fuscis, interdum infra peripheriam fascia fusca interrupta ornata, carinulis spiralibus plurimis nec non costulis membranaceis sat distantibus transversis instructa; anfr. 6 convexi, sutura profunda discreti, ultimus vix descendens, inflatus, apertura sat obliqua, subcircularis, peristoma simplex brevissime expansum, marginibus callo tenui junctis, margine externo ad insertionem subangulato brevissime protracto. Operculum tenue corneum arctispirum.

Dam. maj. 9 min $7^1/_2$ alt. 9 diam $4^1/_2$ mm.

Habitat. In insula Hongkong (leg. ipse et cl. Hungerford), prope vicum Tung-dshou haud procul ab urbe Macao (Hungerford), ad monasterium Yang-fu provinciae sinensis Fu-dshien. (leg. F. Eastlake).

4. *Leptopoma polyzonatum* Mlldff.

Testa anguste umbilicata conica solidula transverse subtilissime striata nec non lineis spiralibus elevatis plurimis decussata, corneofusca; anfr. $5^1/_2$ convexi, ultimus leviter descendens, infra mediam carina tenui distincta acuta, infra carinam interdum fascia fusca saturata instructus; apertura rotundata, obliqua, peristoma album expansum, reflexiusculum, marginibus callo tenuissimo junctis. Operculum tenue pellucidum succineum.

Diam. maj. $11^1/_2$ min. 9 alt. 12.

Habitat. In insula sinensi Hainan prope urbem Tshiung-dshou-fu leg. Dr. Gerlach.

5. *Diplommatina rufa* Mlldff.

Testa dextrorsa, vix rimata, ventricosulo-ovata, distanter striatula, corneo rufa; anfr. 5 convexiusculi, ultimus penultimo angustior, distortus, ascendens; apertura fere verticalis; peristoma multiplex valde incrassatum continuum, basi ad columellam angulatum; plica columellaris modica; in anfractu penultimo plica palatalis latiuscula extus supra aperturam conspicua.

Alt. 2, lat. $1^1/_3$ mm.

Habitat. Ad monasterium Wa-shau in montibus Lofoushan provinciae sinensis Guangdung.

6. *Alycaeus latecostatus* Mlldff.

Testa perspective umbilicata depresso-turbinata, costulis sat distantibus regulariter sculpta, pallide corneo-fusca, spira brevis, apice rutilo mammilliformi; anfr. $3\frac{1}{2}$ convexi, sutura profunda discreti, ultimus valde inflatus pone aperturam leviter constrictus, dein deflexus, supter tubulo ca. 1 mm. longo suturae adnato confertim costulatus, dein usque ad aperturam late sed subobsolete costulifer; apertura diagonalis circularis, peristoma duplex, internum rectum sat porrectum, externum tubae instar inflatum, late expansum. Operculum tenue corneum profunde immersum.

Diam. maj. 4, min. $3\frac{1}{2}$, alt. $2\frac{1}{2}$ mm. Apert diam. intus $1\frac{1}{2}$, cum margine externo 2 mm.

7. *Helicina Hungerfordiana* Mlldff.

Testa globoso-conoidea, subtiliter striatula nec non lineis spiralibus tenuibus decussata, rufofulva; anfr. 5 subplani, ultimus breviter descendens, ad peripheriam obtuse subangulatus; apertura fere diagonalis rotundato triangularis; peristoma simplex, expansiusculum, leviter incrassatum, margine basali cum columella angulum formante. Operculum tenue corneum.

Diam. maj. 5, min. $4\frac{1}{3}$ alt. 4 mm.

Habitat. In montibus insulae Hongkong (ipse et cl. Hungerford), ad vicum Tung-dshou prope Macao (Hungerford).

8. *Helicina Hainanensis* Mlldff.

Testa subdepresso-conoidea, striatula, rufocornea, anfr. 5 subplani, ultimus breviter descendens, ad peripheriam obtuse angulatus, fascia albida saepe obsoleta ornatus: apertura obliqua, semielliptica, peristoma simplex, expansiusculum, leviter incrassatum, cum collumella brevissima angulum obtusum efficiens. Operculum tenue pallide corneum.

Diam. maj. $4^1/_2$—5. min. 4, alt. $3^3/_4$ mm. apert. $2^1/_2$ mm. longa $2^1/_4$ lata.

In insula Hainan ad urbem Tshinag-dshou-fu (Gerlach).

9. *Ennea splendens* Mlldff.

Testa umbilicata, cylindracea-ovata, subtiliter striatula, hyalina, nitida; anfr. $6^1/_2$ convexiusculi, ad suturam crenulati, ultimus subdistortus, basi compressus, obtuse angulatus; apertura subverticalis, triangularis, peristoma expansum, reflexiusculum, valde incrassatum, solum ad insertionem marginis externi attenuatum, breviter recedens. Paries aperturalis plica valida intrante munita, palatum utrimque biplicatum.

Alt. $3^1/_2$ lat. $1^1/_2$ mill.

Habitat ad monasterium Wa-shau in montibus Lofou-shan prov. sin. Guang-dung.

10. *Macrochlamys cincta* Mlldff.

Testa anguste perforata, orbiculata, transverse subtiliter striatula et lineis spiralibus subtilissimis decussata, valde nitida (interdum iridescens), corneoflava, subtus pallidior; spira prominula subconoidea; anfr. $6^1/_2$ lente crescentes, ultimus infra inflatus, antice non descendens, regione umbilicali excavata; apertura subverticalis lunata, peristoma rectum acutum, marginibus distantibus, columellari ad umbilicum triangulariter reflexo.

Diam. maj. 22 min. $19^1/_2$ alt. $11^1/_2$ mm. apert. $11^1/_2$ mm. longa, 9 alta.

Habitat. In insula Hai-nan prope oppidum Hoihon leg. cl. Dr. Gerlach.

11. *Microcystis Schmackeriana* Mlldff.

Testa perforata depressoglobosa, subtilissime curvato striatula nec non lineis spiralibus subtilissimis decussata, fulvescenticornea; anfr. 4½ regulariter accrescentes, ultimus subtus valde inflatus non descendens. Apertura sat obliqua rotundatolunaris, peristoma rectum margine columellari ad perforationem reflexo.

Diam. maj. 6½ min. 6 alt. 4 mm.

Hab. in insula Hongkong (Schmacker), in montibus Lofoushan (ipse).

12. *Plectopylis cutisculpta* Mlldff.

Testa perspective umbilicata conoideo-depressa, tenuis, subpellucida, cornea, angulata, superne transverse rugosostriata et lineis spiralibus decussata, subtus striata, nec non costulis cuticulae sat distantibus valde deciduis ad peripheriam in lacinias prolongatis ornata; anfr. 7 lente crescentes, ultimus haud dilatatus, non descendens; apertura diagonalis, sat parva, lunaris, peristoma breviter expansum et reflexum incrassatum, marginibus callo junctis. Palatum intus lamellis quinque brevibus parallelis munitum, una valida lunata in pariete transverse opposita.

Diam. maj. 7, min. 6 alt. 3½ mm.

13. *Helix (Fruticoconus) trochulus* Mlldff.

Testa anguste umbilicata, trochiformis, filocincte carinata, curvatim oblique striatula, irregulariter pilosa, corneofusca, spira conica, apice acutiusculo; anfr. 6½ convexiusculi, ultimus ad aperturam paullum descendens, basi subinflatus, apertura diagonalis, semielliptica, peristoma reflexiusculum, marginibus distantibus, columellari sat dilatato.

Diam. maj. 10 alt. $8^1/_2$ mm.
„ „ $9^1/_2$ „ 9 „
„ „ $9^1/_2$ „ $8^1/_2$ „
„ „ 9 „ $8^1/_2$ „

Ad muros urbis Tshung-dshou-fu insulae sinensis Hainan, leg. cl. Dr. Gerlach.

14. *Helix Eastlakeana* Mlldff.

Testa semiobtecte umbilicata, depressoglobosa, tuberculis verrucaeformibus in series obliquas retrorsum descendentes dispositis sculpta, basi sublaevigata, (? rufo brunnea); anfr. $5^1/_2$ convexiusculi, ultimus ad peripheriam obtuse angulatus, basi inflatus, antice solutus et deflexus, a solutione ad peristoma superne carinatus; apertura valde obliqua, irregulariter semilunaris; peristoma continuum, reflexum, albolabiatum, subtus bidentatum, superne callo noduliformi quasi unidentatum, dentibus scrobiculos in facie externa pone peristoma efficientibus,

Diam. maj. $23^1/_2$ min. 21, alt. $15^1/_2$ apert. long. 13 lat. 8 mm.

Ad litus provinciae sinensis Guang-dung insulae Hongkong oppositum leg. cl. F. Eastlake (spec. unicum).

Affinis H. trisinuatae Mart., sed testa majore, multo altiore, fere globosa, seriebus tuberculorum *retrorsum* descendentibus, apertura indistincte trisinuata, peristomate bidentato vel vix tridentata (pro quadridentato Helicis trisinuatae), margine columellari ad umbilicum protracto dimidium ejus obtegente.

15. *Helix? (an Cochlostyla?) Xanthoderma* Mlldff.

Testa dextrorsa imperforata, globoso-conoïdea, oblique retrorsum curvatim striatula nec non supra peripheriam oblique antrorsum subirregulariter rugulosa, infra peripheriam spiraliter ruguloso-decussata, cuticula laete lutea induta, fascia una fusconigra ad peripheriam et altera circa columellam ornata; anfr. $5^1/_2$ convexiusculi, ultimus magnus, sat inflatus, antice paullum deflexus. Apertura satis obliqua, rotundato lunaris, peristoma expansum, album vel pallide violaceum, marginibus distantibus callo tenuissimo junctis, supero et basali arcuatis, columellari incrassato, dilatato.

A. *typus?* diam. maj. 50 min. 43 alt. 45 mill.

Hab. ad montem Ma-an-shan provinciae sinensis Guang-dung.

B. *forma minor.* Diam. maj. 44, min. 37, alt. 40 mill.

Hab. in insula Hongkong.

16. *Clausilia* (*Euphaedusa*) *porphyrea* Mlldff.

Testa fusiformis, tenuis, pellucida, costulato-striata, purpureofusca; anfr. 10 convexiusculi, sutura papillifera. Apertura rotundato-tetragona, peristoma continuum, solutum, expansum, reflexiusculum, carneolabiatum. Lamella parietalis supera marginalis, sat valida, brevis, a spirali sejuncta vel cum ea contigua ut in Cl. aculus Bens; infera a margine parum remota, valida, valde spiraliter torta, subhorizontalis, intus ante spiralem desinens, subcolumellaris immersa. Plica principalis mediocris, palatalis una brevis cum principali subparallela, lunella nulla vel obsoleta. Clausilium latum, subtus retroversum, medio acuminatum.

Alt. $15^1/_2$ ($13^1/_2$—19), lat. 3, apert. long. 3, lat. $2^1/_2$ mm.

Habitat ad arbores in vico Tungdshou prope Macao; lg. cl. R. Hungerford.

17. *Clausilia (Euphaedusa) mucronata* Mlldff.

Testa ventricosulo-fusiformis, sursum subito attenuata, apice acutiusculo, striatula, rufofusca, subpellucida; anfr. 9 convexiusculi, sutura papillifera. Apertura obliqua piriformis; peristoma continuum, solutum, superne sinuatum, breviter expansum, reflexiusculum. Lamella supera modica a spirali sejuncta, infera valde spiraliter torta, subcolumellaris immersa. Plica principalis modica (lineam lateralem haud attingens), palatalis una supera longiuscula divergens, lunella obsoleta. Clausilium?

Alt. 11, lat. $2^3/_4$, apert. long. $2^1/_4$, lat. $1^1/_4$ mm.

Hab. Ad monasterium Yun-fu provinciae sinensis Fu-dshou lg. cl. F. Eastlake.

Cl. porphyrea et mucronata affines Cl. Lorraini Mke. et cum ea ad subsectionem Euphaedusa Böttg. referendae.

18. *Clausilia Eastlakeana* Mlldff.

Testa brevis, ventricosulo-fusiformis, transverse subtiliter striatula nec non lineis spiralibus decussata, cornea, maculis albidis ornata; anfr. 7 sat convexi, celeriter accrescentes, ultimus penultimo subaequalis. Apertura permagna, dilatato-ovalis, peristoma late expansum, reflexiusculum, superne adnatum, haud sinuatum. Lamella supera mediocris, marginalis, recta; infera valida, valde spiraliter torta, subcolumellaris immersa. Plica principalis mediocris, lunella nulla, palatales duo dorsales, supera longiuscula, infera brevis. Clausilium latissimum.

alt. 11, lat. 3, apert. long. $3^1/_2$ lat. 3 mm.

Hab. in insula Lan-dau prope urbem Fu-dshon provinciae sinensis Fu-dshien lg. cl. Eastlake.

Species valde peculiaris, an ad subsectionem *Pseudoneniam* Böttg. referenda?

19. *Clausilia* (*Hemiphaedusa*) *thaleroptyx* Mlldff.

Testa fusiformis, subtiliter striatula, corneofusca; anfr. 11½ subplani sutura distincta discreti; apertura oblique piriformis, peristoma continuum, solutum, expansum, reflexiusculum, incrassatum, album, superne vix sinuatum. Lamellae crassae, supera marginalis, cum spirali continua, infera sat remota, subtus abrupte desinens sed ramum tenuem ad marginem emittens, subcolumellaris emersa, usque ad marginem producta. Plica principalis magna, supra aperturam conspicua, lunella valida valde arcuata, subtus strictiuscula, antrorsum et retrorsum ramum brevem emittens. Clausilium?

alt. 23, lat. 5. apert. long. 5, lat. 3½ mm.

Hab. ad monasterium Yunfu provinciae sinensis Fudshien, lg. cl. F. Eastlake.

Museum Löbbeckeanum.

Von

Th. Löbbecke und W. Kobelt.

IV.*)

17. *Conus Weinkauffii Löbbecke.*

Taf. 4 Fig. 1—3.

Testa regulariter conica, sat magna, ponderosa, laeviuscula, lineis incrementi tenuissimis, superne arcuatis, ad basin liris distinctis distantibus, regulariter dispositis, castaneo-articulatis sculpta, alba, maculis nigrocastaneis quadrangularibus interdum confluentibus majoribus et minoribus, fasciatim et strigatim dispositis ubique ornata; spira plus minusve elata, castaneo

*) Cfr. pag. 1.

maculata, anfractibus 11—12 subgradatis, apice regulariter conico, exserto, anfractus ultimus superne obtuse angulatus, supra angulum leviter excavatus, basi rugosus, rotundatus. Apertura intus alba, maculis externis ad labrum tenue, acutum, supra profunde excisum translucentibus.

Alt. 80, diam. maj. 42, long. apert. 68 mm.

Conus Weinkauffii Löbbecke, Jahrb. Mal. Ges. IX. p. 90.

Gehäuse regelmässig kegelförmig, ziemlich gross, schwer, fast glatt, nur mit feinen, oben gebogenen Anwachsstreifen, und nur nach der Basis hin von deutlichen, ziemlich entfernt stehenden regelmässig angeordneten braun gegliederten Spiralreifen umzogen, weiss mit kastanienbraunen viereckigen mitunter zusammenfliessenden Flecken gezeichnet, welche in Binden und, obschon weniger deutlich auch in Längsstriemen angeordnet sind. Das Gewinde ist bald mehr, bald minder hoch und schön braun gefleckt. Die 11—12 Umgänge sind etwas treppenförmig, der Apex ist regelmässig kegelförmig. Der letzte Umgang ist oben leicht kantig und über der Kante eingedrückt, an der Basis gerundet. Die Mündung ist innen weiss, der Aussenrand dünn, scharf, oben stark ausgeschnitten; die Flecken der Aussenseite scheinen am Rande durch.

Zwei Exemplare der Löbbecke'schen Sammlung sollen von Neucaledonien stammen und lassen sich mit keiner anderen Art vereinigen.

18. *Conus Kobelti Löbbecke.*

Taf. 4 Fig. 4. 5.

Testa mediocris, solida, regulariter conica, laevigata, striis incrementi distinctis, regularibus, supra arcuatis et ad basin liris confertis spiralibus sculpta, lutescens, fascia mediana albida, nec non fasciis et strigis luteofuscis profuse tincta; spira depresso-conica, anfractibus

10–11 planis, distincte et confertim spiraliter liratis, luteo-fuscis, sutura subundulata discretis, apice breviter conico; anfractus ultimus supra angulatus, super angulum haud impressus, basi liratus, excisus. Apertura intus alba, supra sinuata, labro externo medio producto.

Alt. 42, diam. max. 24, alt. apert. 36 mm.

Gehäuse mittelgross, festschalig, regelmässig kegelförmig, nur am Gewinde und an der Basis spiral gereift, sonst nur mit deutlichen, aber feinen, gebogenen, regelmässigen Anwachsstreifen sculptirt, gelblich mit einer ziemlich deutlichen weisslichen Mittelbinde und mehr oder minder deutlichen gelbbraunen Binden und Striemen, besonders nach der Basis hin intensiv braungelb. Das Gewinde ist schwach kegelförmig mit kleinem, glattem, rein kegelförmigem Apex; die 11—12 Umgänge sind flach, leicht abgesetzt, und mit dichten Spiralreifen umzogen; sie werden durch eine leicht crenulirte Naht geschieden. Der letzte Umgang ist oben kantig, über der Kante nicht eingedrückt, an der Basis ausgeschnitten und von ziemlich dichten, deutlichen Spiralfurchen umzogen. Die Mündung ist innen weiss, oben ausgeschnitten, der Aussenrand in der Mitte bogig vorgezogen.

Aufenthalt unbekannt, das abgebildete Exemplar in meiner Sammlung.

19. *Ostrea Lischkei Löbbecke.*

Taf. 5.

Concha mediocris, solida, irregulariter quadrangularis vel rarius elongata, umbonibus ad angulum sitis; valva superior planiuscula, extus griseo-albida, marginem versus irregulariter foliacea, inferior convexa, marginibus plus minusve angulatim elevatis vel cymbiformis; Latus internum coeruleo-albidum, ad impressionem muscularem nec non in parte anteriore saturate nigroviolaceo tinctum, pulcherrime irisans et laete fuscoluteo limbatum. Vertices sinistrorsi, areis distinctis triquetribus hiantibus; margines integri.

Long. 80—90 mm.

Ostrea Lischkei Löbbecke Jahrb. Mal. Ges. IX. p. 91.

Muschel mittelgross, festschalig, unregelmässig viereckig, seltener länglich, mit an der einen Ecke gelegenen links gerichteten Wirbeln und deutlichen, dreieckigen, klaffenden Schlossfeldern; der Rand der Schalen ist nicht gefaltet. Die Oberschale ist fast platt, aussen grauweiss, nach dem Rande hin unregelmässig blätterig, die untere ist etwas grösser, gewölbt mit mehr oder minder stark im Winkel aufgebogenen Rändern, selbst kahnförmig, die Oberschale ziemlich ringsum umfassend. Die Innenseite überrascht durch ihre lebhafte Färbung und ihren prächtigen Perlmutterglanz; sie ist bläulichweiss, an den Muskeleindrücken und nach vornen hin prachtvoll tief schwarzviolett gefärbt mit lebhaft braungelbem Saum.

Aufenthalt an der Westküste Ceylons bei Bentotte, von Geh. Rath Dr. Lischke gesammelt.

Diese schöne Auster zeichnet sich durch die lebhafte Färbung ihrer Innenseite und ihr prächtiges Perlmutter vor allen anderen genügend aus.

Literatur.

Strebel, Hermann, *Beitrag zur Kenntniss der Fauna mexicanischer Land- und Süsswasserconchylien, unter Berücksichtigung der Fauna angrenzender Gebiete.* — Theil V. mit 19 Tafeln von H. Strebel und Gg. Pfeffer. Hamburg 1882.

Nach längerer Pause ist von Strebels wichtiger Arbeit das fünfte und letzte Heft erschienen, die Orthalicidae,

Bulimulidae, Stenogyridae und Vaginulidae, sowie einen Nachtrag zu den Testacellidae enthaltend. Es ist in derselben Weise, wie seine Vorgänger, reich mit photographischen Tafeln ausgestattet, welche von jeder Art möglichst viel verschiedene Formen zur Darstellung bringen, und enthält eine sorgsame Anatomie der meisten Arten, wie in den früheren Heften von Herrn Gg. Pfeffer bearbeitet.

Der Autor behandelt zunächst die Orthalicidae. In der Einleitung gibt er die Anatomie von O. gallina sultana und atramentarius und bezweifelt, ob ersterer mit Dennisoni, letzterer mit regina in eine Gruppe gestellt werden kann. Genauer besprochen wird die Untergattung Zebra Shuttl., welcher alle centralamerikanische Arten angehören. Kiefer- und Zahnbildung werden eingehender erörtert; den Kiefer denkt sich Strebel durch Abspaltung aus der über ihr Maass hinausgewachsenen Mittelplatte entstanden. Die bekannte Variabilität der Orthalicus hat den Verfasser gezwungen, nicht lauter einzelne Arten zu schaffen, sondern Typen aufzustellen, um welche sich die nächstverwandten Formen in Formenkreisen gruppiren; doch bleiben dabei immer noch einzelne Formen übrig, welche mit mehreren Typen gleichmässig verwandt sind und vom Autor, wie früher schon bei den Glandinen, als „Zwischenformen" bezeichnet und mit einem Doppelnamen belegt werden. Bezüglich der geographischen Verbreitung kam Strebel zu der Ueberzeugung, dass an einem bestimmten Standorte immer nur eine Form mit ziemlich geringer Variationsweite vorkommt. In Mexico leben an der Ostseite die durch Zwischenformen verbundenen und in einander übergehenden Arten princeps, Ferussaci, maracaibensis, zebra und undatus, an der Westseite zoniferus, lividus, Boucardi und longus. Als Typen erkennt der Verfasser an: princeps, Ferussaci, zebra, undatus, welcher durch eine Zwischenform *Ferussaci-undatus*

(p. 24 t. 2 fig. IV.) mit Ferussaci verbunden ist; — maracaibensis; — *zoniferus* n. sp. (p. 28 t. 1 fig. 7, t. 3 fig. 3) von Iquala im mexicanischen Staate Guerrero; — lividus mit der Zwischenform *lividus-princeps* (t. 1 fig. 6); — livens; — obductus; — *ponderosus* n. sp. (p. 35 t. 7 fig. 1, 5—8 unsicheren Fundortes); — *decolor* n. sp. (p. 37 t. 7 fig. 2, ebenfalls nicht genau bestimmten Fundortes); — Boucardi, durch die Zwischenformen *Boucardi-ponderosus* (t. 1 fig. 4) und *ponderosus-Boucardi* (t. 1 fig. 3) mit ponderosus verbunden; — fulvescens Pfr.; — longus Pfr. Man sieht, der Autor ist durchaus nicht zu dem von den Meisten erwarteten Resultate gekommen, dass die ganze Gruppe Zebra zu einer Art zusammengezogen werden müsse; er zeigt vielmehr, dass gerade bei reichem und sicherem Material eine Trennung der einzelnen Arten möglich ist.

Die Bulimulidae scheidet Strebel in sechs Sectionen mit 14 Gruppen, denen aber keine Namen beigelegt werden. Die erste Section umfasst nur eine Gruppe, die des Bul. Berendti Pfr., zu welcher auch coriaceus Pfr., fraterculus Fér. und tenuissimus Fér. nebst einigen anderen gehören. Auch die beiden folgenden Sectionen enthalten nur je eine Gruppe, die des Bul. Schiedeanus und des Bul. Proteus, die vierte dagegen neun, deren Typen Bul. sulcosus Pfr., chiapasensis Pfr., Dombeyanus Pfr., Droueti Pfr., attenuatus Pfr., Paivanus Pfr., totonacus Strebel, palpaloensis Strebel und nigrofasciatus Pfr. sind. Auch die fünfte und sechste Section enthalten nur je eine Gruppe mit den Typen Lobbii Rve. und Knorrii Pfr. Die drei ersten Sectionen haben Kiefer mit starken, wenig zahlreichen Platten und Zungenzähne wie Bulimus, resp. Eucalodium, die drei letzteren Kiefer mit dünnen, zahlreichen Platten und ganz eigenthümlich differenzirte Zähne. Von einzelnen Arten werden besprochen und meist abgebildet: Bul. Berendti Pfr., fraterculus Fér., Dysoni Pfr., Schiedeanus Pfr., Mariae Tryon, sporadicus d'Orb., Proteus Brod., versicolor Brod., variegatus Pfr., sulcosus Pfr., rudis Anton, fenestrellus Mart. (Gealei H. Ad.), Cuernavacensis Crosse, Hegewischi Pfr., inglorius Rve., Heynemanni Pfr., Recluzianus Pfr., Ghiesbreghtii Pfr., jodostylus Pfr., Chiapasensis Pfr. mit der Zwischenform *Chiapasensis-Delattrei* (t. 12 fig. 19); — Dombeyanus Fér., fenestratus Pfr., Dunkeri Pfr., Droueti Pfr., Sporlederi Pfr., aurifluus Pfr., attenuatus Pfr., papyraceus var. latior Martens, Paivanus Pfr., serperastrus Say; *totonacus* Strebel n. sp. (p. 84 t. 5 fig. 13) von Misantla. — *Palpaloensis* Strebel n. sp. (p. 85 t. 5 fig. 12. 16) von Misantla, Jalapa und Cordova; — sulphureus Pfr., virginalis Pfr., flavidus Mke., liliaceus Fér., Uhdeanus Mts., nigrofasciatus Pfr., livescens Pfr., heterogenus Pfr., Gruneri Pfr., dominicus Rve., *albostriatus* Str. n. sp. (p. 94 t. 6 fig. 3) von Tehuantepec; Knorri Pfr.

Von der Stenogyridae wird nur die Unterfamilie der Subulininae eingehender besprochen; von ihr sind vier Untergattungen vertreten, und ausserdem sind noch einige seither zu Spiraxis gerechnete Arten von St. als Testacelliden erkannt worden. Von der Gattung Opeas werden Op. Caracasensis Rve., costato striatus Pfr., rarum Miller, subula Pfr., juncea Gld., *Guatemalensis* n. sp. (p. 105 t. 7 fig. 2. 3), micrus d'Orb., octogyrus Pfr. genauer besprochen.. Von Spiraxis wird Sp. mexicanus Pfr. abgetrennt und zur Gattung ***Lamellaxis*** erhoben, wegen einer häufig lamellenartigen Spiralschwiele auf der Spindel. Als neu beschrieben werden: *Lam. modestus* (p. 111 t. 7 fig. 15, t. 17 fig. 5—7); — *Lam. imperforatus* (p. 113 t. 7 fig. 14 c, t. 17 fig. 2) von Jalapa; — *Lam. filicostatus* (p. 113 t. 17 fig. 10) aus Guatemala. — Von Subulina im engeren Sinne wird S. trochlea eingehend besprochen. — Achatina Berendti Pfr. hat sich bei Untersuchung der Mundtheile als Testacellide erwiesen und wird zur Gattung ***Pseudosubulina*** erhoben, zu welcher vermuthungsweise auch Ach. Chiapensis Pfr. gezogen wird. Ausserdem haben sich auch noch eine Anzahl kleinerer Spiraxis als Testacelliden erwiesen; für sie wird die Gattung **Volutaxis** aufgestellt, aber dem Gehäuse nach durchaus nicht genügend scharf diagnosticirt. Der Autor sagt: Gehäuse klein, gethürmt, hell gelblich, hornfarbig, mehr weniger durchscheinend und glänzend, mit ziemlich regelmässig und langsam an Breite und Höhe zunehmenden und mehr weniger gewölbten, oft etwas treppenartig sich absetzenden Windungen, die mit feinen bis stärkeren, dicht oder weitläufiger, gereihten Rippen oder doch scharfen Falten besetzt sind, welche sich über die ganze Windung ziehen und schon nach den ersten 1 1/2 Windungen, zuweilen sogar deutlicher als unten, erkennbar sind. Die anscheinend nicht hohle Spindel erscheint mehr weniger wulstig oder abgerundet leistenartig und mehr weniger stark gewunden; in der Mündung geht sie unten ohne wesentlich markirte Gränze in den Basalrand über, und auf der halben Höhe setzt sich zuweilen eine Art Spindelumschlag ab, der auch frei liegen kann, aber sehr rasch in den unscheinbaren Callus übergeht, der sich zum oberen Mundrand zieht. Die Gehäuse enthalten scheinbar keine Embryonen. — Ausser dem Typus, Volut. sulciferus Morelet, werden als neu beschrieben: *Vol. tenuecostatus* p. 121 t. 17 fig. 1 von Aquacaliente bei Misantla; — *Vol. Miradorensis* p. 122 t. 17 fig. 23, 35 von Mirador; — *Vol. similaris* p. 122 t. 7 fig. 11, t. 17 fig. 18 von Pacho bei Jalapa; — *Vol. confertecostatus* p. 122 t. 7 fig. 12, t. 17 fig. 19 von ebenda; — *Vol. intermedius* p. 123 t. 17 fig. 23, 34; — *Vol. confertestriatus* p. 123 t. 17 fig. 21, 33 von Pacho; — *Vol. nitidus* p. 124 t. 7 fig. 9, 13, t. 17 fig. 20, 25, 36 von Pacho und Mirador.

Den Schluss bildet die Familie Vaginulidae, deren Morphologie gründlich behandelt wird. Als neu wird *Vag.*

mexicanus p. 130 t. 19 fig. 1—19, 21, 23, 26, 27 beschrieben und abgebildet.

Wir gratuliren dem Verfasser aufrichtigst zu der Art, wie er den Plan seiner Arbeit in jeder Weise befriedigend durchgeführt hat; sein Werk wird in keiner Bibliothek fehlen dürfen. K.

Notes sur les Mollusques terrestres de la vallée du Fleuve Bleu.

Diesen Titel führt ein Werk von dem eifrigen Pére Heude, welches demnächst erscheinen wird und von dem er mir das bisher fertig gedruckte, 61 Species, bereits übersandt hat. Ich möchte daher, ohne eine Kritik des Werkes, die eingehendes Studium und Vergleichung von Exemplaren benöthigt, zu versuchen, durch eine kurze Anzeige die Aufmerksamkeit unserer Mitglieder auf diese wichtige Bereicherung der Literatur lenken.

Um mit dem Aeussern anzufangen: Das Buch ist in Gross-Quart, demselben Format wie Heude's Conchyliologie fluviatile, in Shanghai selbst in der Jesuitenmission gedruckt und Druck und Ausstattung machen dieser Offizin alle Ehre. Die Tafeln sind lithographirt, die Figuren, soweit ich bisher habe vergleichen können, vortrefflich gezeichnet.

Was die beschriebenen Arten anbelangt, so werden wohl manche vor strenger Kritik fallen müssen, Heude scheidet scharf und fasst manche Form als besondere Art auf, die wir andern höchstens als Varietät zulassen würden, andrerseits aber bringt er eine Reihe ausgezeichneter Nova, deren Artgültigkeit ausser Zweifel ist.

Den Reigen beginnt mein Cyclophorus Martensianus, besser abgebildet als s. Zeit in den Jahrbüchern; diesem fügt er drei neue, Nankingensis, pallens, Ngankingensis bei, von denen die ersten beiden schwerlich bestehen werden. Dann kommt C. sexfilaris n., vermuthlich ein Craspedotropis; C. bifrons n. mit Cyclotus-ähnlicher Schale und Cyclophorus-Deckel; Cyclotus approximans n. ist höchst wahrscheinlich C. Fortunei Pfr. — Cyclotus stenomphalus n. ist die Hunan-Art, welche Gredler von Fuchs erhielt und als C. campanulatus aufführte. Ich hatte die Verschiedenheit dieser Art von der japanischen längst erkannt und sie C. Gredleri getauft; dieser Name muss nun zurücktreten. Cyclotus fodiens n. gehört in die Gruppe von hunanus Gredl., auf seine Artgültigkeit neben dem formosanischen C. minutus Ad. ist er zu prüfen. — Alycaeus sinensis n. steht nipponensis Reinh. ziemlich nahe, wird sich aber halten lassen, ebenso A. Rathonisianus n. Drei Realia, darunter Bachmanni Gredl. (Hydrocaena). Im Ganzen 16 Pneumonopomen. — Dann Philomycus bilineatus „ubique in ditione Yang tze Kiang". — Vaginulus sinensis n., von meiner Hongkong-Art verschieden. Da die letztere früher publicirt, so schlage ich für die neue centralchinesische Art den Namen V. Heudeanus vor. Es folgt eine „Vitrina sinensis", ob wirklich eine Vitrina? Vitrina imperator von Südchina ist ein Helicarion, V. Davidi Desh. von Nordchina eine Macrochlamys; so durfte denn auch diese zu den Zonitiden gehören. Helicarion sinense Heude sieht eher wie eine Macrochlamys aus, aber die Mantellappen bedecken die ganze Schale! Nanina erratica H. diam. maj. 41 mm, mit Spiralskulptur; eine höchst auffallende Erscheinung, da aus Südchina bisher keine echte Nanina bekannt ist. Nanina Fuchsiana H., etwas kleiner, die ich auch von Fuchs habe, die aber Gredler bisher nicht beschrieben, sieht eher wie eine unausgewachsene Camena aus. Nanina microgyra H. ist wohl zweifellos eine Microcystis, vielleicht fällt sie mit meiner Schmackeriana zusammen. Nanina cavicola ist das räthselhafte Ding, das

Gredler als Streptaxis cavicola beschrieben; ohne Kenntniss des Thieres wird sie wohl noch lange im System herumirren. Jedenfalls sieht sie eher wie eine Microcystis aus als wie ein Streptaxis. Nanina clausa n. ist wohl sicher eine Microcystis. 14 Hyalina, nämlich H. franciscana und 13 neue! Die Helix-Arten sind ziemlich ungeordnet und nicht in Gruppen getheilt. H. pulchellula n. kleiner als pulchella, H. orphana n. $2^1/_2$ mm, ziemlich konisch. H. Dejeana n. flach, gekielt, links. H. Giraudeliana n. verwandt mit brevispira H. Ad. (von Itshang am oberen Yangtse), subfossil. H. subsimilis Desh., Filippina n. beide linksgewunden und nahe verwandt mit H. Christinae H. Ad. — H. laciniata n. aus der Gruppe der trichotropis. Nach Heude wäre Martens' H. trichotropis (Conchol. Mitth. t. XVIII. fig. 13—15) nicht die Pfeiffer'sche Art, sondern H. laciniata juv. — Bei Helix Kiangsinensis Mart. wird mit Recht die unrichtige Namenbildung aus Kiangsi gerügt. Auch soll sie grade nicht in der Provinz Kiangsi, sondern nördlich vom Yangtse in den Provinzen An-hui, Hu-bei und namentlich am Flusse Han vorkommen. Heude macht mit Recht auf die Verwandtschaft mit H. Maacki Gerstf. aufmerksam. H. Billiana ist eine schöne Novität, mit der vorigen verwandt. — H. brevibarbis, konisch, gekielt und gebändert. — Von H. ravida soll sich H. ravidula n. durch geringere Grösse, deutliche Spiralstreifen und andere Farbe des Thieres unterscheiden; doch wohl nur Varietät. H. Redfieldi durch die ganze Yangtse-Ebene verbreitet. H. phragmitum n. ist ebenfalls nahe mit ravida verwandt, aber semiobtecte perforata und kleiner. H. Huberiana n. von Swaton, H. touranensis nahe stehend. — H. graminum n. ist schwerlich mehr als eine grössere kuglige Form von similaris Fér., auch H. Arundinetorum n. gehört in diese Gruppe, die der kritischen Bearbeitung sehr bedürftig ist. H. submissa Desh. aus dem Südwesten. Die folgenden Arten aus der Gruppe von Helix chinensis: H. initialis n., accrescens n., chinensis Phil., vermes Reev. schliessen das mir vorliegende Heft. — Im Ganzen verspricht Heude gegen 200 Landschnecken, darunter über 20 Clausilia-Arten; das Ganze wird in den nächsten Monaten fertig sein und verspricht eine ausserordentlich wichtige Erweiterung unserer Kenntniss der Fauna sinensis zu bieten.

Nachdem ich nunmehr durch die Güte des Verfassers auch die zweite Hälfte des Heude'schen Werkes über die Landschnecken des Yangtse-Beckens erhalten, fahre ich in dem Berichte über den Inhalt desselben fort. No. 62 Helix vermes Reeve, eine grosse Art aus der Gruppe von H. chinensis, bis zu 32 mm diam. maj. No. 63 H. Aubryana n. aus derselben Gruppe, von der Provinz Gui-dshon (Kweichow), chinensis ziemlich nahestehend. 64. H. fimbriosa will Heude nicht von emoriens Gredl. trennen; dass sich letztere doch als Art halten lässt, will ich anderwärts nachzuweisen suchen. 65. H. biconcava n. eine kleine (9 mm) flache behaarte Art mit concaver Oberseite. Sie sieht aus, als ob sie zur Gruppe von Helix pulvinaris und fimbriosa gehörte, doch gibt Heude keine inneren Lamellen an. 66. H. triscalpta Mart., 67. angusticollis Mart., 68. H. squamosella n. 11 mm, von den Umrissen einer Aegista, mit häutigen Schuppen. 69. H. nautarum n., eine kleine behaarte Fruticicola. 70. H. micacea n. diaphan, grünlich, 11 mm, wohl eine Microcystis. 71. H. barbosella n. 11 mm, gekielt, Kiel mit einem Schuppenkranz. 72. H. Moreletiana n. eine prachtvolle Camena von 53 mm Durchmesser mit H. Luhuana verwandt, aber viel enger genabelt. Heude vergleicht sie selbst mit H. Cecillei und mercatoria. 73. H. percussa n. 30 mm, wohl auch eine Camena, Nabel ziemlich eng, bernsteingelb. Meine latilabris von Kiukiang kennt Heude nicht. 74. H. haematozona n. bis 27 mm, imperforata, kuglig, grünlich gelb mit rothem Band aus der Provinz Guidshon. 75. H. Magnaciana n. verwandt mit H. constantiae H. Ad. und mit dieser zur Gruppe von H. pyrrhozona gehörig. 76. H. uncopila n. sieht wie eine linksgewundene H. similaris aus, ist aber mit kurzen gekrümmten Haaren besetzt. Dagegen ist No. 77 H. Fortunei Pfr. wohl sicher nur eine linksgewundene Form aus der similaris-Gruppe, zumal Heude speciell angibt, dass er sie mit seiner H. graminum, die schwerlich mehr als eine Form von similaris ist, zusammen gefunden. Linksgewundene H. similaris sind hier in Hongkong nicht allzuselten; Hungerford und ich haben deren mehrfach gefunden. 78. H. straminea n. gehört ebenfalls zu similaris, deren Variabilität gross zu sein scheint. 79. H. cremata n. eine stumpfgekielte Fruticicola, ebenfalls mit similaris verwandt, aber vielleicht haltbar. 80. H. Semperiana n. wohl eine Fruticicole, aber wie es scheint unausgewachsen. 81. H. pyrrhozona Phil., wie schon Fuchs nachgewiesen, auch am Yangtse vorkommend, von wo sie sich bekanntlich bis nach der Mandschurei hin verbreitet. Auch bei Shanghai. 82. H. lepidostola n. 15 mm, Fruticicola? oblique plicato lamellosa, ähnlich, nur viel konischer ist 83. H. thoracica n. 84. H. phyllophaga n. 85. H. dormitans n. kleine Fruticicolen von 6 mm Durchmesser. 86. H. obstructa n. nahe verwandt mit Yantaiensis Cr. et Deb., aber grösser, kugliger, die Mündungszähne näher zusammengerückt. 87. H. Yantaiensis Cr. et Deb. eine kleine Form vom alten Bett des Hoangho. 88. H. Buliminoides n. 89. H. pseudobuliminus n., beide nahe verwandt und von Heude anfangs für junge Buliminus gehalten; die erstere diam. maj. 7, alt. 13, die letztere diam. 8, alt. 12 mm. Ob sie wirklich zu Helix gehören, muss die Untersuchung des Thieres lehren. 90. H. buliminus n. scheint dagegen wirklich ein Buliminus zu sein. — Buliminus minutus n., subminutus n., trachystoma n., utriculus n., obesus n. No. 91—95, rechtsgewundene kleine braune Arten, 96. B. funiculus n. alt. 14 mm, linksgewunden. 97. B. Cantori Phil. überall häufig. (Ich habe denselben neuerdings auch von Fudshon erhalten.) 98. Bul. pallens n. zweifelhaft neben dem vorigen. 99. B. Davidi Desh. am oberen Yangtse. 100. B. Fuchsianus n. = B. rufistrigatus Gredler nec Benson. Heude hat vollkommen recht, den von Fuchs im südlichen Hunan gesammelten gefleckten Buliminus neu zu benennen. Er hat mit der Himalayaform nichts zu thun. 101. B. hyemalis n. dem vorigen verwandt, aus An-hui. 102. B. thibetanus n. und Giraudelianus n. aus Osttibet. — Hierauf folgen No. 104—114 elf Stenogyra-Arten, nämlich turgida Gredl. und zehn neue, aber keine Fortunei, decorticata Reeve, chinènsis; es werden also einige der Arten eingezogen werden müssen. Vorläufig muss ich mich jedes Urtheils über dieselben enthalten.

Clausilia ist bei P. Heude durch 25 Arten vertreten. Von früher beschriebenen gibt er Cl. aculus Bens. und Möllendorffi Mart. (die keinenfalls Artgültigkeit hat, wie schon Böttger nachgewiesen), Fortunei Pfr. bis 36 mm lang, pluviatilis Benson, gemina Gredl. Cl. tau var. hunana Gredl. wird als eigene Art hunana aufgeführt. Heude ist mit Recht gegen voreilige Combination chinesischer und japanischer Formen; in diesem Falle wird aber doch wohl nichts anderes übrig bleiben, als die Chinesin als Varietät zu tau zu stellen. Hierzu kommen 19 neue Arten. Sehr charakteristisch ist Clausilia Möllendorffiana Heude, eine riesige Form aus dem engern Kreis von pluviatilis, bis 35 mm lang mit ungewöhnlich dickem Peristom. Da Cl. Möllendorffi Mart. eingezogen ist, so ist gegen den Namen wohl nichts einzuwenden. Cl. pachystoma Heude, sehr dicklippig, Grösse von aculus, mit heraustretender Subcolumellarlamelle ist jedenfalls neu, der Name ist aber durch Küster längst vergeben und schlage ich vor, sie *Cl. Heudeana* zu taufen. Cl. vinacea Heude ist höchst wahrscheinlich aculus var. labio Gredl. — Die übrigen, meist kleine Arten, sind nach den Abbildungen, die den Schliessapparat nur unvollständig wiedergeben (es fehlt eine Seiten- oder Rückansicht) vorläufig nicht zu charakterisiren. Die meisten scheinen zu Euphaedusa und zwar zum Formenkreise von aculus zu gehören und einige derselben werden wohl zu Varietäten degradirt werden müssen. Sie heissen superaddita, Colombeliana, leucospira, Orphanuli, Rathonisiana, spinula, Magnaciana, Magnacianella, cetivora, filippina 27 mm, straminea (vergeben! Cl. Albinaria straminea (Parr.) A. Schm.), insularis, septemplicata (ebenfalls längst vergeben), Nankingensis, kräftig rippenstreifig, planostriata mit entfernt stehenden Rippen, fulvella.

No. 140—146 Pupa. Hiervon sind P. strophiodes Gredl. und larvula Heude hier zu streichen und zu Ennea zu setzen, wie meine Ennea microstoma von Canton, die ich ebenfalls als Pupa publicirte. *Pupa* paxillus = Moussonia paxillus Gredl. ist eine Diplommatina. Pupa hunana Gredl. nicht blos in Hunan, sondern im ganzen Yangtsegebiet an Kalkfelsen gemein. P. cryptodon, atoma, monas sehr kleine Arten, die wohl echte Pupa-Arten sind.

Von Streptaxis ausser Fuchsianus Gredl. noch der neue Str. borealis ähnlich sinensis Gould, aber grösser und dabei flacher.

Fünf neue Succinea-Arten und vier Assiminea, von denen auch die anatomischen Verhältnisse bildlich dargestellt werden, bringen die Artenzahl auf 157.

Diese flüchtige Inhaltsangabe dürfte genügen, die Bedeutung des Heude'schen Werkes klar zu legen. Wird auch manche seiner Arten vor strenger Kritik nicht Stich halten, so kann man doch dem Autor wie der Malakozoologie zu dem Erscheinen desselben freudig Glück wünschen.

Hongkong, im März 1882.

O. F. von Möllendorff.

Buccinum, L.

Von

T. A. Verkrüzen.

(Fortsetzung.)

Von einigen Freunden aufgefordert, über die mancherlei Abänderungen des früher unter der Bestimmung Bucc. Totteni, Stimpson, var. ciliatum, Gould non Fahr. versandten, seitdem aber neubenannten Bucc. inexhaustum ein Näheres anzugeben, komme ich hiermit diesem Wunsche um so bereitwilliger entgegen, da ich zugleich über eine interessante Sendung vom Kaiserlichen Museum in St. Petersburg Bericht erstatten kann. Auch stimme ich mit Herrn Jeffreys darin überein, dass die Zeit, wo Varietates unbeachtet blieben, vorüber sei, und man sich jetzt dem Gegentheil mehr zuneige, weil alle Naturforscher über den Nutzen davon einig seien; und dass Abänderungen benannt werden oder eine gleichbedeutende Bezeichnung haben müssten.*)

Dass Gould's Bestimmung seines Bucc. ciliatum, Fahr. durchaus irrig sei, habe ich in meinem Berichte im Jahrbuch vom December 1881 nachgewiesen, und hierin stimmen die wichtigsten Meinungen diesseits und jenseits des atlantischen Oceans mit mir überein. — Nicht minder bin ich der Ansicht, dass es bei Humphreysianum, Benn. oder ventricosum, Kiener auch nicht bleiben kann, noch bei fusi-

---

*) I need not apologize for particularizing so many varieties, as all naturalists are agreed as to the utility of this mode of discrimination. The time has gone by, when varieties were not regarded. At present the course of scientific inquiry tends the other way, and varieties must be named or have some equivalent symbol of distinction. — Jeffr. Brit. Conchology II, p. 314.

forme, Kiener, denn wenn auch einige, besonders jüngere Exemplare eine gewisse Aehnlichkeit mit ventricosum haben, so weichen sie im allgemeinen doch zu sehr von einander ab. Jeffreys in Brit. Conch. IV. p. 294 sagt zwar, dass Bucc. ventricosum, Kien. (von der Küste der Provence) mit Bucc. Humphreysianum nahe verwandt sei etc., indess hat Dr. Kobelt im Jahrbuch von 1874 nachgewiesen, dass das von Martin in Fischmägen vom Golfe du Lion entdeckte Buccinum nicht Kiener's ventricosum, sondern Kiener's fusiforme sein muss. Bei Vergleichung der Figur von Kiener's ventricosum in seiner Iconographie mit Dr. Kobelt's Figur von fusiforme, K. im Jahrbuch I. Taf. 11. fig. 5 ist es hinreichend augenscheinlich, dass diese Beiden nicht eine und dieselbe Art sein können, da sie in der Form ganz verschieden sind; demnach wäre also ein ventricosum, Kiener im Mittelmeer bis jetzt noch nicht nachgewiesen. — Dr. Kobelt gibt uns ferner auf derselben Tafel eine Abbildung von dem fossilen Buccinum striatum, Phil., welches bei Palermo und in Calabrien vorkommt, und also früher im Mittelmeer gelebt hat; dasselbe wurde von den italienischen Conchologen zuerst irrig für B. Humphreysianum gehalten, mit dessen Form es allerdings weniger Aehnlichkeit hat als mit fusiforme; von diesem indess weicht es wiederum gänzlich in der Skulptur ab, indem es von regelmässigen starken Spiralreifen umzogen ist; stammten deshalb die jetzigen fusiforme von den früheren striatum ab, so müsste die Skulptur im Laufe einer langen geologischen Periode sich bedeutend, und die Form etwas verändert haben, was allerdings denkbar ist, und es wäre merkwürdig, wenn sich fossile Uebergänge vom striatum zum fusiforme auffinden sollten; ohne welche indess Beide als besondere Arten einstweilen anzusehen sein dürften. — Was nun die Abweichung des fusiforme von Bucc. inexhaustum betrifft, so liegt dieselbe bereits grossentheils in dem Namen des Ersteren begründet, da Letzteres diese Hauptabzeichnung des längeren Kanals ganz entbehrt; Kiener sagt ausserdem von seinem fusiforme: d'un jaune roussâtre, mince, luisante, subtransparente, etc. etc., alles Eigenschaften, die sich auf B. inexhaustum nicht gut anwenden lassen. — Das von Kiener in seiner Iconographie des Coquilles beschriebene und abgebildete B. ventricosum ist wie sein fusiforme leider ohne Angabe des Vaterlandes. Er sagt darüber: „plusieurs individus, dans la possession du prince d'Essling, ont été rapportés, je pense, des mers du Nord. — Diese Abstammung bezweifle ich sehr; ich habe die meisten Buccinen der nördlichen Meere selbst gesammelt oder doch in Originalen gesehen, aber nie ist mir irgendwo etwas ähnliches darunter vorgekommen, das man mit seiner Abbildung in Einklang bringen könnte. Man achtete früher nicht wie jetzt auf die sorgfältige Erhaltung der Abstammung; es sind mir ausser diesem Beispiele noch andere Fälle in Kiener's Iconographie aufgestossen, die ich ebenso stark bezweifeln muss; so gibt er z. B. B. moniliferum, Val. (mit Höckern und hohen, scharfen Rippen etc.) von Neufundland an. — Unter den vielen Buccinen, die ich von Neufundland, der Bank und den Nachbarländern (Nova Scotia, Labrador etc.) selbst gesammelt und erlangt habe, ist mir nie auch nur etwas entfernt ähnliches vorgekommen; und Dr. Storer in seiner (Boston, U. S.) Uebersetzung von Kiener's Iconographie sagt, dass er dieses Bucc. moniliferum nebst cochlidium, Chemn. Beide von Rio Janeiro besässe! Man kann sich folglich auf die Ortsangaben der früher gesammelten Stücke nicht immer verlassen. — Ob deshalb das in Kiener's Iconographie beschriebene und abgebildete B. ventricosum aus dem Mittelmeer oder sonst woher stammt, müssen wir dahin gestellt sein lassen; ich bin geneigt, es für eine südlichere Form zu halten. Kiener deutet auf die Aehnlichkeit desselben mit B. Humphreysianum hin, was sich jedoch nur auf die Skulptur beziehen kann. In der Abbildung schweift die Aussenlippe ganz bedeutend nach unten über den Kanal hinaus und ist weit nach aussen gestreckt, sie ist ohne Verdickung und (scheinbar) ohne die gewöhnliche Bucht, auch erwähnt er einer solchen nicht; ausser Beschreibung der feinen Skulptur sagt er: „spire allongée, pointue; huit tours de spire convexes, traversés quelquefois par quelques plis longitudinaux peu prononcés; ouverture *très evasée, dilatée en dehors, et largement échancrée* à sa base; bord *droit fortement arqué*, also ganz das Gegentheil von Humphreysianum.

Wenn nun B. inexhaustum mit einigen Eigenschaften dieses ventricosum wohl Aehnlichkeit hat, so entfernt bleibt es von demselben in anderer Hinsicht. Es hat keine so ausgeschweifte Oeffnung, und bei ausgebildeten Exemplaren ist die Lippe verdickt und mit dem bekannten Sinus nahe der Naht versehen; das Gebäude ist bedeutend stärker und hat in seinen Abänderungen hervorragendere Wellen und höheres Gewinde. Auch hat ventricosum (nach der Abbildung) stärkere regelmässige Spiralreifen und anscheinend minder starke Anwachslinien, also auch eine etwas verschiedene Skulptur von inexhaustum. Nach allen diesen Berücksichtigungen mag es wegen der ähnlichen feinen Skulptur wohl in dieselbe Abtheilung als ventricosum zu setzen, aber durchaus nicht als varietas davon aufzustellen sein. Die Typen oder was ich als gleichbedeutend rechne, die grössere Anzahl des inexhaustum sind die gewöhnlichen glatten doch mitunter auch mehr oder weniger welligen Exemplare von schlichter gräulicher Farbe, haben 6—8 ziemlich convexe Umgänge, messen etwa $5^3/_4 \times 3^1/_4$, bis $6 \times 3^1/_2$ cm. etc., haben verdickte Aussenlippe mit Bucht nahe der Naht, wenn ausgewachsen, und feine (früher schon beschriebene) Skulptur. Der Deckel ist im Verhältniss zur Schale, also weder auffallend klein wie bei Humphreysianum, noch besonders gross, mässig stark mit seitlichem Nucleus und gewöhnlichen Anwachsstreifen. Von diesem Typus habe ich folgende Abänderungen angetroffen:

1. flammatum mit unregelmässigen braunrothen Flammen gezeichnet.

2. semiflammatum; die Längsflammen wie abgeschnitten unter der Peripherie.

3. fasciatum, mit einer breiteren Hauptbinde über Peripherie, und mitunter einer oder mehreren schwächeren daneben.

4. tenuifasciatum, eine ganz schmale (1—1 $^{1}/_{2}$ mm breite) helle Binde auf der Peripherie.

5. coloratum, innen und aussen einfarbig röthlichbraun.

6. argenteum, innen und aussen weiss, zuweilen mit etwas röthlichem Anflug.

7. aureum, innen und aussen gelblich, bis zum Apex.

Diese sind so weit die Hauptabänderungen in der Zeichnung, No. 6 und 7 sehr rar; keine haben auch nur entfernt ähnliche Zeichnung, wie Kiener's Figur, welche mit kleinen separaten Flämmchen ganz überdeckt ist. — Die Abänderungen in der Form sind folgende:

8. gracile, 9 Umgänge, $10 \times 4^{3}/_{4}$ cm., also sehr gestreckt, mit schwachen Wellen oben.

9. globosum, 8 Umgänge, 8×5 cm., Bauchwindung stark geschwollen; kurze Wellen unter der Naht. Ein kleineres (eine Art minor) von ähnlicher Gestalt. — NB. Dies globosum kommt zweien Totteni, Stimps., die mir Herr Dall **als solche** sandte, in Form am nächsten; ich muss indess bemerken, dass die von Herrn Dall erhaltenen klein und unvollkommen, auch zu jung waren, um sie nach Stimpson's Beschreibung und Dr. Kobelt's Abbildung als Totteni, St. bestimmen zu können; sie mögen als Abänderungen davon gelten. Ich sehe in denselben indess eher eine Abänderung des inexhaustum. Auch schrieb mir

Dr. Kobelt, nachdem derselbe alle meine verschiedenen inexhaustum gesehen, dass ich nach seiner Ansicht Totteni, St. auf der Neufundland Bank nicht angetroffen, was mich um so mehr bestimmte, die frühere Benennung (Totteni St. v. ciliatum Gould non Fabr.) fallen zu lassen, da sie ausserdem, wie ich wiederholt angedeutet, gänzlich unpassend war.

10. intermedium, 8 à 9 weniger convexe Umgänge, mit mehr oder weniger starken Wellen zuweilen bis zur Bauchwindung; das Gewinde flacher, gestreckter und mehr conisch; Grösse verschieden, 7×4 cm., $8 \times 4^3/_4$ etc.

11. undulatum, 7 à 8 Umgänge $9 \times 5^1/_2$, $8^1/_2 \times 5$ cm. etc. Gross und ziemlich stark; Wellen mehr oder weniger deutlich, oben gedrängter, allmälig entfernter und flachbreiter, zuletzt verschwindend.

12. obtusum, mit zwar vollständigem aber stumpfen Apex, 5 meist flache Umgänge, mehr oder weniger gestreckt; finden sich unter den geflammten und schlichten; ca. $6^1/_2 \times 4$, $6 \times 3^3/_4$ cm. etc. Ausser diesen Hauptabänderungen gibt es manche ähnliche und Zwischenformen, die sich indess alle an einander reihen lassen. — Die Letztern No. 8 bis 12 haben gar keine Aehnlichkeit mehr mit Humphreysianum, Bennett, ventricosum Kiener, noch mit fusiforme Kiener. —

Zur Einleitung der interessanten Sammlung sibirischer und nordrussischer Buccinen bemerke ich, dass die meisten von Middendorff, Schrenck, Grebnitzky und Andern gesammelten Originale todt und mitunter bereits ziemlich abgetragen gefunden worden, auch mehrfach an den Extremitäten beschädigt sind, weshalb es nicht möglich war, die Beschreibung eines jeden Theils, noch die Grössenangabe immer ausführlich und genau zu geben; doch hoffe ich, dass mir dies in der Hauptsache gelungen ist; die Grösse habe ich meistens so angedeutet, wie sie in vollkommenem Zustande sein würde, da es anders nutzlos wäre, weil eine verkürzte Länge gegen eine richtige Breite kein verhältnissmässiges Bild der Form oder Grösse des Individuums bieten kann. Wenn nur wenig an den Extremitäten fehlt, so ist es für Jemand, der ein Genus fast erschöpfend durchgearbeitet hat, nicht so schwer zu bestimmen, wie viel länger das fehlende Stückchen gewesen ist; freilich lässt es sich nicht auf den kleinsten Bruchtheil angeben, aber immer genau genug, um eine gute Idee der Gestalt geben zu können; jedenfalls besser als eine verkümmerte Längenangabe es thun könnte. — Ferner beziehe ich mich auf meinen Artikel über Buccinum im Jahrbuch vom December 1881, indem ich (zur Vereinfachung) nur die Seitenzahl angebe, um Wiederholungen zu vermeiden;. man wolle deshalb das daselbst Gesagte gefälligst berücksichtigen und vergleichen.

B. angulosum, Gray. Von dieser, S. 287 bereits beschriebenen Art liegen mir 2 an der unteren Aussenlippe etwas beschädigte, sonst höchst merkwürdige und gute Stücke vor, die mir um so interessanter sind, da ich ohne Material die vorige Beschreibung hauptsächlich nach Stimpson geben musste, dessen Exemplare von der Behringsstrasse stammen, während diese von Novaja Semlja kommen, und unverkennbar angulosum, Gray sind; sie messen $5^7/_{10} \times 4^7/_{10}$ cm., und $4 \times 2^1/_2$ cm., wobei die stark winkeliche Oeffnung etwas länger ist als die Hälfte des Ganzen; sie haben 6 Umgänge; Wellen wenige, aber scharf, hoch und an den oberen Umgängen bis zur schlängelnden Naht und fast über diese fortragend, wo sie scharfe Höcker bilden, an der Bauchwindung bis zur Peripherie, woselbst sie sehr stark hervortreten und tiefe Räume zwischen sich lassen; am letzten Umgang sind 7 solcher Wellen, an den zwei nächsthöhern 9 an jedem; die Skulptur stimmt nicht mit den amerikanischen (nach Stimpson), sondern zeigt äusserst feine Spiralreifchen von gleich feinen Anwachslinien unterbrochen; sowohl glaciale L. wie polare Gray haben viel stärkere Reifen und Furchen, und überhaupt eine weit gröbere Skulptur; Aussenlippe des angulosum zwar verdickt und umgebogen, aber mit nicht tiefer Bucht. Im übrigen stimmen sie mit den von Stimpson beschriebenen.

NB. Neben diesen zweien liegt ein dünnes Stückchen von russisch Lappland vor, auch (nach meiner Ansicht irrig) angulosum benannt; 7 fast flache Umgänge; $3^{9}/_{10} \times 2$ cm., also bedeutend schlanker als obige, mit rundlich ovaler Oeffnung; Lippe nicht nach aussen geschweift, nicht winkelig, ohne Bucht, dünn und viel enger als jene; Stiel nicht eingebogen; der Charakter der sehr schwachen Wellen hat etwas entfernt ähnliches mit obigen; aber bei gänzlicher Verschiedenheit der Form, Oeffnung etc. kann es nicht als Abänderung von angulosum aufgestellt werden. Ich halte es für specifisch verschieden, ziehe indess einstweilen vor, es bei diesen Bemerkungen bewenden zu lassen, bis eine grössere Anzahl vorgelegt werden kann.

B. glaciale L. v. subsulcata. 1 Stück von N. Zemlja mit einem Kiel, der an der Oeffnung etwa 2 mm über der Naht liegt und den Umgängen etwas Schulter gibt; Wellen verlieren sich schon am Ende des vorletzten und fast gänzlich auf letztem Umgange; die Skulptur feiner wie gewöhnlich; im Uebrigen hat es die Form und Eigenschaften der bekannten typischen Exemplare.

B. glaciale L. v. anfractibus subinflatis, 1 Stück von russisch Lappland, das merklicher vom Typus abweicht. Gehäuse fester und dicker; 2 Kiele, beide über der Naht vom drittletzten Umgange an; regelmässige Wellen nur am viertletzten Umgange sichtbar, schon am drittletzten arten sie in blosse unregelmässige Höcker hauptsächlich am oberen Kiel aus; Spiralrippen stark und verschiedener Breite; überhaupt erscheint das Aeussere grob und unsymmetrisch.

Im Uebrigen ist die Verwandtschaft mit glaciale nicht zu verkennen.

B. simplex Midd. 2 beschädigte und theils stark abgetragene Exemplare von der Schantar-Insel. In meinem letzten Berichte gab ich Stimpson's Beschreibung, da ich ohne Material war; dieselbe trifft indess bei diesen Originalen nicht ganz zu, da unregelmässige Wellen bei einem derselben vorkommen; beim andern sind sie am drittletzten Umgange schwach erkenntlich; bei diesem ist noch etwas hautartige ziemlich zähe glatte Epidermis vorhanden, und hier sieht man auch die charakteristischen sehr feinen Spirallinien deutlich, nach unten etwas weiter werdend; die Anwachsstellen sind höchst unregelmässig und scheinen die ersteren kaum zu unterbrechen. Grössen: $6 \times 3^1/_5$ und $6^1/_2 \times 3^7/_{10}$ cm. Die feine Skulptur, glatte Epidermis und unsymmetrische Gestalt unterscheiden es von undatum L. Es hat, besonders in der Skulptur, Aehnlichkeit mit B. inexhaustum; nur ist es in Gestalt unsymmetrischer und mehr spindelförmig und in Textur stärker und gröber. Ueberhaupt haben Gestalt und Wellen mehr undatum-artiges als dies bei inexhaustum der Fall ist. —

B. ochotense, Midd. 1 altes Stück von Sachalin, ca. $6^1/_2 \times 3^1/_4$ cm. (das Kanalende fehlt), und stark abgetragen; von Peripherie zur Naht erscheinen 4 ziemlich starke Spiralrippen nebst einigen schwächeren an der unteren Bauchwindung; feine Skulptur nicht mehr sichtbar; Wellen flach und abgetragen; übrigens wie unter striatum, Sow. S. 289 bereits beschrieben. — Ein anderes Originalstück fa. genuina bezeichnet, vom Mare ochotense, ca. $5^2/_5 \times 2^9/_{10}$ cm. (Das Stück ist unvollkommen, desshalb die Grösse annähernd); hier sind Wellen und feine Spiralreifen und Furchen deutlich erkenntlich; übrigens in Form dem Ersteren ähnlich, nur ist Aussenlippe im Verhältniss noch dicker. Dann folgen 2 Originale, var. carinata vom Tugur-Busen; das ausgewachsene davon $5^2/_{10} \times 2^7/_{10}$ cm. Diese haben 2 bis 4 stärker erhöhte Rippen ausser den feinen Spiralreifen und Furchen. — Ferner 1 varietas von Sachalin mit mehr und deutlichen sehr schrägen Wellen und stärkeren Spiralreifen dazwischen. Endlich 1 Stück von Naibutschi, M. ochotense mit kräftigen schrägen Wellen und starken Spiralreifen, deren stärkere noch farbige Flecken zeigen; die Skulptur ist hier überhaupt stark ausgeprägt und das Innere der verdickten Lippe hat Furchen. — Diese soweit beschriebenen 6 Stück unterscheiden sich stark in der Ausbildung der Wellen und Skulptur. In der Gestalt, im Habitus und in der Form der kurzen rundlich-ovalen Oeffnung kommen sie sich nahe, so dass man sie füglich als Abänderungen einer Art aufstellen kann. — Nun aber kommt noch ein anderes Stück auch von Naibutschi mit längerer Oeffnung, und längerem letzten Umgange, im Uebrigen hat es manche Aehnlichkeit mit den Genannten. Es muss der Ansicht eines jeden Beurtheilers überlassen bleiben, ob es selbständig oder als var. zu nehmen ist; da die Spitze (vielleicht 3 Umgänge) fehlt, so lässt sich die Länge nur muthmasslich andeuten; demnach misst es ca. $6^1/_5 \times 3$ cm., und wäre die Oeffnung fast die halbe Länge des Ganzen, während sie bei den Ersteren nur etwa $^2/_5$tel des Ganzen ausmacht.

B. Schrenckii Vkr. n. sp., ein hübsches Stückchen vom Golf der Geduld Sachalin; $4^3/_5 \times 2^4/_5$ cm., dessen Oeffnung mit denen des ochotense einige Aehnlichkeit hat, dessen Gewinde jedoch bedeutend kürzer ist, wie die Grössenangabe es ausweist; auch zieht sich die Aussenlippe nicht so stark nach unten. Es hat nur 5 Umgänge einschliesslich des eingedrückten Apex. Es hat wohl deutliche aber nicht starke Wellen; Spiralreifen und Furchen fein, doch gut erkenntlich, die Reifen mit feinsten Furchen überzogen; die Oeffnung misst $2^3/_5$, das Gewinde 2 cm., also die eiförmige Oeffnung ist hier bedeutend über die Hälfte der ganzen

Länge, bei sehr kurzem Gewinde, während die ochotense-Form stark gestreckt ist; die Bauchwindung ist stark aufgetrieben und wohl $^{7}/_{8}$ des ganzen Volumens. Von undatum, L. unterscheidet es sich in der Oeffnung, der breitverdickten Aussenlippe mit Bucht nahe der Naht, dem Charakter der Skulptur und der Wellen; auch ist es für seine Grösse viel stärker gebaut.

B. schantaricum, Midd. Dui, Sachalin. Dies sehr eigenthümliche Stück ist ganz ähnlich dem im December S. 293 beschriebenen, und steht wie jenes, sehr weit ab von undatum L., von dem es als Abänderung nur aufzustellen wäre, wenn wir überhaupt alle Buccinen ohne Ausnahme als solche varietates annehmen wollen. Es weicht in etwas vom letztbeschriebenen ab. Mit den oberen, etwa 2 à 3 fehlenden, hat es 7 bis 8 convexe Umgänge bei fast gerader ziemlich scharfer Naht; auf Bauchwindung befinden sich 4 starke fast kielartige rundliche Rippen mit 4 bis 6 flachen Spiralreifen dazwischen, auf den höheren Umgängen nur 2 solcher Rippen oder Kiele; viele ganz oben links laufende, dann theils gerade und auf zwei letzten Umgängen meist nach rechts laufende Wellen reichen bis zur oberen Rippe wo sie Knoten bilden, und dann bis zur zweiten Rippe, nach links gerichtet stehen, vereinzelt auch noch bis zur dritten Rippe reichen. Eine der letzten zieht sich selbst bis zum Kanal herunter; wahrscheinlich hat die Schnecke hier eine zeitlang geruht ehe sie weiterbaute, und so eine Art varix hinterlassen; die Länge inclusive der fehlenden Spitze muss etwa 9 cm. betragen haben bei $4^{4}/_{5}$ cm. Breite. Im Uebrigen ist es ähnlich dem bereits beschriebenen.

B. Middendorffii, V. (contra pelagicum King). Da letztere Bezeichnung gänzlich unpassend und vollständig falsch und irrig ist, so erlaube ich mir statt dessen eine vorzuschlagen, die als besser angebracht erscheinen dürfte. Ich deutete bereits in meinem früheren Berichte darauf hin, dass dieses und vorhergehendes unmöglich als Abänderungen von undatum, L. aufgestellt werden können, ausser wir machen (wie gesagt) alle Buccinen ohne Ausnahme zu varietates, und es freut mich jetzt hinzufügen zu dürfen, dass auch Herr Edgar A. Smith vom British Museum dieselbe Ansicht theilt. B. pelagicum King ist eine meistens dünnere, schlanke, langgestreckte Form, von Jeffreys und Sars beschrieben, und von Sars in Bidrag t. 24 fig. 4, sowie von Kobelt in Martini-Chemnitz III Heft 48, t. 75 fig. 5 abgebildet; augenscheinlich ein langgestrecktes undatum, L. und hat mit vorliegender Art in keiner Beziehung Aehnlichkeit. Es liegen mir wieder 2 Stück von dieser vor von der Ostküste Sachalins, ähnlich dem S. 293 bereits beschriebenen. Das Vollausgebildete hat 6 convexe Umgänge und misst ca. $7 \times 4\frac{1}{2}$ cm. Es hat die tief eingesenkten Furchen mit flachen fast glatten Zwischenräumen, und bei diesem befindet sich auf der Bauchwindung in den meisten Furchen je ein sehr feines Rippchen; die Oeffnung hat etwas quadratisches, indem die mit einer tiefen Bucht nahe der Naht versehene Lippe sich oben stark nach nach aussen streckt und dann fast rechtwinklich nach unten zieht und ebenso umwendend zum Kanal schweift. Das kleinere Stück hat weniger tief eingesenkte Furchen und ist überhaupt weniger ausgeprägt. Es hat auf den flachen Zwischenräumen mikroskopische Furchen.

B. Herzensteinii, Verkr. n. sp. von der Awatscha Bai, Kamtschatka, $8\frac{3}{4} \times 5$ cm. Länge der Oeffnung $4\frac{3}{4}$, Gewinde 4 cm.; 7 flache Umgänge, verbunden durch eine etwas wellige Naht, die scharf und mässig tief ist; die etwas unregelmässigen niedrigen Wellen unterscheiden sich von den gewöhnlichen anderer Buccinen, indem sie nahe unter der Naht beginnen, gegen Mitte des Umgangs verschwinden, dann wieder erscheinend bis zur unteren Naht reichen; auf der Bauchwindung erscheint an der Naht überhaupt keine regelmässige Welle mehr, und auf der Peripherie nur noch irreguläre sich nach unten verlaufende Höcker oder Hügelreihen; obige Eigenthümlichkeit gibt dem Gewinde ein flaches, fast ganz conisches spitz zulaufendes Gepräge; in der Skulptur haben wir hier wieder die eingesenkten Furchen des Letzteren, indess mit dem Unterschiede, dass in den Furchen keine feine Rippe vorkommt und die flachen Zwischenräume nicht glatt, sondern unter der Loupe mit vielen feinen Reifchen und Furchen bedeckt sind, auch kreuzen Anwachslinien verschiedener Stärke diese Sculptur ununterbrochen, indem sie sich in die tiefen Spiralfurchen zwar hineinsenken, aber sichtbar bleiben. Die feine Epidermis entspricht derselben Skulptur und liegt stellenweis noch fest an; das eingesenkte Knötchen des Apex scheint ein erneuertes zu sein und ist ursprünglich ohne Zweifel recht spitz gewesen; dies kommt bei den Buccinen oft vor und gibt dem Apex ein abgestumpftes Ansehen; es hat deshalb (hinten gezählt) ursprünglich 8 Umgänge gehabt. Die Oeffnung, deren Aussenlippe leider beschädigt ist, dabei dünn und noch unvollendet, ist länglich oval; der mässig eingebogene etwas lange und faltige Stiel endet in einem ziemlich breiten Kanal. Operculum mit nicht so seitlichem Nucleus wie bei undatum, sondern etwa $^1/_4$ à $^1/_3$ einwärts und mit feinen Anwachsstellen. Das Aeussere schlicht rehfarbig ohne Glanz, im Innern dieselbe Farbe glänzend, nach dem Rande hin und am Stiel in weiss übergehend. Dies Stück ist trotz seiner bedeutenden Grösse noch unvollendet, also noch nicht völlig ausgewachsen, weshalb die Schlussbildung der Aussenlippe noch im Dunkeln ruht. — Ich erlaube mir mit diesem eigenthümlichen Prachtstücke den Namen des Herrn Dr. Herzenstein zu verbinden, durch dessen Gefälligkeit ich diese interessante Sammlung zur Ansicht erhielt.

B. Baerii, Midd. Mare Behringi. Original $4 \times 2^4/_5$ cm. Dies hübsche Stückchen ist weit ausgeprägter wie das Junge von mir im December beschriebene, obgleich es mir auch noch nicht ganz vollendet erscheint, was jedoch nicht zu entscheiden ist wegen der beschädigten Aussenlippe. Es hat nur 4 Umgänge, da aber der Apex ein eingesenktes Knötchen besitzt, so hat es ursprünglich 5 Umgänge gehabt, die sehr bauchig und geschwollen sind, besonders der Letzte; die Länge vom Kanal zur Peripherie (oder was gleich ist, die der Oeffnung) misst $2^1/_2$, dagegen das Gewinde (von Peripherie zur Spitze) $1^1/_2$ cm., Breite der Oeffnung $1^3/_{10}$ cm. Die Oeffnung ist folglich weit und länglich oval. Es besitzt zunächst 2 starke höckerige Rippen auf der Peripherie nebst einer dritten näher der Naht, und unten noch vier minder starke rundliche; zwischen diesen stärkeren Rippen befinden sich noch verschiedene schwächere. Die Wellen beginnen an der Naht, wenden sich rechts zu den 2 oberen Hauptrippen, wo sie Höcker bilden, dann mehr oder weniger links zur dritten Hauptrippe, wo sie, auch mit Höckern, endigen. Die Wellen bilden also einen mehr oder weniger stumpfen Winkel; die Anwachsstellen sind unregelmässig und Epidermis ist nicht vorhanden; die Farbe ist gelbrehfarbig. Ausser diesem Typus liegen noch 2 kleine Stückchen von Kadjak vor, das grössere davon $2^9/_{10} \times 1^4/_5$ cm. Sie sind viel schlanker als das typische, also im Verhältniss schmaler und länger, im Uebrigen sind Haupt- und Nebenrippchen und Farbe ähnlich charakteristisch, so dass man sie als forma gracilis bezeichnen kann; bei dem kleinsten sind die Hauptrippchen regelmässiger vertheilt und noch mit Fleckchen geziert. Von B. grönlandicum, welches überhaupt weit eher den Charakter eines verkümmerten undatum trägt, unterscheiden sie sich durch die eigenthümlichen Wellen, Höcker und übrige Skulptur, sowie durch Gestalt, Textur und Farbe; grönlandicum hat ausserdem (wo vorhanden) eine behaarte oder schuppige Epidermis und ist innen und aussen dunkelfarbig; und die **hellen** epidermislosen Abänderungen, die man auch zu grönlandicum gezogen hat, sind von Gestalt erst recht wie ein diminutives undatum; ich würde diese nicht zu grönlandicum ziehen; sie bilden vielleicht den Uebergang von grönl. zum undatum.

Noch liegt mir ein unbenanntes Stückchen von der Behrings-Insel vor mit sehr schwach ausgebildeten Wellen und Rippen, und etwas mehr goldgelb in Farbe, im Uebrigen hat es Charakter und Gestalt des Typus, dem ich es als Buccinum Baerii planum (oder formà plana) zur Seite stelle.

B. Grebnitzkyi, Vkr. n. sp. von der Awatscha-Bai, Kamtschatka. Mit diesem höchst interessanten Stückchen erlaube ich mir den Namen seines Entdeckers zu verbinden. Dasselbe misst $5^3/_{10} \times 3^3/_{10}$ cm. und $2^9/_{10}$ Oeffnungslänge gegen $2^4/_{10}$ Gewinde oder Peripherie zum Apex. Es hat 6 gut convexe Umgänge inclusive des eingesenkten Apexknötchens, und mag ursprünglich 7 gehabt haben, verbunden durch eine tiefe fast gerade Naht; ist von dünner, leichter Textur, unter der Epidermis von braunrother, innen aber von röthlicher Rehfarbe; Wellen meist kurz, unter der Naht fein und regelmässig an den oberen Umgängen, verschwinden schon auf vorletztem Umgange oder arten in kleine regelmässige Falten aus; äusserst regelmässige Spiralreifen bedecken das Ganze von mässig tiefen Furchen eingefasst und unter der Loupe mit feinsten Spiralreifchen und Furchen bedeckt; die Anwachslinien, gleichfalls sehr fein, kreuzen diese Skulptur ununterbrochen, indem sie sich in den Furchen senken, doch sichtbar bleiben. Die gelbliche etwas wollige Epidermis scheint ziemlich fest anzuliegen, und ist selbst in den Vertiefungen der höheren Umgänge noch vorhanden; die leider beschädigte Lippe ist besonders oben stark nach Aussen gebogen und beschreibt fast einen Halbzirkel. Innere Lippe schwach belegt; Columella oben eingebogen, ziemlich glatt und grade und unten aufgebogen bildet sie alsdann den mässig breiten Kanal. Diese Art ist wegen ihrer eigenthümlichen Gestalt, auffallend regelmässigen feinen Skulptur, Epidermis u. s. w. mit keiner andern zu verwechseln.

B. pulcherrimum, Vkr. n. sp. Dies allerliebste schneeweisse Stückchen mit porzellanartiger Oberfläche stammt aus russisch Lappland und misst $3^1/_5 \times 1^3/_5$ cm., ist also sehr schlank gebaut und zählt hinten einschliesslich der hübsch erhöhten Spitze 7 Umgänge, die fast terassenartig auf einander stehen, wenigstens erscheinen die 4 à 5 obern wie teleskopartig auseinandergezogen, und sind daher durch eine scharfe und ziemlich tiefe Naht verbunden; die 3 à 4 obern Umgänge haben den äusseren Kalkbeleg verloren. An den 2 à 3 vorletzten Umgängen, wo der Kalkbeleg noch vorhanden ist, erscheinen hier (im Gegensatz vom gewöhnlichen) keine Wellen, oder nur eine isolirte schwächste Idee davon am drittletzten, während der vorletzte vollständig glatt ist; sie erscheinen erst regelmässig an der Bauchwindung und reichen (12 an der Zahl) bis zur Oeffnung. Regelmässige Spiralreifen, zum Theil abwechselnd stärker, bedecken die Oberfläche, von minder kräftigen Anwachslinien gekreuzt und mit jenen kleine Knötchen bildend; die hübsche Skulptur ist mehr quadratisch als kraus. Die ovale Lippe ist nirgends ungleich ausgeschweift, scheinbar ohne Bucht, und, obgleich hinreichend kräftig, nicht besonders verdickt, sie hat indess ein Unbedeutendes verloren, weshalb sich nicht sicher sagen lässt, ob sie gänzlich vollendet ist; die innere Lippe schwach belegt, glänzend, schneeweiss wie gleichfalls das übrige Innere; der Stiel hat eine Falte, ist wulstig, ein wenig auswärts gekrümmt, innen in der Mitte etwas eingebogen, am Kanal aufgebogen und rundlich verdickt; die schmale Oeffnung ist länglich oval; von der grauen anscheinend wolligen Epidermis ist nur noch wenig zwischen den Wellen zu sehen. Operculum leider nicht vorhanden.

B. ovoides Midd. sinus Tugur. $2^4/_5 \times 1^7/_{10}$ cm.; 5

einigermassen flache Umgänge, einschliesslich des sehr runden Apex; die Naht scheint vertieft zu liegen, indem der nächste Umgang den vorigen ein wenig überragt, also eine Art Kanal bildet; das Stückchen ist jedoch so alt und abgetragen, dass eine genaue Beschreibung mit Sicherheit nicht zu geben ist. Wellen sind demnach nicht vorhanden, aber ziemlich starke regelmässige Spiralreifen sind noch zu erkennen. Ob die Furchen vertieft oder seicht liegen, und ob die Reifen noch von feineren überzogen sind, ist nicht mehr zu erkennen. Das Gehäuse ist dick für seine Grösse; die Aussenlippe oval ohne Vorsprung, ragt aber unten über den Kanal hinaus; der Stiel ist kurz, etwas einwärts gebogen, unten verdickt und schräg abgeschnitten, dem Kanalende etwas Nassa ähnliches gebend; Oeffnung nicht breit, länglich oval, und ein wenig über die Hälfte der Länge des Ganzen. — Dies kleine Original ist mit keinem andern leicht zu verwechseln vermöge seiner Stärke und Bauart.

B. ovum, Reeve non Turton. NB. Die Benennung ovum Turton ist unrichtig, da laut Jeffreys IV S. 307 Turton's ovum = Buccinopsis Dalei ist. Reeve gibt in seiner Iconographie ein Buccinum ovum Turton aus Cuming's Sammlung an, dessen Original im Brit. Museum ich untersucht habe, welches indess nicht Buccinopsis Dalei ist, sondern (obwohl grösser) scheint es mir identisch mit vorliegendem Stücke, und sollte, weil ein B. ovum Turt. nicht existirt, folglich neu benannt werden. Da die Benennung jedoch nicht unpassend ist, und Aenderungen, wenn zu vermeiden möglich, unliebsam sind, so belasse ich es einstweilen unter der Bezeichnung B. ovum, Reeve nec Turton. — Vorliegendes Stückchen stammt von Novaja Zemlja und misst $3^1/_{10} \times 2^1/_{10}$ cm. Gehäuse dünn, $5^1/_2$ schwach convexe Umgänge, der letzte stark bauchig. Naht deutlich, doch nicht tief. Wellen fehlen gänzlich. Skulptur fein kraus, durch feinste Spiralreifchen und eben so feine Anwachslinien gebildet; Lippe schweift stark nach aussen; der ziemlich gerade Stiel ist etwas links gerichtet; die Oeffnung folglich sehr weit, unten am weitesten; das Ganze gewinnt hierdurch eine etwas eiförmige Gestalt. Die Spitze bildet ein rundliches Knötchen, das sich erst ein wenig hebt und dann in Windung übergeht; von der Epidermis ist nur noch ein wenig zu sehen, sie scheint sehr dünn zu sein, ohne Spitzen und der Skulptur zu entsprechen. Es unterscheidet sich von grönlandicum durch seine besondere Skulptur, stark ausschweifende Lippe, sehr weite Oeffnung und ganze Gestalt.

B. undatum, L. forma anomala turrita. Unter dieser passenden Bezeichnung liegt ein Stück aus russisch Lappland vor, welches zu dem im Dezember S. 294 beschriebenen aus Island stammenden, irrig tubulosum Reeve benannten, ein Seitenstück bildet, und wolle man das hierüber bereits Gesagte vergleichen. Es hat 8 convexe Umgänge ohne den etwas eingesenkten Apex, hinten gezählt, also ursprünglich wohl 9, verbunden durch eine ziemlich scharfe fast gerade Naht, und misst $9^1/_5 \times 3^1/_5$ cm., ist also im Verhältniss noch schlanker als das im December beschriebene, im Uebrigen trägt es ganz denselben Charakter wie das isländische. Ich übergehe deshalb eine fernere Beschreibung, um Wiederholungen zu vermeiden, und beziehe mich auf erwähnten Artikel vom December v. J.

Ausser diesen so weit beschriebenen befinden sich noch verschiedene Andere in dieser interessanten Sammlung, die ich indess hier unberührt lasse, da sie weniger allgemeines Interesse erregen, und nicht mehr ganz ungewöhnliche Abänderungen von Bekannten sind, als z. B. ein altes schweres B. undatum L. forma pelagica ponderosa und andere nicht schwierig zu Bestimmende. Auch finde ich ein Stückchen aus russisch Lappland vor, in dem ich eine nur geringe Abweichung meines B. parvulum von Vadsö erkenne. Es kommt also auch an der murmanischen Küste vor, nicht sehr weit von meinem ersten Fundort, und ist wahrscheinlich diesem Striche eigenthümlich.

Durch diese Sammlung sind in meiner Liste der nördlichen Buccinen vom December 1881 Seite 295 folgende hinzuzufügen:

B. Herzensteinii, Vkr. Gehäuse gross, spindelförmig, conisch. Wellen unterdrückt auf Peripherie der Umgänge. Spiralfurchen tiefliegend.

B. Schrenckii, Vkr. Gehäuse kurz und stark; Lippe sehr verdickt und breit. Wellen schwach; Skulptur mässig fein, nicht hoch.

B. Grebnitzkyi, Vkr. Gehäuse dünn, rundlich; Wellen fein, aber regelmässig; Spindelreifen sehr regelmässig und dicht, Farbe innen und aussen tief röthlichbraun.

B. pulcherrimum Vkr. Gehäuse klein, fest, schlank; Wellen hauptsächlich unten; Skulptur fein karirt; Textur porzellanartig.

Ausserdem wolle man anstatt der fehlerhaften Benennung B. undatum, L. v. pelagicum, King künftig lesen:

B. Middendorffii, Vkr. Gehäuse fest; Wellen viele und deutlich; Furchen tief mit fast glatten Zwischenräumen.

NB. Ich erwarte noch Buccinen etc. von russisch Lappland; im Fall sich etwas Bemerkenswerthes darunter befindet, dürfte im nächsten Heft des Jahrbuchs noch ein kleiner Nachtrag erscheinen.

Nachträglich etwas über **Buccinum undatum L.**, seine Abänderungen und nächsten Verwandten.

Es könnte überflüssig erscheinen, über ein so weltbekanntes Individuum, ein Näheres angeben zu wollen! — Dennoch erlaube ich mir diesen Versuch, weil dasselbe vielfach für den Stammhalter der nördlichen Buccinen angesehen wird, und deshalb eine Hauptrolle unter seinen Arten spielt. — Es ist vorzüglich ein Bewohner des Oceanus germanicus (der Nordsee), verbreitet sich durch alle englischen Meere und an Frankreichs Küsten etwa bis zum 46. Grad N. B. herunter. Es erstreckt sich nördlich und nordöstlich über Finmarken nach russisch Lappland und nordwestlich nach Island; indess hat es hier und in Norwegen nicht mehr die typische Form des Nordsee-Individuums, wie wir weiter unten sehen werden; ebenso weichen die Bewohner der Ostküsten Nord-Amerika's von diesem Typus ab, wenn ich das undatum der Nordsee und besonders von den östlichen englischen Küsten, wo es millionenweise vorkommt, einstweilen als den Typus dieser Art aufstellen darf. Es liegen mir augenblicklich über 60 Stück davon vor, deren besondere Eigenschaften ich hervorheben möchte, da sie uns beim Vergleich mit andern Species dieses Geschlechtes oder auch mit den Abänderungen von diesem Typus zur Richtschnur dienen werden. Zwei etwas verschiedenartige Formen fallen uns hier zunächst ins Auge; ich nenne sie die gestreckte typische von gewöhnlich 8 convexen Umgängen einschliesslich der rundlichen Spitze, und die gedrungene von meistens 7. Umgängen. Erstere hat ein etwas schlankeres Gewinde, glattere Wellen und feinere Skulptur, letztere ein kürzeres Gewinde, stärkere Wellen und gröbere Reifen. Bei Beiden ist die Oeffnung (von der obersten Lippe zum Kanalende gerechnet) länger als das Gewinde, dieses wieder von der obersten Lippe bis zur Spitze genommen. Bei der gedrungenen Form ist dieser Unterschied am grössten, indem hier die Oeffnung auffallend länger erscheint, sie ist oval eiförmig. Das Gehäuse ist von ziemlicher Stärke, die gedrungenen meist etwas schwerer als die gestreckten. Unter Letzteren sind nicht die noch schlankeren Formen zu verstehen, von denen weiter unten die Rede sein wird. Zwischen der gestreckten typischen und der gedrungenen Form gibt es allerdings Mittelgestalten. Die Grössen sind sehr verschieden; eine gute mittelgrosse gestreckte dürfte 8,3 × 4,9 cm. halten, und eine gewöhnliche gedrungene 7 × 4 1/2 cm.; bei ausgebildeten Individuen ist die Lippe stets oben verdickt, bleibt aber unten mehr oder weniger scharf und etwas aufwärts gestreckt; die Bucht liegt nahe der Mitte, etwas höher, aber keineswegs nahe der Naht. In der Bucht ist die Lippe schräg platt gedrückt, aber nicht umgebogen, denn wenn auch dieser Plattdruck sie nach aussen zu etwas anschwillt, so findet keine eigentliche Umbucht statt. Der Stiel ist glatt, nur vom Kanalrücken zuweilen in der Mitte etwas verdickt oder gehoben und unten eingebogen; das Stielende, mitunter etwas weniges länger als die untere Lippe, aber auch wohl etwas kürzer, ist durchschnittlich mit dieser von gleicher Länge, und Beide bilden den offenen ziemlich tiefen Kanal; die Naht ist scharf, tief und mehr oder weniger wellig; die oben stets von Naht zu Naht reichenden Wellen wenden sich zuerst rechts, dann links und sind mehr oder weniger stark und höckerig; oben erscheinen zuerst nur die starken Spiralreifen, allmälig bildet sich je eine feine zwischen zwei starken; nach der Mitte hin vermehren sich die feineren in unbestimmter Anzahl zwischen den starken und vermindern sich wieder nach unten zu; die starken erscheinen auf der Bauchwindung auch wohl einmal gespalten oder verdoppelt. Es kommt auch vor, dass sie sich verlieren und von den feinen kaum noch zu unterscheiden sind; die engen und dichten Anwachslinien machen die Reifen und Rippen höckerig, sowie die Wellen wieder von den Rippen in Höcker gehoben werden. Die Skulptur überhaupt, wenngleich bei verschiedenen Individuen sehr verschiedenartig auslaufend, ist oben immer gleich oder doch höchst ähnlich, und unverkennbar charakteristisch. Die Epidermis, wo noch vorhanden, ist ziemlich zähe und fest anliegend, vollständig rauh oder dicht behaart, indem sie auf jedem kleinen Höcker ein an der Basis breites oben zugespitztes Schüppchen bildet, also keineswegs fellartig. Der Deckel hat stark seitlichen Nucleus, ist oft vertieft, indem der Rand sich hebt, die Anwachsstreifen desselben sind klingenartig und nehmen meist nach dem Innern hin zu; bei den alten Stücken ist der Deckel meistens rauh oder grob und ziemlich stark; die Farbe spielt von milchweiss in gelblich und röthlich bis in dunkelbraunroth und grauroth hinein; manche sind aussen verschiedenartig kastanienbraun gezeichnet, zuweilen mit lebhaften dunkeln und hellen Bändern, Flammen und dergleichen. Die gestreckte dürfte die gewöhnlichere Form der südlicheren Nordsee sein, jedenfalls an den Nachbarküsten der Themsemündung. Ich mache nochmals darauf aufmerksam, dass der Längen-Unterschied des Gewindes bei der gestreckten typischen und der gedrungenen Form nicht gross ist, indem bei beiden die Oeffnung immer noch länger bleibt als das Gewinde; sobald aber das Gewinde länger wird als die Oeffnung, so ist das Individuum entweder eine schlanke Abänderung von unserem typischen undatum, so lange noch die übrigen charakteristischen Eigenschaften mit diesem harmoniren, oder wo dies nicht mehr der Fall ist, muss es als absonderliche Art von undatum angesehen werden. — Ich komme nun zunächst zu den englischen Abänderungen, als:

B. magnum, King, aus 15—40 Faden, Küste von Northumberland. Sein grösstes misst $4^3/_4 \times 2^5/_8$ engl. Zoll, $= 12 \times 6^3/_5$ cm. und wiegt $3^1/_2$ engl. Unze = 7 alte deutsche Loth, also fast $^1/_4$ Pfd., und ist folglich ungewöhnlich gross und dick. Es hat 9 Umgänge mit starken Wellen, Rippen und Reifen bis unten; Lippe stark verdickt bis $^3/_{16}$ engl. Zoll, fast $^1/_2$ cm., Stielende und Lippe von gleicher Länge. Epidermis dick und wollig (clothy, tuchartig, wie

King sich ausdrückt). Ich besitze von dieser Abänderung 1 Exemplar von minder riesigen Dimensionen.

B. litorale King, kürzer und kleiner als magnum, sonst auch ziemlich schwer und stark, die von Durham's Küsten meist weiss mit oft gelbem Rachen, von Northumberland oft dunkler mit graurothem Rachen, $2^7/_8 \times 1^7/_8$ engl. Zoll $= 7{,}3 \times 4{,}6$ cm; 8 Umgänge; kommt unserer gedrungenen typischen Form nahe, und geht wohl darin über.

B. pelagicum King. von Durham's und Northumberland's Küsten. Die aus 40 bis 50 Faden sind stärker, die aus 55 bis 80 Faden dünner, die stärksten wiegen ca. $^1/_2$ onze (1 Loth) und messen $4^3/_4 \times 2$ Zoll $= 12 \times 5$ cm, sind also sehr schlank. 10 Umgänge; Wellen klein und nur auf den 6 oberen Umgängen; Spiralreifen verkümmert; Stielende viel kürzer als Lippe; Epidermis dünn und haarig. Kommen auch auf der Doggerbank vor. Ich habe in Obigem King's Angaben wiedergegeben; er hat vermuthlich keine grosse Anzahl vor sich gehabt, und es werden wohl Abänderungen dabei vorkommen; wenigstens würde es mich wundern, wenn alle 10 Umgänge hätten! — Es gehört unbedingt zu den sehr schlanken Abänderungen.

B. striatum Pennant gehört zu den gestreckten typischen Formen, ist gewöhnlich etwas dünner, fast ohne Wellen, und hat ziemlich feine Reifen, findet sich bei Südwest-England, Wales und Irland, und ist überhaupt etwas seltener.

B. undatum var. flexuosa, nach Jeffreys bei den Hebriden, Orkneys und Shetland. Dünn, sehr schlank mit stark gestrecktem Gewinde und schrägen Wellen.

B. undatum var. zetlandica Jeffr. Kleiner von dünner und zarter Textur, ohne Wellen; Epidermis dünn, glatt und hautartig. Im Tiefwasser, West-Irland, Hebriden, Orkneys und Shetland. Herr Jeffreys gibt nicht genug Charakterzüge hiervon an, und ich habe zu wenig davon gesehen, um eine Meinung darüber abgeben zu können. Die ganz verschiedene Epidermis ist allerdings eine starke Abweichung vom undatum, welche auf specifischen Unterschied hindeuten dürfte.

B. undatum v. paupercula Jeffr. Zwergartig und verkümmert; im Brackwasser bei Southampton und Ipswich.

B. acuminatum, Broderip. Im Süden Englands, auch nach Jeffreys nördlicher bis Aberdeen. Gehäuse sehr gestreckt und schlank mit flachen Umgängen. Jeffreys stellt dies unter die Monstra, unter welche noch folgende genannt sind, als: sinistrorsum; carinatum, Turton; imperiale Reeve; conico-operculatum; bioperculatum und trioperculatum. Ausser den letzteren entstehen sie sonst gewöhnlich durch einen Bruch der Schale und Verletzung des Thieres und können mannigfaltig ausarten. — Ich komme nun zu den entfernteren Abänderungen unserer Art, zunächst zu den Norwegern.

Hier erlaube ich mir, die vorzügliche Abhandlung von G. O. Sars in Bidrag til Kundskaben etc. 1878 zu Grunde zu legen. Auf taf. 24 fig. 2 gibt uns Herr Sars eine Abbildung des norwegischen Typus von Bucc. undatum, welcher bereits eine Abänderung vom englischen Typus aufweist, indem die Oeffnung kürzer ist als das Gewinde, auch ist nach dieser Figur die Lippe ziemlich länger als der Stiel; im Uebrigen ist kein besonderer Unterschied auffallend. Es bildet folglich die erste Abweichung vom englischen Typus; von der Bekleidung sagt Herr Sars: epidermide tenui, fuscata, sublevi tecta. Die nächste hieran ist: Bucc. undatum var. pelagica, Sars nec King, taf. 24 fig. 4. Diese Form weicht von fig. 2 nur in dem noch längeren Gewinde und kürzerer Oeffnung ab; Herr Sars gibt ihr 7—8 Umgänge, eine stumpfere Spitze und weniger verlängerte Lippe; der Epidermis ist nicht erwähnt. Es ist keineswegs identisch mit King's Bucc. pelagicum. Gewiss aber kommen bei demselben auch Abänderungen vor. Ich habe früher von dieser Form viele aus Finmarken mitgebracht und zwei davon, die ich noch besitze, weichen etwas von obigem ab; eins hat 8, das andere 9 Umgänge einschliesslich der äussersten Spitze. Lippe und Stielende sind von gleicher Länge; beim ersten sind Wellen und Skulptur stark ausgeprägt, beim zweiten sehr schwach. Die Epidermis ist bei beiden glatt und hautartig; sie weichen also mehr und mehr vom englischen Typus ab. Das erste stimmt mit Jeffreys var. flexuosa von Shetland, ausser dass es stärker gebaut ist, das zweite kommt seiner var. zetlandica näher, nur hat es schwache Wellen, während zetlandica keine hat. — Alsdann haben wir auf derselben Tafel fig. 3 ein:

Bucc. undatum v. cœrulea. Diese Abänderung stimmt ziemlich mit einer von mir bei Vadsö aufgefundenen, die ich einstweilen var. Vadsöensis nannte. Herr Sars sagt davon: Superficies obsolete longitudinaliter plicata, plicis parum conspicuis saepe fere omnino evanidis etc. Dies ist bei den meinigen nur mitunter der Fall, da manche ziemlich kräftige Wellen haben. Auch die meinigen sind litorale Formen, und da Herr Sars den Fundort nicht näher angibt, so wird der Unterschied zwischen seiner var. cœrulea und meiner var. Vadsöensis wohl nur auf einer kleinen localen Abänderung beruhen. — Dann finden wir auf taf. 13 fig. 12 ein Bucc. undatum var. litoralis. Diese stimmt in Figur und Beschreibung am nächsten mit unserer gedrungenen typischen Form von der westlichen Nordsee, nur sagt Herr Sars davon: Testa saepius minus solida. Bei den englischen ist dies umgekehrt, indem die Schale hier eher stärker ist, als bei der gestreckten typischen Form. Der desfallsige Unterschied liegt wohl nur in dem grössern Kalkgehalt der englischen Oertlichkeit. Ich habe diese Form in Finmarken nicht aufgefunden und vermuthe, da Herr Sars die

Fundstelle nicht näher bezeichnet, dass sie vom westlichen Finmarken stammt, wo ich nicht gesammelt habe. Wie Herr Sars richtig bemerkt, hat diese Abänderung viel Aehnlichkeit mit der nordamerikanischen Form, nur in der Bucht der Lippe stimmt sie nicht mit dieser, wohl aber mit dem englischen Typus, wie weiter unten bemerkt werden wird. Auf derselben Tafel fig. 11 finden wir noch ein von Herrn Sars benanntes Bucc. Donovani Gray. Von diesem sagt Herr Sars selbst, dass er nur 1 Stück hiervon bei Vardö erlangt hat, und da nicht alle Eigenschaften mit den Beschreibungen von Donovani stimmten, so hegt er Zweifel über die Richtigkeit der Bestimmung und führt sie nur vorläufig als solche auf. Ich fand in der Maltzan'schen Sammlung ein ähnliches Stück aus Island, irrig tubulosum Reeve benannt, sowie in der St. Petersburger Sammlung ein ähnliches Stück aus dem russisch-europäischen Nordmeer. Diese beiden halte ich für äusserst verlängerte, abgeänderte, fast monströse weibliche Formen von Bucc. undatum, und hierhin vermuthe ich auch, dass dies Stück von Vardö zu stellen sein wird. Donovani ist auffallend conischer, von flacheren Umgängen und verschiedener Skulptur und erreicht nicht diese extreme Gestalt. — Ich komme nun zu den Isländern, soweit sie mir bekannt sind, und habe wenig darüber zu berichten. Das isländische Bucc. undatum aus der Bai von Reykjavik vom Tiefwasser, von mir als den typus islandicus bezeichnet, ist dem typus finmarchianus oder norvegicus von Sars taf. 24 fig. 2 so ähnlich, dass nichts weiter darüber bemerkt zu werden braucht. Die litorale Abweichung hiervon, von mir als planum bezeichnet, ist dünner, hat meist nur verkümmerte Wellen und Skulptur, und ist überhaupt sehr unregelmässig. Ein stärkeres und grösseres Stück aus dem höhern Norden Island's fand ich in der Maltzan'schen Sammlung vor, welches im Uebrigen meinem planum von Reykjarik gut entsprach. Ich habe es in meinem Berichte im Jahrbuch vom December 1881 Seite 294—95 bereits beschrieben.

Schliesslich komme ich nun zu den nordamerikanischen Typen des Bucc. undatum, die ich als den typus americanus bezeichne, da sie mit den Nordsee-Typen nicht identisch sind. In Form kommt es dem von Sars auf taf. 13 fig. 12 abgebildeten undatum v. litorale, sowie dem gedrungenen typischen der Nordsee am nächsten, differirt aber von diesem besonders in der Lage der Bucht der Lippe, welche sich bei derselben bedeutend höher, nahe der Naht, befindet. Ich habe augenblicklich nur ein kleines Exemplar aus dem Anapolis basin, Nova Scotia vor mir, welches zwar lebend und frisch ist, indess für nähere allgemeine Angaben nicht ausreichen dürfte. Es ist ganz ohne Epidermis; Spiralskulptur ähnlich den englischen, stark ausgeprägt und von kräftigen Wellen begleitet, die sehr schräge liegen, kaum dass sie oben gerade (einzelne unbedeutend rechts) stehen, wenden sie sich bald stark nach links. Der Deckel von diesem hübschen Stückchen ist etwas zarter, sonst ähnlich dem englischen. — Ich erwarte eine frische Sendung dieser Typen von Massachusetts; sollte diese noch zeitig eintreffen und noch etwas besonderes darüber zu bemerken sein, so dürfte noch ein kleines Postscript hierzu nachfolgen. T. A. Verkrüzen.

Die Buccinen des Petersburger Museums.

(Bemerkungen zu vorstehendem Aufsatz.)

Von

W. Kobelt.

Durch die Güte des Herrn Dr. Herzenstein sind auch mir die Buccinen des Petersburger Museums zugänglich geworden und werde ich diese interessanten Formen in meiner Monographie der Gattung zur Abbildung bringen. Einstweilen erlaube ich mir hier im Anschluss an den vorstehenden Aufsatz meines Freundes Verkrüzen einige Bemerkungen.

Zunächst war es mir sehr interessant, an diesem im Meere von Ochotsk gesammelten Materiale zu sehen, dass meine Zweifel an dem circumpolaren Vorkommen des Bucc. undatum L. berechtigt waren. Keine der Formen, die Middendorff und Schrenck zu dieser Art gezogen, hat mit ihr etwas zu thun und ich glaube, dass man nun mit voller Sicherheit B. undatum aus den Faunenverzeichnissen des Behringsmeeres streichen kann. Es ist das auch ganz natürlich, denn B. undatum ist auch im atlantischen Ocean durchaus nicht arctisch, sondern boreal und es wäre wunderbar, wenn eine Art, die an Spitzbergen schon fehlt, im Behringsmeere vorkommen sollte.

Die mir vorliegenden Buccinen gehören zum Theil in die Sippschaft des Bucc. glaciale L., die meisten aber sind ganz eigenthümlich und gehören einer von der europäisch-arctischen total verschiedenen Fauna an, so dass die meisten der von Verkrüzen als neu aufgestellten Arten wohl als berechtigt anerkannt werden müssen. Eine Ausnahme macht seine erste Art, B. Schrenckii, welche ich wenigstens von ochotense nicht zu trennen vermag. Dagegen sehe ich mich genöthigt, einen neuen Artnamen einzuführen, und zwar für Bucc. undatum var. schantaricum Schrenk nec Middendorff, eine Form, welche weder mit undatum noch mit dem zum Formenkreise von ochotense zu ziehenden B. schantaricum die geringste Beziehung hat. Ich nenne dasselbe

Buccinum Verkrüzeni n. sp.

und gebe davon folgende Diagnose:

Testa ovato-turrita, spira turrita, solidula, rufo-brunnea; anfractus superst. (apice fracto) 5 convexi, sutura profunda impressa discreti, plicis numerosis distinctis obliquis sculpti, spiraliter sulcati et costis carinaeformibus, in spirae anfractibus 2, in ultimo 5 cingulati, striis incrementi distinctis, irregularibus. Apertura late ovata, labro (fracto) supra leviter sinuato, columella inferne contorta, callo tenui late expanso induta.

Alt. (apice fracto) 85 mm.

Hab. Dui ins. Sachalin.

Es ist dies eine merkwürdige Form, welche fast den Habitus einer Neptunea aus der Gruppe der despecta hat und von allen mir bekannten Buccinen nur mit leucostoma Lischke in Beziehung gebracht werden kann. Wie Schrenck sie mit schantaricum und undatum in Beziehung bringen konnte, ist mir absolut unbegreiflich. Dass Verkrüzen, der ihre Selbstständigkeit erkannte, sie nicht neu benannt hat, rührt daher, dass er Abbildung und Beschreibung von schantaricum Midd. nicht vergleichen konnte und darum die Identität auf Schrenck's Autorität hin annahm. — Ich bilde sie im Martini-Chemnitz Taf. 90 Fig. 1. 2 ab.

Auch *Buccinum Grebnitzkyi* Verkr. aus der Awatschabay kann ich nicht als begründet anerkennen; es fällt nahezu völlig zusammen mit dem ächten B. Tottenii, mit dessen Deutung Verkrüzen entschieden Unglück hat; die Spiralsculptur der sehr hübsch gerundeten Windungen ist fast dieselbe, die Wellenfalten sind ebenfalls gerade, nur kürzer, der Hauptunterschied liegt in der dunkleren Färbung. Ich bringe Verkrüzen's Originalexemplar in meiner Monographie t. 90 fig. 4 zur Abbildung; eine Vergleichung mit der t. 80 fig. 4. 5 gegebenen Figur von Tottenii wird für die Identification genügen.

Buccinum Middendorffii Verkrüzen muss ich als gute Art anerkennen, wenigstens vorläufig, so lange nicht Zwischenformen nach glaciale hin nachgewiesen sind. Auch diese Form hatte Schrenck als Varietät zu B. undatum gezogen, obwohl sie davon himmelweit verschieden ist und ganz besonders mit der var. pelagica King gar keine Beziehungen hat. Ich bringe sie loco cit. t. 89 fig. 2. 3 zur Abbildung und gebe von ihr hier einstweilen folgende Diagnose:

Testa mediocris, solida, ponderosa, ovato-acuminata, spira subturrita, apice obtusulo, albida, epidermide tenui, adhaerente induta. Anfractus superst. 6 valde convexi, supra subangulati, plicis distinctis obliquis circa 14 in anfractu penultimo, suturam vix vel non attingentibus lineisque geminatis distantibus sculpti; sutura linearis, vix undulata. Apertura subquadrangularis, basi late emarginata; columella callo crasso induta; labrum externum incrassatum, supra late et profunde sinuatum. — Alt. ca. 70, alt. apert. 55 mm.

Hab. Sachalin, leg. J. Schmidt.

Die Aehnlichkeit dieser Art mit B. undatum besteht nur in den starken schrägen Falten; die aus eingeritzten Linienpaaren bestehende Spiralsculptur macht jede Vereinigung mit dem ganzen Formenkreise von undatum unmöglich, während die Faltenbildung wieder glaciale ausschliesst. Nicht unmöglich scheint es mir aber, dass die Form von Kamtschatka, welche ich l. c. taf. 76 fig. 1 als glaciale var. abgebildet und deren Verschiedenheit von glaciale ich schon damals hervorgehoben, auch zu demselben Formenkreise gehört.

Buccinum Herzensteinii Verkr.

Auch diese Form, deren einziges Exemplar Grebnitzky in der Awatscha-Bucht an Kamtschatka sammelte, muss ich als selbstständig anerkennen und habe sie l. c. taf. 89 fig. 1 abgebildet. Ihre Diagnose wäre folgende:

Testa ovato-fusiformis, spira subacuta, fere regulariter pyramidata, solidula, albida, epidermide fuscescente laevi adhaerente induta. Anfractus superst. 7 planiusculi, sutura undulata distincte impressa discreti, irregulariter plicati, plicis in anfractibus spirae ad suturas superam et inferam distinctis, medio obsoletis, ultimus plicis brevibus irregularibus parum elevatis ad suturam nec non ad peripheriam munitus; spiraliter undique sulcati, sulcis inter liras planas multo latiores et striis minutissimis secundae ordinis striatas incisis, irregularibus, distinctis, vestigiisque incrementi interdum filiformibus sculpti. Apertura ovata, columella callo tenui haud expanso appresso induta, labrum (imperfectum) tenue, intus breviter subtiliterque striatum, faucibus et pariete aperturali fusco tinctis. Operculum sat magnum, regulariter ovale.

Alt. 85, diam. 50, alt. apert. 50 mm.

Die eigenthümlichen Längsrippen erinnern zwar durch ihr Obsoletwerden in der Mitte an B. tenue Gray, doch ist sonst keine Verwandtschaft zwischen beiden Arten. Im Habitus hat sie einige Aehnlichkeit mit Bucc. undatum var. planum Verkr., und ich vermuthe, dass sie eine extreme Form eines uns noch unbekannten nordpacifischen Formenkreises ist, zu welchem vielleicht auch mein B. Lischkeanum gerechnet werden muss.

Buccinum pulcherrimum Verkrüzen.

Dieses seltsame Ding kann ich nur mit der grössten Reserve als ein Buccinum anerkennen. In dem Petersburger Museum ist es von Middendorff als Bucc. Humphreysianum bestimmt und scheint in der That den Dimensionen nach seine Form Aa—, forma genuina (angystoma) zu sein. Jeffreys hat dazu auf die Etikette bemerkt: Not Humphreysianum; ? = Fusus Kroyeri? Die Textur hat eine auffallende Aehnlichkeit mit Admete viridula und würde ich sie unbedingt dorthin rechnen, wenn nicht die Mündung eine ächte Buccinenmündung wäre; eine wenn auch undeutliche Spindelfalte ist vorhanden. Ich habe sie einstweilen unter dem Verkrüzen'schen Namen in meiner Monographie t. 89 fig. 6. 7 abgebildet und gebe von ihr folgende Diagnose:

Testa parva, fusiformis, spira turrita, cauda brevi, solidula, sub epidermide tenuissima fugaci alba. Anfractus 7 convexi, sutura profunda discreti, undique confertimque spiraliter lirati, liris subregulariter alternantibus, superi laeves, ultimus prope suturam tantum plicis brevibus ad 12 munitus. Apertura anguste ovata, supra acuminata, infra anguste emarginata, labro acuto regulariter arcuato, intus mox incrassato, laevi; columella arcuata, callo albo obtecta, infra obscure plicata.

Alt. 31, diam. 16, alt. apert. 13 mm.

Aufenthalt an den Küsten des russischen Lappland.

Buccinum angulosum Gray.

Die beiden auch von Verkrüzen beschriebenen Exemplare dieser jedenfalls auf den höchsten Norden beschränkten Art stammen von Novaja Semlja und sind, wenn sie auch in einigen Einzelheiten abweichen, wohl ohne Zweifel das fast verschollene ächte B. angulosum. Da dasselbe seither nur durch die ungenügende Beschreibung in der Voyage of Capt. Beechey und die nicht sehr gelungene Figur ebenda bekannt war, gebe ich davon folgende Diagnose:

Testa mediocris, irregulariter ovato-rhomboidea, spira conica, tenuiuscula sed solida, lutescenti-straminea. Anfractus 7 angulati, sutura profunda undulata discreti, spiraliter subtilissime undulato-striati, striis ad caudam tantum distinctioribus, radiatim arcuatimque subtiliter striati, et plicis distantibus, suturam superam haud attingentibus, inferne supra suturam inflatis et tuberculum prominentem subite abruptum formantibus, in anfractu ultimo ad peripheriam eodem modo abruptis et carina distincta junctis muniti. Apertura irregulariter ovata, supra acuminata, labro externo (fracto) everso, basi producto?, columella biangulata, callo tenuissimo obducta. — Long. 40—60 mm.

Ich habe die beiden Exemplare in meiner Monographie

t. 90 fig. 5—8 abgebildet; ein Blick auf die Spiralsculptur zeigt, dass sie mit glaciale, zu dem sie Jeffreys zieht, absolut nichts zu thun haben. Auch Stimpson hat ganz sicher eine andere Form vor Augen gehabt, wie aus seiner genauen Beschreibung der Spiralsculptur hervorgeht.

Ausser den abgebildeten Exemplaren liegt aber in dem Petersburger Museum noch eine andere Form, die Middendorff als B. angulosum var. bezeichnet hat, und die nur eine schlankere Varietät der Form ist, welche er Mal. rossica II. t. 4 fig. 10 abgebildet hat. Ob diese wirklich zu angulosum zu rechnen ist, und ob man zu dieser Art, wie Dall thut, auch die ganz kantenlose nur feingestreifte Form rechnen soll, welche ich l. c. t. 76 fig. 7. 8 abgebildet habe, ist mir sehr zweifelhaft, doch mag ich Dall in der Entscheidung hierüber nicht vorgreifen.

Buccinum simplex Middendorff.

Diese seither noch nirgends abgebildete Form habe ich in meiner Monographie t. 89 fig. 4. 5 nach den Originalen zur Abbildung gebracht. Sie hat einige Aehnlichkeit mit den Bankformen, welche Verkrüzen früher für Totteni hielt, aber keine Spur der characteristischen geraden Wellenfalten. Beide Exemplare sind sehr abgerieben und ist darum ihre Verwandtschaft schwer zu bestimmen; ich möchte sie am liebsten, mit Tryon, zu B. groenlandicum ziehen.

Buccinum ovoides Middendorff.

Diese kleine Art beruht auf einem schlecht erhaltenen Exemplar, das mit Buccinopsis canaliculata Dall eine ganz entschiedene Aehnlichkeit hat; sein Erhaltungszustand ist zu schlecht, um eine sichere Identification zu gestatten; jedenfalls ist aber B. ovoides zu Buccinopsis zu rechnen und unmittelbar neben canaliculata Dall zu stellen.

P. S. Diese Anmerkungen von Freund Kobelt, mit denen ich mehrfach übereinstimme, werde ich bei nächster Gelegenheit noch etwas näher in Betracht zu ziehen mir erlauben. T. A. Verkrüzen.

Die Zungen der Hyalinen.

Von

M. M. Schepman in Rhoon bei Rotterdam.

Mit Taf. 6—8.

Schon oft habe ich gewünscht, die Zungen einer grösseren Zahl Hyalinen-Arten untersuchen zu können, weil die wenigen Arten, welche ich hierorts finden konnte und die Andeutungen Adolf Schmidt's wichtige Resultate für die Unterscheidung und Gruppirung der Arten erwarten liessen.

Wenn auch das Material in Vergleichung mit den beschriebenen Arten nur sehr gering ist, so glaube ich doch beschreiben zu müssen, was ich eben besitze. Gar Vieles ist mir noch versprochen, wenn ich jedoch das Alles abwarten wollte, so würde ich wohl niemals zum Ziele kommen. Dankbar werde ich bei jeder Art anerkennen, wer mir selbe verschaffte, habe indessen nur allzu oft erfahren müssen, wie leicht es ist, Zusagen von Material zu bekommen und wie weit es dennoch davon sein kann, es wirklich in den Händen zu haben.

Zu einer festen Gruppirung der Arten bin ich zwar nicht gekommen; dafür hätte ich besonders die Arten der bisherigen Gruppe Mesomphix untersuchen müssen. Ich habe nur gruppirt, wie es meine Untersuchungen eben geboten, es bleibt späteren Untersuchungen vorbehalten, zu zeigen, wo gerade die Grenzen zu ziehen sind; es steht jedoch bei mir fest, dass manche Art bis jetzt nicht zu den nächsten Verwandten gestellt worden ist, und dass eine Gruppirung nach der Grösse, welche z. B. Hyalina pura Alder und Hyalina Hammonis Ström neben einander bringt, unbedingt zu verwerfen ist.

Bei den Abbildungen ist M der Mittelzahn, 1, 2 u. s. w. der 1. 2. Neben- oder Seitenzahn.

Ich fange mit der Gruppe Conulus Fitzinger, welche in Europa nur durch eine Art vertreten ist, an. Die Art steht im Gebiss am nächsten bei Helix und ist bis jetzt die einzige bekannte Art, welche zweispitzige Seitenhaken hat. Der Mittelzahn Fig. I M ist fast gleich gross mit den Nebenzähnen, und besitzt wie diese drei Spitzen; der 8. Seitenzahn hat nur 2 Spitzen und bildet den Uebergang zu den ebenfalls 2spitzigen Haken. Die Zahl der Zähne einer jeden Längsreihe ist etwa 51. Ich habe die Zunge nach hiesigen Stücken gezeichnet.

Eine zweite Gruppe wird dem Gebiss nach gebildet durch Hyalina nitida Müll. und Hyalina excavata Bean. Für erstere Art hat Lehmann bekanntlich eine neue Gattung Zonitoides geschaffen; ich habe kein lebendiges Exemplar von Hyalina excavata untersuchen können, weiss daher nicht, ob diese Art auch einen Pfeil besitzt, möchte es jedoch wegen der grossen Uebereinstimmung, auch in den Schalen, fast vermuthen.

Die Zunge von Hyalina nitida Fig. 2 hat etwa 55 Längsreihen, der Mittelzahn ist dreispitzig, die Nebenzähne werden gleich zweispitzig, der 9. Zahn bildet hier den Uebergang zu den Haken, indem er hakenförmig ist und noch einen kleinen Zahneinschnitt zeigt. Die untersuchten Exemplare sind aus Rhoon.

Das Exemplar von Hyalina excavata Bean Fig. 3 verdanke ich Herrn Jeffreys; ich zähle nur 51 Längsreihen. Die Zähne sind denen der vorigen Art sehr ähnlich, nur etwas schlanker. Der erste Zahn ist auch hier derjenige, der noch den Zahneinschnitt zeigt; eine Untersuchung lebendiger geschlechtsreifer Stücke ist sehr erwünscht.

Als dritte Gruppe habe ich vorläufig zusammengestellt die mit Hyalina nitens verwandten Formen, welche scharf von denen der folgenden Gruppe zu trennen sind. An die Spitze stelle ich Hyalina (Mesomphix) olivetorum Fig. 4, welche Dr. Kobelt lebendig bei Bilbao sammelte und mir in 3 Exemplaren gütigst zuschickte. Mit den Verwandten von Hyalina nitens Mich. stimmt die Zunge weit mehr als mit der der anderen zu Mesomphix gestellten Arten, welche ich untersuchen konnte, und welche bei der Gruppe der Hyalina Draparnaldi Beck besprochen werden müssen. Die gemeinschaftlichen Merkmale dieser dritten Gruppe sind: ein dreispitziger Mittelzahn, der an Grösse nur wenig von den Seitenzähnen verschieden ist; diese sind zweispitzig, die Seitenhaken sind zahlreich.

Bei Hyalina olivetorum Fig. 4, deren Zunge 53 Längsreihen hat, sind 3 Nebenzähne mit 2 Spitzen versehen, der vierte ist nur wenig ausgeschnitten und bildet den Uebergang zu den Haken, deren Spitze mehr lanzettförmig ist als bei den folgenden Arten, welche derartige Haken besitzen.

Hyalina hiulca Jan, Fig. 5, nitens Mich. Fig. 6 und nitidula Drap. fig. 7 sind bald als Arten, bald als Formen einer einzigen Art angesehen worden. H. hiulca, welche ich aus Steiermark von Herrn Tschapeck erhielt, zeichnet sich aus durch weit grössere Zähne, nur 3 Nebenzähne zeigen eine zweite Spitze, der dritte Seitenzahn bildet kaum einen Uebergang zu den Haken, zu welchen der vierte Zahn schon gehört. Es sind etwa 55 Längsreihen vorhanden.

Hyalina nitens, welche ich Herrn Braun aus Miesbach verdanke und H. nitidula aus Rhoon haben fast gleich gebildete Zungen; bei H. nitens zähle ich 63, bei nitidula 67 Längsreihen; solche Differenzen sind jedoch nicht sehr bedeutend. Der Mittelzahn ist fast ganz gleich und beide Formen haben 4 zweispitzige Nebenzähne, welche nur bei nitens wenig schlanker sind, sonst sehr ähnlich; mit dem fünften Zahn, der noch einen kleinen Einschnitt hat, fangen die Seitenhaken an.

Die Zunge von Hyalina pura Alder Fig. 8 habe ich aus einem Exemplar, das ich früher von Herrn Clessin aus

Dinkelscherben mit den eingetrockneten Weichtheilen erhielt, gewonnen. Die ganze Bildung zeigt, dass die Art hier eingereiht werden soll, der Mittelzahn und die übrigen Zähne des Mittelfeldes sind nur in ihren Dimensionen etwas breiter, bieten jedoch nichts besonderes dar; der vierte Zahn, der den fünften der beiden vorigen Formen repräsentirt, ist sehr schlank, Die Zahl der Längsreihen ist 61.

Von der folgenden fünften Gruppe sind mir ziemlich viele Arten vorgekommen; es sind die Verwandten von H. Draparnaldi, cellaria, alliaria, glabra und ein Theil der zu Mesomphix gestellten Arten. Hier werden behandelt H. filicum und Koutaisiana. Die Schale dieser Arten ist überhaupt glänzend mit zahlreicheren Windungen als bei der vorigen Gruppe. Die Merkmale, welche die Zungen der verschiedenen Arten gemein haben, sind: einen dreispitzigen Mittelzahn, dem die Nebenzähne an Grösse sehr nachstehen; die oberen Grenzen dieses Zahns sind oft schwer und nur an der Färbung zu erkennen, bisweilen fast ganz verwischt, indem wenigstens die älteren Zähne gar nicht scharf enden, und somit nur die jüngeren Reihen die richtige Form noch erkennen lassen. Die Nebenzähne sind gross, ebenfalls dreispitzig, die Zahl der Haken ist mit Ausnahme von Hyalina glabra nur gering.

Hyalina (Mesomphix) filicum Kryn. habe ich auf meine Bitte von Herrn Böttger erhalten mit der folgenden Art. Beide stammen aus Kaukasien. Die Zunge ist nicht normal ausgebildet, die Form des Mittelzahns ist kaum zu erkennen, der erste Nebenzahn scheint nur an der einen Seite richtig gebildet, der Gruppencharakter ist dennoch nicht verloren gegangen. Das Mittelfeld hat jederseits nur 2 Zähne, der dritte ist schon sehr hakenförmig ohne Einschnitt. Die ganze Zahl der Längsreihen ist 37.

Hyalina Koutaisiana Mousson, Fig. 10, hat bei 33 Längsreihen eben so viele Nebenzähne des Mittelfeldes als

H. filicum, der dritte Zahn hat jedoch noch einen seitlichen Einschnitt und ist somit als Uebergangsform zu betrachten.

Von Hyalina Draparnaldi Beck, Fig. 11, erhielt ich Exemplare von Hrn. Meyer in Markirch. Die Zunge hat 27 Längsreihen; der kleine Mittelzahn und 4 Nebenzähne sind dreispitzig, der 4. Zahn ist schon sehr hakenförmig und deshalb als Uebergang zu betrachten. Die dem Mittelzahn zugewendete Spitze dieses Zahns, zeigt in der Abbildung eigentlich zwei kleine Spitzchen, es ist dies doch nur eine zwar nicht seltene Abnormität denn die nämliche Zunge hat einige Reihen früher und später einen normal gebildeten 4. Zahn.

Bei Hyalina Villae Mortillet Fig. 12, welche ich Herrn Tschapeck aus Steiermark verdanke, zähle ich 29 Längsreihen, sie hat jederseits des Mittelzahns 3 Nebenzähne im Mittelfelde, der dritte nimmt schon etwas die Hakenform an, der Uebergang ist dennoch ziemlich unvermittelt.

Fig. 13 stellt die Zunge einer Form dar, welche Dr. Kobelt mir mittheilte als vielleicht zu H. Draparnaldi gehörig (H. Draparnaldi var?) und nach dem Fundort H. Alhambrae Kob. genannt. Die Zahl der Längsreihen ist 29, die Zähne sind in mancher Hinsicht von denen der H. Draparnaldi verschieden, sie sind viel kräftiger gebaut, dagegen sind jederseits des Mittelzahns nur zwei dreispitzige Nebenzähne vorhanden, die beiden folgenden haben nur nach der Mitte zu einen Zahneinschnitt, der dritte ist schon viel mehr hakenförmig als bei H. Draparnaldi.

Hyalina cellaria Müller, Fig. 14, aus Rhoon, mit 29 Längsreihen hat in Zahnform mehr Aehnlichkeit mit voriger Art, die Zähne sind jedoch bedeutend kleiner und der vierte Seitenzahn hat keinen Einschnitt, ich wollte mit dieser Vergleichung auch keineswegs auf eine mögliche Vereinigung deuten.

Fig. 15, 16 und 16a sind unter sich nicht sehr verschieden. Fig 15 gehört zu Hyalina alliaria Millet, welche ich durch Vermittlung des Herrn P. Hesse aus Nordhausen erhielt, die Verschiedenheit von H. cellaria ist ziemlich gering, am deutlichsten im 4. Zahn ausgesprochen, wenigstens wenn die Form immer constant bleibt. Ich zähle 27 Längsreihen.

Fig. 16 ist nach einem Originalexemplare der Hyalina helvetica Blum gezeichnet; der Autor hatte die Güte zwei Exemplare aus Solothurn zu schicken, eins davon war noch mit den eingetrockneten Weichtheilen versehen; in wie weit die beiden Spitzchen oben am Mittelzahn zur Artunterscheidung dienen können, wage ich nicht zu entscheiden, weil sie vielleicht auch von unvollkommener Verschmelzung der beiden Zahnhälften herrühren möchten. Die Zahl der Längsreihen, die 35 beträgt, ist somit bedeutend grösser als die der oben erwähnten Arten.

Von Frau Fritz-Gerald in Folkestone erhielt ich als fragliche H. glabra, einige Hyalinen welche der Schale nach in Vieles übereinstimmten mit H. helvetica und mit dem was ich als H. glabra aus Belgien besitze. Die Zunge, wovon ich Fig. 16a Mittelzahn und ersten Nebenzahn abgebildet habe, hat nur 27 Längsreihen und stimmt darin besser mit H. cellaria und alliaria, mit H. glabra welche jetzt folgen soll, hat diese Form in der Zunge nichts gemein, ich möchte jedoch ehe ich zu einem endgültigen Resultat komme, zuerst Belgische Vorkommnisse untersuchen, was mir noch nicht gelungen ist.

Hyalina glabra Studer kann ich zur Zeit nur nach einem Stücke, das sich in einer Sendung des Herrn Hazay in Budapest vorfand und oben noch die Weichtheile enthielt, beschreiben, es ist mir noch mehr Material versprochen; diese Art hat ausnahmsweise in dieser Gruppe 65 Längsreihen, die Mittelspitze des Mittelzahns ist sehr kurz und wenn keine Abnormität, sehr abweichend von der der vorigen

Arten dieser Gruppe, die Zähne sind sehr zierlich, jederseits des Mittelzahns stehen vier dreispitzige Nebenzähne, dann folgt ein hakenartiger Uebergangszahn mit kleinerer äusserer Seitenspitze und hierauf folgen die zahlreichen Hakenreihen.

Diese ganze Bildung ist in Einklang mit Adolf Schmidt's Erklärung (Malakozoologische Blätter 1854, p. 10). „Zonites nitidus" (Hyalina Draparnaldi) „und glaber, welche unter den vier genannten Arten (nitidus, cellarius, alliarius, glaber) den Gehäusen nach sich am nächsten berühren, sind den Zungen nach am weitesten auseinandergerückt."

Zuletzt kommen noch zwei Gruppen, welche man den Zungen nach eher zusammenziehen sollte, welche jedoch conchyliologisch zu weit auseinander bleiben um sie zu vereinigen; ich meine die Gruppe der Hyalina hammonis oder radiatula und Verwandten und die, auch bei blosser Berücksichtigung der Schalen, meistens angenommene Gruppe Vitrea.

Die Zungen von Hyalina hammonis Ström aus Rhoon Fig. 18, und H. petronella Charpentier Fig. 19, welche ich von Dr. Westerlund aus Dalarne in Schweden erhielt, sind unter sich nur wenig verschieden. H. hammonis hat 51 Längsreihen, H. petronella hat deren 57. Die Zähne der letzteren Art sind etwas grösser; besondere Merkmale zur Artunterscheidung sind jedoch nicht da, beide Arten haben einen dreispitzigen Mittelzahn, der an Grösse nicht viel verschieden ist von den Nebenzähnen, wovon 3 ebenfalls 3spitzig sind, die Hakenfelder sind ziemlich scharf getrennt indem schon der 4. Nebenzahn hakenförmig und ganz ohne Zahneinschnitte ist.

Aus der letzten Gruppe Vitrea Fitzinger habe ich nur zwei Arten untersuchen können und zwar Hyalina crystallina Müll. var. subterranea Bourg. aus Rhoon und H. diaphana Studer aus Dinkelscherben nach einem eingetrockneten Exemplare, durch Tausch erhalten; eine dritte Art

Hyalina contortula Kryn. aus Kaukasien lieferte nur ein sehr verletztes Präparat, es liess jedoch eine ähnliche Bildung feststellen, diese grosse Uebereinstimmung bei drei gut verschiedenen Arten, macht es nicht wahrscheinlich dass noch vieles zur Artunterscheidung brauchbare in dieser Gruppe zu entdecken sein wird; besonders nicht, weil manche der von Bourguignat und Clessin aufgestellten Arten nicht sonderlich begründet erscheinen. Die beiden abgebildeten Arten haben auch dreispitzige Zähne des Mittelfeldes und zwar hat H. crystallina var. subterranea Fig. 20 deren 4 oder 3 jederseits des Mittelzahns, während bei H. diaphana Fig. 21 auch der 4. Nebenzahn noch dreispitzig ist und die Zähne verhältnissmässig schmaler sind.

Wie schon im Anfang gesagt, ist diese Gruppirung nur eine vorläufige, welche hoffentlich durch spätere Untersuchungen weiter bestätigt oder geändert werden soll, und so zu einer richtigen Würdigung und Classification dieser schwierigen Gattung führen wird.

Binnen-Conchylien aus Angola und Loango.

Von

E. v. Martens.

Aus diesen Gegenden, welche conchyliologisch zuerst durch Dr. G. Tams (Dunker index molluscorum Guineae 1853) und später in Bezug auf die Binnenmollusken gründlicher durch Fr. Welwitsch (in dessen Reisewerk 1868 von A. Morelet bearbeitet) bekannt geworden sind, hat das zoologische Museum in Berlin in letzter Zeit Einiges durch die Reisenden Major von Mechow (im Jahr 1881) und Dr. Buchner (1880) erhalten. Das Nähere über deren Reisen ist in den Mittheilungen der afrikanischen Gesellschaft in Deutschland, Bd. I. und II. 1878—81, enthalten, eine Karte der hauptsächlich in Betracht kommenden Gegend ebenda und in der Zeitschrift der Gesellschaft für Erdkunde in Berlin, XIII. Bd. 1878 und XV. 1880 zu finden. Die meisten der Land- und Süsswasser-Conchylien sind in den hügeligen oder bergigen Gegenden am mittleren Laufe des Quanza (Coanza) landeinwärts bis Malange ($3^1/_2$ Längegrade von dessen Mündung) auf einem 1000 Meter hohen Plateau gesammelt, dasselbe Gebiet, das auch von Welwitsch durchreist wurde, nur wenige, aber um so interessantere, kommen von den eigentlichen Entdeckungsreisen, welche von Malange aus in das Gebiet der südlichen Zuflüsse des Kongo gemacht wurden; diese Arten sind im folgenden Verzeichniss durch * ausgezeichnet. Die von den einzelnen Reisenden gesammelten Arten sind mit dem Anfangsbuchstaben ihres Namens, M. oder B., bezeichnet und auch die von Herrn v. Mechow bei seinem früheren Aufenthalt zu Chinchoxo an der Loangoküste, nördlich von der Mündung des Kongo, gesammelten mit aufgeführt, von denen schon einige bei Gelegenheit der Bearbeitung der Buchholz'schen westafrikanischen Land- und Süsswasser-Mollusken in den Monatsberichten der Kgl. Akademie der Wissenschaften zu Berlin, April 1876, genannt sind.

Landschnecken.

* *Veronicella pleuroprocta* Martens. Monats-Ber. Akad. 1876 S. 268 Taf. 5 fig. 2—5. Im Lunda-Reich, B.

Helicarion Welwitschi Morelet (Vitrina). Welwitsch voyage, moll. terr. et fluv. p. 51 pl. 1 fig. 9. Pflanzung Prototypo in Angola, B. Von Welwitsch bei Pungo Andonga gefunden.

Helicarion Gomesianus Morelet (*Vitrina*). loc. cit. fig. 2. Angola, M.

Ich versetze diese Art von *Vitrina* zur Gattung *Helicarion*, da ein von Herrn von Mechow in Spiritus mitgebrachtes Exemplar deutlich eine grosse Schleimpore am

Ende des Fusses zeigt. Der Analogie nach zu schliessen dürfte daher auch die vorhergehende und folgende Art zu *Helicarion* gehören, wie ja auch die von Dr. Buchholz an der Goldküste und am Camerun gesammelten Vitrinenartigen Schnecken eine solche Schleimpore haben.

Helicarion corneolus Morelet *(Vitr.)* loc. cit. p. 53 fig. 3. Berg Katete bei Malange.

Helix (?) Mechowi Dohrn in der Fortsetzung von Chemnitz' Conchylien-Cabinet, Helix S. 610 taf. 177 fig. 15. 16. Chinchoxo (an der Loangoküste etwas nördlich von Kabinda). M.

Es ist mir noch zweifelhaft, in welche natürliche Gruppe diese Art gehört, welche ich früher mit *Hel. chrysosticta* Morel. vereinigen zu können glaubte.

* *Achatina Buchneri*, sp. n.

Testa subturrito-oblonga, obsolete decussata, lutea, strigis latiusculis plerumque fulguratis sursum angustatis nigrofuscis picta; anfr. 7, planiusculi, sutura crenulata; apertura dimidiam longitudinem subäequans, margine columellari parum arcuato, caerulescenti-alba.

Long. 148, diam. 65, apert. long. 69, diam. 35 mm.

Am Kuilu-Fluss, einem Zufluss des Kassai, im Hinterlande von Angola, etwa 22⁰ Ostbreite von Greenw. von Dr. Max Buchner gesammelt.

Diese schöne Art erinnert zunächst an *A. variegata* Roissy (perdix Lam.) in Farbe und Zeichnung, unterscheidet sich aber durch die kleinere Mündung ohne Nath.

Achatina marginata Swains., weitmündig, 145 mm lang, wovon 85 auf die Mündung. Loango-Küste an der Mündung des Quillu, nördlich von Loango, M.

— *balteata* Reeve fig. 7. Chinchoxo, im Wald, M.

— *Bayoniana* Morelet loc. cit. p. 68. pl. 7. fig. 1. Bei Malange, B.

Achatina colubrina Morelet loc. cit. p. 70 pl. 4 fig. 1.
Bei Malange, M. und B.

Dunkle Striemen, in Zahl und Breite, geradem, schiefem oder zackigem Verlauf sehr variirend. Eine blasser gefärbte und etwas breitere Abart auch anderwärts aus Angola, B.

Achatina polychroa Morelet loc. cit. p. 72 pl. 3 fig. 5.
Malange, M. und B.

Sehr veränderlich in Farbe und Zeichnung, meist einfarbig oder mit nur wenig dunkleren Striemen.

* *Achatina zebriolata* Morelet loc. cit. p. 72 pl. 3 fig. 1.
Malange, M. Am Quanza und an einer Sumpflache am Kassai bei Malash, Juli 1880, B.

Limicolaria Numidica Reeve, Bulim. fig. 351. Shuttl. not. p. 44. Loango-Küste, M.

– *subconica* n.

Testa semiobtecte perforata, turrito-conica, nitidula, subtiliter striatula, isabellino-albida, aut strigis rarioribus castaneis latiusculis, sursum attenuatis vel evanescentibus picta aut unicolor; anfr. 7, primus depresse-globosus, sequentes celeriter crescentes, ultimus prima parte obtusissime subcarinatus, apertura rhombeo-rotundata, margine columellari supra dilatato reflexo adnato, pallide carneo vel violascente.

Long. 30, diam. maj. 15, apert. long. 14, lat. 8 mm.
Chinchoxo.

Die verhältnissmässig rasche Zunahme der Windungen, welche der Schale eine konische Gestalt geben, und die glatte, etwas glänzende, nicht gekörnte Oberfläche lassen diese Art unter den Limicolarien leicht unterscheiden. 12 Exemplare verschiedenen Alters; die einfarbigen haben durchschnittlich eine etwas stärker gelbliche Grundfarbe als die gestriemten.

Buliminus Ferussaci Dunker Moll. v. Guinea. Taf. 1 fig. 35. 36. Am Quanza, B.

Diese Art ist allerdings dem ostafrikanisch-indischen *B. punctatus* Anton sehr ähnlich, aber doch etwas schlanker, namentlich im letzten Umgang und in der Mündung. Färbung und Zeichnung übereinstimmend, aber etwas dunkler.

Ennea pupaeformis Morelet pl. 2 fig. 6. Chinchoxo, M.

— *Dohrni* sp. n.

Testa ventricoso-ovata, oblique striata, albida; anfr. 7½, priores duo laeves planiusculi, penultimus antepenultimo angustior, ultimus valde angustatus, obconicus, cervice cristis spiralibus 2, inferiore validiore, munitus; sutura simplex, ad aperturam valde ascendens; apertura rotundato-triangularis, lamina parietali valida compressa perpendiculari introrsum subflexuosa munitus, peristomate crassiusculo expanso edentulo, plicis palatalibus 2 remotis obliquis, supera magis conspicua, columella remote trituberculata.

Long. 11½, diam. (anfr. antepenult.) 6, apert. long. vix 5, lat. 3½ mm. — Angola, von Dr. H. Dohrn erhalten.

Nächstverwandt der vorhergehenden, aber bauchiger, die Gaumenfalten nicht bis nach vorn reichend und auch die Höcker der Columelle weiter zurückstehend.

Ennea filicosta Morelet (*Carychium*) loc. cit. p. 84 pl. 3 fig. 3. Malange, M.

Darf wohl sicher zu *Ennea* gestellt werden; die westafrikanischen *E. mucronata* und *Buchholzi* sowie die bekannte *bicolor* sind ähnlich, langgestreckt und gezähnt, wenn auch grösser und ohne die starken senkrechten Rippenstreifen, welche *filicosta* auszeichnen.

Süsswasser-Mollusken.

Ampullaria ovata Olivier var., Morelet loc. cit. pl. 9 fig. 10. Im Kuishi, einem nördlichen Nebenfluss des Quanza, oberhalb Malange, B.

Wie Morelet wage auch ich nicht, diese Art trotz der weiten geographischen Entfernung von der variablen A. ovata des Nils zu trennen, obwohl sie nicht vollständig übereinstimmt.

Lanistes intortus Lam. Martens in Pfeiffer's Novitates conchologicae V. S. 191 taf. 157 fig. 1—3. Loango-Küste, M. Auch von der Expedition der Gazelle im Kongo-Strom gefunden.

— *ovum* Peters. Kongo, M.

Melania recticosta sp. n.

Testa conico-turrita, viridi-nigricans, apice paulum erosa; anfr. superstites 7, superiores 4—5 costis latis subrectis interstitia latitudine aequantibus supra et infra truncatis sculpti, inferiores 2—3 laeves, ad suturam obsolete angulati, ultimus basi cingulis planiusculis spiralibus 3—4 sculpti; apertura piriformis, basi rotundato-effusa, margine externo supra leviter sinuato, margine columellari incrassato, caerulescente.

Long. 24, diam. 10, apert. long. $8^1/_2$, lat. $5^1/_2$ mm. Im Murie-Bach, einem nördlichen Zufluss des Quanza, B.

Diese Art unterscheidet sich sofort durch die gerade herablaufenden starken Rippen von der weitverbreiteten *M. tuberculata* Müll. und steht nach A. Brot's Urtheil näher den Arten der ostafrikanischen Binnenseen, welche er zur Untergattung *Sermyla* rechnet.

Melania mutans Gould. Loango-Küste, von Dr. Falkenstein mitgebracht.

Spatha Welwitschi Morelet loc. cit. p. 98. Murie-Bach, B. Ebenda auch von Welwitsch gefunden. Der Unterrand ist fast gerade, ein wenig eingebuchtet.

* *Spatha (Mutela) hirundo* Martens. Sitzungsberichte der Gesellsch. naturforsch. Freunde in Berlin 1881 S. 122.

Testa elongata, modice compressa, concentrice leviter striata, nitide virens, ad margines lutescens, antice paulum, postice latius hians, antice obtuse rostrata, postice utrinque carina a vertice decurrente, sensim in alam compressam elevata bicaudata; margo dorsalis antice et postice subhorizontalis.

Long. 100, alt. 24, diameter testae 14, alarum 20 mm.

Im Fluss Kuango (Quango), einem südlichen Zufluss des Kongo, im Hinterlande von Angola, im Gebiet der Majukalla und des Fürsten Muäne Puto Kassongo, etwa 17⁰ Ostlänge von Greenw. und 6⁰ Südbreite, von Major von Mechow gefunden.

Die nach hinten schwalbenschwanzartig auseinandergehende, stark klaffende Schale mit den flügelartig sich erhebenden Seitenkanten unterscheiden diese Art leicht von allen bekannten. Im nächsten Heft der Conchologischen Mittheilungen wird von ihr und von Achatina Buchneri eine Abbildung gegeben werden.

Megadesma (Galatea) Bernardi Dkr. Bengo-Fluss, B.

Fischeria tumida Martens. Monatsberichte Akad. Berl. Apr. 1876 S. 271 taf. 5 fig. 9—11. Loango-Küste, M.

Als Brackwasserbewohner mögen noch erwähnt werden: *Potamides fuscatus* L., *radula* L. und *Melania* (Vibex) *aurita* L. aus der Lagune von Chisambo, M. und *Iphigenia laevigata* Chemn. von Chinchoxo, M.

Die Land- und Süsswasser-Mollusken der Loango-Küste und Angola's gehören demnach denselben Gattungen und Untergattungen an, wie diejenigen des tropischen Afrika überhaupt, namentlich auch die der nördlicher gelegenen Strecke der Westküste, und zeigen noch keine merkliche Annäherung an die eigenthümliche Fauna des aussertropischen Südafrika's, die grössern weisslichen Helix-Arten der Capkolonie, und auch noch nicht an die weissen dickschaligeren Buliminus der Damara-Küste, welche ja auch botanisch nach Grisebach einem eigenen vom tropischen Afrika verschiedenen Reiche (Kalakavi) angehört.

Ich füge noch die Beschreibung einer neuen ostafrikanischen Art hinzu, welche das Berliner Museum in letzter Zeit erhalten hat.

Trochonanina peliostoma n.

Testa anguste perforata, globoso-conoidea, ruguloso-striata, albida, superne fusconebulosa; anfr. 6, convexiusculi, primus laevis, pallide sulfureus, secundus fascia lata castanea ornatus, ultimus obtusissime subangulatus, subtus albidus; apertura rotundato-lunata, parum obliqua, peristomate recto, obtuso, ad insertionem marginis columellaris paulum dilatato, fauce et pariete aperturali nigrofuscis.

Diam. maj. 21, min. 17½, alt. 15, apert. alt. 10, lat. 11 mm.

Barava, an der Nordostküste Afrika's, nördlich am Zanzibar, gesammelt von Dr. G. O. Fischer.

Diese Art schliesst sich zunächst an meine pyramidea (v. Decken's Reisen in Ostafrika, Mollusken 1869 S. 55, von L. Pfeiffer und Clessin gar nicht erwähnt) und dadurch an Mozambicensis Pfr. an; namentlich pyramidea var. leucograpta (Monats-Ber. d. Berliner Akad. 1878 S. 290) zeigt auch schon in der weissen Zeichnung eine gewisse Aehnlichkeit, aber die vorherrschend weisse Färbung, die eigenthümliche Farbenvertheilung auf den obersten Windungen, die dunkle Mündung und die stärkere etwas runzelstreifige Schale unterscheiden diese Art hinreichend. Die dunkle Farbe im Innern der Mündung bei heller Aussenseite erinnert an einige subtropische, grosser Dürre ausgesetzte Arten, wie Helix melanostoma und planata. Auch betreffs der innern Theile stimmt die neue Art nach Herrn Schacko's Untersuchung im Wesentlichen mit *Tr. mozambicensis* überein.

Materialien zur Fauna von China.

Von

O. F. von Möllendorff.

I.

Die Deckelschnecken.

(Mit Taf. 9 und 10.)

Die Bearbeitung meiner Sammelausbeute im Süden des Reichs der Mitte hat es mir nothwendig gemacht auch die Vorkommen der centralen und nördlichen Provinzen in den Kreis meiner Studien zu ziehen; die Arbeiten von Gredler und namentlich Heude haben das Terrain schön vorbereitet, eine abschliessende Schilderung der Fauna von China wird noch auf lange nicht möglich sein, da noch jede Exkursion ins Innere Neues bringt, andrerseits eine Reihe von seit Alters aus China bekannter Arten noch der kritischen Beleuchtung bedürfen. Dennoch dürfte es nicht ohne Nutzen sein, schon jetzt das Bekannte zusammenzufassen; ich fange mit den Cyclotaceen und Helicinaceen an, wo ein Hineinziehen der centralchinesischen Arten um so naturgemässer ist, als die Formen dieser Familien nur im südlichen Gebiet von Centralchina vorkommen, weiter nach Norden gänzlich verschwinden; die Grenze scheint etwa der 32. Breitengrad zu sein. Die Zahl der aus China beschriebenen Operculaten hat die stattliche Höhe von 45 erreicht, während E. von Martens in seiner classischen Zusammenstellung der ostasiatischen Landmollusken 1867 überhaupt nur 51 Landschneckenarten aus China kannte.

Dass ich die beiden grossen chinesischen Inseln Hainan und Formosa mit hineinziehe dürfte durch deren Nähe zum Festlande gerechtfertigt sein; ihre Fauna schliesst sich der continentalen eng an, wenn auch vorläufig noch keine sicher gemeinsamen Arten nachgewiesen sind.

I. Fam. *Cyclotacea* Trosch.

Subfam. *Cyclotina* H. und A. Ad.

Genus Cyclotus Guilding.

α) Cycloti campanulati.

1. *Cyclotus tubaeformis* Mlldff. taf. 9 fig. 1.

Testa late umbilicata, convexo-depressa, solidula, striata, fulva, plerumque infra medium unifasciata et maculis sagittaeformibus seriatis rutilis ornata, interdum unicolor, spira convexa vix conoidea, apice subtili; anfr. 5 convexi, ultimus teres vix descendens; umbilicus profundus fere $^1/_3$ diametri adaequans; apertura subverticalis, circularis, intus margaritacea; peristoma continuum duplex, internum haud porrectum, externum tubae instar breviter inflatum et expansum. Operculum testaceum, leviter concavum, anfractibus 8 transverse costulato-striatis, margine anfractuum subincrassato.

Diam. maj. 17—19, min. $13^1/_2$—$15^1/_2$, alt. $10^1/_2$—$11^1/_2$ apert. diam. 7—8 mill.

Cyclotus tubaeformis von Möllendorff Jahrb. IX. 1882 p. 179.

Gehäuse weit genabelt, niedergedrückt, ziemlich fest, radiär gestreift, mit einer gelben Epidermis, die durch röthliche pfeilförmige oder Zickzackstreifen zierlich gezeichnet ist; nur selten ist die Farbe einfach gelb. Unter der Mitte läuft eine bräunliche Binde. Das Gewinde ist nur wenig erhaben mit feiner Spitze. Die 5 Umgänge sind konvex, der letzte stielrund, zur Mündung nur ganz wenig herabsteigend. Die Mündung ist fast senkrecht gestellt, kreisförmig, inwendig mit weisslichem Schmelz, der Mundsaum doppelt, der innere gerade aus, nicht hervorragend, der äussere etwas glocken- oder trompetenförmig erweitert und ziemlich ausgebreitet. Der Deckel ist von fester Schalensubstanz, leicht konkav, mit für seine Grösse wenigen, 8,

Umgängen, welche schief quer ziemlich grob rippenstreifig sind, während der Rand der Umgänge leicht verdickt ist.

Fundort bisher nur im Walde am Kloster Wa-shau (Hochchinesisch Hua-shon) im Gebirge Lo-fou-shan östlich von Canton, zuerst von Dr. Gerlach im Winter 1880/81, dann von mir im Sommer 1881 gesammelt.

Bemerkungen. Ich hatte Anfangs Bedenken diese schöne Form als neu zu beschreiben, so lange die beiden aus China beschriebenen Cyclotus-Arten, C. Fortunei Pfr. und chinensis Pfr. mir nicht sicher bekannt waren. Den ersteren glaube ich indessen in einer von Heude wenn auch nicht bei Shanghai (wie Pfeiffer nach Fortune angiebt) so doch nicht allzuweit davon gesammelten und als C. approximans kürzlich publicirten Art zu erkennen, und C. chinensis, der von Hongkong angegeben wird, habe ich endlich auch auf Hongkong gefunden; er ist sicher von unsrer Art verschieden, namentlich schon durch die Grösse.

2. *Cyclotus Fortunei* Pfr.

1852 Cyclotus Fortunei Pfeiffer Proc. Zool. Soc. p. 146.
– „ – „ Mon. Pneum. p. 30 suppl. I. p. 17 II. p. 31 III. p. 39.
„ Chemn. Ed. II. Cyclost. nr. 404 t. 49 fig. 3—5.
1852 „ „ Gray Phan. p. 17.
„ „ Reeve Conch. Ic. sp. 17 t. 4.
1855 Aperostoma „ Adams Gen. p. 275.
1867 Cyclotus „ E. v. Martens Ostas. Landschn. p. 38.
1882 „ approximans Heude Moll. Terr. Fleuve Bleu p. 4 t. XII fig. 11.

Die Fundortangabe „Shanghai“ von Fortune liess von vornherein auf das Binnenland hinter diesem Hafen schliessen; in der Alluvialebene war ja selbstverständlich ein Cyclotus nicht zu erwarten. Als mir daher Père Heude einen „an bewachsenen Kalkfelsen“ in der Präfektur Ning-guo-fu, westlich von Shanghai gesammelten Cyclotus mittheilte, dachte ich sofort an C. Fortunei und glaube ihn bei näherer Prüfung in der That mit dieser in den Sammlungen bisher wohl sehr seltenen Art identificiren zu können. Von Pfeiffers kurzer Diagnose stimmt eigentlich nur die Grösse des Nabels nicht ganz, welche auf $^1/_4$ des Diameters angegeben ist; doch könnte das auf verschiedener Methode der Messung beruhen. Inzwischen hat nun Heude seine Form als C. approximans in seinem neuen Werke über die Landschneckenfauna des Yangtse-Beckens neu beschrieben, ohne C. Fortunei zu erwähnen. Die Identität von C. Fortunei Pfr. und approximans Heude angenommen, unterscheidet sich diese Art von C. tubaeformis durch geringere Grösse, dabei verhältnissmässig höhere Gestalt — diam. maj. 15—16, alt. 11—12, — engeren Nabel und durch den Deckel. Der letztere hat im Verhältniss zahlreichere Windungen, nämlich 9 bei geringerer Grösse und dieselben sind dichter gestreift, nicht so entschieden rippenstreifig wie bei der vorigen Art.

3. *Cyclotus chinensis* Pfr. t. 9 fig. 2.

T. late umbilicata, depressa, solidula, striatula, fulva, interdum marmorata, infra medium unifasciata (fascia interdum obsoleta), spira leviter convexa, vix conoidea, apice subtili; anfr. 4 convexi, celeriter accrescentes, ultimus teres, umbilicus conicus fere $^1/_3$ diametri adaequans; apertura subverticalis, circularis, peristoma continuum, breviter adnatum, duplex, internum haud porrectum, externum breviter patens, brevissime campanulatum, obtusum. Operculum aut crassum lamellis duabus sutura profunda disjunctis formatum, interna membranacea flavida nitens, externa testacea alba, anfr. 9 transverse rugosostriatis.

Diam. maj. 13—14, min. $10^1/_2$—$11^1/_2$, alt. $6^1/_2$—$7^1/_2$ mm.

In monte altiore insulae Hongkong nec non in cacumine insulae Lan-tou

1854 Cyclostoma chinense (Cyclotus?) Pfeiffer Proc. Zool. Soc. p. 299.

1858 Cyclotus? chinensis Pfr. Mon. Pneumon. Suppl. I p. 23 no. 53.

Leptopoma? chinense Reeve Ic. t. VII fig. 43 (teste Pfeiffer).

1865 Cyclotus? chinensis Pfr. Mon. Pneum. Suppl. II p. 31 no. 93.

1875 Cyclotus? chinensis Pfr. Mon. Pneum. Suppl. III p. 39 no. 107.

Lange Zeit wollte es uns nicht gelingen, eine Cyclotus-Art auf unserm kleinen Eiland zu entdecken, und es schien, als sollte Pfeiffer's Art noch immer apokryph bleiben. Bei der Unsicherheit der älteren Fundortsangaben, namentlich von Fortune, glaubte ich sogar anfangs meinen C. tubaeformis vom Festland zu chinensis ziehen zu können. Doch fand ich im Winter 1881/82 auf einem der höheren Piks von Hongkong die zerbrochene Schale eines Cyclotus und war nach angestrengtem Suchen endlich in diesem Frühjahr so glücklich, einige Exemplare und zwar mit Deckel zu finden. Dieselben stimmen zu Pfeiffer's Diagnose so vortrefflich, dass ich keinen Zweifel hege, Cyclotus chinensis vor mir zu haben; das einzige, was nicht stimmt, ist die Grösse des Nabels, aber wahrscheinlich messe ich den anders, da ich auch bei andern Arten höhere Zahlen für den Nabel erhalte als Pfeiffer. Dagegen kann Reeve's Abbildung — weder diese noch irgend eine andere ist mir bekannt — nicht zu Pfeiffer's Art passen. Wenigstens schreibt Mr. G. Nevill, dem Hungerford meinen C. tubaeformis mittheilte, derselbe passe sehr gut zu Reeve's Abbildung von C. chinensis, nur sei er flacher; er sei daher geneigt die Lofoushan-Form als var. planata oder depressa zu C. chinensis zu stellen. Nun unterscheidet sich aber grade umgekehrt mein Hongkong-Cyclotus von tubaeformis durch die geringere Höhe und das flachere Gewinde. Pfeiffer giebt 8 mill. Höhe bei 14 Diameter, meine Exemplare haben $6^1/_2$—7 mill. Höhe bei 13 Diameter, während tubaeformis bei 18 mill. Diameter 11 mill. hoch ist. Wenn also Reeve's Abbildung des vermeintlichen C. chinensis eine noch höhere spira zeigt, als meine tubaeformis, so stellt sie eine andre Art dar als die von mir in Hongkong gefundene. Aber dem sei wie ihm wolle, ich halte mich an Pfeiffer's Diagnose und den Fundort — denn dass wir nicht zwei Cyclotus-Arten auf Hongkong haben, kann ich wohl verbürgen — und nehme meinen Fund als die fast verschollene Pfeiffer'sche Art. Ein Exemplar fand ich auch auf der benachbarten Insel Lan-tou.

Danach ist denn C. chinensis ein wirklicher Cyclotus, der dieselbe Erweiterung des Peristoms zeigt, wie die vorangegangenen Arten und C. campanulatus. Er unterscheidet sich durch das flachere kaum konische Gewinde, die geringe Grösse, das weniger ausgebreitete Peristom, die zahlreicheren weniger scharf gestreiften Windungen des Deckels von der ihm am nächsten stehenden Art, C. tubaeformis. C. Fortunei ist schon durch die bedeutendere Höhe von vornherein abweichend.

4. *Cyclotus stenomphalus* Heude.

1881 Cyclotus campanulatus Gredler Jahrb. D. Mal. Ges. VIII p. 31 (nec E. von Martens).

1882 Cyclotus stenomphalus Heude l. c. p. 5 t. XII f. 1.

Gredler identificirt den von Pater Fuchs in Hunan gesammelten Cyclotus mit der japanischen Art; aber wenn sich die Formen auch ziemlich nahe stehen, so sind sie meiner Ansicht nach doch entschieden specifisch zu trennen. Wie anderwärts erwähnt, hatte ich deshalb schon die Absicht, die Art neu zu benennen, als ich Heude's Buch erhielt, in welchem er mir durch Aufstellung seines Cyclotus stenomphalus zuvorgekommen. Seine Abbildung ist gut, dagegen die Diagnose für diese kritische Gruppe zu wenig ausführlich. Ich würde sie wie folgt charakterisiren:

Testa pro genere modice umbilicata, convexo-depressa, perpendiculariter striata, castanea, infra medium plerumque unifasciata, lineis fulguratis numerosis approximatis fuscis ornata, nitidula, spira leviter conoidea, acutiuscula; anfr. 4½ convexi, celeriter accrescentes, ultimus inflatus, teres, vix descendens; apertura subverticalis, subcircularis; peristoma duplex, internum continuum, brevissime porrectum, externum tubae instar inflatum. Operculum testaceum leviter concavum; anfractibus 7½—8½ transverse dense costulato-striatis, intus membranaceum, corneum, margine excavato.

Diam. maj. 14—15, min. 11½—12½, alt. 9½—10½ apert. Diam. 7—7½, operc. 6 mill.

Was nun die Unterschiede von C. campanulatus anbelangt, so würde zunächst die Färbung sehr verschieden sein, wenn sie bei der japanischen Art durchgehends gelb oder grünlichgelb wäre, wie v. Martens und Kobelt angeben; aber meine Exemplare des C. campanulatus aus Kobi sind zwar etwas heller, doch auch entschieden bräunlich wie die Hunan-Form. Dagegen sind die Japaner kleiner, dabei entschieden höher und die Windungen stärker gewölbt. Die trompetenartige Auftreibung ist bei C. stenomphalus viel stärker und dadurch die Mündung bei sonst gleichen Exemplaren grösser als bei C. campanulatus. Den Ausschlag für die Verschiedenheit der Arten geben aber die Deckel. Der von C. campanulatus hat 9½—10½ langsam zunehmende Windungen, welche zwar ebenfalls, aber weniger dicht schräg gestreift sind; bei C. stenomphalus sind die Umgänge bei grösserem Diameter des Deckels weniger zahlreich — nur $7^1/_2$—$8^1/_2$ — und die Streifung ist schärfer und dichter.

Fundort bisher nur im südlichen Hunan von P. Fuchs gesammelt.

Ob nicht der Cyclotus, den Martens aus dem „nördlichen China" von Missionären durch Hohenacker erhielt und den er (Ostas. Landschn. p. 39) mit einigem Zweifel zu C. chinensis Pfr. zieht, grade unsre Art ist? Zu C. chinensis wird es schwerlich gehören; was auf C. stenomphalus deutet, ist der Passus: peristoma externum tubae instar inflatum. Nach den angegebenen Dimensionen — diam. maj. 11 mill. — hätte Martens nur unausgewachsene Exemplare vor sich gehabt.

5. *Cyclotus taivanus* H. Ad.

1870 Cyclotus taivanus H. Adams Proc. Zool. Soc. p. 378 t. 27 f. 11.

1875 Cyclotus taivanus Pfeiffer Mon. Pneum. Suppl. III. p. 39 no. 105.

Nach der Abbildung zu derselben Gruppe wie die vorigen gehörig, wie es scheint nahe verwandt mit C. Fortunei Pfr. Seine Beziehungen zu diesem sowie zu C. campanulatus Mart sind noch zu studiren.

Taiwan, Insel Formosa (Swinhoe).

6. *Cyclotus hainanensis* H. Ad.

T. mediocriter umbilicata, convexodepressa, solidula, leviter striata, fulvolutea, spira sat elevata, apice prominulo; anfr. 5 convexi, ultimus vix descendens; apertura obliqua circularis; peristoma duplex, internum rectum superne breviter incisum, externum expansum ad anfr. penultimum auriculatum. Operculum duabus lamellis sutura profunda discretis constitutum, interna membranacea cornea, externa testacea, alba; anfr. 7 transverse rugosis.

Diam. maj. 15, min. 12, alt. 10 mill. (Adams)
" " 14, " $11^1/_2$, " $9^1/_2$ "
apert. " c. perist. 6 mill. (spec. in coll. mea).

Hab. in insula Hainan; (Swinhoe), prope urbem Hoikow (A. Schomburg).

1870 Pterocyclos Hainanensis H. Adams Proc. Zool. Soc. p. 8 t. I. f. 16.

1875 Pterocyclos Hainanensis Pfeiffer Mon. Pneum. Suppl. III. p. 50. no. 5.

Eine Deckelschnecke, die ich durch meinen Freund A. Schomburg aus Hoikow auf Hainan erhielt, stimmt zu genau mit Adams Diagnose von Pterocyclos Hainanensis, als dass ich über die Identität irgend einen Zweifel hätte; aber ein Pterocyclos ist es sicher nicht. Zwar ist eine ohrförmige Ausbiegung des oberen Mundsaums vorhanden, aber der Deckel ist ein normaler Cyclotusdeckel, dessen Windungsränder sich nicht mehr erheben als bei den vorhergehenden Cyclotus-Arten. Die Ausbiegung des Mundsaums ist auch nicht die entschiedene eines wahren Pterocyclus, sondern ein schmales kurzes Oehrchen, das sich an den vorletzten Umgang anlehnt. Eine Andeutung einer solchen Ausbiegung ist auch bei den andern chinesischen Cyclotus-Arten, namentlich tubaeformis und chinensis, vorhanden.

β) Cycloti suturales.

7. *Cyclotus Swinhoei* H. Ad.

1866 Cyclotus Swinhoei H. Adams Pr. Zool. Soc. p. 318 t. 33 f. 9.

1875 Cyclotus Swinhoei Pfeiffer Mon. Pneumon. Suppl. III, p. 38 no. 97.

Klein (mein einziges Exemplar hat 9 mill. diam. maj. bei $6^1/_2$—7 mill. Höhe) dünnschalig, blass horngelb, spiral und vertikal gestreift, an der Naht gröber rippenstreifig. Wirbel zitzenartig, etwas schief aufgesetzt. Der Deckel ist mir unbekannt geblieben, dürfte aber nach sonstiger Analogie dem der folgenden Art ähnlich sein. Takow, Insel Formosa (Swinhoe), Nordformosa (Hungerford).

8. *Cyclotus minutus* H. Ad.

1866 Cyclotus minutus H. Adams Pr. Zool. Soc. p. 318 t. XXXIII. f. 10.

1875 Cyclotus minutus Pfeiffer Mon. Pneumonop. Suppl. III. p. 33 no. 29. Takow (Swinhoe).

Einen kleinen von Hungerford bei Takohan in Nord-Formosa gesammelten Cyclotus glaube ich für Adam's C. minutus nehmen zu können. Er ist kleiner und etwas flacher als C. Swinhoei, hat dieselbe Farbe und Skulptur, nur ist letztere noch schärfer ausgebildet, namentlich die Spirallinien. Sehr bemerkenswerth ist der Deckel, der lamellenartig vorspringende Ränder der Windungen zeigt, während die letzteren schief grob gestreift sind. Die Aussenseite ist stark konkav. Von einem normalen Cyclotusdeckel durch die vorspringenden Windungsränder verschieden.

9. *Cyclotus hunanensis* Gredler.

1881 Cyclotus pusillus? Gredler Jahrb. D. M. Ges. VIII. p. 31 (nec Sowerby).

1881 Cyclotus hunanus Gredler ibid. p. 113. 128.

1882 „ „ Heude l. c. p. 6 t. XII. f. 10.

Der Gredlers'schen vortrefflichen Diagnose sollte nur eine bessere Beschreibung des Deckels hinzugefügt werden, etwa: operculum pro testa crassum, multispirum, utrimque leviter concavum, duabus lamellis profunda sutura junctis compositum, interna membranacea, externa testacea, marginibus anfractuum transverse striatum lamelloelevatis. Die Dimensionen sind ziemlich variabel; mir sind folgende vorgekommen:

diam	maj.	$10\frac{1}{2}$	min.	$8\frac{1}{2}$	alt.	$5\frac{1}{2}$	mill.
„	„	$10\frac{1}{2}$	„	$8\frac{1}{2}$	„	$9\frac{1}{2}$	„
„	„	10	„	8	„	6	„

diam. maj. 10 min. 8 alt. 6 1/2 mill. Heude gibt diam. maj. 12 1/2 min. 10 alt. 6 mill.

Gredler hat ganz richtig den Versuch, diese interessante Form mit einer schon beschriebenen Art zu combiniren in seinem 3. Beitrage zur Fauna von China aufgegeben und die Art als neu eingeführt. Aber der Name bedarf entschieden einer Modifikation, ein Wort wie hunanus ist eine sprachliche Barbarei. Ich bin überhaupt gegen zu häufige Verwerthung asiatischer speciell chinesischer Ortsnamen für die Zoologie, zumal wenn wie hier die geographische Verbreitung noch unbekannt ist; und die Gredler'sche Art ist, wie schon Gredler selbst angiebt und Heude bestätigt, nicht auf Hunan beschränkt. Soll aber der Name der Provinz zur Verwendung kommen, so muss das Adjectiv richtig gebildet werden und das ist hunanus nicht. Verführerisch ist das Ende des Stammes in a n gewesen; aber schreibt man denn japanus, hainanus, turanus und nicht vielmehr japonicus, hainanensis, turanicus? Ich schreibe daher hunanensis und hoffe, dass der gelehrte Autor auch seine Pupa hunana und clausilia tau var. hunana umtaufen wird.

Neuerdings erhielt ich von Herrn Eastlake einen kleinen Cyclotus aus der Gegend von Fudshon, der sehr gut zu der Hunan Art stimmt, aber nur 7—8 mill diam. maj. erreicht. Danach ist unsere Art über einen grossen Theil des südlichen China verbreitet; nämlich der Typus in den Povinzen Hunan, An-hui und Guangdung, var. minor in Fu-dshien.

10. *Cyclotus fodiens* Heude.

Testa umbilicata, orbiculato-conica, solida, albido-cretacea, concolor, plicis accrementitiis et (sub lente) striis longitudinalibus conspicue cancellata; spira conica, depressa, apice mamillari, prominulo; anfr. 4 sutura impressa juncti, ultimus teres, descendens; apertura circularis, vix obliqua, diagonalis; peristoma simplex rectum, continuum, subreflexiusculum; umbilicus mediocris, pervius. Operculum planum, calcareum, plicis pelliceis conspicuis ex anfractuum oris exsurgentibus, peripheria canaliculata.

Diam. maj. 6½ min. 5½ alt. 5 mill. (Heude).

1882 *Cyclotus fodiens* Heude l. c. p. 5 t. XII. f. 9.

Nach der Diagnose und Abbildung mit C. Swinhoei und minutus von Formosa nahe verwandt, aber namentlich durch den stark herabsteigenden letzten Umgang und die schwächere Spiralskulptur geschieden.

Was nun die systematische Stellung der letzten 4 Arten anbelangt, so scheint es nach der Struktur des Deckels nicht ganz sicher, ob sie überhaupt zu Cyclotus gehören. Deckel und Spiralkulptur entsprechen ganz gut Blanford's Cyclotopsis (Ann. und Mag. Nat. Hist. 3 ser. XII. Jun. 1864), welches Genus dem Thier nach zu Cyclostoma gehört und neuerdings als Subgenus desselben aufgefasst wird. Leider ist mir das Thier von keiner der 4 Arten bekannt geworden, und ich gebe diesen Wink nur zaghaft für solche, denen die Untersuchung des Thieres einer der Arten möglich werden sollte. Jedenfalls sind unsere Arten durch ihre Deckel ein fremdartiges Element unter den wahren Cycloti, und wenn sich ein gleicher Deckel bei allen Arten der Gruppe des C. pusillus Sow. findet, so sollten sie mindestens als Untergattung abgetrennt werden.

Genus **Pterocyclos** Benson.

Von diesem Genus habe ich ausser einer formosanischen, nicht ohne Zweifel, zwei chinesische Arten aufzuführen, die eine mit Cyclotus Schale, aber Pterocyclos ähnlichem Deckel, die andere mit entschiedener Pterocyclosschale, von der aber der Deckel noch nicht bekannt ist. Letztere könnte sich daher noch als ein „Cyclotus pterocycloideus“ entpuppen, erstere aber auch noch ein Cyclotus sein, der freilich isolirt stehen würde.

1. *Pterocyclos? chinensis* Mlldff.

Testa late umbilicata, turbinato-depressa, solidula, subtilissime striata, fulvido fusca, plerumque fuscomarmorata, medio unfasciata, spira depresso conica; anfr. $4^1/_2$ perconvexi, ultimus antice breviter descendens; umbilicus conicus, fere $^1/_2$ diametri adaequans; apertura diagonalis, circularis, peristoma duplex, internum breve, externum reflexum, incrassatum. Operculum subtestaceum, subconcavum, margine anfractuum lamelloso elevato.

Diam. maj. 18, min. $15^1/_3$, alt. 11 mill., apert. diam. $7^3/_4$ mill.

1874 *Pterocyclos chinensis* O. von Möllendorff Jahrb. D. M. G. I. p. 78.

1874 Pterocyclos chinensis O. von Möllendorff ibid. p. 119 t. III. f. 5.

1874 Pterocyclos chinensis Ed. von Martens ibid. p. 126.

1875 „ „ Pfeiffer Mon. Pneum Suppl. III. p. 52 no. 9.

Wie oben erwähnt, ist die Schale ganz Cyclotusartig, von den oben als Cycloti campanulati zusammengefassten Arten unterscheidet sie sich durch die fehlende glockenartige Auftreibung des letzten Umgangs vor der Mündung. Vielmehr ist das äussere Peristom ziemlich verdickt und umgeschlagen; wie bei manchen Cyclophorus-Arten, (und wie bei Cyclotus hunanensis) könnte man fast von einem peristoma multiplex sprechen. Was den Deckel anbelangt, so würde ich gern meine frühere Beschreibung revidiren, da ich damals noch wenig Cyclotus und Pterocyclos-Deckel gesehen hatte und jetzt namentlich den von Cyclotus hunanensis vergleichen möchte, der auch von einem normalen Cyclotus-Deckel durch lamellenartig erhabene Windungsränder abweicht und doch kein Pterocyclos-Deckel ist. Aber leider habe ich s. Z. nur ein Exemplar mit Deckel gefunden, und das liegt im Berliner Museum! Im übrigen hat Gredler Recht, wenn er (Jahrb. 1881 p. 129 Anm.) auf das Bedenkliche eines immerhin zweifelhaften Pterocyclos chinensis neben Cyclotus chinensis Pfr. hinweist; jedoch will ich meine Art nicht umtaufen, ehe die Gattungsfrage nicht definitiv entschieden ist.

Heude hat die Art nicht gefunden, sie scheint daher nicht weit verbreitet zu sein, und es bleibt mein erster Fundort, am Kloster Dshin-fêng-sy im Gebirge Lushan bei Kiukiang (Dshin-dshiang-fu) zunächst der einzige.

Erwähnen muss ich schliesslich, dass die Abbildung im II. Bande der Jahrbücher viel zu wünschen übrig lässt; namentlich ist die Mündung zu gross und der letzte Umgang zu stark herabsteigend.

2. *Pterocyclos lienensis* Gredl.

1881 Pterocyclos planorbulus Gredler Jahrb. D. M. G. VIII. p. 128 (nec Sowerby).

1882 Pterocyclos lienensis Gredler Jahrb. IX. p. 42.

„ „ Gerlachi O. F. von Möllendorff Jahrb. IX. p. 180.

Ich zweifle nicht, dass die Art, welche Dr. Gerlach leider nur in verblichenen Exemplaren im Norden der Provinz Guangdung sammelte, dieselbe ist wie die, welche P. Fuchs von ebendaher an Gredler gesandt und welcher Letzterer anfangs als Pt. planorbulus Sow. aufführte. Nun giebt es aber zunächst gar keinen Pterocyclos planorbulus Sow. Cyclostoma planorbulum Sow. ist Synonym von Cyclotus variegatus Swains., der Sowerbyischen Name musste vor dem älteren Cyclostoma planorbula Lam., jetzt ebenfalls zu Cyclotus gerechnet, zurücktreten. Allerdings gehören beide zu den mit flügelartig ausgebogenem Mundsaum versehenen Arten, den Cycloti pterocycloidei, und die Lamarck'sche stand in der ersten

Ausgabe der Pfeiffer'schen Mon. Pneumon. noch unter Pterocyclos. Da die letztere aber einen Diameter von 39 mill. hat, so meint Gredler jedenfalls Cyclotus variegatus Swains., mit dem unsere Chinesin allerdings einige Aehnlichkeit besitzt. Indessen ist sie bei ungefähr gleicher Grösse erheblich höher, das Gewinde, wenn auch wenig, so doch deutlich konisch erhaben, während Cycl. variegatus ganz flach ist — „vertice haud prominulo" Pfr. —. Färbung und Zeichnung sind ganz anders; unsere Art ist fein zickzackstreifig, während bei der philippinischen breite kastanienbraune und hellere Streifen abwechseln (eleganter et undatim strigata vel tessellata sagt Pfeiffer, was meine Exemplare durchaus bestätigen). Schliesslich ist die Oehrung des äusseren Mundsaums entschieden deutlicher und auch am innern Mundsaum durch einen Einschnitt angedeutet. Während somit über die specifische Verschiedenheit des chinesischen Pterocyclos kein Zweifel herrschen kann, ist, wie erwähnt, die Gattungsbestimmung weniger sicher, da bisher der Deckel nicht bekannt geworden ist. Ich bin bei der so ausgebildeten Pterocyclos-Form der Mündung vorläufig geneigt, sie bei Pterocyclos zu lassen. Inzwischen ist mir Gredler in der Benennung der Art zuvorgekommen, wie ich aus seinem „IV. Stück" zur Conchylienfauna von China ersehe, und sein Name lienensis ist publicirt, während meine Diagnose von Pt. Gerlachi nach Deutschland unterwegs war. Gredler ist übrigens im Irrthum, wenn er glaubt, dass Dr. Gerlach's Exemplare von P. Fuchs stammen. Sie wurden vielmehr auf Gerlach's Reise nach dem Lien-dshon-Fluss 1879 gesammelt und ich gab Herrn von Martens einige schon im Frühjahr 1880. Letzterer erwähnt sie auch bei Gelegenheit der Beschreibung meiner Helix Gerlachi (als Pterocyclos chinensis Möll. merkwürdigerweise, mit dem sie doch gar keine Aehnlichkeit haben). Trotz der wenig glücklichen Wahl des Namens (Liën allein heisst nichts, der Fluss heisst Liën-dschon-ho, die Gegend Liën-dschon) muss die Art als Pt. lienensis Gredl. bestehen bleiben.

3. *Pterocyclos Wilsoni* Pfr.

1865 Pterocyclos Wilsoni Pfeiffer Proc. Zool. Soc. p. 831 t. 46 f. 12.

1866 Pterocyclos Wilsoni Pfeiffer Malak. Bl. XIII. f. 44 Novit. Conch. III. fasc. 33 p. 412 no. 587 t. 98 f. 5—7.

1875 Pterocyclos Wilsoni Pfeiffer Mon. Pneum. Suppl. III. p. 52 no. 11.

Formosa.

Da der Deckel noch nicht bekannt ist, so gilt von dieser Art dasselbe, was oben von Pt. lienensis gesagt wurde; er könnte zu den Cycloti pterocycloidei gehören, zumal er C. variegatus Swains. ähnlicher zu sein scheint, als Pt. lienensis.

Subfam. **Cyclophorina** H. und A. Ad.

Genus **Cyclophorus** Montf.

α) Cyclophori elevati (E. von Martens).

1. *Cyclophorus exaltatus* Pfr. Taf. 9 fig. 3.

Testa (pro genere) anguste umbilicata, turbinata, oblique striata, pallide corneofusca, plerumque rufo-fuscis vel castaneis striis fulminatis ornata; apex brunneus, anfr. 5 convexi, ultimus obtuse angulatus, plerumque infra peripheriam fascia unica obscura interdum obsoleta cinctus, (interdum interrupte multifasciatus); apertura parum obliqua, peristoma album, crassum, undique reflexum, marginibus callo tenui junctis. Operculum normale, tenue luteofuscum.

Diam. maj.		min.	alt.	apert.	
Diam. maj.	29	min. 22½	alt. 23	apert. 16	mm.
„ „	28	„ 22½	„ 24	„ 16	„
„ „	27½	„ 22	„ 24	„ 15½	„
„ „	27	„ 22	„ 24	„ 15½	„
„ „	27	„ 22	„ 23	„ 15½	„

Diam. maj. 26½ min. 21 alt. 21½ apert. 15 mm.
„ „ 25 „ 21 „ 22 „ 15 „
„ „ 26 „ 21 „ 23 „ 14¾ „
„ „ 25 „ 20 „ 23 „ 14 „

1854 Cyclostoma exaltatum (Cyclophorus) Pfeiffer Proc. Zool. Soc. p. 300.

1858 Cyclophorus exaltatus Pfr. Mon. Pneum. Suppl. I. p. 43 II. p. 63.

1867 Cyclophorus exaltatus E. von Martens Ostas. Landschn. p. 39 t. 19 f. 8.

1875 Cyclophorus exaltatus Pfeiffer Mon. Pneum. Suppl. III. p. 102 no. 23.

Da auf der kleinen Insel Hongkong nur eine Art Cyclophorus vorkommt, so zweifle auch ich, wie Martens a. a. O., nicht, dass dieselbe der Pfeiffer'sche C. exaltatus ist, vorausgesetzt, dass letztere Art wirklich wie angegeben von Fortune in Hongkong gesammelt wurde. Allerdings trifft Pfeiffer's Diagnose nicht völlig zu; doch erklären sich die Differenzen leicht dadurch, dass er kein ganz ausgewachsenes Exemplar hatte. Pfeiffer giebt 25 mill. diam. maj., Martens 27 m.; letzteren Durchmesser haben auch die meisten meiner Exemplare von Hongkong, während einzelne 29 mm. erreichen. Auch die stumpfe Kante des letzten Umgangs wird bei alten Exemplaren deutlicher, so dass auch die Nichtangabe dieses von Martens hervorgehobenen Kennzeichens bei Pfeiffer erklärlich ist. Die von Pfeiffer geschilderte Färbung und Zeichnung — „nigro castanea, strigis angulosis pallidis notata — anfr. ultimus peripheria pallide subfasciatus — ist nicht die normale, sondern im Allgemeinen ist die Grundfarbe hellhornbraun mit einem Stich in's Röthliche und hat kastanienbraune Zickzackstreifen; andere haben eine Reihe schmaler Binden, mehr oder minder unterbrochen, während Pfeiffer's Beschreibung entsprechende Exemplare mit dunkler Grundfarbe und hellen Zickzackstreifen seltene

Ausnahmen sind. Ich fand deren unter 53 an einer Lokalität gesammelten Stücken nur zwei.

Das Thier ist röthlich graubraun mit etwas, aber wenig, dunkleren Fühlern und hellerer Sohle.

Schwierig ist die Abgrenzung gegen die Festlandsart, C. punctatus, welche in Pfeiffer's Aufzählung (Suppl. II.) durch 29 Arten — C. exaltatus ist no. 18, punctatus no. 48 — von unserer Art getrennt ist, während es in Wahrheit schwer ist, ein bestimmtes Schalen-Kennzeichen zur Scheidung der beiden Formen namhaft zu machen. Die Gründe, die mich trotzdem bewegen, sie als getrennte Arten aufzufassen, werde ich bei der folgenden Art entwickeln.

2. *Cyclophorus punctatus* (Grat.) Pfr. Taf. 9 fig. 4.

1841 Cyclostoma punctata Grat. Act. Bord. XI. p. 440 t. III. f. 10 (ex Pfr.)
„ punctatum Chemn. ed. II. no. 31 p. 40 t. V. f. 12. 13.
1843 Cyclostoma irroratum Sow. Proc. Zool. Soc. p. 61.
„ „ „ „ Thes. no. 94 p. 123 t. XXVII. f. 134. 135.
1847 Cyclophorus punctatus Pf. Zeitschr. f. Mal. p. 107. — Consp. no. 89. — Mon. Pneum. p. 67. 68. Suppl. I. p. 50 no. 40 II. p. 65 no. 48.
1852 Cyclophorus punctatus Gray Cat. Cycloph. p. 18 no. 11 Phan. p. 46.
1852 Cyclophorus punctatus Reeve Conch. Jc. t. XII. f. 51.
1867 „ „ Martens Ostas. Landschn. p. 39.
1875 „ Pfr. Mon. Pueum. Suppl. III. p. 104 no. 54.
1881 Cyclophorus punctatus Gredler Jahrb. D. M. G. VII. p. 129

Gegen die Pfeiffer'sche von Martens verbesserte Diagnose habe ich nur einzuwenden, dass Martens die leichte Andeutung einer Kante am letzten Umgang und in Folge dessen in der Mündung, welche Pfeiffer („ad peripheriam subangulatus“) richtig angiebt, nicht erwähnt. Sie ist an allen mir vorgekommenen Exemplaren vorhanden und ungefähr ebenso stark ausgeprägt wie bei C. exaltatus.

Die Färbung und Zeichnung ist nicht so variabel wie bei der vorigen Art. Die Regel ist dass ausser der mittleren braunen Binde eine Anzahl feiner Binden vorhanden sind, welche oben immer, um den Nabel meistens, durchbrochen sind; seltener sind die Binden, wie Martens angiebt, in Reihen eckiger, oft pfeilförmiger Flecken aufgelöst.

Auch bei C. punctatus sind die Dimensionen ziemlich variabel. Von 15 gemessenen Exemplaren hatten:

1	Ex.	diam.	maj.	25	min.	20	alt.	21	mm.
2	„	„	„	25	„	19½	„	20	„
1	„	„	„	24	„	19½	„	20	„
1	„	„	„	24	„	19	„	20½	„
3	„	„	„	24	„	19	„	20	„
1	„	„	„	23½	„	18½	„	21½	„
1	„	„	„	23	„	18	„	20½	„
2	„	„	„	23	„	18	„	20	„
2	„	„	„	23	„	18	„	19½	„
1	„	„	„	23	„	19	„	18½	„

Was nun die Unterschiede von der vorigen Art anbelangt, so ist C. punctatus zunächst kleiner und durchschnittlich niedriger; es kommen allerdings einzelne höhere Exemplare von p. und flachere von ex. vor, aber im Ganzen ist exaltatus als verhältnissmässig höher zu bezeichnen. Ferner ist p. dünnschaliger und hat auch meist ein weniger verdicktes Peristom. Die Unterschiede der Färbung und Zeichnung sind nicht durchaus stichhaltig. Binden, unterbrochen oder nicht, sind bei p. die Regel, bei ex. senkrechte Zickzackstreifen; jedoch kommen Exemplare bei punctatus vor, bei denen kaum noch Binden oder auch nur regelmässige Anordnung der Flecken zu erkennen sind, während, wie erwähnt, ex. oft auch nur gebändert ist. Immer aber ist letztere Art lebhaft gefärbt, während C. p. durchgehends mattfarbig ist und stets einen im Allgemeinen grauen Farbenton zeigt. Das oft zutreffende Merkmal eines schwärzlichen Wirbels bei C. p. ist nicht durchgreifend. Alle diese Unterschiede zusammengenommen mögen genügen, um die beiden Formen als besondere Arten zu betrachten, da die Scheidung durch die Thiere bestätigt wird. Das von C. ex. ist entschieden röthlich, während das von C. p. gelblichgraubraun ist; auch ist die Sohle bei der letzteren Art viel heller.

Die definitive Abgrenzung der Arten wird erst durch Feststellung der Verbreitungsgebiete möglich werden. Wie wir gleich sehen werden, treten im Innern der Provinz andere Formen auf, von denen sich eine, C. subcarinatus, den vorigen eng anschliesst. So lange die besprochenen beiden Arten neben einander bestehen bleiben, nehme ich keinen Anstand auch diese, sowie die Hainan-Form als getrennte Arten zu betrachten, glaube aber, dass alle vier schliesslich als Lokalvarietäten einer Art werden angesehen werden müssen.

Cyclophorus exaltatus habe ich von mehreren Stellen auf Hongkong selbst (Happy Valley, Little Hongkong und am Südostende bei Shekko) und von den Gebirgen des gegenüber liegenden Festlandes, überall an gutbewaldeten Stellen. C. punctatus kommt in Canton selbst in Parks, an den „Weissen Wolkenbergen“ (Bak-wan-shan), den Bergen zwischen Canton und Macao, den Sai-tshin-shan in Gebüschen vor. Die Fundortsangabe für C. punctatus bei Morelet (Sér. Conch. IV. f. 284 Pfr. Mon. Pneum. Suppl. III. p. 406).: Touraue in Annam möchte ich vorerst bezweifeln.

3. *Cyclophorus subcarinatus* Mlldff. n. sp. Taf. 1 f. 5.

Testa pro genere anguste umbilicata, turbinata, oblique subtiliter striatula, obscure castaneofusca, strigis fulminatis satis angustis corneoflavidis ornata; anfr. 5 convexi, ultimus ad peripheriam acute angulatus, fere carinatus, valde inflatus, antice paullum descendens. Apertura parum obliqua, subcircularis; peristoma album paullum incrassatum, reflexum et expansum. Operculum normale.

Diam. maj. 26, min. 21, alt. 22, apert. diam. 15 mm.

Hab. in monte Lofoushan ad monasterium Wa-shan provinciae sinensis Guang-dung.

In Grösse und Gestalt steht diese Form C. punctatus am nächsten, in der Zeichnung nähert sie sich einzelnen Formen von C. exaltatus. Alle mir bisher vorliegenden, allerdings nur 6 ausgewachsene, Exemplare, sind dunkelkastanienbraun mit hellen Zickzackstreifen; freilich darf nach Analogie der andern Arten erwartet werden, dass auch hier sich dieselben Variationen in der Färbung und Zeichnung wiederholen werden. Das Kennzeichen, auf welches ich den Hauptwerth lege, ist die scharfe Kante der Peripherie, die fast den Charakter eines Kiels annimmt. Ob sich die Art als sogenannte gute bewährt, wird davon abhängen, ob sich Uebergänge finden und wie sich das Verbreitungsgebiet gegen C. punctatus und exaltatus abgrenzt. Sollten letztere beiden Arten combinirt werden, so würde unsere Form als var. zu der combinirten Art treten können.

4. *Cyclophorus pyrostoma* Mlldff. n. sp. Taf. 9 f. 6.

Testa pro genere anguste umbilicata, turbinata, oblique subtiliter striata, carnea, infra medium fascia fusca lata, superne maculis sagittaeformibus in series dispositis, infra fasciolis pluribus interruptis et striis fulminatis castaneis ornata, apex pallens; anfr. 5 convexi, ultimus obtuse angulatus vel fere subcarinatus, valde inflatus; apertura parum obliqua; peristoma multiplex, incrassatum, reflexum, expansum, aurantiacum vel igneum, superne triangulariter anfractui penultimo adnatum. Operculum sat concavum, luteofuscum.

Diam. maj. 31, min. 24, alt. 25 mill., apert. cum perist. 17½ mill. lata.

Hab. in insula Hainan prope Hoihow; leg. cl. A. Schomburg.

Cyclophorus exaltatus am nächsten stehend, unterscheidet sich diese Art durch bedeutendere Grösse, die fleischröthliche Grundfarbe, die regelmässige Zeichnung, die etwas stärkere Kantung des letzten Umgangs, die viel stärkere Aufgeblasenheit des letzteren, das orangegelbe bis feuerrothe Peristom, den stärker konkaven Deckel und den dreieckigen Zipfel, den der obere äussere Mundsaum über die Naht an den vorletzten Umgang legt.

Das Thier ist dunkelbraun mit schwärzlichen Tentakeln.

Im Norden der Insel Hainan von meinem Freunde A. Schomburg in ca. 15 Exemplaren gesammelt.

Auch diese Art könnte einer Combination mit den vorangegangenen 3 Arten zum Opfer fallen, obwohl ihre Unterschiede von exaltatus und punctatus mir erheblicher scheinen, als die jener Arten untereinander.

5. *Cyclophorus elegans* Mlldff. Taf. 9 fig. 7.

Testa mediocriter umbilicata, turbinata, solida, oblique striata, plerumque castaneofusca, pallide fulminato strigosa, ad peripheriam fascia alternatim fusca et albida ornata (interdum pallide cornea, seriebus macularum sagittaeformium aut fasciis interruptis picta), apex fuscus; anfr. 5 convexi, ultimus vix ventrosus, angulatus, interdum fere subcarinatus, apertura parum obliqua, alba; peristoma undique expansum et reflexum crassissimum, plerumque multiplex. Operculum normale.

Diam. maj. 27—29, min. 21—23, alt. 22¼—24, apert. c. perist. 15—16, intus 11—12 mm.

1881 *Cyclophorus elegans* Möllendorff Jahrb. D. M. Ges. VIII. p. 307.

Hab. Ad rupes marmoreas Tsat-sing-yen prope urbem Shiu-hing-fu in provincia sinensi Guang-dung.

Gehäuse verhältnissmässig weit genabelt, kreiselförmig, fest, schräg gestreift, meistens von schön kastanienbrauner Grundfarbe mit helleren blitzähnlichen breiten Streifen; an der stumpfgekanteten oder undeutlich gekielten Peripherie eine abwechselnd braun und gelblichweisse Binde; mitunter ist die Farbe hellhornbraun und wie C. exaltatus dunkel gezeichnet. Der Wirbel ist braun, die fünf Umgänge sind stark convex, der letzte auf der Unterseite etwas abgeflacht. Die Mündung ist wenig schief, innen weiss oder bläulich, der Mundsaum breit zurückgeschlagen, vielfach, ausserordentlich verdickt. Der Deckel von dem der vorigen Arten nicht abweichend.

Thier dunkelgraubraun mit noch dunkleren Fühlern, Sohle graubraun.

Bisher nur an den Marmorfelsen oder „Siebengestirnklippen“ nahe der Stadt Shiu-hing-fu am Westfluss WNW von Canton.

Wären die Kennzeichen meiner ersten Exemplare constant, so würde Niemand Bedenken tragen, diese prachtvolle Form als neue Art anzuerkennen; aber wie in der Beschreibung erwähnt, wechselt auch bei dieser Art Farbe und Zeichnung bedeutend. Auch die Gestalt, die sich im allgemeinen von der des C. exaltatus durch geringere Höhe unterscheidet, variirt und es finden sich einzelne Exemplare so hoch wie die Hongkong-Art. Dagegen bleibt die geringere Aufgeblasenheit des letzten Umgangs, die dadurch flachere Unterseite und der weitere Nabel ganz constant; auch ist die Kantung des letzten Umgangs deutlicher als bei C. exaltatus und punctatus. Der Mundsaum ist von ganz ungewöhnlicher Dicke, indem er sich lagenweise nach vorn vergrössert, eine Bildung, die auch bei den andern Cyclophorus-Arten in alten Stücken ausnahmsweise vorkommt, hier aber Regel ist und eine bedeutende Ausdehnung erreicht. Das Peristom misst seitwärts oft 3, in einzelnen Stücken bis 5 mill. Die Färbung des Thieres unterstützt ebenfalls die Creirung einer nova species; es ist dunkler als das der vorangegangenen Arten und hat nichts von dem röthlichen Farbenton des C. exaltatus.

Die Unterschiede von den voranstehenden Arten sind daher viel erheblicher, als die jener Arten untereinander und ich würde, auch wenn die Arten ad 1—4 combinirt werden sollten, C. elegans specifisch von ihnen trennen.

6. *Cyclophorus Clouthianus* Mlldff. Taf. 10 fig. 1.

Testa umbilicata, depresso-turbinata, solidula, oblique striata, olivaceo cornea, infra medium fascia una fusca et multis fasciolis plerumque interruptis ornata, superne fusco-marmorata, medio acute carinata; anfr. 5 subconvexi, ultimus breviter descendens, infra subplanatus; apertura obliqua, subcircularis; peristoma duplex (in adultis saepe multiplex), reflexiusculum, album, marginibus callo junctis; operculum normale, tenue, succineum.

Diam. maj. 14—25, min. 18½—20, alt. 19—20½ apert 12½ mill.

1881 Cyclophorus Clouthianus O. von Möllendorff Jahrb. D. M. G. VIII. p. 308.

Hab. in silva montis Ding-hu-shan provinciae sinensis Guang-dung.

Gehäuse ziemlich eng genabelt, niedergedrückt kreiselförmig, ziemlich fest, schief fein gestreift, hornbraun mit einem Stich ins olivengrüne, unter der Peripherie mit einer braunen breiten und vielen schmalen häufig unterbrochenen Binden versehen, oben mit braunen Zickzackstreifen wie marmorirt, in der Mitte mit einem deutlich abgesetzten Kiel versehen; fünf ziemlich convexe Umgänge, deren letzter vorn kurz herabsteigt und auf der Unterseite ziemlich flach ist. Mündung ziemlich schief, fast kreisrund. Das Peristom weiss, ziemlich dick, etwas umgeschlagen, in alten Stücken verdoppelt oder vervielfacht, die Ränder durch eine Schwiele verbunden. Der Deckel normal, bernstein- bis horngelb.

Durch die eigenthümliche Färbung, den scharfen Kiel und die flache Unterseite sehr gut charakterisirt.

Bisher nur im Walde beim Kloster Tshing-yün-sy am Gebirge Ding-hu-shan WNW von Canton, von wo mir mein Freund Dr. Clouth die ersten Exemplare mitbrachte und wo ich ihn selbst ziemlich zahlreich sammelte.

7. *Cyclophorus Martensianus* Mlldff.

Testa pro genere peranguste umbilicata, turbinata, solidula, subtiliter oblique striatula, solidula, pallide fuscocarnea, una fascia fusca infra medium multisque fasciolis saepe interruptis ornata, spira satis elevata, apice acutiusculo fusco; anfr. 5 perconvexi, ultimus ventrosus rotundatus, in adultis antice brevissime descendens, apertura parum obliqua, subcircularis, intus albida; peristoma duplex, internum acutum rectum, externum multiplex vix reflexiusculum, haud expansum, marginibus callo junctis. Operculum normale, tenue, corneum, subconcavum.

Diam. maj. 25 min. $20^1/_2$ alt. 23, apert. diam. 14 mill.

1874 Cyclophorus Martensianus O. von Möllendorff Jahrb. D. M. Ges. I. p. 78.
1874 „ „ ibid. II. p. 120 t. III. f. 3.
1874 „ „ E. von Martens ibid. II. p. 127.
1875 Pfeiffer Mon. Pneum. Suppl. III. p. 110.
1881 „ „ Gredler ibid. VIII. p. 32.
1892 Heude Moll. Terr. Fleuve Bleu p. 1 t. XII. f. 1 & 5.

a) typus. In provinciis sinensibus Dshiang-si (O. v. Möllendorff, P. Heude), Hunan (P. Fuchs).

b) var. Nankingensis Heude. differt a typo testa minore, altiore (diam. maj. et alt. 20 mill.) colore pallide fusca vel brunnea vel atrocastanea.

1882 *Cyclophorus Nankingensis* Heude l. c. p. 2 t. XII. f. 2.

Circa vicum Wu-hsi prope urbem Nanking (P. Heude).

c) var. pallens Heude, differt testa paullo minore (diam. maj. 23 mill.), albida, rubiginosis fulgetris confusis, minutis in series obliquas dispositis ornata.

1882 *Cyclophorus pallens* Heude l. c. p. 2 t. XII. f. 3.

Ad colles calcarios circa Wu-tshang-hsien provinciae Hu-bei, juxta urbem Su-dshon provinciae Dshiang-su.

Seit ich die südchinesischen Arten genauer kennen gelernt habe, bin ich von der Artgültigkeit meines Cyclophorus Martensianus vollends fest überzeugt. Es trennen ihn von allen vorangegangenen Arten die folgenden Kennzeichen: stärkere Wölbung der Umgänge, bedeutendere Höhe, brauner Wirbel, gänzlicher Mangel einer Kante, und schliesslich das Peristom, welches selbst bei ganz alten Exemplaren nur ganz wenig umgeschlagen, gar nicht ausgebreitet ist. Auf Färbung und Zeichnung ist kein Gewicht zu legen, da diese bei allen Arten unseres Genus stark variirt.

Aus diesem Grunde glaube ich auch die beiden von Heude aufgestellten Exemplare zu Varietäten degradiren zu müssen, da dieselben nur auf Dimensions- und Färbungsunterschiede basirt sind. Eine gute Lokalvarietät ist eigentlich nur Nankingensis Heude, während C. pallens promiscue mit C. Martensianus gefunden wurde.

Am nächsten steht C. Martensianus der japanischen Art C. Herklotsi, der ihm in der Gestalt und den stark gewölbten Umgängen nahe kommt, sich aber durch geringere Grösse und das etwas ausgebreitete Peristom unterscheidet.

Verbreitung. Das Verbreitungsgebiet unserer Art scheint ein sehr weites zu sein. P. Fuchs hat ihn aus Hunan, Heude und ich aus Dshiang-hsi (vulgo Kiangsi), Heude ferner aus den Provinzen An-hui, Hu-bei, Dshiang-su, und schliesslich hat mir Herr F. Eastlake einen Cyclophorus aus der Gegend von Fu-dshou, Provinz Fu-dshien mitgebracht, der höchstwahrscheinlich ebenfalls zu dieser Art zu ziehen ist; doch habe ich bisher nur schlechterhaltene, verkalkte Exemplare gesehen.

8. *Cyclophorus formosensis* Nevill.

Testa anguste umbilicata, elate turbinata, solidula, oblique subtiliter striata, corneofusca, castaneomarmorata, infra medium unifasciata; spira elevata apice corneofusco; anfr. 5 convexi, ultimus vix obtuse angulatus; apertura obliqua fere circularis, peristoma duplex, continuum, incrassatum, externum breviter expansum, reflexiusculum. Operculum normale.

Diam. maj. 18½—19 min. 15 alt. 17—18; apert. diam. 10 mill.

1864 *Cyclophorus exaltatus* var.? Pfr. Nov. Conch. II. fasc. XXIII. p. 279 t. 68 f. 14—15.

1875 Cyclophorus exaltatus Pfeiffer Mon. Pneum. Suppl. III. p. 102 (ex parte).

1881 Cyclophorus formosaensis (sic?) G. Nevill Journ. As. Soc. of Bengal L. II. p. 148.

Hab. In insula Formosa.

Diese kleine Art, welche schon Pfeiffer von Formosa erhalten und als zweifelhafte Varietät von C. exaltatus in den Novitates abgebildet hatte, hat mein Freund Hungerford 1880 bei Dshi-lung (Keelung) und Takohan in Formosa gesammelt und Nevill und mir mitgetheilt. Nevill hat sie richtig als neu erkannt und neuerdings (ohne Beschreibung) publicirt. Sie unterscheidet sich von allen chinesischen wie von der japanischen Art C. Herklotsi Mart., durch geringere Grösse und konischere Gestalt; die Höhe kommt nahezu dem Durchmesser gleich und übertrifft in einzelnen Exemplaren denselben, während sie auch bei der kleinsten konischen Form von C. Herklotsi mehr, bei allen chinesischen Arten erheblich mehr hinter dem grössten, meist sogar hinter dem kleinsten Durchmesser zurückbleibt. Sollte die Form durchaus als var. formosensis zu einer der beschriebenen Arten treten, so könnte es keinenfalls C. exaltatus sein, sondern es würden nur C. Martensianus und Herklotsi in Frage kommen. Von ihnen trennt sie aber das Vorhandensein der, wenn auch undeutlichen Kante des letzten Umgangs und der zurückgeschlagene Mundsaum und die schon oben hervorgehobenen Dimensionsverhältnisse. Auch ist der Nabel enger als bei allen andern chino-japanischen Arten. Ich habe daher betreffs der Artgültigkeit dieses insularen Cyclophorus keinerlei Bedenken. (Fortsetzung folgt.)

Literatur.

J. Gwyn Jeffrey's Dr.: „*On the Mollusca proc. during the Lightning and Porcupine Expeditions*“ *1868—70. Part. IV.* 30 Seiten mit 2 Tafeln Abb. (from the Proc. Zool. Soc. London, Nov. 1881).

Der Verfasser gibt hier die Fortsetzung der bei den Expeditionen der erwähnten Schiffe erlangten Tiefseeconchylien als Schluss der Conchifera, in der bekannten präcisen Weise, die ich bereits in den Besprechungen der frühern Theile zu rühmen Gelegenheit gehabt. Es werden erwähnt:

Fam. XVI. *Mactridae.*

1. Genus *Amphidesma.* 2 Species h. g. *Ervillia castanea* und *Mesodesma cornea Poli*, deren Einreihung in das Genus Amphidesma mir nicht recht zusagen will.

2. Genus *Mactra* mit 3 Spec., die bekannten Arten von Nordeuropa, wobei ich bemerke, dass die früher vom Verfasser ausgesprochene Meinung *M. lateralis* Say sei nur Var. der *M. subtruncata* Mont. zurückgezogen, aber die nahe Beziehung beider aufrecht erhalten ist. Es ist übersehen, dass der *M. lateralis* das Ligament fehlt, dass sie also zum subgenus Mulinia Gray gehört.

3. Genus *Lutraria* mit 3 Arten.

4. Genus *Scrobicularia* mit 6 Sp. darunter 4 Syndosmya.

Bei S. longicallus Sc. wird, wie mir scheint, mit zweifelhaftem Recht die Philippi'sche Aenderung in longicallis monirt. Von einer „langen Schwiele" kann so wenig die Rede sein, als von einer „Schwiele" überhaupt, daher auch nicht von „callus", das nicht eine andere Form von callis, sondern ein ganz anderes Wort ist.

Fam. XVII. *Solenidae.*

5. Genus *Solecurtus* mit 2 Spec. Hierbei wird für S. candidus der brit. Autoren der ältere *S. scopula Turton* eingeführt. Es war mir schon lange nicht mehr zweifelhaft, dass der britische *S. candidus* nicht die gleichnamige Art Renier's sei, sondern *S. multistriatus* Scacchi. S. candidus Renier mag, wie schon Philippi annahm, eine kleine, farblose Varietät des S. strigillatus sein, verdient aber bis die Uebergänge nachgewiesen sind, als Art des Mittel-Meeres besonders aufgeführt zu werden. Um den Namen S. antiquus Pult. halten zu können, werden die schon so oft vorgebrachten, unhaltbaren Gründe erneuert, die beweisen sollen, dass diese Art nicht der S. coarctatus sein könne.

6. Genus *Ceratisolen* mit 1 Species.

7. Genus Solen mit 3 Species. Solen pellucidus var. tenuis möchte ich mit Monterosato als S. pygmaens Lam. als Art abtrennen.

8. Genus Pandora mit 1 Species, diese aber in einer Ausdehnung, die nicht vortheilhaft erscheint. P. pinna möchte als Art abzutrennen sein.

9. Genus Lyonsia mit 3 Species, darunter 2 n. Sp.
L. formosa Jeffreys t. 70 f. 1.
L. argentea „ t. 70 f. 2.

10. Genus Pecchiolia mit 7 Species, darunter neu:
P. subquadrata Jeffr. t. 70 f. 3.
P. insculpta „ t. 70 f. 4.
P. sinuosa „ t. 70 f. 5.
P. angulata „ t. 70 f. 6.

Ueber den Werth des Genusnamens Verticordia S. Wood oder dessen Ersetzung durch Pecchiolia Meneghini wird eine weitläufige Auseinandersetzung gegeben, die mir wenig durschlagend erscheint, auch von wenig Belang ist. Wenn Hippagus Lea mit Crenella zusammenfällt, so verschwindet dieser 1833 gegebene Name in dem 1827 gegebenen Brown's und es steht nichts im Weg, um Hippagus Philippi zu verwenden. Bei Genusnamen braucht man nicht so sorgsam auf das Prioritäts-Recht zu halten, wie bei Speciesnamen. Wichtiger scheint mir die Bemerkung des Verfassers, dass er wenig befriedigende Unterschiede zwischen Pecchiolia und Lyonsia finden könnte. Wenn dies so ist, so muss man sich wundern, dass er unterlassen hat, die nothwendige Folgerung aus dieser Beobachtung zu ziehen.

11. Genus Pholadomya mit 1 n. Sp. Ph. Loveni Jeffr. t. 70 f. 7 und eine zweifelhafte Art *Thracia pholadomyoides* Forb.

Familie XIX. *Anatinidae.*

12. Genus Thracia mit 5 Species.

Familie XX. *Corbulidae.*

13. Genus Poromya mit 2 Species, darunter neu:

P. neaeroides Seguenza.

14. Genus Neaera mit 21 Species, daher dieses Genus wohl als das für die Tiefsee am meisten charackterisirende zu betrachten sein möchte.

Neu sind davon:

Neaera truncata Jeffr. t. 70 f. 9; N. sulcifera Jeffr. t. 70 f. 10, N. gracilis Jeffr. t. 70 f. 11, N. bicarinata Jeffr. t. 71 f. 1, N. teres Jeffr. t. 71, f. 2; N. depressa Jeffr. t. 71 f. 3; N. contracta Jeffr. t. 71 f. 4, N. semistrigosa Jeffr. t. 71 f. 5; N. circinata Jeffr. t. 71 f. 6; N. ruginosa Jeffr. t. 71 f. 7; N. inflata Jeffr. t. 71 f. 8; N. angularis Jeffr. t. 71 f. 9; N. curta Jeffr. t. 71 f. 10; N. striata Jeffr. t. 71 f. 11.

Die grosse Anzahl dieser Tiefwasser-Arten und einige schwankende Kennzeichen geben dem Herrn Verfasser Veranlassung, das Genus in folgende Gruppen zu theilen:

a. glatte Formen (typische),
b. concentrisch gestreifte *(Aulacophora)*,
c. gekielte *(Tropidophora)*,
d. längsgerippte *(Spatophora)*.

Zu der Gruppe a gehören von den erwähnten 21 Species deren 10,
" " " b " " " " " " 6,
" " " c " " " " " " 2,
" " " d " " " " " " 3.

15. Genus Corbula mit 2 Arten, die bekannten.

Von *Corbula mediterranea* wird die früher damit vereinigte *C. ovata Forbes* wieder abgetrennt, was ich mit Genugthuung gerne acceptire, da ich die Zusammengehörigkeit stets geleugnet habe. *C. ovata* wird nun mit *C. amurensis* v. Schrenk's vereinigt, und erwähnt, dass auch *C. laevis Hinds* dazu gehören möge. Ich enthalte mich eines Urtheils über diese beiden Behauptungen, weil mir kein Material zur Verfügung steht.

Familie XXI. *Myidae.*

16. Genus Mya, hiervon werden 2 Species aufgeführt, darunter die *Sphenia Binghami* Turt.

Familie XXII. *Saxicavidae* mit

17. Genus Panopaea mit 1 Species (*P. plicata*).

18. Genus Saxicava mit 1 Species (*S. arctica*).

Familie XXIII. Pholadidae mit *Pholas candida* und *Xylophaga dorsalis.*

Im Ganzen sind also aus diesen Tiefenzonen diesmal aus 8 Familien und 18 Genera 67 Species beschrieben, denen allen die geologische und geographische Verbreitung, letztere auch in Hinsicht ihres antarctischen Vorkommens zugefügt ist.

Den Schluss dieser werthvollen Arbeit bildet ein Supplement zu den 3 ersten Theilen der Arbeit des Verfassers über die Mollusken der Lightning und Porcupine-Expeditionen, die meistens Zusätze über manche Fundorte nachweisen, die einer speciellen Erwähnung nicht bedürfen, so nöthig sie auch für die Verbreitung der Arten sein mögen.

Ich brauche wohl nicht hinzuzufügen, dass diese neue Arbeit Dr. Jeffreys's allen Lesern dieser Zeitschrift zu empfehlen sei.

Wk.

Berichtigung.

Jahrb. VIII. 1881 p. 348 finden sich zwei sinnstörende Druckfehler, die ich zu verbessern bitte: Zeile 10 v. o. ist statt „nun“ zu lesen „nur“ Zeile 16 v. u. ist statt „einer“ zu lesen „keiner“. Auf Tafel II des laufenden Jahrgangs hat der Lithograph bei Fig. 3, Geschlechtsapparat von Helix ericetorum, irrthümlich die Vesiculae multifidae nicht mitgezeichnet.

P. Hesse.

Eine Reise nach Griechenland.

Von

P. Hesse.

I. Von Neapel zum Piraeus.

Es war schon seit längerer Zeit meine Absicht, eine Reise nach Süditalien und den Jonischen Inseln zu machen, theils um die interessante Fauna dieser Länder kennen zu lernen, theils auch, um ein wenig praktische Geographie zu studiren; da kam mir plötzlich vom Cavaliere Blanc die Mittheilung, dass er im Frühjahr Griechenland und namentlich den Archipel, zu besuchen gedächte, und zugleich die Anfrage, ob ich mich an dieser Reise betheiligen wollte. Nichts konnte mir erwünschter sein, als die Begleitung eines so tüchtigen Kenners der griechischen Fauna, der schon zu wiederholten Malen das classische Land der Hellenen bereist hatte; ich erklärte mich also mit dieser Ausdehnung meines ursprünglichen Reiseplanes gern einverstanden und fand mich nach Verabredung in der Villa des Herrn Blanc ein, um wegen der Abreise die nöthigen Vereinbarungen mit ihm zu treffen. Er hatte mich schon erwartet; es blieb mir nur noch ein Tag, um Pompeji zu sehen, und am 27. März traten wir von Portici aus die Reise nach Brindisi an.

Wir fuhren über Caserta und Benevent, zunächst durch das gebirgige Samnium, an den alten Bergstädtchen vorbei, die vor Jahren Herr Dr. Kobelt besucht hat. Dann durchschneidet die Bahn eine weite, fruchtbare und sorgsam cultivirte Ebene, die Puglia; am Abend langten wir in Foggia an und logirten theuer und schlecht im Albergo di

Roma. Von Foggia ab hat man zur Linken stets den Ausblick auf die blaue Adria; rechts sieht man, so weit das Auge reicht, nichts als gartengleiche Felder, unter deren dünner Humusdecke hier und da der weisse Kalkfels hervorlugt. An den durch ihre famosen Lotterieanleihen bekannten Orten Barletta und Bari vorüber gelangten wir am Abend nach Brindisi. Das Wetter war trübe und unbehaglich, ein feiner Sprühregen rieselte herab, an der Bahnstrecke war hin und wieder, je näher nach Brindisi desto häufiger, der fieberkündende Eucalyptus angepflanzt, und die Italiener hielten Tücher vor Mund und Nase, um sich vor den Fieberdünsten zu schützen; das alte Brundusium erschien mir als ein recht unheimliches Nest.

Am nächsten Morgen klärte sich der Himmel auf; ein frischer Seewind hatte die Nebel vertrieben und wir konnten einen Spaziergang machen und uns in der Stadt und ihrer nächsten Umgebung ein wenig orientiren. Für den Malakologen ist hier wenig zu holen; es gilt für Brindisi dasselbe, was Dr. Kobelt im Nachrichtsblatt V. 1873 von Bari berichtet hat: die ganze Campagna ist so ausgezeichnet cultivirt, dass für die Entwicklung einer reichen Molluskenfauna gar kein Platz bleibt. Die wenigen Arten, die wir sammeln konnten, lebten meist im kurzen Grase an Wegrändern oder an den hier und da die Gärten einfassenden Agavehecken; die folgende Aufzählung unserer geringen Ausbeute mag beweisen, dass die Fauna von Brindisi mit der von Bari ziemlich übereinstimmt; neu für Italien dürfte nur die erste Art sein.

1. *Hyalinia eudaedalaea Bourg.* Ein todtes Exemplar in der Nähe des Hafens.
2. *Helix carthusiana Müll.* Nur todt gefunden.
3. „ *Pisana Müll.* Namentlich an den Agaven, meist junge Exemplare.
4. „ *vermiculata Müll.* Häufig.

5. *Helix aperta Born.* Einzeln im Grase.
6. „ *apicina Lam.* Ziemlich häufig.
7. „ *profuga A. Schm.*
8. „ *pyramidata Drap.* Vereinzelt, und nur todt gefunden.
9. „ *acuta Müll.*
10. *Stenogyra decollata L.*
11. *Clausilia bidens L.* An Mauern in Menge.
12. *Cyclostoma elegans Müll.* Häufig, wie überall in Italien.

Auf dem Fischmarkt, den wir besuchten, waren die Frutti di mare weniger reich vertreten, als in Neapel; Solen, Cardium, Mytilus und eine Venus-Art, das war Alles, was ich von Bivalven vorfand. Austern, die man in Neapel für einen halben Franken das Dutzend kauft, suchte ich vergebens, dagegen gab es Octopus, und namentlich Seeigel in grosser Menge. Die Octopen sind lebend sehr interessante und schöne Thiere, aber todt, stark mit Schleim überzogen und widerlich riechend, ekelten sie mich an; anscheinend waren sie schon einige Tage vorher gefangen. Beim Diner fanden wir Gelegenheit, an diesem interessanten Kopffüsser auch gastronomische Studien zu machen; er schmeckt gar nicht übel, erfordert aber einen guten Magen, da das Thier womöglich noch unverdaulicher ist als unser Hummer. Den Mittelmeerfischen dagegen konnte ich, namentlich in der italienischen Zubereitung, gar keinen Geschmack abgewinnen; sie kommen, nach meiner unmaassgeblichen Ansicht, denen unserer Nordsee auch nicht entfernt an Güte gleich.

Nach dem Mittagessen, gegen sechs Uhr, schifften wir uns auf dem italienischen Dampfer Selinunte ein. Ohne Prellereien von Seiten der Facchini und Barkenführer ging das freilich nicht ab; Brindisi ist der Ausgangspunkt der grossen englischen Ostindienfahrer, der sogen. P. & O. Dampfer, und durch die zahlreichen auf der Reise nach Indien hier durchpassirenden Engländer ist das Gesindel hinsichtlich der Preise sehr verwöhnt; Taxen existiren nicht, oder wenn sie existiren, werden sie wenigstens dem Fremden gegenüber nicht berücksichtigt. Am Abend setzte das Schiff sich in Bewegung; es wehte eine scharfe Tramontana, die See ging hoch, und nach wenigen Stunden brachte ich dem meerbeherrschen Poseidon den ganzen genossenen Octopus zum Opfer. Beim Passiren des Cap Matapan steigerte sich der Wind zum Sturm; das Schiff ächzte in allen Fugen und wir mussten uns festhalten, um nicht aus den Betten geschleudert zu werden. Ich wurde so krank, dass ich während der ganzen Ueberfahrt nichts geniessen konnte, und auch der Cavaliere war nicht seefest, wie ich geglaubt hatte; es war uns eine wahre Erlösung, als wir endlich nach zwei Tagen und drei Nächten am Orte unserer Bestimmung anlangten.

II. Athen und der Piraeus.

Wir waren nicht eben in rosiger Laune, als wir am ominösen ersten April, Nachts um 2 Uhr, im Piraeus landeten; ein fast dreitägiges Fasten hatte uns ziemlich ermattet, und das Wetter war auch wenig geeignet, uns heiter zu stimmen. Sofort nach der Ankunft war unser Dampfer von Booten umringt, und noch ehe die Schiffsbrücke heruntergelassen wurde, kletterten die Barkenführer, meist kräftige Gestalten mit colossalen blauen Pumphosen und obligatem türkischem Fez, an der Schiffswand empor und suchten sich sans façon des Gepäcks der Passagiere zu bemächtigen und diese in ihre Barken zu ziehen. Ich war verwundert über diese naive Unverschämtheit; später wurde ich bald daran gewöhnt, denn dasselbe Schauspiel wiederholte sich in allen Häfen bei jeder Landung.

Bei strömendem Regen betraten wir das Land und mussten unter freiem Himmel unsere Koffer öffnen und revidiren lassen; dann quartirten wir uns im Grand Hotel d'Angleterre ein, welches übrigens nur hinsichtlich der Preise „grand“, sonst aber recht dürftig war. Der Cavaliere zahlte für ein Zimmer strassenwärts 5 Frs. täglich; ich wohnte etwas billiger, aber nach dem Hofe zu, in einer engen Cabine mit zerbrochenem Fenster. Der einzige Kellner, der zugleich als Hausknecht, Stubenmädchen, Koch etc. fungirte, sprach einigermaassen italienisch, verstand auch einige Brocken Französisch und, worauf er nicht wenig stolz war, etwas Englisch, denn er hatte ein Jahr lang in einer „Casa inglese“ conditionirt; ich konnte mich also vermittelst eines merkwürdigen, aus allen drei Sprachen zusammengesetzten Kauderwälsch halbwegs mit ihm verständigen.

Es war recht unpraktisch, dass wir in diesem bescheidenen Piraeus-Hotel blieben, da wir in Athen ungleich besser, und wahrscheinlich auch billiger, hätten wohnen können. Wir mussten ohnehin täglich nach Athen fahren, um dort zu Mittag zu speisen, da im Piraeus die Küche schlecht bestellt war; wollten wir etwas zu Abend geniessen, so mussten wir schon am Morgen unsere Bestimmungen darüber treffen, damit der Wirth alles Erforderliche anschaffen konnte; kurz, unser Grand Hôtel war so pauvre wie nur eben möglich.

Der einzige Vorzug, den es hatte, war die günstige Lage, am Apollo-Platze, mit Aussicht auf den Hafen. Ein Blick vom Balcon herab war stets interessant; wir sahen die Schiffe ein- und auslaufen, das Verladen der Güter, endlich das Markten und Feilschen in dem stets belebten Bazar, der bei unserm Hôtel begann und den ganzen Hafen umgab. Sehr amüsant war es, Sonntags die grosse Wäsche der Herren Hellenen zu beobachten. Am Apollo-Platze befand sich ein Laufbrunnen, und an Sonntag-Vormittagen war derselbe beständig von schmutzigen Kerlen umlagert;

sie wuschen sich, natürlich ohne Seife, Gesicht und Hände, und gewöhnlich standen dann Leute bereit, die ihnen gegen Zahlung einer kleinen Kupfermünze ein Handtuch zur Benutzung darboten. War der Gewaschene nicht in der Lage, sich solchen Luxus erlauben zu können, so trocknete er das Gesicht mit der Innenseite seines zerlumpten Rockes ab, — die Hände trockneten schon von selbst an der Sonne; damit hatte er dann seinem Reinlichkeitsbedürfnisse für eine volle Woche Genüge gethan. Das Volk ist hier ausserordentlich schmutzig, schlimmer noch als in Italien, und man kann sich vor der Berührung mit diesen Menschen nicht genug hüten; unterhalb der Akropolis sah ich sogar ein kleines Mädchen auf offener Strasse ihrer Mutter einen Liebesdienst erzeigen, den bei uns nur die Affen der zoologischen Gärten einander coram publico zu erweisen pflegen.

Trotz der anstrengenden Seereise konnte ich nicht schlafen und war schon vor 6 Uhr wieder auf den Beinen; der Cavaliere fühlte sich unwohl und „rompu de douleur“, ich machte deshalb allein eine kleine Orientirungstour nach den Hügeln im Westen der Stadt, unweit des Friedhofs. Das Wetter war unfreundlich, der Regen hatte aber die Schnecken hervorgelockt, und im kurzen Grase lebte in Menge die weitgenabelte Form von Helix Cretica, die Westerlund H. cauta nennt. Zu meinem Leidwesen waren die Thiere noch alle mit dem Bau der Gehäuse beschäftigt, und da ich nur ausgewachsene haben wollte, musste ich mich mit todten begnügen. Einzeln fanden sich noch Helix pyramidata, Stenogyra decollata in der kleinen Orientform, endlich Helix vermiculata und figulina, und eine einzige Claus. isabellina. Auf dem Rückwege begegneten mir zwei Leute, die sich zuweilen bückten und dann etwas in die Körbe warfen, welche sie auf dem Rücken trugen; es waren Collegen, Schneckensammler, die auf die grossen

Helices Jagd machten, um sie dann in Athen auf dem Markte zu verhökern — es war Fastenzeit.

Gegen Mittag hatte Herr Blanc sich erholt; wir fuhren auf der einzigen, 4 Kilometer langen Bahn, die Griechenland hat, nach Athen und bestiegen nach Tisch den Lykabettos, der sich unmittelbar hinter der Stadt erhebt. Ich habe später dem Berge noch öfter Besuche abgestattet und manches Gute da gefunden, aber beim ersten Anblick war ich doch im Zweifel, ob an diesen kahlen Felsen, in dem spärlichen sonnenverbrannten kurzen Rasen, der zwischen den scharfen Geröllsteinen sich hervordrängt, überhaupt eine Schnecke existiren könnte. Ich hatte mir das schöne Land Hellas so ganz anders vorgestellt und war nun fast versucht, den guten Sophokles für einen Schwindler zu halten, wenn er erzählt, dass am Kolonos

Nachtigallen im Silberton,
Zahlreich nistend in grünen Hag's
Waldnacht, seufzen und klagen!

Heute gibt es, die schönen Anlagen beim königlichen Schlosse ausgenommen, um ganz Athen keinen grünen Hag, kaum einen Baum; nur an der heiligen Strasse nach Eleusis steht ein uralter „Oelwald“, dessen älteste Bäume noch die Blüthe der Stadt gesehen haben.

Vom Gipfel des Lykabettos, der von einer Kapelle des heil. Georg gekrönt wird, sieht man weit in's Land hinein: nichts als kümmerliche Getreidefelder, nackte Felsen und magere Triften, auf denen zahllose Schafheerden weiden. Trotz dieser anscheinend so ungünstigen Verhältnisse waren meine verschiedenen Lykabettos-Excursionen nicht unergiebig; am Boden, unter Rasen und kurzem Heidegestrüpp, lebten Helix cauta und pyramidata, Buliminus spoliatus und Bergeri; unter dem Schutz der grossen stacheligen Agave-Blätter hatten sich Stenogyra und die grösseren essbaren Helices angesiedelt, und in den Felsritzen fanden

Hyalinia aequata und Botterii, Helix lens, lenticula und cyclolabris var. Heldreichi, Pupa scyphus und Philippii, und Clausilia saxicola eine Zuflucht vor ihren Feinden und Schutz vor den sengenden Strahlen der südlichen Sonne. Wir spürten von diesen sengenden Strahlen bedauerlicher Weise sehr wenig; es war empfindlich kalt, der Winter hielt ungewöhnlich lange an, und man versicherte uns, dass er seit Menschengedenken in Athen nicht so streng aufgetreten sei, wie heuer. Die unangenehme Folge dieses abnormen Wetters war, dass die Schnecken zum grossen Theil ihre Winterquartiere noch nicht verlassen hatten, und so mussten wir uns bei den meisten Arten mit todten, mehr oder weniger verwitterten Schalen begnügen; fanden wir lebende, so waren sie fast immer jung und für uns nicht zu gebrauchen.

Wir waren also zu früh gekommen, das wurde uns bald klar; es liess sich aber nun nicht mehr ändern, und wir suchten auch die ungünstige Zeit, die ja nicht ewig andauern konnte, auszunutzen, so gut es gehen wollte.

Im Bazar von Athen sah ich mich nach Schnecken um und fand auch einen Verkäufer, der Helix aspersa und figulina feilhielt; er hatte aber fast nur unausgewachsene Exemplare. Ein Ausflug nach den Hügeln im Osten des Piraeus brachte uns ausser den schon erwähnten Species noch einige kleine Arten ein, zwei Caecilianellen, Buliminus zebra und Bergeri in besonders kleinen Formen, Pupa granum und scyphus, fast Alles nur todt. Die Torquillen sassen nicht, wie ihre deutschen Verwandten zu thun pflegen, an Felsen und Mauern, sondern recht vereinzelt an der Unterseite grosser Steine; das Sammeln war mühsamer als daheim.

So machten wir täglich Touren, aber immer nur in die allernächste Umgebung, und fanden uns jeden Abend gegen 6 Uhr im Piraeus ein, um da im Bazar kleine Einkäufe für unser Abendessen zu machen. Das Menu war in unserm Grand Hôtel sehr eintönig — täglich citronengesäuerte Reissuppe und Hammelbraten mit der unvermeidlichen Tomatensauce — und wir suchten durch ein bescheidenes Dessert, in Gestalt von Datteln, Seeigeln, Artischocken u. dergl., welches wir selbst besorgten, uns etwas Abwechslung zu verschaffen. Das Beste bei jeder Mahlzeit waren stets die Apfelsinen, die von Creta importirt werden und nicht nur ausserordentlich süss, sondern auch von colossaler Grösse sind.

Bei der Abreise von Portici hatten wir ein Eichhörnchen mitgenommen, welches für Fräulein Thièsse bestimmt war, und nach mancherlei Abenteuern hatten wir es glücklich bis zum Piraeus befördert. Dem Cavaliere lag nun daran, das Thierchen, welches den mehr chinesisch als italienisch klingenden Namen Sing-Sing trug, bald seiner Bestimmung zuzuführen; er schiffte sich also nach Verlaut einer Woche nach Chalkis ein, wollte da einige Tage bleiben, und überliess mich inzwischen meinem Schicksal.

III. Im Archipel.

Die nähere Umgebung des Piraeus und Athens hatte ich genugsam abgesammelt; für die weitere wären Wagen nöthig gewesen, und dafür musste man horrende Preise zahlen. Ich zog vor, einmal eine Inselreise zu machen, und schiffte mich nach Syra ein; die Fahrt hin und zurück kostete kaum soviel, als man in Athen einem Droschkenkutscher für einen einzigen Nachmittag zahlt. Das Meer war so glatt wie ein Spiegel, und unser Schiff „Mercur“, ein kleiner, nur für den Localverkehr bestimmter Raddampfer des Oesterreichischen Lloyd, fuhr anfangs ausgezeichnet; kaum hatten wir aber das Cap Sunion passirt, so stellte sich eine heftige Tramontana und mit ihr die unvermeidliche Seekrankheit ein; wir kamen am Morgen gegen 10 Uhr, mit zwei Stunden Verspätung, in Syra an.

Die neue Stadt Hermupolis, die Hauptstadt der Insel und einer der bedeutendsten Handelsplätze Griechenlands, dehnt sich rings um den geräumigen Hafen aus und gewährt vom Schiffe aus einen überaus reizenden Anblick; links auf einem steilen Kegel liegt das alte Syra mit seinen blendend weissen Häusern und flachgewölbten Kuppeldächern, ein Städtchen von ganz fremdartigem, orientalischem Aussehen. Im Hôtel d'Angleterre fand ich recht gutes Unterkommen, besser als ich es erwartet hatte, und die Tage von Syra würden zu den angenehmsten meiner Reise zählen, wenn mich das Wetter nur einigermaassen begünstigt hätte.

Der gute Eindruck, den schon das Aeussere der Stadt auf den Besucher macht, steigert sich noch, wenn man sie selbst betritt. Nirgends trifft man jenen Schmutz, wie er sonst im Orient an der Tagesordnung ist; die Strassen sind meist eng, aber sauber gehalten, und in Bezug auf das Strassenpflaster kann diese moderne Hellenenstadt — recht im Gegensatz zu dem staubigen Athen — sich kühn mit Neapel und Florenz in Parallele stellen; es besteht aus grossen Platten von krystallinischem Kalk, und der von stattlichen Gebäuden umgebene Marktplatz, Nachmittags der Sammelplatz der eleganten Welt, ist mit Marmorquadern gepflastert. Hermupolis ist eine reiche Stadt, es zählt unter seinen 30,000 Einwohnern nahezu zwanzig Millionäre; der Handel, namentlich nach Asien, ist ein sehr lebhafter, und der Schiffsverkehr im Hafen bedeutender als im Piraeus. Rings um den Hafen zieht sich ein breiter gepflasterter Kai, von niedrigen Häusern umgeben, in und vor welchen die Verkäufer der verschiedenartigsten Waaren ihre Stände haben. Von früh bis spät ist hier ein reges Leben, ein Handeln und Feilschen, ein Rufen und Schreien, wie in den belebtesten Strassen des geräuschvollen Neapel. Mit Wasser beladene Esel und Knaben mit Orangen, Oliven oder dem beliebten Marulia (Salat) winden sich geschickt durch das Gedränge; vor den zahlreichen Kaffeehäusern rauchen phlegmatische Türken ihren Nargileh, lebhafte Griechen führen lärmende Discussionen und trinken bedächtig ihren Café à la turque, der ohne Milch, mit dem Satze und schon gesüsst, in sehr kleinen Tassen servirt wird. Nach längerem Suchen entdeckte ich auch einen Schneckenhändler, der mit lauter Stimme den Vorübergehenden seine Waare anpries; er schien aber nicht viel Absatz dafür zu finden. Vor ihm standen zwei grosse Körbe, der eine gefüllt mit Helix aspersa, der andere mit H. vermiculata in einer schönen, grossen und dickschaligen Form; ich kaufte von dieser für 30 λεπτα, etwa 20 Pfennige, und erhielt 86 Stück, die natürlich nicht gezählt, sondern gewogen wurden.

Die Umgebung der Stadt sah nicht sehr verlockend aus; die Berge waren so kahl wie bei Athen, ich hatte mich indess am Lykabettos schon überzeugt, dass man sich dadurch nicht abschrecken lassen darf, und stieg am Nachmittag nach dem alten Syra hinauf. Die Stadt ist von dem ärmeren Volk, fast ausschliesslich römischen Katholiken, bewohnt — während die Bewohner von Hermupolis der griechisch-orthodoxen Kirche angehören — und hoch oben auf dem Gipfel des Berges, an welchem die Häuser terrassenartig aufsteigen, steht die dem heil. Georg geweihte katholische Kirche. Der Aufstieg ist höchst unbequem; Strassen in unserm Sinne gibt es im alten Syra nicht, sondern nur ein endloses Labyrinth von miserablen Treppen, und allein findet man den Weg zum Gipfel nicht leicht auf. Die Leute waren übrigens sehr gefällig, verstanden auch etwas Italienisch und gaben auf Befragen bereitwilligst Auskunft über die einzuschlagende Richtung; schliesslich ging sogar ein Mann mit mir, kletterte zwei Stunden an den schroffen Felsen herum und half mir sammeln, und wollte am Ende nicht einmal ein Trinkgeld annehmen. Hat man die Kirche erreicht, so führt eine enge Gasse in wenigen Schritten aus dem Städtchen hinaus, zu einer jener sonderbaren Windmühlen mit zehn Flügeln, wie sie auf ganz Syra so häufig sind. Hier lebt auf kurzem Rasen in Menge Helix turbinata Pfr., profuga und Cretica, und hin und wieder auch ein Exemplar jenes Buliminus, den man allgemein, aber irrthümlich, für Bul. gastrum Ehrenb. hält. Ergiebiger, aber unbequem, ist das Absuchen der nahen ziemlich steilen Felswand; dort finden sich Hyalinia aequata, die schöne Helix pellita und Syrensis, in den Spalten und unter Steinen sammelte ich Pupa umbilicus Roth, granum und doliolum var. scyphus, an den Felsen hängen zahllose Clausilia coerulea, und sehr vereinzelt kommen Cionella tumulorum, eine kleine Form von Hyalinia hydatina, und endlich eine winzige neue Hyalinia vor, die ich meinem Reisegefährten, Herrn Cav. Blanc, widmete.

Gleich der erste Besuch des Berges lieferte mir so gute Ausbeute, dass ich auch am zweiten Tage — es war der Charfreitag — ihn zum Ziel meiner Excursion wählte. Inzwischen war das Wetter noch schlimmer geworden, als es je gewesen; das Thermometer fiel auf 5° und der Wind war sehr heftig. Ich engagirte mir diesmal einen Jungen als Führer durch das Treppenlabyrinth, der sich beim Sammeln sehr geschickt zeigte; er konnte aber in seiner leichten Kleidung die Kälte nicht ertragen und lief nach einer halben Stunde zähneklappernd davon. In Folge der in dieser Jahreszeit ganz unerhörten sibirischen Temperatur hatten auch die Schnecken ihre Winterquartiere aufgesucht, resp. noch gar nicht verlassen, und ich musste mich bei vielen Arten mit todten Stücken begnügen, so namentlich zu meinem Leidwesen bei Hyal. aequata; auch Helix pellita war lebend recht rar, während todte Gehäuse sich ziemlich häufig fanden.

Am Abend des Charfreitag war Hermupolis festlich erleuchtet, und gegen 9 Uhr passirten mehrere Processionen den Marktplatz, jede geführt von einem Priester in reichen Gewändern, dem zunächst ein von vier Kirchendienern getragener reich vergoldeter Sarkophag und dann ein Musikcorps folgte. Die ganze Einwohnerschaft war auf den Beinen, um das Schauspiel anzusehen, überall brannte bengalisches Feuer und die schönen Syrenserinnen standen an den Fenstern und besprengten die Vorübergehenden mit wohlriechendem Wasser. Das Hauptvergnügen an solchen Festtagen besteht im Schiessen und Abbrennen von Feuerwerkskörpern; am Sonnabend vor Ostern hörte das Knallen gar nicht auf und in allen Strassen suchten die bösen Buben die arglos Vorübergehenden durch Werfen von kleinen Feuerwerkskörpern, die mehrere Male explodirten — in meiner thüringischen Heimath „Frösche“ genannt — zu erschrecken. Der Hauptsport bestand darin, einen solchen „Frosch“, an einen Bindfaden befestigt, der an einem Ende mit einem Haken versehen war, an den kolossalen Pumphosen eines alten Türken geschickt anzubringen und dann anzuzünden. Ihren Höhepunkt erreichte die Festfreude in der Osternacht. Gegen 11 Uhr beginnt dann der Gottesdienst und Alt und Jung ziehen, mit grossen Wachslichtern bewaffnet, zur Kirche; beim Glockenschlag Zwölf verkündet der Geistliche: „Christ ist erstanden“, und im Nu zünden Alle ihre Kerzen an und pilgern nach Hause. Nun ist die Fastenzeit vorüber, in jedem Hause wird ein Osterlamm geschlachtet und für die gehabten Entbehrungen entschädigt jetzt ein solenner Schmaus. Ich hatte mich früh zur Ruhe begeben, wurde aber um Mitternacht durch Schüsse geweckt, die auf allen im Hafen liegenden Schiffen — und deren waren nicht wenige — abgefeuert wurden; das währte die ganze Nacht hindurch und es war unmöglich, bei solchem Lärm wieder einzuschlafen. Unglücklicher Weise war auch neben meinem Zimmer der Speisesaal, und nach Beendigung des Gottesdienstes nahm dort die Schmauserei ihren Anfang; das Tellerklappern, Plaudern und Singen währte bis zum anbrechenden Morgen.

Am Ostersonntag wollte ich dem benachbarten Tinos einen Besuch abstatten und nahm einen Platz auf dem Dampfer Jonion. Die griechischen Dampfer sind im Allgemeinen nicht sehr zu empfehlen; der Comfort, und namentlich die Reinlichkeit, lässt Manches zu wünschen übrig, sie haben aber neben grosser Billigkeit noch den Vorzug, dass sie für Reisen zwischen den kleineren Inseln das einzige Beförderungsmittel sind.

Auf Tinos befindet sich eine Kirche mit einem wunderthätigen Madonnenbilde, und am Gründonnerstag hatte man hier ein grosses Fest gefeiert. Sechstausend Pilger waren aus allen Richtungen der Windrose zusammengeströmt, „von Asiens entlegener Küste, von allen Inseln kamen sie“, und die Madonna hatte zur Feier des Tages zwei Blinde und einen Lahmen geheilt; böse Zungen wollten freilich behaupten, diese Heilungen seien in Hermupolis schon mehrere Tage vorher bekannt gewesen. Viele Pilger verweilen noch längere Zeit auf Tinos, und damit sie die Wohlthaten des Wunderbildes mit aller Bequemlichkeit geniessen können, hat man Wohnungen für sie an die Kirche selbst angebaut. Hier ging es sehr lebhaft zu; auf dem Vorhofe der Kirche liefen halbnackte Kinder herum, Frauen in tiefstem Negligé waren mit häuslichen Verrichtungen beschäftigt und die Männer lungerten auf den Kirchentreppen und rauchten ihren Tschibuk oder Nargileh.

Meine Zeit war knapp bemessen; Nachmittags um 2 Uhr fuhr der Dampfer schon zurück und über Nacht konnte ich nicht fortbleiben, denn ein Hôtel gibt es auf Tinos nicht; nur eine bescheidene Locanda, in der man wohl für theures Geld ein frugales, echt griechisches Mittagessen, aber kein Nachtlager haben kann. Für die drei Stunden, die ich dem Sammeln widmen konnte, engagirte ich meinen Bootsmann als Führer. Wir suchten zunächst an einigen grasigen Hängen, aber ohne sonderlichen Erfolg; es lebte hier nur Helix Cretica und hin und wieder eine vereinzelte H. turbinata Pfr. Nicht viel besser wurde die Ausbeute, als wir dem Laufe eines kleinen Baches folgten, dessen Bett von Glimmerschiefergeschieben erfüllt war. Zu beiden Seiten hatte man aus lose aufeinandergeschichteten flachen Geröllsteinen hohe Mauern errichtet und in deren Ritzen fand sich ziemlich häufig Claus. coerulea f. Tinorensis Mouss., etwas grösser als die Form von Syra, aber doch nicht wesentlich von ihr verschieden. Oft lagen in den Mauerlöchern ganze Haufen von Schalen der Helix cyclolabris var. Arcadica, stets zerbrochen und offenbar von einem Thiere, vielleicht einer Spinne, zusammengetragen; einzeln lebte eine kleine dünnschalige Form von Helix vermiculata an den Mauern. An einigen Stellen hatte der Bach etwas Genist abgesetzt, viel weniger freilich, als wir es bei unsern Gewässern gewohnt sind; die Untersuchung desselben ergab ausser Buliminus spoliatus und Claus. denticulata auch einige kleine Sachen, zwei Species Hyalinia, eine Cionella, Pupa scyphus und eine neue Amnicola. Im Ganzen war der Erfolg meiner Excursion recht mager und lockte mich nicht zu einem wiederholten Besuche der Insel.

Am Abend war ich wieder in Syra und wollte am nächsten Morgen nach Paros fahren und dort einige Tage bleiben. Der deutsche Viceconsul Herr Helbig verschaffte mir eine ausgezeichnete Empfehlung an einen Beamten der Actiengesellschaft, welche die berühmten Marmorbrüche ausbeutet; überdies traf ich in Syra drei junge Deutsche, welche sich mir anschliessen wollten, und ich hoffte auf dem noch wenig von Malakologen besuchten Paros ein recht ergiebiges Feld für meine Sammelthätigkeit zu finden. Leider musste ich diesen Plan aufgeben; ich hatte mir in Tinos bei dem kalten regnerischen Wetter eine so starke Erkältung zugezogen, dass ich das Zimmer hüten musste und unmöglich reisen konnte. Inzwischen wähnte ich auch Herrn Blanc längst von Euboea zurück und beschloss deshalb, mich mit dem nächsten Dampfer wieder nach dem Piraeus einzuschiffen.

Kurz vor der Abfahrt desselben machte ich noch einen kleinen Spaziergang; im Süden der Stadt führt eine gut gehaltene Chaussee in die Campagna hinein, und diesen Weg wählte ich für meine Nachmittags-Promenade. Das Wetter hatte sich inzwischen zum Guten gewandt und die Ausbeute gestaltete sich günstiger, als ich es erwartet hatte. An den Chausseehängen lebten zahlreiche Xerophilen, Helix Cretica, profuga, pyramidata und acuta, hin und wieder auch H. vermiculata und Pisana, und unter lose aufgeschichteten Steinen fand ich nicht nur die bisher vergebens gesuchte Helix Rothi, sondern auch einige Helix lenticula und cyclolabris var. Arcadica belohnten meine Mühe. Bedauerlicher Weise machte ich diese Entdeckung erst zuletzt, als es schon hohe Zeit war, zurückzukehren, wenn ich den Dampfer nicht versäumen wollte. Ich musste mich also mit wenigen Exemplaren begnügen und muss es einem späteren Besucher der Insel überlassen, diese günstige Stelle gründlich auszubeuten.

Um 8 Uhr war ich an Bord der Najade, eines schönen Dampfers des österreichischen Lloyd; eine halbe Stunde später befanden wir uns auf dem offenen Meere. Schon bei meiner Ankunft hatte der Blick auf die Stadt mir imponirt; bei der Abfahrt erschien sie mir geradezu zauberhaft. Man feierte das griechische Nationalfest, den Jahrestag der Unabhängigkeit; bei einbrechender Dunkelheit waren alle Häuser illuminirt, Raketen und Leuchtkugeln stiegen auf, und hoch oben auf den Bergen brannten Freudenfeuer. Das Alles, an einem herrlichen Abend vom Schiffe aus gesehen, bot ein unvergleichlich schönes, mir unvergessliches Bild.

IV. Wieder im Piraeus.

Als ich im Piräus ankam, war der Cavaliere noch nicht von Euboea zurück; er liess noch eine volle Woche auf sich warten. Die Folgen meiner Erkältung hatte ich noch nicht überwunden und war deshalb zu weiterem viertägigem Stubenarrest verurtheilt; erst am Sonntag nach Ostern konnte ich wieder eine Excursion machen. Das Ziel derselben sollte das Kloster Kaesarjani, in den Vorbergen des Hymettos, sein, ich kam aber vom rechten Wege ab und gelangte zunächst in einen Olivenhain, wo anscheinend ein griechisches Volksfest gefeiert wurde, weiterhin auf eine weite haidebewachsene Ebene, die sich am Fusse des Hymettos ausdehnte. Hier fand ich einiges Neue; Helix figulina war ziemlich stark, aber fast nur in todten Exemplaren, vertreten, ferner Helix naticoides, lens, und mehrere Xerophilen, die wandelbare Helix profuga in den verschiedensten Formen, H. interpres Westerl., Chalcidica var. didyma und acuta; auch Buliminus spoliatus und Bergeri fehlten nicht. Ein zur Zeit wasserloser Bach hatte etwas Genist abgesetzt und dessen Durchsuchung ergab Hyal. hydatina, Cionella acicula und Jani, und die kleine Form von Pupa Philippii, welche Mousson exigua genannt hat.

Den nächsten Tag widmete ich den Alterthümern, und das Wenige, was ich nebenbei sammeln konnte, ist nicht der Erwähnung werth; vom Olympiion aus stattete ich dem Ilyssos einen kurzen Besuch ab, um mich nach Ancylen umzusehen, alles Suchen danach war aber erfolglos.

Endlich kam auch Herr Blanc von Euboea zurück, wo

er volle vierzehn Tage verweilt hatte. Zu meinem Troste hatte ich nicht allein über schlechtes Wetter zu klagen; er erzählte, er habe selbst am geheizten Kamin gefroren. Nichtsdestoweniger hatte er einige Ausflüge gemacht; das wichtigste Ergebniss derselben ist die Entdeckung der typischen Helix rupestris am Macolessos in Boeotien. An einer Stelle dieses Berges lebt bekanntlich die scalare Form, Hel. chorismenostoma Blanc, ganz ausschliesslich; unweit davon hat Blanc nun ebenso ausschliesslich die Normalform gefunden.

Leider sollten unsere weitgehenden Pläne für die Fortsetzung der Reise eine höchst unliebsame Störung erfahren, eine Störung, die wir lediglich der maasslosen Bummelei der griechischen Post zu verdanken haben. Der Cavaliere erwartete Briefe von Haus, die unbedingt da sein mussten; wiederholte Nachfrage auf der Post blieb aber vergeblich, er war deshalb in grosser Sorge und fuhr gleich mit dem nächsten Dampfer nach Brindisi zurück. Als ich ihn später wieder besuchte, erzählte er, dass drei Briefe an ihn abgesandt seien, von denen keiner angekommen ist. Ich allein konnte keine grösseren Touren in's Innere des Landes unternehmen, denn dazu hätte ich eines Dragomans bedurft und das ist sehr kostspielig; ich musste mir also eine Gegend aufsuchen, wo man mein mangelhaftes Italienisch verstand, und die einzige, die dieser Bedingung entsprach, waren die Jonischen Inseln.

Noch einen letzten Besuch stattete ich dem Lykabettos ab und entdeckte die neue Amalia Kobelti; den Nachmittag widmete ich dem Munychia-Hügel und am Abend schiffte ich mich auf dem Dampfer Peneios ein.

V. Ueber den Isthmus nach Zante.

Es war ein herrlicher Abend, an dem ich den Piraeus verliess; ich sah hier zum ersten Male das Meerleuchten in all seiner Pracht. Bei anbrechendem Morgen landeten wir in Kalamaki, am östlichen Gestade des Isthmus, und wurden in Wagen gepackt, die uns nach Corinth befördern sollten. Für die Deckpassagiere, meist von Tunis zurückkommende Pilger, standen mehrere Leiterwagen bereit, die zunächst mit den grossen Gepäckstücken, Koffern und Kisten beladen wurden; auf diesen mussten es sich die Leute dann möglichst bequem, resp. möglichst wenig unbequem, zu machen suchen. Die Passagiere der zweiten Classe wurden in einer omnibusähnlichen Carosse von wahrhaft antediluvianischer Bauart untergebracht; für die Reisenden erster Classe standen Droschken bereit, die vor Jahren vielleicht einmal elegant gewesen, nun aber vom Zahne der Zeit arg mitgenommen waren.

Gleich bei der Landung fiel mir das veränderte Aussehen der Landschaft auf; ich hatte in Griechenland noch keinen Wald gesehen, hier aber fand ich die Berghänge bedeckt mit Pinus maritima — ich war in „Poseidons Fichtenhain", der glücklicher Weise geschont wird wegen des handgreiflichen Nutzens, den die Anwohner durch die Gewinnung des Harzes haben. Mit diesem Harze versetzen sie ihren schönen Wein, der dadurch sehr bitter und für einen deutschen Gaumen ganz ungeniessbar wird, während die Griechen ihn leidenschaftlich trinken. Schon seit den Zeiten des seligen Ibykus ist es auf dem Isthmus nicht recht geheuer, die Sicherheit der Strasse wird deshalb von zahlreichen Militärposten überwacht und in dem elenden Dorfe Neucorinth liegt eine Garnison. Die Landreise währte kaum eine Stunde; in Corinth lag schon der Dampfer Thessalia für uns bereit und um 6 Uhr lichtete er die Anker.

Die Fahrt durch den Busen von Corinth war reizend. Zu beiden Seiten zeigten sich fortwährend schneebedeckte Berge, im Norden der Kithaeron, der Helikon und der gewaltige Gebirgsstock des Parnass, im Peloponnes der Kyllene, das alte Aroania-Gebirge, der Erymanthus und viele andere Höhen minorum gentium; Schaaren von Delphinen umspielten fast beständig das Schiff und Möven stritten sich kreischend um die erhaschte Beute. Die Gesellschaft bestand in der ersten Cajüte ausschliesslich aus Griechen von Patras und Zante; unter den Deckpassagieren waren zahlreiche von Tinos zurückkehrende Albanesen und eine Anzahl griechischer Soldaten mit theilweise sehr schadhaften und zerrissenen Uniformen. Ich war an diesem Tage zu einer Hungerkur verurtheilt, denn das Déjeuner, welches ich zwar theuer bezahlt, aber nicht genossen habe, war gar zu abscheulich.

Der Dampfer lief verschiedene kleinere Häfen — Galaxydion, Vostitsa, Epaktos — an und landete endlich gegen Abend nach zwölfstündiger Fahrt in Patras. Hier war ich leider sehr wenig vom Glücke begünstigt. Herr Conéménos, den ich aufsuchen wollte, war verreist, und bei einer am Nachmittag unternommenen Fahrt in die Campagna entdeckte ich zwar ein deutsches Weingut und wurde dort liebenswürdig aufgenommen und mit trefflichem Wein bewirthet, fand aber nicht eine einzige Schnecke. Ich hatte also keine Veranlassung, mich länger aufzuhalten, und reiste am nächsten Morgen nach Zante weiter, nicht ohne vorher im Hôtel de Patras gründlich geprellt zu sein.

Zante ist ein Paradies, ein kostbares Juwel in der Krone Griechenlands, und Neapel mit all seinen Herrlichkeiten ist mir nicht so reizend erschienen, als diese „Fiore di Levante", wie sie so treffend genannt wird. Die Barken, welche bei der Ankunft das Schiff umschwärmten, glichen wandelnden Blumengärten; mein Bootsmann konnte mir den Blumenreichthum der Insel nicht genug rühmen, und die nächsten Tage bewiesen mir, dass er nicht übertrieben hatte. Ich fand gutes und billiges Quartier im Hôtel National und machte am Nachmittag einen Orientirungsspaziergang durch die Stadt. Sie ist amphitheatralisch am Berge aufgebaut hat etwa 20,000 Einwohner und zeichnet sich durch den Besitz zahlreicher Kirchen aus. Die dem Hafen zunächst gelegenen Strassen sind schön und breit und sehen fast grossstädtisch aus; die Häuser haben, wie auch in Patras, häufig Arkaden, unter denen Verkäufer von Obst oder Gemüse ihre Stände haben oder Handwerker coram publico ihr Geschäft treiben. Hier, wie auch in Patras, Nauplia und Argos, besteht die eigenthümliche Sitte, dass die Weinhändler, quasi als Firmenschild, kleine Fähnchen aushängen, und zwar rothe oder weisse, je nach der Farbe des Weines, den sie führen. Gewöhnlich ist auch ein Zettel mit einer Zahl, die den Preis angibt, an der Fahne befestigt.

Schliesslich stieg ich zum Castell hinauf, welches hoch auf dem Gipfel eines Berges angelegt ist und die Stadt beherrscht. An einer Mauer, noch innerhalb der Stadt, lebten Clausilia bidens und incommoda, und einzelne Helix meridionalis; weiter lief der Weg an Gärten entlang und in den Hecken gesellten sich zu den genannten Arten noch Helix carthusiana, Olivieri, Stenogyra decollata und einzelne verwitterte Gehäuse von Buliminus pupa. In der Nähe der Festung, an einem gewaltigen Felsblock, fand ich endlich auch Glandina Algira, Helix lens und Pomatias tesselatus, Anfangs nur einzeln in Felsritzen; bald fand sich aber eine Schaar dienstfertiger Knaben ein, die dem Inglese — dafür hält man hier jeden Abendländer — zuerst eine Weile neugierig zuschauten, dann aber den Felsen erkletterten und von allen Seiten absuchten; in kurzer Zeit war meine Sammelbüchse gefüllt.

Für die nächsten beiden Tage hatte ich mir einen Führer engagirt und machte zunächst am folgenden Morgen bei prächtigem Wetter einen Ausflug in die Campagna, im Norden der Stadt. Durch schattige Oliven- und Orangenhaine führten herrliche Wege, einst von den Engländern angelegt; der Boden war hinreichend feucht und das Sammeln recht ergiebig. Namentlich lebte an alten bewachsenen Gartenmauern in Menge Pomatias tesselatus und die beiden schon gestern gefundenen Clausilien-Arten, am Boden unter Gebüsch und Laub besonders Glandina Algira, Cyclostoma elegans und Helix naticoides; von Helix ambigua sah ich nur ein einziges abgeblasstes Stück.

Am Nachmittag besuchte ich wieder den Castellberg, und diesmal auch die Festung selbst. Die Festungswerke tragen überall als Basrelief den geflügelten Löwen von San Marco, das Zeichen der ehemaligen venetianischen Herrschaft; auf den Exerzierplätzen wächst Gras und Urtica pilulifera, und die verhältnissmässig neuen und anscheinend erst unter griechischem Regime angelegten Casernen und Arrestlocale werden nicht benutzt und verfallen. Zante hat zwar eine Garnison, die Besatzung der Festung besteht aber nur aus zwei Mann, deren einzige Aufgabe es ist, sich gemeinschaftlich hier oben zu langweilen und zu verhindern, dass böse Buben in den Baracken die Fensterscheiben zertrümmern. An einem der Gebäude waren zahlreiche Helix conspurcata bis zum Dache hinaufgekrochen; mein Führer schabte die kleinen Thiere mit Hülfe eines aufgefundenen Stockes von der Wand ab und ich fing sie vermittelst des aufgespannten Sonnenschirms auf; so erhielt ich in kürzester Zeit einige Hundert Exemplare. Vereinzelt fanden sich am Castell auch Helix vermiculata, aspersa und ambigua, und an einem Felsen in der Nähe Hyal. hydatina.

Am dritten Tage sagte man mir, es habe in der vergangenen Nacht eine recht merkliche Erderschütterung stattgefunden; ich erfreue mich aber eines so glücklichen Schlafes, dass ich leider von diesem interessanten Naturereignisse gar nichts bemerkt habe. Uebrigens gehören hier solche Erdstösse nicht zu den Seltenheiten und die Einwohner sind daran gewöhnt.

Ich hatte für diesen Tag eine grössere Tour nach dem Süden der Insel projectirt und machte mich früh mit meinem Cicerone auf den Weg; um 6 Uhr lag bereits die Stadt hinter uns und wir marschirten den Vorbergen des Monte Scopo zu. In den Chausseegräben lebten zahlreiche Helix vermiculata, an den die Strasse einfassenden Agaven Helix Olivieri und carthusiana. In der Nähe der Stadt hatten wir einen kleinen Fluss zu überschreiten, in dem ich mich nach lebenden Mollusken vergebens umsah; in seinen Anschwemmungen fand ich Planorbis marginatus und eine Bithynia, die mir aber später abhanden gekommen ist. Eingedenk der alten Regel: „Mane petas montes, medio nemus, vespere fontes" bestiegen wir zuerst einige kleinere, dem Scopo vorgelagerte Berge; sie waren mit kurzem Rasen und Heide bewachsen und nur von Xerophilen bewohnt, von denen ich Helix conspurcata, trochoides var. sulculata, acuta und zahllose junge meridionalis dort fand. Alles weitere Suchen war erfolglos und die Sonne brannte immer heisser hernieder, wir zogen uns deshalb gegen Mittag in den Schatten der nemora von Oliven und Orangen zurück, die den Fuss des Berges umgaben. Hier war die Ausbeute weit günstiger; es gab im Wesentlichen dieselben Arten, die ich schon am Tage vorher in der Campagna aufgefunden hatte, aber genaueres Nachsuchen ergab auch einiges Neue. Besonders ergiebig war eine bemooste Felsschlucht, die von einer Hungerquelle feucht gehalten wurde; hier lebte im Moose Hyalinia subrimata und eine neue kleine Hyalinia der Vitrea-Gruppe, Pupa Strobeli, Philippii und granum, und einige junge Stücke einer Caecilianella; im kurzen Rasen entdeckte ich ein einzelnes Stück von Buliminus Bergeri, und am Fusse von Oelbäumen einige Claus. maritima var. Thiesseana. Wir lagerten uns und verzehrten das frugale Mittagsmahl, für welches der Führer gesorgt hatte — Schafkäse, Salzfleisch, hartgesottene Eier und vorzüglichen Zante-Wein — an einem ganz deutsch aussehenden Plätzchen: eine felsige Schlucht, der eine Quelle entsprang, stark bewachsen mit unserm heimischen Pteris aquilina in wahren Riesenexemplaren, und rings umgeben von Kirschbäumen mit fast reifen Früchten. Ich konnte mich fast in meinen heimathlichen Harz versetzt glauben; zehn Schritte vor uns standen freilich wieder blühende Orangenbäume und hinter uns schlanke düstere Cypressen, die da, wo sie in Menge auftreten, den südlichen Gegenden ein so ganz eigenartiges Ansehen geben.

Um den Monte Scopo noch zu besteigen, war es schon zu spät, wir blieben also in unserm schönen schattigen Wäldchen und ich entdeckte noch in einer Quelle eine Amnicola, die Freund Clessin als neu erkannt hat und demnächst als Amnicola Hessei beschreiben wird. Am Abend um 6 Uhr war ich wieder in Zante und löste mir ein Billet nach Cephalonia für den am nächsten Morgen abgehenden Lloyddampfer.

Ich bedaure es sehr, dass meine Zeit und meine Mittel mir nicht einen längern Aufenthalt auf dieser Perle der Jonischen Inseln gestatteten. In der kurzen Frist von 2½ Tagen habe ich 29 verschiedene Arten aufgefunden; in Deutschland sammelt man freilich bei einer einzigen günstigen Excursion mehr, aber für griechische Verhältnisse ist diese Ausbeute eine recht befriedigende. Sollte demnächst ein Malakologe Griechenland bereisen, so kann ich ihm nicht genug empfehlen, in Zante für einige Zeit Station zu machen. Im Hôtel National lebt man gut und billiger als irgendwo im Orient; die Fauna ist anscheinend eine recht reiche, und die vorzüglichen Strassen, durch deren Herstellung sich die Engländer ein wirkliches Verdienst erworben haben, ermöglichen es, alle Punkte der Insel leicht zu Wagen zu erreichen. Gasthäuser gibt es zwar im Innern nicht, wohl aber Klöster, in denen man ein Unterkommen findet, wenn man die Stadt nicht bis zum Abend erreichen kann oder will. Möchte sich recht bald Jemand finden, der die herrliche Insel gründlich explorirt.

VI. Corfu.

Während der Nacht hatte sich ein heftiger Regen eingestellt und als ich am Morgen zum Schiffe fuhr, gab mir der Barkenführer auf Befragen den wenig tröstlichen Bescheid: es regnet hier selten, wenn aber ein Regen kommt, hält er stets drei bis vier Tage an. Das war fatal; was sollte ich aber bei solchem Wetter in Cephalonia thun? Die hauptsächliche Aufgabe, die Besteigung des Monte nero, dessen gewaltiger Gipfel so einladend herüberschaute, liess sich unter diesen Umständen entschieden nicht ausführen. Ich entschloss mich kurz, zahlte dem Capitän die Differenz nach und fuhr nach Corfu. Um Mittag legte unser Schiff in Argostoli an und ich sah von Weitem die berühmten Meermühlen; beim nächsten Morgengrauen lief unser Schiff in den Hafen des alten Kerkyra ein.

Es regnete wieder in Strömen, und dabei blieb es drei Tage lang, so dass ich zu einem unthätigen Phaeakenleben verurtheilt war. An Excursionen war gar nicht zu denken; als eine Pause im Regnen eintrat, versuchte ich, einen Spaziergang zu machen, wurde aber so gründlich durchnässt, dass ich den Versuch nicht wiederholte. Am vierten Tage hatten sich endlich die Wolken verzogen, der Himmel strahlte im reinsten Blau und ich konnte nun meine Touren beginnen.

Dicht vor der Stadt, an der Strasse nach Castrades, traf ich auf eine zum Theil verfallene Mauer, die zu den alten venetianischen Befestigungen gehört und nun nach dem Regen von Clausilien wimmelte; es war aber fast ausschliesslich die auch in Zante und überall in Italien so gewöhnliche Claus. bidens, und nur wenige Cl. lamellata; einzeln fand ich auch Glandina Algira var. compressa. Jenseits des Dorfes Castrades verfolgte ich die Chaussee, die schiesslich zu dem vielbesuchten Aussichtspunkt Kanoni führt. Malakologisch war die Tour sehr unergiebig; es fanden sich nur die allergewöhnlichsten Sachen, an den Hecken der Gärten Helix Olivieri und carthusiana, an Oliven Helix acuta, am Boden unter Laub Helix naticoides und Cyclostoma elegans, aber die Aussicht war in der That reizend. Man hat hierher den Schauplatz der Odysee verlegt, soweit dieselbe im Lande der Phaeaken spielt. Von erhöhtem Standpunkte sieht man hinab auf die kleine Insel Pondikonisi mit Kloster, die man für das durch Poseidon in Stein verwandelte Phaeakenschiff hält, das den Odysseus nach Ithaka zurückgebracht hat. Jenseits dieses Eilands, an der Mündung eines kleinen Flüsschens, welches sich beim Dorfe Kressida in's Meer ergiesst, wurde einst der herrliche Dulder an's Land geworfen und von Nausikaa aufgefunden, und die zur Rechten des Beschauers tief in's Land einschneidende, heute nicht mehr benutzte seichte Bucht war angeblich einst der Hafen der Phaeaken, neben dem auch die Lage ihrer Stadt angenommen wird.

Eine zweite Excursion, am Nachmittag, war erfolgreicher; ich bestieg die Fortezza vecchia, das auf einem steilen Felsen angelegte starke Castell. Die schon oben erwähnten Arten kamen auch hier vor und sind anscheinend über die ganze Insel verbreitet; ich fand aber auch einige bessere Sachen. An den Felsen sass in Menge Pomatias tesselatus, und mit Hülfe eines Soldaten, der neugierig herbeikam und sammeln half, brachte ich bald eine ganze Anzahl davon zusammen; an einer Mauer fand ich typische

Pupa Philippii, aber nicht die von Mousson beschriebene kleine Form, und mit ihr Clausilia Corcyrensis in wenigen Exemplaren. Beim Absuchen des Mooses, welches an den Felsen stellenweise recht üppig wucherte, wurde ich angenehm überrascht durch das Auffinden einer Cionella Zakynthia Roth, die aber leider die einzige blieb; weiteres Suchen danach war erfolglos. Auf bequemem Wege gelangte ich schliesslich zum Gipfel, dem „Telegraph"; hier lebte in den Mauerritzen neben Helix meridionalis die auch in Zante das Castell bewohnende Helix conspurcata Drap.

Die Aussicht von hier ist eine sehr umfassende und grossartige. Vom Epirus grüssen die schneebedeckten Spitzen der Keraunischen Berge herüber; im Norden erhebt sich der höchste Berg der Insel, der Pantokrator oder San Salvador, mit dem in Griechenland nun einmal unvermeidlichen Kloster auf dem Gipfel, und im Süden dehnt sich ein reich bewaldetes Berg- und Hügelland aus, hier und da unterbrochen von saftigen Wiesen und lachenden Ortschaften, und am Horizont begrenzt von einem langgedehnten Bergrücken, auf dessen halber Höhe die weissen Häuser eines Dörfchens durch den Olivenwald hindurchschimmern; es ist Santi Deka, das Ziel meiner nächsten Tour. Am Abend hatte ich die Freude, im Hôtel einen Landsmann zu treffen, einen Privatdocenten aus Breslau, der sich historischer Studien wegen zwei Monate in Dalmatien aufgehalten hatte. Die übrige Tischgesellschaft bestand fast ausschliesslich aus Engländern resp. Engländerinnen, die den ganzen Winter hier zugebracht hatten.

Für den nächsten Morgen hatte ich mir einen Jungen als Führer bestellt, der sich auch pünktlich um 7 Uhr einfand. Es war ein hochaufgeschossener Schlingel von etwa fünfzehn Jahren, der mit dem Vortheil, dass er aus Santi Deka stammte und dort genaue Localkenntnisse besass, auch den Vorzug grosser Billigkeit verband — er bekam für den ganzen Tag nur zwei Franken —; beide Vorzüge wurden aber durch zwei grosse Fehler aufgewogen: er verstand zu meiner Verwunderung kein Wort Italienisch und war furchtbar unreinlich, weshalb ich ihn immer mit zehn Schritten Distance vorausmarschiren liess. Unser Ziel war leicht zu erreichen, denn es führte bis dahin eine von den Engländern erbaute vorzügliche Chaussee, welche die Griechen jetzt langsam wieder verfallen lassen; die hiesigen Verkehrsmittel, Maulesel und leichte zweirädrige Karren, thun ihr glücklicher Weise keinen grossen Schaden und so ist sie noch in verhältnissmässig recht gutem Zustande, besser als manche königlich preussische Kunststrasse. Wir hatten mehrere Bäche zu überschreiten; in zweien derselben, unweit der Vorstadt Manducchio, lebte Ancylus striatulus Cless., und vereinzelt Limnaea truncatula in jungen Exemplaren. An Felsen und Oelbäumen, rechts- und links vom Wege, fand ich absolut nichts; nach circa drei Stunden waren wir am Fusse des Berges angekommen und kehrten in einer Locanda ein. Drinnen sah es freilich so schmutzig aus, dass ich vorzog, mein Frühstück, das ich vom Hôtel mitgenommen hatte, im Freien zu verzehren, auf einem umgestülpten Steintroge sitzend und umgeben von der neugierigen männlichen Schuljugend von Santi Deka; die Jungen trieben sich hier herum, um die Fremden anzubetteln, welche ihre Ausflüge gewöhnlich nur bis hierher ausdehnen, seltener aber das Dorf selbst besuchen. Fand ich auch die Kneipe nicht eben einladend, so war doch der Wein sehr billig und gut, viel besser als der, den ich später für schweres Geld in der Stadt getrunken habe.

Die Strasse windet sich nun in Serpentinen den Berg hinauf bis zum Orte; schmale steile Fusspfade kürzten aber den Weg bedeutend ab, wir schlugen deshalb diese ein. Nach Kurzem zeigte sich rechts ein moosbewachsener Felsen; ich suchte daran und fand wiederum Cionella Zakynthia, diesmal in mehreren, aber nur verwitterten Exemplaren, ferner Hyalinia eudaedalea Bgt., Helix Corcyrensis und Pomatias tessellatus. Die drei ersteren verschwanden bei weiterem Steigen, Pomatias aber lebte überall auf dem Berge, und weiter oben gesellte sich noch Claus. Corcyrensis hinzu; an einer Mauer fand ich eine junge Helix subzonata, leider aber todt und bis zur Unkenntlichkeit mit Schmutz überzogen.

Im Dorfe wurden wir gleich von der Schuljugend feminini generis umringt; die kleinen Mädel machten einen gewaltigen Lärm und redeten fortwährend auf meinen Führer ein, der ihnen wahrscheinlich erklären sollte, wozu der närrische „Inglese“ all das Zeug gebrauchen wollte, das er selbst im Orte von den Mauern absuchte. Der ganze Schwarm schloss sich sofort an, stieg mit uns den ganzen Berg hinauf und half sammeln. Leider gab es nichts Besonderes, viele Pomatias, weniger Clausilien, und hin und wieder Helix meridionalis; für jede Handvoll, welche die Kinder ablieferten, zahlte ich einen Soldo und spornte dadurch ihren Eifer mächtig an, so dass ich schliesslich recht reichlich mit Pomatias versorgt war. Ich hatte gehofft, Helix crassa hier zu finden, sah aber davon, wie überhaupt von grösseren Arten, keine Spur; zuletzt suchte ich noch mehrere beisammenliegende gewaltige Felsblöcke ab und entdeckte in einer Spalte eine lebende grosse Helix, zwar nicht crassa, aber die nicht minder rare H. subzonata var. distans. Ich machte den Kindern begreiflich, dass ich davon mehr zu haben wünschte; im Nu waren alle beschäftigt, die Felsen abzusuchen, und in kurzer Zeit hatte ich von der gewünschten Art dreizehn Stück beisammen, zum Theil freilich zerbrochen, verwittert oder unausgewachsen, und nur die wenigsten tadellos. Es war inzwischen fast 4 Uhr geworden und ich musste das Sammeln aufgeben, wenn ich zum Diner rechtzeitig im Hôtel sein wollte; wir traten schnell den Rückweg an und waren gegen 7 Uhr wieder in Corfu.

Die Nähe des Meeres und das herrliche Wetter lockten mich unwiderstehlich zu einer Kahnfahrt; ich miethete mir also am nächsten Morgen eine Barke, die mich nach Benizza bringen sollte. Die Fahrt dauerte beiläufig drei Stunden, für mich viel zu kurze Zeit, denn sie war zauberhaft schön. Es war ein heisser Tag, aber ein Leinwandzelt schützte mich vor den directen Sonnenstrahlen und eine leichte Brise wehte mir Kühlung zu. Das Wasser war tiefgrün und klar und von zahlreichen Quallen belebt; zur Rechten kamen mir die bewaldeten Höhen oder pittoresken schroffen Felsen der Phaeakeninsel, zur Linken der öde Strand des nahen Epirus nicht aus dem Gesicht. Nach der Landung engagirte ich mir einen Knaben, der mir beim Sammeln behülflich sein und mich bis Gasturi begleiten sollte; der Weg ist übrigens nicht leicht zu verfehlen, da beide Orte an der Chaussee liegen, welche die ganze Insel durchzieht. In den Bergen bei Benizza entspringen mehrere starke Quellen, deren eine die Wasserleitung von Corfu speist und diese Stadt mit vorzüglichem Trinkwasser versieht. Ich fand es nicht rathsam, in der Mittagshitze den recht steilen Berg zu ersteigen, und begnügte mich, einen kleinen Bach abzusuchen, der in der Nähe von einem Hügel herabrieselte. Ich sammelte darin Amnicola macrostoma Küst. und tritonum Bourg, konnte aber Ancylus und Neritina, die Mousson von Benizza angibt, nicht auffinden.

Der Weg ist sehr gut gehalten, schattig, zuweilen etwas steil, aber doch nicht ermüdend. An einem Felsen zur Linken fand ich einige verwitterte Helix Corcyrensis; weiter, schon nahe bei Gasturi, zahlreiche Claus. Corcyrensis, Pomatias tessellatus und eine junge Cionella Zakynthia, die auf der Insel weit verbreitet zu sein scheint. Das Dorf Gasturi soll wegen seiner schönen Frauen berühmt sein;

da muss mich ein eigenes Missgeschick verfolgt haben, denn ich habe von den gasturischen Schönheiten keine gesehen, wohl aber eine furchtbar hässliche Alte, abschreckender noch als die wegen ihrer Hässlichkeit berüchtigten Athenienserinnen, die sich namentlich durch beneidenswerthe Schnurrbärte auszeichnen. An einer Mauer im Dorfe suchte ich vergebens nach Helix Corcyrensis, die ich hier vermuthete; nur vereinzelt fand sich Claus. bidens, und endlich eine neue Amalia. Auf dem Rückwege entdeckte ich in einem Wassergraben, unweit Manducchio, noch Amnicola macrostoma und eine junge Bithynia, die sich nicht sicher bestimmen lässt, fand aber sonst nichts mehr von Bedeutung.

Am nächsten Tage fuhr ich mit dem Lloyddampfer „Najade“ nach Brindisi; damit hatten meine griechischen Fahrten ihr Ende erreicht. Ich hätte gern noch acht Tage auf dem herrlichen Eilande der Phaeaken zugebracht, aber die Saison war zu weit vorgerückt; es wurde schon sehr warm, und drohte, noch wärmer zu werden, denn ein alter Schriftsteller berichtet, vom Mai an sei in Corfu die Hitze so gross, dass „die Hunde heulen, wenn man sie auf die Strasse zu gehen nöthiget“; ich zog mich deshalb nach dem kühleren Italien zurück.

In Folgendem gebe ich ein Verzeichniss der von mir in Grichenland gesammelten Mollusken; die ganz abnorme Witterung, von der ich im Anfang meiner Reise zu leiden hatte, hat das Ergebniss meiner Excursionen recht nachtheilig beeinflusst, und so hat leider die Ausbeute meinen Erwartungen nicht ganz entsprochen. Vielleicht auch fehlt mir zum Sammeln das nöthige Geschick, denn wenn ich berücksichtige, dass nach Herrn Bourguignat's Angabe Letourneux auf Corfu allein 400, sage „vierhundert“ Species zusammengebracht hat, so muss ich freilich bekennen, dass ich in der Kunst des Schneckensammelns ein erbärmlicher

Stümper bin. Ich habe auf dem schönen Eilande der Phaeaken nur einige zwanzig, Mousson und Schläfli zusammen haben nur dreissig Arten aufgefunden. Ich entdeckte trotzdem einige neue Arten und eine Anzahl neuer Fundorte für schon bekannte Species, und hoffe deshalb, dass meine Arbeit denen, die sich mit der griechischen Fauna beschäftigen, nicht ganz ohne Interesse sein wird. Der besseren Uebersicht halber sind die neuen Fundorte durch gesperrten Druck ausgezeichnet.

Meine verehrten Freunde, Herr S. Clessin, und namentlich Herr Dr. O. Böttger, haben an der vorliegenden kleinen Arbeit einen wesentlichen Antheil; es ist mir eine angenehme Pflicht, ihnen für ihr liebenswürdiges Entgegenkommen und für die bereitwillige Unterstützung bei der nicht immer leichten Feststellung der Arten öffentlich meinen Dank abzustatten.

Die griechische Fauna hat sich seit einiger Zeit einer lebhaften Beachtung von Seite der Malakologen zu erfreuen; die Grundlage unserer Kenntniss derselben ist unbedingt Westerlund und Blanc's „Aperçu sur la faune malacologique de la Grèce inclus l'Epire et la Thessalie. Naples 1879", eine schöne und gründliche Arbeit, in welcher alles früher in diesem Fache Geleistete mit Fleiss zusammengetragen ist.

Seit dem Erscheinen derselben sind drei Jahre verflossen, und wir haben inzwischen eine Anzahl kleinerer Arbeiten zu verzeichnen, welche sich mit demselben Gegenstande beschäftigen, nämlich:

Dr. O. Boettger, Constante Scalaridenbildung des Gehäuses bei einer Landschnecke und regelmässige Vererbung dieser Eigenschaft bei ihrer Nachkommenschaft. In „Kosmos" 4. Jahrg. Juni 1880. p 211—213.

Dr. O. Boettger, Diagnoses Clausiliarum novarum Graeciae Nachr. Bl. XII. 1880 p. 48—51.

Dr. O. Boettger, Aufzählung der von Hrn. Dr. J. von Bedriaga im Frühjahr 1880 auf den Cycladen, in Morea und in Rumelien gesammelten Landschnecken. 19. 20. und 21. Bericht d. Offenb. Vereins f. Naturkunde, 1880.

W. Kobelt, Beiträge zur griechischen Fauna. Jahrb. VII 1880. p. 235—241. Mit Taf. VI fig. 5—17.

P. Godet, Mollusques nouveaux de l'ile d'Eubée et des iles Grecques. In Bull. Soc. Sc. Nat. Neuchatel, T. 12. 1. Cah. p. 24—28.

S. Clessin, Die Ancylus-Arten Griechenlands. Malak. Blätter, N. F. III. p. 150—158.

C. Agh. Westerlund, Malakologiska bidrag, in Ofvers. k. Vetensk. Akad. Forh. 1881. p. 35 ff. (beschreibt einige neue griechische Arten).

Dr. Reinhardt legte eine Anzahl griechischer Schnecken vor in der Sitzung der Gesellsch. naturf. Freunde zu Berlin vom 15. Novbr. 1881. Sitz.-Ber. Nr. 9, 1881.

P. Hesse, Eine neue Amalia aus Griechenland. Nachr.-Blatt XIV. p. 95.

Dr. O. Boettger, Nacktschnecken aus Epirus und von den Jonischen Inseln. Ibid. p. 96—101.

Ausserdem behandeln noch mehrere Artikel in Kobelt-Rossmässler's Iconographie griechische Arten, und einige neue griechische Bivalven wurden von Drouët im Journal de Conchyliologie beschrieben.

I. Glandina Schum.

Glandina Algira Brug.

Ich fand diese Art nur auf den Jonischen Inseln in den bekannten zwei Formen:

var. dilatata Zgl. Nur auf Corfu, bei Santi Deka und an Mauern an der Strasse nach Çastrades, aber sehr vereinzelt.

var. compressa Mouss. Auf Corfu und Zante ziemlich

verbreitet, aber nirgend in grösserer Anzahl beisammen. Wo sie vorkam, fanden sich stets zahlreiche angefressene Schalen von Clausilien, Pomatias, Cyclostoma und Helix Olivieri.

II. Limax L.

Limax variegatus Drap.

Diese kosmopolitische Art, welche kürzlich bei Prevesa im Epirus aufgefunden wurde, hat Herr Conéménos nach freundlicher brieflicher Mittheilung nun auch in Patras gesammelt und Herrn Dr. Boettger zugeschickt; wahrscheinlich ist sie in Griechenland weiter verbreitet.

III. Amalia Moq. Tandon.

Amalia Hessei Bttg.

Nachr. Blatt XIV 1882. p. 96.

Von dieser neuen Art fand ich ein junges Stück an einer Mauer im Dorfe Gasturi auf Corfu.

Amalia Kobelti Hesse.

Nachr. Blatt XIV 1882. p. 95. Taf. 12 Fig. 1.

Ich gebe hier eine Abbildung der Art nach den auf meiner Reise nach dem lebenden Thiere angefertigten Skizzen. Die einfarbig gelbe Färbung und der Mangel aller Streifen oder sonstiger Zeichnung scheiden diese Art leicht von ihren Gattungsgenossen.

IV. Hyalinia Agassiz.

Ich bin bemüht gewesen, besonders nach den im Orient noch wenig gesammelten kleinen und kleinsten Arten der Gruppe Vitrea zu fahnden, und habe vier für Griechenland neue Species aufgefunden, von denen drei noch ganz unbeschrieben zu sein scheinen.

Hyalinia aequata Mouss.

Auf der Insel Syra. Bei Athen auf dem Lykabettos und am Fusse des Hymettos unweit Kloster Kaesarjani.

Meine grössten Stücke von Syra messen diam. maj. 14, min. 11, die vom Lykabettos 17 : 14 mm.

Neuerdings hat Herr Dr. Böttger diese Art auch aus Syrien erhalten. Noch eine andere griechische Art, Hyalinia frondulosa Mouss., lebt gleichfalls in Syrien und ist von da schon seit längerer Zeit bekannt unter dem Namen H. camelina Bourg. Herr Dr. Böttger hat die Identität dieser beiden Formen zuerst erkannt und nach den mir von ihm gütigst mitgetheilten Stücken kann ich bestätigen, dass diese der Hyal. frondulosa Mouss., die ich von Euboea besitze, vollständig gleichen. Der Mousson'sche Name wurde 1863 publicirt und muss demnach gegen den Bourguignat's, der von 1853 datirt, zurücktreten.

Hyalinia hydatina Rossm.

Diese Art scheint in Griechenland recht verbreitet zu sein; ich fand sie bei Zante an Felsen, in der Nähe der Festung; im Piraeus am Munychia-Hügel; bei Athen am Fusse des Hymettos im Auswurf eines Baches. Eine kleinere Form, die Bourguignat H. pseudohydatina nennt, die ich aber von H. hydatina nicht trennen möchte, sammelte ich auf Syra und Tinos.

Auf Corfu, von wo Rossmässler die Art beschrieb, scheint sie seitdem nicht wieder gefunden zu sein. Ich selbst sammelte dort nur mehrere Exemplare einer verwandten, aber durch ihren Nabel auffallend verschiedenen Art, und glaube nicht fehl zu gehen, wenn ich diese mit Dr. Böttger für H. eudaedalaea Bourg. halte.

Die Originalexemplare von H. hydatina sind anscheinend durch irgend einen Zufall verwechselt worden; Herr Dr. Kobelt hatte auf mein Ersuchen die Freundlichkeit, dieselben in der Rossmässler'schen Sammlung aufzusuchen und meinem Freunde Böttger, der meine corfiotischen Stücke kannte, zum Vergleich anzuvertrauen; es ergab sich aber, dass die von Rossmässler's Hand als H. hydatina bezeichnete

Form gar keine Vitrea, sondern eine vielleicht neue Art aus der Verwandtschaft von H. glabra ist.

Hyalinia eudaedalaea Bourg.

Ich sammelte eine Form, die ich nur mit dieser Art zu vereinigen weiss, in Apulien bei Brindisi und später auch auf Corfu, bei Santi Deka und unweit Benizza, an der Strasse nach Gasturi.

Das flachere Gewinde, breiterer letzter Umgang und namentlich der sehr enge und durch den Spindelumschlag halb verdeckte Nabel zeichnen diese bisher nur aus Arkadien bekannte Art vor der verwandten Hyalinia hydatina aus.

Hyalinia Botterii Parr.

Bei Athen auf dem Lykabettos drei Exemplare, deren grösstes bei 4½ Umgängen lat. 2,8, alt. 1 mm misst.

Hyalinia Clessini n. sp.

Taf. 12. fig. 2.

Testa minima, sat late et aperte umbilicata, vitrea, nitidissima; spira parum eminula, apex parvulus, subplanus. Anfractus 5½ lente accrescentes, convexiusculi, sutura impressa disjuncti, laevigati, ultimus penultimo vix latior. Apertura oblique lunaris, margine basali leviter curvato, columellari brevi cum basi testae angulum formante minus acutum. Peristoma simplex, acutum.

Alt. 1, lat. 2½ mm.

Ich fand zwei gut erhaltene Exemplare auf Tinos in den Anschwemmungen eines Baches.

Die Art ist zunächst verwandt mit der vorigen, von welcher ich ausser meinen Stücken vom Lykabettos auch ein Originalexemplar von Parreyss aus der Sammlung des Herrn Clessin vergleichen konnte. Sie unterscheidet sich von ihr namentlich durch das engere und etwas mehr erhobene Gewinde; bei gleicher, sogar etwas geringerer Grösse besitzt sie einen Umgang mehr als die fast ganz flache Hyal. Botterii. Der Nabel ist bei unserer Art etwas weiter, die Unterseite weniger gewölbt und die Mündung schmaler als bei jener.

Sie bildet mit Hyal. Botterii und der folgenden einen eigenen kleinen Formenkreis, und weitere Forschungen ergeben vielleicht noch mehr dahin gehörige griechische Arten.

Hyalinia Zakynthia n. sp.

Taf. 12. fig. 3.

Testa maxime affinis H. Botterii, sed discrepans statura minore et umbilico angustiore, spira convexiuscula, parum prominente, anfractibus $4^1/_2$ lente accrescentibus, sub lente leviter striatulis praecipue ad suturam, ultimo penultimo paullo latiore.

Alt. 0,8, lat. 2 mm.

Von dieser Art fand ich bei Zante im Moose an Felsen drei Exemplare, die ich nicht mit Hyal. Botterii vereinigen kann. Die Form steht in der Mitte zwischen dieser und H. Dubrueili Cless. und schliesst den Formenkreis der ersteren an den von H. crystallina an. Von H. Botterii unterscheidet sie sich namentlich durch die geringere Grösse, den ein wenig engeren Nabel und etwas höheres Gewinde, von H. Dubrueli durch die stärker gewölbte Unterseite des Gehäuses, von beiden durch die mehr gerundete, weniger schief mondförmige Mündung.

Hyalinia Blanci n. sp.

Taf. 12. fig. 4.

Peraffinis Hyal. Etruscae Paull., sed anfractibus lentius accrescentibus, ultimo distincte angustiore discrepans.

Alt. 0,8, lat. 1,5 mm.

Eine winzige Art, die ich in nur zwei Exemplaren auf Syra, oberhalb San Georgio, fand.

Leider wurden mir, als ich die Ober- und Unterseite gezeichnet hatte, beide Stücke durch einen fatalen Zufall zertrümmert, so dass ich bedauerlicher Weise keine Profilansicht und auch keine ausführliche Diagnose geben kann. Die Art zeichnet sich vor allen andern aus Griechenland bekannten durch ihre ausserordentliche Kleinheit bei verhältnissmässig weitem Nabel aus und gehört in die Verwandtschaft der Hyal. pygmaea Bttg. und H. Etrusca Paull. Namentlich der letzteren steht sie recht nahe, ist aber enger gewunden und durch den wesentlich schmäleren letzten Umgang leicht von ihr zu unterscheiden. Meine Exemplare hatten $4\frac{1}{2}$ Umgänge, während ein wenig grössere H. Etrusca deren nur 4 besitzen.

Hyalinia subrimata Reinh.

Auf Zante fand ich an bemoosten Felsen, in Gesellschaft der Hyal. Zakynthia, etwa ein Dutzend Exemplare dieser weitverbreiteten, aus Spanien und Süditalien, aber noch nicht aus Griechenland bekannten Art, die mit Reinhardt'schen Originalen aus dem Mährischen Gesenke vollkommen übereinstimmen.

Hyalinia aff. diaphana Stud.

Auf dem Lykabettos bei Athen sammelte ich ein einzelnes junges Exemplar einer anscheinend der H. diaphana nahestehenden, ungenabelten Art, der Erhaltungszustand desselben lässt indess eine genauere Bestimmung nicht zu.

V. Helix L.

Helix rupestris Drap.

Am Lykabettos bei Athen ein einzelnes todtes Stück.

Helix lens Fér.

Die Art scheint in Griechenland weit verbreitet zu sein; ich sammelte die typische Form auf den Hügeln des Piraeus, bei Athen auf dem Lykabettos und am Fusse des Hymettos, endlich am häufigsten und schönsten auf Zante, wo ich auch einen schönen Blendling fand.

var. lentiformis Zgl. Am Lykabettos bei Athen.

Helix lenticula Fér.

Westerlund und Blanc erwähnen sie nur von Euboea und dem Piraeus; ich sammelte sie an letzterem Orte auch, ausserdem auf Syra und am Lykabettos bei Athen, und erhielt sie durch Herrn Conéménos von Patras. Sie ist weit verbreitet, aber anscheinend nirgends häufig.

Helix Corcyrensis Partsch.

Auf Corfu bei Santi Deka und an der Strasse von Benizza nach Gasturi.

Helix carthusiana Müll.

Am Lykabettos bei Athen, im Piraeus am Munychia-Hügel einzeln und selten, auf Zante und Corfu weiter verbreitet, aber nicht so häufig wie die folgende.

Helix Olivieri Fér.

An denselben Orten wie vorige; in Attika vereinzelt, auf den Jonischen Inseln dagegen eine der gemeinsten Schnecken. In der Grösse ist sie ungemein variabel; meine grössten Exemplare von Zante messen im grossen Durchmesser 15, die kleinsten 8 mm. Die letzteren gehören zur var. gregaria Zgl., die ich auch auf Corfu an der Fortezza vecchia sammelte; Westerlund und Blanc ziehen diese Form mit Unrecht zu Helix syriaca Ehrbg.

Helix Rothi Pfr.

Auf Syra, unter Steinen in Gesellschaft von Helix lenticula und cyclolabris var. arcadica.

Helix pellita Fér. var. Kreglingeri Zeleb.

Auf Syra oberhalb San Georgio, an Felsen. Die Dimensionen wechseln von diam. min. 13, maj. 14, bis 15 : 17 mm.

Helix cyclolabris Desh.

Von dieser variabeln Art sammelte ich nur zwei Formen:

var. Heldreichi Shuttlew. Bei Athen auf dem Lykabettos.

var. Arcadica Parr. Auf Syra und Tinos.

Helix subzonata Mouss. var. distans Blanc.

Auf Corfu bei Santi Deka in Felsritzen, aber sehr vereinzelt.

Helix Pisana Müll.

Auf Syra häufig an grasigen Hängen neben der Chaussee.

Helix vermiculata Müll.

Weit verbreitet in Griechenland. Ich sammelte sie im Piraeus; bei Athen auf dem Lykabettos, an der Akropolis und am Fusse des Hymettos, auf Syra, Tinos und Zante. Mein grösstes Exemplar von Syra misst diam. maj. 34, alt. 19 mm, wogegen die Art im benachbarten Tinos, wo sie auf Glimmerschiefer leben muss, viel dünnschaliger und kleiner bleibt; das kleinste von da misst diam. 24, alt. 14 mm, und die andern überschreiten diese Maasse höchstens um 1—2 mm.

Helix aspersa Müll.

Auf Syra, Tinos, Zante, Corfu an der Fortezza vecchia.

Helix ambigua Parr.

Ich fand leider nur wenige defecte Exemplare, auf Corfu an der Strasse nach Castrades, und auf Zante an der Citadelle.

Helix figulina Parr.

Auf den Hügeln des Piraeus; bei Athen auf dem Lykabettos und am Fusse des Hymettos; auf Syra zwei Exemplare.

Helix Godetiana Kob.

Auf Syra fand ich an der Chaussee südlich von Hermupolis ein defectes, anscheinend subfossiles Exemplar einer grösseren Pomatia, welches sich nicht mit voller Sicherheit bestimmen lässt, aber sehr wahrscheinlich zu H. Godetiana gehört; es ist wesentlich kleiner als die von Santorin stammenden Exemplare meiner Sammlung.

Helix aperta Born.

Corfu; Zante; bei Athen am Fusse des Hymettos.

Helix variabilis Drap.

Sie ist mir durchaus nicht so häufig vorgekommen, wie ich nach der Angabe von Westerlund und Blanc annehmen zu dürfen glaubte; ich fand nur wenige Stücke im Piraeus.

Helix turbinata Pfr.

Auf Tinos und Syra zahlreich. Helix candiota Friv., die von allen Autoren bald als besondere Art, bald als Varietät von H. turbinata aufgeführt wird, ist nach Mousson's ausdrücklicher Erklärung (Coqu. Bellardi p. 12) vollkommen mit dieser Species identisch, der Frivaldsky'sche Name ist also in die Synonymie zu verweisen. Die Unterschiede, welche man herauszufinden suchte, sind vollständig imaginär.

Helix Cretica Fér.

Auf Syra und Tinos.

var. cauta Westerl. Am Lykabettos bei Athen und auf den Hügeln des Piraeus.

Helix interpres Westerl.

Taf. 12. fig. 5.

Wie Westerlund dazu kommt, diese Art bei den Fruticicolen unterzubringen und sie mit Hel. Orsinii zu vergleichen, ist mir unbegreiflich. Ich besitze gebänderte Stücke von Euboea durch die Linnaea, einfarbig weisse brachte mir Herr Blanc von Chalkis mit, und ich selbst sammelte sie bei Athen am Fusse des Hymettos unweit Kloster Kaesarjani, ich war indess über ihre Xerophilennatur keinen Augenblick im Zweifel. Die Art ist nicht mit Helix Orsinii, sondern mit H. candicans verwandt, sogar sehr nahe verwandt, und gehört mit dieser in Westerlund's Subgenus Pseudoxerophila, welches übrigens wohl kaum allgemeine Anerkennung finden dürfte.

Der Versuch, die grösseren flachen Xerophilen des Orients auf Grund eines gemeinsamen Merkmals zu vereinigen, ist recht interessant und macht jedenfalls dem Scharfblick des Herrn Westerlund alle Ehre, denn die Spiralsculptur ist in der That oft höchst undeutlich und schwer zu erkennen; eine so schwache Spiralstreifung ist aber doch ein viel zu unbedeutender Charakter, als dass man darauf ein Subgenus gründen könnte. Sonderbarer Weise soll von diesem Subgenus Helix derbentina Andrz. ausgeschlossen sein, während gerade diese Art eine sehr schöne und regelmässige, aber nur bei starker Vergrösserung sichtbare Spiralsculptur besitzt.

Die Abbildung der Helix interpres bei Westerlund und Blanc ist nicht recht gelungen, ich gebe deshalb eine andere.

Helix profuga A. Schmidt.

Ich glaube diese variable Art weiter fassen zu müssen, als es gewöhnlich geschieht, und stimme ganz der Ansicht meines Freundes Böttger bei, dass H. meridionalis Parr., Hellenica Bourg. und variegata Friv. hierher als Varietäten zu ziehen sind.

Ich sammelte den Typus im Piraeus; bei Athen auf dem Lykabettos, an der Akropolis und am Fusse des Hymettos; auf Syra besonders grob gerippte Exemplare.

var. meridionalis Parr. scheint besonders im westlichen Teile Griechenlands zu leben; ich besitze sie von Corfu, Zante und Patras.

var. Hellenica Bourg. Im Piraeus und am Fusse des Hymettos.

var. variegata Friv. Bei Athen am Fusse des Hymettos, mit voriger und der typischen Form vergesellschaftet.

Helix conspurcata Drap.

Auf Zante an den Mauern des Castells häufig, auf Corfu an der Fortezza vecchia.

Helix pyramidata Drap.

Kleiner als die italienischen Formen, aber doch nicht davon zu trennen. Im Piraeus; bei Athen am Lykabettos und unweit des Klosters Asomaton; auf Syra.

Helix Chalcidica Mouss. var. didyma Westerl.

Taf. 12 Fig. 6.

Ich fand diese hübsche Form, die offenbar der H. pyramidata recht nahe steht, ohne indess mit ihr vereinigt werden zu können, bei Athen am Fusse des Hymettos. Meine Exemplare sind kleiner und zierlicher als solche von Euboea, die mir Herr Cavaliere Blanc mittheilte, und die Bestimmung war nicht eben leicht, da die meisten mehr oder weniger scalar gewunden sind; ich habe ein solches Exemplar abgebildet.

Der Fall, dass scalare Schnecken in grösserer Anzahl beisammenleben, scheint im Süden häufiger vorzukommen, als in unsern doch bei Weitem genauer durchforschten nördlichen Gegenden; ich erinnere nur an die bekannte hochinteressante monströse Helix rupestris, die Blanc als H. chorismenostoma bezeichnet und die bereits an zwei Orten, auf Syra und in Boeotien, beobachtet wurde. Herr Dr. Böttger schreibt mir, dass wahrscheinlich auch Claus. scalaris Pfr. eine constant gewordene Scalaride der maltesischen Claus. intrusa Fér. sei, deren anderes Extrem die erbsenförmige Claus. Mamotica Giulia ist; wenigstens hat er an allen diesen habituell so sehr verschiedenen Formen keinen Unterschied im Schliessapparat auffinden können.

E. v. Martens, und nach ihm Kobelt, nennen irrthümlich Blanc als Autor der Hel. Chalcidica, eine Ehre, die Blanc selbst im Vorwort seines Aperçu ausdrücklich zurückweist; die Art ist hinfort mit der Autorität Mousson zu führen. In Kobelt's Catalog ist überdies Creta als Vaterland angegeben, wo sie meines Wissens bisher nicht gefunden wurde.

Hel. Thiesseae Mousson ist, wie schon Westerlund erklärt hat, identisch mit Hel. Chalcidica var. didyma, der Mousson'sche Name gehört also in die Synonymie.

Helix trochoides Poiret var. sulculata Jan.

Auf Zante, in den Vorbergen des Monte Scopo.

Helix Syrensis Pfr.

Auf Syra, oberhalb San Georgio, nicht häufig.

Helix acuta Pfr.

Auf Corfu und Zante nicht selten; bei Athen am Fusse des Hymettos; auf Syra einzeln an Chausseeabhängen.

VII. Buliminus Ehrbg.

Buliminus zebra Oliv. var. spoliata Parr.

Ich kann Bul. spoliatus nur für eine Varietät von B. zebra halten. Kobelt's Angabe (Icon. V. p. 70), dass er sich von Letzterem sofort durch den unbezahnten Spindelrand unterscheide, ist nicht ganz zutreffend, und auch Westerlund und Blanc machen in ihrem „Aperçu" auf die nahe Verwandschaft Beider aufmerksam auf Grund der von Blanc bei Kiaradia in Attika gesammelten Stücke, die am Spindelrande einen „petit tubercule dentiforme" besitzen.

Die Bezahnung ist hier ebenso variabel, wie bei andern Arten des Genus — ich erinnere nur an unsern Bul. tridens. Den typischen B. spoliatus sammelte ich bei Athen, auf einer heidebewachsenen Ebene am Fusse des Hymettos; er erreichte da eine Grösse von 12—15 mm. Grössere Stücke von 13—17 mm. fand ich am Lykabettos, die meisten typisch, einige dagegen zeigten an der Spindel eine kleine Erhöhung, also Hinneigung zu B. zebra; die Stücke vom Piraeus endlich, die sich durch besondere Kleinheit, 10—12 mm., auszeichneten, hatten zum Theil auch diesen „petit tubercule", zum grössern Theil aber einen wohl ausgebildeten Zahn am Spindelrande, und wären somit als echte B. zebra anzusprechen.

Die weiteren von Kobelt angegebenen Unterscheidungsmerkmale „die Form der Mündung ist eine wesentlich andere, und der Zahn auf der Mündungswand ist kein Höcker, sondern eine ins Innere eindringende Lamelle; auch ist die Färbung meist weniger lebhaft“ sind auch nur bedingungsweise richtig. Den Unterschied in der Form der Mündung habe ich nicht herausfinden können; die von B. zebra ist zuweilen etwas schmaler als bei manchen spoliatus, andern aber gleicht sie so vollständig, dass daraufhin keine Trennung möglich ist. Der Zahn auf der Mündungswand ist auch bei B. zebra kein blosser Höcker, und bei B. spoliatus zuweilen recht schwach entwickelt und nicht immer tief ins Innere eindringend. Die Färbung endlich variirt gerade so wie bei unserm Bul. detritus, es kommen sogar rein weisse und stark braungestreifte Stücke an derselben Localität, z. B. am Lykabettos, vor.

Unsere Art variirt noch nach anderer Richtung hin; unter meinen Stücken vom Lykabettos fanden sich acht, bei denen nur die Lamelle auf der Mündungswand, und auch diese nur schwach, entwickelt war, während der Zahn am Aussenrande vollständig fehlte. Es ist das dieselbe Form, welche Dr. Kobelt in Jahrb. IV 1877 Taf. 5 fig. 5 abbildet, und ich schlage für sie den Namen *Bul. zebra var. obsoleta* vor.

Zum Schluss bemerke ich noch, dass ich die var. spoliata auch auf der Insel Tinos im Genist eines kleinen Baches gefunden habe, wodurch ihr Verbreitungsbezirk wesentlich erweitert wird; vermuthlich lebt sie auch auf andern Inseln des Archipels. Die Form von Tinos misst 13 mm. und ist etwas conischer gebaut, als die Exemplare vom Festlande, im Uebrigen aber von diesen nicht zu trennen. Eine ganz ähnliche Form des typischen Bul. zebra von Cerigo wurde mir von Herrn Dr. Böttger mitgetheilt.

Die drei Formen, welche Bourgnignat beschreibt, sind

nicht einmal Varietäten, trotz der langen Diagnosen, und gehören in die Synonymie. Ein Vergleich der Diagnosen von Bul. Boeticus und B. cadmoeanus wird ergeben, dass Beide fast vollkommen übereinstimmen.

Buliminus Cefalonicus Mouss.

Auf Zante fand ich einen noch sehr jungen, dunkelbraunen Buliminus, der wahrscheinlich zu dieser Art gehört.

Buliminus pseudogastrum m.

Bul. gastrum auct., non Ehrenb.

Seit längerer Zeit wird Bul. gastrum, den Ehrenberg in Syrien entdeckte, irrthümlich mit einem auf Syra vorkommenden Buliminus identificirt, und Kobelt geht sogar so weit, die Richtigkeit der Ehrenberg'schen Fundortsangabe ganz in Frage zu stellen (Catalog II. p. 55.). Soweit ich nachkommen kann, scheint Mousson der Urheber des Irrthums zu sein, wenigstens finde ich bei ihm (Coqu. Bellardi p. 14) zuerst Bul. gastrum Ehrenb. von Syra verzeichnet; später folgen ihm Pfeiffer, Kobelt, Westerlund und Blanc, und heute ist es fast vergessen, dass die Heimath der Art eigentlich Syrien, und nicht der Archipel, ist.

Vor kurzem kam mir nun durch die Güte des Herrn Dr. Böttger der echte Bul. gastrum Ehrenb. zu, von Schumacher bei Brumâna im Libanon gesammelt, und ein Vergleich mit der Form, welche ich auf Syra oberhalb San Georgio in mässiger Zahl gefunden habe, ergiebt, dass die Syrenserin der Ehrenberg'schen Art zwar verwandt ist, aber ohne Zweifel von ihr getrennt werden muss. Die erstere muss demnach einen neuen Namen erhalten, und da Synonyme nicht vorhanden sind, schlage ich vor, sie B. pseudogastrum zu nennen.

Beide Arten unterscheiden sich auf den ersten Blick durch die Spindel, die bei B. gastrum Ehrenb. schräg, bei pseudogastrum senkrecht verläuft; ausserdem hat B. pseudogastrum eine mehr gerundete Mündung, der Aussenrand ist stärker gebogen, der Nabelritz weiter, der Spindelumschlag und die Lippe etwas stärker. Die Farbe des B. gastrum ist dunkel olivenbraun, die der Syrenserin heller hornbraun; der erstere hat überdies um den Nabel herum eine schwache Spiralsculptur, die der Art von Syra fehlt.

Auf Taf. 12 fig 7 gebe ich eine Abbildung der Ehrenberg'schen Art; B. pseudogastrum ist in Rossm.-Kobelt's Iconographie Bd. V. fig. 1354 dargestellt.

Freund Boettger hatte auf meine Bitte die Gefälligkeit, für mich die Originaldiagnose der Ehrenberg'schen Art aus „Hemprich et Ehrenberg, Symbolae physicae; Pars zoologica: Anim. evertebrata" zu copiren; da das Werk selten und wohl den meisten Malakologen nicht zugänglich ist, lasse ich die Diagnose hier folgen:

„Bulimus gastrum Ehrbg. n. sp.

„Testa ovata oblonga utrinque angustior, medio turgida, „corneo fusca, subtiliter oblique striata, anfr. 7 pla„niusculis, apert. semiovata, labro intus margine albo „subreflexo. — Ad Arissam, Syriae monasterium „prope Beyrutum in monte Libano situm, rupibus „adhaerens. — Bul. montano valde affinis est, sed „medius magis turgidus. Duo specimina nobis obviam „facta magnitudine et anfractibus fere congruunt et „nitoris expertia sunt. Majusculum long. 7 lineas „aequat, lat. 3 lin. paullulum superat, alterum 6½ „lin. longum, 3 crassum est."

Buliminus pusio Brod.

Nur zwei Exemplare auf Syra gesammelt. Ich glaube, dass diese Art sowohl, als auch B. etuberculatus Frfld. sich von der vorigen getrennt halten lassen, mein Material reicht aber nicht aus, um die Frage definitiv zu entscheiden. B. etuberculatus Frfld., den ich durch Herrn Dr. Böttger von Andro erhielt, unterscheidet sich von den beiden andern durch schlankere Gestalt und deutliche Spiralsculptur an der Unterseite.

Buliminus pupa Brug. var. grandis Mouss.

Ich fand diese Form auf Zante, aber fast nur in abgebleichten Exemplaren; meine grössten Stücke erreichen 17½ mm. Höhe.

Buliminus Bergeri Roth.

Die typische Form findet sich hin und wieder im Piraeus, bei Athen am Lykabettos und am Fusse des Hymettos. Die kleinsten Stücke vom Piraeus haben nur 9, die grössten vom Lykabettos bis 12½ mm. Länge. Auf Zante fand ich eine etwas abweichende Form, die sich durch die geringere Entwicklung der Zähne vor dem typischen Bul. Bergeri auszeichnet und unserm Bul. tridens recht nahe steht; ich verdanke aber Herrn Dr. Böttger einige Zwischenformen, von Lepanto und Monemvasia, Lakonika, die sie recht gut mit dem echten Bul. Bergeri verbinden.

Beiläufig sei erwähnt, dass Bul. tridens auch in Syrien lebt; Freund Böttger hat ihn vor Kurzem in einer colossalen Form (alt. 20½, lat. 8 mm.) von Haiffa bekommen.

Westerlund und Blanc erwähnen, auf Bourguignat's Autorität gestützt, als griechisch zwei Petraeus-Arten, Bul. Halepensis Pfr. und B. Sidoniensis Fér, die Saulcy in Attika beim Kloster Penteli gesammelt haben soll; es ist wohl erlaubt, die Richtigkeit dieser Angabe so lange zu bezweifeln, bis die beiden Species auch von andern zuverlässigern Sammlern dort aufgefunden werden.

VIII. Cionella Jeffr.

Cionella Zacynthia Roth.

Diese fast verschollene Art, welche Roth von seiner zweiten Orientreise in nur einem Exemplare mitbrachte, scheint auf Corfu ziemlich verbreitet zu sein; ich sammelte sie in unmittelbarer Nähe der Stadt auf der Fortezza vecchia, sodann bei Santi Deka, und endlich unweit Benizza, überall im Moose, aber äusserst vereinzelt und nur todt. Möglicher Weise ist Corfu die eigentliche Heimath der Art, ich habe sie wenigstens auf Zante trotz aller Aufmerksamkeit nicht entdecken können, und bin geneigt, Roth's Angabe: „Unicum tantum specimen abstuli de littore insulae Zacynthi" so zu deuten, dass er ein vom Meere angeschwemmtes Exemplar gefunden hat. Seine Diagnose passt auf meine corfiotischen Stücke vortrefflich, weniger die Abbildung, welche die Spindeltruncatur nicht zeigt.

Die nächsten Verwandten dieser Art sind offenbar Cion. pupaeformis Cantr. und integra Mouss. Ich bin der Ansicht, dass die Gruppe Hypnophila Bourg. nicht Azeca unterzuordnen ist, sondern als gleichberechtigt neben ihr stehen muss.

Cionella Jani de Betta.

Ich fand hiervon ein sehr gut erhaltenes Exemplar am Fusse des Hymettos im Genist eines kleinen Baches. Die Art gehört, ebenso wie die folgende und Cion. Raddei Bttg., zur Gruppe der Cion. acicula, nicht der Cion. Hohenwarti, welcher die Truncatur der Columelle fehlt.

Cionella tumulorum Bourg.

Scheint in Griechenland weit verbreitet zu sein; ich sammelte sie auf Syra oberhalb San Georgio; im Piraeus am Munychia-Hügel und auf den Hügeln im Osten der Stadt; bei Athen am Lykabettos. Die Cionella Raddei, welche Westerlund und Blanc von letzterem Fundorte angeben, ist nach Mittheilung des Herrn Dr. Boettger auch unsere Art. Cion. Raddei ist bis jetzt nur aus dem Caucasus bekannt; sie steht allerdings der vorliegenden sehr nahe, unterscheidet sich aber durch das weniger conischspitze Gehäuse.

Cionella acicula Müll.

var. Liesvillei Bourg., leicht kenntlich an dem kleinen Höcker auf der Columelle, sammelte ich im Piraeus am Munychia-Hügel.

var. Boettgeri m. (Taf. 12 fig. 8). Differt a typo statura minore, graciliore, columella angulata, anfractibus celerius accrescentibus, penultimo altitudine superiores aequante. Alt. 3, lat. vix 1 mm.

Ich fand von dieser hübschen Form eine Anzahl Exemplare auf Tinos in den Anschwemmungen eines kleinen Baches. Sie steht der var. Liesvillei entschieden nahe, zeichnet sich aber vor Allem durch ihre Schlankheit und durch die Form der Spindel aus, welche an der Stelle, wo bei voriger die obsolete Falte sitzt, einen Winkel bildet.

Zwei der gesammelten Formen stehen unserer deutschen sehr nahe; die eine, aus dem Piraeus, hat eine etwas höhere Mündung, als meine Exemplare von verschiedenen deutschen Fundorten; eine andere, die ich zusammen mit Cion. Jani am Fusse des Hymettos fand, ist etwas schlanker als deutsche Exemplare. Auf Zante sammelte ich zwei junge Cionellen, die nicht sicher zu bestimmen sind, aber wahrscheinlich auch hierher gehören.

IX. Stenogyra Shuttlew.

Stenogyra decollata L.

Die typische Form sammelte ich auf Zante; die kleinere *var. truncata Zgl.* auf Syra; im Piraeus; bei Athen am Lykabettos und am Fusse des Hymettos.

X. Pupa Drap.

Pupa granum Drap.

Auf den Hügeln des Piraeus; auf Syra oberhalb San Georgio; bei Athen am Lykabettos und am Fusse des Hymettos.

Pupa Rhodia Roth.

Ich fand diese Art einzeln auf den Hügeln des Piraeus und auf Syra. Nach Rossmässler soll sie sich von P. Philippii besonders durch das Fehlen der bei jener oben an der Einfügungsstelle des Aussenrandes stehenden Falte unterscheiden; ich habe diese Falte sowohl an meinen Stücken von Syra, als an denen, die mir Herr Blanc aus Boeotien mitbrachte, zuweilen ganz deutlich ausgeprägt gefunden.

Pupa Philippii Cantr.

Lykabettos bei Athen; Corfu auf der Fortezza vecchia; Zante; von Prevesa im Epirus erhielt ich sie durch Herrn Conéménos.

var. exigua Mousson.

Athen, am Fusse des Hymettos, in den Anschwemmungen eines Baches.

Die Bezahnung ist ausserordentlich variabel; bei allen Exemplaren, mit Ausnahme der kleinen von Athen, beobachtete ich die plica angularis; die Stücke vom Lykabettos und von Prevesa haben an der Spindel nur einen Zahn, die vom Hymettos, und auch die von Corfu, stets zwei, von denen der untere zuweilen rudimentär, aber doch erkennbar ist. Von den Epirotischen Exemplaren besitzt eins zwei Spindelzähne, und zwischen dem obern grösseren und der Lamelle auf der Mündungswand noch zwei weitere kleine Zähnchen.

Pupa cylindracea Da Costa var. umbilicus Roth.

Auf Syra oberhalb San Georgio unter Steinen, nicht häufig.

Pupa doliolum Brug. var. scyphus Friv.

Ebenda, ferner auf Tinos, auf den Hügeln im Osten des Piraeus, und am Lykabettos bei Athen.

Pupa Strobeli Gredl.

Diese aus Griechenland bisher noch nicht bekannte Art

sammelte ich in geringer Anzahl in Zante, im Moose an Felsen, in Gesellschaft von Hyalinia subrimata Reinh.

XI. Clausilia Drap.

Claus. lamellata Zgl.

Auf Corfu, am Wege nach Castrades, einige Exemplare.

Claus. maritima Klec. var. Thiesseae Bttg.

Ich fand die Art in mässiger Anzahl auf Zante; durch Herrn Dr. v. Aschenbach erhielt ich sie auch von Corfu.

Claus. conspersa Pfr. subsp. invalida Mouss.

Ich fand diese seltene Form nicht selbst, sondern erhielt sie von Corfu durch Herrn Dr. v. Aschenbach, ohne nähere Fundortsbezeichnung. Meines Wissens kennt man bis jetzt nur zwei von Mousson gesammelte Exemplare.

Claus. coerulea Fér.

f. Syrensis Bttg. Auf Syra oberhalb San Georgio häufig.

f. Tinorensis Mouss. Auf Tinos, nicht selten.

Claus. Liebetruti Charp. var. incommoda Bttg.

Zante, anscheinend über die ganze Insel verbreitet.

Claus. naevosa Fér. var. Corcyrensis Mouss.

Auf Corfu bei Santi Deka und Benizza häufig, seltener an der Fortezza vecchia.

Claus. isabellina Pfr.

Im Piraeus, nicht allzu häufig.

Claus. saxicola Parr.

Bei Athen am Lykabettos.

Claus. bidens L.

Ich fand sie nur auf den Jonischen Inseln. Auf Zante ist sie nicht selten; auf Corfu an der Strasse nach Castrades, bei Benizza, Canoni, Santi Deka, an der Fortezza vecchia.

Claus. denticulata Oliv.

Nur ein Exemplar auf Tinos im Genist eines Baches.

XII. Succinea Drap.

Succinea spec.?

Unter einer Anzahl Schnecken von Manducchio auf Corfu, welche Herr Dr. v. Aschenbach mir mittheilte, befand sich auch eine junge Succinea aus der Verwandtschaft von S. putris, welche sich zwar nicht genau bestimmen lässt, aber doch hinreicht, um das Vorkommen dieses Genus auf Corfu zu constatiren.

XIII. Limnaea Drap.

Limnaea truncatula Müll.

Auf Corfu, am Wege nach Gasturi, in einem Bache.

XIV. Planorbis Guettard.

Planorbis marginatus Drap.

Ebenda; auch auf Zante in einer Flussanschwemmung.

XV. Ancylus Guettard.

Ancylus striatulus Cless.

Auf Corfu in zwei Bächen an der Strasse nach Gasturi.

XVI. Cyclostoma Drap.

Cyclostoma elegans Müll.

Auf Corfu und Zante weit verbreitet, in schönen grossen Exemplaren.

XVII. Pomatias Studer.

Pomatias tessellatus Rossm.

Auf Corfu häufig, an der Fortezza vecchia, bei Benizza und Santi Deka. In der Grösse sehr variabel; die Höhe meiner Exemplare schwankt zwischen 7 und 11 mm.; die meisten sind ungefleckt, einfarbig grau, die Rippen weiss.

var. densestriata m. Differt a typo colore clariore, testa minus argute costulata, anfractu ultimo densissime striato. Alt. 9—11 mm.

Diese Form vertritt den Typus auf Zante; sie ist viel

enger und zarter gerippt, heller gefärbt, und entbehrt nur selten der Fleckbänder.

XVIII. Bithynia Leach.

Bithynia Boissieri Charp.

Ein wahrscheinlich hierher gehöriges, noch nicht ganz ausgebildetes Exemplar auf Corfu, an der Strasse nach Gasturi. Hierher gehören vielleicht auch einige Exemplare, die ich auf Zante in einer Flussanschwemmung sammelte, die mir aber unbegreiflicher Weise abhanden gekommen sind, ehe ich sie untersuchen konnte.

XIX. Amnicola Gould.

Amnicola tritonum Bourg.

Auf Corfu bei Benizza, in einer Quelle, sehr vereinzelt, mit folgender zusammenlebend.

Amnicola macrostoma Küst.

Auf Corfu bei Benizza mit voriger zusammen, und in einem Graben unweit Manducchio, an der Strasse nach Gasturi.

Amnicola Hessei Clessin n. sp.

Diese neue Art, die Herr Clessin demnächst beschreiben wird, entdeckte ich auf Zante in einer Quelle, in den Vorbergen des Monte Scopo.

Amnicola n. sp.?

Eine anscheinend neue Art fand ich auf Tinos im Genist eines Baches, der mangelhafte Erhaltungszustand der Exemplare gestattet indess keine genaue Bestimmung.

Nordhausen, im August 1882.

Materialien zur Fauna von China.

Von

O. F. von Möllendorff.

(Fortsetzung.)

8. *Cyclophorus Ngankingensis* Heude Moll. terr. Fleuve Bleu 1882 p. 3 t. XII. f. 6.

Nach der Abbildung würde ich auch in dieser Art nur eine Form oder Varietät von C. Martensianus erblicken, die sich durch Kleinheit — diam. maj. 17 mill. — und etwas andere Zeichnung unterscheidet. Indessen sagt Heude: „ce Cyclophore quoique appartenant au groupe des espèces précédentes (C. Martensianus, Nankingensis, pallens), a un aspect tout particulier. Les stries d'accroissement se prolonguent dans les jeunes en une lamelle épidermique." Diese Sculptur der Epidermis ist mir noch bei keinem jungen Cyclophorus vorgekommen und dürfte der Form specifischen Werth verleihen.

Von Heude in den Provinzen An-hui und Hubei gesammelt. Der Name ist nicht schön (Ngan-king, Hochchinesisch An-dshing), und Ngankingensis neben Nankingensis doch sehr bedenklich.

β) *Cyclophori liratuli* (E. von Martens).

Ueber die systematische Stellung der folgenden kleinen Cyclophori bin ich noch nicht ganz im Klaren. Ich glaubte, C. trichophorus und pellicosta erst zu Craspedotropsis Blanford stellen zu sollen, finde aber, dass von Blanford's Diagnose manches nicht passt, z. B. operculum arctissime spiratum. Der Winkel, den der Aussenrand des Peristoms an der Einfügungsstelle bildet, erinnert an Lagocheilos Theob., zu welcher Untergattung auch die Spiralskulptur und die Behaarung passt. Aber „peristoma incrassatum superne ad angulum rima transversa breviter incisum" passt doch auch nicht auf unsere Formen. C. Hungerfordianus mihi will

G. Nevill, wie er brieflich mittheilt, zum Subgenus Leptopomatoides gestellt wissen, einem Subgenus, dessen Charaktere mir unbekannt sind. Möglich wäre es, dass C. Hungerfordianus und pellicosta, die sich einander näher stehen, zu einer andern Gruppe zu rechnen sind, als die andern entschiedener gekielten und behaarten Arten. Einstweilen lasse ich sie beisammen unter der von E. von Martens für ähnliche kleine Arten des indischen Archipels gewählten Gruppenbezeichnung.

9. *Cyclophorus trichophorus* Mlldf. t. 10 f. 3.

Testa pyramidata anguste umbilicata, striatula, carinulis spiralibus plurimis (20—22) cincta, rufofusca, strigis et flammis flavidis ornata, cuticula in costulas sat approximatas elevata, in carinulis dense ciliosa; spira elongata supra gracilior, conica. Anfr. 6 convexi, sutura sat profunda discreti, ultimus vix descendens, inflatus; apertura sat oblique circularis; peristoma duplex, internum rectum, externum vix expansum, reflexiusculum, superne ad insertionem angulatum. Operculum tenue corneum.

Diam. maj. $7\frac{1}{2}$, min. $5\frac{3}{4}$, alt. $7\frac{1}{2}$, apert. diam. $3\frac{3}{4}$ mm.

1881 Cyclophorus (Craspedotropis) trichophorus O. von Möllendorff Jahrb. D. M. Ges. VIII. p. 309.

Hab. in montibus Lo-fou-shan prope Wa-shau monasterium in ditione urbis Canton, in silva montis Ding-hu-shan ejusdem provinciae.

Schale eng genabelt, pyramidal, fein gestreift, mit 20—22 feinen Kielen, rothbraun mit gelben Zickzackstreifen, mit senkrechten, häutigen, ziemlich dicht stehenden Rippchen besetzt (die sehr rasch abfallen), auf den Kielen mit dichten Häärchen besetzt, das Gewinde konisch ausgezogen, oben schlank und ziemlich spitz. Die sechs Umgänge gut gewölbt mit tiefer Naht, der letzte nur in ganz ausgewachsenen Exemplaren etwas herabsteigend, sehr bauchig. Die

Mündung ist ziemlich schief, kreisrund. Der Mundsaum ist doppelt, und zwar der innere zusammenhängend, einfach, der äussere schwach ausgebogen und kaum umgeschlagen. Der Deckel ist normal, dünn, hornig und hat 7—8 Umgänge.

Dr. Gerlach brachte mir zwei todte Exemplare von Lofoushan mit, wo ich sie später selbst lebend gesammelt; auch fand ich dieselbe Art im Walde bei Kloster Tsching-yün-sy am Ding-hu-shan. Sie lebt sehr versteckt unter Steinen und in faulendem Laub und ist nirgends sehr zahlreich.

10. *Cyclophorus sexfilaris* Heude.

Testa anguste umbilicata, turbinato-elevata, nigricans, carinis senis, una peripherica, tribus infra et binis supra peripheriam assurgentibus, lamellis obliquis caducis strigosa, pilo rufo molli longiusculo in unoquoque carinae et lamellae angulo exsurgente, maculis albidis oblongis obliquisque ornata; spatio intracarinario striis transversalibus cancellato; spira conica elata; anfr. 5 valde convexi sutura impressa discreti, ultimus teres; apertura ad insertionem angulata, vix obliqua; peristoma duplex margine plano, postice expansiusculo haud reflexo, callo continuo, non soluto. Operculum tenuissimum, pellucidum, planum, anfr. octo. (Heude.)

Diam. maj. 5½, min. 4½ mm.

1882 Cyclophorus sexfilaris Heude Moll. terr. p. 3 t. XII. f. 4.

Hab. Ad rupes calcarios umbrosos in montibus ditionum Ning-guo-fu et Wa-dshou-fu leg. cl. P. Heude, in provincia Hunan leg. cl. P. Fuchs.

Diese niedliche Novität von Heude ist offenbar eine nahe Verwandte der voranstehenden Art. Sie unterscheidet sich durch geringere Grösse, weniger konische Gestalt, geringe Zahl — 6 — der Kiele, längere und weichere Behaarung der letzteren. Skulptur der Epidermis, Färbung, Mündung sind ganz übereinstimmend, nur scheint der obere Winkel der Mündung nach Heude's Abbildung deutlicher ausgeprägt und erinnert noch mehr als C. trichophorus an die Gruppe Lagocheilos.

Zu Heude's Beschreibung und Abbildung passt sehr gut ein nicht ganz ausgewachsenes Exemplar, welches ich von P. Fuchs aus Hunan erhielt. Danach würde diese Art eine weite Verbreitung in Mittelchina haben.

11. *Cyclophorus pellicosta* Mlldf. t. 10. f. 2.

Testa pyramidata, anguste umbilicata, oblique striata, pallide cornea, strigis et flammis fuscis interdum ornata, carinulis spiralibus plurimis (15—18) nec non costulis membranaceis sat distantibus instructa; anfr. 6 convexi, sutura profunda discreti, ultimus vix descendens, valde inflatus, apertura sat obliqua, subcircularis, peristoma duplex, brevissime expansum, ad insertionem subangulatum, margine externo brevissime protractum, marginibus callo junctis. Operculum tenue corneum, anfr. 8.

forma α) major. diam. maj. 11 mm, alt. 11 mm.
Hab. in montibus altioribus insulae Hongkong.

„ β) altior. diam. maj. 9, alt. 9½ mm.
Hab. ad vicum Tung-dshon prope urbem Macao.

„ γ) minor. diam. maj. 9, alt. 9 mm.
Hab. Hongkong.

„ δ) parvula diam. maj. 8½, alt. 8½ mm.
prope monasterium Yang-fu in provincia Fu-dshien.

Gehäuse konisch, ziemlich eng genabelt, schief gestreift, hell hornfarben mit braunen Zickzackstreifen, mitunter mit einer unterbrochenen braunen Binde unterhalb der Peripherie (seltener nehmen die braunen Streifen so zu, dass die Schaale braun mit hellen Flecken erscheint); 15—18 feine aber deutliche Spiralkiele, ferner senkrechte häutige Rippchen in regelmässigen verhältnissmässig weiten Abständen. Die sechs Umgänge sind stark gewölbt mit tiefer Naht, der letzte sehr gross, vorn kaum herabsteigend. Die Mündung ziemlich schief, fast kreisrund, der Mundsaum einfach, ganz schwach ausgebreitet, oben etwas winklig und ganz wenig vorgezogen; die Ränder sind durch eine schwache Schwiele verbunden. Der Deckel ist sehr dünn, hornfarben, mit acht Windungen.

Diese zuerst von mir auf den höheren Kuppen von Hongkong, dann von Hungerford ebenda und bei Macao, schliesslich auch von Herrn Eastlake bei Fudshon gesammelte Art variirt etwas nach den verschiedenen Fundstellen. Als Typus dürfte die grosse Form von Hongkong anzusehen sein; die Form von Macao ist etwas höher und die Mündung etwas grösser als die Hongkonger Form. Die Exemplare von Fudshon sind etwas kleiner, die Spiralkiele etwas weniger zahlreich, auch die Farbe meist dunkler, doch ohne Haarspalterei nicht von den andern zu trennen.

12. *Cyclophorus Hungerfordianus* Mlldff. t. 10 t. 4.

1881 Cyclophorus (Craspedotropis) Hungerfordianus O. von Möllendorff Jahrb. D. M. Ges. VIII. p. 308.

Gehäuse eng genabelt, erhoben kreiselförmig, gebogen schräg fein gestreift, horngelblich, undeutlich zweifach gekielt, unter der Mitte mit einer feinen braunen Binde versehen; Gewinde kegelförmig, zierlich zugespitzt; sechs ziemlich convexe Umgänge, deren letzter kurz herabsteigt. Mündung ziemlich schief, fast kreisrund, Mundsaum etwas umgeschlagen, die Ränder, durch eine Schwiele verbunden. Deckel dünn, hornfarben, mit acht Windungen.

Der Originalfundort, der Park des englischen Konsulats in der Stadt Canton, wo R. Hungerford diese Art 1881 deckte und wo ich sie dann auch gesammelt, ist bisher der einzige geblieben. Da die Art tiefen Schatten und feuchten Humus liebt, ist dies kein Wunder; denn solche Plätze sind mir im Hügellande und in der Ebene von Canton nur sehr wenige bekannt. Im Berglande wird die Art durch die voranstehenden ersetzt.

Erwähnen will ich hier noch, dass ich eine weitere neue Art von Fudshon, leider nur in einem fast verwitterten Exemplare, durch Herrn Eastlake erhalten habe, die sich von den andern „Cyclophori liratuli" durch die viel zahlreicheren, sehr dichtstehenden Kiele — ca. 30 — und das vervielfachte lang vorgezogene Peristom unterscheidet, deren Beschreibung ich mir aber auf den Eingang weiteren Materials vorbehalten will.

γ) Cyclophori incertae sedis.

13. *Cyclophorus bifrons* Heude.

Testa late umbilicata, orbicularis, depresse conica, striis verticalibus minutissimis donata, nitida, fusco-castanea, infra peripheriam fuscozonata, sagittatis seriebus sat pressis obliquis ornata; spira depressa; anfr. 5 superi convexi sutura impressa disjuncti, ultimus teres; apertura circularis, diagonalis; peristoma duplex, intimum breve, rectum, acutum, extimum expansum reflexiusculum. Operculum tenue, corneum, planum, anfr. 8, extus lamellis pelliceis plicatis transversim striatis anfractuum suturam obtegentibus, intus lucidum subconcavum, nucleo polygonatulo.

Diam. maj. 14, min. 12, alt. 9½ mm.

1882 Cyclophorus bifrons Heude Moll. Terr. Fleuve Bleu p. 4 t. XII. f. 8. 8a.

Hab. Ad montes calcarios inter Wu-tshang-hsien et Kin-Kiang sitos provinciae sinensis Dshiang-hsi (Kiangsi).

Eine höchst eigenthümliche Art, die, wie Heude ganz

richtig hervorhebt, eine Cyclotusschale hat und die ohne den Deckel jedenfalls zu Cyclotus gestellt werden würde. Der Deckel ist nach Heude's Abbildung und Beschreibung dünn, hornig mit häutigen Lamellen, die sich nach aussen krümmen und die Windungsränder des Deckels verdecken. Eine solche ungewöhnliche Bildung des Deckels, die zu Pterocyclos überleitet, lässt die Art vorläufig den übrigen chinesischen Cyclophorus-Arten isolirt gegenüberstehen. Anzuziehen wäre vielleicht die indisch-birmanische Gruppe Scabrina Blanf., welche weitgenabelte, discoidische Arten mit einem dicken, hornigen Deckel, dessen Windungsränder lamellenartig erhoben, umfasst. Die Arten dieser Gruppe haben aber eine rauhe, „sammtartige" (velvety) Haut.

Genus **Leptopoma** Pfr.

1. *Leptopoma polyzonatum* Mlldf. t. 10 f. 5.

Testa anguste umbilicata, conica, solidula, subpellucida, transverse subtilissime striata nec non lineis spiralibus elevatis plurimis decussata, corneofusca; anfr. $5^1/_2$ convexi, ultimus leviter descendens, infra medium carina tenui distincta acuta, infra carinam interdum fascia fusca satis lata instructus; apertura rotundata, obliqua, peristoma expansum, reflexiusculum, album, marginibus callo tenui junctis. Operculum tenue, succineum, planum, anfr. 6 subtiliter transverse striatulis.

Diam. maj. 11, min. 9, alt. $11^1/_2$, apert. diam. $6^1/_2$ mm.

Animal nigrescens, tentaculis perelongatis nigris.

Hab. in insula Hainan prope urbem Tschiungdshou-fu ad muros leg. cl. Dr. Gerlach.

Gehäuse eng genabelt, konisch, ziemlich dünn, durchscheinend, sehr fein schräg und spiral gestreift, ein Theil der Spirallinien in feine Kiele erhoben, hornbraun; die $5^1/_2$ Umgänge convex, der letzte leicht herabsteigend, unter der Peripherie mit einem dünnen aber entschiedenen Kiel, unter demselben mitunter mit einer braunen Binde versehen. Die Mündung schief, fast diagonal, ziemlich rund, der Mundsaum ausgebreitet, schwach umgeschlagen, weiss, die Ränder durch eine dünne Schwiele verbunden. Der Deckel dünn, eben, bernsteingelb, mit sechs fein schräg gestreiften Windungen.

Subfam. Diplommatinina Mart.

Genus **Alycaeus** Gray.

1. *Alycaeus Hungerfordianus* Nevill. t. 10. f. 6.

Testa umbilicata, turbinato-depressa, confertim costulata, rutilanti-cornea, subdistanter costulata, spira breviter conoidea, apice mamillaeformi rutilo; anfr. 4 sat convexi, ultimus inflatus pone aperturam leviter constrictus, deinde deflexus, usque ad aperturam distanter costulatus, tubulus suturae adnatus ca. 1 mm longus; apertura circularis, peristoma duplex, internum rectum, saepe multiplex, externum expansum, reflexiusculum, ad umbilicum leviter productum.

Diam. maj. 4, min. $3^1/_2$, alt. 2 mm.

1881 Alycaeus Hungerfordianus G. Nevill. Journ. As. Soc. Beng. vol. L. pt. II. no. 3. p. 149.

In parte septemtrionali insulae Formosa leg. cl. R. Hungerford.

Nahe verwandt mit *A. nipponensis* Reinh., zu dem ich die Art anfangs als Varietät stellen wollte. Sie unterscheidet sich indessen durch gedrücktere Gestalt, weniger dichte Kostulirung, kürzere Constriction, entschiedener verdoppelten, oft vervielfachten, breiter ausgeschlagenen Mundsaum, röthlich hornbraune Farbe und rothen Wirbel.

Sehr nahe steht dieser Art ein Alycaeus, den Herr F. Eastlake oberhalb Fu-dshon, leider bisher nur in zwei verblichenen Exemplaren sammelte.

2. *Alycaeus Rathonisianus* Heude.

Testa umbilicata, discoideo-conica, lineis spiralibus subtilissimis decussata, confertim arguteque costulata, albida; spira brevis, apice mamillari prominulo; anfr. 4, convexi, sutura impressa disjuncti, ultimus prope aperturam striatus, leviter constrictus, tubulo suturae adnato instructus, apertura subcircularis, diagonalis, peristoma duplex, crassum, reflexiusculum. Operculum tenuissimum, pellucidum, corneum, ima fauce situm.

Diam. maj. 4. min 3 alt. $2^1/_2$ mm.

1882 Alycaeus Rathonisianus Heude Moll. terr. Fleuve Bleu p. 7. t. XII. f. 12. 12a.

E collibus juxta civitatem Sung-dshiang provinciae Dshiang-su (Kiangsu) ad montes districtus Dung-liu sed non ubique (Heude).

Ebenfalls nahe verwandt mit A. nipponensis, sowie mit der vorigen Art, aber gut unterschieden durch konischere Gestalt, die helle Farbe, den nicht herabsteigenden letzten Umgang, den engeren Nabel, die Abschwächung der Rippen zwischen der Einschnürung und der Mündung zu blossen Streifen und die feinen Spirallinien; auch ist die Einschnürung und die dann folgende Erweiterung des letzten Umgangs entschiedener.

3. *Alycaeus sinensis* Heude.

Testa umbilicata, depresse orbiculata, confertim arguteque striatulo-costellata, albida, spira subplana, apice mamillari rubello; anfr. $3^1/_2$ convexiusculis sutura impressa junctis ultimus prope aperturam striatulus, longe et laeviter constrictus, supra suturam tubulo parvo recurrenti instructus, apertura diagonalis, subcircularis, obliqua; peristoma multiplicatum. Operculum tenuissimum, pellucide corneum, ultra tubam intus situm.

Diam. maj. 3 min. $2^1/_2$ alt. 2 mm.

1882 Alycaeus sinensis Heude l. c. p. 7 f. XII t. 13. 13[a].

Hab. Ad radices saxorum inter folia decidua in districtu Dung-liu provinciae An-hui (Heude).

Von der vorigen Art durch geringere Grösse, flachere Gestalt, dichtere und schwächere Rippenstreifen, einen halben Umgang weniger, und verhältnissmässig längere Constriction, wie ich glaube, specifisch verschieden.

4. *Alycaeus latecostatus* Mlldff. t. 10 f. 7.

Testa perspective umbilicata, depresso-turbinata, costulis sat distantibus regulariter sculpta, pallide corneofusca. spira brevis, apice rutilo mamillari; anfr. 3½ convexi, sutura profunda discreti, ultimus valde inflatus, pone aperturam leviter constrictus, dein deflexus, supter tubulo ca. 1 mm longo suturae adnato confertim costulatus, dein usque ad aperturam late sed subobsolete costulifer; apertura diagonalis, circularis, peristoma duplex, internum rectum sat porrectum, externum tubae instar inflatum, late expansum. Operculum tenue corneum profunde immersum.

Diam. maj. 4, min. 3½, alt. 2½ mm apert. diam. intus 1½, cum margine externo 2 mm.

1882 Alycaeus latecostatus O. v. Möllendorff.

1881 ? Alycaeus nipponensis Gredler Jahrb. VIII p. 129 (nec Reinhardt).

Hab. In silva montis Lo-fou-shan ad monasterium Wa-shau provinciae sinensis Guang-dung.

Vor allem durch die Skulptur ist diese unsre Novität von allen vorerwähnten wie von Alycaeus nipponensis gut geschieden. Sie hat sehr weit von einander entfernte scharf erhabene Rippen, die längs der Nahtröhre näher zusammen rücken und hier über dreifach so dicht stehen als sonst: nämlich 7 auf ½ mm, sonst 2; nach der Mündung werden die Zwischenräume wieder gross, aber die Rippen undeutlich und oft fast verschwindend. Bei A. nipponensis stehen die Rippen bis an die Mündung gleichmässig dicht und treten längs der Nahtröhre kaum merklich näher zusammen, A. Hungerfordianus steht etwa zwischen beiden, ist aber doch noch erheblich enger gerippt als latecostatus.

Die Mündung ist noch stärker herabgebogen als bei A. nipponensis, wodurch sich unsre Art ohne Weiteres von Rathouisianus unterscheidet; der Mundsaum ist entschieden doppelt und zwar der innere gerade und ziemlich hervorragend; der äussere breit ausgebogen.

Ich habe diese niedliche Art bisher nur unter faulem Laub und in Humus bei Kloster Washau gesammelt; ich glaube aber nicht zu irren, wenn ich Gredler's vermeintlichen A. nipponensis, den P. Fuchs bei Lien-dshon im Norden der Provinz gesammelt, hierher ziehe.

5. *Alycaeus* (*Dioryx*) *pilula* Gould Proc. Bost. Soc. VI Febr. 1859 p. 424. Otia conchol. p. 103. — Pfr. Mon. Pneum. Suppl. II. 1865 p. 45. Martens Ostas. Landschn. 1867 p. 40. — Pfr. Mon. Pneum. Suppl. III. p. 59 n. 7.

Diese nach Gould auf Hongkong vorkommende Art haben alle Sammler seither vergeblich gesucht. Gredler (Jahrb. 1881 p. 129) möchte einen von P. Fuchs im Norden der Provinz Guangdung gesammelten Alycaeus dafür in Anspruch nehmen, und es ist nicht zu leugnen, dass die Diagnose ziemlich gut passt. Freilich ist dieselbe recht allgemein gehalten. Ich möchte mit Gredler annehmen, dass der Ausdruck „striis numerosis cincta“ sich nicht auf Spiralstreifen, sondern auf die dichte vertikale Streifung bezieht. Auf der andern Seite passen die Dimensionen nicht, da Gould $^1/_5$ Zoll = 5 mm für den Diameter, $^1/_4$ Zoll = $6^1/_3$ mm für die Höhe angiebt, während meine Exemplare des Alycaeus vom Lien-dshon Flusse $4^3/_4$ mm breit, $5^1/_2$ mm hoch sind. „Imperforata“ würde ich sie auch nicht nennen, sondern rimata oder angustissime perforata. Ich möchte daher die Frage, ob P. Fuchs wirklich die verschollene Hongkong-Art wieder aufgefunden hat, noch offen halten. Leider kann ich den Fuchs'schen Alycaeus nicht mit meinem A. Kobeltianus vergleichen, da ich die wenigen Exemplare des letzteren theils abgegeben theils verloren habe. Hoffentlich gelingt es mir noch auch diese Seltenheit Hongkongs wieder aufzufinden.

6. *Alycaeus* (*Dioryx*) *Kobeltianus* Mölldff. Jahrb. 1874 p. 79. 121. E. v. Martens ibid. p. 127. Pfr. Mon. Pneum. Suppl. III. p. 66 no. 52.

Wie erwähnt, besitze ich diese seltene Art nicht mehr; sie muss sehr selten sein, da sie P. Heude nicht gefunden hat. Von Gould's Beschreibung passt die Grösse und Farbe nicht; meine Art ist 5 mm hoch, 4½ breit und hellgelb, während A. pilula röthlich, rufescens, sein soll.

7. *Alycaeus* (*Dioryx*) *Swinhoei* H. Adams. Proc. Zool. Soc. 1866 p. 318 f. 33 f. 11. 11ª. Pfr. Mon. Pneum. Suppl. III. p. 65 no 48.

Takow, Formosa (Swinhoe) Ebenso hoch als breit, 6½ mm, dadurch also von vornherein von den vorigen verschieden.

Genus **Diplommatina** Benson.

1. *Diplommatina paxillus* Gredler.

1881 Moussonia paxillus Gredl. Jahrb. D. M. Ges. VIII p. 29 p. 112 t. I f. 7.

1882 Pupa paxillus Heude Moll. Terr. Fleuve Bleu p. 76 t. XVIII f. 21. 22.

Gredler's vortrefflicher Beschreibung habe ich nur hinzuzufügen, dass die Art eine kurze innere Palatalfalte besitzt, welche über der Mündung durchscheinend sichtbar ist (wie bei D. labiosa Mart.) und dass sie nicht bloss in der Grösse sondern auch in der Bauchigkeit variirt. Nach Heude, der sie wunderbarer Weise zu Pupa rechnet, ist sie durch das ganze untere Yangtse-Gebiet verbreitet („a mari orientali secundum flumen Yang-tse usque ad austrum laci Tongting frequentissima"); in Hunan scheint sie auch nicht selten zu sein.

Hierzu stelle ich als Varietät eine von meinem Freunde Hungerford in Formosa gesammelte Form:

var. Hungerfordiana G. Nevill; differt a typo testa paullo minore, apertura fere circulari, peristomate aurantiaco, basi vix subangulato.

1881 *Diplommatina Hungerfordiana* G. Nevill Journ. As. Soc. Bengal vol. L p. II No. 3 p. 150.

Hätte Mr. Nevill Dipl. paxillus Gredl. gekannt, so würde er die formosanische schwerlich als Art neu benannt haben. Sie ist etwas kleiner, hat eine gerundetere Mündung, der Mundsaum ist etwas weiter, lebhaft orangegelb gefärbt, die Verbindungsschwiele stärker und der Winkel an der Basis ist kaum merklich. Einen besonderen Varietätnamen dürfte sie aber verdienen.

Dshilung (Keelung) in Nordformosa.

2. *Diplommatina subcylindrica* Mlldff. n. sp.

Testa dextrorsa vix rimata, elongato-ovata, oblique subtiliter striata, rufescenticornea, nitidula, spira conica, acutiuscula; anfr. 7 convexi, subregulariter crescentes, ultimus penultimo angustior et humilior, plica palatali extus conspicua munitus, antice ascendens; apertura subrecta, subcircularis, peristoma duplex, internum incrassatum, externum utrimque expansum, marginibus callo tenui junctis, margo columellaris basi obtuse angulatus, plica obliqua sat valida, emersa munitus.

Long. 4, diam. fere $1^3/_4$, apert. diam. $1^1/_4$ mm.

Hab. Ad monasterium Yang-fu provinciae sinensis Fudshien leg. cl. F. Eastlake.

Von der Grösse von D. labiosa Mart., aber viel schlanker und spitzer; von der vorigen durch bedeutendere Grösse, spitzeres Gewinde, dickeren Mundsaum, schiefe und weiter heraustretende Subcomellarfalte, und durch tiefer eingesenkte Palatalfalte unterschieden. Die letztere ist bei D. paxillus senkrecht über dem Columellarrand, bei D. subcylindrica etwas links davon sichtbar.

3. *Diplommatina rufa* Mlldff. t. 10 f. 8.

Testa dextrorsa, vix rimata, ventricosulo-ovata, distanter striatula, corneo-rufa; anfractus 5 convexiusculi, ultimus penultimo angustior, distortus, ascendens; apertura fere verticalis; peristoma multiplex valde incrassatum continuum, basi ad columellam angulatum; plica columellaris modica; in anfractu penultimo plica palatalis latiuscula extus supra aperturam conspicua.

Alt. 2, lat. 1 1/3 mm.

Diplommatina rufa O. F. von Möllendorff Jahrb. D. M. Ges. 1882 p. 181.

Hab. in silva montis Lo-fou-shan ad monasterium Washau provinciae sinensis Guangdung.

Ein sehr niedliches kleines Ding, durch die geringe Grösse, bauchigen Habitus, die lebhafte Färbung, sehr feine Streifung, sehr dickes und breit ausgeschlagenes Peristom recht gut charakterisirt. Die Palatalfalte, die auch ihr nicht fehlt, steht direkt über dem Columellarrand und ist z. Th. durch die Schwiele verdeckt.

Als zweifelhafte Art füge ich noch an Paxillus? tantillus Gould (Proc. Bost. Soc. VII Oct. 1859 p. 138 Otia conch. p. 110 Pfr. Mon. Pneum. Suppl. II p. 13 Mart. Ostas. Landschn. p. 40. Pfr. Mon. Pneum. Suppl. III p. 93), welche in Hongkong gesammelt wurde, aber noch nicht wieder aufgefunden ist. Nach Gould 1 1/4 mm lang, 9/4 mm breit, also halb so gross wie Diplommatina rufa Mlldff. Eine Diplommatina dürfte die Art jedenfalls sein.

Subfam. ***Pupinea*** Ad.

Genus **Pupina** Vign.

1. *Pupina ephippium* Gredler.

Testa ventricose ovata, tenera, glaberrima, nitida, *succineo fulvescens* (vel hyalina), apice conoideo; anfr. 6 convexiusculi, sutura lineari albescente discreti, ultimus maximus regulariter descendens, apertura verticalis, circularis, bicanaliculata; peristoma sat incrassatum, album, reflexum, ad angulum superiorem aperturae *leviter sinuatum,* suturam vix transcendens, margine columellari valde dilatato; canalis superus *lamina parietali* validiuscula a peristomate *divergente* et *sinu paullum recedente* marginis externi formatus, canalis inferus *ascendens,* laminam latam validam triangularem a margine columellari disjungens, foramine externo ovali. Laminae *callo* parietali *tenui* junctae. Operculum normale, tenuissimum, flavescens, pellucidum, subconcavum.

Long. 7, lat. 4, apert. lat. 3 mm.

1881 Pupina ephippium Gredler Jahrb. D. M. G. VIII p. 28. ibid. p. 112 t. VI f. 1.

1882 „ Heude Moll. terr. Fleuve bleu p. 9 t. XIX f. 5.

Hab. in provincia sinensis Hunan, leg. cl. P. Fuchs.

Ich habe die Gredler'sche an sich vortreffliche Diagnose in einigen Punkten verändert, namentlich um die Unterschiede der Hunan-Art von der folgenden deutlicher hervorzuheben. Die von E. von Martens vorgeschlagene, von Gredler acceptirte Anschauung, den Mundsaum als zusammenhängend, nur von den Incisuren unterbrochenen aufzufassen, ist wohl die richtige, indessen lassen sich die charakteristischen Einschnitte besser beschreiben, wenn man das Peristom nur von der Kolumelle bis zum oberen Mündungswinkel rechnet, die beiderseits in eine Platte erhöhte Verbindungsschwiele — lamina parietalis — aber als etwas Besonderes annimmt. Die äussere (rechte) Fissur ist dann gebildet durch die dreieckige Platte und die leichte Ausschweifung des äusseren Mundsaums. Auf die Unterschiede von der folgenden Art will ich bei dieser eingehen.

2. *Pupina pulchella* Mlldf. t. 10 f. 9.

Testa ventricose-ovata, solidiuscula, glaberrima, nitidissima, aurantio-fusca; spira obtuse conica, sutura linearis; anfr. 6 convexiusculi, ultimus regulariter descendens; apertura verticalis, circularis, peristoma valde incrassatum, aurantiacum, reflexum, ad angulum superiorem aperturae sinuatum, excisum, ultra suturam protractum, margine columellari dilatato; canalis superus lamina valida parietali peristomati parallela et sinu satis recedente marginis externi formatus, canalis inferus subhorizontalis, angustus, foramine externo subcirculari; laminae callo parietali crassiusculo junctae. — Operculum normale, tenuissimum, succineo-flavescens, pellucidum, subconcavum.

Long. $6^1/_2$, lat. 4, apert. diam. $2^1/_2$ mm.

1881 Pupina pulchella O. von Möllendorff Jahrb. D. M. G. VIII p. 309.

Hab. In silva montis Lo-fou-shan provinciae sinensis Guang-dung-frequens.

Wie in der Diagnose hervorgehoben, unterscheidet sich diese niedliche Novität von der vorigen zunächst schon durch die dunkel orangefarbige Schale und orangegelben Mundsaum; sie ist ferner etwas kleiner und verhältnissmässig bauchiger, auch im Ganzen kräftiger, die Schale etwas fester, die Mündungstheile kräftiger entwickelt, auch der Fettglanz womöglich noch stärker. Der rechte Mundsaum ist über die Naht hinaus in den vorletzten Umgang verlängert. Der Columellarrand ist weniger verbreitert und dadurch die Mündung etwas schmaler. Die untere Fissur ist fast horizontal, während sie bei P. ephippium stark nach links ansteigt. Namentlich verschieden ist die obere Fissur; bei P. ephippium ist der äussere Mundsaum nur wenig ausgeschweift und bei Seitenansicht des Gehäuses divergirt die Platte der Verbindungsschwiele von dem Mundsaum; bei P. pulchella ist der Mundsaum oben ziemlich stark nach innen ausgeschweift und fast eckig ausgeschnitten, während die Platte in der Fortsetzung der Richtung des Mundsaums liegt.

Nach diesen in Hunderten von P. pulchella und ca. 20 der Hunan-Art constant gefundenen Differenzen glaube ich mich berechtigt, dieselben specifisch zu trennen.

Beide Pupinen sind sehr gesellig; ich fand meine Art in grosser Zahl im faulenden Laub und Mulm im Walde des Lo-fou-shan und auch P. Fuchs hat P. ephippium reichlich gesammelt.

Die Auffindung zweier Arten dieser in China bisher nicht beobachteten Gattung ist von um so grösserem Interesse, als die geographisch nächsten Vorkommen von Pupina-Arten die Philippinen, Birma und Cambodja (P. Mouhoti Pfr.) sind. Es dürften also noch eine Anzahl Arten im südlichen China und den umliegenden Ländern zu entdecken sein.

Genus **Pupinella** Gray.

1. *Pupinella (Pupinopsis) Swinhoei* H. Adams. Proc. Zool. Soc. 1866 p. 318 t. 33 f. 16. Pfr. Mon. Pneum. Suppl. III p. 135 no. 6. Tamsui, Formosa (Swinhoe).

14 mm lang, $5^1/_2$ breit.

2. *Pupinella Morrisonia* H. Adams. Proc. Zool. Soc. 1872 p. 13 t. III f. 21 (Pupinopsis). Pfr. Mon. Pneum. Suppl. III p. 145 no. 7.

Mount Morrison, Formosa (Swinhoe).

Etwas kleiner, long. 12 mm, aber nach der Diagnose der vorigen nachstehend.

Fam. *Helicinacea* Pfr.

Genus **Helicina** Lam.

1. *Helicina Shangaiensis* Pfr. Proc. Zool. Soc. 1855, p. 102, Mon. Pneum. Suppl. p. 190, II p. 220, III p. 251. E. von Mart. Ostas. Landschn. 1867 p. 41. Shangai (Fortune).

Ich kann auch heute nicht mehr über diese Art sagen, als s. Z. E. von Martens. Sie ist seit Fortune nicht wieder gesammelt worden; auch Heude führt keine Helicina auf. Die folgenden Arten unterscheiden sich ohne Weiteres durch den Mangel eines Kiels.

2. *Helicina Hungerfordiana* Mlldf.

Testa globoso-conoidea, subtiliter striatula nec non lineis spiralibus tenuibus decussata, fulva vel rufo fulva; anfr. 5 subplani, ultimus breviter descendens, ad peripheriam obtuse subangulatus; apertura fere diagonalis rotundato-triangularis; peristoma simplex, expansiusculum, leviter incrassatum, margine básali cum columella angulum formante. Operculum tenue corneum.

Diam. maj. 5, min. 4 $^{1}/_{3}$, alt. 4 mm.

Hab. in montibus altioribus insulae Hongkong; detexit cl. R. Hungerford.

Gehäuse kuglig, fein gestreift und mit feinen Spirallinien versehen, gelb oder röthlichgelb, die fünf Umgänge fast flach, der letzte kurz herabsteigend, an der Peripherie mit einer schwachen stumpfen Kante versehen, die Mündung gerundet dreieckig, diagonal, der Mundsaum einfach, verdickt, etwas ausgebreitet, der Basalrand bildet mit der Columelle einen stumpfen, aber deutlichen Winkel. Der Deckel ist dünn, hornig.

Das Thier ist schwarzbraun mit hellerer Sohle.

Eine wenig verschiedene Form sammelte Hungerford in der Nähe von Macao. Auf Hongkong ist unsere Art sehr selten; ich kenne nur zwei Stellen auf den höchsten Gipfeln der Insel und auch dort fanden wir nur einzelne Exemplare. Häufiger ist eine Helicina auf Hainan, von wo mir Dr. Gerlach zahlreiche Exemplare mitbrachte. Ich hielt sie erst für eine besondere Art, möchte sie aber doch als var. zu der andern stellen.

var. Hainanensis Mlldff., differt testa paullo minore, colore rufo vel rufocornea, peripheria paullo distinctius angulata plerumque albofasciata, lineis spiralibus minus distinctis, saepe obsoletis.

Der Hauptunterschied, der scheinbare Mangel an Spirallinien bei der Hainan-Form, ist nicht stichhaltig. Die Spiralsculptur ist nur bei frischen Exemplaren deutlich, allerdings bei der Hongkong-Form immer stärker, aber auch bei den Exemplaren von Hoihow auf Hainan nicht fehlend. Die Unterschiede in Gestalt und Färbung variiren, wie mich weiteres Material belehrt hat.

Genus **Hydrocena** (Parr.) Pfr.

1. *Hydrocena Bachmanni* Gredl. Jahrb. D. M. Ges. VIII. 1881 p. 114 t. VI f. 2.

Realia Bachmanni Heude Moll. terr. Fleuve Bleu p. 8 t. XIX f. 3.

Heude stösst sich an der Lebensweise dieser kleinen Deckelschnecken, an Kalkfelsen, und will sie deshalb nicht bei Hydrocena lassen, sondern greift zu dem alten Fehler zurück, sie mit Realia zu vereinigen. Nun ist aber bekanntlich der Typus der Gattung selbst keine Wasserschnecke; Hydrocena cattaroensis lebt an Kalkfelsen in feuchten Schluchten, liebt die Feuchtigkeit, ist aber eine Landschnecke. Zu vergleichen wäre ihre Lebensweise vielleicht mit Succinea, obwohl sie nicht wie diese am Wasser lebt. Von seiner Realia sinensis sagt aber Heude selbst, dass sie an feuchten Kalkfelsen gefunden werde; nach der Lebensweise hat er also sicher keinen Grund, sie von Hydrocena zu trennen. Entscheidend ist Bachmann's Untersuchung der Radula, wonach H. Bachmanni rhipidogloss ist, also keinenfalls zu Realia gebören kann, welche zu den taenioglossen Cyclostomaceen gehört. Dagegen fragt es sich, ob die Art nicht vielleicht zu Georissa Blanford zu ziehen ist. Georissa ist ebenfalls rhipidogloss, ihre Arten wurden früher zu Hydrocena gerechnet und die Beschreibung des Deckels passt sehr gut zu Gredler's Abbildung.

Bisher nur vom südlichen Hunan bekannt.

2. *Hydrocena sinensis* Heude.

Realia sinensis Heude l. c. p. 8 t. XII f. 7 t. XIX f. 2.

Fast doppelt so gross als die vorige, dabei viel schlanker, der Columellarrand nicht umgeschlagen, die Mündung schmaler; nach der Abbildung jedenfalls von der vorigen specifisch verschieden.

. Provinz An-hui (Heude).

Realia nivea Heude (l. c. p. 9 t. XIX f. 4), auf ein einzelnes Exemplar unter vielen von H. Bachmanni basirt, scheint nichts als ein Albino von H. Bachmanni zu sein.

Buccinum, L.

Von

T. A. Verkrüzen.

(Fortsetzung.)

Recht erfreulich war es mir, aus dem im Juli dieses Jahres erschienenen Berichte von Professor Verrill über die Ausbeuten der United States' Fish-Commission zu ersehen, dass derselbe auch die Nothwendigkeit erkannte, statt der irrigen Benennung von Gould's ciliatum einen neuen Namen für dieses Buccinum einzuführen. Auf Seite 497 schlägt Prof. Verrill Buccinum Gouldii dafür vor, der jedoch leider nun nicht mehr angenommen werden kann, da ich bereits im October 1881 meine Neubenennung desselben als Bucc. inexhaustum im Jahrbuch veröffentlichte. Lange hatte ich mich bemüht, meine Ausbeute hiervon als Bucc. Totteni, Stimps. var. ciliatum Gould non Fabricius, im Einklang mit andern Autoren zu erhalten, musste aber schliesslich doch finden, dass dasselbe bei Totteni nicht bleiben konnte (des verwirrenden Namens nicht mal zu gedenken!) und schlug deshalb endlich im Jahrbuch von 1881 S. 299 den zweckmässigeren inexhaustum dafür vor. Dieses Buccinum scheint mir auf der Neufundland-Bank und in Nachbarmeeren eine ähnliche Stellung zu vertreten, die Bucc. undatum, L. in den nördlichen europäischen Meeren einnimmt, da es gleichfalls in fast zahllose Abänderungen übergeht.

Als neu führt Prof. Verrill auf:

Bucc. Sandersoni, Verrill. Die Beschreibung desselben ist etwas zu umständlich und zu lang, um sie hier ausführlich wiederzugeben; ich berühre deshalb nur die Hauptzüge, in denen es vom amerikanischen undatum abweicht. Das grösste misst nach Prof. Vrl. 46×21 mm, ist schlanker als undatum, von zarterer Textur, Spiralsculptur entschieden abweichend, Oeffnung kürzer und Operculum kleiner mit Nucleus etwas seitwärts vom Centrum. Ein Hauptgewicht legt Prof. V. auf den breitern Apex und oberen Umgänge; Farbe gelblich bis dunkelrothbraun, innen hell orangebraun. Nur drei Stück ab der Insel Martha's Vineyard in 208 und 258 Faden. Es scheint kleiner zu sein als mein elongatum; im Uebrigen hat es der Beschreibung nach wohl einige Aehnlichkeit damit. Ob sie nähere Verwandtschaft mit einander haben, liesse sich nur bestimmen, wenn man sie nebeneinander betrachten könnte.

Als neu für die New England-Fauna führt Prof. V. an:

Bucc. cyaneum, Brug. var. perdix, Beck or finmarchianum, Vrkr., wie Prof. Verrill es ausdrückt. Diese Bezeichnung ist aber leider unrichtig, denn finmarchianum ist keine varietas von cyaneum, Brug., welch letzteres die dunkle Abänderung von grönlandicum, Chem. ist, und perdix Beck ist die bunte Abänderung hiervon; beide haben mit finmarchianum nichts gemein. In der Beschreibung erwähnt Prof. V. der Wellen und Spiralreifen, die er eingehend schildert, die aber beide bei finmarchianum fehlen, bei dem ich nie eine Andeutung von Wellen bemerkt, und nur ausnahmsweise eine schwache Idee von Reifchen an den Abänderungen vom Typus; auch stimmen Epidermis und andere erwähnte Eigenschaften nicht mit finmarchianum. Ob es deshalb eine Abänderung von grönlandicum, Chem. ist, lässt sich ohne augenscheinlichen Vergleich schwer entscheiden. Fundort ab Cap Cod, Cap Sable etc. in 45 bis 91 Faden. Grönlandicum mit der var. cyaneum, Brug. (= tenebrosum, Hancock) sind, soweit mir bekannt, nur litorale Formen. Ferner wird hierzu angeführt:

Bucc. cyaneum, Brug. var. patulum, G. O. Sars von der Mündung des St. Lawrence, Murray-Bai, ohne Angabe ob litoral oder vom Tiefwasser. Die Aenderung der Benennung von grönlandicum, Chem. in cyaneum, Brug. scheint mir unbegründet, da letzteres bekanntlich die dunkle varietas des ersteren ist, gleich Hancock's tenebrosum. Ob nun die Exemplare von der Murray-Bai zu grönlandicum zu ziehen sind oder am Ende zu Volutharpa Mörchiana, Fischer, lässt sich ohne näheren Vergleich nicht bestimmen; ich möchte letzteres fast vermuthen. Endlich wird noch als neu für die New England-Fauna angeführt:

Bucc. tenue, Gray. Ab Cap Sable und Halifax Hafen. Nova Scotia etc. in 21 bis 92 Faden. Ob diese Exemplare identisch mit tenue Gray oder vielmehr Abänderungen von scalariforme Beck sind, ist aus der Beschreibung nicht zu erkennen; ich möchte letzteres vermuthen, da ich bis jetzt noch keine Beispiele aus den atlantischen Nordmeeren gesehen, die man als identisch mit tenue Gray aufstellen könnte, wohl aber als Abänderungen von scalariforme, Beck.

Dann erwähnt Prof. Verrill noch eines einzelnen Stückes von der Bank, welches er für ähnlich mit Sars tumidulum hält, das leider aber ohne das hier stark entscheidende Operculum ist. Dies Stück könnte möglicher Weise eine Abänderung von meinem inexhaustum sein, ich habe auf der Bank so weit nichts angetroffen, was als identisch mit oder als Abänderung von tumidulum, Sars bezeichnet werden könnte.

Schliesslich erwähnt Prof. Verrill von der Bank her noch des typischen Totteni, Stimpson, und desgleichen ciliatum, Fabricius. Beide habe ich von der Bank nicht erlangt; die vermeintlichen Abänderungen von Totteni, Stimps, sind, wie bereits erwähnt, seitdem in varietates von Bucc. inexhaustum berichtigt worden.

Auch zu den interessanten russischen Buccinen erhielt ich kürzlich einen kleinen Zuwachs. Zunächst:

Bucc. undatum, *L.* Abänderung acutum, Vrkr. aus dem weissen Meere. Dies hübsche Stückchen misst nur 51×28 mm und hat, hinten gezählt, neun Umgänge mit scharf erhobenem, schlank konischem, recht regelmässig zugespitztem Gewinde, und rundlichem, hell glasartigem Apex; Farbe schlicht gelblich rehfarbig. Die übrigen Eigenschaften stimmen mit dem undatum der Nordsee; Deckel und Epidermis fehlen. Die Hauptabänderung besteht also in dem scharf konischen Gewinde, ohne dass jedoch die ganze Form den schlanken Norwegern zur Seite gestellt werden könnte, indem es im letzten Umgang bauchiger und im Gewinde schlanker und schärfer ist.

Ferner erhielt ich von der murmanischen Küste her ein:

Buccinum finmarchianum, Abänderung pellucidum, Vrkr. Dies interessante, fast transparente Stückchen ist unverkennbar eine varietas vom finmarchianum; sie scheinen dort etwas kleiner, viel zarter und mitunter durchsichtiger vorzukommen, als in Finmarken, wo sie vielleicht in Folge des wärmeren Meerwassers und reicherer Nahrung sich kräftiger entwickeln. Im Uebrigen scheinen die nordeuropäisch russischen Meere manche interessante Formen zu bergen und sollten mal recht gründlich bearbeitet werden, und zwar während eines ganzen Sommers, etwa von Mitte Juni an bis so lange im September, als die Witterung es erlaubt. Es gehört dazu ein kleiner Dampfer, das Gebiet wäre die murmanische Küste bis Novaja Semlja und schliesslich das weisse Meer.

Ich komme zum Beschluss jetzt auf Dr. Kobelt's Anmerkungen zu meinem letzten Berichte über Buccinum im vorigen Hefte des Jahrbuchs. Obwohl ich im Allgemeinen mit Dr. Kobelt's Ansichten übereinstimme, so weiche ich in einigen Punkten in Etwas, und in einem Falle gänzlich davon ab. Ich gehe dieselben nun der Reihe nach durch. Besonders lieb und werthvoll ist es mir, dass auch Dr. Kobelt meine Ansicht über den Irrthum in der Benennung von Bucc. undatum, L. var. schantaricum, v. Middf., und desgleichen var. pelagicum, King (Schrenck) in jeder Beziehung theilt. Schon als ich dieselben zum ersten Male in der v. Maltzan'schen Sammlung sah und darüber im Jahrbuch vom October 1881 berichtete, hob ich auf Seite 283—284 den wahrscheinlichen Irrthum in der Bestimmung derselben hervor, beschrieb sie indess einstweilen noch unter diesen Benennungen, weil ich die Ansichten jener tüchtigen Autoren nicht so ohne Weiteres umstossen mochte. Als ich sie indess zum zweiten Male in der interessanten Petersburger Sammlung zu sehen bekam, schien mir der erwähnte Irrthum so vollständig klar, dass ich mir erlaubte, das pelagicum, King (Schrenck) in Bucc. Middendorfii umzuändern, und würde es auch mit der var. schantaricum wohl ebenso gemacht haben, wenn ich den Typus hiervon vorher gesehen hätte, ohne welches ich hierbei nicht sofort einzugreifen vermochte. Diese Umänderung hat Dr. Kobelt nun auch für gleich nothwendig anerkannt und dasselbe in Bucc. Verkrüzeni umgeändert; eine Ehre, die ich nicht verdient zu haben glaube, da meine schwachen Kräfte kaum nachdrücklich genug sind, und meine Bemühungen zur Kenntniss der nördlichen Buccinen nur meine einseitigen Ansichten vertreten, zu Anfang manche Mängel trugen, mehrfach mit denen anderer Autoren nicht harmoniren und am Ende nicht überall Geltung erlangen dürften. Dies muss ich der Zukunft überlassen, mich mit dem Gedanken, mein Bestes gethan zu haben, trösten, und bleibe einstweilen Freund Kobelt für diese wohlwollende Auszeichnung zu Danke verpflichtet. Alsdann hebt Dr. Kobelt hervor, dass er meiner Bezeichnung von Bucc. Schrenckii als gute Art nicht beistimme und dasselbe von B. ochotense nicht trennen könne. Auch ich erkannte zwischen diesen eine gewisse Aehnlichkeit, wie im letzten Artikel ausdrücklich bemerkt, fand aber in anderer Hinsicht manche nicht unwichtige Verschiedenheit, wie gleichfalls daselbst hervorgehoben. Ob dies nun hinreicht, B. Schrenckii als Art zu bestätigen, liesse sich am besten beurtheilen, wenn mehr Exemplare davon aufgefunden würden; sind darunter Zwischenformen, die es gänzlich nach ochotense hinführen, so bleibt es als abweichende Form B. ochotense, v. Middf. *var.* Schrenckii, V.; wenn nicht, so ist es eine Sache der Ansicht, ob es als eigene Art bestehen kann oder gleich als var. von ochotense aufzustellen wäre. Ich schliesse mich gern den Ansichten anderer Beurtheiler darüber in diesem Punkte an und bestehe hierin nicht auf die meinige.

In Bucc. Grebnitzkyi weiche ich indess aus Ueberzeugung gänzlich von Freund Kobelt's Ansicht ab, dass es nämlich mit B. Totteni, Stimpson nahezu völlig zusammenfiele; und will mich nun bemühen, meine Gründe dafür klar zu machen. Die Form ist allerdings ein wichtiger Charakterzug bei den Buccinen, doch kann sie nicht allein entscheiden, wie überhaupt auch eine blosse Aehnlichkeit in den Eigenschaften der Gehäuse noch keine Identität seiner Bewohner feststellen kann. Von B. Totteni sagt Stimpson obenan, dass es weiss sei; B. Grebnitzkyi ist durchdrungen roth. Die Farbe, wenn auch bei den Arten, die in verschiedenen Färbungen spielen, minder wichtig, ist in vorliegendem Falle von Bedeutung; eine äussere Färbung kann man wohl in gewissen Fällen als ein lusus naturae betrachten; ist aber eine besondere Zeichnung so gut wie constant, oder ist eine ganze Masse von einer, zumal tiefen, Farbe constant durchdrungen, so ist sie ein Hauptcharakterzug im Gegensatz zu einem stets weissen Gebäude und beweist, dass das Thier eine gewisse Verschiedenheit in seiner Verfassung haben muss; wären alle Buccinen aus seiner Nachbarschaft roth, so könnte man es der Oertlichkeit zuschreiben; da dieses aber nicht der Fall ist, so deutet dies auf eine besondere Eigenthümlichkeit des Thieres hin. Die Wellen bei Bucc. Grebnitzkyi bestehen nur an der Naht und reichen kaum zum ersten Drittel des Umgangs, sind also ungewöhnlich kurz und verschwinden schon bei vorletztem Umgange, bei Totteni bedecken sie fast die ganzen Windungen, indem sie über die Peripherie reichen und auch auf letztem Umgange noch erscheinen, wie durch Dr. Kobelt's vorzügliche Zeichnung auf Tafel 80 fig. 3 und 4 dargestellt. Allerdings trifft man auch bei andern Buccinen wohl Wellen vertretende kurze Art Knötchen an der Naht, aber B. Grebnitzkyi hat ausgebildete ächte Wellen von eigenthümlicher Kürze, die es vor andern Buccinen auszeichnet. Die Spiralsculptur der Haupt- und Nebenreifen und Furchen von Totteni beschreibt Stimpson ausführlich und sagt ferner davon, dass sie einige Aehnlichkeit mit der des undatum habe, was bei Grebnitzkyi nicht entfernt der Fall ist; sie ist hierbei im höchsten Grade regelmässig. Oeffnung und Stiel sind wohl ähnlich, indess ziemlich weit von identisch. Die Naht ist bei Grebnitzkyi fast gerade, bei Totteni wellig; die bei beiden leider fehlenden Deckel könnten sonst vielleicht noch fernere Abzeichnung aufweisen. Neben diesen freilich zum Theil feinen aber wichtigen Unterschieden habe ich noch einen Hauptgrund gegen diese Vereinigung, der hoffentlich schwer in's Gewicht fallen wird: Totteni ist eine boreale Molluske, die etwa zwischen dem 40. und 45. Grad nördlicher Breite im atlantischen Ocean wohnt, während Grebnitzkyi 10 bis 15 Grad nördlicher das kältere Behrings-Meer bewohnt; beide sind durch eine enorme Entfernung und das dazwischenliegende breite Nordamerika getrennt. Es ist kaum denkbar, dass eine dieser Mollusken sich nach der Oertlichkeit der andern verbreitet haben sollte; Klima, besonders aber Meeresströmungen streiten dagegen. Ich bin entschieden abgeneigt, die südlicheren nordatlantischen Buccinen der amerikanischen und europäischen Küsten mit denen der hochnordpacifischen zu vereinen, da mir soweit noch nichts vorgekommen ist, was diese Vereinigung begründen könnte; auch erkennt Dr. Kobelt selbst, dass die nordostsibirischen Buccinen eine eigenthümliche Fauna bilden. Bei einigen hochnordischen Arten kann jene Vereinigung stattfinden, und zumal von etwa Novaja Semlja an nach dem Behrings-Meere hin; also besonders in den nordasiatischen Regionen nach den hochnordwestamerikanischen hin ist eine Annäherung der Thiere und ihrer Gehäuse nicht unwahrscheinlich, wie dies in den hochnordischen Formen von glaciale und angulosum einigermaassen vorkommt; nicht aber in den Bewohnern der südlicheren europäisch und amerikanisch atlantischen mit denen der hochnordpacifischen Oertlichkeiten. Freund Kobelt hat sich durch den ersten Anblick des Bucc. Grebnitzkyi (während er

Totteni nur im Gedächtniss trug) bestechen lassen; ersteres hat etwas sehr Gefälliges und Schönes und wetteifert hierin mit Totteni; auch gebe ich gerne eine gewisse Aehnlichkeit zu. Es ist aber etwas ganz anders, ein Gehäuse zu sehen, während man ein anderes in Gedanken trägt, oder eine Abbildung davon sieht, oder beide nebeneinander vor sich zu haben, und ich halte mich überzeugt, dass in letzterem Falle Dr. Kobelt die von mir angedeuteten Unterschiede stärker auffallen und wichtiger erscheinen würden. Mit meinem neubenannten B. Middendorfii stimmt Dr. Kobelt überein und berührt blos eine Möglichkeit von noch aufzufindenden Zwischenformen nach glaciale hin, die mir jedoch sehr entfernt zu liegen scheint. Auch Bucc. Herzensteinii erkennt Dr. Kobelt als gute Art an und meint nur, dass die eigenthümlichen Wellen an B. tenue, Gray erinnern; ich glaube aber, dass er diese Idee ganz verweisen würde, wenn er Gray's Original-Typen im Brit. Museum einmal sähe. Uebrigens, sagt Dr. Kobelt selbst, existirt keine Verwandtschaft zwischen beiden; dagegen erscheint ihm das B. pulcherrimum ein seltsames Ding, worin ich vollständig beistimme, da dessen Stellung bedeutenden Conchologen Schwierigkeit gemacht hat, indem Middendorff es zu Bucc. Humphreysianum, Jeffreys (mit einem ?) zu Fusus Kröyeri gestellt haben, und Dr. Kobelt es zu Admete stellen würde, wenn es nicht eine ächte Buccinen-Mündung hätte. Ich kann vorläufig darin nur ein selbstständiges Buccinum sehen und bedaure recht sehr, dass der Deckel, der hier besonders entscheiden könnte, nicht vorhanden war. Ueber Bucc. angulosum und einer var. davon, die ich nicht zu angulosum ziehen kann, stimmt Dr. Kobelt mit mir überein. Von Bucc. simplex meint Dr. Kobelt, dass es einige Aehnlichkeit mit inexhaustum habe, was ich zugebe, obschon es im Ganzen von gröberer Bauart und mehr spindelförmiger Gestalt etc. ist.

Wie aber Tryon es zu grönlandicum ziehen kann, und Jeffreys dagegen zu Totteni, das bleibt mir unerklärlich!

Ich neige mich dem Triebe nicht zu, Anderer Originale so leicht zu varietates hinabzudrücken, weil es, ohne dass es sich durch viele Zwischenformen begründen lässt, oft zu Irrthum führen mag, und jedenfalls zu höchst unliebsamen Meinungsverschiedenheiten führt, die den Conchologen, der ein schwieriges Genus nicht so eingehend zu untersuchen Gelegenheit gehabt hat, nur verwirren können; denn welcher Ansicht soll er in solchen Fällen folgen, wenn er z. B. ein Bucc. simplex in seiner Sammlung näher ordnen will? Soll er es laut Jeffreys als var. von Totteni bezeichnen oder laut Tryon als var. von grönlandicum etiquettiren? Am ersten wäre ich geneigt, das Bucc. grönlandicum beim Schopf zu nehmen und es zu einer verkümmerten varietas von undatum zu degradiren, da mir dies am wenigsten unwahrscheinlich zu sein scheint, und eben dies arme grönlandicum gar arg viele varietates auf seinen schwachen Schultern zu tragen bekommt, die ihm alle zu meinem Erstaunen aufgeladen werden! Doch welchen Nutzen schaffen alle diese endlosen Meinungsverschiedenheiten? Es erscheint nur als ein zweckloser Bücherstreit zum Ausfüllen des Platzes, der so lange verfrüht bleiben muss, bis wir viel, ja sehr viel Material mehr aufgefunden haben werden.

Von Bucc. ovoides, Middf. habe auch ich auf die besondere Kanalmündung im letzten Artikel aufmerksam gemacht; ob es aber zu Buccinopsis zu ziehen ist, könnte hauptsächlich wohl nur durch den Deckel bestimmt werden, der leider nicht vorhanden war. Bei nächster Gelegenheit werde ich mir erlauben, eine neue Generalübersicht der nördlichen Buccinen vorzulegen, da nun wieder manches Neue hinzugekommen und verschiedene Aenderungen eingetreten sind.

Diagnosen neuer Conchylien.

Von

Dr. Carl F. Jickeli.

1. *Ancylus Clessinianus* n. sp.

Testa antice vix convexiuscula, sensim ascendens, postice sinuoso descendens, debilis, sordide-albida, sub lente striis incrementi irregularibus sculpta; apex marginalis, minutus, acutus, subdextrorsus, sub lente per longitudinem striata; apertura ovalis, nitida, alba, peristomate postice subdilatato.

Alt. 1,5; apert. alt. 4,5, lat. 2,5 Mill.

Alexandrien.

2. *Vitrina conquisita* n. sp.

Testa rimato-perforata, depressiuscula, flavido-cornea, nitidiuscula, tenuis, diaphana, per longitudinem irregulariter striis incrementi sculpta; spira depresso-conica, apice submamillato; anfractus vix 3 convexiusculi, sutura marginata divisi, ultimus subventrosus, convexo-devexus, antice leviter descendens; apertura perobliqua, basi recedens, lunato-rotundata; peristoma simplex, acutum, membrana basali praeditum.

Alt. 4,3 diam. max. 7, min. 5; apert. alt. 4. lat. 4,3 Mill.

Habab. Nord-Ost-Africa.

3. *Vitrina Riepiana* n. sp.

Testa subtiliter rimato-perforata, depressiuscula, tenuis, translucida, nitida, per longitudinem striis incrementi sculpta, flavo-virens; spira paulo elevata; anfractus 3—3¼ convexiusculi, sutura marginata divisi, ultimus superne plus minusve planulatus, antice vix descendens; apertura perobliqua, basi recedens, ampliter lunato-rotundata; peristoma simplex, acutum, membrana basali angusta.

Testae alt. 5,3, diam. max. 8,5, min. 6,3; Apert. alt. 4,9, lat. 5,5 Mill.

Testae alt. 4, diam. max. 6,5, min. 4,6; Apert. alt. 3,9, lat. 4,5 Mill.

Abyssinien und Habab.

4. *Recluzia erythraea* n. sp.

Testa perforata, elongato-ovata, tenuis, flavido-fusca apice albescente, nitidula, sub lente striis incrementi sculpta; spira turrita, apice acuto; anfractus 6 inflati, sutura obliqua, profunda separati, ultimus ventrosus; apertura rotundata, basi leviter recedens, margine columellari paulisper reflexo, vix torto, basali subeffusulo, marginibus callo tenui conjunctis.

Testae alt. 13, diam. max. 8,5; apert. alt. 6,3, lat. 5,2 Mill.

Rothes Meer: Dahlak.

5. *Elusa Rüppelli* n. sp.

Testa subrimata, subulata, solidiuscula, alba, nitidiuscula, per longitudinem eleganter plicata, sub lente spiraliter impresse striata; spira elongata apice acutiusculo; anfractus 11 planulati superne paulo submarginati, sutura subobliqua separati, ultimus antice descendens vix $^1/_4$ altitudinis attingens; apertura paulo obliqua, basi producta, piriformis, peristomate superne ad insertionem leviter sinuato, columella callose incrassata, plica una armata.

Rothes Meer.

6. *Syrnola solidula Dkr. var. fasciata n.*

Obeliscus solidulus Dkr. Mal. Blätt. VI. p. 233.

Testa subrimata, subulata, solidula, vitrea, nitida, sordidoalbida, linea 1 spiralis fulva in anfractibus superioribus, duabus in penultimo, 3 in ultimo picta; spira elongata, apice obtusiusculo; anfractus 8 convexiusculi, sutura vix obliqua duplicata separati, ultimus convexius, basi rotundatus, $^1/_3$ altitudinis non attingens; apertura basi vix recedens, ovalis, columella incrassata, plica 1 valida armata, labro intus incrassato et costato.

Alt. 4,5, diam. max. 1,9 Mill.

Rothes Meer: Suez.

7. *Rissoina assimilis* n. sp.

Testa elongato-ovata, longitudinaliter costata et tenuissime sed distincte striata, alba, solida; spira turrita; anfractus 8 convexiusculi; costae recte descendentes, 11 in anfractu; anfractus ultimus $^2/_5$ altitudinis testae vix aequans, basi funiculo non distincto cinctus; apertura ovata, superne angulata, inferne effusa, columella concava, labiata, recurvata, labro arcuato medio producto, vix varicoso.

Alt. 8,3, diam. max. 3,3 Mill.

Rothes Meer: Djedda.

8. *Rissoina dimidiata* n. sp.

Testa elongato-turrita, per longitudinem costata, in interstitiis costarum spiraliter impresso-striata, solidula, sordido-albida; anfractus 8 convexiusculi, sutura impressa separati, ultimus $^1/_3$ altitudinis superans, basi rotundatus; interstitia costarum latioria in anfractibus superioribus, costae ipsae in anfractu ultimo evanescentes; lineae spirales praecipue ad basin anfractus ultimi distinctae; apertura ovalis, superne angulata, inferne effusa, columella paulo incrassata, labro vix varicoso.

Alt. 4,3, Diam. max. 1,6 Mill.

Rothes Meer: Dahlak.

9. *Rissoina angulata* n. sp.

Testa subulata, solidula, alba, nitidula, per longitudinem costata; costae medio sinuatae, superne et inferne incrassatae; in anfractu ultimo costulis duabus vix conspicuis spiraliter cincta; spira elongata; anfractus 6 (?) superne angulati, sutura obliqua separati, ultimus vix $^1/_3$ altitudinis aequans, basi subangulatus; apertura ovalis superne subangulata, inferne subeffusula, peristomate obtuso, columella incrassata.

Alt. 2, diam. max. 0,9 Mill.

Rothes Meer: Djedda.

10. *Scapharca Jickelii Dkr. Mss.* n. sp,

Testa ovata, obliqua, inaequivalvis, superne rubro-flava, inferne alba, costis longitudinalibus cincta, inter costas striis elevatis pilosis transversis sculpta; extremitas superne angulata, antice brevissima, rotundata, postice producta, oblique truncata, paulo rostrata; costae circa 32 depressae, interstitia aequantes, versus apicem praecipue in valvula sinistra rugulosae; area mediocris, postice producta, antice paulo latior et partiter libera ligamento.

Long. 43,5, alt. 40; crass. 33 Mm.

Rothes Meer; Massaua.

11. *Donax Dohrnianus* n. sp.

Testa elongato-trigonalis, antice rotundata, postice angulata, valde inaequilateralis, solidula, nitida, albida vel albido-violacea strigis duabus radialibus partiter lineis lacteis tenuissimis totam superficiem tegentibus interruptis picta, striis transversis decussata; umbones in $^2/_3$ longitudinis positi, acuti, minuti; margo dorsalis anterior gradatim paulisper sinuatus, posterior convexiusculus, subito descendens; arca rugulosa angulo distincto circumscripta; margo ventralis paulo rotundatus, denticulatus, parte hiante laevi; facies interna alba vel violacea duabus strigis distincta.

Long. 35,3 Alt. 13 crass. 6. Mill.

Rothes Meer: Massaua.

12. *Tyleria Vesti* n. sp.

Testa plus minusve irregularis, oblongo-ovata, ovata, vel rotundata, antice rotundata, postice producta, albida, cuticula fusca saepe partiter solum tecta; umbones prominuli ante $^1/_2$ longitudinis positi; margo dorsalis anterior leviter curvatus, posterior rectiusculus; fossa ligamentalis irregulariter rotundata, saepe bifida; lamina cardinis posterius in valvula sinistra duplicata, anterius in utraque valvula duplicata et duplicationes septis transversis conjunctae.

Long. 8,9, alt. 6,5, crass. 2,5 Mill.

Rothes Meer: Massaua.

(Fortsetzung folgt.)

Aufzählung der Nanina-Arten Madagascars.

Von

Dr. H. Dohrn.

Neben den grossen Helicophanten und Ampeliten sowie den schönen Tropidophoren Madagascars, welche der Fauna des westlichen, waldigen Theils der Insel ein ganz eigenthümliches Gepräge verleihen, sind bisher die Naninen jener Gegend wenig beachtet worden.

Mit Sicherheit von dort stammend ist von früher her nur Helix fusco-lutea Grat. beschrieben, die, wie viele Grateloup'schen Arten, seitdem nicht näher festgestellt ist. Erst im Laufe des vorigen Decenniums sind von Henry Adams und Angas noch drei Arten beschrieben, welche dieser Gattung zuzutheilen sind: H. Feneriffensis, Ekongensis und Balstoni. Die erstgenannte ist es mir möglich gewesen, nach authentischem Material mit H. Eucharis Desh. unbekannten Fundorts zu identificiren, die zweite scheint der H. fusco-lutea sehr ähnlich zu sein, die dritte ist mir leider unbekannt geblieben; falls sie wirklich, wie der Autor angibt, ungenabelt ist, nimmt sie einstweilen eine ganz isolirte Stellung ein. Ich habe später durch Robillard und zuletzt aus dem Nachlasse des auf Madagascar verstorbenen Hildebrandt einige unbeschriebene Arten erhalten; ausserdem liegen mir zwei nur in je einem Exemplar an das Berliner Museum gelangte kleine Arten vor, so dass ich jetzt mit Sicherheit acht Arten kenne, denen eventuell noch H. fusco-lutea und H. Balstoni als solche beizufügen sind.

Die mir bekannten Arten bieten in der Form reiche Abwechselung, sind dagegen in Beziehung auf Skulptur sämmtlich demselben Typus angehörig. Sie sind nämlich alle mit Spiralriefen ausgestattet und zeigen sich darin mit N. philyrina, Boryana etc. von Mauritius, wie mit einigen indischen Formen nahe verwandt, so dass an ihrer Zusammengehörigkeit mit denselben, welche auch aus geographischen Gründen keine Bedenken hat, kaum zu zweifeln ist.

Die Arten sind:

1. *Nanina Hildebrandti n. sp.*

Testa perforata, tenuis, diaphana, subdepressa, flavo-cornea, undique minutissime et dense spiraliter lirata; spira depresse-turbinata; sutura marginata; anfractus $4^1/_2$ convexiusculi, lente accrescentes, ultimus peripheria rotundatus, basi circa perforationem subdepressus, antice non descendens; apertura parum obliqua, late lunaris; peristoma rectum, simplex, marginibus distantibus, callo tenuissimo junctis, columellari circa perforationem brevissime triangulatim protracto.

Diam. maj. 12, min. 10, alt. 7, ap. lat. 6½ mm.

Unter den mir bekannten Arten in der Form der indischen H. todarum Blanf. am meisten ähnlich, durch die Sculptur aber leicht zu trennen.

Nur ein Exemplar im Berliner Museum, von Hildebrandt in S. Betsileo gesammelt.

2. *Nanina fusco-lutea Grateloup.*

Ich kenne von dieser Art nichts, als die kurze Diagnose in Pfeiffer's Monographie, wonach sie vielleicht mit der folgenden Art zusammenfallen kann.

3. *Nanina Ekongensis Angas.*

Diese ist in den Proc. zool. Soc. Lond. 1877 p. 528 t. 54 fig. 4 beschrieben und abgebildet. Zwei Exemplare meiner Sammlung sind kleiner, als das seinige:

Diam. maj. 20, min. 17, alt. 11, ap. lat. 10 mm.

Die ganze Schale ist gleichmässig eng und fein spiral gerieft, die Peripherie ist deutlich, aber stumpf winkelig und zwar gerade zwischen den zwei braunen schmalen Bändern, so dass das eine auch auf den oberen Windungen vor der Naht sichtbar bleibt. Die schmale Zone zwischen den Bändern ist, wie bei N. bistrialis, heller gefärbt, als der Rest der Schale.

4. *Nanina anobrachys n. sp.*

Testa perforata, depressa, solidula, superne striis incrementi et granulatione densa minute sculpta, nitidula, corneoflava, ad suturam et peripheriam anguste fuscofasciata; spira brevissime elevata, apice obtusa; sutura satis distincta; anfractus 5 parum convexi, lente accrescentes, ultimus supra medium distincte angulatus, antice non descendens, basi convexus, inflatus, striis spiralibus et radiantibus tenuissime decussatus; apertura obliqua, angulato-lunaris; peristoma simplex, rectum, marginibus callo tenui junctis, columellari circa perforationem breviter fornicatim reflexo.

Diam. maj. 34, min. 29, alt. 17, ap. lat. 20 mm.

Wahrscheinlich von der Südwestküste, da ich sie zusammen mit H. Farafanga und andern Arten jener Gegend erhielt, sie auch mit der von dort beschriebenen H. Ekongensis Angas nahe verwandt ist. Durch das ziemlich flache Gewinde und den sehr hoch liegenden Winkel der letzten Windung erscheint die Oberseite auffallend verkürzt und die Basis aufgeblasen, wie bei flachen Exemplaren von H. troglodytes Mor.

5. *Nanina Eucharis Desh.*

Helix Eucharis Desh., in Fér. hist. I p. 363 t. 64 A. fig. 7. 8.

Syn. Helix Feneriffensis Ad. et Ang. Proc. zool. Soc. Lond. 1876 p. 489 t. 47 fig. 8. 9.

Abbildung und Beschreibung von Deshayes sind ebenso vortrefflich, wie sie von Adams und Angas mangelhaft sind. Authentisches Material, welches ich aus London und von Herrn Robillard erhielt, stellt die Synonymie ausser Zweifel. Die eigenthümliche Faltung an der Oberseite des Kiels, welche bei Férussac in vergrössertem Maassstabe abgebildet ist, charakterisirt diese Art gegenüber der folgenden sehr scharf.

In Pfeiffer's Nomenclator p. 50 wird sie als Teneriffensis aufgeführt, einer der unzähligen bösen Druckfehler des Buches, welche — abgesehen von sonstigen Bedenken — den Gebrauch desselben ungemein erschweren. Sie stammt von Fenerife im Nordwesten Madagascars, gegenüber der im französischen Besitze befindlichen Insel Ste. Marie.

6. *Nanina Eos n. sp.*

Testa perforata, depresse turbinata, tenuis, pellucida, nitens supra obliqua fortiter striata et striis spiralibus decussata, rubello-cornea; spira late conoidea; sutura simplex; anfractus $5^1/_2$ vix convexi, lente accrescentes, ultimus acute carinatus, carina antice obtusiore, antice non descendens, subtus convexior, nitens, oblique et spiraliter tenuissime striatus, subroseus; apertura parum obliqua, late lunaris; peristoma rectum, simplex, marginibus callo tenui junctis, supero arcuatim parum protracto, columellari circa perforationem breviter protracto, patente.

Diam. maj. 25, min. 21, alt. 15, ap. lat. 13 mm.

Ich würde geneigt sein, diese aus dem Innern der Insel stammende Art, welche mir in zwei Exemplaren vorliegt, mit H. Balstoni Angas zu identificiren, wenn letztere nicht ungenabelt sein sollte; von der Angas'schen Beschreibung weicht N. Eos freilich auch in Bezug auf die Sculptur der Basalhälfte ab. Die Sculptur der Oberseite ist viel schärfer als bei den andern hier erwähnten Arten von Madagascar.

7. *Nanina Thalia n. sp.*

Testa anguste perforata, depresse turbinata, tenuis, pellucida, supra striis decurrentibus obliquis et spiralibus tenuissimis sub lente granulato-decussata, non nitens, fulvo-cornea; spira late conoidea, apice minuto; sutura simplex; anfractus 5 vix convexi, regulariter accrescentes, ultimus peripheria acute et compresse carinatus, antice non descendens, subtus convexior, nitens; apertura diagonalis, securiformis; peristoma simplex, rectum, marginibus distantibus, columellari brevi, declivi, circa perforationem breviter protracto.

Diam. maj. 16, min. 14, alt. 10. ap. lat. 9 mm.

Von Hildebrandt in wenigen Exemplaren gesammelt. N. Thalia steht der vorigen Art ziemlich nahe, unterscheidet sich aber durch die äusserst feine Sculptur der Oberseite, welche dadurch matt seidenartig erscheint, und durch die geringe Grösse bei gleicher Zahl von Windungen.

Die Schale von dieser und der folgenden Art ist so dünn, wie z. B. bei H. philyrina Mor., so dass namentlich der Mundrand ganz häutig erscheinen kann.

8. *Nanina Hestia n. sp.*

Testa vix perforata, tenuissima, pellucida, supra plicatula, undique spiraliter tenuissime striata, subnitens, viridicornea; spira late conica, apice acuto; sutura simplex vix impressa; anfractus $5^1/_2$ parum convexi, lente accrescentes, ultimus acute et compresse carinatus, antice non descendens, basi subinflatus; apertura diagonalis, subrhombea; peristoma simplex, rectum, marginibus distantibus, columellari ascendente, perforationem semioccultante.

Diam. maj. 11, min. $9^1/_2$, alt. 8, ap. lat. 7 mm.

Nur ein Exemplar in der Hildebrandt'schen Sammlung, dem Berliner Museum gehörig.

In der Gestalt der grossen N. Eucharis am ähnlichsten, unterscheidet sich N. Hestia von den andern Arten gleicher Provenienz durch die dünne, grünlich hornfarbene Schale und durch die an der Oberseite gegenüber der stärkeren schrägen Fältelung zurücktretende Spiralsculptur.

Im ganzen Habitus hat sie grosse Aehnlichkeit mit einigen ceylonischen und indischen Formen, wie N. concavospira, hyphasma, apicata etc.

9. *Nanina basalis n. sp.*

Testa angustissime perforata, conica, tenuis, nitida, supra leviter striatula, basi sub lente minutissime et confertim spiraliter striata, fulvo-cornea; spira elata, apice obtusulo; sutura impressa; anfractus $5^1/_2$ convexi, lente accrescentes, ultimus peripheria acute carinatus, basi minus convexus; apertura diagonalis, rhombeo-lunaris; peristoma simplex, rectum, margine columellari intrante, verticali, incrassato.

Diam. 3, alt. 3, ap. lat. $1^3/_4$ mm.

Diese in Mehrzahl von Hildebrandt gesammelte kleine Art unterscheidet sich von allen verwandten Formen durch die ungewöhnliche Spiralstreifung der Basis, während solche an der Oberseite fehlt. Wohin sie systematisch zu stellen, bleibt offene Frage; jedenfalls möchte ich sie nicht von den ähnlichen indischen Formen wie Helix aspirans, injussa etc. entfernen, zumal auch sonst zwischen den Naninen von Vorderindien, Mauritius und Madagascar eine unleugbare Aehnlichkeit besteht.

10. *Nanina Balstoni Angas.*

In den Proc. zool. soc. Lond. 1877 p. 528 t. 54 fig. 5 beschreibt Angas eine Helix Balstoni, welche in der Form eine grosse Aehnlichkeit mit H. semidecussata Pfr. von Indien (soll heissen von Ceylon) haben soll, dabei aber eine „ganz verschiedene“ Sculptur hat und bemerkenswerth ist wegen ihrer ausserordentlichen Zartheit. Da H. semidecussata recht festschalig ist, so sei ferner bemerkt, dass H. Balstoni ungenabelt sein soll, H. semidecussata durchbohrt ist, erstere 6, letztere 7 Windungen hat, erstere eine dünne scharfe Lizze, letztere einen dicken stumpfen Mundsaum besitzt etc. Ich kenne eine ungenabelte Art von Madagascar bisher nicht. Die Abbildung gewährt den Eindruck einer genabelten Art.

Hiernach sind die erwähnten Naninen der Waldregion des westlichen Madagascar leicht, wie folgt, zu unterscheiden:

I. Testa perforata.

1. Ecarinata.

a. peripheria *rotundata, unicolor cornea:*

N. Hildebrandti n. sp.

b. peripheria *obtuse angulata, luteo bifasciata:*

α. oblique striata (? sculptura spirali nulla)

N. fusco-lutea Grat.

β. spiraliter sculpta . . . N. Ekongensis Ang.

2. Carinata.
a. *depressa*, supra granulata, subtus spiraliter lineata peripheria luteo-fasciata: N. anobrachys n. sp.
b. turbinata,
α. carina pone aperturam evanescente, supra decussata, subtus spiraliter lineata, rubella . . . . N. Eos n. sp.
β. carina acuta.
αα. testa major, supra decussata parum nitens, subtus spiraliter sculpta, nitida . . . . N. Eucharis Desh. = H. Feneriffensis Ad. et Ang.
ββ. testa minor.
1. 1. supra subtiliter decussato-granulata, parum nitens, modice elevata . . . . . N. Thalia n. sp.
2. 2. undique spiraliter lineata, nitens, subconica . . N. Hestia n. sp.
c. alte conica, supra striatula, basi spiraliter lineata . . . . N. basalis n. sp.
II. Testa imperforata . . . . N. Balstoni Ang.

Guilielmus Dunker
de
Molluscis nonnullis terrestribus Americae australis.

1. *Helix Neogranadensis Pfr. var.*
Tab. 11, fig. 5. 6.

Specimen quod hic depictum est, a forma typica differt carina deficiente, testa solidiuscula et anfractibus superioribus rugulosis, ceterum cum descriptione Pfeifferiana (Proc. Zool. Soc. 1845. pag. 64.) satis convenit.

In montibus altis reipublicae Aequatoris locis uliginosis hanc varietatem invenit clar. Lehmann m. Februari 1881.

2. *Bulimus lugubris Dkr.*

Tab. 11, fig. 1. 2.

Testa ovata, subrimata, tenuicula, anfractibus quinis parum convexis, per longitudinem rugosiusculis transversim denseque striatis subito crescentibus instructa, ultimo $^3/_5$ longitudinis aequante; color fundi fuscescens maculis strigisque irregularibus variegatus, sub epidermide atro-olivacea translucens; columella parum sinuata; apertura oblongo-ovata nigricans nitidissima; peristoma subincrassatum reflexum. — Long. testae 51, ejusque latit. 28 mm.

Prope Pasto Columbiae australis. F. C. Lehmann.

Haec species quantum scio, nondum descripta, habitu Bulimo Blainvilleano Pfeifferi proxima est, sed sculptura aliena et plica columellae valida deficiente satis differt; praeterea sub epidermide obscuriore maculae strigaeque irregulares neque lineae fulgureae translucent.

Cochlea nostra ad sectionem Charitis Albersii pertinet ideoque haud commutari debet cum Bulimo lugubri Férussaci, qui Achatinellis injungendus est.

3. *Bulimus albo-balteatus Dkr.*

Tab. 11, fig. 7. 8.

Testa parva tenuis, oblongo-ovata subfusiformis, vix rimata, anfractibus incluso nucleo obtuso senis modice convexis glabratis fulgentissimis infra suturam subplicatis instructa; color niger subviride translucens; anfractus ultimus fascia alba distincte terminata signatus; columella subreflexa alba; labrum simplex acutum; apertura basin versus subangusta. — Long. 13 mm.

In sylvis humosis prope Pasto Columbiae a clar. F. C. Lehmann lecta est.

Haec species singularis respectu habito aperturae ad Limicolarias prope accedit, sed cochleola nostra tota structura valde differt. Fascia alba in anfractu tantum ultimo integra conspicua, at anfractibus superioribus maximam partem obtecta est. In specimine, quod exstat unico ovula duo nitentia flavido-alba reperta sunt margaritis similia. Diam. eorum 2 mm aequat.

Sane haec testa ad sectionem Bulimorum propriam referenda est.

4. *Bulimus Powisianus Petit.*

Tab. 11, fig. 3. 4.

Icones nostrae varietatem hujus speciei in collectionibus rarae ante oculos ponunt strigis irregularibus obliquis paucis pallidioribus notatam. Specimina quoque obveniant strigis vel flammis istis oliquis prorsus carentia, sed fascia transversa nunquam deesse videtur.

In sylvis prope Rio Cauca Novae Granadae. F. C. Lehmann.

5. *Bulimus iostoma Sow.*

Haec species satis cognita pictura vividiore et languida varians, in regione calida et sterili prope Monte Christi Aequatoris in dumetis spinosis praesertim in Cereo arboreo frequentissima obvenit. Varietas minor in sylvis prope Esmeraldas. Lehmann.

6. *Bulimus Quitensis Pfr.*

Monogr. Hel. vide vol. 2. pag. 182. Locus natalis Quito reipublicae Aequatoris.

In pratis humidis prope Pasto una cum Bulimo laeto legit clar. Lehmann.

7. *Bulimus tribalteatus Reeve var.*

Conch. icon. Bul. spec. 269 Sta Fé di Bogota.

Varietatem hujus speciei venustae clar. Lehmann in sylvis umbrosis prope Santiago Columbiae australis legit lacteam roseo labiatam, sed balteis prorsus carentem. Apex colore corneo insignitur.

8. *Bulimus laetus Reeve.*

Conch. icon. spec. 616.

Color iconis Reeveanae nostro specimine multo pallidior est. Hanc speciem in dumetis Agaves et in gramine prope Pasto legit clar. Lehmann.

9. *Achatina magnifica Pfr.*

Proc. Zool. Soc. 1847. pag. 232. Mon. Hel. viv. vol. VI. pag. 217. Reeve Conch. icon. Achat. sp. 33. Respublica Aequatoris.

Hanc speciem clar. Lehmann in sylvis humosis Columbiae australis invenit.

10. *Clausilia cyclostoma Pfr.*

Hanc speciem ad Nenias pertinentem, in pratis humidis prope Pasto Columbiae australis satis frequentem invenit clar. Lehmann.

Literatur.

Mollusca of H. M. S. „Challenger" Expedition. — By the **Rev. Robert Boog Watson.** — Parts IV—XIV.

Wir haben über diese wichtige Publication, welche die Zahl der bekannten Arten sehr erheblich vermehrt, zum letzten Mal in den Jahrbüchern 1879 berichtet. Seitdem ist die Veröffentlichung regelmässig fortgesetzt worden und liegen uns nun die Abtheilungen V—XIV vor, noch sämmtlich Gastropoden umfassend. Die Arten sind in systematischer Reihenfolge aufgeführt und ausführlich, leider auch nur englisch, beschrieben; hoffentlich werden die Beschreibungen bald durch Abbildungen ergänzt.

Part V bringt noch nachräglich *Siphonodentalium* honolulense von den Sandwichsinseln, sowie einige Nachträge zu *Trochus* (Gibbula Leaensis vom Cap, Ziziphinus arruensis von den Arru-Inseln, Solariella philippensis von Port Philipp in Australien, S. lamprus von den Viti-Inseln, S. albugo von Sydney). Dann folgen die *Littorinidae:* eine neue Echinella (tectiformis von Japan), 2 Lacuna (picta aus dem südlichen atlantischen Ocean und margaritifera von Japan), 1 Fossarus (cereus vom Cap York); *Heterophrosynidae* (nur Jeffreysia edwardiensis von Prince Edwards Insel); und *Cerithiidae*; von diesen 4 Triforis (levukense von Levuka, bigemma aus Westindien, hebes von Tristao da Cunha, inflata aus Westindien), 2 Cerithium s. str. (matukense aus dem stillen Ocean, phoxum von den Viti-Inseln), 15 Bittium (lissum von den Viti-Inseln, amblyterum von den Acoren, mamillanum von Pernambuco, amboinense von Amboina, pigrum von Tristao da Cunha, lusciniae von ebenda, philomelae von ebenda, gemmatum aus dem atlantischen Ocean vor Setubal, pupiforme vom Cap York, enode von Pernambuco, oosimense von Japan, cylindricum von Sydney, abruptum von den Acoren, delicatum von Tristao da Cunha, aëdonium von ebenda), 1 zweifelhafte Litiopa (limnaeformis von Prince Edwards Insel) und 2 Cerithiopsis (balteata von den Viti-Inseln und fayalensis von den Acoren).

Part VI enthält nur die *Turritellidae*, neun Arten, davon sieben der Gattung im engeren Sinne angehörend (runcinata aus der Bass-Strasse, accisa von ebenda, Carlottae von ebenda und Neuseeland, Philippensis von Port Philipp, Cordismei aus der Bass-Strasse, austrina von Prince Edwards Insel, und deliciosa vom Cap York, also sämmtlich aus australischen Gewässern), und zwei Torcula, (admirabilis von den Admiralitätsinseln und lamellosa aus der Bass-Strasse).

Part VII enthält: *Pyramidellidae*, 3 Aclis (mizon von Teneriffa, hyalina von Pernambuco, sarissa von ebenda), 1 Fenella (elongata von den Acoren) und 1 Dunkeria (falciformis von den Bermudas). *Naticidae*, 11 Arten Natica: philippinensis von den Philippinen, athypha vom Cap York, pseustes von Levuka, suturalis von Kerguelen, radiata aus dem nordatlantischen Ocean und von den Bermudas, amphiala von Neuseeland, leptalea aus Westindien, xantha, praonia und fartilis von Kerguelen, aporra von den Arru-Inseln). *Onisciidae* (nur On. cithara von Neu-Guinea) und *Tritonidae*, 1 Triton (philomelae von der Nachtigall-Insel bei Tristao da Cunha), 1 Ranella (fijiensis) von den Viti-Inseln und 1 Nassaria (amboynensis) von Amboina.

Parts VIII—XI enthalten die *Pleurotomidae*, deren Arten Watson alle unter Pleurotoma bringt. Part VIII enthält Surcula, 12 Arten (staminea aus dem südlichen Ocean, trilix, lepta von ebenda, rotundata von Japan, goniodes von Laplata, plebeja von Pernambuco, syngenes von Westindien, hemimeres von Pernambuco, anterridion vom Cap, rhysa und bolbodes von Pernambuco, ischna von Neuseeland), 3 Genota (didyma aus Westindien, engonia von Neuseeland und Japan, atractoides von den Philippinen), 13 Drillia (pyrrha von Japan, paupera von den Arru-Inseln, gypsata von Neuseeland, brachytona von den Arru-Jnseln, fluctuosa von Kerguelen, bulbacea von Neuseeland, spicea von Pernambuco, ula von Neuseeland, stirophora, phaeacra, tmeta von Pernambuco, incilis von Westindien, sterrha vom Cap York), 1 Crassispira (climacota von Tongatabu), 1 Clavus (marmarina von Pernambuco), 9 Mangelia (subtilis von Pernambuco, levukensis von Levuka, eutmeta von den Acoren, hypsela von Pernambuco, acanthodes von den Bermudas und Acoren, corallina aus Westindien, macra von den Acoren, incincta von ebenda, tiara von Westindien), 2 Raphitoma (lithocolleta und lincta aus Westindien), 8 Thesbia (eritima, translucida, corpulenta, platamodes von Kerguelen, dyscrita von Westindien, monoceros von Sierra Leone, papyracea von Kerguelen, brychia aus dem mittleren atlantischen Ocean, pruina von den Acoren). — Part X bringt 10 neue Defrancia (hormophora, chariessa, pachia, pudens, araneosa aus Westindien, streptophora aus dem nordatlantischen Ocean, circumvoluta aus Westindien, chyta von den Acoren, perpauxilla von Westindien, perparva von Pernambuco), 2 Daphnella (conisa von den Viti-Inseln, aulacoessa vom Cap York), 2 Borsonia (ceroplasta von Westindien und silicea von Pernambuco). — Part XI 5 Drillia (exsculpta, amblia, aglaophanes aus Westindien, tholoides, lovoessa von Pernambuco), 1 Clionella (quadruplex von den Acoren). Zusammen werden 70 neue Pleurotomiden beschrieben. — Part XII enthält die *Cancellariidae*, 1 Cancellaria (imbricata vom Cap) und 2 Admete (specularis und carinata von Kerguelen). *Volutidae*, vielleicht der interessanteste Theil der ganzen Ausbeute. Volutilithes abyssicola ist südlich vom Cap an mehreren Stellen gefunden worden, erwachsene Stücke sind beinahe vier Zoll lang, ganz verschieden von dem jungen Exemplar der Samarang, aber auch so noch die Verwandtschaft mit fossilen Typen, wie digitalina Lam., crenulata Lam., elevata Sow. zeigend. Eine neue Gattung *Provocator* hat den Apex von Ancillaria, die schmelzbedeckte Naht von Bullia, die Spindelfalten von Voluta und die Lippenbucht von Pleurotoma; die einzige Art, Pr. pulcher, 3,6″ lang von Kerguelen; Cymbiola lutea von Neuseeland; *Wyvillea*, n. gen. für W. alabastrina, in 1600 Faden bei Marion Island gefunden, dem Thier nach eine ächte Voluta, aber in der Schalenstructur an Halia erinnernd, mit einem eigenthümlichen Spindelzahn; Volutomitra fragillima von

Kerguelen. *Fasciolariidae*, 2 Fasciolaria (rutila vom Cap, maderensis von Teneriffa). *Columbellidae*, 2 Pyrene (strix und stricta von Westindien); *Olividae*, 3 Olivella (amblia und ephamilla von Pernambuco, vitilia aus Westindien). — Part XIII enthält die *Buccinidae*, 2 zweifelhafte Buccinum (albozonatum von Kerguelen, aquilarum von den Acoren), 2 Phos (naucratoros von den Admiralitätsinseln, bathykketes von den Philippinen), 7 Nassa (levukensis von Levuka, psila aus der Torresstrasse; brychia von den Acoren, babylonica von den Philippinen, agapetes von Levuka, capillaris von Fernando Noronha, ephamilla von Neuseeland). — Part XIV enthält die *Muricidae*. Unter Fusus werden nach der leidigen englischen Gewohnheit auch Metula, Sipho und Neptunea aufgeführt. Beschrieben werden 1 Metula (philippinarum von den Philippinen), 7 Sipho (einer unbenannt von Halifax, pyrrhostoma vom Cap, calathiscus von Marion Island, setosus von ebenda, scalaris von Patagonien, regulus von Kerguelen, Edwardiensis von Prince Edwards Insel; das Vorkommen ächter Sipho auf der Südhemisphäre wäre sehr merkwürdig); 2 Neptunea (Dalli von den Viti-Inseln, futile von Kerguelen); 3 Colus (radialis vom Cap, sarissophorus von Pernambuco, pagodoïdes von Sydney). Trophon hat 6 Arten (acanthodes von Westpatagonien, carduelis von Sydney, declinans von Marion Island, aculeatus von Pernambuco, septus und scolopax von Kerguelen).

Merkwürdig ist die Vertheilung der Arten auf verhältnissmässig sehr wenige Fundorte, 6—8 haben fast sämmtliche Novitäten geliefert. Die Publication der neuen Arten schreitet mit anerkennenswerther Raschheit voran, es dürften aber immer noch einige Jahre vergehen, bis alle Novitäten der so überaus erfolgreichen Challenger-Expedition auch nur vorläufig bekannt gemacht sind.

Kobelt.

Beiträge zur Paläontologie Oesterreich-Ungarns und des Orients, herausgegeben von **E. von Mojsisovicz** und **M. Neumayr**. — Wien, Alfr. Hölder.

Wir haben unseren Lesern das Erscheinen einer neuen höchst wichtigen Publication zu signalisiren, welche sich die Aufgabe gestellt hat, ausschliesslich der Erforschung des paläontologisch so interessanten Gebietes der untern Donau und des Orients zu dienen, gewissermassen Paläontographica auf dieses Gebiet beschränkt. Es erscheint in jedem Jahre ein Band in einer Ausstattung, welche nichts zu wünschen übrig lässt; bereits liegen zwei Bände vor, deren Inhalt dem Unternehmen das günstigste Prognostikon stellen.

Band I enthält:

Zugmayer, H., Untersuchungen über rhätische Brachiopoden. Taf. 1—4.

Bittner, A., Beiträge zur Kenntniss alttertiärer Echinidenfaunen. Taf. 5—12.

Uhlig, V., die Jurabildungen der Umgebung von Brünn. Taf. 13—17.

Alth, A. von, die Versteinerungen des Nizniower Kalksteins. Taf. 18—29.

Zugmayer, H., die Verbindung der Spiralkegel von Spirigera oxycolpos Emmr. sp.

Der zweite Band enthält:

Fritsch, A., Fossile Arthropoden aus der Steinkohlen- und Kreideformation Böhmens.

Velenowsky, J., die Flora der böhmischen Kreideformation.

Brusina, S., Orygoceras, eine neue Gastropodengattung der Melanopsiden-Mergel Dalmatiens.

Novak, O., über böhmische, thüringische, Greifensteiner und Harzer Tentaculiten.

Wähner, Franz, Beiträge zur Kenntniss der tieferen Zonen des unteren Lias der nordöstlichen Alpen.

Kramberger-Gorjenovic, Drag., die jungtertiäre Fischfauna von Croatien. Taf. 22—28.

Grunow, Beiträge zur Kenntniss der fossilen Diatomeen Oesterreich-Ungarns. Taf. 29. 30.

Die Beiträge zur Paläontologie werden in keiner grösse-Bibliothek fehlen dürfen; wir empfehlen sie unsren Lesern auf's angelegentlichste. Kobelt.

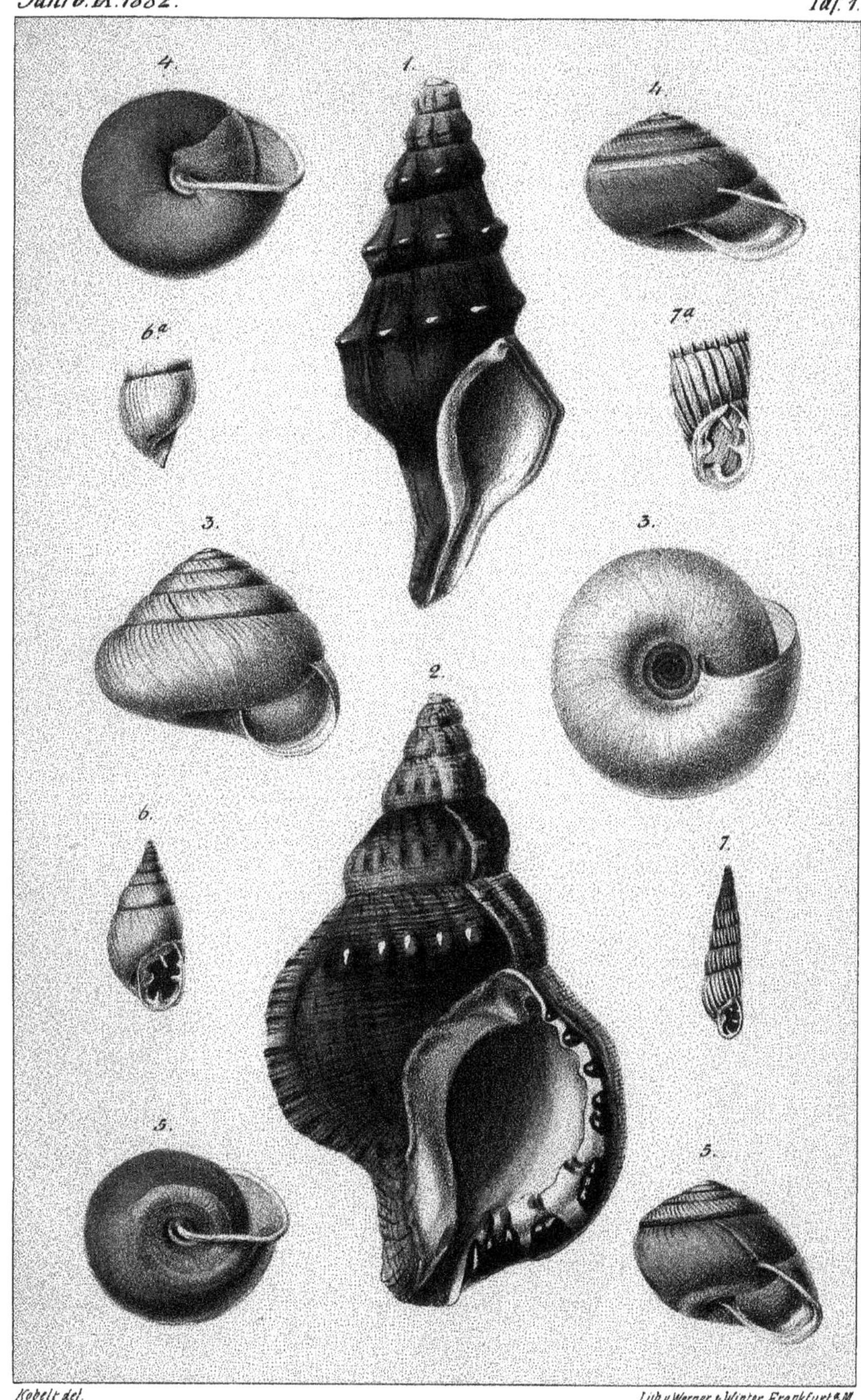

Kobelt del. Lith. v. Werner & Winter, Frankfurt a/M.

1. Latirus Troscheli 2. Ranella leucostoma var 3 Streptaxis regius. 4.5 Str. Dunkeri var.
6. Bul. Doeringi. 7. Bul. Philippianus.

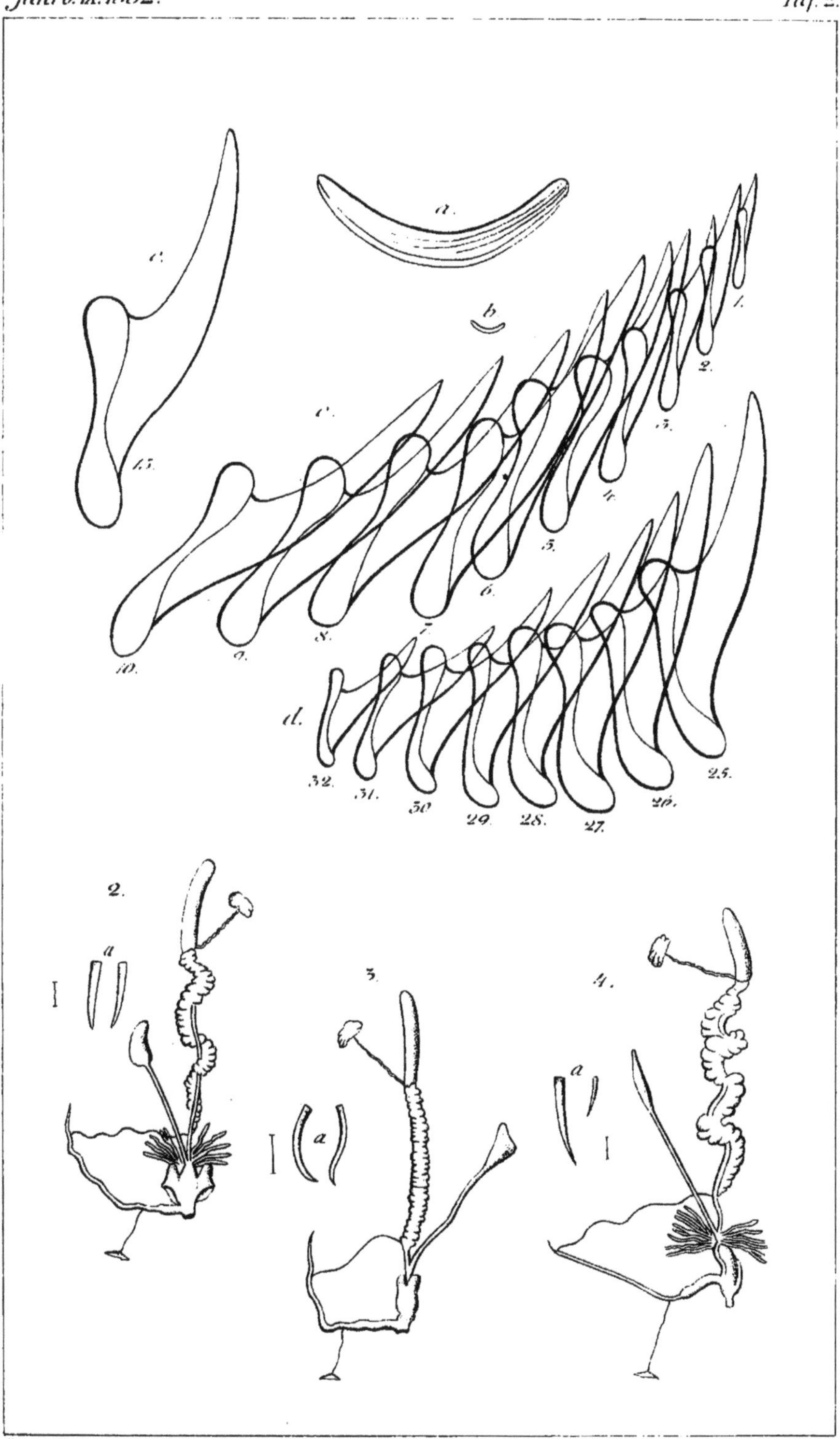

Hesse del.

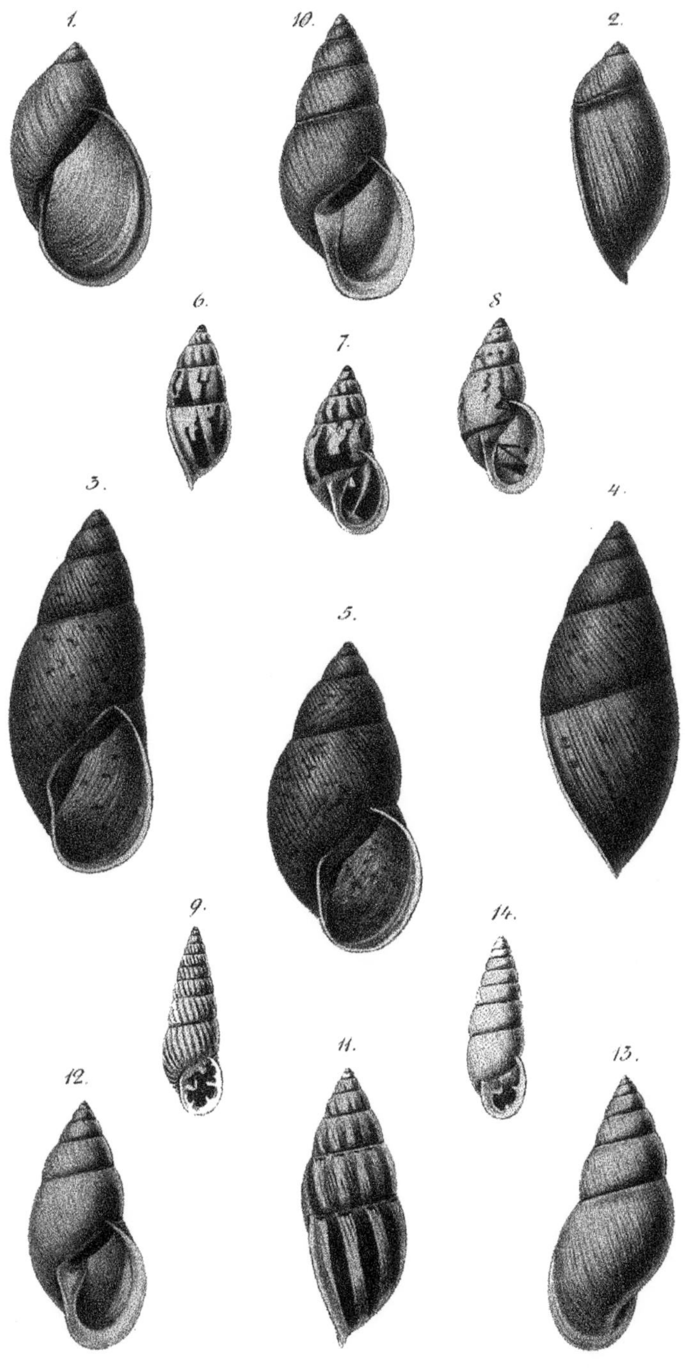

Kobelt del

Lith v Werner & Winter, Frankfurt a/M.

1. 2. Bul. callistoma 3-5 B. Semperi. 6-8. B. melanoscolops. 9. B. scabrellus.
10-13. B. nigrogularis 14 B. Ciaranus.

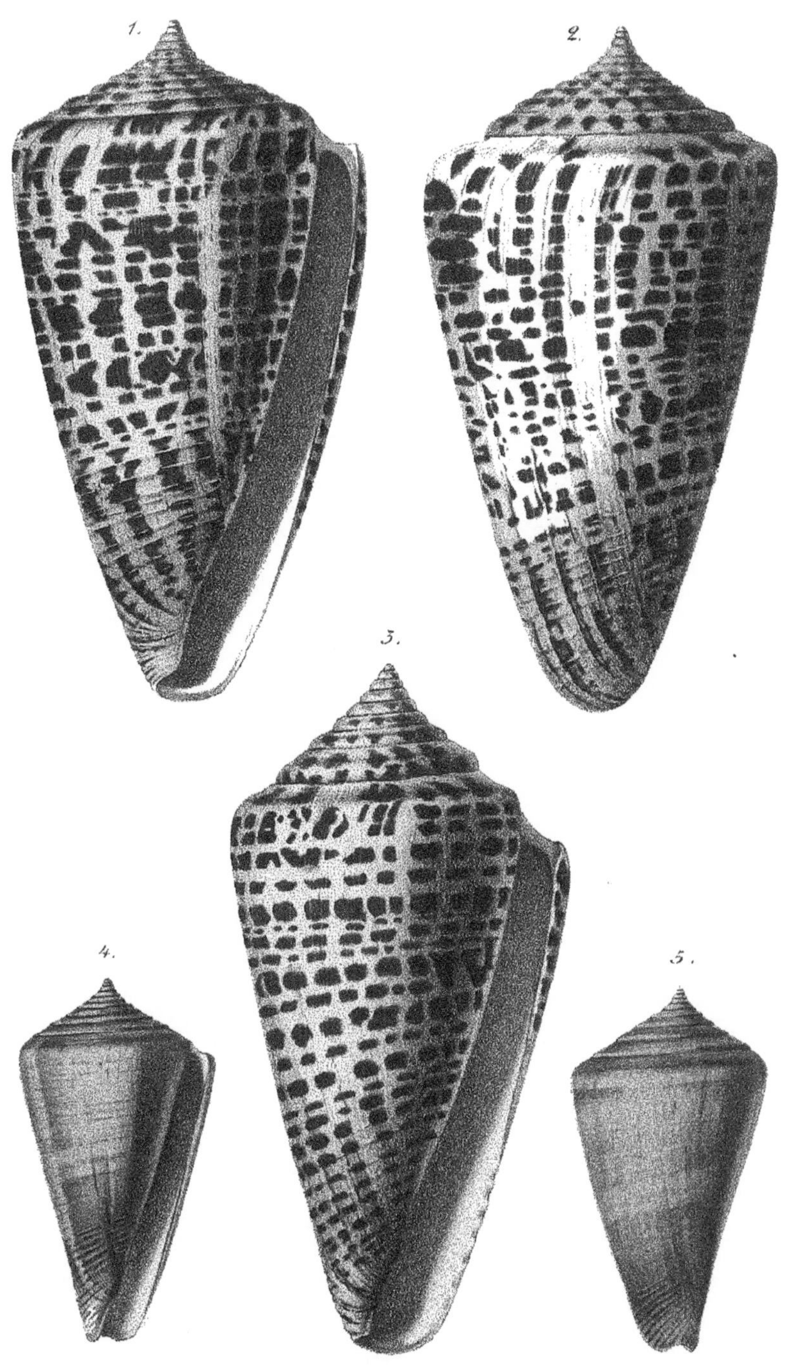

Kobelt del

Lith v. Werner & Winter, Frankfurt a/M

1-3. Conus Weinkauffii. 4.5. C. Kobelti.

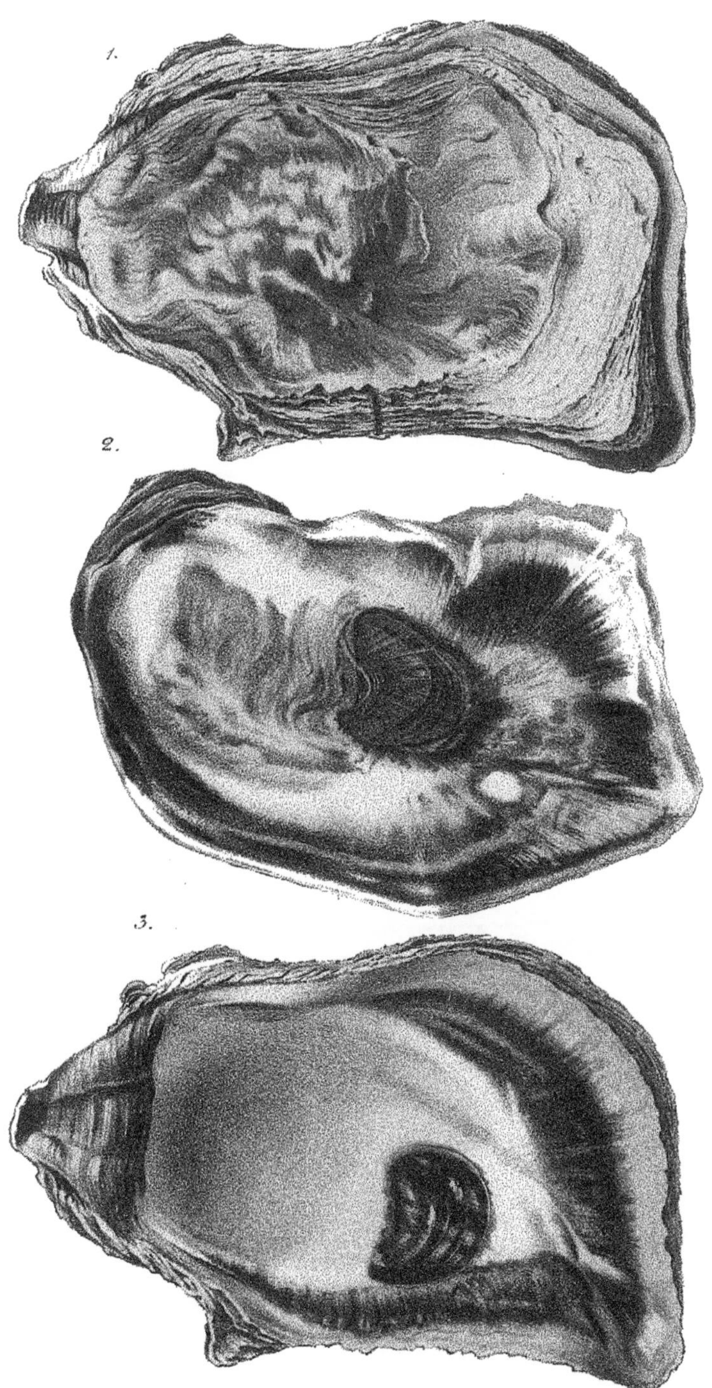

Kobelt del

Lith. v. Werner & Winter, Frankfurt a/M.

1-3 Ostrea Lischkei.

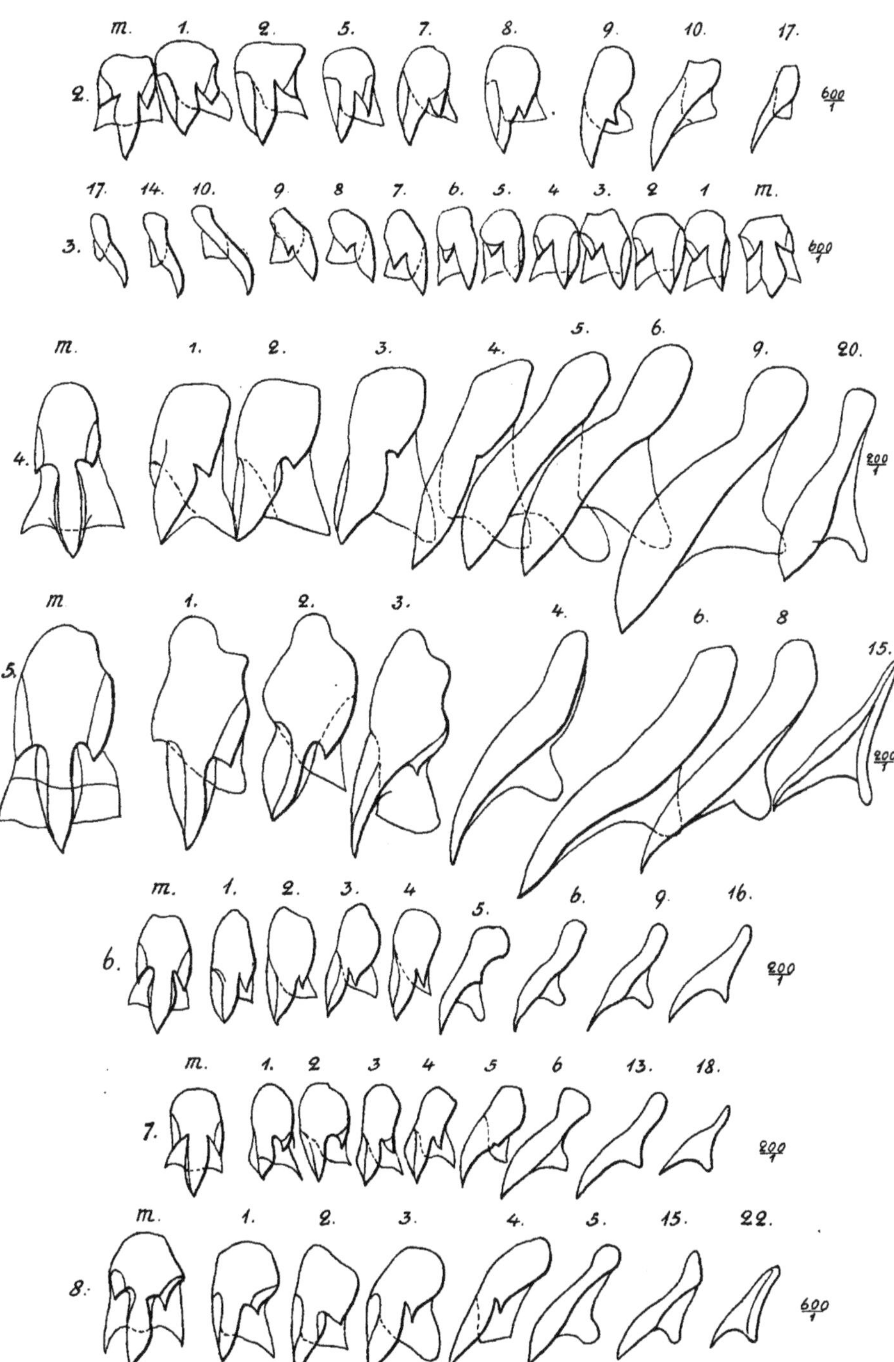
1100/1
m. 1. 2. 5. 7. 8. 9. 10. 17.
2.
600/1
17. 14. 10. 9. 8. 7. 6. 5. 4 3. 2 1 m.
3.
600/1
m. 1. 2. 3. 4. 5. 6. 9. 20.
4.
200/1
m 1. 2. 3. 4. 6. 8 15.
5.
200/1
m. 1. 2. 3. 4 5. 6. 9. 16.
6.
200/1
m. 1. 2 3 4 5 6 13. 18.
7.
200/1
m. 1. 2. 3. 4. 5. 15. 22.
8.
600/1

M.S del

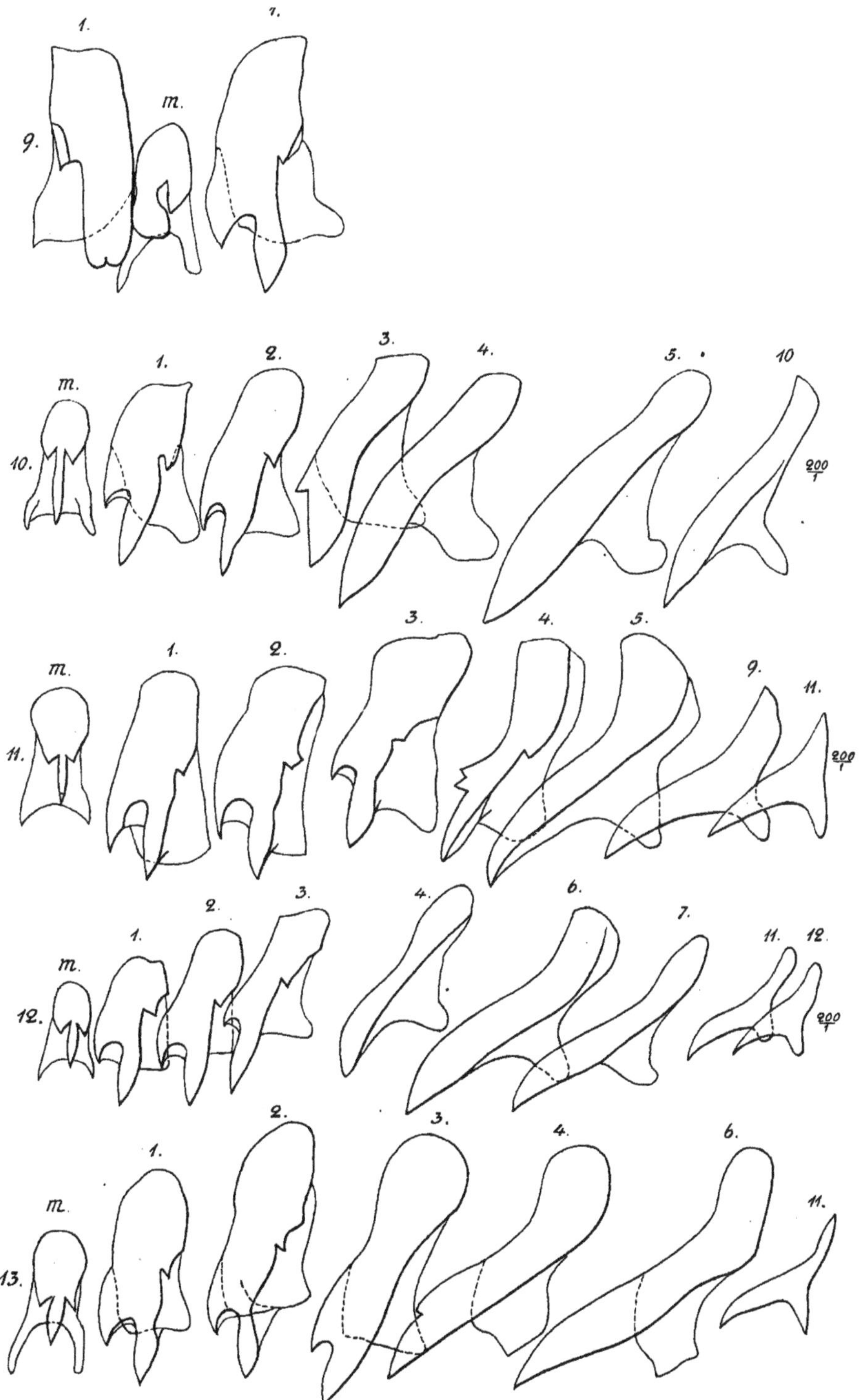

MS del

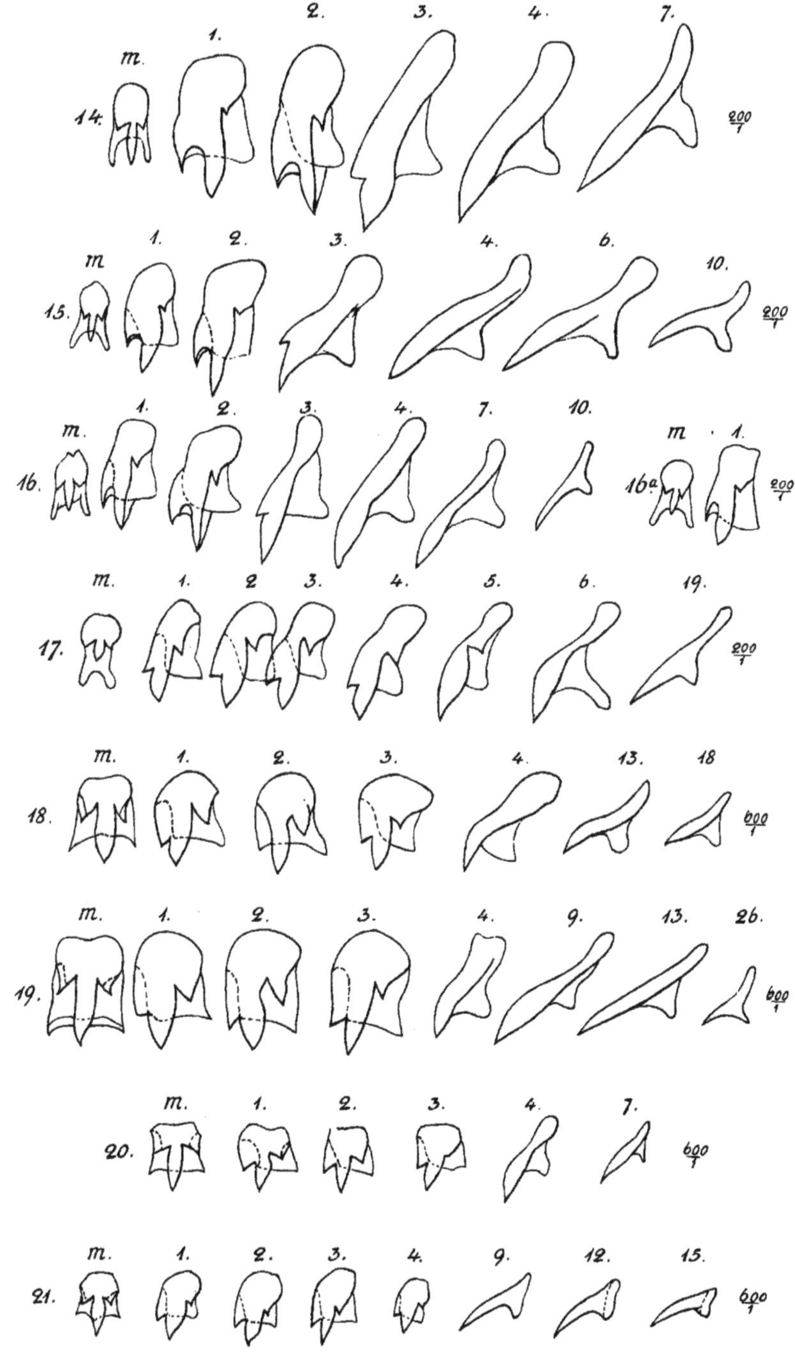

14. m. 1. 2. 3. 4. 7. 200/1
15. m 1. 2. 3. 4. 6. 10. 200/1
16. m. 1. 2. 3. 4. 7. 10.
16a. m 1. 200/1
17. m. 1. 2 3. 4. 5. 6. 19. 200/1
18. m. 1. 2. 3. 4. 13. 18 600/1
19. m. 1. 2. 3. 4. 9. 13. 26. 600/1
20. m. 1. 2. 3. 4. 7. 600/1
21. m. 1. 2. 3. 4. 9. 12. 15. 600/1

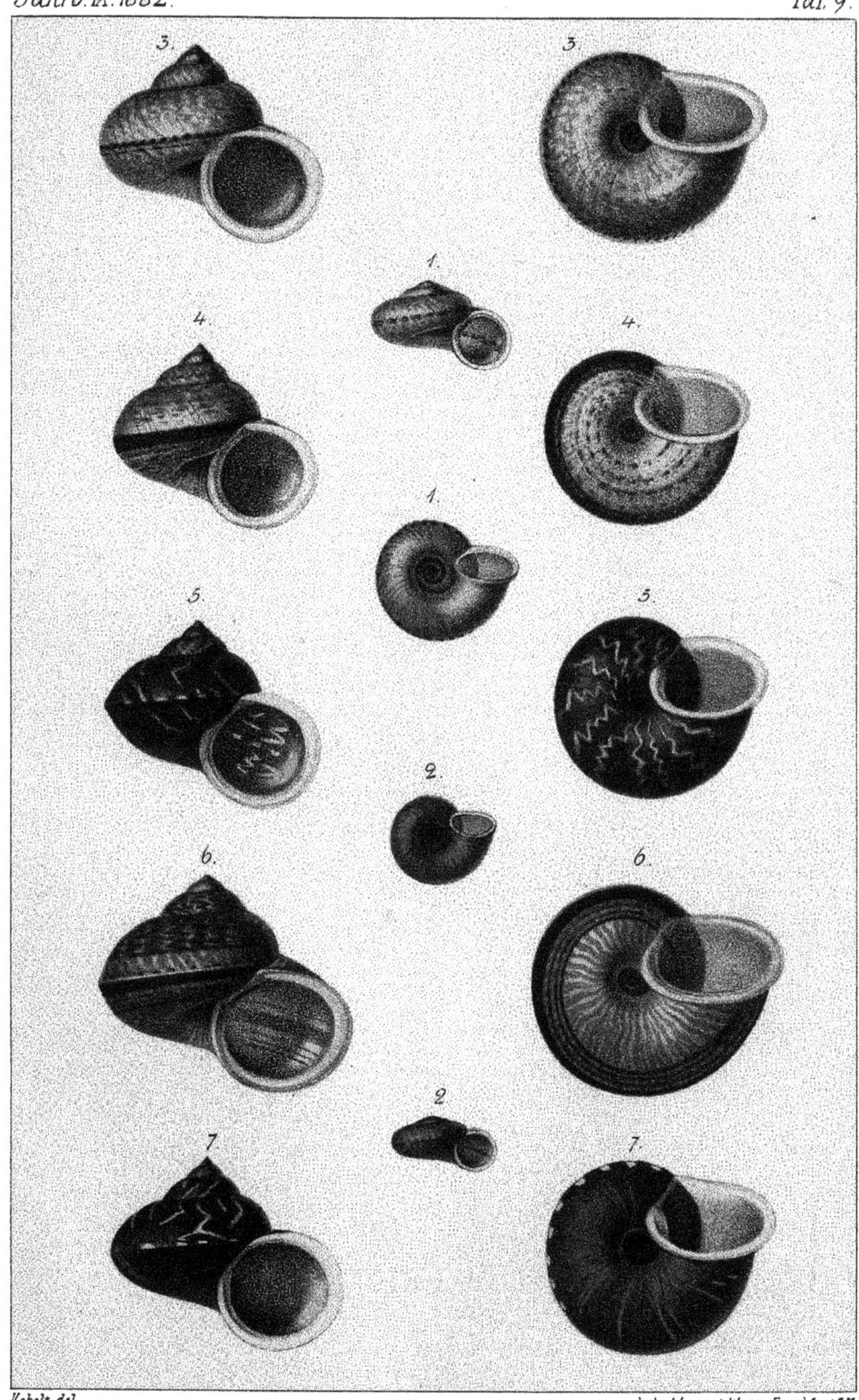

Kobelt del

Lith v Werner & Winter, Frankfurt a/M

1. Cyclotus tubaeformis 2 C. chinensis 3 Cyclophorus exaltatus. 4. C punctatus
5 C. subcarinatus 6 C. [illegible]rostoma 7 C. ele[illegible]ans

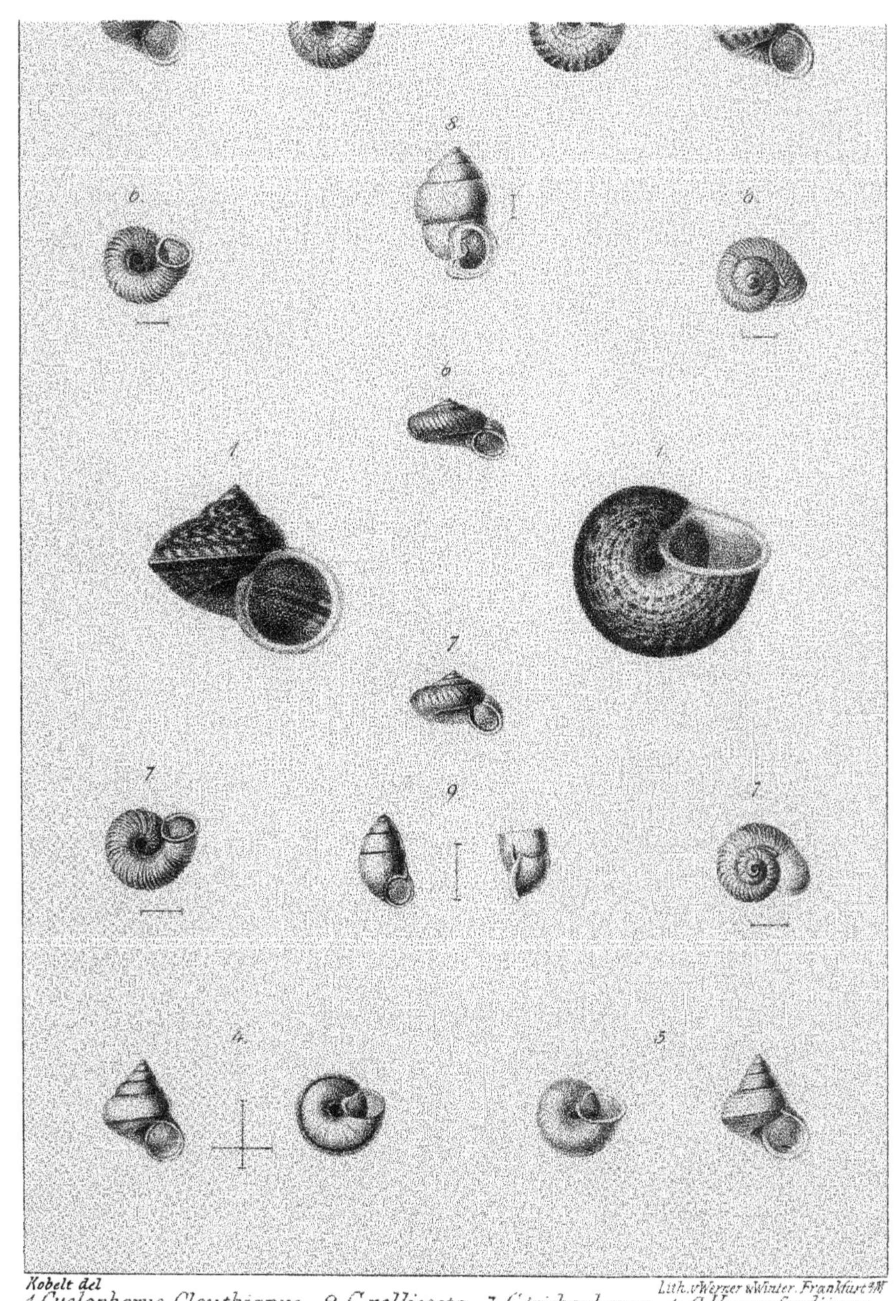

Kobelt del. Lith. v Werner u Winter, Frankfurt a/M.

1. Cyclophorus Clouthianus. 2. C. pellicosta. 3. C. trichophorus. 4. C. Hungerfordianus.
5. Leptopoma polyzonatum. 6. Alycaeus Hungerfordianus. 7. Al. latecostatus.
8. Diplommatina rufa. 9. Pupina pulchella.

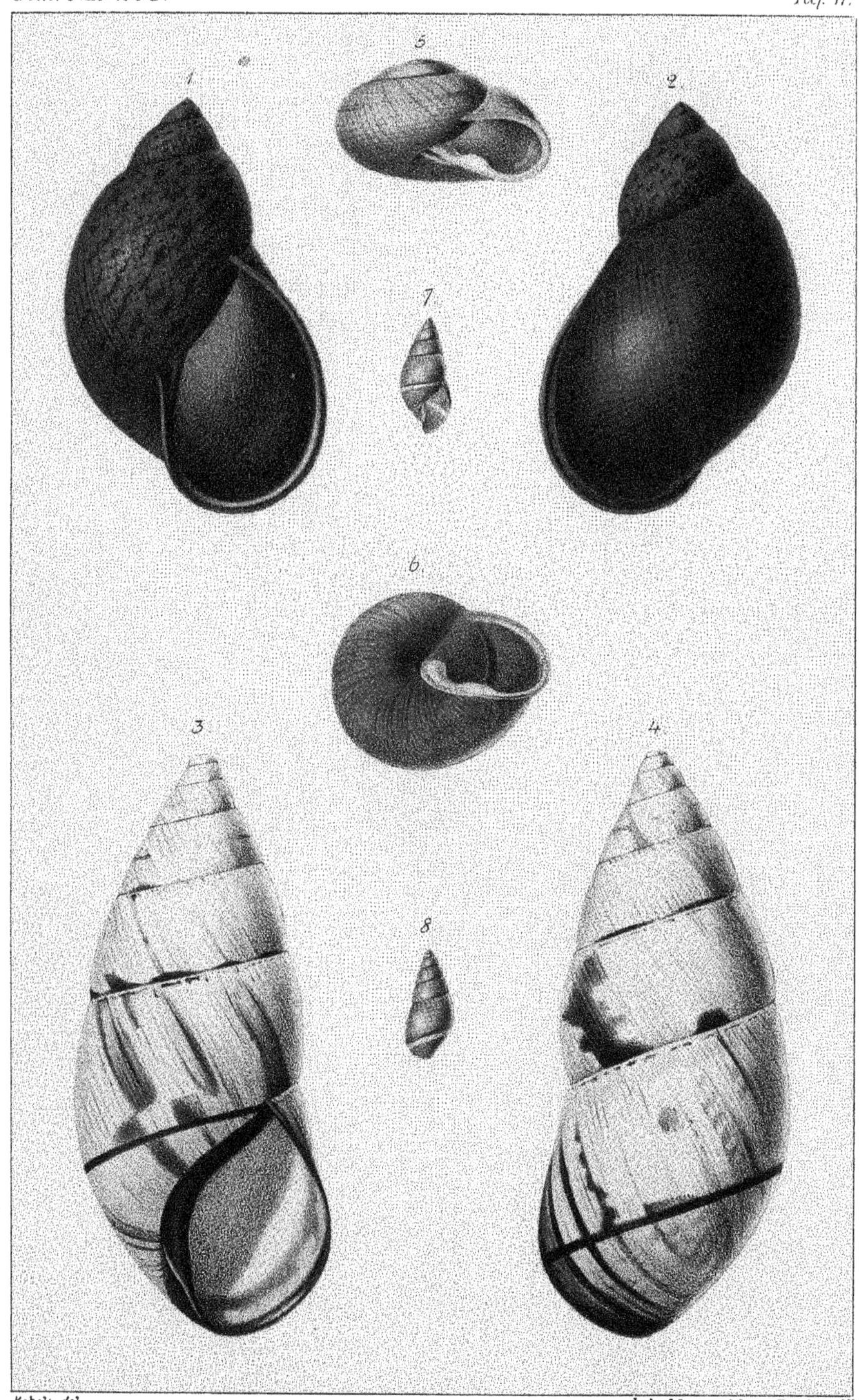

Kobelt del. Lith v Werner & Winter, Frankfurt a/M

1 2. Bul. lugubris Dkr 3. 4. Bul. Powisianus var 5 6. Helix neogranadensis var.
7 8 Bul. albobalteatus Dkr

P. Hesse del. Lith v Werner & Winter, Frankfurt a/M

1. *Amalia Kobelti* n. sp. 2. *Hyalinia Clessini* n. sp. 3. *Hyal. Zakynthia* n. sp.
4. *Hyal. Blanci* n. sp. 5. *Helix interpres* Westerl. 6. *Hel. Chalcidica* var. *didyma*
West. f. *scalaris* 7. *Bul. gastrum* Ehrbg. 8. *Cion. acicula* var. *Boettgeri* n.

Nachrichtsblatt

der Deutschen

Malakozoologischen Gesellschaft.

Vierzehnter Jahrgang 1882.

Redigirt

von

Dr. W. Kobelt.

FRANKFURT AM MAIN.

Verlag von MORITZ DIESTERWEG.

Inhalt.

Druck von Kumpf & Reis in Frankfurt a. M.

No. 1 & 2. **Januar-Februar 1882.**

Nachrichtsblatt

der deutschen
Malakozoologischen Gesellschaft.

Vierzehnter Jahrgang.

Erscheint in der Regel monatlich und wird gegen Einsendung von Mk. 6.— an die Mitglieder der Gesellschaft franco geliefert. — Die Jahrbücher der Gesellschaft erscheinen 4 mal jährlich und kosten für die Mitglieder Mk. 15.—
Im Buchhandel kosten Jahrbuch und Nachrichtsblatt zusammen Mk. 24.— und keins von beiden wird separat abgegeben.

Briefe wissenschaftlichen Inhalts, wie Manuscripte, Notizen u. s. w. gehen an die Redaction: Herrn **Dr. W. Kobelt** in Schwanheim bei Frankfurt a. M.

Bestellungen (auch auf die früheren Jahrgänge), ***Zahlungen*** u dergl. gehen an die Verlagsbuchhandlung des Herrn **Moritz Diesterweg** in Frankfurt a. M.

Andere die Gesellschaft angehenden ***Mittheilungen***, Reclamationen, Beitrittserklärungen u. s. w. gehen an den Präsidenten: Herrn **D. F. Heynemann** in Frankfurt a. M.-Sachsenhausen.

An unsere Mitglieder!

Mit dieser Nummer beginnt der vierzehnte Jahrgang unserer Vereinsschriften und zwar zuerst der Nachrichtsblätter, deren regelmässiges Erscheinen, im vergangenen Jahre von Neuem eingeführt, im laufenden Jahre sich wohl ohne Störung fortsetzen wird. — Das erste Heft der Jahrbücher soll möglichst bald folgen, und dürfen wir auch wieder farbige Tafeln versprechen, nachdem wir im verflossenen Zeitabschnitt in Folge der uns nöthig erschienenen Sparsamkeitsrücksichten mit solchen und Tafeln überhaupt, welche die Herstellungskosten so wesentlich erhöhen, etwas haben geizen müssen. Ich kann nicht unterlassen, auch heute zum allgemeineren Abonnement auf unsere Jahrbücher aufzufordern, denn die Herausgabe ist thatsächlich noch fortwährend für die Gesellschaft eine unlohnende und doch stehen sie, was ihren wissenschaftlichen Inhalt und Umfang betrifft, hinter keinem anderen Journal unseres Faches zurück.

Zugleich lade ich freundlichst Fachgenossen ein, nach wie vor die Resultate ihrer Forschungen in unseren Vereinsschriften niederzulegen. Eine unpartheiische Beurtheilung unserer Publikationen zeigt Ihnen, dass dieselben nirgends eine passendere Stätte finden können, und was die Tafeln betrifft, welche den Arbeiten beigegeben werden sollen, so leistet unsere Anstalt so Vorzügliches, dass selbst ungewöhnlichen Anforderungen Genüge geschieht.

Es hat uns zweckmässig geschienen, nach zwei Jahren ein neues Mitgliederverzeichniss zu veröffentlichen. Mancher bekannte und zugleich wissenschaftlichen Rufes geniessende Name von Mitgliedern, die ihre Thätigkeit anderen Gebieten zugewendet haben, wird vermisst werden, dagegen haben wir eine ganze Anzahl neuer Glieder in der sich stets verjüngenden und dabei erweiternden Kette unserer Genossenschaft einzuschalten gehabt. Möge im Verlauf der Zeit der Kreis noch immer an Ausdehnung gewinnen!

Ich bitte den Jahresbeitrag, wie oben angegeben, gewohntermassen an Herrn M. Diesterweg in Frankfurt a. M. gefälligst einzahlen zu wollen.

Zum Jahreswechsel meine Gratulation.

Sachsenhausen, 2. Januar 1882.

D. F. Heynemann,
Präsident.

Verzeichniss der Mitglieder der Deutschen Malakozoologischen Gesellschaft.

In Deutschland und Oesterreich.

Andreä, A. Frankfurt a. M.
Andreis, J. Innsbruck.
Arndt, C., Oberlehrer. Bützow, Mecklenburg.
Arnold, H. Nordhausen.
Bachmann, O., Realschullehrer. Landsberg a. Lech.
Basler, Dr. *W.* Offenburg, Baden.
Bauer & Raspe. Nürnberg.
Besselich, N. Trier.
Biasioli, K., Suppleat. Dornbirn, Tirol.
Blum, J. Frankfurt a. M.
Borcherding, F. Vegesack.
Boettger, Dr. *O.* Frankfurt a. M.
Brock, Dr. Erlangen.
Brüller, Max, Bezirks-Thierarzt. Lindau i. Bodensee.
Brusina, S., Vorst. des Zool. Mus. Agram.
Burmeister, H. Hamburg.
Clessin, S. Ochsenfurth.
Degenfeld-Schönburg, Graf *K.* Eybach, Württemberg.
Dickin, F. Frankfurt a. M.
Diemar, F. H. Cassel.
Dietz, H. Augsburg.
Dohrn, Dr. *H.* Stettin.
Duncker, W., Prof. Dr. Marburg.
Eyrich, Dr. *L.* Mannheim.
Fietz, C., Kreisschulinspektor. Altkirch, Elsass.
Friedel, E., Stadtrath. Berlin.
v. Fritsch, Prof Dr. *K.* Halle.
Fromm, L., Sekretär d. statist. Bureau. Schwerin.
Futh, L., Uhrmacher. Königsberg in d. Neumark
Gesellschaft, Naturforschende. Görlitz, Schlesien.
Gesellschaft, Wetterauische für Naturkunde. Hanau.
Gmelch, F., Wagenfabrikant. München.
Godeffroy, C., *sen.* Hamburg.
Goldfuss, O. Halle.
Gredler, V., Gymnasialdirektor. Botzen, Tirol.
Gysser, A. Kattenhofen bei Diedenhofen, Elsass.

Haupt, Dr., Inspektor d. Königl. Nat. Cabinet. Bamberg.
Haus, *L.* Eybau bei Herrenhut.
von Heimburg, Hofmarschall, Oberst. Oldenburg.
Hesse, *P.* Hannover.
Heinhold, *J.*, Naturalienhandlung. München.
Heynemann, *D. F.* Frankfurt a. M.
Hille, Dr. *L.* Marburg, Hessen.
Jenisch, *W.*, Steinbruchbesitzer. Oker a. Harz.
Jetschin, *R.*, Geh. Sekretär. Berlin.
von Ihering, Dr. Derzeit in Brasilien.
Jickeli, *C. F.* Heidelberg.
Jordan, *A.*, Lehrer. Bremen.
Keitel, *G.*, Naturalist. Berlin.
Kiesewetter, *F.* Wiesbaden.
Kimakowicz, *M.* Hermannstadt, Siebenbürgen.
Kinkelin, Dr. Frankfurt a. M.
Knoblauch, Dr. med. Frankfurt a. M.
Knoche, Div.-Pfarrer. Hannover.
Kobelt, Dr. *W.* Schwanheim a. M.
Koch, *F. E.*, Landbaumeister. Güstrow.
Koch, *V. von.* Braunschweig.
Koch, Dr. *C.*, königl. Landesgeologe. Wiesbaden.
Kohlmann, Realschullehrer. Vegesack.
Konow, *F. W.*, Pastor. Fürstenberg i. Mecklenburg.
Krätzer, Dr. *J.* Darmstadt.
Kreglinger, *K.* Karlsruhe.
Kretzer, *J. F.* Mülheim a. M.
Kunze, *M.*, Prof. a. d. Akademie. Tharandt b. Dresden.
Lademann, Oberstlieutnant. Kosel, Reg.-Bez. Oppeln.
Lappe, Apotheker. Neudietendorf b. Gotha.
Lehr, Hofrath. Wiesbaden.
Lehmann, *J.*, Seminar-Dir. a. D. Freiburg.
Linnaea, Naturhist. Institut. Frankfurt a. M.
Löbbecke, *Th.*, Rentier. Düsseldorf.
Lohmeyer, *C.*, Dr. med. Emden, Hannover.
Loretz, Dr. *H.* Frankfurt a. M.
Lüders, *Ed.*, Senator. Lauterberg a. Harz.
Maltzan, *H. von.* Frankfurt a. M.
Mangold, *E.*, Partikulier. Potsdam.
von Martens, Dr. *E.*, Prof. Berlin.
Metzger, Prof. Dr. Münden, Hannover.

Meyer, *F.*, Obertelegraphenassessor. Markirch, Ob.-Elsass.
Michael, *A.* Waldenburg, Schlesien.
Miller, Dr. *K.* Essendorf, Württemberg.
Möbius, *K.*, Prof. Dr. Kiel.
von *Monsterberg*, königl. preuss. Major z. D. Bamberg.
Museum, Grossherzogl. Oldenburgisches. Oldenburg.
Museum, Königl. zool. Berlin.
Museum, Naturhistorisches. Lübeck.
Neumann, *R.* Erfurt.
Neumayer, *M.*, Prof. Dr. Wien.
Noll, Dr. *F. C.* Frankfurt a. M.
Nötling, Dr. *F.* Königsberg.
Nowicki, *M.*, Prof. Dr. Krakau.
Otting, *M.*, Graf. München.
Petersen, *H.*, Makler. Hamburg.
Pfeffer, Dr. *G.* Hamburg.
Reinhardt, Dr. *O.* Berlin.
Ressmann, Dr. *F.* Malborghet, Kärnthen.
Riemenschneider, *C.*, Eisenbahnassistent. Nordhausen.
Rohrmann, Lehrer. Bernstadt, Schlesien.
von *Romani*, *A.* Gleisdorf bei Graz, Steyermark.
Roos, *H.*, Kaufmann. Frankfurt a. M.
zu *Salm-Salm*, Erbprinz. Auholt, Westfalen.
Sandberger, *F.*, Prof. Dr. Würzburg.
Schacko, *G.* Berlin.
Schaufuss, Dr. *G. W.* Dresden.
Schedel, *J.*, Stud. pharm. Kiel.
Schirmer, *F.* Wiesbaden.
Schlemm, *O.*, Dr. jur. Berlin.
Schmelz, *J. D. C.*, jr. Hamburg.
Schmidt, *O.*, Lehrer an der 1. Bürgerschule. Weimar.
Scholvien, W. Hamburg.
Seibert, *H.* Eberbach a. Neckar.
Selenka, Prof. Dr., *E.* Erlangen.
Semper, *C.*, Prof. Dr. Würzburg.
Senckenbergische Naturforschende Gesellschaft. Frankfurt a. M.
Simon, *H.* Stuttgart.
Speyer, Dr. *O.*, Königl. Landesgeologe. Berlin.
Steinach, *W.* München.
Strebel, *H.* Hamburg
Strubell, *B.* Frankfurt a. M.

Sutor, Dr. *A.* Meiningen.
Tenikoff, Gymnasiallehrer, Dr. Paderborn.
Troschel, *F. H.*, Prof. Dr. Bonn.
Trost, *T.* Frankfurt a. M.
Tschapeck, *H.*, Hauptmann-Auditor. Graz.
v. Vest, *W.* Prag.
Walser, Dr. Schwabhausen b. Dachau.
Weinkauff, *H. C.* Creuznach.
Weinland, Dr. *D. F.* Esslingen, Württemberg.
Wetzler, *A.*, Apotheker. Günzburg, Bayern.
Wiegmann, *F.* Jena.
Witte, *C. L.* Hamburg.

Im Ausland.

Akademy of Natural Sciences of Philadelphia. Philadelphia.
Andersson, *C. G.*, Ingénieur. Säter, Schweden.
Ankarcrona, *J.*, Revisor. Carlscrona, Schweden.
Bergh, Dr. *R.*, Primärarzt. Kopenhagen.
Rev. *Boog Watson*. Cardross, Dunbartonshire, Schottland.
Connecticut Academy of Arts and Sciences. New Haven, Connecticut, United states, North Amerika.
Crosse, *H.*, Directeur du journal de conchyliologie. Paris.
Damon, *R.* Weymouth, England.
Denans, *A.* Marseille.
Döring, Dr. *A.*, Universidad de Cordoba. Cordoba, Argent. Republik.
Dybowsbi, Dr. *W.* Niankow, Russland.
Fitz-Gerald, Madame. Folkestone, England.
Friele, *H.* Bergen, Norwegen.
Hidalgo, Dr. *J. G.* Madrid.
Jeffreys, *J. Gwyn*. London.
Keyzer, Dr. *Y.* Middelburg.
Killias, Dr. *E.*, Präsident der malakozool. Gesellschaft. Chur.
Leche, W. *Dr.*, Docent an der Universität. Lund, Schweden.
Leder, *H.*, am kaukasischen Museum. Tiflis, Transkaukasien.
Le Sourd, Directeur. Paris.
London Zoological Society. London.
Mela; *A. J.* Helsingfors, Finland.
von Möllendorff, Dr. *O. F.* Hongkong.
Mösch, Dr. *C.*, Dirigent der zoolog. Gesellschaft. Zürich.
Paulucci, Marchesa. Florenz.
Ponsonby, *J. H.* London.

Poulsen, Dr. Justizrath. Kopenhagen.
Quarterly Journal of Conchology. Leeds, England.
Scharff, *R.* Edinburgh, England.
Schepman, *M. M.* Rhoon bei Rotterdam.
Schmacker, *B.* Hongkong.
Schneider, *G.*, Zoologisches Comptoir. Basel.
Smith, *E. A.*, British Museum. London.
Société malacozoologique. Bruxelles, Belgique.
Societa malacologica italiana. Pisa, Italia.
Sterki, Dr. med. Mellingen, Kanton Aargau.
Studer, Prof. Dr. *T.* Bern.
Thièsse, Madem. *J.* Chalcis, Euböa, Griechenland.
Tapparone-Canefri, Dr. *C.* Torino.
Verkrüzen, *T. A.* London.
Westerlund, Dr. *C. A.* Ronneby, Schweden.

Etwaige Berichtigungen und Zusätze sehr erwünscht.

Mittheilungen aus dem Gebiete der Malakozoologie.

Gehäuseschnecken auf den grünen Schiefern des Taunus.

Von

Dr. Friedrich Kinkelin.

Durch ein paar nach dem Kamme des Hainkopfes bei Eppstein im Taunus ausgeführte Excursionen ist es nun ausser Zweifel gestellt, dass eine originale, aber auch nichts weniger als arme Conchylienfauna im Taunus existirt, die bis dahin übersehen worden ist. Dieselbe beschränkt sich jedoch meinen Beobachtungen nach einzig auf den grünen oder Hornblende-Schiefer (Nachrichtsbl. d. mal. Ges. 1880 S. 58); der schmale, durch Buchenwald sich ziehende, aus wirr durcheinander liegenden quarzreichen Blöcken bestehende Rücken des Hainkopfes erreicht eine Höhe, die um weniges geringer ist als die der Rossertspitze. Nach der geologischen Karte von Dr. Carl Koch gehören beide

Höhen demselben Schieferzuge an. Ich führe die Hainkopffauna gesondert auf, weil sie trotzdem nicht unwesentliche Unterschiede aufweist, verglichen mit der nachbarlichen des Rossert. Sie besteht aus:

Helix pomatia L. in grosser Menge und in colossalen Exemplaren von fast 50 mm Höhe und Breite.

Helix nemoralis L. ziemlich häufig in folgenden Varietäten: fleischroth 0 0 0 0 0; citronengelb 0 0 3 4 5 mit braunschwarzen Bändern, ebenso gelb 1 2 3 4 5 und röthlich gelb, klein 1 2 3 4 5; ferner röthlich gelb und klein, $1\,\overline{2\,3}\,4\,5$ mit schwarzen Bändern.

Helix hortensis Müll., ziemlich häufig, in folgenden Varietäten: hellgelb 0 0 0 0 0; olivengelb mit hellbraunen Bändern 1 2 3 4 5; hellgelb $1\,\overline{2\,3}\,4\,5$, fleischroth-rothbraun 0 0 0 0 0, endlich bräunlichgelb 0 0 0 0 0, so gross wie eine kleine nemoralis, Lippe und Nabel schwarz. Das Thier wurde leider auf seinen Liebespfeil nicht untersucht.

Helix lapicida L. häufig; Helix incarnata Müll. ziemlich häufig; Helix obvoluta Müll. selten, ebenso Helix rotundata Müll.

Hyalinia cellaria Müll. häufig, Hyalinia nitidula Drap. selten, ebenso Hyalinia Hammonis Ström.

Vitrina major C. Pfeiff. nicht häufig.

Napaeus obscurus Müll. selten, ebenso Pupa pusilla Müll. und Pupa doliolum Brug.

Clausilia biplicata Mont. mit 2 Gaumenfalten ziemlich häufig, ebenso Clausilia bidentata Ström; Clausilia laminata Mont. nicht selten.

Die Gehäuse, auch diejenigen der noch lebenden Clausilien, sind meist recht unansehnlich und lassen den Aufenthalt im Wald wohl erkennen; bei Cl. biplicata sind vielfach die Rippen sehr flach, fast verschwunden, wie abgerieben, ohne dass das Thier in diesem kalkarmen Gebiete sie zu erhalten oder wieder zu ersetzen vermag.

Direkt unter der Spitze des Rossert, im Walde sammelte ich:

Helix pomatia L. ebenfalls gross und häufig.

Helix hortensis Müll. hellgelb 0 0 0 0 0 und gelbroth 0 0 0 0 0, der var. fuscolabiata nahe.

Helix lapicida ziemlich häufig, ebenso Helix incarnata Müll. häufig.

Helix rotundata, mutatio albina, weisslich grau, der braunen Flecken gänzlich entbehrend.

Hyalinia cellaria nicht selten, Hyalinia pura, mit hohem Gewinde albin, typ. selten.

Hyalinia fulva, hellhornfarbig, selten.

Vitrina major häufig.

Clausilia laminata Mont. zum Theil form. albin., ziemlich selten; Clausilia bidentata Ström häufig und Clausilia biplicata Mont. und form. albin.

Das auffälligste an diesen Conchylien der Rossertspitze ist der bei verschiedenen Mollusken auftretende Mangel an Farbstoff; es spricht sich derselbe im Albinismus der Schalen, wie auch in dem der Thiere aus. Das Thier von Clausilia biplicata albina z. B. ist ganz hellgrau, fast weiss. Damit mag wohl auch in Beziehung stehen, dass die Helix hortensis, die am Hainkopf stark und dunkel gebändert erscheint, hier gänzlich der Bänderung entbehrt. Was nun die quantitative Entwickelung angeht, so betrugen z. B. bei Clausilia biplicata die Albinos mehr als ein Drittel der Gesammtzahl. Zusammen auf einem mit Moos bewachsenen Felsen in dichtem Kleinwald fanden sich albine und normale Thiere. Einen anderen Unterschied, z. B. in der Grösse konnte ich unter denselben nicht erkennen, wohl aber verbindet diese Formen eine Anzahl Exemplare, bei denen man zweifelhaft ist, ob sie zu den albinen zu stellen sind? Albine Clausilia biplicata zu züchten ist mir nicht gelungen. Es ist begreiflich, dass man an die Kalkarmuth des Hornblendeschiefers als mögliche Ursache dieser Abnormität denkt, mehrfach sieht man die glattschaligen Clausilia laminata, auch Helix hortensis, niemals jedoch die gerippten biplicata, von kalkhungrigen Standesgenossen stark in Grübchen angefressen. Von Clausilia bidentata fand ich nicht ein albines Exemplar; es scheinen somit nicht alle Conchylien unter sonst gleichen Lebensbedingungen in gleichem Maasse zu Albinismus zu neigen. Bei Herrn Dr. Böttger sah ich das vielleicht einzig existirende Exemplar einer vollkommen albinen Clausilia bidentata Ström von Vollenborn. So wie die Sache hier liegt, scheint es mir auch das Wahrscheinlichste, Nachrichtsbl. d. mal. Ges. 1878 pag. 33 und pag. 70, dass in früherer Zeit hier auf dem Rossert die Faktoren sich eingefunden haben, die den Albinismus hervorrufen — wie Lichtmangel, Feuchtigkeit etc. und dass die albinen Thiere sich dann derzeit albin fortgepflanzt haben. Von diesem Jahre könnte sicherlich das Vorwiegen dieser beiden Faktoren nicht behauptet werden.

Hier ist es vielleicht am Platze, einiges für die Conchylienfauna der im Taunus gelegenen Schlossruinen vielleicht Neue mitzutheilen. Diese Notizen verdanke ich Herrn Eduard Morgenstern dahier. Derselbe sammelte

auf der Ruine Hattstein: Helix hispida L. 1 Stück; Helix obvoluta Müll. und Clausilia lineolata Held 3 Stück; die Vermuthung Dr. Böttgers, dass letztere hier ausgestorben sei, bestätigt sich also nicht.

auf der Burgruine Königstein: Helix hispida L. häufig; Helix costata Müll.; Helix hortensis Müll. gelb 00000, braunroth $\overline{12345}$; Clausilia biplicata Mont.; Clausilia bidentata Ström und Pupa muscorum L.

auf der Ruine Falkenstein: Helix sericea Alder, an Bäumen gesammelt von Herrn Baron von Maltzan; Helix sericea var. liberta Westerl. und form. albina; Helix obvoluta Müll.; Helix hortensis Müll. gelb 1 2 3 4 5, $\overline{1\,2\,3}$ $\overline{4\,5}$, $\overline{1\,2\,3\,4\,5}$, braunroth 0 0 0 0 0; Clausilia laminata Mont. 3 Stck.; Claus. plicatula wurde nicht gefunden —, Vitrina pellucida Müll. und Cionella lubrica Müll. sehr selten.

Zur Molluskenfauna von Cassel.

Zierenberg.

Von

F. H. Diemar.

Ungefähr drei Stunden entfernt von Cassel liegt in nordwestlicher Richtung das althessische Städtchen Zierenberg. Dasselbe wurde im Jahre 1293 von dem Enkel der heiligen Elisabeth, dem Landgrafen Heinrich I, genannt das Kind von Brabant, dem Stammvater des bis zum Jahre 1866 regierenden Fürstenhauses, gegründet.

Zwischen stattlichen, meist bewaldeten Bergen, die eine Höhe bis zu 1900 Fuss überm Meere erreichen, ist die Lage des Ortes im Thale, welches das Flüsschen Warme durchzieht, eine überaus malerische. Begrenzt wird hier das Thal auf der linken Seite des Flüsschens von dem Rohrberg, Bärenberg und dem Gudenberg, auf der rechten Seite von dem Dörnberg, Schreckenberg und dem Schartenberg.

Auf dem Gudenberg sind nur noch spärliche Reste der ehemaligen Burg vorhanden, wogegen die Ruine der Schartenburg ausser einigen Mauern noch einen aus Kalksteinen erbauten hohen Thurm aufweist, der noch Jahrhunderte zu überdauern vermag.

Eine mächtige Familie bewohnte einst diese Burg; von ihr hatten sich zwei Stämme abgezweigt, die dann den

Namen der von ihnen bewohnten, in nächster Nähe liegenden Burgen, Malsburg und Falkenberg annahmen. Von Letzteren stammte jener Oberst Dietrich von Falkenberg, der die Vertheidigung Magdeburgs gegen Tilly leitete und dabei den Heldentod starb. — Die von Schartenberg sind ums Jahr 1383 ausgestorben, nachdem aber schon im Jahre 1294 theils durch einen Vertrag mit dem Erzstifte Mainz, theils durch Ankauf, die Burg und das Gericht Schartenberg an Hessen gekommen war.

Die geologischen Verhältnisse der Gegend gestalten sich nach der mir gemachten Mittheilung meines Freundes, des Königl. Landesgeologen Dr. Mösta zu Marburg:

„Wenig nördlich des Dorfes Martinhagen entspringen hart an der Wasserscheide zwischen Eider und Diemel die Quellen des Warmebaches, dessen Thal in etwas mehr als 3 Meilen langen Laufe die Formation der Trias vom mittleren bunten Sandsteine bis zu den Schichten des obersten Muschelkalkes der Altersfolge nach durchschneidet. Es kennzeichnet dieses den allgemeinen Schichtenbau des Gebirges als allmählig einsinkend von Süden nach Norden, derart, dass die Schichten des Muschelkalkes gegen Norden zu geschlossenen Bergkörpern zusammentreten, auf welchen sich jenseits der Diemel an der s. g. Warburger Börde die Formation der Keupers in breiter Fläche auflagert, während im oberen Theile des Thales die begrenzenden Muschelkalkberge zerstückelt erscheinen. Zur allgemeinen Uebersicht des Gebirgsbaues dieser Gegend ist zu erwähnen, dass in derselben auch zugleich ein geringer Schichtenabfall von Osten nach Westen stattfindet und dass dieser wie jener südnördliche an einer höchst auffälligen und tiefeingreifenden Gebirgsstörung einen bestimmten Abschluss finden. Es ist dieses eine Verwerfungs- oder Bruchzone, welche von Grossalmerode über Cassel, Wehlheiden, Burg- und Altenbasungen durchsetzt, dann nördlich abbiegt um sich in weiteren Verlaufe über Volkmarsen dem Teutoburger. Walde anzulehnen.

Dieses sind die Grundzüge der geologischen Architektur des Gebietes nordwestlich von Cassel, dessen Oberflächengestaltung mitunter, bedingt durch eine Vielfältigkeit der petrographischen Zusammensetzung, recht formenreich gestaltet ist. So derjenige Theil des Eingangs genannten Warmethales, in welchen man von Cassel aus eintritt, sobald man den Gebirgssattel, welcher den Habichtswald mit dem Dörnberge verbindet, überschritten hat. Die Thalbildung überrascht sowohl durch ihre ansehnliche Breite, als durch den Formenreichthum der sie begrenzenden Bergzüge gleich wie deren Verschiedenartigkeit in der Vegetation und jedes dieser Merkmale ist begründet in dem Baue und der Gesteins-Beschaffenheit des Gebirges. Soweit bebautes Land den Boden bedeckt, wird der Untergrund durch die Schichten des oberen bunten Sandsteins, den s. g. Röth, gebildet, der vielfach durch diluviale Schwemmgebilde als Lehm und basaltischer Schutt und Thon überlagert ist und hierdurch für die Bebauung günstiger wird. Die Ausbildung des Röth ist meist steinig, jedoch auch mitunter grussig-steinig und dann etwas steril. Er erreicht an den Thalgehängen eine erhebliche Höhe und seine obere Grenze liegt stets noch etwas höher als die Grenze zwischen Feld und Wald, indem Trümmerwerk der höher liegenden Gesteine eine Ueberschüttung der obersten Schichten veranlasst und diese hierdurch für die Feldcultur ungeeignet gemacht haben. Auf dem Röth lagert der Muschelkalk mit weitaus steileren Terrainformen, meist bewaldet oder wie an der rechten Thalseite mit einer dürftigen Grasvegetation bekleidet. Es ist im vorliegenden Gebiete von der Muschelkalkformation nur die untere Abtheilung derselben, der s. g. Wellenkalk vorhanden, den man seiner Ausbildungsweise nach in 2 Stufen zerlegen kann. Die untere ist von durchgehends bröcklicher Beschaffenheit, etwa 20 Meter mächtig und mit dem Röth in der Regel durch eine Schicht mergeliger mürber Ocker-Kalke verbunden. Etwa 10 Meter über dieser Basis sind oftmals einige festere Bänke (Turbinitenschichten, Buccinitesschichten) mit Steinkernen und Hohlräumen von Natica gregaria in nachhaltiger Ausdehnung zu verfolgen. Der untere Muschelkalk bildet grösstentheils die sterilen, steilen Gehänge der Muschelkalkberge und ist in seinen Schichtenbaue vom Dörnberge bis zu den Schreckenbergen gut beobachtbar. An dem Bärenberge und den Gudesbergen sowie an dem Schartenberge ist diese Stufe weniger gut erkennbar, indem Ueberschüttungen von basaltischen Trümmerwerke der höheren Kuppen die typische Ausbildung seiner Formen verwischt haben. Immerhin findet man seine obere Grenze als Kante eines steileren Randes wieder, der durch das Auftreten der ersten Schaumkalkbank verursacht wird und an den s. g. Erster Bergen so markirt hervortritt. Mit dieser ersten Schaumkalkbank beginnt der o b e r e W e l l e n k a l k von mehr geschlossenem Baue und charactersirt durch die Einschaltung der genannten Gesteinsschichten in mehrfacher Wiederholung. Etwa 4 bis 5 Meter über der ersten folgt eine zweite Lage von gleicher petrographischer Ausbildung, feinsteinig, meist grau, seltener bräunlich gefärbt, nicht über 0,70 Meter stark und getrennt von jener durch einen in ebenen Platten geschichteten dichten Kalkstein von meist ausgeprägt gelber Farbe. Letztere ist aus Zersetzung des ursprünglichen kohlensauren Eisenoxydulgehaltes hervorgegangen; im unzersetzten Zustande ist das Gestein blaugrau gefärbt. Vom Dörnberge bis zu den Schreckenbergen sind diese beiden Schaumkalklagen vielfach aufgeschürft, indem dieselben zum Kalkbrennen sowohl als zu Mauersteinen verwendet werden. Bei Waldbedeckungen wie an den Bergen der linken Thalseite und am Schartenberge sind die zwischenliegenden

Kalke wegen ihrer gelben Farbe meist leichter zur Grenzbestimmung aufzufinden als die Schaumkalke selbst, die mehrorts sehr zusammenschrumpfen und sogar auf längere Erstreckung selbst gänzlich verkümmert ausgebildet sind. Höher aufwärts folgen circa 15 Meter mächtig dünn geschichtete Kalke, denen eine Schaumkalkzone aus 3 bis 4 Bänken bestehend, aufgelagert ist, die aber erst weiter nördlich auftreten. Die Schaumkalke sind ausgezeichnet durch das massenhafte Auftreten von Terebratula vulgaris und Gliedern von Encrinus und Pentacrinus. —

Die atmosphärischen Wasser, welche auf die Muschelkalkberge niederfallen, finden auf deren Basis, den thonigen Röthschichten häufig eine undurchdringliche Schicht und treten als Quellen zu Tage, die einen starken Kalkgehalt besitzen und mehrorts Ablagerungen von Süsswasserkalk veranlasst haben. So am Bärenberge, bei der Nordbruchsmühle und zwischen den Schrecken- und Schartenberge. —

Wie schon angedeutet, tritt in dem Thale von Zierenberg der Muschelkalk in selbstständigen und den ihm alsdann eigenen Bergformen nur zwischen den Dörnberge und den Schreckenbergen auf, während die übrigen Kalkberge durch basaltische Durchbrechungen eine mit diesem combinirte und je nach Masse der letzteren mehr oder weniger kuppenartige Gestaltung gewonnen haben. Der Rohrberg, Bärenberg, die Gudenberge, die Malsburg, die Schreckenberge u. s. w. sind basaltische Kuppen, denen sich eine ganze Anzahl kleiner noch anreihen. Aber auch selbst die grössten unter ihnen, wie der Bären-, Guden- und Schreckenberg sind weitaus nicht von der räumlichen Ausdehnung als es auf den ersten Blick erscheint. Bei der fortschreitenden Erosion wurden diese festeren Gesteine mehr oder weniger unterwaschen und stürzten alsdann als Trümmermassen über die entstandenen Gehänge herab. War die Unterlage thonig und sandig wie die dem Muschelkalke des Bären- und

Schreckenberges aufgelagerten tertiären Ablagerungen es sind, so geriethen derartige Absturzmassen ins Gleiten und senkten sich als wahre Steinströme zusammenhängend bis weitabwärts ihres Ursprungsortes. Die Steinrutsche der Schreckenberge, die s. g. „blauen Steine“ und der „breite Busch“ bieten für diese Erscheinung instructive Beispiele. Betrachtet man das Thal von Zierenberg von irgend einem erhöhten Punkte aus, so erscheint dasselbe bei dem verhältnissmässig ruhigem Aufbaue der Gebirgsschichten seiner Gelände als hervorgebracht durch eine allmählich fortgesetzte Auswaschung, als Resultat der Erosionsthätigkeit der Warme. Die weichen Gesteine des Röthes begünstigten diese Thätigkeit und wir sehen infolge dessen eine Breite der Thalbildung, die thalabwärts alsbald verschwindet, wo unterhalb Rangen die zusammentretenden festeren Kalkschichten der Ausfurchung einen unverhältnissmässig grösseren Widerstand entgegensetzten. Auffällig jedoch erscheinen die inmitten des Thales regellos zerstreuten Kalkküppchen, die tief unter dem Niveau des Muschelkalkes liegen, welchen man erhält wenn man die Grenze derselben mit dem Röth an dem Gudenberge über das Thal hinweg mit der am Ersterberge verbindet. Diese eigenartige Erscheinung wird dadurch erklärlich, dass in dem Röth und namentlich an seiner Basis erhebliche Gypslager vorhanden waren, welche noch vor der Thalerosion ausgewaschen wurden und hierdurch das Einstürzen einzelner Theile der aufgelagerten Muschelkalkformation bewirkten, die bei fortschreitender Erosion nur als kleine Kuppen erhalten blieben. Und es lehrt ein genaues Studium dieser eingestürzten oder versenkten Massen, dass in dieser Gegend nicht nur die gesammte Muschelkalkformation, sondern auch die gesammte Formation des Keupers und sogar noch der untere Jura (Lias) vorhanden war, so dass die Erosionsthätigkeit der Gewässer nicht blos die gegenwärtige Thalbildung und die Plastik der Umgebung geschaffen, sondern das gesammte Niveau dieser Landschaft im Laufe der Diluvialperiode um 200 bis 300 Meter erniedrigt hat. Auf diesem heutigen Niveau lebt naturgemäss eine von der damaligen verschiedene Flora und Fauna.“

Das Interesse für dieses Thal, welches ich beanspruche, indem ich an dieser Stelle die genaue Beschreibung desselben veröffentliche, wird wohl gerechtfertigt durch das dortige Vorkommen einiger der seltensten Species der deutschen Mollusken-Fauna. In den letzten Jahren habe ich verschiedentlich an den Bergen gesammelt und theile nachfolgend das Verzeichniss der bis jetzt gefundenen Arten mit. Vitrina pellucida M., Hyalina cellaria M., nitens Mich., nitidula Drap., pura Ald., Hammonis Ström, crystallina M., fulva M., Helix rotundata M., pygmaea Drp., aculeata M., personata Lam., hispida Lin., obvoluta M., fruticum M., incarnata M., lapicida Lin., ericetorum M., nemoralis Lin., hortensis M., pomatia Lin., Buliminus montanus Drp., und obscurus M., Cochlicopa lubrica M., *Azeca Menkeana* C. Pfr. Im Monat Juli fand ich von dieser Schnecke bei meiner letzten Anwesenheit auf dem Schartenberg bei Zierenberg *) einige dreissig glänzende, durchsichtig horngelbe, vollständig ausgebildete Exemplare. Sie lebt hier im Buchenhochwald unter abgestorbenem Laub an schattigen Plätzen, auf Kalkboden. — Acicula acicula M., Pupa secale Drp., edentula Drp., muscorum Z., pusilla M., Claus. laminata Mont., ventricosa Drp., von dieser bei uns recht seltenen Art nur ein Stück in typischer Form, auch am Schartenberg Claus. bidentata Ström, parvula St., biplicata Mont., Carychium minimum M., *Cyclostomus elegans* M. Schon länger als 50 Jahre ist

*) Dieser Ort ist sicher identisch mit dem auf Seite 186 der deutschen Excur. Moll. Fauna von S. Clessin angegebenen Fundort „Schootenberg bei Zwengenburg“, was wohl nur auf einen Druckfehler zurück zu führen sein wird.

diese Gegend bekannt als Fundort für die schöne Schnecke. Carl Pfeiffer giebt Lahr, welches dem Schartenberg gegenüber auf der anderen Seite des Warmethales liegt, als die Fundstätte an, ich fand sie auf dem Schartenberg. An dem Gipfel des Berges, unter todtem Laub und Moos lebt sie in grosser Menge, die meisten fand ich in einer Laubschicht, welche die Trümmer einer herunter gestürzten Mauer bedeckt, die Thiere hatten sichtlich alle das Bestreben den Berg hinauf zu steigen. In den oft grossen, hohlen Räumen zwischen den Steinen lebte Hel. cellaria. —

Acme polita Hartmann. Die kleine Schnecke fand ich an den Bergen zu beiden Seiten des Thales, unter faulendem Laub, sowohl am Gudenberg wie auch am Schartenberg. An letzterem Ort erhielt ich in den sehr warmen Juli-Tagen zwölf vollständig ausgebildete lebende Exemplare, durchsichtig und von brauner Farbe. —

Das Verzeichniss hoffe ich noch zu vervollständigen, sobald ich Gelegenheit haben werde die Wiesen, Gräben und den Warmebach selbst absuchen zu können. Zu erwähnen wäre nur noch, dass ich die Aplexa hypnorum Lin. von Zierenberg in schönen Stücken besitze. — Dadurch, dass ich immer nur in der warmen Jahreszeit in diese Gegend gekommen bin, erklärt es sich wohl, dass stets nur die Neigung vorhanden war die herrlichen schönen und kühlen Wälder aufzusuchen.

Cassel, September 1881. F. H. Diemar.

Conchylien aus Tyrol.

Von

Dr. O. Boettger.

Gelegentlich seiner Excursionen auf Kleinkäfer siebte und überliess mir gütigst Herr Edmund Reitter aus Wien eine Anzahl Schnecken, über die ich hier ein Verzeichniss geben will, trotzdem ich weiss, dass dasselbe nur in unwesentlichen Dingen das Gredler'sche neueste Verzeichniss (Ber. d. naturwiss.-med. Ver. Innsbruck, Bnd. VII, 3, 1879 p. 22) alterirt. Vielleicht möchte aber doch bei Zusammenstellungen zum Zwecke der Veranschaulichung der geographischen Verbreitung die Angabe der genaueren Fundorte von Werth sein.

Arco = A, Toblach = T, Umgebung von Bozen = B.

Hyalinia pura Ald. B.

" *fulva* Müll. *sp.* B, häufig; T.

Patula rotundata Müll. *sp.* B.

Helix aculeata Müll. B.

" *costata* Müll. B, sehr häufig; T, häufig.

" *pulchella* Müll. *var.* mit deutlicheren Anwachsrippchen als gewöhnlich: B, häufig. Typische Form bei A.

" *sericea* Drap. T.

" *ciliata* (Ven.) Stud. B.

Buliminus detritus Müll. *f. radiata* Brug. A, häufig.

" *obscurus* Müll. A.

Cochlicopa lubrica Müll. *var. minima* Siem. T und in fast typischen Exemplaren bei B.

Pupa frumentum Müll. *var. illyrica* Rm. und *var. pachygastris* Rm. A, häufig.

" *megacheilos* Jan *var.* A, häufig.

" *doliolum* Brug. B, häufig.

" *pagodula* Desm. A.

" *muscorum* L. T.

" *minutissima* Hartm. T.

" *Strobeli* Gredl. B; T.

" *edentula* Drap. B; T.

" *pygmaea* Drap. B.

" *alpestris* Ald. T; absolut identisch mit *P. Shuttleworthiana* Charp.

" *pusilla* Müll. B und T, häufig.

Clausilia laminata Mtg. *sp.* T.
" *comensis* Shuttl. B.
" *itala* v. Mts. *var. Brauni* Rm. B.
" *lineolata* Held *var. basileensis* Rm. *f. attenuata* Z. B. kann ich nicht als eigne Art neben *lineolata* Held anerkennen.
Clausilia plicatula Drap. B, häufig.
Succinea oblonga Drap. T.
Carychium minimum Müll. B, häufig.
Cyclostoma elegans Müll. A.
Pomatias septemspiralis Raz. *sp:* A, häufig.
Acme lineata Hartm. *var.* B, drei Stücke. Meiner Ansicht nach grösser, schlanker, mit weniger cylindrischer Spitze und langsamer an Höhe zunehmenden Umgängen, sowie von hellerer Farbe als gewöhnlich. Länge 4 mm.
Limneus palustris Müll. A, häufig.
" *truncatulus* Müll. T.

Zur steirischen Clausilien-Fauna.

Von

H. Tschapeck.

Aus meinen eigenen Sammelergebnissen der letztverflossenen Jahre liegt mir insbesondere eine kleine Reihe steirischer Clausilien vor, theils typische, theils albine Formen, theils auch Varietäten, welche mir der Beachtung und wohl auch einer flüchtigen Erwähnung werth zu sein scheinen, umsomehr als Herrn Dr. Boettger's Katalog, dieser zuverlässigste Führer im Labyrinthe der Clausilien, in welchem ich mich von Fall zu Fall, besser von Fund zu Fund Raths erholte, einige wenige aber — es sind dies albine Formen — überhaupt nicht enthält.

Ich glaube mithin nicht zu fehlen, wenn ich über das bescheidene Material heute cumulativ und in gedrängter Kürze berichte.

1. *Clausilia melanostoma (F. J. Schm.) A. Schm.*

Ich fand sie an verschiedenen Stellen der nächsten Umgebung von Cilli, an Gestein wie auch an lebendem und todtem Holze, jedoch nie zahlreich, sondern nur unter grösseren Mengen der dort vorherrschenden Clausilia ornata (Z.) Rossm. vereinzelt auftretend.

Clausilia melanostoma (F. J. Schm.) A. Schm.
var. grossa (Z.) Rossm.

Diese Varietät fand ich auf der Strecke von Römerbad bis Steinbrück auf den Abhängen der beiden Berge Senoschek und Kopitnig, woselbst sie an Felsen, Steingerölle und Bäumen ziemlich häufig vorkommt.

Clausilia melanostoma (F. J. Schm.) A. Schm. var. grossa (Z.) Rossm.
forma albina.

Einen vereinzelten sehr schönen und vollkommenen Albino dieser Varietät erbeutete ich im Monat August 1881 an einem Buchenstamm am Nordabhange des Berges Senoschek bei Römerbad.

2. *Clausilia commutata Rossm.*

Gehört der südlichsten Fauna des Landes an; ich traf sie an Gestein und niederen Felsen zwischen Lichtenwald und Reichenburg, wo sie ziemlich häufig und vorherrschend lebt.

Clausilia commutata Rossm.
forma minor Boettger.

Diese sehr zierliche Form traf ich in grosser Menge im Steingerölle an den Abhängen des Kopitnig zwischen Steinbrück und der unweit davon in nördlicher Richtung gelegenen Oelfabrik. Die Bestimmung dieser Form verdanke ich Herrn Dr. Böttger und glaube aus der diesbezüglichen Mittheilung entnehmen zu können, dass mein Fundort zufällig auch mit jenem des Entdeckers Herrn Hippolyt Blanc zusammenfällt.

Clausilia commutata Rossm. var. ungulata (Z.) A. Schm.

Das Terrain, auf welchem ich Clausilia ungulata beobachtete, ist ein ziemlich ausgedehntes. Auf der Nordseite des Humbergs bei Markt Tüffer, insbesondere an den Felswänden des wilden Pfarrhofs, dann am ganzen Nordabhange des Berges Senoschek bei Römerbad, ferner in der stundenlangen Ausdehnung des Grasniza-Grabens, auf den steilen Höhen des sagenhaften, nunmehr verschwundenen Jagdschlosses Vranska pec, in der Umgebung der Karthause Gairach, und darüber hinaus in östlicher Richtung gegen Montpreis — überall findet sich Clausilia ungulata in grosser Anzahl, und, soweit ich mich überzeugte, auch mit keiner Nebenform vermengt d. h. keine Uebergänge aufweisend.

Clausilia commutata Rossm. var. ungulata (Z.) A. Schm.
forma albina P.

Der Berg Senoschek bei Römerbad ist bisher der einzige Standort, an welchem ich Albinos der Claus. ungulata beobachtete. Ich sammelte im Ganzen 10 Stücke, die meisten davon während regnerischer Witterung an Buchenstämmen aufsteigend. Sie repräsentiren durchwegs den reinsten Albinismus.

3. *Clausilia mucida* (*Z.*) *Rossm. subsp. badia* (*Z.*) *Rossm.*

Clausilia badia muss wohl vorzugsweise als Gebirgsschnecke bezeichnet werden, denn Gebirg überhaupt ist zu ihrem Vorkommen unerlässlich. Im Uebrigen ist sie betreffs der Meereshöhe ihrer jeweiligen Standorte nicht wählerisch — man trifft sie eben so oft in Waldniederungen und tiefen Thälern, wie im Hochgebirge und auf Alpenhöhen. Ich sammelte sie bisher an 17 durch weite Distancen getrennten Standorten, wovon 15 einem sehr grossen Verbreitungsbezirke in der nördlichen Steiermark und zwar je nach den Wasserscheiden dem Enns-Mürz- und Mur-Gebiete angehören, und von der Alpe Grimming und dem Gesäuse einerseits, dann der Veitschalpe andrerseits gegen Süden bis in die Nähe der Grazer Ebene reichen. Zwei ausser dieser Verbindung stehende Fundorte sind die Kirchenruine Sct. Primus, sowie das nördlich davon gelegene Wald- und Quellengebiet am Bachergebirge oberhalb Maria Rast a. d. Drau. Clausilia badia — mag man nun Exemplare von alpinen Fundorten oder aus Thälern zur Hand nehmen — unterscheidet sich stets und auffällig durch viel feinere Streifung und sehr glänzende, nur zuweilen auf Alpen etwas angegriffene Epidermis von der, allem Anscheine nach mit ihr vicariirenden Clausilia mucida (Z) Rossm., welche der Karawanken-Kette angehört, und folglich auch, wie ich mich selbst überzeugte, deren steirische Theile z. B. die Alpe Ursula und das Gebiet von Sulzbach bewohnt. Das schönste Material und geradezu spiegelblanke Exemplare der Claus. badia fand ich bisher im Mühlbach- und Hörgas-Graben; es sind dies zwei sonnseitige Thäler von windstiller geschützter Lage, welche den ausgedehnten Forsten des Cisterzienser-Stiftes Rein bei Graz angehören.

Clausilia mucida (Z) Rossm. subsp. badia (Z) Rossm. forma albina.

Im Monat September 1879 begünstigte mich der Zufall, ein prächtiges albines Exemplar der Clausilia badia anzutreffen. Mein Fundort ist der Feistergraben, welcher aus dem zwischen Deutsch-Feistritz und Waldstein gelegenen

Thale linksseitig gegen die Höhen des Schartnerkogels abzweigt.

4. *Clausilia ventricosa Drap.*

Clausilia ventricosa tritt in Steiermark, namentlich im gebirgigen Theile des Landes überall und häufig auf. Ich erwähne ihrer auch nur des Zusammenhangs wegen, und um sofort zu deren Varietäten überzugehen.

Clausilia ventricosa Drap. var. tumida A. Schm.

Von mir im Monat Mai 1881 im Mauerschutt, Grasboden und unter Laubschichten der inneren Räume der Ruine Stubegg aufgefunden. Diese Ruine steht auf einem Hügel nächst dem Bergwerke und Dorfe Arzberg zwischen den nordöstlichen Ausläufern des Schökelgebirges im Bezirke Weiz. Diese Varietät kommt daselbst ziemlich häufig vor, schwankt in der Länge zwischen 14—17 $^{1}/_{2}$ mm und weist namentlich in den geringeren Längenmaassen jene eigenthümlich bauchige und kurzgedrungene Form auf, welcher der übliche Varietäts-Name entsprang.

Clausilia ventricosa Drap. var. major Rossm.

Diese ansehnliche Varietät ist eine Bewohnerin von Untersteiermark, und insbesondere bei Cilli in der nächsten Umgebung des dortigen Stadtparks auf Bäumen, Geländern, Zäumen etc. namentlich in den kühlen Morgenstunden in grösserer Anzahl anzutreffen. Mein zahlreiches, innerhalb zweier Ferialaufenthalte gesammeltes Material enthält sehr verschiedene Längenmaasse, welche von 20—26 mm reichen. Die weitaus überwiegende Mehrzahl misst 22—23 mm, wogegen Exemplare von 25 oder gar 26 mm Länge allerdings nur vereinzelt unter Hunderten ihres Gleichen vorkommen.

Clausilia ventricosa Drap. var. major Rossm.
forma albina.

Ein vereinzelter Albino, den ich im August 1881 ebenfalls nächst dem Stadtparke in Cilli fand, ist durchsichtig und glashell mit blassröthlichem Schimmer und erreicht die Länge von nahezu 22 mm.

5. *Clausilia Tettelbachiana Rossm.*

Diese Art ist anfänglich schwer zu erkennen. Der kleine Gehäusebau allein bietet keinen sicheren Anhaltspunkt für deren Unterscheidung. Ich selbst habe in Steiermark wiederholt noch weit kleinere Formen beobachtet, die dennoch unstreitig dem Formenkreise der echten Clausilia dubia Drap. angehören. Das zuverlässigste Criterium dürfte wohl in dem beinahe gänzlichen Mangel an Streifung liegen.

Ich habe für dieselbe bisher nur zwei sichere Standorte constatirt. Es sind dies die hohe Veitsch und der Hochlantsch. Die Gehäuse von ersterer Alpe sind häufig durch Verwitterung entstellt, wogegen sich jene vom Hochlantsch durch vollkommen reine unversehrte Epidermis auszeichnen, und somit das getreue und instructive Bild der Art geben. Es unterliegt wohl keinem Zweifel, dass Clausilia Tettelbachiana sich noch auf so mancher anderen Kalkalpe im Zwischenraume und Umkreise der benannten zwei Höhen wiederfinden werde.

Graz, im December 1881.

H. Tschapeck,
Hauptmann-Auditor.

Literaturbericht.

Malakozoologische Blätter, Band V.

p. 1. *Esmarch, B.*, die Pisidien des südlichen Norwegens. Zehn Arten, darunter P. obtusale var. Esmarkiana Cless. neu.

p. 6. *Clessin, S.*, über den Fundort von Pupa edentula. Der Autor fand sie Ende Februar an dem Stengel von Spiraea filipendulae in der Erde.

Le Naturaliste, No. 64.

p. 510. *Ancey, C. F.*, Coquilles nouvelles ou peu connues. Der Autor beschreibt als neu Buliminus crispus und Marginella Denansiana, beide unsicheren Fundortes; er bespricht ausserdem Hel. Mormonum Gabb, Rowellii Newc., Horni Gabb, Bul. lamprodermus Morel. und Guillaini Petit.

Mollusca of H. M. S. „Challenger" Expedition. Part. VIII—X. In the Linneans Society Journal Zoology vol. XV. p. 388—475.

Als neu beschrieben werden: *Surcula* staminea p. 588 von Kerguelen; S. trilix p. 390 von ebenda; — S. lysta p. 391 aus der Südsee bei 1950 Faden; — S. rotundata p. 393 von Japan; — S. goniodes p. 394 von der Laplatamündung; — S. plebeja p. 395 von Pernambuco; — S. syngenes p. 396 von St. Thomas; — S. hemimeres p. 398 von Pernambuco; — S. asteridion p. 399 vom Cap; — S. rhysa p. 400 von Pernambuco; — S. bolboides p. 402 von ebenda; — S. ischna p. 403 von Neuseeland; — *Genota* didyma p. 404 von St. Thomas; — G. engonia p. 405 von Neuseeland; — G. atractoides p. 407 von den Philippinen; *Drillia* pyrrha p 409 von Japan; — Dr. paupera p. 411 von den Aru-Inseln; — Dr. gypsata p. 413 von Neuseeland; — Dr. brachytoma p. 415 von den Aru-Inseln; — Dr. fluctuosa p. 416 von Kerguelen; — Dr. bulbacea p. 418 von Neuseeland; — Dr. spicea p. 419 von Pernambuco; — Dr. ula p. 420 von Neuseeland; — Dr. stirophora p. 422 von Pernambuco; — Dr. phaeacra p. 423 von ebenda; — Dr. tmeta p. 424 von ebenda; — Dr. incilis p. 425 von St. Thomas; — Dr. sterrha p. 426 aus der Torresstrasse; — *Crassispira* climacota p. 428 von Tongatabu; *Clavus* marmarina p. 429 von Pernambuco; — *Mangelia* subtilis p. 430 von Pernambuco; — M. levukensis p. 432 von den Viti-Inseln; — M. eritmeta p. 432 von den Acoren; — M. hypsela p. 433 von Pernambuco; — M. acanthodes p. 433 von den Bermudas; — M. corallina p. 435 von St. Thomas; — M. macra p. 437 aus dem Tiefwasser westlich der Acoren; — M. incincta p. 438 von ebenda; — M. tiara p. 440 von St. Thomas; — *Raphitoma* lithocolleta p. 441 von ebenda; — R. lincta p. 442 von ebenda; — *Thesbia* eritima p. 443 von Tristao da Cunha; — Th. translucida p. 444 von Kerguelen; — Th. corpulenta p. 446, Th. platamodes p. 447 von ebenda; — Th. dyscrita p. 448 aus Westindien; — Th. ? monoceros p. 449 aus 2500 Faden südwestlich von Sierra Leone; — Th. papyracea p 450 von Kerguelen; — Th. brychia p. 451 aus der Mitte des atlantischen Oceans bei 1850 Faden; — Th. pruina p. 453 von den Acoren; — *Defrancia* hormophora p. 457 aus Westindien und von Pernambuco; — D. chariessa p. 457 von Westindien, den Acoren und Canaren; — D. pachia p. 460, D. pudens p. 461, D. araneosa p. 462, sämmtlich von St. Thomas; — D. streptophora p. 464 aus dem nordatlantischen Ocean bei über 1000 Faden; — D. circumvoluta p. 465 von St. Thomas; — D. chyta p. 466 von den Acoren; — D. perpauxilla p. 468 aus Westindien; — D. perparva p. 469 von Pernambuco; — *Daphnella* compsa p. 470 von den Viti-Inseln; — D. aulacoessa p. 472 aus der Torresstrasse; — *Borsonia* ceroplasta p. 473 aus Westindien; — B. silicea p. 474 von Pernambuco. — Bei sämmtlichen Arten ist die Tiefe, aus der sie gedrakt, die Beschaffenheit und sehr häufig auch die Temperatur des Bodens angegeben.

Dall, Wm. H., Preliminary Report on the Mollusca of the Blake. — In Bull. Mus. comp. Zoology Cambridge Vol. IX.

Die seither ausgegebenen Bogen enthalten folgende neue Arten, sämmtlich aus dem Antillenmeer: Ancistrosyrinx elegans, n. gen. et spec. p. 54, ausgezeichnet durch eine rückwärts gerichtete kammförmige Krause am Sinus; — Bela Blakeana p. 54, B. limacina p. 55, B. filifera p. 56; — Genota mitrella p. 56; — Pleurotomella Verrillii p. 57, Sigsbei p. 57; — Mangelia ipara p. 57, comatotropis p. 58, lissotropis p. 58, bandella p 59, antonia p. 59, Pourtalesii p. 60, columbella p. 61, pelagica p. 61; — Drillia polytorta p. 61, subsida p. 62, nucleata p. 62, exasperata p. 63, leucomata p. 63, gratula p. 64, detecta p. 65, serga p. 65, smirna p. 66, oleacina p. 66, havanensis p. 67, Verrilli p. 68, peripla p. 68, elusiva p. 69, moira p. 69, — Daphnella leucophlegma p. 70, — Trichotropis migrans p. 71, — Marginella Watsoni p. 71, fusina, seminula, yucatecana p. 72, torticula, avenella p. 73, — Puncturella circularis p. 75, trifolium p. 76; — Haliotis Pourtalesii p. 79; — Triforis longissimus p. 80, torticulus p. 82, hircus p. 83, cylindrellus p. 83, abruptus p. 84, triserialis p. 84, intermedius p. 85, colon, ibex p. 86, Sigsbeana p. 87, crystallinà p. 89; — Bittium yucatecanum p. 90; — Astyris amphisella p. 91, Verrilli p. 91; — Natica fringilla p. 93; — Turritella yucatecana p. 93; — Actaeon incisus p. 95, melampoides p. 95,

Danaida, perforatus p. 96; — Bulla abyssicola p. 97, eburnea p. 98; — Atys bathymophila p. 98, Sandersoni p. 99; — Scaphander Watsoni p. 99; — Utriculus vortex p. 100, Frielei p. 101. — Unter den Brachiopoden finden wir nur zwei Varietäten von Cistella Barrettiana (rubrotincta und Schrammi) p. 104 als neu beschrieben. — Unter den Lamellibranchiern finden wir folgende neue Arten: Verticordia Fischeriana p. 106 und elegantissima p. 106; — Lyonsia bulla p. 107; — Poromya ? granatina p. 108; — Neaera granulata p. 101, Jeffreysi p. 101, claviculata p. 102, limatula p. 112, arcuata p. 113, lamellifera p. 113; — Corbula cymella p. 115; Saxicava azaria p. 116; — Limopsis antillensis p. 119; — Macrodon (eine von Lycett aus dem unteren Oolith beschriebene Gattung) asperula p. 120; — Arca glomerula p. 121, polycyma p. 122; — Nucula cytherea p. 123; — Leda Carpenteri p. 125; — L. (Neilonella n. subg.) corpulenta p. 125, vitrea var. cerata p. 126, solida p. 126; — Yoldia solenoides p. 127, liorhina p. 127.

Proceedings of the scientific meetings of the Zoological Society of London. 1881. Part. III.

p. 489. *Smith, Edgar A.*, on the Genus Gouldia of C. B. Adams, and on a new species of Crassatella. — Die Arten gehören theils zu Circe, theils zu Crassatella, die Gattung ist zu löschen. — Neu Crass. Knockeri von Whydah.

p. 558. *Smith, Edgar A.*, Note on Cypraea decipiens.

p. 558. — — Descriptions of two new species of Shells from lake Tanganyika (Melania [Paramelania] Damoni und crassigranulata).

p. 628. *Bock, Carl*, List of Land- and Freshwater Shells collected in Sumatra and Borneo, with Descriptions of new species. (Neu Nanina granaria t. 55 fig. 1, N. Maarseveeni p. 629 t. 55 fig. 2; Helix Smithi p. 629 t. 55 fig. 3, Hel. (Geotrochus) rufofilosa p. 630 t. 55 fig. 4; — Stenogyra paivensis p. 630 t. 55 fig. 5, — Vitrina hyalea p. 631 t. 55 fig. 6, sämmtlich aus Sumatra, — und N. mindaiensis p. 633 t. 55 fig. 7 und Pterocyclus mindaiensis p. 634 t. 55 fig. 8, beide von Borneo.)

p. 635. *Sowerby, G. B. jun.*, Description of eight new Species of shells. (Conus Thomasi t. 56 fig. 4 aus dem rothen Meer; — C. Prevosti t. 56 fig. 3 von Neucaledonien; — C. Bocki t. 56 fig. 7 von Amboina; — C. Gloynei t. 56 fig. 5 unbekannten Fundortes; — C. Lombei t. 56 fig. 6 von Mauritius?; — Cancellaria Wilmeri t. 56 fig. 2 von den Andamanen; — Ovulum

Vidleri t. 56 fig. 1 von Monterey; — C. Smithi (pyriformis var.) t. 56 fig. 8 von Nordwestaustralien.

p. 693. *Jeffreys*, *J. Gwyn*, on the Mollusca procured during the Lightning and Porcupine Expeditions 1868—70. — Part. III. Conchifera continued. — (Neu Lepton lacerum p. 695, — Scintilla rotunda p. 695 t. 61 fig. 1; — Scacchia tenera p. 696 t. 61 fig. 2; — Decipula (n. gen.) ovata = Tellimya ovalis Sars p. 696; — Montacuta pellucida p. 697 t. 61 fig. 3; — Mont. ovata p. 698 t. 61 fig. 4; — Axinus tortuosus p. 702 fig. 6; — Ax. subovatus p. 704 fig. 8; — Tellina tenella p. 721 fig. 11.

Jahrbücher der deutschen malakozoologischen Gesellschaft. VIII. Heft 4.

p. 279. *Verkrüzen, T. A.*, Buccinum L.

p. 302. *Möllendorff, Dr. O. von*, Beiträge zur Molluskenfauna von Südchina.

p. 313. *Kobelt, W.*, Catalog der Gattung Neptunea Bolt.

p. 323. — — Catalog der Gattung Monoceros Lam.

p. 325. — — Catalog der Gattung Myodora Gray.

p. 327. — — die mauritianischen Iberus.

p. 336. *Jickeli, C. F.*, Land- und Süsswasserconchylien Nordostafrikas, gesammelt durch J. Piroth.

p. 341. *Böttger, Dr. O.*, Sectiones speciesque novae Clausiliarum Caucasiae.

p. 346. *Hesse, P.*, Miscellen.

Martens, Ed. von, Conchologische Mittheilungen. Vol. I. Heft 5 und 6. Vol. II. Heft 1 und 2.

Die vorliegenden Lieferungen enthalten: t. 13 Helicarion imperator Gould, Thier und Schale; — t. 14—16 die ostindischen Limnäen, monographisch behandelt; — t. 17 die Abbildungen von Tornatellina gigas fig. 1—5, Stenogyra Carolina fig. 6—8; Sten. terebraster Lam. fig. 9—11; — Partula rufa Lesson fig. 12—16; — t. 18 Hel. Gerlachi Möll. fig. 1—7, Hel. conella Pfr. fig. 8—12, Hel. trichotropis Pfr. fig. 13—15; — t. 19 Subemarginula gigas n. sp. von Japan; — t. 20 Umbrella plicatula n. sp. von Cuba fig. 1—3, Umbr. indica monstr. von Mozambique fig. 4—7; — t. 21 Columbarium spinicinctum n. gen. et sp. von Westaustralien (zunächst mit Fusus pagoda verwandt, aber eine Toxoglosse) fig. 1-3; — C. (Fusus) pagoda Less. fig. 4; — Pleurot. caerulea Wkff. fig. 5—9; — Pl. inflexa n. sp. fig. 10—12 aus dem mittleren atlantischen Ocean in 360 Faden; — t. 22 Nassa

(Venassa n.) pulvinaris fig. 1—4 von Timor; N. distorta A. Ad. fig. 5—7, N. clathrata Born fig. 8—13, N. limata var. conferta fig. 14—16, N. frigens Mts. fig. 17—18, Euthria chlorotica fig. 19—22; — t. 23 fig. 1—3 Marginella rubens Mts. von Patagonien, fig. 4—7 Marg. patagonica Mts. von ebenda; — fig. 8—10 Columbella Buchholzi Mts. aus dem Meerbusen von Guinea; — Col. fasciata Sow. fig. 11—17 von Java. — Taf. 24 bringt von Schacko die Zungenzähne von Columbarium spinicinctum, Cymbium olla und Voluta concinna. Die Tafeln sind ausgezeichnet.

Martini-Chemnitz, systematisches Conchylien-Cabinet, zweite Auflage.

Lfg. 307. Crassatella, von Kobelt.

Lfg. 308. Cypraea und Ovula von H. C. Weinkauff.

Lfg. 309. Cancellaria, von Löbbecke.

Lfg. 310. Buccinum, von Kobelt.

Lfg. 311. Navicella, von Martens. — Neu N. lutea t. 6 fig. 1—4.

Lfg. 312. Rissoina, von H. C. Weinkauff. — Neu R. japonica Wkff. t. 15 fig. 1 von Japan; — R. subulina Wkff. t. 15a fig. 3; — R. Adamsiana Wkff. t. 15a fig. 4, beide von Japan; — R. Peaseana Nev. mss. t. 15a fig. 6 von Rarotonga; — R. Nevilliana Wkff. t. 15d fig. 7, t. 15a fig. 2 von China; — R. Hungerfordiana Nev. t. 15a fig. 9 von China; — R. andamanica Wkff. t. 15b fig. 6 von den Andamanen; — R. Weinkauffiana Nev. t. 15b fig. 7 von den Andamanen; — R. subfuniculata Nev. t. 15b fig. 8 aus dem indischen Ocean; — R. subdebilis Nev. t. 15b fig. 9 von Mauritius; — R. Jickelii t. 15c fig. 4 von Massaua.

Locard, Arnould, Etudes sur les Variations Malacologiques d'après la Faune vivante et fossile de la partie centrale du Basin du Rhône. Lyon 1880. 2 Vol. avec 4 planches.

Der Autor zählt im ersten Bande die bis jetzt aus dem Rhonethal beschriebenen Arten auf, mit der ausdrücklichen Erklärung, dass er sich ein Urtheil über deren Werth, ob Art oder Varietät, bis nach genauerem Studium vorbehalte. Ihm selbst scheint es bei der Productivität der modernen Artenfabrikanten einigermassen bange zu werden und er unterlässt es, einigen abweichenden Formen Namen beizulegen. Als neu beschrieben werden darum nur Helix diurna Bgt. p. 123 t. 3 fig: 11. 12 aus den Rhoneanschwemmungen, Hel. gesocribatensis Bgt. p. 157 von Laumusse und Hel. Putoniana Mab. p. 124 t. 3 fig. 13. 14 aus dem Rhonegenist; für alle drei überlässt er den betreffenden Autoren die Verantwortung. Von jeder Art sind zahlreiche Varietäten angeführt und ist ihr fossiles Vorkommen genau erörtert. Im Ganzen werden 344 Arten angeführt. Im zweiten Bande erörtert der Autor eingehend die schon so oft aufgeworfene Frage: Was ist eine Art? und erlaubt sich einige bescheidene Zweifel an der Nützlichkeit der modernen Artfabrikation; hoffen wir, dass Herr Bourguignat ihn dafür nicht von der „liste de ses amis“ ausstreicht. Es werden dann ausführlich die verschiedenen Bedingungen der Variation erörtert; diese Capitel sind eines Auszuges nicht fähig. Der Verfasser kommt zu dem Schlusse, dass alle Arten mit einander verknüpft sind und eine zusammenhängende Reihe bilden, dass man aber doch die Species conserviren müsse, um nicht jede Uebersicht zu verlieren. — „Multiplier la notion de l'espèce avec une trop grande prodigalité, c'est s'exposer à la perdre, ou à la confondre avec celle de l'individualité. Wir empfehlen das Werk, welches sich vor den meisten Producten der Nouvelle école sehr vortheilhaft auszeichnet, unseren Lesern angelegentlichst.

Tryon, George W., Manual of Conchology, structural and systematic. With Illustrations of the Species. Vol. II et III.

Von diesem grossen Werke sind in 1880 und 1881 zwei Bände erschienen; Band II enthält die Muricinae und Purpurinae; Band III die Tritonidae, Fusidae und Buccinidae; ersterer enthält 70, letzterer 87 Tafeln. Tryon huldigt bezüglich der Artumgränzung Ansichten, über welche den meisten Sammlern die Haare zu Berge steigen werden, und richtet einen wahren bethlehemitischen Kindermord unter den Species von Reeve, Sowerby, Adams etc. an, ein Verfahren, das wir als consequent anerkennen müssen, wenn wir auch nicht in allen Einzelheiten beistimmen können. Uebrigens kommen auch die Speciesliebhaber zu ihrem Recht, da sämmtliche beschriebene Arten soweit möglich zur Abbildung gelangen. In Beziehung auf Vollständigkeit ist das Werk jedenfalls allen anderen Kupferwerken weit überlegen; zu bedauern ist nur, dass der Verfasser den Text so äusserst dürftig hält. Man ist gezwungen, ihm auf Treu und Glauben zu folgen, oder die Diagnosen der eingezogenen Arten in allen möglichen Werken zusammenzusuchen. Bei den kleineren kritischen Arten dürfte das grosse Unannehmlichkeiten haben; die Abbildungen, bei den grösseren Arten genügend, werden dort kaum ausreichen. Neue Arten sind in den beiden erschienenen Bänden kaum beschrieben. Ueber die einzelnen Gattungen werden wir gelegentlich berichten.

Locard, Arnould, Contributions à la Faune malacologique francaise. — I. Monographie des Genres Bulimus et Chondrus. — II. Catalogue des Mollusques terrestres et aquatiques des environs de Lagny (Seine et Marne). — Lyon 1881.

Als neu beschrieben werden Bul. Locardi Bgt. und Sabaudinus Bgt., auf unbedeutende Abänderungen des Bul. detritus gegründet, und Bul. carthusianus Locard, Varietät des montanus. — Ferner in der zweiten Abtheilung: Helix urbana Coutagne und lutimacensis Loc., beide aus der Gruppe der Hel. hispida.

Mittheilungen und Anfragen.

Demnächst erscheint:

Les Mollusques marins du Roussillon, par *MM. E. Bucquoy* et *Ph. Dautzenberg*,

mit photographischen Abbildungen sämmtlicher Arten. Das Werk erscheint in 5 Lieferungen von je 5 Tafeln zum Subscriptionspreise von Fcs. 4 die Lieferung. Anmeldungen an Herrn M. Dautzenberg, 213 rue de l'Université à Paris.

Doubletten aus meiner Reiseausbeute gebe in Tausch gegen mir oder der Senckenbergischen Sammlung noch fehlende Conchylien ab und bitte um Einsendung von Doubletten-Verzeichnissen.

Schwanheim a. M. Dr. W. Kobelt.

Eingegangene Zahlungen.

Tapparone-Canefri, T. Mk. 42. —; Senckenbergische Gesellsch., F. 21. —; Verkrüzen, L. 10. 80; Knoblauch, F. 6. —; Kohlmann, V. 6. —; Gysser, K. 24. —; Basler, O. 6. —; Möbius, K. 6. —; Steinach, M. 6. —; Löbbecke, D. 21. —; v. Monsterberg, B. 8. —; Fitz-Gerald, F. 6. —; Roos, F. 12. —; v. Martens, B. 6. —; Speyer, B. 3. —; Strubell, F. 23. —; Keyzer, M. 8. —; Friedel, B. 21. —.

Redigirt von Dr. W. Kobelt. — Druck von Kumpf & Reis in Frankfurt a. M.
Verlag von Moritz Diesterweg in Frankfurt a. M.

No. 3. **März 1882.**

Nachrichtsblatt

der deutschen

Malakozoologischen Gesellschaft.

Vierzehnter Jahrgang.

Erscheint in der Regel monatlich und wird gegen Einsendung von Mk. 6.— an die Mitglieder der Gesellschaft franco geliefert. — Die Jahrbücher der Gesellschaft erscheinen 4mal jährlich und kosten für die Mitglieder Mk. 15.—
Im Buchhandel kosten Jahrbuch und Nachrichtsblatt zusammen Mk. 24.— und keins von beiden wird separat abgegeben.

Briefe wissenschaftlichen Inhalts, wie Manuscripte, Notizen u. s. w. gehen an die Redaction: Herrn **Dr. W. Kobelt** in Schwanheim bei Frankfurt a. M.

Bestellungen (auch auf die früheren Jahrgänge), ***Zahlungen*** u. dergl. gehen an die Verlagsbuchhandlung des Herrn **Moritz Diesterweg** in Frankfurt a. M.

Andere die Gesellschaft angehenden ***Mittheilungen,*** Reclamationen, Beitrittserklärungen u. s. w. gehen an den Präsidenten: Herrn **D. F. Heynemann** in Frankfurt a. M.-Sachsenhausen.

Mittheilungen aus dem Gebiete der Malakozoologie.

Triptychia Sndbgr. und Serrulina Mouss. sind als Genera aufzufassen.

Von

Dr. O. Boettger.

Dadurch, dass Herr J. R. Bourguignat in Ann. d. sc. nat. (6) Bnd. 4, Paris, 1876 nachgewiesen hat, dass die von mir früher als Section von Clausilia aufgefasste fossile Gruppe *Triptychia* Sndbgr. (= *Milne-Edwardsia* Bgt.) ähnlich wie die Gattung Megaspira schon in den Jugendwindungen mit zwei durchlaufenden Spindellamellen ausgerüstet ist und demnach mit Recht als gleichwerthige Gattung zwischen Clausilia und Megaspira eingereiht werden muss, ist einer meiner Hauptgründe weggefallen, der mich seiner Zeit veranlasst hatte, die Gruppe der *Balea perversa*

(L.) und der *B. variegata* A. Ad. als Sectionen unter Clausilia zu stellen; und wenn ich auch jetzt noch glaube, dass die Gattung Clausilia nur eine, wie die Siebenbürgischen Alopien zu zeigen scheinen, im Laufe der Jahrtausende veränderte Form von Balea ist, so muss ich doch bekennen, dass zwingende Gründe für diese Einreihung von Balea s. str. und Reinia unter Clausilia zur Zeit nicht mehr existiren. Dagegen drängt sich nach meinen neuesten Untersuchungen eine andere Gruppe aus dem Rahmen von Clausilia heraus, nämlich die aus dem Untermiocaen bis in die Jetztzeit reichende, augenblicklich nur noch in den Kaukasusländern vorkommende Sect. *Serrulina* Mouss. Man urtheile selbst. Während alle bis jetzt bekannten Clausilia-Arten erst nahe dem Abschluss ihres Gehäuses anfangen, ihre Lamellen zu bilden, zeigt sich — wenigstens bei *Cl. serrulata* P. und bei *Cl. semilamellata* Mouss. — bereits in der frühesten Jugend eine sehr markirte Lamellenbildung auf der Spindel, die in der zu drei Vierteln erwachsenen Schale wiederum vollkommen verschwindet, um dann gegen den Abschluss des Gehäuses hin von Neuem, aber in etwas anderer Weise, aufzutreten. So zeigen sich bei jungen Stücken von *Cl. serrulata* P. von 7 ½ Windungen zwei scharfe Spirallamellen auf der Spindel, von denen die obere sehr hoch und die stärkere ist. Bei jungen Stücken von 8 ½ Umgängen ist nurmehr die obere zu bemerken, und eine halbe Windung weiter verschwindet auch diese vollständig, und die Spindel ist dann eine Strecke weit ganz faltenlos. In erwachsenen Exemplaren nun findet sich keine Spur mehr von diesen Lamellen, die also jedenfalls vor oder während der Entwicklung der Mündungs-Lamellen und -Falten resorbiert werden. Besser noch lässt sich diese interessante Thatsache bei *Cl. semilamellata* Mouss. verfolgen. Bei 3 ½ Umgängen zeigen junge Stücke bereits eine deutliche, schiefgestellte obere Columellarlamelle, bei 5 Umgängen unter dieser noch eine schwache, mehr steil gestellte untere; beide Lamellen sind noch in jungen Exemplaren von 7 Windungen sehr deutlich, verschwinden aber complet bei Jugendformen von 8 und 8½ Umgängen, um erst später beim Ausbau der Mündung als Mündungslamellen, also in anderer Form und Stellung, wiederzuerscheinen. Ausgebildete Gehäuse aber zeigen, wenn zerbrochen, keine Spur mehr von diesen Jugendlamellen in den betreffenden Windungen.

Aehnlich dürften sich auch die übrigen Serrulinen, wie *Cl. Sieversi* Mouss. und *funiculum* Mouss. und vielleicht auch *Cl. filosa* Mouss. verhalten, welche letztere aber in Tracht und Habitus von der typischen *Cl. serrulata* P. = *Erivanensis* Issel bereits erheblich abweicht. Von den letztgenannten drei Arten standen mir aber noch keine Jugendschalen zu Gebote und ebensowenig von den fünf tertiären Species dieser Section.

Betrachten wir — und es dürfte dies nur eine Frage der Zeit sein — die Sectionen Charadrobia Alb., Orcula Held, Sphyradium Hartm. und Pagodina Stab., sowie die meist jetzt schon generisch abgetrennte Gruppe Strophia Alb. von der früheren grossen Gattung Pupa Drap., die sich sämmtlich in ähnlicher Weise durch Lamellen- und Faltenbildung in der Jugendschale auszeichnen, als distincte Genera, so dürfte die Auffassung von *Serrulina* Mouss. als Genus gleichfalls geboten erscheinen.

Einstweilen wollten wir übrigens hiermit nur auf diese Eventualität aufmerksam gemacht haben.

Liste der bis jetzt bekannten Deviationen und albinen und flavinen Mutationen des Gehäuses bei der Gattung Clausilia Drap.

Von

Dr. phil. O. Boettger..

(Die mit * bezeichneten Stücke habe ich selbst in Händen gehabt; die mit *† bezeichneten befinden sich in meiner Privatsammlung).

Die folgenden Aufzählungen sollen eine übersichtliche Zusammenstellung aller bis jetzt in der Literatur angeführten Deviationen, Albinismen und Flavismen des Gehäuses der Gattung Clausilia einleiten. Bei der Verzettelung der einschlägigen Literatur ist eine absolute Vollständigkeit auf den ersten Hieb hin natürlich nicht zu erreichen. Es ergeht daher an alle Interessenten die Bitte, zu der Vervollständigung dieser Aufzählung nach Kräften beizutragen. Der sogenannte Flavismus des Gehäuses, wie ihn der Verfasser von *Claus. ornata*, *plicata* und *dubia* kennt, der sich in heller oder dunkler gelblicher Schalenfärbung äussert und bei mehreren Arten gleichsam den Uebergang zum eigentlichen Albinismus einleitet, möchte besonders der Aufmerksamkeit der Sammler für die Zukunft empfohlen sein.

Deviatio dextrorsa.

*† 1. *Claus.* (*Delima*) *Stentzi* Rssm. *var. Rossmässleri* P. *dev. dextrorsa* Bttg. Malborgeth in Kärnthen.

2. „ (*Medora*) *Almissana* K. *dev. dextrorsa* K. Almissa in Dalmatien (coll. Küster).

3. „ (*Medora*) *Macarana* Rssm. *dev. dextrorsa* Ad. Schm. Makarska in Dalmatien (coll. Ad. Schmidt).

*† 4. „ (*Papillifera*) *bidens* (L.) *dev. dextrorsa* Bttg. Fiume.

*† 5. „ (*Euxina*) *Duboisi* Charp. *dev. dextrorsa* Bttg. Bad Abastuman in Transkaukasien.

6. *Claus.* (*Pirostoma*) *bidentata* (Ström) *dev. dextrorsa* Ad. Schm. Rosstrappe auf dem Harz (Ruprecht nach Ad. Schmidt).[1])

Mutatio albina (et flavina).

Gen. Clausilia Drap.

Sect. III. Alopia H. et A. Ad.

1. *Claus. glauca* (Bielz)
   mut. albina Blz. Bodsauer Pass, Ost-Siebenbürgen.
2. „ *plumbea* Rossm.
   mut. albina Blz. Fuss des Bucsecs, Siebenbürgen.
3. „ *Meschendörferi* Bielz
   *† *mut. albina* Bttg. Zeidner Berg in Siebenbürgen (Kobelt, Iconogr. fig. 1693).
4. „ *Bielzi* Pfr. *subsp. Madensis* Fuss
   mut. albina Blz. Máda in Siebenbürgen.

Sect. V. Clausiliastra v. Mlldff.

5. *Claus. laminata* (Mtg.)

*† *mut. pellucida* Bttg. (ganz glashell, durchsichtig). *† Bristol in England (Kobelt, Iconogr. fig. 1697), *† Montreux in der Schweiz.

*† *mut. albina* Pfr. (weingrünlich oder weiss). *† Bristol in England (Kobelt, Iconogr. fig. 1698); Osnabrück und Falkenburg bei Detmold (Borcherding), Cassel (Pfr.), Rossert im Taunus (Kinkelin), Schwäbische Alp bei Wittlingen (Wein-

---

[1]) Von sonstigen Landschneckengattungen befinden sich noch folgende drei Deviationen in meiner Sammlung:

*† 1. *Patula rotundata* (Müll.) *dev. sinistrorsa* Bttg. Kalktuff von Weissenbrunn bei Coburg.

*† 2. *Pupa* (*Modicella*) *avenacea* (Brug.) *dev. sinistrorsa* Bttg. Kelheim in Bayern.

*† 3. *Pomatias patulus* (Drap.) *var. Croatica* Stossich *dev. sinistrorsa* Bttg. Podprag am Velebith, Croatien.

land); Schleitheim an der Schweizer-Badischen Gränze (Sterki), *Rigi (v. Heyden), *† Bex im Cant. Waadt (von Maltzan); Savoyen; * Hall in Tirol (Strubell); Ursula bei Windischgraz in Steiermark (Tschapeck), *† Praesbe in Siebenbürgen (Jickeli); Berg Krstaca in Serbien.

6. *Claus. fimbriata* Rossm.

*† *mut. albina* Bttg. *† Otlica und *† Podkraj in Krain (Erjavec), Feistritzer Graben in Kärnthen; a. a. Stellen in Krain und Croatien übergehend in die *f. pallida* Jan.

7. *Claus. grossa* Rossm. *f. melanostoma* Ad. Schmidt

* *mut. albina* Tschap. Berg Senoschek bei Römerbad in Steiermark (Tschapeck).

" " *f. inaequalis* A. Schm.

*† *mut. albina* Bttg. *† Grosse Kapella in Croatien (Reitter).

8. *Claus. commutata* Rossm. *var. ungulata* A. Schm.

*† *mut. albina* Pfr. *† Loibl in Kärnthen, Berg Senoscheck bei Römerbad in Steiermark (Tschapeck).

9. *Claus. Comensis* Shuttl.

mut. albina Gredl. Nonsberg bei Fondo in Tirol.

10. " *Porroi* Pfr.

*† *mut. albina* Bttg. Bastelica auf Corsika (v. Bedriaga).

Sect. VI. Herilla Bttg.

11. *Claus. accedens* v. Mlldff.

mut. albina Bttg. Berg Strbac in Serbien.

Sect. VII. Siciliaria v. Vest.

12. *Claus. Grohmanni* Partsch

*† *mut. albina* Bttg. Cap. Gallo, auf Sicilien (Kobelt).

Sect. VIII. **Delima Bttg.**

13. *Claus. gibbula* Rossm.
*† *mut. albina* Bttg. *† Stadt Veglia auf Veglia und *† Zara in Dalmatien.
" " *subsp. vulcanica* Ben.
*† *mut. albina* Bttg. *† Nicolosi auf Sicilien (Kobelt, Iconogr. fig. 1734).
" " *subsp. Pelagosana* Bttg.
*† *mut. albina* Bttg. *† Insel Pelagosa im Adriatischen Meer.
14. *Claus. ornata* Rossm.
mut. albina Tschap. Cilli und Alpe Ursula in Steiermark (Tschapeck).
*† *mut. flavina* Bttg. Cilli (Tschapeck).
" " *f. producta* A. Schmidt.
mut. albina Tschap. Unteres Sannthal in Steiermark (Tschapeck).
15. *Claus. Itala* v. Mts. *var. Brauni* Charp.
mut. albina Gredl. Brixen in Tirol (Gredler); Oberitalien (Adami).
" *var. latestriata* Charp. (= *Spreaficii* Pini) Tirano im Val Tellina.
16. *Claus. Stentzi* Rossm. *var. Rossmässleri* Pfr.
mut. albina A. Schmidt. Raibl in Kärnthen.
" " *var. Funki* Gredl.
mut. albina Gredl. Valfondo in Südost-Tirol.
" " *var. Letochana* Gredl.
mut. albina Gredl. Valfondo in Südost-Tirol.
17. *Claus. conspurcata* Jan.
*† *mut. albina* Bttg. *† Mocropolje bei Knin.
18. *Claus. notabilis* K.
*† *mut. albina* Bttg. *† Obbrovazzo in Dalmatien.
19. " *pachychila* West.
*† *mut. albina* West. *† Vedrine in Dalmatien.

20. *Claus. satura* Rossm.
mut. albina Brus. Kistanje in Dalmatien.
21. „ *substricta* Pfr.
*† *mut. albina* Bttg. *† Capocesto ln Dalmatien.
22. „ *robusta* K.
*† *mut. albina* Bttg. *† Insel Zirona im Adriatischen Meer.
23. „ *semirugata* Rssm. *subsp. vibex* Rossm.
*† *mut. albina* Bttg. *† Knin und *† Benkovaz in Dalmatien.
24. „ *planilabris* Rossm.
*† *mut. albina* Bttg. Dalmatien (ohne nähere Fundortsangabe).
25. „ *Alschingeri* K.
* *mut. albina* Bttg. Zara in Dalmatien (coll. Dunker).

Sect. XIV. Papillifera Bttg.

26. *Claus. Negropontina* P.
*† *mut. albina* Bttg. Chalkis auf Euboea (Thiesse).
27. *Claus. solida* Drap.
* *mut. albina* Bttg. (*vitrea* K.) Pisa in Italien.

Sect. XVI. Phaedusa H. et A. Ad.

28. *Claus. tau* Bttg.
*† *mut. albina* Bttg. *† Kioto in Japan.

Sect. XVIII. Fusulus v. Vest.

29. *Claus. interrupta* Rossm.
*† *mut. albina* K. *† Steiermark, Krain, Malborgeth in Kärnthen.
30. „ *varians* Rossm.
*† *mut. albina* Bttg. (= *diaphana* Z.) *† Leoben, Alpe Ursula u. a. Orte in Steiermark (Tschap.), *† Suhadolnik-Thal in Krain, *† Kärnthen, Cadino- und Ahrnthal (Gredler) und *Steinach (Strubell) in Tirol; Sachsen.

Sect. XX. Uncinaria v. Vest.

31. *Claus. turgida* Rossm.

*† *mut. albina* Bttg. Cebratgipfel bei Rosenberg a. d. Waag in Ungarn (Jetschin).

Sect. XXII. Euxina Bttg.

32. *Claus. Duboisi* Charp.

*† *mut. albina* Bttg. Nakerala-Gebirge in Imeretien, Transkaukasien.

Sect. XXIII. Alinda Bttg.

33. *Claus. plicata* Drap.

*† *mut. albina* A. Schmidt. Pyrmont (Hesse), *† Buchfart bei Weimar (O. Schmidt); Vorarlberg und Schönberg bei Innsbruck (Gredler); Schleitheim an der Schweizer-Badischen Gränze (Sterki); *† Oberungarn; Banat.

*† *mut. flavina* Bttg. Ohne näheren Fundort.

34. „ *biplicata* (Mtg.)

*† *mut. albina* Bttg. England; *† Ruine Löwenburg im Siebengeb. (Jetschin), Nordhausen (Riemenschneider), Wittekindsberg der Porta Westphalica (Hesse), * Pyrmont (Dunker, Hesse), Fulda, *† Falkenstein, * Eppstein und Rossert (Kinkelin) im Taunusgebirge, * Ruine Wildenburg bei Amorbach im Odenwald (Roos), *† Heidelberger Schloss, Schwäbische Alp bei Wittlingen (Weinland), Landgrafenschlucht bei Eisenach (Hesse), * Weimar (O. Schmidt), Landeskrone bei Görlitz (*var. viridula* Jordan); Nordtirol (Gremblich); Oesterreich.

Sect. XXIV. Strigillaria v. Vest.

35. *Claus. vetusta* Rossm. *var. striolata* Pfr.

mut. albina Tschap. Ursula bei Windischgraz in Steiermark (Tschapeck).

Sect. XXVII. Pirostoma v. Mlldff.

36\. *Claus. Schmidti* Pfr. *var. Rablensis* v. Gall.
mut. albina Gredl. Raibl in Kärnthen.

37\. „ *parvula* Stud.
* *mut. albina* Bttg. * Engen im Höhgau, Schwäb. Alp bei Wittlingen (Weinland).

38\. „ *dubia* Drap.
mut. albina A. Schmidt. *† Ruine Lützelburg bei Zabern im Elsass (Andreae), *† Reichenhall, Oberrabenstein in Sachsen.

„ „ *var. speciosa* Ad. Schmidt.
mut. albina Gredl. Ruine Peggau in Steiermark.
*† *mut. flavina* Bttg. ebendaselbst.

39\. „ *bidentata* (Ström)
*† *mut. albina* Bttg. Vollenborn auf dem Eichsfeld in Thüringen.

„ „ *var. rugosa* Drap.
mut. albina Charp. Valettes bei Montpellier; England.

40\. „ *cruciata* Stud.
mut. albina Weinland. Schwäb. Alp bei Wittlingen.

41\. „ *pumila* C. Pfr.
*† *mut. albina* Bttg. Bad Baasen, Siebenbürgen.

„ „ *var. sejuncta* Ad. Schmidt.
*† *mut. albina* O. Schmidt. *† Weimar.

42\. *Claus. densestriata* Rossm.
*† *mut. albina* Bttg. *† Krain (ohne näheren Fundort).

43\. „ *plicatula* Drap.
mut. albina Menke. Dép. Aisne in Frankreich; Schwäbische Alp bei Wittlingen (Weinland); Joch Grim in Tirol (Gredler).

44\. „ *mucida* Rossm. *var. badia* Rossm.
mut. albina Tschapeck. Feistergraben nahe dem Schartnerkogel in Steiermark.

45. *Claus. ventricosa* Drap.
mut. albina Ad. Schmidt. Falkenstein im Harz.
" " *var. major* Rossm.
mut. albina Tschapeck. Cilli in Steiermark.
46. " *filograna* Rossm. *var. Transsylvanica* A. Schm.
*† *mut albina* Bttg. Kapellenberg bei Kronstadt in Siebenbürgen.

Schnecken aus dem Tschuktschen-Land.

Von den Gebrüdern Krause, welche im Auftrage der geographischen Gesellschaft in Bremen nicht ganz zwei Monate auf der Tschuktschen-Halbinsel und zwar in der Lorenzbai und Umgebung, südlich vom Ost-Cap, zugebracht haben, um ethnographische und naturwissenschaftliche Sammlungen zu machen, ist mir Folgendes über die dortigen Land- und Süsswasser-Mollusken vorläufig mitgetheilt worden:

„Im Ganzen konnten wir eine grosse Armuth der Fauna „konstatiren; bei dem vollständigen Mangel der Baum- und „Strauch-Vegetation war freilich ein reiches Thierleben nicht „zu erwarten. . . . . . Von Landschnecken war an allen „grasigen Abhängen oft in ausserordentlich grosser Anzahl „eine *Succinea* zu finden, die wohl eine von unsern euro„päischen verschiedene Art sein dürfte. Eine *Physa*, ähnlich „der *hypnorum*, doch sicher von dieser verschieden, lebte „an wenigen Lokalitäten in stehenden oder am Rande fliessen„der süsser Gewässer. Eine oder zwei Arten von *Pupa*, „von der Grösse der *alpestris*, waren auch nicht selten unter „dem Moose und unter Steinen. An einer Stelle fanden „wir eine *Hyalina*, ähnlich unserer *fulva*, doch bedeutend „grösser, dann noch Bruchstücke einer anderen, sowie einer „Nacktschnecke.“

Bekanntlich ist die nördlichste Schnecke, welche v. Middendorff in Sibirien, auf der Taimyr-Halbinsel unter $73\frac{1}{2}$° Nordbreite, fand, *Physa hypnorum* und ist *Succinea putris* auch im Mündungsgebiet des Ob und Jenisei jenseits der Baumgränze häufig. Ich freue mich, nach einem Brief der Reisenden vom 4. Dezember vor. Jahres hinzufügen zu können, dass dieselben nicht nur wohlbehalten nach San Francisco zurückgekommen, sondern auch bereits wieder von da abgereist sind, um den Winter auf einer Handelsstation an der Nordwest-Küste Amerikas, unter $59^1/_2{}^0$ Nordbreite zuzubringen, so dass wir noch weiteren malakozoologischen Sammlungen von denselben entgegensehen dürfen.

E. v. Martens.

Einiges über die Daudebardien der Molluskenfauna von Kassel.

Veranlasst durch die Nachricht im dritten Heft der Jahrbücher der deutschen Malakoz. Gesellschaft über die wunderbaren Eigenschaften der Daud. Lederi Bttg. möchte ich meine bis jetzt gemachten Beobachtungen über die hier vorkommenden Arten dieser Gattung mittheilen. Im Nomencl. Hel. viv. von L. Pfr. und Cless. 1881 werden fünfzehn Species des Genus Daudebardia aus dem europäischen Faunengebiet aufgeführt, doch haben sich inzwischen nach dem zu Endes dieses Jahres erschienenen Catalog der Binnenconchylien von Dr. W. Kobelt die Arten in demselben Gebiet bereits auf die stattliche Zahl von dreiundzwanzig vermehrt. Nur vier Species von diesen kommen auf Deutschland, nämlich Daud. rufa Drap., hassiaca Cless., brevipes Drap. und Heldii Cless. Letztere ist, so viel mir bekannt, bis jetzt nur in Bayern gefunden, während die ersteren drei, an vielen Orten vorkommend, sich auch in der Umgegend Cassels finden lassen; alle übrigen Arten vertheilen sich auf südlicher gelegene Länder. — Seit dem Jahre 1876, wo ich nach einer zwanzigjährigen Pause wieder begonnen habe Mollusken zu sammeln, fand ich mehr als sechszig

Exemplare der besagten drei Species. Die meisten davon habe ich weggegeben, doch liegen noch immer wohl 20 Stück von verschiedenen Altersstufen und Fundorten in meiner Sammlung. Bis jetzt will mir scheinen, dass D. hassiaca (1878 Malak. Bl. p. 95) die hier am häufigsten vorkommende Art ist.

Die Mehrzahl der Stücke habe ich durch Aussieben des todten Laubes erhalten, oft von Orten, wo ich dieselbe gar nicht vermuthete, wie erst in diesem Sommer ein Exemplar vom Meissner. Das Aussuchen des Siebdurchlasses im frischen Zustand hat sein Unangenehmes, wegen der darin lebenden zahllosen Wesen, als Käfer, Ameisen, Raupen, Ohrwürmer, Schildwanzen, Tausendfüssler, Asseln und Spinnen; ich trockne daher zuvor den Siebdurchlass in einem flachen Blechkasten, über den ein feines Gewebe gespannt ist, im Sandbad auf einem Dampfkessel. So der Wärme ausgesetzt, ist nach 24 Stunden gewöhnlich alles Leben darin erstorben, natürlich auch das der Schnecken. In dem Schälchen der Daudebardien findet sich oft kaum noch eine Spur des vertrockneten Thieres, gewöhnlich ist das zarte Gehäuschen ganz leer. — Die Fundstätten dieser Schnecken haben eine ausserordentliche Uebereinstimmung, nur im schattigen Buchenhochwald, an den basaltreichen Höhenzügen der Umgebung habe ich sie bis jetzt gefunden. Feuchtigkeit und Schatten scheinen die Thiere sehr zu lieben, auch ist ihr Leben wohl ein lichtscheues zu nennen, denn noch niemals, zu keiner Jahreszeit sah ich eines der Thierchen sich über der Erde bewegen. Dass sie unempfindlich gegen die Kälte wären und in der kälteren Jahreszeit aus ihren Verstecken heraus kämen, habe ich bis jetzt noch keine Gelegenheit zu beobachten gehabt. Ganz im Gegentheil, nur in den warmen Monaten Mai bis September fand ich die Schnecken in der Laubschicht der Wälder lebend. —

So einfach das Sammeln mit dem Sieb auch erscheint,

so gehört doch dazu, dass die Witterung der vorhergehenden Tage günstig war, denn das todte Laub darf nicht zu trocken, aber auch nicht zu nass sein, um Erfolge vom Aussieben desselben zu haben. Im Siebdurchlass vom Mai und Juni waren die Gehäuse der Daudebardien immer noch bei vielen Thieren klein und unausgebildet, was in den späteren Monaten stets weniger der Fall war. Die beste Ausbeute dieser Schnecken brachten mir die warmen Tage des Monat September 1879, während ich in diesem Jahre, wo um dieselbe Zeit schon lange ziemlich kaltes Wetter eingetreten war, gar keine Erfolge hatte. Im diesjährigen nasskalten Herbste habe ich verschiedentlich die besten Fundorte für diese Thiere aufgesucht und nur neue Bestätigungen für meine Ansichten über das Leben dieser Schnecken hier, in Nord-Deutschland, erhalten. So fand ich in einem reichlichen Quantum Siebdurchlass zu Ende September von Felseneck auf der Wilhelmshöhe Hyal. pura Ald., hammonis Str. crystallina M., fulva M., Helix rotundata M., pygmaea Drap., aculeata M., Pupa edentula Drap. und Carych. minimum M., aber keine einzige Daudebardie, die doch hier lebt. — Die aussergewöhnlich milden Tage des Decembers veranlassten mich nochmals, an demselben Orte mit dem Siebe zu sammeln, diesmal brachte ich aber nur Hel. rotundata in wenigen Exemplaren mit nach Hause, offenbar hatten die kleinen Hyalinen inzwischen ihre Winterquartiere tiefer in der Erde aufgesucht, in welche ihnen die Daudebardien schon lange vorangegangen waren.

An diesem Tag fand ich allerdings doch noch eine lebende Daudebardia, aber nicht in oder unter der Laubschicht, sondern tief unter einem Basaltstein, der über zwei Drittel in der Erde steckte. — Elektrische Erscheinungen habe ich an dieser einstweilen noch nicht beobachten können, weil es mir darum zu thun war, ihre Lebenskraft zu schonen; ich habe das Thier lebend versandt. An einem anderen

Decembertage habe ich am Wurmberg im Habichtswald, wo ich schon viele dieser Schnecken gefunden hatte, unter den günstigsten Umständen, doch vergeblich danach gesucht. Dass diese Thiere die Trockenheit durchaus nicht vertragen können, hatte ich schon oft Gelegenheit zu beobachten, doch glaube ich nach den bis jetzt gemachten Erfahrungen annehmen zu dürfen, dass die hier bei uns lebenden Vertreter dieser Gattung gleich den vorn genannten Schnecken, mit welchen sie meistens in Gesellschaft leben, beim Eintritt der kälteren Jahreszeit sich tiefer in die Erde zurückziehen und erst mit der Wiederkehr der Wärme in die Höhe steigen, um dann während des Sommers in und unter der Schicht des abgestorbenen Laubes zu leben. So lange die erforderlichen Eigenschaften für die Lebensfähigkeit der Thiere, Feuchtigkeit und Wärme, dann hier vorhanden, sind sie auch hier enzutreffen.

Cassel, Ende December 1881. F. H. Diemar.

Kleinere Mittheilungen.

(Austernzucht) Die Austerncultur an der französischen Westküste fährt fort, ausgezeichnete Resultate zu geben. Aus dem Bassin von Arcachon wurden in 1865 nur 10½ Mill. erwachsener Austern ausgeführt, welche einen Werth von etwa 338,000 Franken repräsentirten, 1880 dagegen 195½ Millionen, und der Erlös belief sich auf 4¼ Mill. Franken, obschon der Preis von 40 Frcs. per Tausend auf 25 Frcs. gefallen ist. — Morbihan, in dessen Gewässern die Austerncultur neueren Datums ist, lieferte 1876 7¼ Mill. Austern, 1880 dagegen 33⅓ Mill. — In Marennes beschränht man sich fast ausschliesslich auf das Mästen der Austern, welche von anderen Parks dahin gebracht werden; im verflossenen Jahre wurden von dort 151 Mill. gemästeter Austern ausgeführt.

(Panopaea Aldrovandi.) Den von Fischer im Journal de Conchologie aufgezählten Fundorten kann ich noch hinzufügen Tarifa, wo ich sie selber am Strande gefunden, und die Catalan-Bay an der Mittelmeerseite des Felsens von Gibraltar, von wo mir Herr Ingenieur G. Dauthez in Gibraltar ein prächtiges Exemplar zeigte. K.

(Fusus pagoda Lesson) ist nach Martens wahrscheinlich eine Pleurotomide; wenigstens ist eine sehr ähnliche neue Art von Westaustralien, welche Martens in Concholog. Mitth. p. 105 t. 21 fig. 1—3 als Pleurotoma spinicincta beschreibt, nach Schackos Untersuchung sicher eine Toxoglosse. Martens errichtet für sie die Untergattung Columbarium, welche wohl richtiger als Gattung aufzufassen sein wird; die Form der Zähne nähert sich am meisten der von Defrancia.

Literaturbericht.

Coutagne, Georges, Note sur la Faune Malacologique du Bassin du Rhône. Première Fascicule. Lyon 1881.

Enthält eine Anzahl Localfaunen aus der Provence. Als neu beschrieben werden Zonites pseudodiaphanus von Rognac, Clausilia Vauclusensis von Vaucluse, Pagodina Bourguignati von Rognac, Paludinella sorgica aus der Quelle von Vaucluse, P. provincialis von Rognac und Moitessieria lineolata aus dem Rhonegenist.

Milachevich, C., Etudes sur la Faune des Mollusques vivantes terrestres et fluviatiles de Moscou. — Moscou 1881.

Es werden 109 Arten aufgeführt, davon neu Hel. sericea var. Gerstfeldtiana und var. plana, Bul. tridens var. migrata, Bul. montanus var. mosquensis, Succ. Pfeifferi var. borealis Cless., Valvata fluviatilis var. kliniensis; Valv. borealis; Vivipara contecta var. russiensis (!), Planorbis rotundatus var. angulatus. — Von besonderem Interesse sind noch das Auftreten von Vallonia tenuilabris und Pupa columella.

Tryon, George W., Manual of Conchology, Vol. IV. Part. I. 1882.

Enthält die Nassidae.

Gesellschafts-Angelegenheiten.

Neue Mitglieder.

Herr *E. Merkel* in Breslau, Monhauptstrasse 11.
„ *M. Brüller*, Bezirks-Thierarzt in Lindau.

Wohnorts-Veränderungen.

Herr *P. Hesse* seit 1. Febr. d. J. in Nordhausen, Pfaffengasse 9.

Eingegangene Zahlungen.

Fietz, A. Mk. 6. —; Dietz, A. 6. —; Kreglinger, K. 6. —; v. Koch, B. 6. —; Clessin, O. 8. —; Arndt, B. 6. —; Museum, Königl., Berlin 21. —; Gesellsch., Naturf., Görlitz 21. —; Lademann, K. 6. —; Merkel, B. 6. —; Ressmann, M. 5. 15; Michael, W. 6. —; v. Heimburg, O. 23. —; Dunker, M. 23. —; Lüders, L. 23 —; v. Vest, H. 21. —; Kretzer, M. 6. —; Lappe, N. 8. —; Sutor, M. 9. —; Konow, F. 6. —; Schacko, B. 21. —; v. Maltzan, F. 6. —; Jeffreys, L. 21. —; Semper, W. 6. —; Brüller, L. 6. —; Arnold, N. 23. —; Troschel, B. 21. —; Petersen, H. 6. —; Koch, G. 6. —; Linnaea, F. 15. —; Ankarcrona, C. 6. —; Tschapeck, G. 6. —; Hans, E. 6. —; Bergh, K. 21. —; Jetschin, B. 23. —; Andersson, S. 6. —; Miller, E. 6. —; Damon, W. 5. 35; Schepman, R. 21. —; Wiegmann, J. 21. —; Museum, Grossherzogl., Oldenburg, 21. —; Metzger, M. 21. —; Diemar, C. 21. —; Friele, B 21. —; Weinland, E. 6. —; Simon, S. 6. —; Neumann, E. 23. —; Scholvien, H. 21. —; Koch, W. 23. —; Nowicki, K. 5. 90; Poulsen, K. 6. —; Hesse, N 23. —; Borcherding, V. 21. —; Knoche, H. 6. — Brock, G. 6. —; Lehmann, F. 6. —; Degenfeld-Schonburg, Graf E. 6. —; Hille, M. 6. —; Loretz, F. 6. —; Leder, M. 21. —; Mangold, P. 6. —; Ponsonby, L. 22. 05.

Redigirt von Dr. W. Kobelt. — Druck von Kumpf & Reis in Frankfurt a. M.
Verlag von Moritz Diesterweg in Frankfurt a. M.

Hierzu die Beilage Tauschkatalog No. 2.

No. 4 & 5. **April-Mai 1882.**

Nachrichtsblatt

der deutschen

Malakozoologischen Gesellschaft.

Vierzehnter Jahrgang.

Erscheint in der Regel monatlich und wird gegen Einsendung von Mk. 6.— an die Mitglieder der Gesellschaft franco geliefert. — Die Jahrbücher der Gesellschaft erscheinen 4 mal jährlich und kosten für die Mitglieder Mk. 15.— Im Buchhandel kosten Jahrbuch und Nachrichtsblatt zusammen Mk. 24.— und keins von beiden wird separat abgegeben.

Briefe wissenschaftlichen Inhalts, wie Manuscripte, Notizen u. s. w. gehen an die Redaction: Herrn **Dr. W. Kobelt** in Schwanheim bei Frankfurt a. M.

Bestellungen (auch auf die früheren Jahrgänge), ***Zahlungen*** u. dergl. gehen an die Verlagsbuchhandlung des Herrn **Moritz Diesterweg** in Frankfurt a. M.

Andere die Gesellschaft angehenden ***Mittheilungen***, Reclamationen, Beitrittserklärungen u. s. w. gehen an den Präsidenten: Herrn **D. F. Heynemann** in Frankfurt a. M.-Sachsenhausen.

Mittheilungen aus dem Gebiete der Malakozoologie.

Die Süsswasserperlen auf der internationalen Fischerei-ausstellung in Berlin 1880.

Von

Dr. H. Nitsche.

(Abdruck aus dem amtlichen Bericht IV. p. 83—94.)

In der japanischen Abtheilung waren als Perlerzeuger ausgestellt unter No. 145 des Specialkatalogs *Anodonta japonica* (Dohu-gai), ferner unter No. 144 die riesige *Cristaria spatiosa* (Karasu gai) nebst einer Anzahl zwar kleiner, aber schön gefärbter, von ihr herstammender Perlen.

Eigentliche Perlen hatte China nicht ausgestellt, dagegen unter No. 143 und 144 des Specialkatalogs grosse Flussmuscheln, *Dipsas plicatus* (Ch'i p'ang), aus den Gräben des Districtes von Ningpo und besonders solche Exemplare, die auf der Innenseite der Schalen kleine Buddahbilder in

„natürlichem“ Relief, d. h. bedeckt von einer gleichmässigen, von der Muschel selbst abgelagerten Schicht Perlmuttersubstanz, nicht herausgeschnitzt, zeigen.

Die Herstellung dieser Buddahbildmuscheln (P'u-sa ch'i p'ang) ist ein Industriezweig, der von einigen Klöstern des Districtes getrieben wird. Kleine aus Zinn gegossene Buddahbilder werden zwischen Mantel und Schale der vorsichtig geöffneten Muscheln eingeführt, und die Thiere alsdann auf 2—3 Monate wieder in die Gräben zurückgesetzt. Bereits nach dieser kurzen Zeit soll die bedeckende Perlmutterschicht die hinreichende Dicke erlangt haben.

Auch die in den nordamerikanischen Strömen so zahlreichen Unioarten liefern zuweilen Perlen. Von diesen waren unter 26092 a des amer. Specialkatalogs einige nicht näher bestimmte Formen nebst einigen kleinen von ihnen herstammenden Perlen von D. H. Shaffer, Cincinnati, Ohio, ausgestellt.

Von grösserer Bedeutung für die Production von Süsswasserperlen ist die eigentliche europäische Flussperlmuschel (*Margaritana margaritifera*).

Diese nebst von ihr gewonnenen Perlen war ausgestellt von Russland 1) durch Baron Fridolf Lindner zu Swarto in Finnland (No. 1485 des Allg. Catalogs, ausgezeichnet durch „Ehrenvolle Anerkennung“ wegen besonders schöner Färbung der Perlen); 2) durch Herrn Wilhelm Gomilewski zu St. Petersburg. Die ausgestellten Exemplare stammten aus dem Gouvernement Olonez; hier werden sie vielfach zur Verzierung der Weiberhauben benützt. Solche allerdings wesentlich mit künstlichen Perlen gestickte Hauben und Photographien der Art, wie sie getragen werden, waren beigefügt (No. 1486). Ferner ist unter 1488 des Hauptkatalogs zu erwähnen als Aussteller von Perlen Herr C. Jagerhorn, Gouvernement Uleaborg in Finnland.

Aus Deutschland waren die Perlmuscheln aus den beiden Verbreitungs-Hauptgebieten vertreten. Wenngleich nämlich die Flussperlmuschel strichweise überall dort in Deutschland vorkommt, wo rasch fliessende klare Flüsschen und Bäche kalkarmes Urgestein durchströmen, so ist sie doch reichlicher nur zu finden: 1) in den Gewässern des Bairischen Waldes zwischen Regensburg und Passau, also in den dortigen linken Nebengewässern der Donau und den Zuflüssen des Regens; 2) in dem Quellgebiet und den Zuflüssen der vom Fichtelgebirge entspringenden Gewässer, d. h. auf der Südseite in dem Quellgebiete des weissen Main und der Eger, auf der Nordseite in dem Quellgebiete der Saale südlich von Hof und besonders reichlich in der weissen Elster. Während also das ganze Gebiet I dem Bairischen Staate zufällt, gehört von dem Gebiete II nur der eine Theil zu ihm, das Gebiet der weissen Elster dagegen zu dem Königreich Sachsen.

Die Bairischen Perlmuscheln waren vertreten durch die Ausstellung des Herrn Uhrmachers Joh. Nep. Koller aus Windorf, Besitzer des Perlbaches bei Vilshofen im Bairischen Walde. (No. 120 des Allg. Katalogs, ausgezeichnet durch die broncene Medaille.) Derselbe führte in instructiver Weise zunächst in einem der grösseren Aquarien eine Anzahl lebender Perlmuscheln vor, alsdann eine Auswahl trockener Schalen, theils normal, theils von besonderer Grösse und mit interessanten Missbildungen und eingewachsenen Perlen versehen, ferner in einem flachen Glaskasten mit Spiritus Präparate der Weichtheile des Thieres — hierbei einige Stücke mit Perlen in ihrer natürlichen Lagerung — und einen grösseren Kasten, in welchem in zierlicher Weise aus schwarzen, braunen und weissen Perlen eigener Ernte Figuren gebildet waren. Herr Koller hat sich auch mit dem Problem beschäftigt, künstliche Perlen in den Muscheln zu erzeugen und ist in ähnlicher Weise vorgegangen wie die Chinesen — siehe oben — bei der Erzeugung der Buddahbilder. Er giesst in (ausgestellten) hölzernen Formen flache Zinnfiguren, z. B. Fische, welche er zwischen Mantel und Schale einführt. Während dieser Operation sperrt er die Schale auf mit Hülfe einer besonderen Zange, welche einer Drahtzange mit flachgefeilten und geriefen Branchen ähnelt, in geschlossenem Zustande leicht zwischen die Schalränder eingefügt und alsdann durch eine die Handgriffe auseinandertreibende Schraube geöffnet und in der richtigen Sperrung festgehalten wird. Die Untersuchung der Muscheln auf das Vorhandensein von Perlen wird mit Hülfe eines Sperreisens bewirkt, dessen umgebogenen Rand man flach in die klaffende Stelle an dem Hinterrande der Muschel einführt, und dann durch eine Drehung um 90° quer zwischen die Schalen stellt.

Die Perlmuscheln aus dem nördlichen Gebiete waren vertreten durch die Kollektiv-Ausstellung des königl. sächsischen Perlfischerei-Regales und der aus ihm erwachsenen Industriezweige. Um diese herzustellen, hatten sich das königl. Ministerium der Finanzen, das königl. Ministerium des Inneren und die Generaldirection der königl. Sammlungen zu Dresden vereinigt. (No. 117, 118 und 119 des Allgem. Katalogs, ausgezeichnet durch Dankadresse an die Königl. Sächsische Regierung nebst goldner Medaille.)

Es war die mit dem sächsischen Wappen und den Wappen der Hauptstädte des sächsischen Perlgebietes (Plauen, Oelsnitz und Adorf) gezierte Ausstellung bestimmt, das königl. sächsische Perlfischerei-Regal in historischer und naturgeschichtlicher, kunstgewerblicher und industrieller Hinsicht zu erläutern.

Die sächsischen Perlwässer im Voigtlande sind der Elsterfluss von Bad Elster bis etwa unterhalb Elsterberg und seine Nebenflüsse der Mühlhäuser, Freiberger und Marieneyer Bach, der Ebers- und Görnitzbach, der Hartmannsgrüner und der Triebelbach, die Trieb, der Mechelsgrüner Bach, der Feile- und Lochbach. Hierzu kommen 28 Mühlgräben. Nur der oberste Theil der Elster und des Mühlhäuser Baches bis Mühlhausen geht durch die Glimmerschieferformation, also durch glimmerreiche Gesteine. Die Trieb fliesst in ihrem oberen noch nicht muschelführenden Laufe über Granite, also über feldspathreiche Gesteine, und die Elster sowohl als die sämmtlichen übrigen Nebenbäche haben ihr Bett in Phyllit und Uebergangsformation, also in Phyllitten, Thonschiefern, Grauwacken, Quarziten, dichten Kalksteinen, Kieselschiefern nebst eingelagerten Diabasen und deren Varietäten und Tuffen. Einige dieser Gesteine, z. B. die Kalksteine und Diabase, sind kalkreich*). Diese sämmtlichen Verhältnisse waren kartographisch dargestellt.

Die chemische Beschaffenheit des Wassers war von Herrn Dr. Councler geprüft worden und ergaben dessen Analysen folgendes Resultat:

Es enthielten im Februar 1880 100,000 Theile des Wassers

	der Elster bei Oelsnitz	der Trieb	des Görnitzbaches
Festen Rückstand b. 140° C.	3,97	5,20	4,00
Verlust dieses Rückstandes bei schwacher Rothgluth .	0,94	2,33	1,77
bleibt Glührückstand . . .	3,03	2,87	2,23
Dieser enthielt:			
Kieselsäure	0,73	0,55	0,50
Kalk	0,60	0,62	0,53
Magnesia	0,40	0,57	0,33
Kohlensäure	0,83	1,12	0,77
Schwefelsäure	0,46	Spur	Spur
Chlor	Spur	Spur	Spur
Phosphorsäure	—	—	—
Eisen	Spur	Spur	Spur
Im Wasser war enthalten:			
Salpetersäure	kaum Spur	merkl. Spur	Spur
Ammoniak	—	—	—

*) Ich verdanke diese Angaben der Freundlichkeit meines Freundes Prof. Dr. Credner, Director der geologischen Landesuntersuchung des Königreichs Sachsen. Genauere Details sind nicht zu geben, weil die neuen geologischen Aufnahmen noch nicht diese Gegenden berührt haben.

Verbraucht wurde zur Oxydation der in 100000 Theilen enthaltenen reducirenden Substanzen (nach Kubels Methode)

	der Elster bei Oelsnitz	der Trieb	des Görnitzbaches
Sauerstoff	0,24 g	0,24 g	0,22 g

In diesen Gewässern leben die Flussperlmuscheln wenngleich nicht mehr so zahlreich wie früher, so doch, Dank der Fürsorge der kgl. sächsischen Regierung, in ziemlicher Menge. Seltner vereinzelt, bilden sie meist kleine, an guten Stellen aber ausgedehnte Bänke, auf welchen die Muscheln so dicht bei einander stecken, dass eine die andere genau berührt. Eine getreue Nachbildung einer solchen Perlbank mit lebenden Muscheln war in einem grossen Aquarium zur Anschauung gebracht.

Die in der Kiemenbruthöhle des Mutterthieres aus dem Ei geschlüpften Jungen leben wie die aller Unioniden höchst wahrscheinlich späterhin eine Zeit lang parasitisch an Süsswasserfischen — mikroskopische Präparate brachten die Embryonen und die parasitische Jugendform einer verwandten Art zur Anschauung — und begeben sich erst später auf den Grund der Gewässer, wo sie in langen Jahren gewöhnlich bis zu 15 cm Länge heranwachsen. Die Ausstellung zeigte eine grössere Suite von 1,8 cm bis 14,8 cm Länge. Mit des Zeit werden ihre Wirbel von dem kohlensäurehaltigen Wasser angefressen und mitunter schliesslich so zernagt, dass an einzelnen Stellen an der lebenden Muschel die Weichtheile blosliegen: Dic Schalen der abgestorbenen Muscheln werden von dem Wasser schliesslich ganz zerfressen. Eine Suite solcher zernagter Muscheln war ausgestellt, desgl. wurde die Stellung der Muschel im Bache, ihre Weichtheile, sowie eine schematische Darstellung ihrer Anatomie auf einer buntfarbigen Wandtafel — geliefert von der Forstakademie Tharand — dargestellt. Auch waren Thiere in Alkohol conservirt und ein Querschnitt der Muschel sammt Weichtheilen vorhanden.

Für die Frage nach der Natur und Bildungsweise der Perlen ist die Beschaffenheit der Muschelschale von Wichtigkeit. Sie besteht aus drei Lagen; diese sind 1) die äussere gelbe oder braune Conchiolin-Cuticula, 2) die aus senkrecht zur Schalenoberfläche stehenden Säulchen bestehende Prismenschicht, 3) die aus feingefalteten im Allgemeinen der Schalenoberfläche parallel laufenden Blättern bestehende Perlmutterschicht. (Diese Zusammensetzung der Schale wurde durch Querschnitte und mikroskopische Schliffe — die Mikroskope waren von der Firma Schiek, Berlin, geliefert — erläutert). Die beiden letzteren Schichten bestehen wesentlich aus kohlensaurem Kalk. Auf der Innenseite der Muschel liegt zunächst dem Rande die Cuticula frei, dann folgt von aussen nach innen gerechnet in schmaler Zone die Prismenschicht und schliesslich, die ganze übrige Innenseite auskleidend, die Perlmutterschicht. Diese Schichten werden von den entsprechenden Theilen des die Schale auskleidenden weichen „Mantels" abgesondert.

Dringen nun fremde Körper (Sandkörnchen, Eier, Parasiten u. dgl.) in den Mantel ein oder bilden sich auch kleine Gewebeverhärtungen, so kapselt — wie der Muskel der Schweine die eingedrungene Trichine — der Mantel diese fremden Körper oder krankhaften Gebilde ab, um sie unschädlich für den Organismus zu machen. Die Kapsel wird von denjenigen Sekreten gebildet, welche gerade der betreffenden Stelle des Mantels eigenthümlich sind und es bilden sich frei im Mantel liegende Concretionen, welche besonders wenn sie grössere Dimensionen und regelmässige rundliche Formen annehmen, als Perlen bezeichnet werden. Bei den Süsswasserperlen besteht der Kern meist aus Prismensubstanz, deren Prismen in der Richtung von Kugelradien von einem Punkte ausstrahlen. Mit diesen Prismenschichten wechseln mitunter schwache concentrische Cuticularlagen ab und bei den meisten Perlen ist die Oberfläche von einer Schicht Perlmuttersubstanz überdeckt. Ist diese dick, hell und irisirend, so hat die Perle Werth, ist dies nicht der Fall, so ist sie werthlos.

Aber auch das Narbengewebe jeder Verletzung der Weichtheile kann sich mit Kalksubstanz, besonders mit Perlmuttersubstanz imprägniren. Besonders häufig ist dies in den Schliessmuskeln der Fall, und die so gebildeten unregelmässigen Concretionen werden „Sandperlen" genannt. Es waren Perlen, sowohl aus Cuticular- als auch aus Prismensubstanz bestehend und ferner mit Perlmutter bekleidete ausgestellt, desgl. makroskopische und mikroskopische Perlschliffe.

In allen bis jetzt erwähnten Fällen liegt die Perle in dem Mantel, allseitig von dessen Geweben umschlossen. Bei stärkerem Wachsthume wird aber mitunter der Druck welchen die Perle gegen die Aussenwand dieser Gewebs-Tasche übt, ein so starker, dass letztere gegen die Schale zu resorbirt wird und dadurch die Harttheile der Perle direct an die Harttheile der Schale zu liegen kommen. An dieser Berührungstelle kann die Perle natürlich nicht mehr wachsen — es ist kein Gewebe mehr vorhanden, welches Kalksubstanz ablagern könnte; dagegen wird sie an ihrer ganzen übrigen Oberfläche weiter vergrössert, und die nun gebildeten Verdickungsschichten gehen ganz direct in die auf der inneren Schalfläche gebildeten, zur Verdickung der Schale selbst dienenden Perlmutterschichten über. Durch diese weiteren Schichten wird in diesem Falle die Perle wie durch übergebreitete Tücher mit der Schale selbst verbunden, haftet an ihr zuerst mit einem Punkte und später in weiterer Ausdehnung. Dies ist die Entstehung der angewachsenen Perlen. Von angewachsenen Perlen zeigte die

Ausstellung eine grössere Suite, welche dem kgl. zool. Museum zu Dresden und dem zool. Cabinet der Akademie Tharand entnommen war.

Auf jeden Fall kann die Fortbildung einer Perle nur auf Kosten der Schale stattfinden. Jede Substanz, die zur Bildung der Perle beiträgt, wird der Schale entzogen. Es ist denn auch keineswegs verwunderlich, dass sich das Vorhandensein von Perlen äusserlich an der Schale erkennen lässt. Ganz normal aussehende Muscheln enthalten nur selten Perlen, während dagegen verbildete deren häufig besitzen. Die drei Hauptkennzeichen perlhaltiger Muscheln, welche der Perlfischer anerkennt, sind 1) der Faden, ein vertiefter oder erhöhter, von dem Wirbel nach dem Rande zulaufender Streif, 2) die Nierenform der Schalen, d. h. ein Ausschnitt an der Ventralseite, 3) die Verdrehung beider Schalen gegen die Medianebene des Thieres. Diese drei Hauptbildungen sowie einige andere waren in verschiedenen Beispielen vorgeführt.

Die Versuche, die Perlen des sächsischen Perlgebietes nutzbar zu machen, sind sehr alt.

Nachdem wohl bereits die Gold und Edelsteine suchenden „Venediger“ im Mittelalter die Schätze, welche diese Gewässer bargen, entdeckt, wurden sie lange Zeit von den Bewohnern des Voigtlandes auf eigene Rechnung ausgebeutet, bis im Jahre 1621 Churfürst Johann Georg I. auf Anzeige des Oelsnitzer Tuchmachers Moritz Schmirler die Perlfischerei zum Regal erhob und ebendenselben Moritz Schmirler zum ersten Perlfischer ernannte. Von dieser Zeit an blieb die Voigtländische Perfischerei Regal bis auf den heutigen Tag, und zwar waren und sind mit einer einzigen Ausnahme (an der Wende des 17. Jahrhunderts wurde der Schwiegervater eines Schmirler, Leonhard Thümler, wirklicher Perlfischer) alle Perlfischer, 21 an der Zahl, directe Nachkommen des zweiten Perlfischers Abraham

Schmirler, der seinem Bruder Moritz im Jahre 1643 folgte. Die Familie hat späterhin ihren Namen in Schmerler geändert. Die jetzigen Perlfischer sind der Tuchmachermeister Moritz Schmerler sen. sowie dessen Neffen, die Tischler Moritz und Julius Schmerler.

Die Kopien der Stiftungsurkunde des Perlfischereiregales, des „Juraments“, das der zweite Perlfischer am 2. Mai 1643 bei seiner Verpflichtung ablegen musste, sowie der Stammbaum der Familie Schmerler, soweit derselbe die Perlfischer betrifft, waren aufgelegt, sowie die höchst lehrreiche, die Geschichte des sächsischen Perlfischereiregales behandelnde Schrift von Dr. J. G. Jahn, „die Perlfischerei im Voigtlande in topographischer, natur- und zeitgeschichtlicher Hinsicht, nach den besten Quellen verfasst und dargestellt, mit den einschlagenden Urkunden und Beweisstellen versehen, beleuchtet und herausgegeben, Oelsnitz 1854, Selbstverlag des Verfassers“, jetzt durch seine Wittwe in Oelsnitz zu beziehen. Desgleichen das allgemeine Werk von Th. v. Hessling, „die Perlmuscheln und ihre Perlen, naturwissenschaftlich und geschichtlich. mit Berücksichtigung der Perlwässer Bayerns beschrieben, mit 8 Tafeln und 1 Karte. Leipzig 1859. Verlag von W. Engelmann.“

Die Verwaltung des Regales wird derartig ausgeübt, dass den unter Oberaufsicht der Oberforstmeisterei Auerbach stehenden Perlfischern die Beaufsichtigung und Ueberwachung sämmtlicher Perlgewässer übertragen ist. Sie verwalten jetzt ihr Amt nach einer am 15. Juni 1827 erlassenen „Generalinstruction“ ausgearbeitet nach den Vorschlägen von Dr. Thienemann. Die Inspicirung der Gewässer wird im Frühjahr vorgenommen und besonders darauf geachtet, dass alle durch Eisgang, Neubauten etc. geschehenen Beeinträchtigungen der Perlbänke möglichst beseitigt werden. Nöthigenfalls greift man sogar zur Uebersiedelung einer ganzen Bank von einem gefährdeten Orte an einen sicheren.

Das wirkliche Perlsuchen kann erst dann stattfinden, wenn die Jahreszeit soweit vorgeschritten ist, dass die Perlsucher stundenlang hintereinander im Wasser stehen können. Es wird übrigens nicht jedes Jahr das ganze Gebiet abgesucht; dasselbe ist vielmehr in 313 Tracte — ein Tract = ein Tagewerk für 3 Perlsucher — getheilt und von diesen kommen jährlich nur 20—30 zur Abfischung, so dass für jedes einzelne Gebiet eine 10—15jährige Schonzeit besteht. Bei dem Perlsuchen wird dann von den häufig bis an den Leib im Wasser watenden Fischern auf den Perlmuschelbänken jede einzelne Muschel mit Hilfe eines besonders gestalteten Perleisens mässig aufgesperrt, schnell auf das Vorhandensein von Perlen revidirt und dann entweder wieder einfach in das Wasser zurückgeworfen, oder, wenn eine brauchbare Perle vorhanden, mittelst Durchschneidung des Schliessmuskels völlig geöffnet. Diese letztere Operation wird mit dem geschärften Ende des Perleisens vorgenommen. Die herausgenommenen Perlen werden neuerdings gewöhnlich in einem Fläschchen mit Wasser aufbewahrt und erst zu Hause nach sorgfältiger Reinigung langsam getrocknet. Findet man kleinere Perlen, welche die Hoffnung erwecken, dass sie sich noch vergrössern werden, so zeichnet man mit der Spitze des Perleisens die Muschel mit der eingeritzten Jahreszahl und setzt sie wieder ein. Vielfach sind in Muscheln, die früher gezeichnet waren, gute Perlen gefunden worden.

Die Perlfischer unterscheiden vier Qualitäten von Perlen: 1) Helle, 2) halbhelle, 3) Sandperlen, 4) verdorbene. Unter die letzteren werden auch alle diejenigen gerechnet, welche entweder nur aus Prismensubstanz oder nur aus Cuticularsubstanz bestehen, also braun oder schwarz und ohne Glanz sind. Auch rosenfarbige und grüne kommen vor und werden, wenn sie schönen Glanz haben, hoch geschätzt.

Den jährlichen Ertrag der Perlfischerei kennt man für einzelne Jahre schon aus dem Anfange des Regales.

Im Jahre 1649 lieferte z. B. Abraham Schmirler 51 Stück grosse helle Perlen, 42 Stück kleine helle, 32 halbhelle, 59 verdorbene, 42 schwarze. Aber erst seit 1719, seitdem nämlich durch das Erlöschen der fürstlich sächsischen Seitenlinie Naumburg-Zeitz das Voigtland an Chursachsen zurückfiel, ist der jährliche Ertrag zu verfolgen.

Derselbe betrug

	Helle Perlen		Halbhelle Perlen		Sandperlen		Verdorbene Perlen		Gesammtsumme	
In den Jahren	Summa	Durchschnitt pro Jahr	Summa	Durchschnitt pro Jahr	Summa	Durchschnitt pro Jahr	Summa	Durchschnitt pro Jahr	aller Perlen	Durchschnitt pro Jahr
1719—1739	1809	90,45	726	36,35	1200	60,0	552	27,6	4288	214,40
1740—1759	1412	70,60	578	28,65	485	24,25	281	14,05	2751	137,55
1760—1779	1042	52,1	272	13,6	427	21,35	219	10,95	1960	98,0
1780—1799	1261	63,05	243	12,15	357	17,85	179	8,95	2040	102,0
1800—1819	1603	80,15	261	13,05	325	16,25	203	10,15	2392	109,6
1820—1839	1659	82,95	340	17,0	325	16,25	326	16,30	2650	132,5
1840—1859	1884	94,20	610	30,5	388	19,4	305	25,25	3387	169,35
1860—1879	1618	80,90	682	34,1	450	22,5	514	25,7	3264	163,2
in 161 Jahren	12288	76,32	3708	23,03	3957	24,57	2779	17,25	22732	141,19

Die im Sommer gemachte Beute wird jeden Herbst von den Perlsuchern an die Oberforstmeisterei Auerbach eingeliefert und von dieser — früher an das königl. Naturalienkabinet bezw. die Direction der königl. Sammlungen zu Dresden — jetzt an das königl. Finanzministerium geschickt. Die Ernte wird gewöhnlich jährlich verkauft. Den Erlös kann man von 1830—1878 aktenmässig nachweisen: er betrug 29,886 Mark. Diese Angaben waren aus den ausgestellten Tabellen ersichtlich. Früher wurden die Perlen angesammelt und zu geeigneter Zeit die schönsten Stücke zu grösseren Schmucksachen verwendet. So entstand unter anderem das jetzt in dem grünen Gewölbe zu Dresden aufbewahrte Elsterperlencollier — es bildete den Mittelpunkt der sächsischen Ausstellung — bestehend aus 177 Perlen im Gesammtwerthe von 27,000 Mark.

Die schönsten, seit 1719 gefundenen Perlen waren 9 Stück à 35 Karat im Werthe von je 85 Thlr.

Ausserdem ist bemerkenswerth, dass man im Jahre 1802 für 7000 Thlr. Perlen aus dem Naturalienkabinet an den Juwelier Neuling verkaufte, und dieses Geld zur theilweisen Deckung des Ankaufspreises der freiherrlich von Racknitze'schen Mineraliensammlung verwendete. Desgleichen wurden im Jahre 1826 43 besonders schöne Perlen zu einem Schmucke für die Frau Grossherzogin von Toscana verwendet. Die Perlernte des Jahres 1879 sowie die schönsten Perlen aus den letzten Jahrgängen — letztere von dem regelmässigen Käufer, Herrn Hofjuwelier Sachwall zu Dresden, geliehen, Werth 3000 M. — waren ausgestellt.

Nicht zufrieden mit der Ausbeute an Perlen, welche die Gewässer von selbst liefern, hat man auch versucht, die Muscheln künstlich zur Erzeugung von Perlen zu veranlassen. In den sächsischen Perlwässern hat sich besonders Herr Dr. Küchenmeister es angelegen sein lassen, mit Hülfe des jetzigen Seniors der Perlfischer, Herrn Moritz Schmerler, derartige Versuche zu machen. Zweierlei Wege sind eingeschlagen worden, um den Zweck zu erreichen. Einmal hat man feine fremde Körper auf irgend eine Weise in den Mantel eingeführt, um so den Anstoss zu einer neuen freien Perlbildung zu geben oder man ist der chinesischen Methode gefolgt und hat fremde Körper zwischen Mantel und Schale geschoben, um diese von der Muschel mit Perlmuttersubstanz überziehen zu lassen. Von letzteren Versuchen waren einige Proben in der Ausstellung vorhanden. Die eingeführten fremden Körper waren entweder schlechte Perlen aus anderen Muscheln, oder Schrotkörner, oder Porzellanknöpfe. Alle diese Körper sind auch wirklich von den Thieren mit Perlmuttersubstanz überzogen worden. Da die gewählten Körper aber ihrer Form nach wenig geeignet waren, eine genaue Anschmiegung des Mantels zu begünstigen, so ist der Perlmutterüberzug stets so unregelmässig geworden, dass an eine Verwerthung der so gewonnenen angewachsenen Perlen nicht gedacht werden konnte. Dass dagegen auch unsere Muschel, genau wie die chinesische, flache Reliefs gut mit Perlmutter überzieht, geht aus einer — in der Ausstellung mit aufgestellten — in dem königl. zoologischen Museum zu Dresden aufbewahrten Schale hervor, auf welcher ein kleiner, so erzeugter Reliefkopf befindlich ist.

Ein zweiter Versuch, die Flussperlmuschel anders als durch einfache Einsammlung der natürlich entstandenen Perlen für den menschlichen Haushalt nutzbar zu machen, hat besseren Erfolg gehabt. Zuerst im Jahre 1850 versuchte Herr Moritz Schmerler aus geschliffenen Perlmuschelschalen kleine Galanteriewaaren herzustellen. Dies gelang, die Artikel fanden Beifall, und es wurde von der königl. Regierung Herrn Schmerler gestattet, die für den Bedarf seiner eigenen Fabrikation nothwendigen Schalen aus den königl. Bächen zu entnehmen.

Besonders verbreitet haben sich seit dieser Zeit die Perlmuschel-Portemonnaies und -Täschchen. und am meisten geschätzt sind die aus den fast fehlerfreien, weiss und röthlich spielenden „Rosa-Perlmuscheln“ gearbeiteten, die so dünn geschliffen werden können, dass man durch die Schale hindurch eine angedrückte Photographie erkennen kann. Diese gewährt dann, auf die Innenseite der Schale angeklebt, den Anschein, als sei eine Photographie auf der Schale selbst hergestellt. Die Industrie wurde aber nicht von der Perlfischerfamilie selbst ausgebeutet, sondern von anderen Industriellen und in dem Masse ausgedehnt, dass eine hinreichende dauernde Versorgung der neu entstandenen Fabriken mit einheimischem Material sich als unthunlich erwies, wollte man nicht die Bäche bald völlig entvölkern. Die Industrie selbst aber hat dadurch nicht gelitten, vielmehr werden alljährlich zu Adorf, wo dieser Erwerbszweig vornehmlich blüht, viele Hunderttausende von Flussperlmuscheln verarbeitet. Diese stammen aber ausschliesslich aus in Privatbesitz befindlichen Perlbächen Böhmens und Baierns, welche daher wahrscheinlich einer baldigen gänzlichen Entvölkerung entgegengehen.

Nachdem aber einmal die Perlmutterbearbeitung eine sächsische Industrie geworden war, begnügte sie sich bald nicht mit dem europäischen Rohmaterial, sondern wandte sich vorzugsweise dem exotischen zu, und ging schliesslich auch zur Selbsterzeugung der zur Montirung der geschliffenen Perlmutterartikel nöthigen Metalltheile über.

So ist die heutige Adorfer Perlmutterindustrie entstanden, welche hunderte von Arbeitern ernährt und von zum Theil weltbekannten Firmen vertreten wird. An der Ausstellung hatten sich betheiligt die Firmen C. W. Lots, Louis Nicolai und Leonhard Bang. Dieselben hatten ihre Rohmaterialien in verschiedenen Stadien der Bearbeitung und eine grössere Menge fertiger Artikel ausgestellt. Von Rohmaterialien sind die hauptsächlichsten, ausser der Flussperlmuschel, die Seeperlmuttermuschel, *Meleagrina margaritifera* Lam., in ihrer weissen, gelben westaustralischen und schwarzen polynesischen Varietät, *Haliotis Iris* Chemn. aus Neuseeland, die „Irisschnecke", und *Turbo marmoratus* aus Ostindien, die „Bogosschnecke". Ausserdem liefern noch gelegentlich Perlmutter: *Placuna sella* L. aus Ostindien, die ebenfalls indischen *Avicula ala corvi* Chemn. und *Perna vulsella* Lam., die aus dem rothen Meer stammende *Pinna nigrina* Lam., der indische *Mytilus viridis* L. und die nordamerikanischen Flussmuscheln *Unio alatus* Say, *U. varicosus* Lea, *U. obliquus* Lam, *U. circulus* L., letztere im Handel merkwürdiger Weise fälschlich als „schottische Perlmuschel“ bezeichnet. Auch *Turbo pica* L. aus Westindien und *Haliotis californiensis* werden verwendet. Alle diese Mollusken, deren Bestimmung von Herrn Professor Dr. v. Martens-Berlin herstammt, waren in der Ausstellung vertreten, es kommen aber vielfach auch noch andere Schnecken zur gelegentlichen Verwendung. Die ausgestellten Industrieerzeugnisse zeigten einen hohen Grad technischer Vollendung. Die grössten ausgestellten Objecte waren eine eingelegte Tischplatte, eine Cassette und eine Lampenvase. Auch einige ausgesägte und sculptirte Photographierahmen waren bemerkenswerth.

Zur Molluskenfauna von Schlesien.

Von

E. Merkel.

Im October v. J. wurde ich überrascht durch den Fund einer nicht nur für Schlesien, sondern, so weit mir bekannt, für das ganze eigentlich deutsche Gebiet neuen Art. Es ist *Fruticicola transsylvanica*, *Zgl.* = *Fr. fusca*, *Bielz*, welche bis vor kurzer Zeit nur in Siebenbürgen gefunden wurde. Ich fand dieselbe auf einer Excursion nach dem Zobtenberge. Dieser bildet den höchsten Punkt einer kleinen Berggruppe, die in etwa 30 Kilometer Entfernung von Breslau sich fast isolirt aus der schlesischen Ebene erhebt, indem sie nur gegen Südost und Süd in schwachem Zusammenhang mit den benachbarten Strehlener und Nimptscher Bergen steht, welche Letztere durch niedere Höhenzüge den Zusammenhang mit dem Eulengebirge, einem Kamme der Sudeten, vermitteln. Die Grundlage des Zobtengebirges bildet Granit, welcher theilweise von Hornblendeschiefer, Serpentin und einem dem Gabbro ähnlichen Mineral, dem sogenannten Zobtenfels, überlagert ist. Das letztere Gestein setzt den Zobtenkegel selbst zusammen. Den Gipfel des Berges bildet eine kleine, ringsumwaldete Wiesenfläche, aus welcher sich zwei Felskuppen erheben, auf deren einer ein massives Kirchlein erbaut ist. Die Mauern desselben und die Felstrümmer in ihrer Nähe bieten einer nicht geringen Zahl von Schneckenarten Aufenthalt. In unmittelbarer Nähe der Kirche fand ich an bemoosten Felsen *Balea perversa, L.*, unter den benachbarten Buchen, im abgefallenen Laube *Bulimus montanus, Drp.*, am Fusse der Mauern selbst: *Arion subfuscus, Drp.*, *Hyalina nitidula, Drp.*, *Patula rotundata, M.* und *Patula ruderata, Stud.*, *Vallonia pulchella, M.* und *V. costata, M.*, Letztere in überwiegender Zahl; ferner *Fruticicola hispida, L.* 1 Exemplar, *Fruticicola strigella, Drp.*, *Chilotrema lapicida, L.*, *Cochlicopa lubrica, M.*, *Arionta arbustorum, L.*, *Pupa muscorum, L.*, *Clausilia silesiaca, A. Schm.*, 2 Exemplare, *Clausilia dubia, Drp.*, *Clausilia biplicata, Mont.*, *Clausilia plicata, Drp.* und endlich am Fusse der Treppe, welche zur Kirche hinauf führt, gemeinschaftlich mit *Vitrina pellucida, Müll.* an feuchtem, abgefallenem Laube etwa 20 Exemplare einer Schnecke aus der Gruppe *Fruticicola, Held* der *Heliceen.* Die Thierchen, welche sich durch ihre sehr langen Augenträger und die helle Farbe sowohl des Thieres, als des Gehäuses sehr bemerklich machten, waren trotz der schon vorgerückten Jahreszeit und einiger, jedoch nicht unmittelbar vorangegangener Nachtfröste sehr lebhaft. Da die Schnecke mir unbekannt war und keiner der in den heimathlichen Faunen gegebenen Beschreibungen entsprach, so schickte ich sie an Herrn Clessin, welcher die Güte hatte, sie mir als *Fruticicola transsylvanica, Zgl.* zu bestimmen und mir überdies mittheilte, dass dieselbe in neuerer Zeit auch in Böhmen und Mähren gefunden worden sei, wodurch also die Verbindung ihrer Heimath Siebenbürgen mit dem nördlichsten Fundorte derselben vermittelt wird.

Ein für Schlesien neues Vorkommen dürfte *Planorbis vorticulus, Troschel, typ.* sein, den ich in einer grossen Lache in der Nähe von Breslau fand. In der deutschen Excursions-Molluskenfauna von Clessin ist derselbe noch als sehr seltene Art bezeichnet, welche nur in Norddeutschland und bei Rhoon (Rotterdam) in Holland gefunden wurde, während nach den brieflichen Mittheilungen des Herrn Verfassers der Verbreitungskreis der genannten Art sich nach Osten bis Moskau ausdehnt. *Planorbis vorticulus* kann leicht übersehen werden, da er in gewöhnlicher Sehweite grosse Aehnlichkeit mit jungen Exemplaren von *Planorbis vortex, L.* hat, von dem er sich bei näherer Betrachtung allerdings sehr deutlich unterscheidet. An seinem Fundorte kommt er übrigens mit *Planorbis vortex, L.* zusammen vor, sowie in Gesellschaft von *Planorbis contortus, L., carinatus, M., Pl. Clessini, Westerl.* und der interessanten *Bythinella Schotzii, A. Schmidt.*

Da von letzgenannter Art in der deutschen Excursions-Molluskenfauna das Thier als unbekannt bezeichnet wird, so lasse ich die Beschreibung desselben, welche übrigens auch schon von Scholtz in dem Supplement zu Schlesiens Land- und Wasser-Mollusken gegeben wird, nach den von mir beobachteten lebenden Exemplaren folgen. Das kleine Thier hat eine rüsselartig verlängerte Schnauze und borstenartige Fühler. Seine Färbung ist dunkelgrau, der Kopf sammetschwarz, das Auge schwarz mit einem leuchtend citrongelben Ringe umgeben. Zwischen und hinter den Augen befindet sich ein rother Fleck. Die Sohle ist weiss, die parallelen Ränder der glashell durchsichtigen Fühler erscheinen schwarz, während eine Begrenzung derselben nach vorn hin kaum wahrzunehmen ist. Ausser an dem ursprünglichen Fundorte zwischen Breslau und Marienau fand ich die *Bythinella Scholtzii* auch noch in etwas grösserer Entfernung von Breslau bei Ransern in einer grossen Lache und zwar trotz eifrigen Suchens nur in einem Exemplar. Es wäre interessant, zu erfahren, ob diese Schnecke ausser den beiden bekannten Fundorten Breslau und Neuhausen Reg. Bez. Königsberg, nicht auch noch an anderen, dazwischen liegenden Orten gefunden worden ist.

Neu für Schlesien dürfte wohl auch noch *Limnaea ovata, Drp., var. janoviensis, Krol* sein, (von Herrn Clessin bestimmt) welche in Galizien vorkommt, von mir jedoch bei Breslau im Juli v. J. in grösserer Zahl in einer fast ausgetrockneten Sumpflache gefunden wurde.

Auf einer Excursion im Isergebirge fand ich bei Schwarzbach, in der Nähe des Badeortes Flinsberg, und zwar in dem Thale zwischen den Bergen Heufuder und Tafelfichte an einer Baumwurzel im Monat August ein kleines Exemplar von *Vitrina elongata, Drp.* Dieser Fund veranlasste mich zu genauerem Nachforschen und es gelang mir, tief in dichtem Wurzelrasen von *Sphagnum* und *Vaccinium* noch drei fast ausgebildete Exemplare der zierlichen Schnecke zu erbeuten. Obgleich Schwarzbach schon in Jordans „Mollusken der preussischen Ober-Lausitz“ als Fundort dieser Schnecke genannt worden ist, so glaubte ich doch, dass Zeit und Art des Vorkommens dieser in Schlesien nicht häufigen Species erwähnenswerth sei.

Breslau, im Januar 1882. E. Merkel.

Diluviale Schnecken.

Im sogenannten Kesslerloch, einer vor einigen Jahren eröffneten und ausgebeuteten Höhle bei Thayingen, Kanton Schaffhausen, welche Rennthier- und zahlreiche andere Ueberreste der Diluvialzeit enthält, wurden durch Herrn

B. Schenk in Stein a. Rh. in der Fundschicht auch Schnecken gesammelt und mir mitgetheilt. Es fanden sich: Hyalina glabra Stud. (das grösste Exemplar 15 mm im Durchmesser); — Hyal. cellaria Müll., Patula rotundata Müll.; — Helix obvoluta Müll.; — Hel. incarnata Müll.; — Hel. fruticum Müll.; — Hel. arbustorum L.; — Hel. lapicida L.; — Hel. hortensis Müll.? (jung); — Hel. nemoralis L., alle von den heutigen nicht wesentlich abweichend. Vielleicht wurden kleine Arten übersehen, da kein spezieller Malacozoologe bei der Ausgrabung zugegen war.

Mellingen, Aargau, 31. März 1882.

Dr. Sterki.

Neue Clausilie aus Centralchina.

Von

Dr. O. Boettger.

Clausilia (*Phaedusa*) *Anceyi n. sp.*

Char. Statura, magnitudine, forma aperturae fere intermedia inter Cl. aculus Bens. et Cl. Filzgeraldae Bttg.

Testa gracilis, elongato-fusiformis, parum nitens, corneorutila, pruinosa; spira subuliformis; apex subcylindratus sat acutus. Anfr. 12 lentissime accrescentes, superi convexiusculi, inferi *fere plani*, suturis parum impressis disjuncti, *subtilissime regulariter striati*, ultimus parvulus, subattenuatus, costulato-striatus, basi rotundatus, crista annulari *non* cinctus. Apert. parva, sed ampla, rhombico-piriformis, basi subprotracta; lamellae acutae, valde inter se approximatae; lamella infera *minus profunda*, *magis horizontaliter usque in mediam aperturam protracta*. Perist. *simplex*, *angustum*, *vix expansum reflexumque*, albidum. Caeterum Cl. aculus et Fitzgeraldae simillima.

Alt. 15, diam. 3; alt. apert. 2 3/4, diam. apert. fere 2 1/4 mm. (1 expl.).

Hab. Inkiapo Chinae Centralis, una cum Cl. (Phaedusa) Bensoni A. Ad. (leg. ill. *Abbé David*, comm. ill. *C. F. Ancey* Massiliensis).

Die leider nur in einem Stücke vorliegende Art, welche nach der eigenthümlichen Verbindung der Spirallamelle mit der Oberlamelle zweifellos in die unmittelbare Verwandtschaft der Cl. aculus und Fitzgeraldae gehört und zugleich eine Lücke zwischen diesen beiden Arten ausfüllt, ist von Cl. Fitzgeraldae durch die bedeutendere Grösse, den fehlenden Ringwulst um den Nacken und die dunkelrothbraune Färbung ebenso leicht zu unterscheiden, als von Cl. aculus durch die geringere Grösse, die grössere Schlankheit des Gewindes, die flachen Umgänge, die feinere Streifung und den nicht verdickten Mundrand. Die Unterlamelle ist der Oberlamelle mehr genähert als bei letzterer, liegt auch weniger tief als bei beiden genannten Arten und tritt bei geradem Einblick in die Mündung zahnförmig etwas weiter nach links in die Mündung hinein als bei beiden. Die Verdickung an der äusseren Lippe unter dem Sinulus ist im Gegensatz zu den beiden anderen bei der vorliegenden Species kaum angedeutet.

Ein neuer Iberus.

von

W. Kobelt.

Helix Oberndörferi m.

Testa exumbilicata, depresse-conica, solidula, basi leviter impressa, subcostulato-striatula, albidogrisea, seriebus macularum castanearum vel fasciis interruptis 5, aperturam versus nigro-castaneis cincta et maculis corneocastaneis fulguratis pallidioribus undique nisi ad basin ornata, basi albida, ad insertionem marginis basalis haud maculata. Anfractus 5 convexi, regulariter accrescentes, ultimus haud dilatatus, subinflatus, basi convexus, ad locum umbilici impressus, antice valde deflexus. Apertura ovato-rotundata, valde lunata, marginibus distantibus, supero leviter expanso, externo vix reflexisculo, basali incrassato, subdentato, ad insertionem vix dilatato.

Diam. maj. 20, mm. 18, alt. 14 Mm.

Hab. prope Palma insulae Mallorcae.

Diese hübsche Art, welche ich von Herrn Oberndörfer zur Beschreibung erhielt, steht der serpentina sehr nahe und mag wohl dafür genommen worden sein, unterscheidet sich aber auf den ersten Blick genügend durch den Mangel des Spindelfleckens, welcher bei serpentina in allen Varietäten vorhanden ist. Möglicherweise ist dies auch die Schnecke, welche Deshayes und Férussac für Hel. niciensis von den Balearen genommen.

Zur Fauna des Schwarzen Meeres.

In einer zweiten Sendung des Herrn Clessin, von der ausdrücklich bemerkt war, dass sie von Herrn Professor Retowski in Theodosia herrühre, waren folgende Arten enthalten:

Pholas candida Linné, Strandexemplar.
* Mactra edulis Linné var. corallina.
Syndosmya ovata Philippi, schöne und grosse Exemplare.
Venerupis irus Linné desgl.
* Cardium fasciatum Mont. eine einzelne Schale.
* — nodosum Turt. zwei Schalen.
— exiguum Gmelin, darunter die var. = C. scabrum Philippi.
* Raphitoma rugulosa Philippi 1 Exemplar.

* Scalaria planicosta Rve. 1 Strandexemplar, stark abgerieben.

* Trochus (Gibbula) albidus Gmelin 1 gutes Exemplar.

Eine Vergrösserung der Fauna um 6 Species, was hoffen lässt, dass ein ferneres eifrigeres Sammeln noch grösseren Zuwachs bringen wird. H. C. W.

Literaturbericht.

Dall, W. H., Intelligence in a Snail. — In the American Naturalist 1881 p. 976.

Der Autor berichtet über Schnecken, einer Art aus der Verwandtschaft der albolabris angehörig, welche die Stimme ihrer Pflegerin kannten und auf deren Ruf herbeikamen.

Fagot, P., Diagnoses de Mollusques nouveaux pour la Faune française. — In Bullet. Soc. Zool. France 10. Mai 1881.

Neu Hel. Pouzouensis, nephaeca, Pupa Anceyi, Bithynella ginolensis, Valvata Fagoti.

Kowalevsky, A. et A. F. Marion, Etudes sur les Neomenia. — In Zool. Anzeiger p. 61.

Die Autoren sind zu dem Resultat gelangt, dass alle früheren Forscher bei diesem Thiere Vorder- und Hinterende verwechselt haben, die Organe darum ganz anders gedeutet werden müssen.

Canefri, C. Tapparone, Glanures dans la Faune Malacologique de l'île Maurice. — Catalogue de la Famille des Muricides. — Sep.-Abz. aus Bullet. Soc. Malacolog. Belgique XV. 1880.

Der Autor beabsichtigt, gestützt auf reiches Material, die Fauna von Mauritius nach und nach gründlich durchzuarbeiten und beginnt mit den Muriciden (im Sinne von Woodward). Ausser zahlreichen schon früher von ihm als neu veröffentlichten Arten werden als neu beschrieben: Murex dichrous p. 19 t. 2 fig. 5. 6; — Ranella Bergeri Sow. p. 50 t. 2 fig. 1. 2; — Trophon fossuliferus p. 58 t. 3 fig. 5. 6; — Tritonidea proxima p. 64 t. 3 fig. 9. 10; — Tr. Lefevreiana p. 66 t. 3 fig. 7. 8; — Tr. polychloros p. 66 t. 3 fig. 3. 4; — Latirus concinnus p. 79 t. 2 fig. 10. 11.

Adami G. B., Molluschi Postpliocenici della Torbiera di Solada presso Lonato. — In Bull. Soc. Mal. ital. VII. 1881. p. 190.

Die Fauna der Torfmoore am Südrande des Gardasees entspricht im Ganzen mehr einer nördlicheren Fauna. Als neu beschrieben werden Valvata alpestris var. Piattii und Pisidium Rambottianum; neu für Italien ist Planorbis charteus. Von den heute in der Umgegend lebenden Arten fehlen die grösseren Bivalven, Limnaea peregra und Paludina fasciata.

Strebel, Hermann, Beitrag zur Kenntniss der Fauna mexikanischer Land- und Süsswasserconchylien, unter Berücksichtigung der Fauna angrenzender Gebiete. — Theil V mit 19 Tafeln von H. Strebel und G. Pfeffer. Hamburg 1882.

Die fünfte Abtheilung bildet den Schluss der umfangreichen und wichtigen Arbeit des Verfassers über die Fauna von Centralamerika. Sie enthält zunächst die Orthaliciden, von denen auf sechs Tafeln zahlreiche Formen photographisch abgebildet werden, unter ihnen natürlich zahlreiche Zwischenformen zwischen sogenannten Arten. Als neu beschrieben wird Orth. zoniferus t. 1 fig. 7. t. III fig. 3, aus dem Staate Guerrero; — Orth. ponderosus t. 7 fig. 1, 5—8, unsicheren Fundortes; — Orth. decolor t. 7 fig. 2—4, ebenfalls unsicheren Fundortes. — Dann folgen die Bulimulidae, welche der Verfasser in sechs Sectionen mit vierzehn Gruppen trennt; die Gruppen werden nur mit dem Namen der typischen Art bezeichnet. Auch hier werden mancherlei Zwischenformen vorgeführt; als neu beschrieben werden Bul. totonaceus t. 5 fig. 13 und Bul. palpaloënsis t. 5 fig. 12. 16, beide eigene Gruppen bildend, und Bul. albostriatus t. 6 fig. 3, zur Gruppe des nigrofasciatus gehörig. — Unter den Stenogyridae finden wir als neu Opeas guatemalensis t. 7 fig. 2. 3 aus Guatemala und Neugranada. — Auf Spiraxis mexicanus Pfr. wird die neue Gattung Lamellaxis gegründet, ausgezeichnet durch eine oft lamellenartige Spiralschwiele auf der Spindel; von neuen Arten gehören hierher L. modestus t. 7 fig. 15, t. 17 fig. 5—7 von Misantla und Mirador; — L. imperforatus t. 7 fig. 14 c, t. 17 fig. 2 von Jalapa; — L. filicostatus t. 17 fig. 10 aus Guatemala. — Achatina Berendti Pfr. hat sich bei Untersuchung des Gebisses als Testacellide entpuppt und wird zur

Gattung Pseudosubulina erhoben, zu welcher auch Sub. chiapensis Pfr. gehört. — Desgleichen gehört Spiraxis sulciferus Morel. zu den Testacelliden; zu der dafür errichteten neuen Gattung Volutaxis kommen noch die neuen Arten: tenuecostatus t. 17 fig. 11 von Misantla, miradorensis t. 17 fig 23 von Mirador; — similaris t. 7 fig. 11, t. 17 fig. 18 von Jalapa; — confertecostatus t. 7 fig. 12, t. 17 fig. 19 von Jalapa; — intermedius t. 17 fig. 22, 34 von Pacho; — confertestriatus t. 17 fig. 21, 33; nitidus t. 7 fig. 9. 13, t. 17 fig. 20. 25. 36. — Endlich wird noch ein neuer Vaginulus (V. mexicanus) t. 19 fig. 1—19, 21, 23, 26, 27 beschrieben. — Eine eingehendere Besprechung bringen wir in den Jahrbüchern.

Brusina, S., Orygoceras, eine neue Gastropodengattung der Melanopsiden-Mergel Dalmatiens. — In Beiträge zur Palaeont. Oestreich-Ungarn. vol. II. Heft 1. 2.

Der Autor erwähnt auch die Arbeit des Herrn Bourguignat über die Fossilen von Ribaric und Sing und bestreitet für viele Arten ganz entschieden deren Vorkommen in Dalmatien, während er die neuen Gattungen und Arten, die auch ihm bei langem mühsamen Nachsuchen an Ort und Stelle entgingen, während Herr Letourneux sie bei einem ganz flüchtigen Besuche entdeckte, natürlich mit dem grössten Misstrauen betrachtet. Herr B. hat übrigens auch ihm die leihweise Mittheilung seiner angeblich neuen Arten verweigert. — Die neue Gattung Orygoceras hat fast den Habitus eines Orthoceras, scheint aber den Caeciden am nächsten zu stehen und wird vom Autor zu einer eigenen Familie Orygoceratidae erhoben. Drei neue Arten: Or. dentaliforme p. 42 t. 11 fig. 9—15, Or. stenonemus p. 43 t. 11 fig. 4—8, und Or. cornucopiae p. 45 t. 11 fig. 1—3.

Dunker, Guil., Index Molluscorum Maris Japonici conscriptus et tabulis XVI. iconum illustratus. — Cassellis 1882. (Auch Suppl. VII. der Novitates Concholog.)

Wir verweisen wegen einer eingehenderen Besprechung dieser sehr schön ausgestatteten und vollständigen Zusammenstellung der japanesischen Meeresfauna auf die Jahrbücher. Als neu werden beschrieben und abgebildet (ausser den schon früher in den Mal. Bl. veröffentlichten Arten): Siphonalia longirostris p. 16 t. 1 fig. 13. 14; — Purpura Heyseana p. 40 t. 13 fig. 10. 11; — Rapana Lischkeana p. 43 t. 1 fig. 1. 2. t. 13 fig. 26. 27;

— Rapana japonica p. 43 t. 13 fig. 24. 25; — Fasciolaria glabra p. 48 t. 12 fig. 15. 16; — Vertagus Pfefferi p. 108 t. 4 fig. 12—14; — Lampania aterrima p. 109 t. 5 fig. 7. 8; — Collonia rubra p. 128 t. 12 fig. 7—9; — Collonia purpurascens p. 129 t. 12 fig. 1—3; — Uvanilla Heimburgi p. 130 t. 6 fig. 6. 7; — Umbonium Adamsi p. 135 t. 6 fig. 3—5; — Oxystele Koeneni p. 142 t. 12 fig. 4—6; — Actaeon giganteus p. 160 t. 2 fig. 8. 9; — Cylichna semisulcata p. 163 t. 13 fig. 7—9; — Parapholas piriformis p. 171 t. 14 fig. 7; — Lyonsia praetenuis p. 180 t. 7 fig. 13; — Trigonella straminea p. 183 t. 7 fig. 5. 6; — Rupellaria semipurpurea p. 208; — Petricola japonica p. 209 t. 9 fig. 4—6; — Lucina contraria p. 215 t. 13 fig. 12—14; — Lucina corrugata p. 216 t. 8 fig. 9—11; — Lepton subrotundum p. 219 t. 14 fig. 12. 13; — Solenomya japonica p. 220 t. 14 fig. 3; — Crassatella japonica p. 220 = donacina Rve. nec Lam.; — Modiola Hanleyi p. 223 t. 16 fig. 3. 4; — Lithophaga Zitteliana p. 226 t. 14 fig. 1. 2. 8. 9; — Avicula coturnix p. 228 t. 10 fig. 1. 2; — Avicula brevialata p. 229 t. 10 fig. 3—5; — Avicula Loveni p. 229 t. 10 fig. 6 — Avicula (Meleagrina) Martensii p. 229 t. 10 fig. 7. 8; — Scapharca Satowi p. 233 t. 9 fig. 1—3; — Scapharca Troscheli p. 234 t. 14 fig. 14. 15; — Pectunculus fulguratus p. 236 t. 14 fig. 18. 19; — Pectunculus rotundus p. 236 t. 16 fig. 9. 10; — Pectunculus vestitus p. 236 t. 16 fig. 7. 8; — Terebratula Blanfordi p. 251 t. 14 fig. 4-6; — Euchelus Smithi p. 259 t. 6 fig. 16—19.

Journal de Conchyliologie vol. XXIX. No. 4.

p. 278. *Crosse, H.*, Supplement à la Faune malacologique du Lac Tanganyika.

p. 306. *Brevière, L.*, Tableau des Limaciens des environs de Sainte-Saulge (Nièvre). — Neu Arion verrucosus p. 310 t. 13 fig. 1. 2.

p. 316. *Wattebled, Gustave*, Catalogue des Mollusques testacés terrestres et fluviatiles, observés aux environs de Moulins (Allier).

p. 334. *Crosse* et *Fischer*, Diagnoses Molluscorum novorum, Reipublicae Mexicanae incolarum. — (Aplexa bullula, tapanensis, Physa Boucardi, Strebeli, tehuantepecensis).

p. 336. *Gassies, J. B.*, Description d'éspèces terrestres provenant de la Nouvelle Caledonie (Hel. alveolus pl. 11 fig. 4, Bul. Debeauxi pl. 11 fig. 4).

p. 338. *Crosse, H.*, Nouvelle Note sur quelques Bulimes Néo-

Caledoniens, appartenant à la section des Placostyles. — (Bul. Rossiteri Braz. t. 12 fig. 6, und zwei Monstrositäten des Bul. fibratus).

p. 342. *Morelet, L.*, Descriptions de Coquilles nouvelles. (Eulima caledonica t. 12 fig. 1; — Helix Lacosbeana t. 12 fig. 5, Plan. Rollandi pl. 12 fig. 4, Amnicola Pesmei pl. 12 fig. 2, Melanopsis tunetana pl. 12 fig. 3, mit Ausnahme ersterer aus der Sahara.

Il Naturalista Siciliano. I. No. 5.

p. 97. *Monterosato, Allery de*, Conchiglie del Mediterraneo (Contin).

p. 100. *Stefano, Giovanni, di*, nuove specie titoniche. Neu: Itieria pulcherrima Gemell. p. 100 t. 4 fig. 6. 7. t. 5. fig. 6; — Nerita Orlandoi p 101 t. 5 fig. 10; — Nerita Ciottii p. 102 t. 5 fig. 11; — Neritopsis himerensis p. 102 t. 5 fig. 12. 13; — Pileolus Buccae p. 103 t 5 fig. 14; — Neritina tuberculosa p. 103 t. 5 fig. 15; — Turbo punctatus p. 104 t. 5 fig. 16; — Trochus billiemensis p. 104 t. 5 fig. 17.

Zoologischer Jahresbericht für 1880, herausgegeben von der zoologischen Station zu Neapel, redigirt von Prof. J. Vict. Carus. — Leipzig, Engelmann.

Die Verlagshandlung hat sich entschlossen, den Jahresbericht in vier einzeln verkäufliche Abtheilungen zu zerlegen, eine Neuerung, welche von allen Specialisten mit Freude begrüsst werden wird. Die Mollusken (Berichterstatter J. Brock und Kobelt) bilden die dritte Abtheilung.

Drouët, Henri, Unionidae de la Serbie. Paris 1882.

Der Autor führt 24 Najaden aus Serbien an, von denen 8 (je 4 von Unio und Anodonta) der Gegend eigenthümlich sind. Als neu beschrieben werden Unio Savensis p. 15, U. Pancici p. 17, U. striatulus p. 19. Die Gattung Pseudanodonta Bgt. reducirt der Autor mit Fug und Recht auf eine Section von Anodonta, während er die Gattung Colletopterum Bgt. für junge Pseudanodonten erklärt.

Brusina, S., le Pyrgulinae dell' Europa orientale. In Bullet. Soc. Mal. ital. VII. 1881 p. 229—292.

Der Autor vereinigt als Unterfamilie Pyrgulinaee die Gattungen Pyrgula, Micromelania und Diana sowie mit einigem Zweifel an deren Selbstständigkeit Lartetia, Iravadia und Bugesia. Er zählt von Pyrgula zwanzig Arten auf, davon nur annulata lebend, als neu werden beschrieben P. atava von Slavonien, dalmatica aus Dalmatien, crispata und cerithiolum aus Slavonien, die beiden südfranzösischen bicarinata und pyrenaica scheint Br. übrigens auch zu Pyrgula zu rechnen. — Micromelania zählt 17 Arten, darunter keine lebend und keine neu. Zu Diana Cles. rechnet er ausser P. Thiesseana noch sechs fossile, früher als Pyrgula beschriebene Arten.

The American Journal of Science (3) vol. XXI. January to June 1881.

p. 44. *Barrois, Dr. Ch.*, Review of Professor Halls recently published volume on the Devonian fossils of New-York.

p. 78. *Dwight, W. B.*, Further discoveries of Fossils in Wappinger Valley or Barnegat limestone.

p. 104. *Dall, W. H.*, Extract from a report to C. P. Patterson Supt. Coast and Geodetic Survey.

p. 125. *Whitfield, R. P.*, Notice on a new Genus and Species of Air-breathing Mollusk from the Coal-Measures of Ohio, and Observations on Dawsonella. — Neu Anthracopupa ohioënsis n. gen. et spec.

p. 131. *Ford, S. W.*, Remarks on the Genus Obolella Bill.

p. 292. *Smith, Eugene A.*, on the Geology of Florida. Enthält auch Angaben über Petrefacten.

p. 333. *Verrill, A. E.*, Regeneration of lost parts in the Squid. (Loligo Pealei.)

The Annals and Magazine of Natural History. (5) vol. VII.

p. 25. *Etheridge, R. jun.*, Descriptions of certain peculiar bodies which may be the Opercula of small Gasteropoda, discovered by Mr. James Bennie, in the carboniferous Limestone of Law Quarry, near Dalry, Ayrshire, with notes on some Silurian Opercula.

p. 250. *d'Arruda-Furtado, Francisco,* on Viquesnelia atlantica Morel. et Drouet. (pl. 13.)

p. 351. *Verrill, A. E.*, Giant Squid (Architeuthis) abundant in 1875 at the Grand Banks.

p. 432. *Lankester, E. Ray*, on the originally bilateral Character of the Renal Organ of Prosobranchia, and on the homology of the yelk-sac of Cephalopoda.

Vol. VIII.

p. 85. *Wood-Mason, J.*, Notes on Indian Land and Freshwater

Mollusks. No. 1. On the discrimination of the sexes in the Genus Paludina.

p. 88. *M'Coy Fred.*, Description of a new Volute from the South Coast of Australia (V. Roadnightae t. VII.).

p. 221. *Smith, Edgar A.*, Remarks upon Mr. Wood-Masons Paper On the Discrimination of the Sexes in the Genus Paludina.

p. 377. *Godwin-Austen, H. H.,* Description of the Animal of Durgella Christianae, a species of Land-Shell from the Andaman Islands.

p. 430. *Smith, Edgar A.*, Report on a Collection made by Ms. T. Conry in Ascension Island.

p. 441. —, on two new species of shells (Cypraea fallax und Conus clarus von Westaustralien).

Morse, Edward S., Shell Mounds of Amori. In Mem. Univ. Tokio, Japan Vol. I. part. 1. (1879).

Der Eisenbahnbau hat an den japanesischen Küsten bedeutende Muschelanhäufungen aus prähistorischer Zeit blosgelegt, von denen eine 89 Meter lang und vier Meter dick ist. Dieselben enthalten vierundzwanzig Arten, welche heute noch in Japan vorkommen, aber verschiedene essbare Arten, welche heute in der Nachbarschaft leben und gern gegessen werden, fehlen; es scheint also seit der Ablagerung doch einige Veränderung in der Fauna stattgefunden zu haben.

Quarterly Journal of the Geological Society of England 1881.

p. 57. *Buckman, James,* on the terminations of some Ammonites of the lower Oolite of Dorset and Somersetshire

p. 156. *Keeping, H.*, and E. B. Tawney, on the beds at Headon Hill and Colwell Bay in the Isle of Wight.

p. 246. *Etheridge, R.,* on a new Trigonia from the Purbeck Beds of the Vale of Wardour (Tr. densinoda).

p. 351. *Mackintosh, D.,* on the precise Mode of Accumalation and Derivation of the Moel-Tryfan Shelly Deposits.

p. 588. *Buckman, S. S.*, a descriptive Catalogue of some of the Species of Ammonites from the inferior Oolite of Dorset.

Kiesow, Dr., über Cenoman-Versteinerungen der Umgebung Danzigs. In Schr. naturf. Ges. Danzig N. F. vol. V.

p. 404—417 mit Tafel. — Neu: Turbo Romeriamis p. 407 fig. 5; — Tr. Spengawskianus p. 408 fig. 6; — Modiola Baueri p, 413 fig. 8.

Le Naturaliste No. 5.

p. 38. *Ancey, C. F.*, les Coquilles du Lac Tanganyika. (Nichts Neues).

Le Naturaliste, No. 6. 1882.

p. 44. *Ancey, C. F.*, Coquilles de Chine centrale nouvelles ou peu connues. — Neu Napaeus compressicollis, Helix (Plectopylis) subchristinae, H. (Aegista) amphiglypta, Zua Davidia, Hel. (Gonostoma) subobvoluta, Napaeus alboreflexus.

Le Naturaliste IV. No. 8.

p. 59. *Ancey, C. F.*, Coquilles nouvelles ou peu connues (Napaeus prolongus, penquis und Armandi von Jakiapo im inneren China; Bul. (Achatinellaides) Artufelionus von Socotora? p. 60 — Für Bolea Dohrmana Nev. wird die Untergattung Parabalaea vorgeschlagen).

The Journal of Conchology. Vol. III. No. 8. — October 1881 (jetzt erst erschienen.)

p. 233. *Jeffreys, J. Gwyn*, a few Remarks on the Species of Astarte.

p. 238. *Gibbons, J. S.*, List of Shells collected at Burlington, Bempton, Speeton and Flambro Hills, Yorksh.

p. 234. *Sowerby, G. W.*, Description of a new Species of the Genus Conus. — Con. Brazieri t. 1 fig. 9 von den Salomonsinseln.

p. 241. *Taylor, J. W.*, Life History of Helix arbustorum.

Kleinere Mittheilungen.

(Gastropoden der Steinkohlenformation.) Die Zahl dieser ältesten Gastropoden ist durch Whitfield um eine neue Gattung und Art vermehrt worden, welche er im American Journal of Science and Arts XXI. p. 126 als Anthrocopupa Ohioensis beschreibt und abbildet; sie ähnelt den Vertigo, und hat auch eine Lamelle auf der Mündungswand und eine auf der Spindel, ausserdem aber auch einen kreisrunden Ausschnitt in der Aussenlippe und ist am letzten Umgang von hinten her abgeplattet, wie manche Pupiniden. Mit ihr zusammen kommt eine (neue) Serpula vor. — Whitfield bildet auch die Gattung Dawsonella ab und macht auf deren Aehnlichkeit mit Helicina aufmerksam. — Die von Ihering seiner Zeit angezweifelte Gastropoden- resp. Pulmonatennatur der Steinkohlenpetrefacten kann nach den neueren Untersuchungen von Dawson keinem Zweifel mehr unterliegen.

Eine ganz besonders grosse Anzahl **riesiger Caphalopoden** wurde nach Verrill im Herbste 1875 auf der Bank von Neufundland erbeutet und als Köder zum Stockfischfang verwandt. Allein die Fischer von Gloucester in Massachussetts fingen 25—30 Stück, ein einziger Schooner fünf, alle gegen 15' lang mit bis 36' langen Fangarmen uud bis 1000 Pfund schwer. Sie wurden alle todt oder sterbend an der Oberfläche treibend gefunden, als ob in diesem Jahre eine besondere Krankheit unter ihnen geherrscht hätte.

Bourguignat's Arbeit über die Tertiärmollusken des Cettinathales wird von Brusina in der Einleitung zu seiner Notiz über Orygoceras eigenthümlich beleuchtet. Herr Letourneux hat einen Theil seines Materials von dem Museum zu Agram erhalten, anderes von dalmatischen Sammlern, und Bourguignat hat das alles zusammengeworfen und als aus dem Cettina-Thal stammend angegeben. Vivipara, von welcher B. sogar zwei neue Arten beschreibt, kommt in den dalmatinischen Schichten gar nicht vor. Bezüglich der angeblichen neuen Arten bemerkt Brusina nur, dass er vergeblich versucht habe, Exemplare vom Autor zur Ansicht zu erhalten, eine Erfahrung, die auch andere bereits oft genug gemacht haben. Herr Bourguignat scheint alles Mögliche zu thun, um seine sogenannten Arten in ein mystisches Halbdunkel zu hüllen, weil sie eine scharfe Beleuchtung nicht vertragen.

Eine für die deutsche Fauna neue Landschnecke.) Nach einer Mittheilung von Ed. von Martens im Sitzungsbericht der Gesellschaft naturforschender Freunde p. 28 ist Helix caperata Mtg. von Herrn Lehrer Wüstnei bei Sonderburg an der Ostsee gefunden worden. M. vermuthet, dass auch die von Mörch erwähnte Hel. conspurcata von Fühnen hierhergehören möge.

Gesellschafts-Angelegenheiten.

Neue Mitglieder.

Herr Prof. Dr. Th. Liebe in Gera.

Herr Otmár Szinnyei, Universitäts-Bibliothek in Budapest.

Wohnorts-Veränderungen.

Herr *Wilhelm von Vest* wohnt jetzt Hermannstadt, Kleine Erde No. 23.

Stud. med. August Knoblauch wohnt jetzt in Bonn.

Todesanzeigen.

Am 28. December des verflossenen Jahres starb nach längerer Krankheit, deren Keim er sich durch seine amtliche Thätigkeit bei der Besetzung der Herzegowina zugezogen, in Lesina unser langjähriges Mitglied

Blasius Kleciak,

der bekannte Erforscher der marinen und extramarinen Fauna Dalmatiens. Mit ihm ist der letzte der dalmatinischen Naturforscher zu Grabe getragen worden. Seine zahlreichen Tauschfreunde, welche er mit den dalmatinischen Arten auf's freigiebigste versah, werden ihm ein ehrendes Andenken bewahren.

Ein zweites Mitglied, das unserer Gesellschaft seit deren Gründung angehörte, haben wir zu betrauern in dem Landesgeologen

Dr. Carl Koch,

in Wiesbaden, welcher am 18. April, kaum 55 Jahre alt, einem rasch verlaufenden qualvollen Herzleiden erlegen ist. Wenn er auch in der letzten Zeit in Folge seiner Berufsthätigkeit sich vorwiegend auf das geologische Gebiet hingewiesen sah, hat er doch die Paläontologie nicht minder eifrig cultivirt und namentlich aus den Schichten des Mainzer Beckens reiche Sammlungen zusammengebracht, deren Bearbeitung ihm selbst leider nicht mehr beschieden sein sollte. Wir hoffen, dass es möglich sein wird, dieselben für die Wissenschaft nutzbar zu machen.

Eingegangene Zahlungen.

Killias, C. Mk. 23 —; Schedel, K. 6 —; Burmeister, H. 21 —; Dybowski, N. 6 —; Rohrmann, B. 6 —; Biasioli, D. 6 —; Jenisch, O. 6 —; Walser, S. 6 —; Reinhardt, B. 21 —; Andreä, F. 21 —; Schirmer, W. 8 —; Liebe, G. 6 —; Szinnyei, B. 6 —; Schmaker, H. 23. 60.

Redigirt von Dr. W. Kobelt. — Druck von Kumpf & Reis in Frankfurt a. M.
Verlag von Moritz Diesterweg in Frankfurt a. M.

Hierzu die Beilage Tauschkatalog No. 3.

No. 6 & 7. **Juni-Juli 1882.**

Nachrichtsblatt

der deutschen

Malakozoologischen Gesellschaft.

Vierzehnter Jahrgang.

Erscheint in der Regel monatlich und wird gegen Einsendung von Mk. 6.— an die Mitglieder der Gesellschaft franco geliefert. — Die Jahrbücher der Gesellschaft erscheinen 4mal jährlich und kosten für die Mitglieder Mk. 15.—
Im Buchhandel kosten Jahrbuch und Nachrichtsblatt zusammen Mk. 24.— und keins von beiden wird separat abgegeben.

Briefe wissenschaftlichen Inhalts, wie Manuscripte, Notizen u. s. w. gehen an die Redaction: Herrn **Dr. W. Kobelt** in Schwanheim bei Frankfurt a. M.

Bestellungen (auch auf die früheren Jahrgänge), *Zahlungen* u dergl. gehen an die Verlagsbuchhandlung des Herrn **Moritz Diesterweg** in Frankfurt a. M.

Andere die Gesellschaft angehenden *Mittheilungen*, Reclamationen, Beitrittserklärungen u. s. w. gehen an den Präsidenten: Herrn **D. F. Heynemann** in Frankfurt a. M.-Sachsenhausen.

Mittheilungen aus dem Gebiete der Malakozoologie.

Beitrag zur Mollusken-Fauna der Umgegend von Frankfurt a. M.

Von

Otto Goldfuss.

Bei einem vorübergehenden Aufenthalte in Frankfurt a. M. im Jahre 1880, nahm ich Gelegenheit mich eingehend mit den Land- und Wasser-Mollusken der nächsten Umgegend dieser Stadt zu beschäftigen. Die Leser dieses Blattes mögen in Nachstehendem jedoch keine Aufzählung aller von mir dort beobachteten Mollusken erwarten, welche genugsam durch anderweitige Mittheilungen bekannt. Der Zweck dieser Zeilen ist vielmehr nur der, eine kurze Uebersicht über solche Arten zu geben, deren Vorkommen weniger bekannt oder neu, und die daher zum Theil zur Vervollständigung der Mollusken-Fauna Frankfurts dienen mögen.

Arion empiricorum Fér.

Häufig auf dem Wege zwischen Cronberg und der Burg Falkenstein, und hier in den schönsten Farbenabstufungen von schwarz bis scharlachroth, junge Individuen dagegen meist weissgrünlich gefärbte. Es ist mir bis jetzt nicht gelungen, diese schön gefärbten Arion-Arten in irgend einer Flüssigkeit zu conserviren, halte daher diese Frage noch für eine ungelöste. Die hellere Farben gingen sowohl in der van der Broeck'schen, als auch in der Wickersheimerschen Conservirungsflüssigkeit verloren, obgleich erstere vor letzterer manche Vorzüge besitzt.

Arion hortensis Fér.

Auf Wegen und in den Gärten Sachsenhausens, sowie an Gartenmauern des Röderbergs, beobachtete ich einen sehr lebhaften Arion, der wohl von vorstehender Art durch manche Eigenthümlichkeiten zu trennen. Das Thier ist olivenfarbig mit orangegelbem Fusse, schlank und beweglich, während der typische Arion hortensis Fér, ein träges lichtscheues Thier, Schutt und Laubwaldungen liebt. Dieselbe Art sah ich auch an einer Kirchhofsmauer in Halle a. S. und scheint es die gleiche Species zu sein, deren Dr. Sterki (vergleiche Nachrichtsblatt No. 3. 1881) aus dem Wuttach-Thale Erwähnung thut. Genaue Untersuchungen, namentlich in anatomischer Hinsicht, würden möglicher Weise über die Artberechtigung Aufschluss geben.

Limax cinereus List.

Diese nach mündlichen Mittheilungen von Heynemann bisher bei Frankfurt a. M. noch nicht beobachtete Art fand ich in schönen charakteristischen Exemplaren, sowohl unter Schutt am Röderberg, als auch in Gartenmauern in Sachsenhausen.

Limax cinereo-niger Wolf.

Die gefleckte Form im Frankfurter Stadtwalde, besonders häufig auch bei Schwanheim, die schwarze einfarbige, mehr Gebirge liebende, auf dem Falkenstein und Umgegend.

Limax unicolor Heynemann.

Mehrere Stücke dieses schönen Limax verdankte ich Herrn Dr. Böttger, welche aus dessen Garten stammten, während der frühere Fundort im botanischen Garten des Senckenbergischen Instituts durch bauliche Veränderungen verloren gegangen ist, wogegen ich

Limax variegatus Drap.

dort nicht selten vorfand.

Vitrina major Fér.

Nicht häufig auf dem Falkenstein.

Vitrina diaphana Drap.

Eine Anzahl lebender Exemplare sammelte ich am 3. Januar vorigen Jahres zum Theil unter Schnee, zusammen mit Hyalina crystallina Müll., in einem Erlenbruche bei Niederrad. Der Ansicht, dass diese Art eine Gebirgsschnecke, scheint dieser Fundort zu widersprechen, wie ich auch lebende Exemplare auf der Rabeninsel und an den Ufern der Saale bei Halle beobachtete, wenn nicht für die angeführten Fundstellen Uebertragungen durch Wasserfluthen anzunehmen sind.

Hyalina Draparnaldi Beck.

Häufig an einer Gartenmauer des Röderbergs in Exemplaren bis zu 16 mm Durchmesser. Da diese Species anderweitig bei Frankfurt nicht vorkommt, die Lokalität eine ganz isolirte, und an einem Gartenetablissement liegt, ist Einschleppung durch Ziergewächse wohl anzunehmen. In der Voraussetzung, dass die Fundstelle dieser seltenen Schnecke durch irgend welche Veränderungen verloren gehen könne, hat Herr Dickin eine Anzahl lebender Exemplare an verschiedenen geeigneten Stellen auf dem Falkensteine ausgesetzt.

Helix pomatia L.

Von dieser Species beobachtete ich in Frankfurts Umgegend 3 charakteristische Formen.

a) in den dichten Laubwaldungen, namentlich dem Scheerwalde und auf dem Falkenstein, Exemplaren in dunkler Färbung mit schöner rothen Lippe und bis zu 48 mm Höhe.

b) in den Obstgärten bei Sachsenhausen meist lebhaft gefärbte und gebänderte Stücke von normaler Grösse.

c) in der Nähe der Götheruhe auf anstehendem Corbicula-Kalke, eine kleine gedrunge Form, von nur 32—33 mm Höhe, in heller Färbung und ausserordentlicher Dickschaligkeit.

Helix sericea Drap.

Diese so häufig mit H. granulata Alder verwechselte Schnecke, sammelte ich meist an Baumstämmen und Strauchwerk sitzend. Die Falkensteiner Species ist die typische Form mit 2 Pfeilen, während H. granulata Ald. bekanntlich nur einen solchen besitzt. Nach Art der Fundstelle lässt sich schon auf die Species schliessen. H. sericea Drap. ist eine mehr trockene Oertlichkeiten liebende Gebirgsschnecke, während H. granulata Alder nur in der Ebene, und stets in der Nähe von Gewässern vorkommt.

Helix nemoralis L. *var. roseo-labiata.*

In grosser Menge in den Gärten Sachsenhausens namentlich zwischen dem ersten und zweiten Hasenpfade, und dort in intensiv gelber Färbung.

Selten gebänderte Exemplare, mit hellbraun gefärbten Bändern. Eine abweichende Form von geringeren Dimensionen und schmutzig gelber Färbung mit röthlichem Anfluge, sammelte ich unter Gras und Nesseln an dem Damme der Main-Neckar Eisenbahn. Daselbst auch var. roseo-labiata mit mehr weisslich gefärbtem Lippenrande, so dass schon durch die kleinere Gestaltung der Gehäuse, eine Verwechslung mit H. hortensis kaum vermeidlich, wenn hier nicht die Pfeile den einchlägigen Beweis der Art lieferten. Einer Varietät aus den Gehölzen in der Nähe der Mainkur, in dunkelrother Färbung, breitem schwarzem Mundsaume und violettem Innern, muss ich noch Erwähnung thun. Ich kann die Ansicht Clessin's durch vielfache Beobachtungen nur bestätigen, dass dichte Laubwaldungen dunkle, lichtere dagegen nur hell gefärbte Varietäten erzeugen. Die Nahrung und die geognostischen Verhältnisse mögen hierbei jedoch nicht ohne Einfluss bleiben.

Pupa Moulinsiana Dup.

An einem Wasserlauf bei Seckbach an Schilfblättern sitzend, wo diese seltene Art nur durch Abklopfen in einen Regenschirm zu erhalten war.

Limnaea glabra Müll.

Häufig bei Schwanheim und den Tümpeln in der Nähe des Buchrainweihers, und hier in ausgezeichneten Exemplaren bis zu 17 mm Länge.

Planorbis Rossmaessleri Auersw.

Selten in vorbemerkten Tümpeln des Buchrainweihers.

Bei dieser Gelegenheit kann nicht genugsam auf die Phryganeen-Hülsen aufmerksam gemacht werden, die man niemals ununtersucht lasse und durch die ich oftmals in den Besitz der seltensten Arten gelangte.

Sphaerium Scaldianum Norm.

Im Main nicht häufig.

Sphaerium corneum L.

Grosse typische Exemplare am Königsbrünnchen.

var. nucleus Stud.

Sehr häufig in fast kugelrunder, ausgezeichnet schöner Form, in den Tümpeln des Buchrainweihers und der Grastränke.

Calyculina Rykholtii Norm.

In grosser Anzahl in einem Wasserschlunde zwischen

der Mainkur und Bergen. Leider fand ich die Oertlichkeit zum Theil ausgetrocknet und die leeren Schalen in hohem Grade zerbrechlich. Die Frankfurter Conchyologen mache hiermit besonders auf diese seltene und noch an wenigen Orten beobachtete Bivalve aufmerksam.

Pisidium supinum A. Schm.

In wenigen Exemplaren im Maine bei Frankfurt.

Pisidium obtusale C. Pfr. mit *P. fossarinum* Cless. vereinzelt im Buchrainweiher.

Bei Untersuchung des Maingenistes fand ich noch manche interessante Arten, welche ich jedoch hier unerwähnt lasse, da ich das Geniste grösserer Wasserläufe für eine lokale Fauna von untergeordneter Bedeutung halte und es nur Aufschlüsse über die Vorkommnisse des ganzen Maingebietes geben kann.

Zur Pommer'schen Weichthierfauna.

Von

Ernst Friedel in Berlin.

1. Lebende Weichthiere.

Vgl. E. Friedel: Thierleben im Meer und am Strand von Neuvorpommern und Rügen in der Zeitschrift: „Der Zoologische Garten“ Bd. XXIII. Frankfurt a. M. 1882. — E. Friedel: Beiträge zur Kenntniss der Weichthiere Pommerns in: Mittheilungen aus dem naturwissenschaftlichen Vereine von Neu-Vorpommern und Rügen in Greifswald. Jahrgang 1882.

A. Tunicata.

1. *Molgula macrosiphonica* Kupffer, Kadetrinne und Plantagenetgrund vor der Halbinsel Dars und vor der Insel Zingst.
2. *Cynthia grossularia* van Beneden, wie zu 1.
3. *Cynthia rustica* Linné, wie zu 1.

B. **Conchifera.**

4. *Cardium fasciatum* Montagu. 1879 vor Zingst, 1881 vor Darserort gesammelt.

C. **Gastropoda.**

5. *Litorina litorea* Linné. Vor dem Dars.
6. *Litorina obtusata* Linné. Vor Darserort.
7. *Litorina rudis* Maton. Vor dem Dars.
8. *Nassa reticulata* Linné. Vor dem Dars.
9. *Fusus antiquus* Linné, ein subfossiles Exemplar am Fuss einer Düne bei Prerow nahe dem Darser Aussenstrand.
10. *Limnaea peregra* Müller. Aussenstrand von Zingst und Dars.

Cirrhipedia.

Balanus improvisus Darwin. Dars.

II. Fossile Weichthiere.

Vgl. die zu I. angeführten zwei Aufsätze. Ferner:

E. Friedel: Scrobicularia piperata und Balanus improvisus, in: Nachrichtsblatt der deutschen Malakozoologischen Gesellschaft. Jahrgang IX. 1877, S. 82—86.

E. Friedel: Erläuterungen zu einer Sammlung urgeschichtlicher und vorgeschichtlicher Gegenstände aus der Umgegend von Greifswald, in: Catalog der dritten vom baltischen Central-Verein für Thierzucht und Thierschutz veranstalteten Ausstellung vom 11.—15. März 1881 zu Greifswald, S. I.—VI.

a) **Aus der Scrobicularienschicht (Altes Meeres-Alluvium) bei Greifswald.**

A. **Gastropoda.**

1. *Litorina litorea* Linné.
2. *Litorina obtusata* Linné.
3. *Litorina rudis* Maton.
4. *Rissoa octona* Nilsson.
5. *Hydrobia Ulvae* Pennant.
6. *Trochus cinerarius* Linné.

B. Conchifera.

7. *Scrobicularia piperata* Bellonius.
8. *Scrobicularia alba* Wood.
9. *Mya arenaria* Linné.
10. *Mya truncata* Linné.
11. *Mytilus edulis* Linné.
12. *Cardium edule* Linné.
13. *Cardium rusticum* Chemnitz.
14. *Cyprina islandica* Linné.
15. *Tellina baltica* Linné.
16. *Ostrea Hippopus* Lamarck.

Von No. 1—16 leben überhaupt nicht mehr in der eigentlichen Ostsee No. 6 und 16, und leben nicht mehr in der Ostsee bei Greifswald No. 1—4, 7, 8 und 14.

b) **Aus der an die Scrobilarienschicht angrenzenden altalluvialen Süsswasser-Mergelschicht bei Greifswald.**

A. Gastropoda.

1. *Neritina balthica* Nilsson.
2. *Bythinia tentaculata* Linné.
3. *Paludina vera* von Frauenfeld.
4. *Planorbis corneus* Linné.

B. Conchifera.

5. *Cyclas cornea* Linné.

Marine Diluvialfauna in Berlin.

Ferd. Römer, Zeitschrift der deutschen geologischen Gesellschaft Bd. XVI. 1861 S. 611 ff. sagt bei einer Notiz über das Vorkommen von Cardium edule und Buccinum reticulatum im Diluvialkies bei Bromberg: „In jedem Falle ist die Auffindung von Meeres-Conchylien in dem Diluvium bei Bromberg eine bemerkenswerthe Thatsache, weil sie den Anfang zu der Auffindung der bisher ganz unbekannten marinen Fauna des norddeutschen Diluviums bildet, deren vollständigere Kenntniss allein uns eine genauere Einsicht in die Bedingungen, unter welchen der Absatz jener ausgedehnten und mächten Ablagerungen erfolgte, gewähren wird." Diese Aeusserung des berühmten Geologen wird es rechtfertigen, wenn ich auf zwei diluviale Funde von Schalen des *Cardium edule Linné* innerhalb des Weichbildes von Berlin aufmerksam mache. I. Vor einigen Jahren wurde bei den Ausschachtungen für die Thiergartenwasserwerke auf dem Hippodrom im bis dahin völlig unberührten Diluvialkies eine Schale jener Muschel gefunden. II. im Jahre 1881 fand ich bei den Ausschachtungen für den rechtsseitigen Landpfeiler der Stadteisenbahnbrücke, welche, vom Ende der zukünftigen Lüneburger Strasse nach Bahnhof Bellevue zu, über die Spree führt, durch eisenschüssigen Sand verkittet im unberührten Diluvium eine einzelne Schale von Cardium edule und ungefähr die Hälfte einer zweiten Schale.

Berlin, den 4. April 1882.

Ernst Friedel.

Einiges über die Daudebardien der Molluskenfauna von Cassel.

(Fortsetzung.)

Bei den Gehäusen der drei Arten fand ich als äusserste Grösse, wenn die leeren Schälchen mit der Mundöffnung nach unten auf einen Meterstab gelegt werden, nachfolgende Masse: D. rufa Drap. lang 5 mm, breit 3,5 mm erscheint als die grösste am gestrecktesten. D. brevipes Drap. sieht bei einer Länge von 4 bis 4,3 mm und einer Breite von 3 mm verhältnissmässig viel breiter aus, als sie in Wirklichkeit ist, während die D. hassiaca Cless., die nur 4 mm Länge und 2,8 mm Breite erreicht, mehr rundlich erscheint. In der Höhe sind Alle ziemlich gleich, nämlich 1 mm bis nur sehr wenig darüber.

In einem sehr interessanten Aufsatz, „Die Molluskenfauna von Budapest" Mal. Bl. N. F. Bd. IV. Seite 114 berichtet Herr Julius Hazay über den Jugendzustand der D. rufa. Der Verfasser hat im Frühjahr zehn Exemplare dieser Art gefunden, worunter zwei junge Thiere waren, die er Anfangs für Hyalinen hielt, weil das Thier in das kleine kreisförmige Gehäuse ganz eingezogen war. Er folgert hieraus, dass die Daudebardien sich bis zu einer gewissen Entwicklungsstufe in ihre Gehäuse zurückziehen können. Die Grösse dieser Gehäuse, bei welchen die drei Umgänge bereits vorhanden waren, gibt er mit 3 mm Länge und 2,5 mm Breite an. Auch ich halte nicht für unwahrscheinlich dass bei der Entwicklung dieser Schnecken ein Zeitpunkt existirt, wo das Gehäuschen das Thier vollständig deckt, doch dürfte dieser Zeitpunkt wohl in die allerfrüheste Jugend fallen und der Beobachtung schwer zugänglich sein. Alle jungen Thiere, welche ich gefunden habe, waren stets verhältnissmässig gross gegen das Gehäuse und konnten sich niemals in dasselbe zurückziehen. Zuweilen glaubte ich beim ersten Anblick derselben, Nacktschnecken darin zu erkennen, weil das sehr kleine durchsichtige Häuschen auf dem hinteren Ende der Thiere sich erst bei genauerer Besichtigung erkennen lässt. Die kleinsten Gehäuse, welche ich besitze, haben eine Länge von 2,3 mm und sind 2 mm breit, also kleiner als die obige Grössenangabe. Die drei rasch zunehmenden Windungen sind dabei wohl noch nicht vollständig vorhanden, doch ist der letzte Umgang bereits so charakteristisch erweitert, dass sich nicht gut eine Hyalina darin vermuthen lässt. Dass das Gehäuse nicht in dem Masse zunimmt, als das Thier wächst, glaube auch ich beobachtet zu haben, wenigstens ist der Grössenunterschied zwischen Gehäus und Schnecke am auffallendsten bei Thieren mit ausgebildeten Gehäusen. Diese heben sich dann auch viel auffallender von den auf sehr schmaler Sohle ziemlich schnell dahinkriechenden Thieren ab. Wahrscheinlich verhält es sich so, wie J. Hazay annimmt, dass die Vollendung

	Mk.		Mk.
bidens Chem.	0,10-20	Kleciachi Parr.	0,60-80
Cobresiana v. Alten . .	0,10-20	setigera Ziegl.	0,20-30
leucozona Ziegl.	0,10-20	Hermesiana Pini	0,20
hispida L.	0,10	phalerata Ziegl.	0,10-20
coelata Studer	0,10-20	var. chamaeleon Parr. .	0,10
rufescens Penn.	0,10-20	Schmidti Ziegl.	0,20
var. denubialis Clessin .	0,20	Preslii Schmidt	0,20
umbrosa Partsch . . .	0,10	var. nisoria Rossm. . .	0,20
villosa Drap.	0,10	cingulata Stud.	0,10-20
granulata Alder	0,10-30	var. colubrina Jan. . .	0,20-30
sericea Drap.	0,20	Gobanzi Fraufld.	0,20-30
lamiginosa Boissy . . .	0,30-40	tigrina Jan.	0,20
var. roseotincta Forbes	0,20-30	trizona Ziegl.	
glabella Drap.	0,30	intermedia Fér.	0,20
fusca Montg.	0,30-40	Ziegleri Schmidt . . .	0,20-30
revelata var. occidentalis Rcl.	0,40	cornea Drap.	0,20
montiraga Westl. . . .	1-1,20	caerulans Mühlf. . . .	0,30
cinctella Drap.	0,20-30	cyclolabris Desh. . . .	0,20-30
ciliata Venetz.	0,20-40	pellita Fér.	0,30-40
incarnata Müll.	0,10	lapicida L.	0,10
limbata Drap.	0,30-40	arbustorum L.	0,10
olivieri Fér.	0,20-30	vindobonensis C. Pfr. . .	0,10-20
cantiana Montg.	0,10-20	var. expallescens Ziegl.	0,10-20
carthusiana Müll. . . .	0,10-20	nemoralis L.	0,10
obstructa Fér.	0,20-30	var. roseolabiata . . .	0,10-20
fruticum Müll.	0,10	hortensis Müll.	0,10
„ var. fasciata . . .	0,20-30	sylvatica Drap.	0,10-20
fruticola Kreyn.	0,30-50	Coquandi Morel.	0,30-60
strigella Drap.	0,20	splendida Drap.	0,10
apennina Porro	0,20	———	
interpres Westl.	0,30-40	alonensis Fér.	0,20-30
Martensiana Tiberi . . .	0,20	carthaginiensis Rossm. . .	0,60-80
———		marmorata Fér.	0,40-60
Raspailli Payr.	0,60	balearica Ziegl.	0,30-50
Pouzolzi Mich.	0,40-60	vermiculata Müll. . . .	0,10-20
montenegrina Zgl. . . .	0,30-50	constantina Forbes . . .	0,30-40
Lefeburiana Fér. . . .	0,10-20	punctata Müll.	0,10-20
umbilicaris Brum. . . .	0,10-20	var. punctatissima Jen.	0,20-30
macrostoma Mühlf. . . .	0,30	lactea Müller	0,10-20
foetens var. achates Ziegl.	0,10-20	var. minor	0,20
„ „ ichthyomma Held	0,20	„ Lucasii Desh. . .	0,30
pyrenaica Drap.	0,30-40	Juilleti Terver	0,30-40
faustina Ziegl.	0,20	hieroglyphicula Mich. . .	0,20
„ var. Charpentieri Scholz	0,30-40	Dupotetiana Forbes . . .	0,30
setosa Ziegl.	0,30-40	Codringtoni Gray . . .	0,80-1
insolita Ziegl.	0,30	var. parnassia Roth . .	0,50-60

Bei **sofortiger** Baarzahlung erhalten Mitglieder des Tauschvereins 10 % Rabatt.

Gelder und Postpackete bitten wir speciell an Dr. **A. Müller** zu adressiren.

Briefe einfach an die **„LINNÆA", Naturhist. Institut**
Frankfurt a. M., gr. Eschenheimerstr. 45.

Druck von Kumpf & Reis in Frankfurt am Main.

LINNÆA
No. 32.

TAUSCH-CATALOG 1882 No. 4

der deutschen malakozoologischen Gesellschaft.

Binnen-Conchylien

aus dem paläarctischen Faunengebiet einschliesslich der atlantischen Inseln und der circumpolaren Zone

geordnet nach Dr. Kobelt's Catalog Ed. II Cassel 1881.
Die genaueren Fundorte werden auf den Etiquetten angegeben.

	Mk.
Testacella	
Maugei Fér. Schale . .	0,50-60
haliotidea Drap.	0,40-50
„ „ Thier in Alcohol	1-1,20
Daudebardia	
calophana Westl. Thier in Alcohol	2—3
halicensis „ Thier in Alcohol	2—3
Glandina	
algira L.	0,20-30
„ var. compressa Mouss.	0,20-30
Parmacella	
Deshayesii Moq. Schale .	0,60
Vitrina	
diaphana Drap.	0,20
alpestris Clessin	0,30-40
nivalis Charp. (Charpentieri)	0,30-40
elongata Drap.	0,20
brevis Fér.	0,20-30
pellucida Müll.	0,10-20
„ var. aff. annularis Tirol	0,20
major Fér.	0,10-20
Hyalinia	
incerta Drap.	0,20-40
olivetorum Gmel. . . .	0,20-40
cellaria Müller	0,10-20
Draparnaldi Beck . . .	0,20-30
glabra Studer	0,20-30
Jebusitana Roth	0,30-50
nitens Mich.	0,10-20
nitidula Drap.	0,10
frondocula Mouss. . . .	0,10
pura Alder	0,10
radiatula Gray	0,10
var. petronella Charp. . .	0,10-20
excarata Beau „ . . .	0,40-50
crystallina Müll.	0,10
var. subterranea Bourg.	0,10-20
subrimata Reinhardt . .	0,10-20
fulva Drap.	0.10
nitida Müll.	0,10

	Mk.
Zonites	
verticillus Fér.	0,10-20
algirus L.	0,30-50
albanicus Ziegl.	0,30-50
croaticus Partsch . . .	0,20-40
carniolicus Ad. Schmidt .	0,20-30
acies Partsch	0,20-40
Leucochroa	
Boissieri Charp.	0,30-40
filia Mousson	1-1,20
fimbriata Bourg.	1-1,20
candidissima Drap. . . .	0,10-30
baetica Rossm.	0,50
cariosula Mich.	0,20
Otthiana Forbes . . .	0,30-40
Patula	
rupestris Drap.	0,10
var. chorismenostoma Blc.	0,20-30
hierosolymitana Bourg. .	0,20
pygmaea Drap.	0,10-20
ruderata Studer	0,10
rotundata Müll.	0,10
solaria Menke	0,10-20
semiplicata Pfr. Madeira	0,30-50
Janulus	
bifrons Lowe Madeira	0,50-60
stephanophora Desh. „	0,30
Helix	
lenticula Fér.	0,10
lens. Fér.	0,30
var. lentiformis Zgl. .	0,20-30
barbula Charp.	0,30-40
turriplana Morelet . . .	0,30-40
corcyrensis Partsch . . .	0,30
angigyra Jan.	0,20
obvoluta Müll.	0,10
holosericea Stud. . . .	0,20
triaria Friv.	0,20-30
nautiliformis Porro . . .	1
personata Lam.	0,10 20
aculeata Müll.	0,10-20
lamellata Jeffr.	0,20
costata Müller	0,10
var. pulchella Müll. . .	0,10

des Gehäuses in das zweite Lebensjahr fällt. Bei vielen meiner Gehäuse war da, wo sich der letzte, sehr erweiterte Umgang nur noch in gerader Richtung fortgebildet hatte, ein deutlicher Ansatzstreifen quer über die flache Wölbung zu sehen. Bis zu diesem Ansatzstreifen war der Bau des Häuschens möglicher Weise im ersten Lebensjahre gekommen, hatte dann während des Winters geruht und war im Frühling des zweiten Lebensjahres vollendet worden. Hoffentlich gelingt es mir in den jetzt kommenden Monaten bei dieser Gattung, welcher ich meine besondere Aufmerksamkeit zuwenden werde, weitere Beobachtungen machen zu können.

Cassel, März 1882.

F. H. Diemar.

Nordostaustralische Litoralfauna.

J. E. Tenison-Woods gibt in den Proceedings of the Linnean Society of New-South-Wales, Band V. 1880 S. 107—131 eine allgemeine Schilderung der Litoralfauna der Nordostküste Australiens, speziell der Küste von Trinity Bay bis Endeavour River, 17—15° Südbreite, aus welcher hier ein kurzer Auszug mit besonderer Berücksichtigung der Conchylien nicht unwillkommen sein dürfte:

1. Felsen-Fauna. Die Felsen sind vulkanisch oder Granit, oft auffällig arm an thierischen Bewohnern, wie auch an Seepflanzen. Bei Island Point, Port Douglas, dagegen sind die grossen schwarzen Felsblöcke buchstäblich bedeckt mit *Ostrea cucullata* Born. = *cornucopiae* Chemn.; ferner ist *Planaxis sulcatus* daselbst häufig und lebt dort ganz wie eine Litorine, wird auch von den Ansiedlern in bedeutender Menge abgesotten gegessen und periwinkle genannt (wie Litorina litorea in England). Litorinen selbst sind im tropischen Theil von Australien weit weniger zahlreich als im südlichen; die Art, welche der Verfasser für

L. caerulescens Lam. und identisch mit Mauritiana vom Cap hält, ist am grössten in Tasmanien, mit runzligen Anwachsstreifen, und nur vereinzelt an der Nordostküste; L. pyramidalis Q. und G. ist am grössten bei Port Jackson, fehlt im südlichen Tasmanien und wird bei Port Douglas kaum $^1/_4$ so gross als bei Port Jackson. Ferner gehört hierher *Acmaea marmorata* T. Woods, sie erstreckt sich von Tasmanien bis Cap York, ist aber umgekehrt im Norden, im tropischen Klima, bedeutend grösser; auch in der Färbung variirt sie sehr, ist aber immer an dem braunen spatelförmigen Fleck der Innenseite wiederzuerkennen. — *Acmaea septiformis* Q. und G., sehr ähnlich der nordischen testudinalis L., ist ebenso weit verbreitet und auch in der Grösse variabel, aber doch ändert sich die Durchschnittsgrösse hier nicht mit der geographischen Breite, wie es bei den vorhin erwähnten Arten der Fall ist. Seltener ist eine ächte *Patella*, vielleicht *tigrina* Gmel., sie lebt an den äussersten Felsen, und so dass sie auch bei niedrigem Wasser noch vom Spritzen der Wellen erreicht wird. Weit häufiger ist eine weissrippige *Siphonaria*, wahrscheinlich zu *S. Diemenensis* gehörig und an der ganzen Ost- und Südküste Australiens verbreitet; diese Gattung gehört wesentlich der südlichen Erdhälfte an. *Nerita costata*, *polita*, *grossa* und *albicilla* finden sich bei Port Douglas meist über der Fluthgränze, in Gruppen von 20—30 Stück, polita in der Zeichnung unendlich variirend. Ferner finden sich an den Felsen *Chiton spinosus*, *Purpura tuberculosa*, eine *Chama* und ein *Spondylus;* dagegen fehlen hier schon die *Trochocochleen (Tr. australis*, *odontis* und *constricta*), welche in Südaustralien auf jedem Felsen zu sehen sind, diese werden hier von den schon genannten Neriten ersetzt, sowie von tropischen Trochus-Arten wie *Tr. labio*, *Niloticus* und *caerulescens.* In den Vertiefungen, wo das Meerwasser beständig bleibt, finden sich einige tropische *Conus*-Arten,

z. B. *hebraeus*, *textile*, *capitaneus*, und häufig *Cypraea arabica*.

2. Fauna der Mangle-Dickichte, Sumpfflächen, bedeckt von *Bruguiera Rheedii* und stellenweise, namentlich am Aussenrand auch *Aegiceras majus*, während in Südaustralien *Avicennia tomentosa* vorherrscht; die am meisten charakteristischen Thiere sind hier die Krabbengattung *Gelasimus* und die springenden Fische, *Periophthalmus australis*. Von Mollusken sind häufig *Nerita lineata* und *atropurpurea (planospira Phil.)*, die erstere häufiger und viel von den Eingeborenen gegessen, so dass man grosse Haufen der leeren Schalen und selbst Häufchen von Deckeln derselben stellenweise findet, ferner *Cassidula angulifera*, *Cerithium sulcatum*, *Cerithidea decollata* und *Litorina scabra*. Die Neriten finden sich hauptsächlich an den Wurzeln der genannten Stauden, zuweilen aber auch hoch hinauf an den Stämmen, ebenso Cassidula; *Cerithidea decollata* öfter an kleinen Stämmen von Melaleuca leucodendron, welche auf den überflutheten Flächen ausserhalb des Randes der Manglebüsche wächst. *Litorina scabra* findet sich auch noch bei Port Jackson auf Avicennia, verschwindet aber, wo die Mangledickichte aufhören; sie ist die dünnste aller hier vorkommenden Meerschnecken, man könnte sie deshalb fast für eine Süsswasserschnecke halten, doch findet sie sich nur da, wo das Wasser in der Regel salzig ist, wenn auch zeitweise, während der Ebbe, das Süsswasser überhandnimmt. (Der Verfasser wundert sich, dass in den Mangledickichten neben den dickschaligen Neriten und Cerithien diese auffallend dünnschalige Litorina und auch die dünnschalige Cerithidea decollata leben, aber nach meinen Erinnerungen aus dem indischen Archipel kriechen gerade diese zwei dünnschaligen Schnecken höher an den Stämmen der Manglebäume hinauf, Litorina scabra selbst bis auf die Blätter hinaus, während die dickschaligen

Neriten, Auriculaceen, Cerithium palustre und sulcatum unten an den Wurzeln bleiben.) Die grosse dickschalige *Cyrena Jukesi* Desh. endlich ist weit verbreitet an der Nordostküste Australiens, eingegraben in den Schlamm, im Bereich des Salzwassers, in Brackwasserkanälen, Flussmündungen und Manglesümpfen; sie wird von den schwarzen Eingeborenen als Speise geschätzt und man findet daher öfters Haufen von leeren Schalen derselben am Rande der Sümpfe.

3. Fauna der Korallenriffe, meist mehr als 12 Stunden von 24 unter Wasser: Litoralschnecken, wie *Patella*, *Litorina*, *Planaxis* und *Nerita* sind daher hier selten, höchstens noch eine *Siphonarie*, die vorherrschendsten Formen sind *Pterocera lambis* und *Strombus Luhuanus*, *Cypraea Arabica*, *lynx* und *annulus*, nicht so häufig *C. tigris*, *Conus literatus* sehr gemein, ferner *C. marmoreus*, *generalis*, *hebraeus*, *textile* und *capitaneus*, von Bivalven am meisten charakteristisch *Hippopus maculatus*, sehr zahlreich zu beiden Seiten der Riffe, lose liegend, variabel in Form und Farbe, auch in der Farbe der Weichtheile, ferner *Tridacna squamosa*, mehr oder weniger eingebettet in Höhlungen der Korallenmasse, ungestört weit klaffend und die schön blau und grünen Mantelfranzen zeigend; der Verfasser gerieth öfters mit dem Fuss in eine solche Tridacna, sie schliesst sofort und hält fest, aber ein Messerstich in den Schliessmuskel befreite ihn bald. Die grössere *Tridacna gigas* findet sich mehr an den Rändern der Riffe, ebenso die grossen *Trochus Niloticus* und *caerulescens*. Sehr gemeine Bivalven der Korallenriffe sind auch *Asaphis rugosa* und *Circe crocea*. *Ostrea cucullata* Born findet sich zahlreich auf abgestorbenen Korallenblöcken, welche über das Riff hervorragen. Endlich sind die Riffe sehr reich an See-Igeln, Holothurien und Schlangensternen.

(Referent möchte noch hervorheben, dass die Schilderung

dieses Thierlebens, namentlich auf den Korallenriffen, aber im Grossen und Ganzen auch die der Mangledickichte, weniger die der eigentlichen Felsen mit seinen eigenen Erfahrungen im malayischen Archipel, z. B. Singapore, Java, Batjan, Flores, Timor, zusammenstimmt, vgl. Mal. Blätt. 1863. Korallenriff und Manglesumpf sind eben eine rein tropische specifische Facies der Meeresfauna und durch das ganze tropische Gebiet ähnlich, Felsenküsten finden sich unter allen Breiten, nackte Felsenklippen in den Tropen vielleicht am wenigsten, und desshalb ist deren Fauna hier in Nordost-Australien mehr speziell australisch, nicht allgemein tropisch oder indopacifisch. Uebrigens ist auch eine Siphonarie, *S. stellata* Helbling = *exigua* Sow., weit verbreitet im malayischen Archipel, auf Steinen.)

Martens.

Nacktschnecken aus Griechenland, den Jonischen Inseln und Epirus.

I. Eine neue Amalia aus Griechenland.

Von

Paul Hesse.

Amalia Kobelti n. sp.

Char. Animal gracile, postice brevissime acuminatum, dorso acute carinato; clypeus anticus, tertiam partem corporis aequans, postice sinuatus, granulosus, flavidus unicolor, sulco circulari instructus. Solea tripartita, pars interna caeruleo-alba, externae parum angustiores lutescentes. Dorsum flavidum, latera corporis clariora, carina albida; sudor flavidus. Caput cinereum, tentacula lineaeque colli utrimque nigricantia.

Long. 35, lat. 3 mm.

Hab. In monte „Lykabettos“ prope Athenas in fissuris rupium unicum tantum specimen legi.

Das Thier, von dem ich demnächst eingehendere Beschreibung und Abbildung geben werde, war im Leben orangegelb, an den Seiten graugelb, aber ganz einfarbig, ohne irgend welche Flecke oder Streifen; die Seitenfelder der Sohle waren deutlich schwefelgelb.

II. Nacktschnecken aus Epirus und von den Jonischen Inseln.

Von

Dr. O. Böttger.

Anknüpfend an den interessanten, eben gemeldeten Fund Hesse's erlaube ich mir über eine zweite Art Amalia, die Freund Hesse während seiner diesjährigen Sammelreise auf der Insel Corfu in einem Exemplar erbeutete, und die mir zugleich in mehr erwachsenen Stücken von Prevesa zugeschickt worden war, und ausserdem über zwei Limax-Arten, die ich gleichfalls aus Epirus erhielt, zu berichten.

Die letztgenannten, in Alkohol conservirten, prächtig erhaltenen Schnecken verdanke ich der Güte des Hrn. Nic. Conéménos, Kaiserl. Türkischem Consul in Patras und dessen Sohne Hrn. César Conéménos in Prevesa. Sie sind sämmtlich in dieser Stadt selbst und in deren unmittelbarer Umgebung von Hrn. C. Conéménos im April dieses Jahres gesammelt und mir zugeschickt worden.

Die betreffenden Nacktschnecken gehören zu folgenden drei Arten:

Amalia Hessei n. sp.

Char. Habitu intermedia inter A. marginatam Drap. et gagatem Drap., ambabus minor, apice caudae obtusiore quam A. gagatis, acutiore quam A. marginatae, rugis corporis sub apertura pulmonali confertioribus, colore laetiore quam A. gagatis semperque signo nigro ω-formi in clypeo ornata. Pars interna soleae distincte latior quam A. marginatae gagatisque.

Animal modicum, breve, altum crassumque, clavato-fusiforme, media parte latissimum; clypeus $^2/_5$ longitudinis corporis aequans; tergum totum acute carinatum; cauda compressa, distincte acuminata. Pars interna soleae tripartitae latitudine dupla partem utramque externam superat. Series rugarum ab incisione orificii pulmonalis usque ad apicem posticum distincte emarginatum clypei 14—15. Maculae texturae tergi magnae, forma irregulares, prope carinam minores elongataeque, rugulosae; sulci angustissimi. Totum sordide flavescens, supra zonula angusta mediana longitudinali nigrescente, ad latera diluta pictum, capite cinereo-nigro, clypeo signo ω-formi nigro ornato, sulcis macularum texturae tergi distinctius nigrescentibus, carina tota flavida, solea unicolore. Sudor vitreus.

Körperlänge **19**, Breite 5,25, Höhe **5,5** mm. Von der Kopfspitze bis zum Schilde **1,25**, Schildlänge **7**, vom Schild bis zur Schwanzspitze **10,75** mm. Grösste Schildbreite **5,25**, Breite der Sohle **4,5** mm. Von der Athemöffnung bis zum Vorderende des Schildes 5,25, bis zum Hinterende **4** mm.

Hab. 4 der vorliegenden bis zu 20 mm langen Stücke stammen von Prevesa in Epirus (Conéménos), ein junges Exemplar von Gasturi auf Corfu (Hesse).

Ich habe das letztgenannte Stück mit den epirotischen Exemplaren vergleichen und keinen Unterschied zwischen beiden Formen beobachten können. Herr P. Hesse schreibt mir über das corfiotische Stück:

„Nach meinen an Ort und Stelle nach dem lebenden Thier gemachten Notizen unterliegt es keinem Zweifel, dass die einfarbige Art vom Lykabettos (A. Kobelti) von der Form von Corfu wesentlich verschieden ist. Die Corfiotin ist offenbar noch sehr jung. Ich habe mir notirt, dass das Thier lebend ausgestreckt 26 mm Länge hatte, und dass es die eigenthümliche, freilich sehr blass pfirsichblüthrothe Färbung der A. marginata, sowie nahezu auch deren Schildzeichnung — Schild mit je einem Seitenstreifen, die sich vorn vereinigen — hatte. Schleim wasserhell. Ein Vergleich mit einer jungen A. marginata ergibt allerdings, dass die letztere etwas intensiver gefärbt ist, und, was mir am meisten auffällt, meine Corfiotin hat in den weissen Seitenfeldern der Sohle zahlreiche schwefelgelbe Pigmentpunkte, von denen das blaugraue Mittelfeld ganz frei ist."

Was die Unterscheidung dieser Species, die ich meinem Freunde Herrn P. Hesse mit besonderer Genugthuung dedicire, von den übrigen palaearctischen Arten anlangt, so ist die oben von Hesse beschriebene zweite griechische Art A. Kobelti einfarbig, viel gestreckter mit viel schmälerem mittlerem Sohlenfeld, hat gelblichen Schleim und erinnert, abgesehen von der viel helleren und ganz abweichenden Färbung, vielleicht noch am meisten an die schlanke A. gagates Drap. A. marginata Drap. ist zwar namentlich in Färbung und Zeichnung unläugbar recht ähnlich, aber weit plumper gebaut, mehr cylindrisch, nach hinten zu weit weniger zugespitzt; die Runzelfurchen sind bei ihr weniger vertieft und daher schwieriger zu zählen, Rücken und Seiten erscheinen kräftig schwarz bestäubt, ja fein gefleckt, und nicht blos in den Runzelfurchen, sondern auch auf dem Rücken der Runzeln selbst geschwärzt; endlich, was besonders charakteristisch ist, das Schild der neuen Art zeigt vor seiner hinteren Ausrandung eine stets sehr deutliche dunkle Medianlinie, die der A. marginata, so weit ich weiss, constant zu fehlen scheint. A. cristata (Kal.) aus der Krim und A. Raimondiana Bgt. aus Oran haben nur 9—10, A. Retowskii Cless. aus der Krim hat nur 12—13 Furchenfalten, von der Incisur des Athemloches bis an die hintere Ausrandung des Schildes gerechnet. Alle genannten Arten haben überdies wesentlich andere, dunkle Färbungen. A. gagates Drap. hat zwar auch etwa 13—14 Furchenfalten, wie unsere neue Art, aber das Thier derselben ist weit schlanker, und die Färbung ist uniform und gleichfalls wesentlich dunkler.

Nennen wir a die Sohlenbreite, b die Schildbreite, c die Schildlänge und d die Gesammtkörperlänge, so zeigt sich das Verhältniss von a : b : c : d bei Spiritusexemplaren von

A. gagates durchschnittlich wie 1 : 1,42 : 2,19 : 5,81;
„ marginata „ „ 1 : 1,21 : 1,71 : 4,41;
„ Hessei „ „ 1 : 1,17 : 1,56 : 4,22;

wodurch die Aehnlichkeit der neuen Art mit A. marginata zwar bewiesen wird, aber auch die wesentlich grössere Sohlenbreite von A. Hessei gut zum Ausdruck kommt.

Limax variegatus Drap.

Diese im ganzen Orient häufige und wahrscheinlich ursprünglich sogar von hier stammende schöne Art scheint auch in Epirus die häufigste ihres Geschlechtes zu sein. Nicht weniger als 9 Stücke, darunter vier noch sehr jugendliche, liegen von Prevesa vor.

Die epirotische Form dieser veränderlichen Art ist sehr lebhaft gefärbt und verhältnissmässig dunkler als gewöhnlich. Immer ist der Kiel, häufig auch die ganze Medianlinie des Rückens gelb gefärbt — ein Charakter, der hier weit häufiger zum Ausdruck kommt, als sonst gewöhnlich — und der Schild ist meist nur mit wenigen scharfen gelben Flecken besprengt und blos gegen die Ränder hin heller; die grauschwarze Färbung des Rückens überwiegt oft gegenüber der darauf gestreuten gelben Fleckzeichnung. Ganz junge Thiere sind geradezu auffallend dunkel zu nennen, ganz alte aber hell und mit matter Zeichnung. Reste des tief orangegelben Schleimes bedecken alle vorliegenden Thiere. Das grösste derselben, das noch überdiess durch eine Bifurcation der Schwanzspitze merkwürdig ist, zeigt 54 mm Länge in Spiritus.

Limax Conemenosi n. sp.

Char. Aff. L. cinereo List., sed distincte robustior, carinula caudae multo breviore, rufescenti-cinereus, supra punctis aterrimis, zonula clara circumscriptis, nullo modo inter se confluentibus undique elegantissime sparsus.

Animal maximum, robustum, media parte corporis latissimum; clypeus postice distincte angulato-protractus; cauda brevissime carinata, acuminata, carinula concolore. Pars interna soleae tripartitae concoloris latitudine externis fere aequalis. Series rugarum ab incisione orificii pulmonalis usque ad apicem posticum clypei 19—21. Maculae texturae tergi angustae, transverse leviter rugosae, medio in tergo sat irregulares sulci angusti, parum profundi. Supra rufescenti-cinereum; clypeus tergumque maculis parvis rotundis aterrimis ambitu clariore circumscriptis irregulariter magis minusve dense adpersa; infra albidum unicolor.

Körperlänge 62, Breite 17, Höhe 17 mm. Von der Kopfspitze bis zum Schilde 0, Schildlänge 22, vom Schild bis zur Schwanzspitze 40 mm. Grösste Schildbreite 15½, Breite der Sohle 8½ mm. Von der Athemöffnung bis zum Vorderende des Schildes 15, bis zum Hinterende 11 mm.

Hab. Ich erhielt von Herrn C. Conéménos 6 Exemplare dieser wahrhaft prachtvollen Art aus Prevesa, die ich mich freue ihm zu Ehren benennen zu können. Die Spezies ist zwar im Grossen und Ganzen dem L. cinereus List. unzweifelhaft recht ähnlich und wohl auch nahe verwandt —

sie gehört zweifellos in dessen Gruppe —, aber die kräftigere, gedrungenere Statur, der kürzere Schwanzkiel und die so constante, ganz von der mitteleuropäischen Species verschiedene Färbung und Zeichnung mit kleinen, isolirten, nahezu runden, mit hellem Hof umgebenen, tiefschwarzen Fleckchen weichen doch ganz wesentlich ab und machen die Form zu der farbenschönsten Art, die bis jetzt aus Europa beschrieben worden ist. Manche Stücke zeigen, wenn diese Punktflecken in 12 und mehr undeutliche Längsreihen geordnet erscheinen, ganz die Färbung des Felles vom Serwal oder von der Tüpfelkatze. Die Zahl der Runzelfalten des Rückens stimmt übrigens mit der von L. cinereus List. überein.

Da die Herren Coneménos ihre Bemühungen im Aufsuchen von Nacktschnecken in Griechenland, die bereits von so schönen Erfolgen begleitet waren, fortzusetzen gesonnen sind, so dürfen wir bald noch weitere interessante Bereicherungen der griechischen Fauna in dieser Richtung erhoffen.

Helix personata Lk. im Taunus.

Herr Dr. Kobelt gibt in den Jahrbüchern der Nassauischen Gesellschaft für Naturkunde, Jahrgang 25 bis 26, S. 105 an, dass Helix personata, Lk. im Taunus, von den Frankfurter Sammlern noch nicht gefunden worden sei; nur Herr Wiegand wolle! ein todtes Exemplar auf der Ruine Reifenberg gefunden haben. Herrn Dr. Kobelt scheint nun dies zweifelhaft, da die Schnecke immer in Gesellschaft vorkomme und sich also wohl auch dort mehr Exemplare hätte finden müssen. Nun habe ich im März dieses Jahres auf dem Falkenstein bereits ein todtes Stück gefunden und war neuerdings anfangs Juni so glücklich die Art auch lebend, allerdings nur in einem Exemplar, an derselben Stelle aufzufinden.

Die Fundstelle erreicht man, wenn man den Weg zur Ruine einschlägt, und die Kapelle rechts liegen lässt. Alsdann ist es der erste Weg links, den man gehen muss und in ungefähr $^2/_3$ des Wegs ist der Platz rechts vis-à-vis einer aus drei Eichen in mitten des Wegs gebildeten Baumgruppe. Von dieser Baumgruppe zwei Schritte fand ich das Stück rechts am Grunde dort wachsender Buchen. Der Weg führt durch ein Thälchen, welches rechts aus Steingerölle und Felsen gebildet wird, auf denen sich die Ruine Falkenstein befindet.

Der viel verkannte Herr Wiegand hat denn doch einmal recht gehabt!

Interessant ist vielleicht auch, dass ich auf dem Falkenstein, 1879, Clausilia lineolata Held in einem lebenden Stück fand, die meines Wissens im Taunus bis jetzt nur am Hattstein gefunden war.

Em. Heusler.

Bockenheim, den 2. Juli 1882.

Literaturbericht.

Neues Jahrbuch für Mineralogie, Geologie und Palaeontologie. 1 Beilage Band.

p. 1. *Maurer, Fr.*, Palaeontologische Studien im Gebiet des rheinischen Devon. — 4. Der Kalk bei Greifenstein. — Mit Tafel 1—4.

p. 239. *Steinmann, Gustav*, zur Kenntniss der Jura- und Kreideformation von Caracoles (Bolivia). Mit Tafel 9—14 und 4 Holzschnitten.

Bulletino della Società malacologica italiana. Vol. VII.

p. 203. Processo verbale delle Adunanze straordinaria tenute in Venezia i giorni 20 e 21 Settembre 1881.

p. 208. *Issel, A.*, della Pupa amicta Parreyss come Indizio di antichi livelli marini.

p. 213. *Strobel, P.*, sulla Campylaea, spiegazioni.

p. 221. *Paulucci, M.*, Descrizione di una nuova specie del genere Acme. (Acm. Delpretiana).

p. 226. *Brusina, S.,* Rettifica.

p. 228. —, le Pyrguline dell 'Europa orientale.

Amtliche Berichte über die internationale Fischereiausstellung zu Berlin 1880. IV. Fischereiproducte und Wasserthiere, von Dr. H. Dohrn. Berlin 1881.

Enthält p. 18—38 den Bericht über die ausgestellten Mollusken und ausser zahlreichen Notizen über essbare Mollusken und Verwendung von Schalen, welche eines Auszuges nicht wohl fähig sind, auch ein bisher noch nicht publicirtes Verzeichniss der Süsswasserconchylien der Mark Brandenburg von Reinhardt und ein Verzeichniss der essbaren Mollusken des Mittelmeeres. Angehängt ist ein Aufsatz über die Perlen von Friedländer und Dr. Nitsche, von welchem besonders die zweite, von Dr. Nitsche stammende Abtheilung sehr werthvolle Angaben über die sächsische Perlenfischerei enthält. — Wir bringen dieselbe oben in extenso zum Abdruck.

Locard, Arnould, Etudes malacologiques sur les Dépôts prehistoriques de la Vallée de la Saône. In: Annales de l'Academie de Macon, V. Serie, Tome 4.

Als neu wird Hel. ararensis aus der Gruppe der hispida beschrieben; Hel. pomatia tritt zum ersten Male auf, während aspersa, die vielleicht erst im Mittelalter eingeführt wurde, noch fehlt.

Smith, Edgar A., on the Freshwater Shells of Australia. In Linnean Societys Journal Zoology vol. XVI. p. 255—317, pl. V.—VII.

Der Autor zählt aus Australien 155 Süsswassermollusken auf, von denen 52, also über ein Drittel, auf Physa entfallen. Nur wenige Arten sind nicht eigenthümlich; es sind meistens Kosmopoliten, wie Melania tuberculata oder doch weit durch die Tropen verbreitete Formen, wie Mel. amarula, Neritina crepidularia, N. pulligera. Von den tropischen Gattungen fehlt Ampullaria ganz, auch Anodonta, Melanopsis, Batissa, Valvata sind unvertreten; dagegen finden wir auffallenderweise je einen Vertreter der afrikanischen Physopsis und der südamerikanischen Mycetopus. — Als neu beschrieben und abgebildet werden: Melania queenslandica p. 261 t. 5 fig. 11 von Queensland; — Mel. Elseyi ibid. fig. 12 ohne genaueren Fundort; — Mel. subsimilis p. 262 fig. 13 desgleichen; — Vivipara tricincta p. 265 t. 7 fig. 16 von Nordaustralien; — V. dimidiata fig. 17 von ebenda; — Bithinia australis p. 267 t. 7 fig. 18 von ebenda; — Hydrobia Brazieri p. 269 t. 7 fig. 21 von Neusüdwales; — H. Petterdi p. 270 t. 7 fig. 23 von ebenda und Queensland; — H. Angasi p. 271 t. 7 fig. 22 von Victoria; — Limnaea Brazieri p. 274 t. 5 fig. 15 von Sydney; — L. Victoriae p. 274 t. 5 fig. 16 von Victoria; — Physa Lessoni = novaehollandiae Lesson nec Blv. vom Maquarie River; — Ph. Grayi p. 277 t. 5 fig. 25 = novaehollandiae Gray nec Blv., ohne sicheren Fundort; — Ph. gracilenta p. 285 t. 6 fig. 20 von Queensland; — Ph. producta p. 286 t. 6 fig. 21 vom Clarence River; — Ph. Brazieri p. 286 t. 6 fig. 22 von Sydney; — Ph. queenslandica p. 287 t. 6 fig. 23 von Queensland; — Ph. Quoyi p. 288 t. 6 fig. 24 von King Georges Sound; — Ph. Etheridgii p. 288 t. 6 fig. 25 von Victoria; — Ph. breviculmen p. 290 t. 6 fig. 26 von Südwestaustralien; — Ph. tennuilirata p. 291 t. 6. fig. 27 vom Swan River; — Ph. exarata p. 292 t. 6 fig. 28 von Port Essington; — Planorbis Essingtonensis p. 294 t. 6 fig. 33—35 von Port Essington; — Pl. macquariensis p. 295 t. 7 fig. 4—6 von Neusüdwales; — Segmentina australiensis p. 296 t. 7 fig. 7—10 von Neusüdwales; — S. Victoriae p. 296 t. 7 fig. 11—13 von Victoria; — Corbicula Deshayesii p. 303 t. 7 fig. 28—29 von Nordaustralien; — C. sublaevigata. p. 304 t. 7 fig. 30—31 von Lochinvar; — Sphaerium queenslandicum p. 305 t. 7 fig. 33 von Queensland; — Sph. Macgillivrayi p. 305 t. 7 fig. 34 von Neusüdwales; — Pisidium Etheridgii p. 306 t. 7 fig 35 von Victoria. —

Benoit Cav. Luigi, Nuovo Catalogo delle Conchiglie terrestri e fluviatili della Sicilia, o Continuazione alla Illustrazione sistematica critica iconografica de' Testacei estramarini della Sicilia Ulteriore e delle Isole circostanti. — Messina 1882. 8⁰ 176 pp.

Wie der Titel besagt, beabsichtigt der Autor mit diesem Werkchen vorzüglich seine Iconographie der sicilianischen Binnenconchylien zu Ende zu führen und somit die schon seit geraumer Zeit fertig gestellten Tafeln wissenschaftlich brauchbar zu machen. Leider steht der Verfasser bezüglich der Systematik noch ganz auf dem veralteten Standpunkt den er in seinem Hauptwerk einnimmt, und hat. von der neueren Literatur, wie es scheint, wenig zu Gesicht bekommen, was der Brauchbarkeit der Arbeit sehr erheblichen Eintrag thut. Die Zahl der beschriebenen Arten beläuft sich auf 266, welche sich auf 31 Gattungen vertheilen. Als neu beschrieben werden: Azeca silvicula p. 82 aus den Madonien; — Caecilianella Villae p. 89 von Palermo; — C. cristallina p. 90 von Messina; — C. spadaforensis p. 90 aus dem Genist des Spadafora; — C. maretima p. 91 von der Insel Maretimo; — C. splendens p. 91 von S. Martino bei Monreale; — C. montana p. 92 vom Mte. Petroso bei Palermo; — C. elegans p. 92 von Palermo; — Succinea Sofiae p. 122 von Mazzara; — Limnaea Mandraliscae p. 127 und L. minima p. 128 aus den Madonien; — Physa Aradae p. 133 Illustr. t. 7 fig. 2 aus dem Oreto und von Calatafimi; — Ph. Bourguignati p. 133 Illustr. t. 8 fig. 14 von Mazzara; — Ph. oretana p. 134 aus dem Oreto; — Ph. Alessiana p. 135 von ebenda; — Planorbis Benoiti Bgt. p. 137 von Corléone; — Ancylus Dickinianus p. 148 aus dem See von Lentini; — Pomatias Caficii p. 154 von Rocca della Petrazza bei Palermo; — P. sylvanus p. 155 aus den Madonien; — P. Agathocles p. 156 ohne bestimmten Fundort; — P. megotinus p. 156 Illustr. t. 6 fig. 25 von Palermo und Syracus; — Hydrobia ortygia p. 159 aus der Arethusa in Syracus; — H. Calcarae p. 160 von Marsala; — Bythinia Anapensis p. 101 aus dem Anapo; — Amnicola siculina p. 103 Illustr. t. 7 fig. 22 von Palermo. —

Le Naturaliste 4me Année No. 9.

p. 68. *Ancey, C. F.,* Coquilles nouvelles ou peu connues. (Neu Pachydrobia spinosa var. acuminata. — Für Hel. Caldwelli Benson und Vinsoni Desh. wird die neue Untergattung Stenophila vorgeschlagen.)

p. 70. *Granger, Alb.*, les Coquilles rares (Suite). Les Melanies.

Der zoologische Garten. Jahrg. XXIII. No. 3.

p. 86. *Senoner, A.*, die Austern- und Miessmuschelzucht. Enthält ein eingehendes Referat über Issels: Istruzioni pratiche per l'ostricultura.

— No. 5.

p. 157. *Noll, Dr. C. F.,* Micrococcus conchyliophorus. Vorläufige Mittheilung. — Wir bringen diese interessante Beobachtung in extenso zum Abdruck.

The American Naturalist 1882.

p. 56. *Discoveries of the U. S. Fish-Commission* on the Southern Coast of New England. Bericht über Verrills betreffende Arbeit.

p. 158. *Cope E. D.*, Invertebrate Fossils from the Lake Valley District, New Mexico. — Enthält die vorläufige Aufzählung der von Miller in dem silberführenden Kohlenkalk von Neu-Mexico erkannten Fossilen, darunter zahlreiche neue Brachiopoden, deren Beschreibung nachfolgen wird.

p. 231. The Distribution of North American Fresh water Mollusca — Besprechung von Wetherby's Arbeit.

p. 233. Verrills Cephalopods of the Northeastern Coast of America.

p. 244. Bythinia tentaculata. — Notizen über deren Ausbreitung von W. M. Beauchamp.

p. 369. *Call, R. Elsworth*, the Loess of North America. Wendet sich entschieden gegen Richthofens Theorie, für die sich bei dem Löss des Missourithales nicht der geringste Anhalt finde; die Lössmolluskenfauna zählt Vertreter von elf Süsswassergattungen gegen dreizehn Landmolluskengattungen (wobei noch verschiedene Untergattungen von Helix als selbstständig gerechnet werden).

p. 400. *Call, R. Elsworth*, Note on the geographical distribution of certain Mollusks. — Berichtigungen zu Wetherby's Arbeit über diesen Gegenstand.

Dall, William H., Deep Sea Exploration. — A Lecture delivered in the National Museum, Washington, April 22. 1882. (Saturday lectures No. 7). —

Für das grosse Publikum bestimmt, nichts Neues von Bedeutung bietend. —

Sowerby, G. B., Thesaurus conchyliorum Pts. XXXVII. und *XXXVIII.*

Enthält die Monographieen von Latiaxis, Fasciolaria, Haliotis, Sigaretus und Janthina. Die beiden Abtheilungen zeichnen sich, genau wie die früheren, durch souveräne Nichtbeachtung der ausländischen, insbesondere der deutschen Literatur und unverantwortliche Flüchtigkeit aus. Als neu beschrieben wird nur Haliotis Hanleyana sp. 37 unbekannten Fundortes. —

Dall, M. H., on certain Limpets and Chitons from the deep waters of the eastern coast of the United States. — In Procced. U. St. National Museum 1881. p. 400.

Die Untersuchungen der U. St. Fish Commission und die des Blake haben eine Anzahl hochinteressanter Patelliden und Chitoniden zu Tage gefördert, welche zum Theil aussergewöhnliche und merkwürdige Combinationen der Charactere der Thiere darbieten; es sind Rhipidoglossen, Dokoglossen und Polyplaciphoren Unter den Rhipidoglossen errichtet Dall eine neue Familie Coccinulidae zunächst mit Fissurella verwandt, aber nur mit einer asymmetrischen Kieme, ohne Anhänge an Fuss und Mantel und mit patelloider Schale; hierhin die neue Gattung Cocculina mit blinden Thier und radiär und concentrisch sculptirten Schale; C. Rathbuni und Beani. — Ferner die Familie Addisoniidae mit porcellanartiger, unsymmetrischer Schale, zahlreichen einzeln inserirten seitlichen Kiemenblättern und abweichendem Gebiss; die Gattung Addisonia hat nur eine Art Ad. paradoxa. — Unter den Dokoglossen wird eine neue Unterfamilie Lepetellinae für Lepetella Ver. errichtet, — ferner die neue Gattung Pectinodonta Dall für P. arcuata, im Gehäuse wie Scutellina, im Thier wie Acmaea, aber blind, mit einem langen Vorsprung an dem Kopf zwischen den Fühlern. Eine Aufzählung der Gattungen der Dokoglossen bildet den Schluss. —

Journal de Conchyliologie 1882. Nr. 1. —

p. 5. *Crosse, H.*, les Pleurotomaires de l'epoque actuelle. Mit Abbildung eines wohlerhaltenen Exemplars der Pleurot. Adansoniana.

p. 22. Tapparone — Canefri, C., Museum Paulucciannm; études malacologiques. — Neu Bullia (Adinus) Crosseana p. 23 t. 2 fig. 1. 2 unbekannten Fundortes; — Voluthарpa Paulucciana p. 24 t. 2 fig. 3. 4, aus Japan, anscheinend nur eine unbedeutende Varietät von V. Perryana Jay; — Cypraea tabescens var. alveolus p. 30 t. 2 fig. 5 von Mauritius; — Latirus Carotianus p. 31 = ustulata Kob. nec. Rve. — L. Fischerianus p. 33 t. 2 fig. 8. 9 von Neucaledonien; — L. funiculatus p. 34 t. 10. 11 unbekannten Fundortes; — L. melanorhynchus p. 35 t. 1 fig. 6. 7 unbekannten Fundortes; — L. scabrosus var. nigritellus p. 36 t. 2 fig. 12. 13 unbekannten Fundortes. —

p. 37. *Mousson, Alb.*, Note sur quelques Coquilles de Madagascar. — Neu Helicophanta Audeberti p. 38 pl. 2 fig. 1. — Ampelita basizona p. 41 pl. 3 fig. 2. — Cyclostomus scalatus p. 43 t. 3 fig. 4; — C. obsoletus var. minor p. 44; — C. brevimargo p. 45 t. 3 fig. 3; — Ampullaria subscutata p. 46 t. 3 fig. 6; — Doryssa Audeberti p. 47 t. 3 fig. 7. —

p. 49. *Fischer, P.*, Diagnoses d'éspèces nouvelles de Mollusques recueillis dans le cours des expeditions scientifiques de l'aviso le Travailleur (1880 et 1881). Pars 1. — Neu: Embolus triacanthus p. 49 aus dem atlantischen Ocean südlich von Spanien, ca. 1205 Meter; — Murex Richardi p. 49 aus dem biscayischen Meer bei 896 M. — Fusus Bocageanus p. 49 von der Westküste Portugals bei 1068—2013 M.; — Nassa Edwardsi p. 50 von der Provence bei 680—2660 M.; — Trochus Vaillanti von Portugal bei 1224 M. — Ziziphinus Folini p. 50 von Algerien bei 900 M.; — Machaeroplax Hidalgoi p. 51 aus dem biscayischen Meerbusen bei 896—1226 M. — Rimula asturiana p. 51 von ebenda bei 1107—2018 M.; — Trochus (Solariella) lusitanicus von Portugal bei 3307 M.; — Lima Marioni p. 52 von ebenda bei 1068 M.; — Lima Jeffreysi aus dem biscayischen Meerbusen bei 990—1190 M.; — Modiola lutea von ebenda und Marocco bei 677—1900 M.; — Modiolaria cuneata p. 53 aus dem biscayischen Meerbusen bei 1160 M.; — Cochlodesma tenerum von ebenda bei 677—1960 M. —

p. 54. *Crosse et Fischer*, Description d'une espèce nouvelle de Cyclostoma, provenant de Madàgascar (C. Paulucciae). —

p. 55. *Fischer*, sur la classification des cephalopodes.

p. 58. *Tournouer R.*, Description d'un nouveau genre de Cardiidae fossiles des Couches à Congeries de l'Europe Orientale. — (Prosodacna n. gen., für Card. macrodon Desh). —

p. 59. *Tournouer, R.*, Description d'un nouveau genre de Melanopsidinae fossiles des Terrains tertiaires superieurs de l'Algérie (Smendovia n. gen. für Mel. Thomasi Tournouer J. C. 1877). —

p. 59. *Fischer, P.*, Diagnosis generis novi Pteropodum fossilium. — (Euchilotheca n. gen. für Cleodora parisiensis Desh). —

Malakozoologische Blätter. Neue Folge V. Zweite Lfg. (Schluss). —

p. 83. *Borcherding, Fr.*, Beitrag zur Molluskenfauna des nordwestlichen Deutschlands.

p. 110. *Clessin, S.*, Monographie des Gen. Vitrella, Clessin; 14 lebende und eine fossile Art. Neu N. gracilis p. 119 t. 1 fig. 6 aus Krain. — V. Rougemonti p. 120 t. 2 fig. 14 aus dem Brunnen des Anatomiegebäudes in München; — V. helvetica p. 121 t. 2 fig. 13 von Waldshut; — V. Sterkiana p. 122 t. 2 fig. 12 aus dem Genist der Wuttach; — V. turricula p. 124 t. 2 fig. 11 von ebendort; - V. Drouëtiana p. 126 t. 1 fig. 9 von Chatillon im Jura. —

p. 130. *Clessin, S.*, eine österreichische Paladilhia — (Pal. Robiciana t. 2 fig. 15 aus Krain).

p. 132. *Clessin, S.*, Monographie des Genus Belgrandia. — 13 lebende und 8 fossile Arten.

p. 152. *Clessin, S.*, Nachlese zum Verzeichniss der Mollusken aus dem Ahrenthal in Tirol.

p. 155. *Clessin, S.*, Bemerkungen über die Zungenbewaffnung der Hyalinen.

p. 165. *Gredler, P. Vincenz*, Uebersicht der Binnenschnecken von China. — 102 Arten, davon neu Conulus spiriplana p. 170 von Hunan; — Zonitoides Loana p. 171 von ebenda; — Helix Zenonis p. 172 von Tsi-nan-fu; — Stenogyra striatissa p. 176 von ebenda; — Clausilia ridicula p. 178 von Hunan. —

p. 187. *Clessin, S.*, neue Arten. — Patula Jaenensis p. 187 t. 4 fig. 3 von Jaën, vielleicht eine überbildete rupestris; — Pupa Boettgeriana p. 188 t. 4 fig. 4 von Jaën; — Limnaea peregrina p. 188 t. 4 fig. 9 von Taquara del mundo novo; — Melania californica p. 189 t. 4 fig. 8 aus Californien: — Mycetopus plicatus p. 190 t. 4 fig. 7 von Taquara; — Anodonta Jheringi p. 191 t. 4 fig. 5 von ebenda; — Calyculina Clessini Paul p. 192 t. 4 fig. 8 von Ekaterinoslaw; — Limosina ventricosa p. 192 t. 4 fig. 1 von Harti; — Limosina Weinlandi p. 193 t fig. 2 von Haiti. —

Jahrbücher der deutschen Malakozoologischen Gesellschaft IX. Heft 2.

p. 98. *Dohrn, H.*, Beiträge zur Kenntniss der südamerikanischen Landconchylien. Mit Taf. 5.

p. 115. *Dohrn, H.*, über einige centralasiatische Landschnecken. —

p. 121. *Kobelt W.*, Catalog der Familie Melanidae.

p. 143. *Kobelt W.*, Excursionen in Spanien.

p. 171. *Weinkauff, H. C.*, Catalog der Gattung Ovula Brug.

p. 179. *Möllendorff, Dr. O. von*, Diagnoses specierum novarum Chinae meridionalis. —

p. 188. *Löbbecke, Th. & Kobelt, W.*, Museum Löbbeckeanum. Mit Taf. 4 und 5. —

The Journal of Conchology. Vol. 3 No. 9. January 1882.

p. 260. *Cundall, J. W.*, the Mollusca of Bristol and vicinity.

p. 267. *Gibbons, J. S.*, Note on Gundlachia.

p. 268. *Hey, W. C.*, Fresh water Mussels in the Ouse and Foss.

p. 273. *Thomson, John H.*, Note on the specific distinctness of Hel. Chilhowensis Lowe.

p. 274. *Fitzgerald, Mrs. J.*, List of Species and Varieties of Succineae collected in Hungary.

p. 276. *Walker, F. P.*, the Mollusca of Birstwith, Yorkshire.

p. 277. *Butterell, J. D.*, Note on Testacella Maugei Fer.

p. 278. *Ashford, C.*, a list of the shells of the „Lower Tees" District, Yorksh. —

Le Naturaliste. No. 11.

p. 85. (*Ancey C. F.?*) Classification des Formes helicoides de la Nouvelle Calédonie. — Es werden dreizehn Gattungen und Untergattungen aufgeführt, davon neu: Pseudomphalus für Hel. Fabrei Cr.; — Monomphalus für Hel. Bavayi Cr.; — Micromphalia für Hel. abax; — Platystoma für Hel. baladensis etc.; — Rhytidopsis für Hel. chelonitis; — Pararhytida für Hel. dictyodes; — Microphyura für Hel. microphis. —

Proceedings of the scientific meetings of the zoological society of London 1881. Part. IV.

p. 801. *Godwin-Austen, H. H.*, on the Land-Shells of the Island of Socotra collected by Prof. J. Bayley Balfour. Part. II. Helicacea. — Als neu beschrieben werden aus der Section Achatinelloides: Buliminus hadibuensis p. 803 t. 68 fig. 3; — B. Balfouri p. 804 t. 68 fig. 5; — B. gollonsirensis p. 805 t. 69 fig. 10; — B. tigris p. 805 t. 68 fig. 6; — B. zebrinus p. 806 t. 68 fig. 7; — B. longiformis p. 806 t. 68 fig. 8; — B. semicastaneus p. 807 t. 68 fig. 10; — aus der Gruppe Pachnodus: B. heliciformis p. 807 t. 69 fig. 7; — B. fragilis p. 809 t. 69 fig. 8; — B. adonensis p. 808 t. 69 fig. 9; — ferner Ennea Balfouri p. 809 t. 68 fig. 12; — Pupa socotrana p. 809 t. 69 fig. 13; — Stenogyra gollonsirensis p. 809 t. 69 fig. 1; — St. fumificata p. 810 t. 69 fig. 2. — St. jessica p. 810 t. 69 fig. 3; — St. adonensis p. 810 t. 69 fig. 4; — St. (Subulina? enodis p. 811 t. 69 fig. 5; — St. (Opeas?) hirsutus p. 811 t. 69 fig. 6. —

p. 839. *Layard, E. L.*, Note on Caeliaxis Layardi. — Diesselbe ist vivipar. —

p. 840. *Smith, Edgar A.*, Notes on the genus Chilina, with a list of the known Species. Corrigirt nach den Sowerby'schen Originalexemplaren die zahllosen Irrthümer in dessen Monographie und zählt die bekannten Arten auf.

p. 922. *Jeffreys, J. Gwyn*, on the Mollusca procured during the Porcupine and Lightning Expeditions 1868—70. Part. IV. (Schluss). Als neu werden beschrieben: Lyonsia formosa p. 930 t. 70 fig. 1; — L. argentea ibid. fig. 2; — Pecchiolia subquadrata p. 932 fig. 3; — P. insculpta fig. 4; — P. sinuosa fig. 54 — P. angulata p. 933 fig. 6; — Pholadomya Loveni p. 93; t. 70 fig. 7; — Neaera truncata p. 936 t. 70 fig. 9; — N. sulcifera p. 937 fig. 10; — N. gracilis p. 938 t. 70 fig. 11; — N. bicarinata p. 939 t. 71 fig. 1; — N. teres fig. 2; — N. depressa p. 940 t. 71 fig. 3; — N. contracta p. 941 t. 71 fig. 4; — N. semistrigosa p. 941 t. 71 fig. 5; — N. ruginosa p. 942 t. 71 fig. 7; — N. inflata p. 942 f. 71 fig. 8; — Die Gattung Neaera zerfällt J. in vier Abtheilungen: Neaera s. str., glatt; Aulacophora mit concentrischer Streifung; Tropidophora mit Kielen und Spathophora mit Radialrippen. —

The Quarterly Journal of the Geological Society vol. XXVIII. No. 2.

p. 58. *Etheridge, R. jun.*, on the Analysis and Distribution of the British jurassic Fossils. —

p. 218. *Godwin-Austen*, on a fossil species of Camptoceras, a freshwater mollusk from the Eocene of Shearness-on-Sea. (C. priscum p. 220 t. 5 fig. 1—6), —

Neues Jahrbuch für Mineralogie 1882. Vol. I.

p. 3. *Maurer, Fr.*, Palaeontologische Studien im Gebiet des rheinischen Devon. —

p. 102. *Sandberger, Frid.*, über eine Alluvialablagerung im Wernthale bei Karlstadt in Unterfranken.

p. 115. *Waagen, W.*, über Anomia Lawrenciana de Kon. Der Verfasser macht auf die Aehnlichkeit dieser räthselhaften Versteinerung, die man bald zu den Korallen, bald zu den Brachiopoden gestellt hat, mit den Hippuriten aufmerksam, insonderheit mit Sphaerulites. —

p. 166. *Steinmann, G.*, über Jura und Kreide in den Anden. —

p. 219. *Steinmann, G.*, die Gruppe der Trigoniae pseudo-quadratae (Neue Gruppe für Tr. Hertzogi vom Cap und Tr. transitoria von Chile.) —

Holzapfel, D. E., die Goniatitenkalke von Adorf in Waldeck. — In Palaeontographica vol. 28 Heft 6.

Neu: Goniatites Kayseri t. 45 fig. 7—9; — G. Koeneni fig. 4—6; — G. tuberculatus t. 46 fig. 7—10; — Orthoceras Adorfense t. 47 fig. 3; — Phragmioceras elegans f. 2; — Ph. inflatum f. 4; — Gyroceras adorfense f. 1; — Holopella arcuata t. 48 f. 1; — H. Decheni f. 3; — H. scalariaeformis f. 2; — Natica adorfensis f. 5; — Macrocheilus Dunkeri f. 4; — Pleurotomaria elegans f. 6; — Pl. nobilis f. 10. 11; — Pl. Zitteli t. 47 f. 12; — Pl. globosa t. 47 f. 6; — Pl. tenuilineata f. 7; — Cardiola inflata t. 48 f. 12; — C. subradiata f. 10 11; — C. alternans

f. 13; — Lunulicardium paradoxum f. 3. 4; — L. adorfense t. 49 f. 8; — L. cancellatum f. 6; — L. Mülleri f. 5. 7; — L. Bickense f. 9; — L. inflatum f. 11; — L. concentricum f. 10; — Mytilarca Beyrichi t. 48 f. 8.

Ulicny, Jos., Systematicky seznam mekkysu okoli Birnenskeho. — Systematisches Verzeichniss der in der Umgegend von Brünn gesammelten Mollusken.) Sep. Abz. aus dem Programme des böhmischen Obergymnasiums in Brünn 1882.) Mit 1 Tafel.

Mittheilungen und Anfragen.

Ich suche Nachtschnecken aller Länder und biete dagegen exotische Seeconchylien.

Nordhausen, Bäckerstrasse 20. *P. Hesse.*

Gesellschafts-Angelegenheiten.

Neues Mitglied.

Herr Fr. Friis, Gutsbesitzer in Lillekjöbelevgaard pr. Nakskov, Dänemark.

Wohnortsveränderung:

J. D. E. Schmeltz, Conservator am Rijks Ethnograph. Museum, Leiden, Haarlemmerstraat, Kuipersteeg 2.

Eingegangene Zahlungen.

v. Romani, G. M. 8.— ; Leche, St. 6. —; Otting, M. 8. —; Westerlund, R. 21. —; Brusina, A. 21. —; Kraetzer, D. 21. —; Verkrüzen, L. 4. 50; —Jordan, B. 6. —; Weinkauff, K. 21. —; Friis, L. 6.—; Riemenschneider, N. 6. —

Redigirt von Dr. W. Kobelt. — Druck von Kumpf & Reis in Frankfurt a. M.
Verlag von Moritz Diesterweg in Frankfurt a. M.

Hierzu die Beilage Tauschkatalog No. 4.

No. 8 u. 9. **August-September 1882.**

Nachrichtsblatt

der deutschen

Malakozoologischen Gesellschaft.

Vierzehnter Jahrgang.

Erscheint in der Regel monatlich und wird gegen Einsendung von Mk. 6.— an die Mitglieder der Gesellschaft franco geliefert. — Die Jahrbücher der Gesellschaft erscheinen 4mal jährlich und kosten für die Mitglieder Mk. 15.— Im Buchhandel kosten Jahrbuch und Nachrichtsblatt zusammen Mk. 24.— und keins von beiden wird separat abgegeben.

Briefe wissenschaftlichen Inhalts, wie Manuscripte, Notizen u. s. w. gehen an die Redaction: Herrn **Dr. W. Kobelt** in Schwanheim bei Frankfurt a. M.

Bestellungen (auch auf die früheren Jahrgänge), ***Zahlungen*** u. dergl. gehen an die Verlagsbuchhandlung des Herrn **Moritz Diesterweg** in Frankfurt a. M.

Andere die Gesellschaft angehenden ***Mittheilungen***, Reclamationen, Beitrittserklärungen u. s. w. gehen an den Präsidenten: Herrn **D. F. Heynemann** in Frankfurt a. M.-Sachsenhausen.

Mittheilungen aus dem Gebiete der Malakozoologie.

Ueber die Schneckenfauna von Mittenwald.

Von

E. v. Martens.

Im Vergleich zu den früheren Bemerkungen über die Mollusken der Umgebung von Reichenhall (Jahrb. Mal. Ges. VI S. 67) dürften einige Worte über diejenigen von Mittenwald hier folgen. Mittenwald ist der südlichste Marktflecken des Königreichs Bayern, am Austritt der Isar aus Tirol, 917—942 Meter über dem Meer, also bedeutend höher gelegen als Reichenhall (479 M.) und 1° 35′ weiter westlich, auch ein Wiesenthal, umgeben von höheren Bergen mit bewaldeten Abhängen und felsigen Spitzen, zunächst im Osten der Karwändel, 2368 M. hoch, im Westen etwas weiter abstehend der Wetterstein, 2587 M., und die Zugspitze, 2960 M., der höchste Punkt des deutschen Reiches, alle vorherrschend aus Kalk bestehend. Das Klima ist für die hohe Lage auffallend mild, auch im Winter, und dem warmen Föhn aus Tirol ausgesetzt.

Auch hier ist *Helix arbustorum* die häufigste und verbreitetste Art, von den Wiesenzäunen in nächster Nähe des Marktfleckens durch den Wald bis an die kahlen Felsen. Held, in seiner Arbeit über die bairischen Mollusken 1849, nennt namentlich die haselnussgrosse alpine Varietät derselben ausdrücklich aus dem Thal von Mittenwald; es finden sich da allerdings manche Stücke von wenig über $1^1/_2$ Centimeter im Durchmesser, und einzelne davon von eben so viel Höhe, mit sehr zahlreichen gelben Sprengseln, aber gewöhnlich sind sie doch grösser, über 2 Centimeter im Durchmesser, in der Höhe sehr wechselnd, mit mehr oder weniger gelben Sprengseln; auch noch an einer vorstehenden Felsenwand des Wettersteins über dem Leutrosee fand ich Exemplare von normaler Grösse und Farbe; am Fusse der zusammenhängenden kahlen Felsmasse der Riffelspitze (zum Stock der Zugspitze gehörig) über dem Eibsee und unmittelbar darunter im Walde dagegen dünnschalige braune Exemplare fast ohne Sprengsel, mit scharf markirtem breitem rothbraunem Band und hellerem Feld darunter, in der Färbung somit auffallend an Ichthyomma erinnernd, aber in der Schalenform unzweifelhafte arbustorum.

Unter den gleichgrossen Helix-Arten spielt nach arbustorum um Mittenwald *H. fruticum* die grösste Rolle; in beiden Farben-Nuancen, wachsgelb, während des Lebens schwefelgelb durchscheinend, und röthlich, während des Lebens dunkelfleckig, zuweilen auch mit einem Bande, ist sie im Gebüsch, an Weg- und Waldrändern, namentlich an den zum Kreuzberg und zum Leutaschthal aufsteigenden Gehängen häufig. *H. hortensis* dagegen ist viel seltener, ich sah sie nur an der Fahrstrasse zum Leutrosee und dann wieder jenseits Partenkirchen am Bodensee, immer fünfbändrige Stücke. *Helix pomatia* ist nicht selten am untern Saume des Waldes, zuweilen über mannshoch an Lärchenstämmen, erwachsene in verschiedener Grösse, Durchmesser $3^2/_3$—$4^1/_2$ Centim., Bänder oft verwaschen, zuweilen sehr dunkel und scharf, meist 1 (2 3) 4 5, auch 1 (2 3 4) 5; im Monat August fand ich häufiger halb erwachsene als erwachsene, und in der zweiten Hälfte desselben, nach mehreren Regentagen eine halb erwachsene mit vollständigem Winterdeckel und öfter lose Winterdeckel herumliegend, wie man es sonst im Frühjahr findet; sie hatte also vielleicht die Temperaturerniedrigung durch den Regen für den Anfang des Winters gehalten und sich schon eingedeckelt.

Die kleinen Helixarten des Waldes und am Fuss vorragender Felsblöcke sind *H. cobresiana*, *incarnata*, *lapicida*, *personata* (keine obvoluta) und *Hyalina nitens*, erstere wohl die häufigste und verbreitetste von der Thalsohle bis an den Felsen, nur dem Kulturlande fehlend; die letzteren drei nicht so überall, doch noch oft genug zu finden; bei näherem Suchen und Auslesen in der gesammelten Erde zeigen sich dann da und dort auch noch Helix *rotundata*, *pulchella*, *pygmaea*, *Hyalina pura*, *subrimata*, *Carychium minimum*, *Cionella lubrica* und *acicula*, *Pupa monodon*, *minutissima* und *pusilla*; alle diese kleinen fand ich aber nur in der Erde an der Westseite des Thales, am Wege nach Leutasch und am Weg zur Gusselmühle, nicht am Karwändel. *Pupa muscorum* und *Cionella lubrica* in der Thalsohle selbst unter feuchten Brettern an einem Fussweg durch die Wiesen von der Isarbrücke zum Karwändel, *Succinea oblonga* nahe am Mühlgraben der Gusselmühle, lebend auf aufgeworfener Erde, nicht unmittelbar am Wasser. *Helix strigella* fand ich zwar nicht bei Mittenwald, aber doch 4 Stunden nördlich davon am Walchensee und wiederum ungefähr eben so weit südlich bei Reith in Tirol.

Von Baumstämmen bewähren sich auch hier diejenigen der Buchen als schneckentragend, namentlich Arten von *Buliminus* und *Clausilia*, Nadelholz aber durchaus als schneckenlos, ausgenommen die oben erwähnte H. pomatia. Dieselben Arten von Buliminus und Clausilia fanden sich aber auch lebend an und auf Felsblöcken im und am Walde, und zwar durchschnittlich vielleicht häufiger. Von den beiden *Buliminus* ist *montanus* bei weitem der zahlreichere und verbreitetere, von der Thalsohle bis zu den zusammenhängenden Felswänden hinauf, *obscurus* fand ich nur an einer Stelle, bei der Husselmühle. Unter den *Clausilien* sind *dubia* und *plicatula* die zahlreichsten und verbreitetsten, letztere auch am Karwändel, wo ich keine andere traf, *laminàta* fast ebenso verbreitet, aber mehr einzeln, nicht gesellig, *parvula* nur stellenweise, aber dann sehr gesellig, da wo die Poststrasse nach Partenkirchen sich aus dem Thale erhebt (Westseite), *Cl. corynodes* (gracilis Rossm.) an den Felsen des Wettersteins, unmittelbar über dem Walde, sowohl an der Nordseite, über dem Ferchensee, als an der Südseite, im Leutaschthal; *Cl. lineolata* bei Mittel-Graseck auf dem Fussweg von Mittenwald nach Partenkirchen, hoch oben im Walde. Auffällig war mir, weder biplicata, noch die in Vorarlberg so häufige plicata zu finden, erstere kam mir am Walchensee, letztere auf der Weiterreise ins Tirol sofort bei Reith (zwischen Seefeld und dem Innthal) vor und bei Innsbruck selbst in Gesellschaft mit biplicata; auch cuspidata (pumila), welche Held a. a. O. ausdrücklich von Mittenwald angibt, gelang mir noch nicht aus meinen dubia und plicatula heraus zu finden.

Den Felsblöcken und Felswänden gehört *Helix rupestris* und die beiden *Torquillen*, die konische dunklere (Pupa) *avenacea* und die bauchigere etwas blassere, am Aussenrand deutlicher eingebogene *secale* an, beide einander so ähnlich, dass sie während des Sammelns nicht immer unterschieden wurden und ich daher über ihr gegenseitiges Verhältniss, Ausschliessen oder Zusammenvorkommen nichts Bestimmtes angeben kann, ausser dass am Badersee unweit Partenkirchen nur P. avena sich vorfand. Sowohl die Torquillen als Helix rupestris sind nicht weniger selten am Karwändel als an der Westseite des Thales von Mittenwald, und H. rupestris entschieden allgemeiner verbreitet als bei Reichenhall. Ausnahmsweise fand sich auch einmal ein Exemplar einer avenacea an einem Buchenstamm.

Von Nacktschnecken hie und da *Arion fuscus* und *Limax marginatus* (arborum) im Laubwald und an Wasserfällen, letztere wie gewöhnlich an Buchenstämmen, beide nur an der Westseite, *Limax agrestis* sowohl am Fuss des Karwändels als auf der Spitze des hohen Kranzberges unter einem alten Stück Holz dicht neben der Zufluchtshütte, 1370 Mt. üb. d. M., in Mehrzahl. Die grossen Arion- und Limaxarten kamen mir nicht zu Gesicht.

Wasserschnecken sind in den Gebirgen immer wenig zahlreich, am verbreitetsten noch einige Limnaeen:

	Ueberschwemmungspfützen an der Isar. 917 M.	Pfütze zur Seite der Strasse. 917 M.	Lautersee. 977 M.	Ferchensee. 1084 M.	Badersee bei Partenkirchen. ca. 800 M.	Barmsee
Succinea Pfeifferi	—	—	—	+	—	—
Limnaea stagnalis ohne Kante, Mündung etwas über die Hälfte der Schalenlänge	—	—	+	+	—	—
palustris	—	—	—	+	—	—
peregra	—	+	—	—	—	—
auricularia ausgebildet mit kurzem spitzen Gewinde	—	—	+	—	—	—
lagotis	+	—	—	+	+	—
Planorbis marginatus	—	+	—	+	—	—
Bithynia tentaculata	—	—	+	+	—	—
Valvata piscinalis	—	—	—	+	—	—
Anodonta sp.	—	—	+	—	—	+
Sphaerium mamillanum	—	—	—	+	—	—

Noch sind zwei Arten von Landschnecken zu nennen, wesentlich alpin, welche ich zwar nicht bei Mittenwald, aber nahe dabei bei Partenkirchen, gefunden: *Helix ruderata*, an den zerfallenen Mauern einer alten Steinhütte, also wörtlich in ruderibus, hoch über dem Eibsen, am Fussweg nach Ehrwald, nahe der obern Gränze des Waldes, und *Helix ichthyomma* (foetens auct.) in den Spalten der Schieferfelsen am Eingang der Partnachklamm an einer sehr feuchten und schattigen Stelle. Held hat die letztere schon von einem nahen Fundorte, den Felsblöcken am Fusse der Zugspitze über dem Eibsen angegeben. Helix cingulata, liminifera, Clausilia orthostoma, Pupa dolium, Vertigo sexdentata, Limnaea mucronata (wohl lagotis) und Hydrobia viridis werden ferner von Held aus Partenkirchen angegeben; unter der erstgenannten ist ohne Zweifel H. Preslii zu verstehen, die ich zwar bei Mittenwald vergebens gesucht, aber doch früher mit Herrn Dessauer am südlichen Ufer des Kochelsees gefunden. Uebrigens möchte ich aus diesen und den früheren Erfahrungen bei Reichenhall den Schluss ziehen, dass man nicht gerade hoch zu steigen und viel zu klettern braucht, um diese deutschen Campylaeen zu finden, sie aber doch verhältnissmässig nur an einzelnen Stellen, besonders feuchten Thalschluchten vorkommen.

Species in Buccinum.

By

Wm. H. Dall.

(From a letter to the editor)

All species of *Buccinum* have a large and a dwarf race; generally the *male* is also always a *dwarf* in *both* the normal and the small races; only in the latter the female does not exceed him in size.

All species of Buccinum have a carinated and an uncarinated race, also a longitudinally ribbed race and one with obsolete or nearly obsolete longitudinal ribs. The size and form of the embryonic tip differs (according to the nutrition of the embryo in the ovicapsule) in different specimens of the same species. In one specimen it may be twice as large as in the next specimen and varies in the relative dimensions of its cone. The operculum is in this genus extremely variable and often absent entirely. Of a peck of *B. cyaneum* var. *Mörchianum* (wich is the dwarf race of *cyaneum* with developed carinae and obsolete longitudinal ribs) five percent had no operculum and in many of these even the opercular gland was absent. In the larger species it is somewhat more constant, but the situation of the nucleus, in a five gallon keg of *B. hydrophanum* Hancock was from quite central to nearly on one edge, the form from olive shaped to quadrangular and frequently nearly circular. Of this keg of 200 or 300 specimens there were only seven males; all dwarfs.

There is also another character which varies with the sex, that is, the roundness or flatness of the top of the whorls and by consequence the slope or turreted character of the spire. The large eggmass requires a greater capacity than the (also disproportionately large) penis of the male, consequently the female shells are always more rounded than the males even when of the same size and, if the reflected lip be formed at the gravid period, it will be wider and more broadly reflected behind, than in a male or in a female who has discharged her eggs before forming the reflected lip.

Of other characters the epidermis may vary also with other features from velvetty and ciliated, to glossy and smooth in the same species. It will usually in quite perfect specimens of the carinated races be found to be fringed or prolonged on the edge of the carinae. *B. ciliatum* Fabr. offers excellent examples of this.

The most constant feature in *Buccinum* is the *spiral sculpture* by which I mean the minute sculpture exclusive of the large raised spiral ribs or carinae, which as I have said are extremely variable. This was also the conclusion of Stimpson after much study.

There are occasional hybrids and in species like *B. glaciale* with the coarser kind of spiral sculpture, it is occasionally stronger or fainter in some individuals than in others, but when well developed and perfect I have never had any trouble in recognizing the species by it. It will be seen that from the dead, beachworn, eroded material usually found in collections it will be by no means easy to determine the species; nor would it be much better with a bird which had lost its head, feet, and part of its tail, and had been used as a scrubbing-brush for some weeks.

It may be thought that the idea I have in my mind of what constitutes a species in the genus *Buccinum* is very wide and not sufficient to serve as a guide for others. This may be true; but it seems to me much more satisfactory to be able to group around a definable parent-form, in regularly assigned places, the varietal offshoots from that parent-form and thus to recognize in the nomenclature not merely the relations between parent-form and varieties (as involved in the expression of „connection") but also the way by which the varietal characters developed, the reason why particular ones were preserved and the uniformity throughout the genus of tendencies in certain recognizable varietation-lines. Another generalization may be permitted. When the tendency in an individual is to *strong sculpture,* generally not only the carinations but the longitudine ribs will be strong, but when these last are not so, there is generally a *node* or *lump* on the carinae where the intersections would have otherwise occurred.

Buccinum angulosum Gray is a very good instance to illustrate the above hypothesis by.

The normal form is rounded, with a sharply cut uniform body-sculpture and very faint subsutural riblets mostly in the smaller whorls. The variety with stronger longitudine ribs is rare and they are not, at most, remarkably prominent; but in the carinated variety they become very strong, through they may be shown either as ribs from suture to carina ending in nodes, or they may appear solely as nodes which gives a form superficially most remarkable and one would suppose it distinct until the connecting series is studied.

Diagnosen neuer Arten.

Von

W. Kobelt.

Pomatias Hueti m.

Testa perforata, elongato-conica, solidula, quoad genus sat magna, dense regulariterque arcuatim costulato-striata, grisea, fusco profuse tincta et irregulariter bifasciata. Anfractus 9 convexiusculi, sutura distincta subcrenulata discreti, regulariter crescentes, ultimus basi obscure carinatus, aperturam versus distincte malleatus, costulis minus distinctis. Apertura ovato-acuminata, labro continuo, expanso, subreflexo, haud continuo.

Alt. 15, diam. anfr. ult. 7, apert. cum perist. 4 mm.

Pomatias obscurum Mortillet Descr. Coq. nouvelles d'Arménie p. 6.

Hab. Constantinopel (contre les troncs des arbres).

Die Angabe Mortillets, dass Huet bei Constantinopel Pomat. obscurum gesammelt habe, ist seither übersehen worden. Die beiden Exemplare der Rossmässler'schen Sammlung haben mit obscurum nur die Grösse gemein und bilden eine neue Art, welche dem Pom. tesselatum am nächsten steht, aber sich von diesem schon durch die Grösse genügend unterscheidet.

Helix (Macularia) Alcyone m.

Testa exumbilicata transverse ovata, depresse conica, parum crassa, laeviuscula, striis exilissimis sub lente tantum conspicuis sculpta, sericeo-nitens, albida, fasciis angustis corneis plerumque 4 maculisque numerosis fasciatim, rarius strigatim dispositis plerumque in parte superiore ornata. Anfractus 5 regulariter crescentes, sutura distincta regulari discreti, ultimus ad aperturam dilatatus, subite descendens, basi leviter planatus. Apertura obliqua, peristomate albo vix expanso, ad marginem leviter labiato, marginibus sat distantibus, callo albido tenuissimo vix junctis, basali calloso, fere stricto, ad insertionem dilatato.

Diam maj. 28, min. 22, alt. 16 mm.

Hab. in parte meridionali imperii Maroccani; mis. cl. Ponsonby.

Zur Gruppe der hieroglyphicula gehörig, aber mit keiner bekannten Art zu verwechseln. — Der Namen nach einer der Töchter des Atlas.

Hyalina lentiformis m.

Testa aperte umbilicata, orbiculato-lentiformis, carinata, utrinque convexa, striatula, fusco-cornea. Anfractus 5 regulariter accrescentes, sutura distincta submarginata discreti, ultimus vix dilatatus, distincte angulatus, basi pallidior, laevior. Apertura lunato-ovata, extus angulata, labro tenui, simplici, ad insertionem haud dilatato.

Diam. maj. 12, min. 11, alt. 5—6 mm.

Hab. insulam Minorcam, leg. cl. Moragues, mis. cl. Oberndoerfer.

Ich kenne keine in ähnlicher Weise scharfkantige Hyaline aus unserem Faunengebiet und stehe darum nicht an, sie als neu zu beschreiben, obschon mir nur zwei todtgesammelte Exemplare vorlagen.

Helix (Gonostoma) supracostata m.

Testa anguste et subobtecte umbilicata, acute carinata, utrinque convexa, lenticularis, supra convexa, infra inflato-convexa, supra costulis curvatis sat distantibus distinctissime ubique sculpta, infra laevior, striatula, corneo-albida, epidermide fusca decidua induta. Anfractus 7—8 vix convexiusculi, lentissime accrescentes, sutura impressa, ad costulas crenulata discreti, ultimus penultimo vix latior, carina obsolete serrata cinctus, ad aperturam haud descendens, subtus inflatus. Apertura obliqua, irregulariter rhomboidea, valde lunata, angusta; peristoma biangulatum, margine supero leviter incrassato, externo rectiusculo, intus labiato et plus minusve distincte unidentato, basali reflexo, subarcuato, in umbilicum demerso eumque semiobtegente.

Diam. maj. 13, min. 12, alt. 7 mm.

Hab. circa Tetuan imperii Maroccani.

Ich habe diese Art ursprünglich für Hel. Gougeti Terver genommen, mit der sie in der Mündungsbildung übereinstimmt und sie auch an einige meiner Correspondenten unter diesem Namen versandt. Diese ist aber offen genabelt und hat nicht die scharfe Rippung der Oberseite; Hel. Buviguieri Mich. (asturica Pfr.) gleicht ihr einigermassen in der Mündungsbildung, hat aber den Nabel ganz geschlossen, weniger scharfe Rippung, nur eine stumpfe Kante und nur 9 mm Durchmesser. Die Sculptur der Oberseite stimmt mit der von Tarnieri überein, aber diese ist gerundet und offen genabelt.

Hyalina nitens Mich. v. albina.

Von
C. Riemenschneider in Nordhausen.

Diese interessante Form der Hyalina nitens Mich. sammelte ich in dem in der Nähe von Nordhausen beim Dorfe Petersdorf gelegenen Gehölz. Unter 42 bisher erbeuteten Exemplaren der H. nitens waren 13 albine, so dass das Verhältniss der albinen zu den normalen Individuen sich wie 1: 2 bis 3 stellen dürfte. Ich werde im Laufe dieses Sommers bemüht sein, festzustellen, ob obiges Verhältniss durchweg an dem angegebenen Fundort zutreffend ist.

Ich vermuthete in der gesammelten Form die von Ad. Schmidt bei Aschersleben gefundene H. margaritacea und wandte mich behufs Auskunft an Herrn Dr. O. Boettger, welcher so freundlich war, mir ausführlich seine Ansicht über diese Form sowohl, als auch über H. margaritacea Ad. Schm. mitzutheilen. Ich glaube am besten zu thun, wenn ich den Brief des Herrn Dr. Boettger, so weit er hier in Betracht kommt, folgen lasse:

„Ihre Form ist zweifellos nitens albina, eine Form, die Jetschin in Berlin zuerst im Verhältniss von 18: 1 mit normal gefärbten Stücken im Gostitzbachthale bei Paschkau a. d. Neisse (Reichensteiner Gebirge in Schlesien) entdeckt hat.

Was H. margaritacea Ad. Schm. ist, darüber sind die Gelehrten noch im Unklaren; eine gute Art ist es sicherlich nicht. Ich neige auch zu der Ansicht, dass sie als Albino hierher und nicht — wie Westerlund will — zu cellaria gehört und glaube, dass sie auf Formen von der Grösse und Gestalt der im Gostitzbachthale vorkommenden basirt ist.

Die Form muss, wo sie vorkommt, in Menge leben; merkwürdig ist aber doch, da sie bis jetzt von keinem

Schriftsteller erwähnt wird, ihre ausserordentliche Seltenheit. Meine grosse Sammlung von Hyalinen hatte bis jetzt nur Stücke vom Jetschin'schen Fundorte.

Als nitens var. Helmi Gilb. geht eine Form, die sich zwar dem Albinismus nähert, aber keineswegs mit ihren reinen Blendlingen verwechselt werden darf. Ich kenne sie aus Deutschland u. a. von der Solitude bei Stuttgart."

Das Petersdorfer Holz ist ein Buchenhochwald, der auch bei langanhaltender Trockenheit stets feucht bleibt und dadurch vielleicht den Albinismus der vorkommenden Mollusken begünstigt. Hyalina pura ist fast stets albin und auch von Helix rotundata habe ich eine Anzahl Albinos gefunden.

Berichtigung.

Die im vorigen Herbst von mir auf dem Zobten gefundene Schnecke, von welcher in No. 4 und 5 des Nachrichtsblattes berichtet wurde, ist, wie sich herausgestellt hat, nicht Fruticicola transsylvanica, Bielz, sondern Fruticicola sericea, Drap. var. albina, A. Schmidt, deren Vorkommen auf dem Zobten von Kreglinger erwähnt wird. — Schon beim Durchlesen des im Nachrichtsblatt 1870 von Herrn Dr. Reinhardt mitgetheilten Verzeichnisses der auf dem Zobten vorkommenden Schnecken erregte die Mittheilung, dass daselbst nach Kreglinger constante Blendlinge von Helix sericea vorkommen sollen, leise Zweifel an der Richtigkeit der von Herrn Clessin gegebenen Bestimmung. Nachdem ich nun im Juli durch eine Zobten-Excursion auf's Neue in den Besitz lebender Exemplare der Schnecke gekommen und dieselbe eingehend untersuchen, auch das Vorhandensein zweier stielrunder Pfeile constatiren konnte, wurde dieser Verdacht bestätigt; indem mir gleichzeitig Herr P. Hesse in Nordhausen, welchem ich auf seinen Wunsch einige lebende Exemplare der in

Rede stehenden Schnecke zum Zweck anatomischer Untersuchung zugeschickt hatte, mittheilt, dass das Thierchen nicht H. transsylvanica, sondern H. sericea, Drap. var. albina sei. Es besitzt nämlich nicht, wie H. transsylvanica Schüppchen, sondern einen besonders bei jungen und frischen Exemplaren deutlich erkennbaren Haarüberzug und nicht einen vierschneidigen, sondern zwei stielrunde Pfeile. Herr Clessin, welchem ich sofort einige Stücke der Schnecke, sowie die von ihr gewonnenen Pfeile zur sichern Information überschickte, hat sich ebenfalls von dem früheren Irrthum, welcher hiermit berichtigt wird, überzeugt.

Andererseits ist durch den wiederholten Fund zahlreicher, durchaus gleichgefärbter Exemplare des interessanten Thierchens auf's Bestimmteste constatirt, dass es mehr als ein blosser Blendling ist und dürfte nun der Varietät albina dieser Species, welche bisher weder in der deutschen Excursions-Mollusken-Fauna von Clessin, noch im Katalog der europäischen Binnen-Conchylien von Kobelt aufgeführt wird, die dauernde Anerkennung gesichert sein.

Breslau im Juli 1882. E. Merkel.

Ueber einige Nacktschnecken des Mittelmeergebiets und die Gattung Letourneuxia Bourg.

Von

D. F. Heynemann.

Durch Nacktschnecken, welche Dr. Kobelt von Nord-Afrika mitbrachte und andere, welche Dr. Böttger aus Syrien erhielt, bin ich veranlasst gewesen, mich in der Literatur nach den aus diesen Gebieten beschriebenen sehr zahlreichen Arten umzusehen. Die meisten sind von französischen Autoren, aber es ist sehr schwer, sich aus ihren Diagnosen ein klares Bild der Spezies zu machen. Man vermisst in ihren Beschreibungen die Methode, deren man sich in Deutschland seit dem gründlich aufgegriffenen Studium der nackten Arten befleissigt, das Ausmessen der verschiedenen Körpertheile, das Zählen der Runzeln, die Angabe, ob nach lebenden oder getödteten Thieren beschrieben ist, die Beschreibung der Radula u. dergl. mehr. Dagegen gibt es neben den kurzen, unzulänglichen Beschreibungen wieder andere, lange, die aber wenig Artkennzeichen, sondern zumeist Gattungsmerkmale oder in der Naturwissenschaft kaum anwendbare Benutzung von Eigenschaftswörtern zeigen, wie etwa in der Bourguignat'schen Beschreibung des L. nubigenus: Les rides du dos et des cotés sont *élégantes*, oder des L. veranyanus: Rides allongées, peu sensibles, très-finement et très-*élégamment*. Und ist es ausreichend für die Wiedererkennung einer Art, wenn es in einer anderen Beschreibung heisst: Tentacules supérieurs allongés, tentacules inférieurs petits? Als ob nicht die Fühler der sämmtlichen Limaces und verwandten so geformt wären.

Zum Glück finden wir die Abbildungen gut, und viele liefern uns Bilder kaum neuer, sondern eher bekannter alter Arten. Der Arion Mabillianus Bourg. ist wohl die bei uns als subfuscus bekannte Form, Arion tenellus stellt die grüne Jugendform des empiricorum dar, Milax scaptobius dürfte doch Amalia gagates sein, Limax Deshayesii und Companyoni sind trotz der angegebenen Unterscheidungszeichen leicht auf variegatus zurückzuführen, L. Brondelianus unterscheidet sich nicht wesentlich von agrestis u. s. w. Es ist allerdings gewiss ein verdienstvolles Bemühen des bekannten Forschers, in der gleichen Weise, wie er durch seine genaue Unterscheidung der Gehäusschnecken unter vielen fraglichen manche wohl begründete Art in die Literatur eingeführt hat, auch in den nackten Arten eine exactere Beobachtung zur Regel zu machen. Aber es geht offenbar zu weit, Farbenverschiedenheit und dergleichen als Artkennzeichen zu benutzen und in dieser Weise die Synonymie undurchdringlich zu machen. Hat ein anderer Sammler eine Anzahl Nacktschnecken zur Bestimmung in Händen, so muss er entweder immer wieder neue Arten, die ebenso wenig Berechtigung haben, benennen, oder er muss auf einen grossen, allgemein anerkannten Formenkreis zurückgreifen. Das Letztere halte ich für das Richtigere.

Von Dr. Böttger empfing ich

1. *Limax berytensis* Bourguignat. Die Farbe soll constant sein; in Form und Schleim, in der Bildung der Radula unterscheidet er sich nicht von agrestis.

2. *Limax eustrictus* Bourgt. Die Zunge hat 150 Längsreihen, 120 Querreihen, im Mittelfeld etwa 40 Längsreihen. Die Querreihen verlaufen in einem sehr schwachen Bogen. Der Mittelzahn hat zwei Seitenspitzen, ebenfalls die Seitenzähne des Mittelfeldes. Die nach der Mitte gekehrte Seitenspitze ist am 12. Zahn des Mittelfeldes sehr deutlich, am 20. verschwindet sie. Die nach dem Rande gekehrte Seitenspitze aller Zähne des Mittelfeldes und der Seitenfelder ist immer sichtbar, am 20. sehr deutlich, rückt dann nach dem Rande zu an der Hauptspitze weiter hinauf, so dass die Randzähne zweizackig aussehen. Das untersuchte Thier scheint jung zu sein. Die Zeichnung der Zungenzähne füge ich bei.

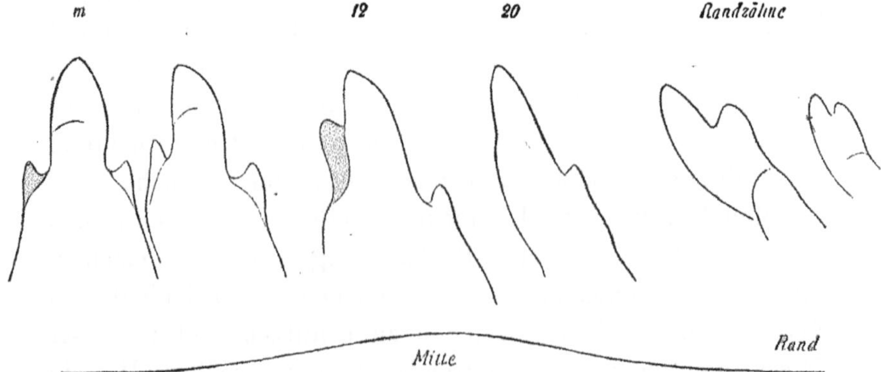

Diese Bildung erinnert an die Zunge meines Limax majoricensis Mal. Blätt. 1862 p. 101 und 1863 p. 211 Taf. 3 Fig. 3. (Die letzten Zähne 30 und 40 sind vom Zeichner eine Reihe tiefer zwischen Fig. 4 und 10 eingeschaltet, weil sie oben keinen Platz mehr fanden.) Als ich von L. majoricensis die Zunge beschrieb, war das Thier unbekannt, da es nicht gut erhalten ankam. Seitdem ist mir kein neuer hierauf bezüglicher Fund bekannt gemacht worden. Ob es aber, wie ich schon 1863 bezweifelte, mit cinctus (tenellus) verwandt ist, möchte ich jetzt, nachdem ich eine ähnliche Form untersucht, ganz verneinen, wenn auch einige Uebereinstimmung in der Bildung der Zungenzähne nicht zu verkennen ist. Vielmehr steht zu vermuthen, dass eustrictus, majoricensis und andere noch nicht näher anatomisch untersuchte Arten des Mittelmeergebietes zu einer Gruppe sehr nahe stehender Thiere vereinigt werden können.

Dr. Kobelt sammelte eine Form, die dem agrestis so nahe verwandt ist, dass ich sie nur für die nämliche Art erklären kann. Nach Bourguignat wollen Terver, Rossmässler, Morelet, Debeaux, Aucapitaine den agrestis in Algier beobachtet haben. Freilich behauptet er, es sei eine andere Art, die er Nyctelius nennt, doch scheint mir diese viel weniger mit agrestis gemein zu haben.

Sodann Amalia gagates, durch die graue bis schwärzliche Farbe von Amalia marginata verschieden. Die Zunge ist wie von marginata; das Mittelfeld geht beiderseits bis zur 18. Reihe, auch habe ich die von mir bei allen Amalien beobachtete Theilung der Querreihen in den Seitenfeldern hier wieder gesehen.

Endlich Letourneuxia numidica Bourgt. auch von Tlemcèn.

Dieses Thier, welches den Kiefer des Arion hat, sonst auch wie ein Arion aussieht, soll sich hauptsächlich wie folgt auszeichnen, durch

1. Une Orifice pulmonaire *très-antérieure.*
2. *Une limacelle forte, épaisse, sans lignes concentriques.*
3. Plan locomoteur *fortement séparé* de la partie dorsale.
4. Une queue *ne possédant pas de glande mucipare.*

Die Athemöffnung liegt aber, wie man sich männiglich aus den eigenen Abbildungen Bourguignat's. von anderen Arionarten überzeugen kann, gar nicht weiter nach vornen als der Gattung Arion zukommt. Von der scharfen Trennung zwischen Sohle und Rücken kann ich nichts bemerken, selbst auf der Abbildung nicht, auf welcher mir die hintere sonderbare Bildung am Schwanzende fast eine abnorme zu sein scheint. Die Schwanzpore ist vorhanden. Bleibt also als einziges übereinstimmendes Merkmal die innere Schale. Diese habe ich allerdings auch in allen 3 Fällen gefunden; sie ist wirklich massiv und wie ein plattes Hagelkorn. Es fragt sich nun, ob man darauf allein ein eigenes Genus gründen muss. Die Schale hat keinen Nucleus und keine Anwachsstreifen, wodurch sie auch Bourguignat von der Limaxschale unterscheidet, im Gegentheil scheint sie wie aus kleineren Crystallen zusammengesetzt, wie man sie sonst auch im Mantel des Arion zerstreut findet, einige Arten, wie Arion intermedius Normand (limacelle blanche, opaque, rugueuse) werden mit inneren Schalen beschrieben und so haben wir es vielleicht gar nur mit einer Form des Arion subfuscus zu thun. Keinesfalls gehört die Art in die Nähe von Limax, wie im Kobelt'schen Catalog, wohin sie offenbar gerathen ist, weil Bourguignat von ihr angab, sie ahme nur in Form und Aeusseren den Arion nach.

Wenn sich doch ein Malacologe der Gattung Arion annehmen wollte, sie ist die schwierigste von allen uns nahe liegenden.

Sachsenhausen, 20. August 1882.

Excursion in's Ampezzothal.

Von

P. Vincenz Gredler in Bozen.

Berichterstatter hatte sich die diesjährigen letzten Julitage zu einem kurzen Besuche des Valfondo im Ampezzothale behufs einer conchyliologischen Studie ausersehen. Daselbst hatte nämlich s. Z. (vergl. Nachrichtsbl. 1874, No. 11. 12, S. 77) ein Herr von Letocha eine einheitliche Suite der prachtvollsten, aber auch kritischesten Clausilien gesammelt und dem Ref. überbracht: die Gruppe der cincta — Letochana, welche scheinbar so weit — wenigstens in der Sculptur von völliger Glätte bis zur Grossrippigkeit — divergiren, so dass an eine Zusammengehörigkeit der beiden extremsten Formen zu Einer (?) Art ohne die Uebergänge kaum Jemand denken möchte. Auch Böttger (System. Verzeichn. d. Gatt. Clausilia, S. 15) betrachtet daher Cl. Letochana als „subspecies". Zugleich finden sich sämmtliche Varietäten (cincta, Gredleriana, Funki, Letochana) in einem und demselben Thälchen, ja letztere zwei oder drei nur in diesem vor. Ich hoffte daher, die localen Verhältnisse ihres näheren Standortes würden mir den Schlüssel zur Enträthselung des Phänomenes bieten. Bei so äusserst beschränktem Verbreitungsgebiete erlaubt sich Ref. dasselbe selbst vorerst zu würdigen.

Besagtes Thälchen, Valfondo, welches vom Hôtel Mt. Cristallo oder Schluderbach in dem ob der landschaftlichen Zauber seiner Dolomiten berühmten Ampezzothale in einer Viertelstunde erreicht wird, ist eine auch nur viertelstündige Erosionsschlucht zwischen dem Fuss des Mt. Cristallin und des Rauhkofels eingegraben, voll der wunderlichsten Grotten, (Bären-) Höhlen und Spalten, nebst zahlreichen kleinen Löchern in den überhängenden oder steil abstürzenden Felswänden, in welche sich genannte Clausilien eingenistet haben. In südwestlicher Richtung legt sich der abgestufte Rauhkofel als Barrière dem gleichlaufenden Cristallin als Schemel dem Cristallo vor, welch letzterer einst über dessen stumpfe Schneide sein noch vorhandenes Gletschereis geschoben und das Becken des Dürrensee's ausgesargt haben mag, indess er gegenwärtig seine Geschiebe und Gerölle durch die Schlucht des Valfondo zu Thal bringt. Dessen Thalsohle wird daher ausschliesslich von frischem Gerölle überdeckt und dies von einem mässigen Bergbache durchrieselt, der bald an die rechts-, bald an die linksseitigen Wände herantritt und daher öfter — am thunlichsten wohl im Bogensprung mittels eines Bergstockes — übersetzt werden muss. Während nun am Eingange der Schlucht zu beiden Thalseiten, deren Gestein — ein röthlicher, marmorartiger und brüchiger Kalk (Juraformation?) — hüben und drüben durch die ganze Thallänge völlig dasselbe, Clausilia Funki und Gredleriana, oder quantitativ richtiger sonnenseitig Cl. Funki, schattenseitig Cl. Gredleriana, ja selbst einzelne Exemplare der glatten cincta an den Wänden hängen, — findet sich sonnenseitig, also am Fuss des Rauhkofels, allein kaum 200 Schritte thalaufwärts Cl. Letochana, nur diese; gleich den andern Schwestern, fast immer unter einem kleinen Ueberhange oder in Grübchen und Felsspalten gegen abbröckelndes Gestein Schutz suchend. Sammlern ist daher die Suche von unten nach oben und eine Pincette anzurathen. Wenngleich kaum selten zu nennen, wollen die Individuen doch einzeln und sorgfältig gesucht und gesammelt sein. Ref. stöberte in dreimaligem, mehrstündigem Besuche von der eigentlichen Letochana kaum hundert ausgebildete Stücke auf, und kann der Werth dieser nur auf Einen Punkt der Erde und hier auf kleinen Raum beschränkten, überdies prachtvollen Schliessschnecke nicht leicht zu hoch angeschlagen werden. Vegetation (die Felswand-Löcher, Klüfte und Absätze sind hauptsächlich mit Potentilla caulescens, Paedarota Bonarota, Phyteuma comosum, Aquilegia

Bauhini = pyrenaica Koch, Acropteris Selosii etc. bewachsen), Gestein, Höhengang oder Temperatur kann daher für eine Aus- oder Umbildung der Cl. Funki und Letochana aus der weitverbreiteten Cl. cincta nicht als Erklärungsgrund in Verwendung genommen werden; bei der Thalenge und verschiedenen Stellung der Wände liegt selbst in dem Umstande, dass Funki vorzugsweise, Letochana ausschliesslich sonnenseits zu finden ist, kaum auch in der Insolation eine hinreichende Erklärung, ist diese örtlich überhaupt nicht zu geben, das Problem dieser Divergenzen von vier in ihrer Ausprägung immerhin wohl unterschiedenen Formen bei ihrem theilweisen oder sehr nachbarlichen Zusammenleben unter völlig egalen Verhältnissen auf gewöhnliche Weise nicht zu lösen, an eine stellenweise Verkümmerung (da Letochana grösser und in Sculptur kräftiger entwickelt) so wenig als an eine durch andere Verhältnisse begünstigte Prosperirung zu denken; und wir haben hier ein Beispiel von dem Vorkommen einer Clausilia — ob selbe nun als species oder subspecies zu gelten hat —, auf hundert Schritte horizontaler Ausdehnung. Möglich, wenngleich kaum wahrscheinlich, wäre allerdings, dass selbe doch eine bedeutendere vertikale Verbreitung besässe, was bei dem steilen Abfall des Rauhkofels auf dieser Seite schwer hält nachzuweisen. Ausserhalb der Thalschlucht stehen um den Rauhkofel allenthalben nur die glätteren Formen der typischen cincta und Gredleriana, und kamen mir von ersterer auch Exemplare vor, von deren Mondfalte eine untere Gaumenfalte nach der Basis zu abläuft und mit der Lunella eine Art Siebener (7) oder Doppelbogen darstellt.

Aehnlich verhält sich die Verbreitung der Clausilia cincta var. *disjuncta* West. in dem östlich vom Ampezzothale und diesem parallel verlaufenden Fischeleinthale (Westerlund, Faun. europ., Fasc. II p. 276; deren Beschreibung wir nur beifügen möchten, dass diese Form sich überdies durch einen leichten Nackenkiel viel auszeichnet oder durch einen mehr oder minder ausgesprochenen Eindruck längs desselben).

Da Berichterstatter sein Auge nur auf erwähnte Clausilien eingestellt hatte, so boten sich seinen Blicken auch nur wenige andere Mollusken in der Umgebung von Schluderbach zur Beobachtung dar, die hier zur Vervollständigung des faunistischen Bildes folgen. Es sind das:

Hyalina pura mit viridula Mke.

Hyalina diaphana Stud.

Hyalina fulva Müll.

Helix (Patula) ruderata Stud.

Helix (Patula) rupestris Drap.

Helix (Vallonia) costata und pulchella Müll.

Helix unidentata Drap. mit

Helix ciliata Venetz an der Unterseite von Steinen, nicht selten.

Helix Presli (typisch, wenngleich ihre Scheiben in doppelter Lebensgrösse von den Felswänden herabwinken; häufig).

Helix arbustorum L. var. rudis Mühlf., gross, nicht völlig charakteristisch; liebt die Nähe von Krummholz und besteigt selbst dieses.

Cionella lubrica Müll.

Pupa avenacea Brug.

Pupa striata Gredl.

Pupa Schuttleworthiana Charp.

Clausilia. Ausser der erwähnten Gruppe keine, obwohl laminata, cruciata und varians, die im Ampezzothale daheim, auch der nächsten Umgebung von Schluderbach kaum gänzlich fehlen dürften.

Zum Schlusse drängt nicht blos das Gefühl der Dankbarkeit, sondern auch das objectiver Ueberzeugung den Berichterstatter, das Hôtel Ploner's in Schluderbach allen

Sammlern, die dorthin kommen, Touristen und Reisenden bestens zu empfehlen, welches selbst dem Mendicanten mitten im Geschäftsgewühle der belebtesten Saison eine rührende Aufmerksamkeit entgegenbrachte.

Schluderbach, 31. Juli 1882.

Ueber Clausilia silesiaca A. Schmidt.

Von

S. Clessin.

A. Schmidt gibt in seinem „System der europäischen Clausilien", in welchem er die in der Ueberschrift genannte Art charakterisirt, folgende Fundorte für sie an: Marmorbruch am Kitzelberge bei Oberkauffung, altes Bergwerk im Riesengrunde, Nimmersatt und Zobtenberg.

Die Art ist einzig dadurch charakterisirt, dass deren Unterlamelle (lamella inferior) etwas länger ist als die Spirallamelle (lam. spiralis) und dass das Ende der spiralis nicht steil bogig abfällt, wie bei Cl. laminata, sondern allmählig ausläuft, wie bei Cl. commutata (p. 33). Als Hauptcharakteristicum zur Unterscheidung der Claus. laminata gegen Claus. ungulata und commutata hebt derselbe Autor das Verhältniss der Länge der Inferior gegen die spiralis hervor, da bei commutata beide gleich lang, bei laminata aber die Spiralis kürzer ist (p. 31).

Bei Untersuchung der Gehäuse durch Aufbrechen hat sich ergeben, dass Schmidt's Angaben bezüglich einzelner schlesischer Fundorte der Claus. silesiaca nicht richtig sind. Nur unter den vom Marmorbruch am Kitzelberge gesammelten Clausilien finden sich Exemplare, die genau auf des genannten Autors Angaben passen; aber trotzdem kommen auch am selben Orte Exemplare vor, die bezüglich des Verhältnisses der Spiralis zur Inferior kaum von Claus.

commutata zu unterscheiden sind. Am Żobtenberg kommt nur die richtige Cl. commutata vor. Von den übrigen Fundorten besitze ich keine Exemplare.

Die Claus. silesiaca vom Kitzelberge stimmt übrigens in ihrem äusseren Habitus (und mit Ausnahme der etwas kürzeren Spiralis auch in ihrem Schliessapparate) so genau mit Claus. commutata überein, dass äusserlich die letztere Art von ihr gar nicht zu unterscheiden ist. A. Schmidt legt in dem angeführten Werke zur Unterscheidung der Claus. laminata von commutata den grössten Werth auf das Längenverhältniss der Lam. spiralis zur L. inferior. Die Exemplare vom Kitzelberg beweisen uns aber, dass dieser Charakter keinen so hohen und durchschlagenden Werth besitzt, dass vielmehr die Form des unteren Endes der Spiralis eine weit höhere Bedeutung hat. Infolge seiner Annahme kam Schmidt dazu, die Cl. silesiaca nicht nur näher an Cl. laminata als an commutata zu stellen, sondern selbe auch als Verbandsglied zwischen beiden zu betrachten. Der steile, bogige Abfall der Spiralis charakterisirt Claus. laminata und die sich ihr anschliessenden Arten (zu denen auch Claus. orthostoma gehört, die der genannte Autor sonderbarer Weise in seinem Werke sogar vor die Baleo-Clausilien stellt) weit besser und grenzt sie viel schärfer von Claus. commutata und ungulata ab, als das Längenverhältniss der Spiralis und Inferior, und es ist mir unbegreiflich, wie ein so genauer Beobachter, wie Schmidt, dies trotz seiner Claus. silesiaca verkennen konnte. Claus. silesiaca Schm. ist daher in der Folge ganz nahe an Claus. commutata zu stellen und mein Freund Böttger will sie sogar nur als „forma silesiaca“ betrachten, ihr also nicht einmal den Rang einer „varietas“ zuerkennen, worin ich ihm übrigens nur beistimmen kann.

Aber A. Schmidt hat in dem citirten Werke noch einen

Missgriff gethan, indem er die Figur 466 der Rossmässler'schen Iconographie zu seiner Claus. silesiaca zieht. Clausilien dieses Fundortes, der Steiner Alpe in Krain, besitzen die spiralis mit stark bogigem, rasch abfallenden Ende und die längere Inferior und sind daher unbedingt dem Formenkreise der Claus. laminata zuzuweisen, obwohl sie der Grösse nach allerdings mehr der Cl. commutata (ich erhielt sie unter diesem Namen) als der Cl. laminata ähnlich sind. Dennoch stimmt auch der äussere Habitus, namentlich die weniger rothbräunliche Färbung, mehr zu letzterer Art, so dass sie auch äusserlich nicht schwer als zu Cl. laminata gehörig zu erkennen ist.

Die Steinalpe in Krain als Fundort für die Cl. silesiaca ist demnach zu streichen und wahrscheinlich wird dies auch für den Kumberg in Krain und dem Ovir in Kärnthen einzutreten haben; doch besitze ich von den beiden letzteren Arten keine Exemplare. Es scheint mir gerechtfertigt, die Krainer Clausilie mit einem Namen zu belegen, wenn sie auch nur als Varietät von Claus. laminata gelten sollte und zwar möchte ich, da sie mehrfach Ursache zu Verwechslungen war, ihr den Namen Cl. dubiosa geben. Freund Robic theilte mir dieselbe von Steiner Festritz, Verlika planina der Steiner Alpe und vom Suhadolnik-Thal am Fusse des Grintover in Krain mit.

Ueber das Vorkommen der Cl. silesiaca in Bosnien, das von Möllendorff behauptet, habe ich zur Zeit keine Anhaltspunkte, da ich nicht weiss, ob dieser Autor die richtige Claus. silesiaca Schmidt oder die Clausilie der Steiner Alpe unter seiner silesiaca versteht. Gänzlich ausgeschlossen ist das Vorkommen einer Claus. commutata mit veränderter Inferior in den Ostalpen nicht.

Literaturbericht.

Martini-Chemnitz, Systematisches Conchylien-Cabinet. 2. Aufl.

Lfg. 313. *Ovula, von H. C. Weinkauff.* — Neu: Ov. Semperi t. 48 fig. 14. 15; — Ov. Loebbeckeana t. 50 fig. 6. 7; — Ov. Sowerbyi t. 51 fig. 10. 11. —

Lfg. 314. *Mactra, von H. C. Weinkauff.* — Neu: M. ambigua t. 26 fig. 1.

Lfg. 315. *Litorina, von H. C. Weinkauff.* — Neu: L. Cubana t. 9 fig. 2. 3. —

Esmarch, Birgithe, Nyt Bidrag til Kundskaben om Norges Land-og Ferskvands Mollusker. — In Nyt Mag. Naturv. XXVII. p. 77—108.

Die Verfasserin hat durch ihre Nachforschungen in den Aemtern Akerhus und Buskerud die Fauna von Norwegen auf 113 Arten gebracht, nämlich 69 Landarten (nebst 28 Varietäten) und 44 Süsswasserarten nebst 22 Varietäten. Die Nacktschnecken sind eingehend berücksichtigt und die Zungenzähne von Lehmannia marginata werden abgebildet. —

Locard, Arnould, Prodrome de Malacologie francaise. Catalogue général des Mollusques vivants de France. — Lyon 1882.

Der Autor gibt in gewohnter prachtvoller Ausstattung ein Verzeichniss sämmtlicher bisher von der Nouvelle école in Frankreich unterschiedener Arten. Die Fauna ist bereits auf die stattliche Anzahl von 1249 Nummern gebracht worden, der Autor erklärt aber selbst, dass, wer die Ansichten der Nouvelle école nicht theile, einfach die Gruppentypen als Arten annehmen könne. Als neu werden angeführt und mehr oder minder beschrieben: Hyalina chersa Bgt. (cellaria, soll auch in Nassau vorkommen); — H. staechadica; — Hel. Koraegaelia Bgt. (aperta); — H. promaeca (pomatia); — Hel. pyrgia Bgt. (pomatia); — Hel. pachypleura Bgt. (melanostoma); — Hel. Fagoti Bgt. (arbustorum); — Hel. mosellica, Aubiniana, Lemonia und Dumorum Bgt. (fruticum); — Hel. Vellavorum, separica, lepidophora, buxetorum, nemetuna, cussetensis, rusinica, Ceyssoni (alle strigella); — Hel. indola Bgt. (cantiana); — Hel. Langsdorffi Millière (lanuginosa); — Hel. cotinophila Bgt.; — Hel. veprium, silanica (incarnata); — Hel. odeca, hylonomia, sublimbata (limbata); — Hel. innoxia, leptomphala (carthusiana); — Hel. Venetorum, villula, subbadiella, Vendoperanensis, Vocontiana Bgt., hypsellina Pons, chonomphala, microgyra, cularensis Bgt. (hispida); — Hel. Crombezi Mill. (cornea); — Hel. chiophila Bgt. (glacialis); — Hel.

amathia Bgt. (cingulata); — Hel. Bolenensis Locard; — Hel. virgultorum, Morbihana, Tardyi (ericetorum); Hel. talepora, acosmeta Bgt. (neglecta); — Hel. velaviana, triphera; — Hel. pisanorum Bgt. (cespitum); — Hel. armoricana Bgt. (cespitum, Icon. 1291); — Hel. nautinia Mab., Maroniana Bgt. (stiparum); — Hel. nautica Loc. (sphaerita); — Hel. brinophila Mab., Bertini Bgt., arcentophila Mab.; — Honorati Mab. (conspurcata); — Hel. citharistensis Bgt. (apicina); — Hel. vicianica Bgt., Ycaunica Mab., philomiphila Mab. (costulata); — Hel. hypaeana Bgt. carcusiana Mab., Deferiana Bgt. (Ramburi); — Hel. scrupaea Bgt., Coutagni Bgt., Lugduniaca Mab., arga Mab. (striata); — Hel. Jeanbernati, acosmia Bgt., hicetorum, belloquadrica Mab. (unifasciata); — Hel. subintersecta, pictonum Bgt. (intersecta); — Hel. xera Hagenmüller; — Hel. lathraea Bgt.; — Hel. misara Bgt.; — Hel. agna Hag., foedata Hag., didimopsis Fagot; — Hel. sitifiensis Bgt.; — Hel. Naudieri Bgt.; — Orcula Saint-Simonis Bgt.; — Sphyradium Locardi Bgt.; — Digyrcidum Letourn. n. gen. für Bithynien mit innen spiral, aussen concentrisch gewundenem Deckel; Typus D. Bourguignati Palad; — Paludestrina Renei Bereng.; Locardi Bereng.; — Moitessieria Fagoti Cout., Bourguignati Cout.; — Pisidium olivetorum Bereng.; — Pseudanodonta Locardi Cout.; ararisana Cout.; — Anodonta sequanica Bgt., Georgi Bgt., borboraeca Bgt., pelaeca Serv.; — Unio rathymus Bgt., danemorae Mörch, septentrionalis Bgt., marcellinus Berth., melas Cout., alpecanus Bgt., Feliciani Bgt., oxyrhynchus Brev., Socardianus Bgt., crassatellus Bgt., Brevieri Bgt., Locardianus Bgt., Condatinus Let., Saint-Simonianus Fagot, Milne-Edwardsi Bgt., Riciacensis Bgt., orthus Cout., orthellus Bérenguier, Hauterivianus Bgt., matronicus Bgt., ligericus Bgt., arenarum Bgt., cyprinorum Berth., sequanicus Cout., potamius Bgt., Andegavensis Serv., Berthelini Bgt. minutus Ray, Bourgeticus Bgt., Lagnisicus Bgt., Rayi Bgt., Pilloti Bgt., Dubisanus Cout., dubisopsis Loc., macrorhynchus Bgt., Veillanensis Blanc, Berenguieri Bgt., Foroguliensis Bér., Corbini Bgt., Fagoti Bgt., Pinciacus Bgt., Renei Loc., fabaeformis Bgt., torsatellus Berth., Jousseaumei Bgt., pornae Bgt., meretricis Bgt., falsus Bgt., fascellinus Serv., Carantoni Cout., gobionum Bgt., Joannisi Bgt., cancrorum Bgt., Gestroianus Bgt., gallicus Bgt., rostratellus Bgt., Malafossianus Fagot, Berilloni Locard, mucidulus Bgt., tumens de Joannis, Vincelleus de Joannis, Holandrei de Saulcy, Dolfusianus Bgt., bardus Bgt., edyus Bgt., Fourneli Bgt., Dreissena Belgrandi Bgt.

Studer, Th., Beiträge zur Meeresfauna West-Afrika's. In: Zoolog. Anzeiger No. 115 p. 351.

Die in geringer Tiefe von der Gazelle erbeuteten Arten sind sämmtlich bekannte europäische Arten, mit Ausnahme einiger schon früher von Martens beschriebener; es werden nur 18 Arten genannt. Unter der Hundertfadenlinie wurden gefunden: Pecten Philippii, und an einer anderen Localität Cardita squamigera Desh., Phorus digitatus Mts. n. sp. und Pleurotoma inflexa Mts. n. sp., und an einer dritten Stelle bei 360 Faden: Dentalium concinnum Mts. n. sp., Yoldia angulata Mts. n. sp. und Nassa frigens Mts. n. sp. Die neuen Arten sind nur genannt.

Jordan, Hermann, zum Vorkommen von Landschnecken. In: Biolog. Centralblatt vol. II. No. 7.

Der Verfasser schreibt der physicalischen Beschaffenheit des Bodens mehr Einfluss auf das Vorkommen der Schnecken zu, als der chemischen, und will die Schneckenarmuth des Urgebirgs mehr durch den Mangel an passenden Verstecken, als den an Kalk erklären.

Annals of the Academy of New-York, vol. II.

p. 115. *Bland, Th.,* Description of a new species of Triodopsis from New Mexico (Hel. Levettei). Mit Holzschnitt.

p. 117. — — on the relations of the flora and fauna of Sta. Cruz, West-Indies.

p. 127. — — Notes on Macroceramus Kieneri Pf. and pontificus Gould. (Mit Holzschnittabbildung des ächten, in der Union nicht vorkommenden M. Kieneri).

p. 129. *Stearns, Robert C.*, on Helix aspersa in California, and the Geographical Distribution of certain West-American Landshells, and previous errors relating hereto.

p. 140. *Williams, Henry S.*, the Life History of Spirifer laevis Hall, a palaeontological Study. With pl. XIV.

Journal de Conchylogie 1882, No. 2.

p. 85. *Morelet, A.*, Observations critiques sur le Memoire de M. E. Martens, intitulé Mollusques des Mascareignes et des Sechelles. (Neu Cycl. verticillatum p. 90 t. 4 fig. 1, subfossil von Mauritius; — C. dissotropis p. 91 t. 4 fig. 2; — C. trissotropis p. 92 t. 4. fig. 3; — C. Vacoense p. 93 t. 4 fig. 4; — Auricula Nevillei p. 100 t. 4 fig. 5; — Melampus carneus p. 101 t. 4 fig. 6; — Mel. avellana p. 102 t. 4 fig. 7; — Assiminea granum p. 105 t. 4 fig. 8). —

p. 106. *Davidson, Th.*, Description d'une espèce nouvelle de Terebratulina, provenant du Japon (T. Crossei t. 7 fig. 1).

p. 109. *Fischer, P.*, Description d'une espèce inédite du genre Modulus, provenant de la Nouvelle Caledonie (M. Morleti t. 7 fig. 2).

p. 110. *Crosse, H. & P. Fischer*, Description d'un Cyclostoma nouveau, provenant de Madagascar (C. Paulucciae t. 7 fig. 3).

p. 112. — — Descriptiou d'une éspèce nouvelle de Melania, provenant du Cambodge. (Mel. Forestieri p. 112 t. 7 fig. 4).

p. 114. *Cossmann, M.*, Description d'espèces nouvelles du Bassin Parisien. (Neu Poromya tumida t. 5 fig. 1; — Sportella Bezanconi t. 5 fig 2; — Lucina Bourdoti t. 5 fig. 3; — Trigonocoelia curvirostris t. 5 fig. 4; — Nacella Baylei t. 5 fig. 5; — Lacuna anomala t. 6 fig. 1; — Diastoma acumimense t. 3 fig. 2; — Eulima Lamberti t. 6 fig. 3; — Bifrontia conoidea t. 6 fig. 4; — Stolidoma Morleti t. 6. fig. 5; — Delphinula infundibulata t. 6 fig 6; — Typhis Rutoti t. 6 fig. 7; — Marginella elevata t. 6 fig. 8).

Transactions of the Philosophical Institute of New Zealand (Canterbury). Vol. XIII.

p. 200. *Hutton, F. W.*, Contributions to New Zealand Malacology. Enthält die Anatomie von Limax molestus (= agrestis), Milax antipodum, Arion incommodus, sowie Notizen über die Thiere zahlreicher mariner Arten.

— — Vol. XIV.

p. 143. *Hutton, F. W.*, on the New Zealand Hydrobiinae. — 4 Arten, zu Potamopyrgus St. gehörig, davon neu P. pupoides pl. I. fig. D. H. —

p. 147. — —, on a new Genus of Rissoinae. (Dardania n. gen. von Rissoa verschieden durch einfachen Deckellappen und hinten ausgeschnittenen Fuss, von Barleia, welcher die Schale gleicht, durch Rissoinaartigen Deckel, lange borstige Fühler und ausgeschnittenes Rostrum. Typus Dard. olivacea pl. I. fig. K.

p. 148. — —, on the Freshwater Lamellibranchs of New Zealand Pl. II.

p. 150. — —, Notes on some Pulmonate Mollusca. — Anatomie von Patula coma, hypopolia, igniflua, Placostylus bovinus, Daudebardia novoseelandica, deren Zunge Testacellenartig ist; — Paryphanta Busbyi, ohne Kiefer, zu den Agnathen zu stellen; — Helix fatua Pfr., welche wohl eine eigene Gattung bilden muss; — Limax molestus = agrestis L; — Arion incommodus = fuscus Müll. und zahlreichen anderen Arten. Pl. III. IV.

p. 158. *Hutton, F. W.*, Notes on the Anatomy of the Bitentaculate Slugs of New Zealand. (Janella marmorea, papillata und bitentaculata). Taf. V.

p. 162. — —, Notes on some Branchiate Mollusca. Struthiolaria gleicht in der Zungenbewaffnung am meisten Trochita.

Smith, Edgar A., a Contribution to the Molluscan Fauna of Madagascar. In Proc. Zool. Soc. 1882 p. 375 pl. 21—22.

Als neu beschrieben werden Cyclostoma Betsiloense t. 21 fig. 2 3; — C. congener fig. 1; — C. Johnsoni fig. 4. 5; — Vitrina madagascariensis fig. 6. 7; — Nanina Cleamesi fig. 8. 9; — Helix bicingulata fig. 13. 14; — Clavator Johnsoni t. 22 fig. 5; — Melanatria Johnsoni fig. 6. 7; — Cleopatra trabonjiensis fig. 10. 11; — Ampullaria madagascariensis fig. 8. 9; — Limnaea electa fig. 12. 13; — Physa lamellata fig. 14. 15; — Ph. obtusispira fig. .16. 17; — Planorbis madagascariensis fig. 20—22; — Corbicula madagascariensis fig. 25—27; — Pisidium Johnsoni fig. 28. 29; — Bul. nigrolineatus Rve. und Neritina fulgetrum Rve. seither unbekannten Fundortes sind auf Madagascar gefunden worden, ebenso die indische Hel. barakporensis und die südafrikanische Limosina ferruginea.

Bolletino del R. Comitato Geologico d'Italia. Vol. XII. 1881.

p. 33. *Canavari, M. & E. Cortese*, sui terreni secondari dei dintorni di Tivoli. — Wesentlich stratigraphisch.

p. 203. *Salmojraghi, Fr.*, Alcuni appunti geologici sull Appennino fra Napoli e Foggia. — Enthält verschiedene Verzeichnisse von Tertiärfaunen.

p. 267. *Bornemann, G.*, sul Trias nella parte meridionale dell' Isola di Sardegna. Con tav. V. & VI. — Mit Abbildung von Myophoria Goldfussi und einigen unbenannten Arten.

p. 426. *Meli, R.*, Notizie ed osservazione sui resti organici rinvenuti nei tufi leucitici della Provincia di Roma. — Enthält zahlreiche Bemerkungen über quaternäre und tertiäre Conchylien.

Le Naturaliste, 4me Année. No. 14.

p. 105. *Velain, Ch.*, sur la limite entre le lias et l'oolithe inférieure, d'après des documents laissés par H. Hermite.

p. 110. *Ancey, C. F.*, Monographie du Genre Selenites. (Fünf Arten, concava, vancouverensis, voyana, sportella und Duranti Ncb.)

— — No. 15.

p. 119. — —, Mollusques nouveaux ou peu connus. Neu: Nanina (Medyla) salmonea von Kachar; — Hel. (Trichia) semihispida von Jnkiapo; — Hel. (Ampelita) gonostyla von Madagascar; — Helix restricta Desh. in sched. ist = Richthofeni Mts.

Jeffreys, J. Gwyn, Notes on the Mollusca procured by the Italian Exploration of the Mediterranean in 1881. — In Ann. Mag. Nat. Hist. July 1882 p. 27—34.

Die Expedition des „Washington" hat, wie die französische des Travailleur, die Existenz einer ächten Tiefseefauna im Mittelmeer ergeben. Als neu werden beschrieben: Axinus planatus p. 29, Emarginula multistriata p. 30, Defrancia nodulosa p. 32, D. tenella p. 33, D. convexa p. 33. — Zum ersten Male lebend gefunden wurden Limopsis pygmaea Phil., Trochus Ottoi Phil., Tr. Wiseri Calc. und Tr. glabratus Phil., der aber dem Deckel nach ein Turbo ist.

Kleinere Mittheilungen.

(Riesige Cephalopoden in Neuseeland.) In den Transactions of Wellington Philosophical Society for 1879 beschreibt Kirk fünf riesige Cephalopoden, welche im letzten Jahrzehnt an Neuseeland gefangen wurden. Einer derselben hatte ohne die Arme eine Körperlänge von 10′ und einen Umfang von 6′ und Arme von der Dicke eines Mannsschenkels. Verrill glaubt, dass sie mit dem von Velain beschriebenen Architeuthis Mouchezi identisch sind. K.

(Philippinen.) Der französische Reisende March ist mit einer sehr bedeutenden Conchylienausbeute von den Philippinen zurückgekehrt. Die Beschreibung derselben wird in einem besonderen Werke erfolgen. K.

Gesellschafts-Angelegenheiten.

Wohnortsveränderung:

Herr *P. Hesse* wohnt jetzt in Frankfurt a. M., Bornwiesenweg 43 III.

Mittheilungen und Anfragen.

Fossile aus italienischen Tertiär-Ablagerungen sind abzugeben im Tausch gegen solche aus älteren Schichten. Näheres durch

P. Hesse,
Frankfurt a. M., Bornwiesenweg 43 III.

Todes-Anzeige.

Am ersten August dieses Jahres verstarb in Potsdam unser Mitglied

Herr Ernst Mangold.

Er gehörte der malacozoologischen Gesellschaft beinahe seit ihrer Gründung an; dieselbe wird ihm ein ehrendes Angedenken bewahren.

Berichtigung.

Durch verspäteten Eingang der Korrektur sind folgende Fehler in dem Aufsatze des Herrn E. v. Martens stehen geblieben: Auf Seite 114 und 115 soll es statt: Leutrosee, Lautersee, statt Bodensee, Badersee, statt Gusselmühle, Husselmühle heissen; ferner ist am Schlusse S. 118 noch anzufügen, nach vorkommen: Helix Preslii z. B. habe ich nun auch bei Reichenhall 1881 und 1882 am Ristfeuchthorn gleich bei der Wegscheide und am Nesselgraben, etwa 550 Meter, gefunden.

Eingegangene Zahlungen.

Neumayr, W. Mk. 21.—; Trost, F. 6.—; Naturhistor. Museum Lübeck 21.—; Schaufuss, O. 6.—; Futh, K. 6.—; Verkrüzen, L. 1.40; Haupt, B. 6.—; Schlemm, G. 6.—

Redigirt von Dr. W. Kobelt. — Druck von Kumpf & Reis in Frankfurt a. M.
Verlag von Moritz Diesterweg in Frankfurt a. M.

Hierzu die Beilage Tauschverzeichniss No. 5.

No. 10. October 1882.

Nachrichtsblatt

der deutschen

Malakozoologischen Gesellschaft.

Vierzehnter Jahrgang.

Erscheint in der Regel monatlich und wird gegen Einsendung von Mk. 6.— an die Mitglieder der Gesellschaft franco geliefert. — Die Jahrbücher der Gesellschaft erscheinen 4 mal jährlich und kosten für die Mitglieder Mk. 15.— Im Buchhandel kosten Jahrbuch und Nachrichtsblatt zusammen Mk. 24.— und keins von beiden wird separat abgegeben.

Briefe wissenschaftlichen Inhalts, wie Manuscripte, Notizen u. s. w. gehen an die Redaction: Herrn **Dr. W. Kobelt** in Schwanheim bei Frankfurt a. M.

Bestellungen (auch auf die früheren Jahrgänge), ***Zahlungen*** u. dergl. gehen an die Verlagsbuchhandlung des Herrn **Moritz Diesterweg** in Frankfurt a. M.

Andere die Gesellschaft angehenden ***Mittheilungen,*** Reclamationen, Beitrittserklärungen u. s. w. gehen an den Präsidenten: Herrn **D. F. Heynemann** in Frankfurt a. M.-Sachsenhausen.

Mittheilungen aus dem Gebiete der Malakozoologie.

Zum Kapitel der „Natural-Selection."

In der Ansprache, welche Dall als Vicepräsident der biologischen Section der American Association for the Advancement of Science 1882 zu Montreal an seine Section gehalten, finden wir einige interessante Bemerkungen über den Einfluss der Zuchtwahl bei den Mollusken, welche wir, da der Bericht wohl nur wenigen unserer Leser in die Hände kommen dürfte, hier wiedergeben wollen. Nachdem Dall auseinandergesetzt, wie von einer Einwirkung der Zuchtwahl wohl bei den höheren Thieren die Rede sein könne, nicht aber bei den niederen, welche massenhaft unter ganz gleichen Bedingungen leben, fährt er fort:

„Da die Mollusken gewissermassen eine Mittelstellung einnehmen zwischen den höheren und den niederen Thierclassen, so sind Untersuchungen über die Gesetze der

Variation und die Einflüsse, welche einzelne Charactere stationär zu machen streben, bei ihnen ganz besonders wünschenswerth.

Wir finden, wie vorauszusetzen, am meisten auffallende Wirkungen der Zuchtwahl bei den Landschnecken, welche durch ihren Aufenthalt auf dem Lande am meisten mit Feinden von relativ hoher Intelligenz, wie Vögeln und anderen Wirbelthieren, in Berührung kommen. Die ausgewählten Characterzüge sind bei diesen ausschliesslich solche der Färbung. Das graue düstere Ansehen der Schnecken, welche wüste Gegenden bewohnen, ist bekannt. Möglicher Weise liegt die primäre Ursache dafür in einer weniger flüssigen Absonderung der Secretionen, welche die durchscheinende Schale und glänzende Epidermis des Gehäuses bedingen; in der trockenen Wüstenluft müssen natürlich abgesonderte Flüssigkeiten, welche durch keine undurchgängige Epidermis mehr geschützt werden, leichter zerstört werden, als sonst. In feuchteren Regionen finden wir besonders bei den gedeckelten Lungenschnecken eine auffallende Tendenz zu abwechselnd heller und dunkler Streifung, wie sie geeignet ist, um die Schnecken in dem wechselnden Licht und Schatten ihrer Aufenthaltsorte zu verbergen, und man ist versucht. für die Constanz und das Ueberwiegen dieser Färbungsweise dieselben Ursachen anzunehmen, die manche Forscher für das gestreifte Kleid des Tigers annehmen.

Aber wie entstand die ebenso zierliche und verwickelte wie constante microscopische Sculptur der Schalen? es ist kaum möglich, dass sie irgend einen Vortheil für das Thier bietet.

Bei tropischen Arten ist die umgeschlagene Lippe der Mündung häufig mit prachtvollen Farben geschmückt, welche, so lange das Thier lebt, vollständig unsichtbar ist. Da die Schnecken Hermaphroditen sind und sich wechselseitig begatten, kann die geschlechtliche Zuchtwahl durchaus keinen Einfluss auf die Fixirung eines solchen Schmuck-Charakters haben. In der That ist in der ganzen Gruppe die am meisten auffallende und sich stets wieder aufdrängende Frage die nach der Entstehung der wunderbaren Combinationen von Färbung und Gestalt, denen man auch nicht den geringsten Nutzen zuschreiben kann. Es gibt einen asiatischen Bulimus (Amphidromus) von prächtig citrongelber Färbung, welcher am letzten Umgang, vor der umgeschlagenen Aussenlippe, einen schmalen schwarzen oder blauen Striemen ablagert, ohne dass demselben ein Vorsprung oder eine Veränderung der Sculptur entspräche, ohne dass man eine Spur dieser Färbung anderswo am Gehäuse fände. Ein Künstler würde sagen, dass das Citronengelb durch den Contrast mit dem dunklen Streifen erhöht, die Schönheit gesteigert werde. Aber ein Mollusk ist kein Aesthetiker; seine armen Augen lassen es höchstens Licht und Dunkel, aber nicht Gestalt und Form unterscheiden. Und doch muss ein hinreichender Grund für diese und zahlreiche andere Eigenthümlichkeiten sein.

Bei den marinen Mollusken ist der Kampf ums Dasein, wenn einmal die Embryonalzeit überwunden ist, weit weniger heftig, theils wegen der mehr gleichmässigen Lebensbedingungen und dem Ueberfluss an Nahrung, theils wegen der viel geringeren Intelligenz der Feinde, welche hauptsächlich aus Fischen und räuberischen Mollusken bestehen. Hier, wo die Entwicklung der Oberflächencharaktere nach einer beliebigen Richtung kaum durch irgend eine Art von Zuchtwahl geleitet oder begrenzt werden kann, finden wir bei einer bemerkenswerthen Gleichmässigkeit in den Structurcharakteren eine höchst merkwürdige Variabilität im Aeusseren. Hier tritt uns wieder die Frage entgegen: wozu dient die unendliche Mannigfaltigkeit im Detail, welche oft nur dem bewaffneten Menschenauge sichtbar, dem Auge des Thieres und seiner Gefährten aber vollkommen unsichtbar? Die prachtvolle Zeichnung der Conus ist während des Lebens unter einer dichten Epidermis verborgen; die prächtigen Verzweigungen der Phyllonotus, die Chagrinsculptur vieler Trochiden, die prächtigen Wölbungen der Cypræen — sie alle können von ihrem Besitzer und seinen Gefährten nicht wahrgenommen werden, sie sind, soweit wir beurtheilen können, unnütz, und doch sind sie Charaktere von äusserster Constanz innerhalb der Species.

In manchen Characteren hat Hyatt den Einfluss der Gravitation nachgewiesen. Auf manche Farbentinten hat die Nahrung zweifellos einigen Einfluss. Ich habe gezeigt, wie die spirale Windungsrichtung entstanden sein kann aus physicalischen Ursachen, unterstützt durch Zuchtwahl. In Alaska bemerkte ich eine Litorina, welche, wenn sie auf isolirten Felsen dem vollen Einfluss der Wellen ausgesetzt war, bedeutende Veränderungen erlitt. Das Gewinde wird kürzer und fast flach, die letzte Windung ist vergrössert und weiter geöffnet, aus den Spiralrippen werden Reihen von Knoten und die Spindel ist dick und schwer. Exemplare, welche zur Variation in dieser Richtung tendiren, haben natürlich einen bedeutenden Vortheil im Kampfe ums Dasein und können dem Anprall der Wellen leichter widerstehen; einmal hinweggespült in den beweglichen Sand zwischen den Klippen haben die Litorinen nur geringe Chancen, ihr Leben zu erhalten. Ich habe dies immer für das auffallendste Beispiel des Einflusses der natürlichen Zuchtwahl auf Meermollusken gehalten.

Ein merkwürdiges Beispiel von der unerklärlichen Erwerbung einer werthvollen Eigenschaft, einer Vererbung derselben und einer Beibehaltung auch in Fällen, wo sie nutzlos geworden, bieten die Phoriden (Xenophoriden). Manche Arten heften an ihre Schale Fragmente von Korallen, Muscheln und kleine Steine, so dass sie ganz davon bedeckt sind. Es muss ihnen das natürlich einen bedeutenden Schutz gegen Feinde und gegen zufällige Verletzungen gewähren. Das ist vielleicht die Ursache, dass ihre Schale so auffallend dünn geworden ist und nur noch eine Cementschicht bildet, welche die fremden Elemente zusammenhält. Es ist schwer zu verstehen, wie diese Eigenthümlichkeit entstehen konnte, da sie den Gewohnheiten der Gastropoden so wenig entspricht, und doch muss sie schon ziemlich allgemein verbreitet gewesen sein, ehe sie der Gattung als solcher wohlthätig genug wurde, um durch Vererbung fixirt zu werden. Einmal fixirt, ist ihr Nutzen in die Augen springend. Um so merkwürdiger ist es, dass eine solche werthvolle Gewohnheit theilweise ausser Gebrauch kam, so dass der Schutz verloren ging, während die zu schleppende Last fremder Körper beibehalten wurde, wie manche Arten nur an der Peripherie fremde Körper tragen. Manche von diesen zeigen ausserdem noch eine auffallende Sorgfalt bei der Auswahl der fremden Körper; die einen heften nur Schalen zweischaliger Muscheln an, andere nur Fragmente von Korallen, wieder andere nur winzige Steinchen und Sandkörner, welche nicht den geringsten Schutz mehr bieten und nur den Character einer Decoration tragen. Und trotzdem sind Art und Vertheilung der fremden Körper so constant und gleichmässig, dass sie zur Unterscheidung der Art dienen können.

Diese wenigen Beispiele sind nur Typen aus Tausenden; sie mögen genügen, um die Welt von Geheimnissen anzudeuten, welche noch das Leben und die Entwicklung einer ganzen Hauptabtheilung des Thierreiches umgibt."

K.

Zur Molluskenfauna des Eichsfeldes.

(Vollenborn, Kreis Worbis)

(Vergl. Jahrg. 1879 p. 86 u. 1880 p. 53).

III.

Folgende Procentzahlen sind für die an besagtem Orte ohne jede Wahl oder Vorliebe gesammelten Clausilien zu constatiren gewesen:

	Jul.-Aug. 79.	Aug.-Sept. 79.	Sept. 1882.
	—	(3151 Stück)	(2367 Stück)
Cl. plicatula Drap.	20,0	66,2	49,5
„ bidentata Str.	54,6	15,3	21,6
„ laminata (Mtg.)	14,8	14,0	16,8
„ parvula Stud.	8,9	3,1	11,0
„ dubia Drap.	0,3	1,2	0,7
„ cana Held	0,3	—	0,4
„ ventricosa Drap.	1,1	0,1	—
„ lineolata Held	—	0,1	—

In der neuesten Partie (1882) fand sich daselbst auch je ein Stück von Cl. laminata und von Cl. plicatula albin, sowie 12,5% des Buliminus obscurus (1879 = 10,7%; B. montanus, obgleich daselbst häufiger als obscurus, ist mir noch nicht albin vorgekommen!) und 4,3% der Helix lapicida in rein albinen Exemplaren.

Dr. O. Boettger.

Arion fallax n. sp.

Auf die Bemerkungen von Herrn O. Goldfuss in No. 6/7 p. 82 des Nachrichtsblatts hin, wage ich es, eine Beschreibung dieser Art zu geben. Seit Jahren hatte ich die Form im Kanton Schaffhausen und an der S.-O.-Grenze des Schwarzwaldes neben hortensis Fér. beobachtet, seit einem Jahre im Reussthal, diesen Herbst um Schwarzenberg am Pilatus in 800—900 M. Höhe, überall häufig. Offenbar ist es dieselbe Art, die Herr Goldfuss aus der Gegend von Frankfurt a. M. und von Halle a. d. S. nennt, und sehr wahrscheinlich gleichbedeutend mit A. hortensis var. c. in C. Pfeiffers Naturgeschichte III. p. 12. Ueberall fand er sich neben hortensis (weil dieser eben fast nirgends fehlt) und sieht demselben allerdings bei nicht genauer Betrachtung sehr ähnlich, ist aber, und zwar in jedem Alter, sofort von ihm zu unterscheiden. Nach allem wird es am besten sein, unsere Art im Vergleich mit ihrem Doppelgänger zu beschreiben.

A. fallax wird wenig kleiner als hortensis, ist dabei schlanker, der Rücken mehr gewölbt, die Sohle schmäler, wie der Körper beim Kriechen linear, von einem, namentlich am Schwanzende, schmalen Saume eingefasst. Die Längsrunzeln des Rückens sind schärfer ausgeprägt und erscheinen darum feiner. Ganz charakteristisch ist, dass der Rücken, namentlich beim ausgestreckten Thiere, plötzlich und senkrecht zum Schwanzdrüsen-Ausschnitt abfällt und dieser letztere grösser und tiefer ist, als bei hortensis. Vor allem aber ist es die Bildung der Radula, welche beide Arten trennt. Bei fallax verlängern sich die innern Spitzen an den Zähnen der Seitenfelder, mit dem eilften oder zwölften von der Mitte angefangen, bedeutend und sind schräg nach innen gerichtet, sodass die Seitenfelder denen von manchen Limax-Arten sehr ähnlich sehen; nur sind diese Spitzen wenig gebogen und es fehlt ihnen jede Spur von Seitenspitzen. Die zweite, äussere Spitze jedes Zahnes ist im Gegensatz zur inneren sehr klein, sodass sie erst bei stärkerer Vergrösserung deutlich erkannt und darum sehr leicht übersehen wird. Nach aussen zu werden die letzten Zähne ganz rudimentär, wie bei hortensis u. a. Ein fernerer Unterschied besteht, wie bereits angedeutet, darin, dass die Seitenfelder sich noch ziemlich deutlich vom Mittelfeld abheben, während bei hortensis eine solche Grenze nicht existirt, der Uebergang sehr allmählig geschieht — wenigstens an hiesigen und Schleitheimer Exemplaren. Auch in der Zahl der Zähne unterscheiden sich beide Arten: während hortensis nur 59 Längsreihen aufweist, zählt fallax deren ca. 73; Formel für letztere $\frac{m}{3}+\frac{10}{2}+\frac{26}{2}$; für hortensis etwa $\frac{m}{3}+\frac{13}{2}+\frac{16}{2}$. — Diese Bildung der Radula entfernt unsere Arten von den drei übrigen einheimischen Arten, die relativ kurze, breite, wenig nach innen gerichtete Spitzen der Seitenzähne gemeinsam haben. Die Färbung des Thieres ist dunkler als bei hortensis, oft schwarzgrau, sehr häufig mit röthlichem oder goldigem Schimmer, der übrigens auch bei hortensis sich hie und da findet; Herr Goldfuss sagt von den Frankfurter Exemplaren: olivenfarbig; der Kopf ist dunkel, die Zeichnung ziemlich dieselbe wie bei hortensis, (nämlich die hier schwarzen oder schwärzlichen meist etwas heller begrenzten Seitenbänder auf Schild und Rücken). Die Sohle ist immer mehr oder weniger gelb, zumeist aber intensiv orangefarben. — Wie Herr Goldfuss mittheilt, ist das Thier lebhafter, als sein Verwandter, was ganz meinen Beobachtungen entspricht; dagegen findet sich A. fallax bei uns auch in Wäldern, so gut wie hortensis, doch immerhin mehr dem Rande entlang und in Lichtungen.

Kurz zusammengefasst sind die Unterschiede gegenüber A. hortensis also folgende: Körper schlanker, gewölbter, Sohle schmaler mit schmalerem Saume; der Rücken, mit schärferen Längsrunzeln, fällt plötzlich zum grösseren Schwanzdrüsen-Ausschnitt ab; Färbung der Oberseite dunkler (dunkel- bis schwarzgrau, röthlich oder olivenfarbig), Sohle orange; Radula: Zähne der Seitenfelder mit viel längerer schräg gestellter innerer und sehr kleiner äusserer Spitze; Zahl der Längsreihen 73 (gegenüber 59).

Nach dem Mitgetheilten kann kein Zweifel an der Artberechtigung dieser Form bestehen; sie entfernt sich sogar sehr weit von dem einzig in Frage kommenden A. hortensis

Fér. Ich unterlasse jeden weiteren Versuch zur Begründung, möchte aber alle Fachgenossen auffordern, sich das Thier genauer anzusehen. Denn es ist doch immerhin auffallend, dass eine solche einheimische und dazu, wenigstens in manchen Gebieten, sehr häufige Art so lange verkannt bleiben konnte; die äussere Aehnlichkeit mit A. hortensis ist allerdings täuschend, aber eben doch nur äusserlich, und der gewählte Name dürfte darum passend sein. Warum ich nicht die Pfeiffersche [l. c.] Bezeichnung (var.) rufogriseus angenommen? einmal weil jene Beschreibung zur sicheren Recognoscirung denn doch zu dürftig ist, und dann, weil die angegebene Färbung nur theilweise der Wirklichkeit entspricht.

Mellingen im October 1882. Dr. Sterki.

Buccinum Mörchii Friele.

Herr Friele macht mich brieflich darauf aufmerksam, dass ich in meiner Monographie von Buccinum bezüglich dieser Art einen Irrthum begangen habe, indem ich seine Fig. 19 auf Tafel III der noch nicht erschienenen Moll. Nordh. Exped. (Buccinum sericatum var. Mörchii) mit dem von ihm im Jahrbuch IV p. 260 beschriebenen Buccinum Mörchii identificirte, während Taf. III Fig. 22 diese Art darstellt. Ich hatte einen Brief Friele's missverstanden und bitte diesen Irrthum zu corrigiren. Meine Abbildung Taf. 84 Fig. 2 stellt also nicht B. Mörchii dar.

Kobelt.

Kleinere Mittheilungen.

(Gadinia excentrica Tiberi) aus dem Mittelmeer ist nach einer Notiz von Dall im American Naturalist (p. 737) keine Gadinia und überhaupt keine Pulmonate, sondern eine Rhipidoglosse, zu der Gattung Addisonia Dall gehörig und kaum zu unterscheiden von A. paradoxa Dall aus dem Tiefwasser von der Küste von Neuengland. Die Fauna dieses Gebiets zeigt überhaupt auffallend viele Arten, welche mit lebenden aus dem Mittelmeer oder fossilen aus dem italienischen Pliocän sehr nahe verwandt oder sogar identisch sind.

Embryonalschale von Solarium. Jousseaume macht in le Naturaliste p. 158 darauf aufmerksam, dass der Apex von *Solarium* verkehrt gewunden sei und in der Tiefe des Nabels als ein kleiner Kegel vorspringe, während man oben nur die Basis des Embryonalendes und darum nur einen einzigen Umgang erkenne. Bei manchen fossilen Arten ist die Umdrehung nicht eine vollständige, sondern nur zur Hälfte; dann scheint der Apex nur einen halben Umgang zu haben.

In dem **Senckenbergischen Museum** sind die Pneumonopomen gegenwärtig durch 508 Arten vertreten, welche sich in folgender Weise auf die einzelnen Gattungen vertheilen:

Acme	4	Pupina	20
Geomelania	1	Choanopoma	18
Truncatella	14	Licina	1
Diplommatina	7	Cyclotopsis	1
Palaina	2	Ctenopoma	15
Paxillus	1	Diplopoma	1
Cyclotus	22	Adamsiella	4
Cyathopoma	1	Lithidion	1
Opisthoporus	2	Otopoma	7
Rhiostoma	1	Cyclostomus	53
Spiraculum	1	Tudora	16
Pterocyclos	5	Leonia	2
Coelopoma	1	Cistula	11
Alycaeus	13	Chondropoma	42
Opisthotoma	1	Pomatias	20
Hybocystis	1	Realia	18
Craspedopoma	3	Stoastoma	1
Aulopoma	2	Trochatella	8
Cyclophorus	59	Lucidella	2
Leptopoma	17	Helicina	75
Tomocyclos	2	Alcadia	6
Megalomastoma	12	Ceres	1
Cataulus	6	Proserpina	1
Pupinella	2	Georissa	2

Da Pfeiffer bereits 1876 beinahe 2000 Arten aufzählt und seitdem wieder über 300 Arten beschrieben worden sind, macht dies kaum mehr als ein Fünftel der bekannten Arten aus. Namentlich die indischen Arten sind noch schwach vertreten und wir bitten unsere Mitglieder, welche über sicheres Doublettenmaterial verfügen, solches in Tausch (gegen Maroccaner etc.) abzugeben. Ausführliche Cataloge stehen auf Anfragen bei der Redaction zu Diensten.

Seguenza (Atti Acad. Lincei vol. VI.) ist durch seine Untersuchungen der Tertiärformation von Calabrien zu dem Resultate gekommen, dass hier beträchtliche Schwankungen des Bodens bis in die geologisch neueste Zeit hinein stattgefunden haben. Die Pliocänschichten erheben sich bis zu 1200 Meter; zur Zeit ihrer Ablagerung muss also der hohe Aspromonte allein aus dem Meer emporgeragt und eine Insel oder ein Riff gebildet haben. Mit dem Beginn der Ablagerung des Astiano hörte die Senkung auf und begann die Hebung, welche durch die spätere Tertiärzeit und die ganze Quaternärzeit währte, und vielleicht heute noch fortdauert. Mit dem Beginne der Hebung muss auch eine bedeutende Abkühlung eingetreten sein, denn wir finden nordische Molluskenformen, während die tropischen verschwinden. S. bringt diese Abkühlung mit der Gletscherzeit in Verbindung; gegen ihr Ende wurden die kolossalen Sandmassen abgelagert, welche heute die Tertiärschichten überlagern. Im oberen Quaternär fehlen die nordischen Arten wieder und treten dafür einzelne westafrikanische Formen (Strombus coronatus, Mitra scrobiculata, M. Bronni) auf, welche auf einen offenen Zusammenhang mit dem atlantischen Ocean hinweisen. *K.*

Literaturbericht.

Laubrière, de, Descriptions d'espèces nouvelles du bassin de Paris. In Bull. Soc. geol. France IX. 1881 p. 377 pl. VIII.

Neu: Spirialis Bernayi p. 377 t. 8 fig. 5; — Pleurotoma Essomiensis p. 378 fig. 6. 9; — Cypraea Dollfusi p. 379 fig. 10. 13; — Turitella Eckiana p. 379 fig. 15. 16; — Vermetus Suessoniensis p. 380 fig. 1; — Fossarus Fischeri p. 380 fig. 3; — Emarginula Carezi p. 381 fig. 11. 12; — Corbulomya Bezanconi p. 382 fig. 14. 17; — Cardium triangulatum p. 382 fig. 2. 4; — Limea eocenica p. 383 fig. 7. 8. —

Transactions of the Connecticut Academy of Arts and Sciences. Volume V. part 2. — 1878—82.

p. 259. *Verrill, A. E.*, the Cephalopods of the northeastern coast of America. Part II. With pl. 26—41, 45—56. — Verrill gibt in dieser Abtheilung die genaue Beschreibung eines jungen Architeuthis Harveyi und wendet sich dann zu den kleineren Arten. Als neu beschrieben werden Chiloteuthis rapax n. gen. et spec. p. 293 pl. 49 fig. 1, verwandt mit Enoploteuthis, Lestoteuthis und Abralia, aber mit complicirterer Bewaffnung. — Eine eigene Familie *Desmoteuthidae*, wird errichtet für die neue Gattung Desmoteuthis, für den mit Taonius Steenstr. verwandten früher zu Loligopsis oder Leachia gerechnete D. hyperborea, Steenstrup. — Rossia megaptera p. 349 pl. 38 fig. 1 pl. 46 fig. 6; — Eine neue Gattung Moroteuthis wird p. 393 errichtet für Onychoteuthis robusta Verrill. — Plectoteuthis Owen wird p. 400 zu Architeuthis gezogen. — *Brachioteuthis* n. gen. p. 405 für Br. Beanii pl. 55 fig. 3, pl. 56 fig. 2 unterscheidet sich von Chiroteuthis durch einfache Knorpelcommissuren, rhombische Schwanzfinne, langen am Ende verbreiterten und gefalteten Knorpel, schlanke nicht zusammengedrückte Arme und den Mangel der löffelförmigen Aushöhlung am Ende der Tentakeln. — Chiroteuthis lacertosa n. sp. p. 408 pl. 56 fig. 1; — Desmoteuthis tenera p. 412 pl. 55 fig. 2 pl. 56 fig. 3; — *Stoloteuthis* n. gen. für Sepiola leucoptera Verrill; — *Inioteuthis* n. gen. für zwei Arten (japonica und Morsei Verr. von Japan), zunächst mit Sepiola verwandt, ohne Rückenschulpe. — Im Ganzen werden dreissig Arten besprochen und abgebildet.

447. *Verrill, A. E.*, Catalogue of Marine Mollusca added to the New England Region, during the past ten years. — Der Autor behandelt das Gebiet von Neuschottland und Neubraunschweig bis herab soweit der kalte Strom längs der Küste läuft, mit Ausschluss der grossen Bank. Die meisten neuen Arten sind schon früher veröffentlicht worden; als neu beschrieben werden: Pleurotoma Dalli p. 451 t. 57 fig. 1; — Bela pygmaea p. 460 t. 57 fig. 8; — B. incisula p. 401 t. 43 fig. 12, t. 57 fig. 14; — B. Gouldii p. 465 t. 57 fig. 6; — B. concinnula p. 468 t. 43 fig. 15, t. 57 fig. 11 nebst var. acuta t. 57 fig. 10; — Buccinum Sandersoni p. 490 t. 58 fig. 9; — B. Gouldii p. 497, neuer Name für ciliatum Gould ex parte = variabile Verkr.; — Sipho pubescens p. 501 t. 43 fig. 6 t. 57 fig. 25; — S. parvus p. 504 t. 57 fig. 20; — S. glyptus p. 505, t. 57 fig. 22 t. 58 fig. 1; — S. caelatus t. 57 fig. 19; — Astyris diaphana p. 513 t. 58 fig. 2; — Ast. pura p. 515; — Lamellaria pellucida var. Gouldii p. 518 t. 58 fig. 3; — Torellia fimbriata p. 520 t. 57 fig. 27; — Fossarus elegans p. 522 t. 57 fig. 28;

Cirsotrema Leeana p. 526 t. 57 fig. 34; — Opalia Andrewsii fig. 35; — Aclis tenuis p. 528 t. 58 fig. 19; — Omalaxis lirata p. 529; — Machaeroplax obscura var. planula p. 531 und var. carinata p. 532; — Cyclostrema Dallii p. 532 t. 57, fig. 39; — Stilifer curtus p. 535; — Turbonilla Emertoni p. 536 t. 58 fig. 14; — Menestho Bruneri p. 539. — *Choristidae* n. fam. für den seither nur fossil bekannten Choristes elegans Carp., mit helixartiger Schale, deren Windungen durch eine zusammenhängende Epidermis verdeckt werden, zusammenhängendem Mundrand, ungefalteter Spindel und wenig gewundenem Deckel; — Cylichna Dalli p. 542; — Philine tincta p. 544; — *Koonsia* n. gen., mit Pleurobranchaea verwandt, aber mit freiem Mantelrand und ohne Spirale am Penis, für K. obesa p. 245; — *Heterodoris* n. gen., wahrscheinlich der Typus einer eigenen Nacktschneckenfamilie, wie Triopa aussehend, aber ohne Kiemen; für H. robusta p. 549 t. 58 fig. 35; — Pleuropus Hargeri p. 555; — Verticordia caelata p. 566; — Arca pectunculoides var. crenulata p. 575; — Idas argenteus var. lamellosus p. 579; — Pecten glyptus p. 580. — Zahlreiche früher beschriebene Arten sind zum ersten Male abgebildet und das Ganze ist eine für jeden, der sich mit der atlantischen Fauna beschäftigt, unentbehrliche Ergänzug zur zweiten Ausgabe von Gould and Binney.

Expedicion al Rio Negro (Patagonia), realizada en 1879 bajo las ordenes del General D. Julio A. Roca. — Entrega I. Zoologia. — Moluscos, por el Dr. Adolfo Doering. — Con 1 Lamina.

Als neu beschrieben werden Bulimus (Eudioptus) Avellanedae p. 64 t. 1 fig. 2. 3; — Plagiodontes Rocae p. 65 t. 1 fig. 5. 6; — ausserdem werden abgebildet Eudioptus Mendózanus Strob. fig. 1, — Borus d'Orbignyi Doer. fig. 4, Plagiodontes patagonicus d'Orb. fig. 7. 8.

Proceedings of the zoological Society of London. 1882. Part. I.

p. 117. *Sowerby, G. B.*, Descriptions of new Species of Shells in the Collection of Mr. J. Cosmo Melvill. With Plate V. — Neu: Conus prytanis fig. 1, — C. Evelynae fig. 2; — C. semivelatus fig. 3 vom Rothen Meer; — C. dianthus fig. 4; — C. Wilmeri fig. 5 von den Andamanen; — Mitra Melvilli fig. 7; — Pseudoliva stereoglypta fig. 8; — Engina xantholeuca fig. 9 von Mauritius; — Columbella (Anachis) ostreicola fig. 10 von Florida;

— Fissurella Melvilli fig. 11; — Pecten Sibyllae fig. 12; — P. Melvilli fig. 13 von Australien; — Conus textile var. euetrios fig. 6.

Proceedings of the Academy of Natural Sciences of Philadelphia 1881.

p. 15. *Arango, R.*, Descriptions of new species of Terrestrial Mollusca of Cuba (Choanopoma acervatum, Cylindrella paradoxa, incerta, diese drei p. 15 mit Holzschnitten, Ctenopoma nodiferum, Wrightianum Gdl. p. 16.

p. 87. *Hemphill, H.*, on the Variations of Acmaea pelta.

p. 92. *Stearns, R. E. C.*, Observations on Planorbis.

p. 416. *Heilprin, Angelo*, a Revision of the Cis-Mississippi Tertiary Pectens of the United States.

p. 423. — —, Remarks on the Genera Hippagus, Verticordia and Pecchiolia.

p. 448. — —, Revision of the Tertiary species of Arca of the Eastern and Southern United States.

Watson, J. Boog, Mollusca of H. M. S. Challenger Expedition, Pts. XI—XIV. — In the Linnean Society's Journal Zoology. vol. XVI. p. 247 ff.

Als neu werden beschrieben: *Drillia* exsculpta p. 247; — Dr. tholoides p. 248; — Dr. amblia p. 249; — Dr. aglaophanes p. 250; — Dr. lophoëssa p. 252; — *Clionella* quadruplex p. 253; — *Cancellaria* imbricata p. 325; — *Admete* specularis p. 325; — Adm. carinata p. 327; — *Volutilithes* abyssicola Ad. et Rve. nach einem ausgewachsenen Exemplar p. 327; — *Provocator* n. gen. p. 329, zu den Volutiden gehörig, glatt, spindelförmig, mit dem Apex von Ancillaria, der schmelzbelegten Naht von Bullia, den Spindelfalten von Voluta und der Bucht von Pleurotoma; einzige Art Pr. pulcher, 3,6″ gross, von Kerguelen; — *Cymbiola* lutea p. 331 von Neuseeland; — *Wyvillea* n. gen. mit dem Thier von Voluta, im Gehäuse an Halia erinnernd, dünnschalig, aber rauh, mit rinnenförmiger Naht; einzige Art W. alabastrina p. 332 aus 1600 Faden Tiefe zwischen Marion Island und den Crozets; — *Volutomitra* fragillima p. 334; — *Fascicolaria* lutea p. 335 vom Cap; — F. maderensis p. 336 von Madera; — *Pyrene* strix p. 338; — P. stricta p. 339 von Westindien; — *Olivella* amblia p. 341, Ol. ephamilla p. 342, Ol. vitilia p. 342 aus Westindien. — *Buccinum* albozonatum

p. 358 von Kerguelen; — B. (?) aquilarum p. 359 von den Azoren; — *Phos* naucratoros p. 360 von den Admiralitätsinseln; — Ph. bathyketes p. 361 von den Philippinen; — *Nassa* levukensis p. 363 von den Viti-Inseln; — N. psila p. 364 aus der Torresstrasse; — N. brychia p. 305 von den Azoren; — N. agapeta p. 307 von den Philippinen; — N. capillaris p. 369 von Fernando Noronha; — N. ephamilla p. 270 von Neuseeland; — *Metula* philippinarum p. 372 von den Philippinen; — *Sipho* pyrrhostoma p. 374 vom Cap; — S. calathiscus p. 375 von Marion Island; — S. setosus p. 376 von ebenda; — S. scalaris p. 377 von Nordwestpatagonien; — S. regulus p. 378 von Kerguelen; — S. Edwardiensis p. 379 von Marion Island; — *Neptunea* Dalli p. 379 von den Viti-Inseln; — N. futile p. 381 von Kerguelen; — *Fusus* radialis p. 382 vom Cap; — F. sarissophorus p. 382 von Pernambuco; — F. pagodoides p. 383 von Sydney, wohl zu Columbarium Mts. gehörig; — *Trophon* acanthodes p. 386 von Nordwestpatagonien; — Tr. carduelis p. 387 von Sydney; — Tr. declinans p. 388 von Marion Island; — Tr. aculeatus p. 390 von Pernambuco; — Tr. septus p. 391 von Kerguelen; — Tr. scolopax p. 392. — Tiefe, Bodentemperatur und Bodenbeschaffenheit sind bei jeder Art angegeben und machen die Bearbeitung der Challengerausbeute ganz besonders werthvoll.

Sitzungsbericht der Gesellschaft naturforschender Freunde zu Berlin vom 18. Juli 1882.

p. 103. *Martens, Ed. von,* über centralasiatische Land- und Süsswasser-Schnecken. — Neu: Helix Apollinis p. 105, Hel. mesoleuca p. 105, Bul. (Chondrula) entodon p. 106, Bul. (Petraeus?) dissimilis p. 106.

p. 106. — —, zwei neue Meeresconchylien von der Expedition der Gazelle. (Scalaria tenuisculpta von den Capverden und Turritella aurocincta von Vavao).

Greeff, Dr. Richard, über die Landschneckenfauna der Insel Sao Thomé. — In Zoolog. Anzeiger p. 516.

Neu Thyrophorella Thomensis n. gen. et spec., mit an dem Gehäuse befestigtem Deckel; — Pyrgia umbilicata n. gen. et spec., Stenogyride mit Nabel und durchgehender Spindelfalte; — Subulina subcrenata und costulata. Leptomerus Dohrni, L. hispidus. Sämmtliche Arten kommen demnächst in den Jahrbüchern zur Abbildung.

Gesellschafts-Angelegenheiten.

Wohnortsveränderung:

Dr. C. F. Jickeli in Heidelberg wohnt jetzt Neuenhainer Landstrasse 47. III.

Für die Bibliothek eingegangen:

Möllendorff, O. von, Descriptions of new Asiatic Clausiliae. Sep. Abz. — Vom Verfasser.

Verhandlungen und Mittheilungen des Siebenbürgischen Vereins für Naturwissenschaften in Hermannstadt. Jahrgang XXXII. — Nichts Malacologisches.

Bulletino della Società Malacologica Italiana. Vol. VIII. fasc. 2.

Eingegangene Zahlungen.

Eyrich, M. Mk. 6.—; Seibert, E. 21.—; Keitel, B. 6.—; Witte, H. 6.—; Prinz Salm, A. 6.—; Schmidt, W. 6.—; Bachmann, L. 6.— v. Fritsch, H. 21.—; Goldfuss, H. 6.—; Gmelch, M. 21.—; Kiesewetter, W. 6.—; Lohmeyer, E. 21.—; Pfeffer, H. 6.—; Sterki, M. 21.—; Studer, B. 6.—; Besselich, T. 21.—; Fromm, S. 6.—; Boog-Watson, C. 20.04; Mela, H. 23.—; Jickeli, H. 22.—; Denans, M. 8.—; Dickin, F. 6.—; Tapparone-Canefri, T. 21.—.

Redigirt von Dr. W. Kobelt. — Druck von Kumpf & Reis in Frankfurt a. M.
Verlag von Moritz Diesterweg in Frankfurt a. M.

TODES-ANZEIGE.

Am 3. November erlag seinen Leiden unser langjähriges Mitglied

Geheimerath Prof. Dr. F. H. Troschel

im 72. Lebensjahre. — Geboren zu Spandau am 10. October 1810, habilitirte er sich 1844 in Berlin und wurde 1849 nach Bonn berufen, wo er seitdem als Professor der Zoologie und Director des naturhistorischen Museums in Poppelsdorf wirkte. Wie seine ersten Arbeiten schon den Mollusken galten, hat er auch während seines ganzen Lebens ihnen mehr Aufmerksamkeit geschenkt, als sonst Zoologen von Fach zu thun pflegen. Die Berichte über die Leistungen im Gebiet der Mollusken, welche er in seinem Archiv alljährlich gab, und sein fundamentales, leider unvollendet gebliebenes Werk über das Gebiss der Schnecken sichern ihm in unserer Specialwissenschaft für alle Zeiten ein ehrendes Angedenken. Unserer Gesellschaft gehörte er seit deren Gründung an und unterstützte dieselbe in den ersten Jahren ihres Bestehens durch Mittheilung der Literaturberichte für das Nachrichtsblatt. Die liebenswürdige Art und Weise, wie er seine ausgebreitete Literaturkenntniss und seine reiche Bibliothek jedem wissenschaftlich Arbeitenden zur Verfügung stellte, wird bei seinen Freunden unvergessen bleiben.

Friede seiner Asche!

No. 11 & 12. November-December 1882.

Nachrichtsblatt

der deutschen

Malakozoologischen Gesellschaft.

Vierzehnter Jahrgang.

Erscheint in der Regel monatlich und wird gegen Einsendung von Mk. 6.— an die Mitglieder der Gesellschaft franco geliefert. — Die Jahrbücher der Gesellschaft erscheinen 4mal jährlich und kosten für die Mitglieder Mk. 15.—
Im Buchhandel kosten Jahrbuch und Nachrichtsblatt zusammen Mk. 24.— und keins von beiden wird separat abgegeben.

Briefe wissenschaftlichen Inhalts, wie Manuscripte, Notizen u. s. w. gehen an die Redaction: Herrn **Dr. W. Kobelt** in Schwanheim bei Frankfurt a. M.

Bestellungen (auch auf die früheren Jahrgänge), ***Zahlungen*** u. dergl. gehen an die Verlagsbuchhandlung des Herrn **Moritz Diesterweg** in Frankfurt a. M.

Andere die Gesellschaft angehenden ***Mittheilungen***, Reclamationen, Beitrittserklärungen u. s. w. gehen an den Präsidenten: Herrn **D. F. Heynemann** in Frankfurt a. M.-Sachsenhausen.

Mittheilungen aus dem Gebiete der Malakozoologie.

Buccinum.

Anmerkungen zu W. H. Dall's Mittheilung über Species in Buccinum, im Nachrichtsblatt von August-September 1882.

Von

T. A. Verkrüzen.

In der Voraussetzung, dass es für die Wissenschaft fördernd und erwünscht ist, dass Jeder seine Ansichten und Erfahrungen über gewisse Punkte der Conchologie mittheilt, selbst wenn dieselben mit denen anderer Freunde der Wissenschaft nicht stimmen, und dass dies von keiner Seite übel aufgenommen wird, erlaube ich mir, den englischen Aufsatz des Herrn Dall, wie oben angedeutet, mit einigen kritischen Bemerkungen zu begleiten. — Herr Dall sagt zuerst, dass jede Art in Buccinum eine grosse und eine Zwerg-Rasse habe, dass gewöhnlich die männliche Molluske, in der

Normal- sowie in der Zwerg-Rasse ebenfalls ein Zwerg sei; nur in der letzteren überträfe die weibliche Form den Mann nicht an Grösse.

Wenn mit Obigem gemeint ist, dass es unter allen Buccinen-Arten grosse und kleine Individuen gibt, die gewöhnlich durcheinander wohnen, so stimme ich damit völlig überein; soll darunter aber verstanden sein, dass jede Art eine Normal-Rasse von gewisser Grösse (mehr oder weniger schwankend) hat, und dass ausserdem dieselbe Art eine Zwerg-Rasse habe, die vielleicht in verschiedener (am Ende entfernter) Oertlichkeit wohnen kann, aber dennoch dieselben Eigenschaften besitzen muss, wie die grössere Normal-Rasse, so wüsste ich (strenge genommen) kein Beispiel, worauf ein so allgemeiner Satz anzuwenden wäre. — Ich will einmal unser bekanntes Bucc. undatum L. als das Nächstliegende in Betracht ziehen, wovon in London alljährlich etliche Millionen verspeist werden. Es gibt unter diesen sehr grosse, dann eine gewöhnliche Mittelform, die wir, als die Mehrzahl, die normale nennen können, und ebenfalls recht kleine, die alle (unbedeutende Abänderungen, wovon auch jede Grösse unter sich nicht ausgeschlossen ist, abgerechnet), genügend dieselben Eigenschaften besitzen, um alle zu einer und derselben Art zu gehören; das ist der erste Fall, dem ich beistimme. Das ist aber nicht, wie ich befürchte, was Herr Dall verstanden haben will, sondern dass es ausser dieser in Grösse schwankenden Normalform noch eine constante Zwerg-Rasse mit denselben Eigenschaften gibt, die die Grösse der Normal-Rasse nie annähernd erreicht. — Es dürfte uns gelingen, bei B. undatum eine derartige Zwerg-Rasse in Bucc. parvulum Vkr. aufzustellen, wenn auch die besonderen Eigenschaften beider nicht gänzlich miteinander stimmen. — Nun aber könnte mit gleichem Recht B. grönlandicum Chm. diesen Platz beanspruchen, da es ebensoviel (oder noch mehr) Aehnlichkeit mit undatum hat, als parvulum, und in seinen Eigenschaften reichlich so nahe an undatum tritt als letzteres. Auch Herr Jeffreys sagt hiervon in seinem Berichte vom December 1880: „Diese Art ist nahe verwandt mit B. undatum, und beide mögen ein und dieselbe Art sein". (this species is closely allied to Bucc. undatum, and both may be one and the same species). Hier hätten wir also, wenn wir über die abweichenden Eigenschaften unsere Augen etwas zudrücken, gleich zwei concurrirende Zwerg-Rassen, was freilich etwas unbequem ist; doch übergehen wir dies einstweilen. Es könnte uns dann vielleicht noch in einigen Fällen gelingen, ähnliche Beispiele aufzufinden, besonders wenn noch recht viele Oertlichkeiten durchforscht werden. Es dürfte indess wohl etwas lange währen, bevor wir zu allen Buccinen-Arten analoge Fälle entdecken. Mit dem bis jetzt bekannten Material scheint es nicht möglich zu sein. Wo sollten wir, selbst wenn wir es mit den Eigenschaften nicht so genau nehmen wollen, z. B. constante Zwerg-Rassen hernehmen zu Bucc. polare Gray, glaciale L., Totteni Stimps. und nun gar zu Middendorffii Vkr. etc.! — Im zweiten Ansatz erklärt Herr Dall, dass alle Buccinen-Arten eine gekielte und eine ungekielte Rasse haben, auch eine längsweise gerippte Rasse und eine mit verkümmerten oder fast verkümmerten Längsrippen. — Den unpassenden Ausdruck von Längsrippen für Längsfalten, oder am besten Wellen, berühre ich nur zur Vermeidung von Missverständnissen. Die Buccinen-Welle hat keine Aehnlichkeit mit einer Rippe, wohl aber haben dies die Spiralreifen, wenn sie stark sind; ich theile letztere in 4 Stärken ein, nämlich in: Reifchen, Reifen, Rippen und Kiele, die noch Unterabtheilungen zulassen. Die Längsfalte ist von Linneus im Bucc. *undatum* so treffend als *unda* bezeichnet, dass eine Umänderung dieses passenden Ausdruckes in einen unpassenderen fast als ein Vergehen gegen den grossen Autor erscheinen könnte; mindestens aber erzeugt es verwirrende Missverständnisse, zumal wenn Jemand in deutschen Blättern in einer fremden Sprache schreibt, denn wenn auch vom Deutschen wohl erwartet werden kann, dass er im Allgemeinen den Engländer an Sprachkenntnissen übertrifft, so lässt sich doch nicht annehmen, dass er ähnliche unzutreffende technische Bezeichnungen gleich richtig deuten sollte. Stimpson gebraucht dafür den passenderen Ausdruck „longitudinal folds“ (Falten), das kann man sich gefallen lassen, wenngleich „waves“ das einfachste wäre. Auf Seite 120 Zeile 3 von oben gebraucht Herr Dall denselben Ausdruck „ribs“ für die Spiralskulptur. — Maintenant pour revenir à nos moutons der gekielten und ungekielten Rassen in ein und derselben Art! — Hier stehe ich förmlich wie der Ochs vor dem Berge! Und so sehr ich mich auch umschaue, wüsste ich zu unserm lieben Bucc. undatum keine gekielte Rasse aufzutreiben. Wenn Jemand Lust hat, mit mir einige Strassen Londons zu durchwandern, so kann ich ihm gleich den Anblick von vielen Tausenden von B. undatum verschaffen, und es wäre möglich, dass wir darunter ein gekieltes fänden; das ist aber ein durch Verletzung des Thieres entstandenes Monstrum, vide: Jeffreys Br. Conch. IV. p. 287—88, und dies wird Herr Dall auch nicht meinen können, da es keine Rasse ist. Wo sollen wir nun die gekielte Rasse zu Bucc. undatum hernehmen! Ich bin neugierig, welche der bekannten gekielten Arten diese Stelle vertreten soll! Donovani Gray erscheint mir als das Nächstliegende; da müssten wir aber wieder ein Auge noch etwas stärker zudrücken, um, wenn Herr Dall dies für die gekielte Rasse des Bucc. undatum wählen sollte, zu vermeiden, dass derselbe in diesem Falle sich selbst widerspräche, denn die Spiralskulptur der Beiden stimmt ganz und gar nicht miteinander, und Herr Dall sagt auf Seite 120 (etwas weiter oben an), dass er eben die

Spiralskulptur in Buccinum am meisten constant fände. Ich will selbst über diesen Punkt hinweggehen und Bucc. Donovani Gray als eine gekielte Rasse des Bucc. undatum L. passiren lassen. Wo soll ich aber nun eine gekielte Rasse z. B. zu B. inexhaustum finden, diese in endlose Abänderungen spielende Molluske, von denen indess keine eine Spur von einem Kiele hat; gegen die Wahl hierzu von B. carinatum oder Rombergi würde Professor Dunker wahrscheinlich (und zweifelsohne mit Recht) protestiren. Da könnte aber vielleicht mein B. mirificum aushelfen, welches mit inexhaustum auf den ersten Anblick Aehnlichkeit hat; leider aber existirt hiervon meines Wissens so weit nur ein Stück, und Dr. Kobelt hält es für eine Abnormität, welche Idee auch mir zuerst aufstiess. Da jedoch die Monstra bekanntlich durch Verletzung des Gehäuses und des Thieres entstehen, und ich bei mirificum nicht die kleinste Spur einer Verletzung entdecken konnte, so kann ich, bis mehr aufgefunden sind, vorerst keinen Grund finden, seine Selbstständigkeit aufzuheben, bin aber gegen Dr. Kobelt's Ansicht deshalb nicht abgeneigt. — Um mit den gekielten Rassen zum Schluss zu kommen, bemerke ich nur noch, dass wenn wir auch die bekannten gekielten Arten den ungekielten als Rassen zuertheilen, dann noch viele Dutzende von ungekielten nachbleiben würden, die einstweilen noch als verwaist dastehen müssten, bis ihre gekielten Rassen aufgefunden wären. — Dass die Wellen (Herrn Dall's-Längsrippen) in Stärke sehr veränderlich sind, selbst bis zum gänzlichen Verschwinden, zuweilen sogar im selben Species, wie dies bei inexhaustum vorkommt, ist bekannt; aber dass jede wellige Rasse auch eine andere wellenlose Rasse haben sollte, geht fast über meine Vorstellung; denn da jede Rasse eine Zwerg-, eine gekielte und eine wellenlose Rasse haben soll, so gibt dies ein Wirrwarr von Rassen, aus dem ich trotz allem Bemühens mich nicht mehr zurecht finde, und alle und jede Eigenschaft bei den Buccinen muss schwinden! — Der Apex mag mitunter wohl in Grösse etwas differiren, doch in der Regel gilt er als eine der Abzeichen unter den verschiedenen Arten; fast jeder Autor bildet ihn ab und unterscheidet seine Gestalt. — Vom Operculum sagt Herr Dall, dass es in diesem Genus äusserst veränderlich sei und oft gänzlich fehle. Unter einem „Peck“ von B. cyaneum var. Mörchianum (welch' letzteres die Zwerg-Rasse mit Doppeltkiel und verkümmerten Wellen von cyaneum sei), hat Herr Dall 5 % ohne Operculum angetroffen. Dies beweist nur, dass 5 % verwundete Invaliden oder verkümmerte Individuen waren, hat aber auf die richtige Mehrzahl deshalb keinen Einfluss. Herr Dall gibt diese Namen ohne den Autor zu nennen; ich zweifle indess nicht, dass hier cyaneum Brug. verstanden sein soll, welches (= tenebrosum Hancock) die dunkle Abänderung von grönlandicum Chm. ist, ein von den älteren und neueren europäischen Autoren längst anerkannter Name, dessen Umänderung in cyaneum nur verwirrend ist. Dass Chemnitz kein Binominal-Autor gewesen sei, ist kein Grund, seinen specifischen Namen zu verwerfen, denn da müssten hundert andere (selbst Linnéische) Namen noch umgeändert werden, was wieder die schon existirende Confusion endlos vermehren würde. — Unter var. Mörchianum versteht Herr Dall zweifelsohne die Volutharpa Mörchiana Fischer, die er folglich zur var. von grönlandicum Chm. macht, oder vielmehr gleich zu seiner Zwerg-Rasse desselben mit entwickelten Kielen und verkümmerten Wellen erhebt! Wenn solche Vereinigungen gutgeheissen werden könnten, dann bestehen keine Unterschiede bei den Buccinen-Arten mehr, und alle Classification hat ein Ende. Ich wüsste kaum zwei Formen unter den Buccinen zu nennen, die viel stärker von einander abweichen als grönlandicum Chm. und das Subgenus Volutharpa mörchiana Fischer. Ich halte es für überflüssig, die unverkennbaren Unterschiede hier näher vorzuführen. Jeder, der Gelegenheit hat, diese zwei Arten neben einander zu untersuchen, wird ohne Schwierigkeit die grosse Entfernung derselben von einander sofort erkennen. — Nebenbei sei bemerkt, dass Herr Jeffreys es, mit mir, für möglich hält, dass grönlandicum, Chm. sich als eine verkümmerte var. von undatum L. herausstellt; es ist selbst eine Zwerg-Art, von der nun Herr Dall noch eine Zwerg-Rasse in Volutharpa Mörchiana, Fis. aufzustellen gedenkt; das gäbe doch ein Wirrwarr ohne Ende. — Dann fand Herr Dall die Lage des Nucleus im Operculum von ganz central bis fast seitlich in einem 5 Gallonen Fass voll von B. hydrophanum, Hancock, und die Form desselben von Olivengestalt bis viereckig und nicht selten fast zirkelförmig. Dass jede der Eigenschaften bei den Mollusken, zumal den Buccinen, veränderlich (nicht selten abnorm) ist, steht begründet. Ich möchte nur diese 5 Gallonen von hydrophanum zur Untersuchung vor mir gehabt haben, um die Beschaffenheit der Mehrzahl heraus zu finden, denn hierauf kommt es bei allen Charakterzügen eigentlich allein an, nicht aber auf Abänderungen darin, die bekanntlich bei allen Eigenschaften vorkommen, und hierdurch varietates bilden; auch können sie abnorm sein, wie das bei Buccinum eben keine Seltenheit ist, und am Ende vielleicht nur wieder 5% jede betragen haben. Dass die weiblichen Formen rundlicher, auch oft grösser, und die männlichen oft kleiner und schlanker sind, ist bekannt. — Von der Epidermis sagt Herr Dall, dass dieselbe ebenfalls in derselben Art differiren könne und zwar von sammtartig und haarig nach glänzend und glatt; dies kann man vielleicht nur bei sehr starken Abweichungen von der Grundform bestätigt finden; besonders scheint dies bei unserm lieben Bucc. undatum der Fall zu sein, wo bei den höher nordischen langen Abänderungen eine glatte Epidermis vorkommt; ob aber diese nicht besondere species bilden, oder mindestens als sub species zu classificiren wären, ist noch eine unberührte Frage. Bei den typischen Formen einer und derselben Art habe ich solche Veränderlichkeit nie vorgefunden, und folglich die Epidermis stets als ein Abzeichen (unter gleichem Vorbehalt, wie alle Eigenschaften) gehalten. — Dass Herr Dall die feine spiral Skulptur als die constanteste Eigenschaft erklärt, habe ich bereits berührt, worin auch Stimpson übereinstimmt. In abnormen Individuen und Arten mit gröberer spiral Skulptur, wie glaciale, wäre diese zuweilen stärker oder schwächer in verschiedenen Individuen, doch bei wohlentwickelten und vollkommenen habe er nie Mühe gehabt, die Art daran zu erkennen. — Den jetzt folgenden Satz übersetze ich seiner Eigenthümlichkeit halber wörtlich: „Man ersieht, dass es keineswegs leicht ist, von „dem todten, abgerollten, angefressenen Material, wie ge„wöhnlich in Sammlungen vorgefunden, die Art zu bestim„men; noch gelänge dies besser von einem Vogel, der seinen „Kopf, Füsse und einen Theil seines Schwanzes verloren „hätte, und mehrere Wochen als eine Schrubb-Bürste ge„braucht worden sei!" — Es scheint fast zu verwundern, dass Herr Dall überhaupt noch Arten unterscheidet, da er im Vorhergehenden alle Eigenschaften als unhaltbar verwirft, und sich selbst allein auf die Spiral-Skulptur stützt, doch auch diese erkennt er, wie er oben sagt, hauptsächlich nur in wohlentwickelten und vollkommenen Individuen. Das ist aber bei allen Characterzügen der Fall; gute ausgebildete Typen sind immer am leichtesten zu erkennen. — Im folgenden kann ich Herrn Dall nur beistimmen, nämlich dass seine Idee von dem, was im Buccinen-Geschlechte eine Art bilde, sehr weit sei, und kaum als Leitfaden für Andere dienen könne; aber es scheint ihm genugthuender, im Stande zu sein, um eine entschiedene Mutterform die abweichenden Sprossen in regelrecht angewiesenen Stellen zu gruppiren, und so in dem Namenverzeichniss nicht allein die Verwandtschaften zwischen Mutterform und Abänderungen zu erkennen (wie in dem Ausdruck von „Verbindung“ begründet), sondern auch die Weise, wie die abgeänderten Characterzüge entstanden, die Ursache, weshalb gewisse erhalten blieben, und durch das ganze Geschlecht die Gleichförmigkeit von Neigungen in gewissen erkennbaren Abänderungs-Linien. — Dies wäre allerdings recht schön, wenn es sich ohne Vermischung von Arten, die wenig oder nichts mit einander gemein haben, thun lässt; aber hier eben liegt der Stein des Anstosses. Wenn wir uns solche Freiheiten nehmen, dann ist es ein Kleines Arten zu Zwerg- und andern Rassen zu machen; auch ist es viel leichter, Arten in blosse varietates umzuändern, als sie auseinander zu halten. Ersteres kann ohne grosse Anstrengung geschehen, während Letzteres mühsame Vergleiche und viel Material erfordert. — Wenn wir erst alle Charakterzüge (weil unter gewissen Umständen veränderlich) deshalb als unhaltbar beseitigen, dann schaffen wir uns leichte Bahn, darauf eine Vermischung der Arten zu begründen, womit dann aber auch jede Classification über den Haufen geworfen ist. — Mir scheint es weit genugthuender und schöner, die wunderbare Verschiedenheit der Formen auf gewisse Unterscheidungsmerkmale beruhn zu lassen, und so das Studium der Naturgeschichte verständlicher zu machen, als durch eine (bis viel mehr Material aufgefunden ist jedenfalls noch willkürliche) Vermischung der Arten Unklarheit und möglichen Irrthum hervorzurufen. Herr Dall fährt fort zu bemerken, dass wenn bei einem Individuum die Neigung zu einer starken Skulptur vorherrsche, nicht nur die Kiele, sondern auch die Wellen stark seien; wenn aber Letztere anders (also schwach) seien, dass sich dann gewöhnlich auf den Rippen oder Kielen ein Knöchel oder

Höcker befindet, wo das Zusammentreffen (der Wellen und Kiele) sonst stattgehabt haben würde; — dies hat seine vollständige Richtigkeit, und zeigt sich beispielsweise gut in Bucc. angulosum, Gray, wie Herr Dall richtig bemerkt; die normale Form hiervon, sagt Herr Dall ferner, ist rundlich mit scharfgeschnittener einförmiger Leibskulptur und sehr schwachen subsuturalen Wellchen meist an den obern Umgängen; die varietas hiervon mit stärkern Wellen sei raar und sie (die Wellen) seien auch hier meistens nicht stark hervortretend; aber in der gekielten varietas träten sie stark hervor, ob sie als Wellen von Naht zum Kiel in Höcker endend auftreten, oder blos als Höcker erscheinen, was eine oberflächlich sehr merkwürdige Form erzeuge, die man für verschieden halten könnte, bis man die verbindende Reihe untersucht habe. — Nach dieser Beschreibung vermuthe ich, dass Herr Dall verschiedenartige Formen von angulosum, Gray aufgefunden hat, und zwar Abänderungen von denen von Novaja Semlja, wie von Dr. Kobelt und mir im Jahrbuch beschrieben.

Ich kann zum Schluss meine Verwunderung nicht unterdrücken, dass während in manch anderen Geschlechtern die kleinsten Abweichungen genügen, um eine verschiedene Art darauf zu gründen, ja Haare gespalten werden, um Species zu machen, man sich bei den Buccinen alle Mühe zu geben scheint, die bekannten Arten zu vermischen. — Das dadurch entstehende Uebel droht ein undurchdringlicher Wirrwarr zu werden, weil eben ein Jeder eine verschiedene Ansicht hierin fördert, so dass Niemand mehr weiss, wem er folgen soll. — Ich bestehe keineswegs darauf, dass manche der bekannten Arten (die meinigen nicht ausgenommen) sich am Ende nicht als Abänderungen von anderen Arten herausstellen würden. Ich habe selbst in dieser Richtung verschiedene Vermuthungen, und will jetzt einige davon angeben, ohne dieselben jedoch gleich als begründet aufstellen zu wollen; hierzu verlange ich erst mehr Material und bin bei dessen Auffindung einer der ersten, die dadurch bewiesenen Vereinigungen gut zu heissen. So halte ich es für nicht unwahrscheinlich, dass Bucc. elongatum und Amaliae sich schliesslich nicht werden auseinander halten lassen; parvulum kann sich dem undatum anschliessen; die dunkle Abänderung von parvulum kann sich dem undatum var. Vadsöensis (Sars' var. coerulea) anschliessen, und beide sich so dem Nordsee-undatum nähern, wozu Sars' var. litoralis die Brücke bildet; ich muss aber bemerken, dass trotz dieser möglichen Verwandtschaften die genannten Arten doch ihre besonderen Eigenthümlichkeiten haben, und es lässt sich ohne mehr Zwischen-Material nichts fest Entscheidendes aufstellen. Ebenso glaube ich, dass ciliatum Fahr. (soviel ich davon gesehen) von grönlandicum Chm. schwerlich getrennt verbleiben wird bei viel Material von beiden, und beide könnten sich, wie schon angedeutet, als verkümmerte Abkömmlinge von undatum herausstellen. Ausser diesen habe ich noch andere ähnliche Vermuthungen, die ich vorläufig indess (bis zur Auffindung von mehr Material) lieber noch unberührt lasse, um die Küste klar zu halten, und durch zu viele Möglichkeiten den Wirrwarr, der schon unter den verschiedenen Ansichten bei Buccinum statthat, nicht noch zu vermehren. Anlässlich der Individuen mit fehlendem Operculum bemerke ich noch, dass an den Angeln der Fischer sich alljährlich viele Tausende von Buccinen fangen. Ich allein erhielt auf diese Art über ein halbes Tausend bei einem einzigen Besuche der Bank, und für mich waren die Leute angewiesen, sie vorsichtig abzunehmen. Das aber thun sie nicht unter anderen Umständen; ihnen ist ein solcher Fang anstatt eines Fisches ein Aergerniss; sie reissen sie erbarmungslos eiligst von den Angeln ab, und schleudern sie in's Meer zurück. Da mag es dann vorkommen, dass von manchen ein Stück mit abgerissen wird und so ein Operculum mit verloren geht. Jeder Bankfischer besucht die Bank im Laufe eines Frühlings und Sommers 6—8mal. Wie viele mögen da beschädigt worden sein! Auch die Eisberge richten manche (anderweitige) Verwüstung unter den Bankbewohnern an.

Altersverschiedenheiten der Radula bei Hyalinien.

Von

Dr. Sterki in Mellingen.

Sind die Altersverschiedenheiten der Radula bei unseren Schnecken schon studirt worden? Ich weiss es nicht, hatte aber Gelegenheit, einige einschlägige Beobachtungen zu machen. Freilich sind dieselben noch nicht zum gewünschten Ziele gediehen und nicht einmal für eine einzige Gruppe abgeschlossen. Da es bis dahin aber noch längere Zeit dauern könnte, und da immerhin einige positive Ergebnisse vorliegen, halte ich es für angezeigt, dieselben vorläufig zur Mittheilung zu bringen und auch andere Untersucher darauf aufmerksam zu machen — falls dies nicht sonst schon geschehen sein sollte.

Meine Mittheilungen beschränken sich für jetzt auf unsere drei grösseren einheimischen Hyalinia-Arten: cellaria Müller, Draparnaldi Beck und glabra Studer; für diese hat sich ergeben, dass deutliche und übereinstimmende Veränderungen mit zunehmendem Alter in der Radula sich geltend machen. Aeltere Exemplare von *H. cellaria* von 10—11 mm Schalendurchmesser zeigen die Zahnformel $\frac{m}{3} + \frac{3}{3} + 11 = 29$ Längsreihen, wobei aber zu bemerken ist, dass der dritte Zahn des Mittelfeldes häufig nur eine sehr rudimentäre untere, äussere Seitenspitze zeigt, oder auch gar keine,*) und in seiner ganzen Gestaltung zwischen den beiden inneren und den einfachen Zähnen der Seitenfelder in der Mitte steht. Untersuchen wir die Radula eines jungen Exemplares von ca. 4 mm Schalendurchmesser, so finden wir, dass der erwähnte dritte Zahn jederseits den äusseren fast ganz gleich sieht und erst bei genauerem Untersuchen eine ganz kleine innere obere Seitenspitze erkennen lässt, von der unteren, äusseren keine Spur. Es ergibt sich demnach als sehr wahrscheinlich, dass die Zähne der dritten Längsreihe sich allmählig von einfachen „Haken" zu 3spitzigen Mittelfeldzähnen umbilden. Leider bekam ich bis jetzt keine kleineren Exemplare zur Untersuchung, und gerade bei solchen ganz jungen werden wir die wesentlichsten Aufschlüsse in dieser Frage zu erwarten haben. Eine andere Bestätigung der Beobachtung lieferte mir aber ein ziemlich grosses Stück von 12,5 mm Schalendurchmesser, allerdings noch nicht ganz ausgewachsen; bei diesem ist der dritte Zahn gleich gebildet wie die beiden inneren, nur etwas schmäler und schräger gestellt, die untere Seitenspitze, wenn auch klein, doch ganz deutlich. An den jüngsten Zähnen der vierten Reihe aber, und zwar jederseits, zeigt sich eine neu auftretende kleine innere Seitenspitze, und von der äusseren unteren eine Andeutung in Gestalt einer kaum bemerkbaren, aber deutlichen und con-

---

*) Wie es auch Schepman (Jahrbuch 1882 III. p. 240 t. 8 f. 14) für unsere Art angibt und abbildet. Clessin (Mal. Bl. N. F. III. 1881 p. 190 f.) gibt 2 dreispitzige Mittelfeldzähnchen und erwähnt des dritten nicht besonders, woraus wohl hervorgehen dürfte, dass seine Präparate entweder von jüngeren Exemplaren oder von einer in dieser Beziehung abweichenden Localform herrühren. — Dass die Angabe (l. c.) von zweispitzigen Seitenfeldzähnen bei dieser Art und H. Draparnaldi auf einem Irrthum beruht, davon wird sich der verehrte Autor bereits selbst überzeugt haben.

stanten Verbiegung der Kante an der betreffenden Stelle, während im älteren Theile der Radula von dieser Umbildung noch keine Spur bemerkbar ist. — Exemplare von 6—8 mm stehen auch in der Gestaltung der Radula zwischen grösseren und kleineren, immerhin mit Schwankungen, mitten inne.

Neben dieser Veränderung geht mit zunehmendem Alter noch eine andere vor sich, nämlich eine Vermehrung der Zähne, sowohl der Längs- als auch der Querreihen, letzteres wie es scheint in etwas unregelmässiger Weise. Während ein — hiesiges — ausgewachsenes Exemplar mittlerer Grösse 29 Längsreihen besitzt, zählt ein solches von 4,5 mm Durchmesser deren nur 23, nämlich ausser den 2 dreispitzigen Zähnen des Mittelfeldes, 9 einfache in der Querreihe, von denen der innerste sich zur oben bezeichneten Umbildung eben angeschickt hat. Das erwähnte grössere Exemplar besitzt auf der linken Seite 11, auf der rechten 12 einfache „Haken“.

Diese beiden beschriebenen Verhältnisse sind offenbar auch geeignet, die Schnelligkeit der Abnutzung und Regeneration der Radula zu eruiren; dazu wird es aber einer grösseren Reihe von Untersuchungen und aller Sorgfalt bedürfen. Eines indessen scheint mir bereits mit Sicherheit sich zu ergeben, dass nämlich das Nachwachsen und Nachschieben neuer Zähne viel rascher von Statten geht, als man von vornherein anzunehmen geneigt ist, denn es ist evident, dass die ganze Länge der Radula während des Lebens mehrere, vielleicht viele Male verbraucht und neu gebildet wird.

Endlich — last not least — ist die Grösse der Radula in Betracht zu ziehen. Auch hier ergeben sich ziemlich bedeutende Unterschiede; ich weise, um Wiederholungen zu vermeiden, auf die unten beigefügte Tabelle hin. Da die Zahl der Querreihen in geringerem Maasse wächst, als die Länge der Radula, so ergibt sich daraus unmittelbar, dass bei jüngeren Exemplaren die Zähne nicht nur absolut, sondern auch relativ zur Radula kleiner sind, als bei erwachsenen.

Analoge Verhältnisse ergab *H. Draparnaldi* Beck, Form mit etwas erhobenem Gehäuse, von Baden. Mehrere Exemplare von ca. 14 mm Gehäusedurchmesser haben im Mittelfelde jederseits 3 gleichmässig entwickelte, 3spitzige Zähne; der vierte zeigt bei allen eine kleine innere Spitze und eine Form, die ebenfalls als Uebergangsglied von den 3spitzigen zu den einfachen Zähnen der Seitenfelder gelten kann, doch sich mehr den letzteren nähert; indessen macht seine Umbildung vom ältesten Theile der Radula bis zum jüngsten überall deutliche Fortschritte. Formel: $\frac{m}{3} + \frac{3}{3} + 9$ (10) oder $\frac{m}{3} + \frac{3}{3} + \frac{1}{2} + 8$ (9), was ziemlich mit Schepman's Angabe (l. c.) übereinstimmt, nicht aber mit Clessin's (l. c. p. 190), da dort nur 2 dreispitzige, dagegen 14 (vergl. obige Anmerkung) Seitenfeldzähne gezählt sind — offenbar auf verschiedenen Localformen beruhend. Bei einem Exemplar von etwa 14,5 mm Gehäusedurchmesser sind die Zähne der vierten Reihe fast gleich gebildet wie die „Haken“, ganz ohne seitliche Spitze; dieses Stück weicht aber auch in anderer Beziehung ab, so durch bedeutende Grösse der Radula und grössere Zahl der Querreihen, wie denn überhaupt H. Draparnaldi, was die Radula betrifft, sehr zu Abweichungen und Monstrositäten geneigt erscheint. — Bei einem jungen Stücke von ca. 7 mm Gehäusedurchmesser vom gleichen Fundorte finden sich nur 2 typische 3spitzige Zähne jederseits und der dritte spielt hier dieselbe Rolle, wie bei den erstgenannten Exemplaren der vierte, d. h. er ist in seiner ganzen Gestaltung den äusseren sehr ähnlich, trägt aber eine kleine innere Seitenspitze.

H. glabra Studer. Zur Untersuchung lagen mir vor mehrere Exemplare von in Spiritus aufbewahrten Thieren aus dem Kanton Schaffhausen, so dass die Schalengrösse für die einzelnen nicht angegeben werden kann, doch weichen sie nicht weit von 12—13 mm ab. Formel: $\frac{m}{3}+\frac{5}{3}+23$. Der fünfte Zahn ist bei einem anscheinend nicht ganz ausgewachsenen Stück in seiner Gestaltung den Seitenfeldzähnen ähnlich, trägt aber deutlich beide Seitenspitzen, und was von besonderer Bedeutung, im jüngsten Theil der Radula hat er sich beiderseits den übrigen und Mittelfeldzähnen fast gleich gestaltet. Also: die in Rede stehende Umbildung ist hier direct zu sehen, wie auch oben bei cellaria erwähnt, und nicht nur zu erschliessen. Ein junges Exemplar dieser Art, von Baden, von 6 mm Gehäusedurchmesser, besitzt nur 3 dreispitzige Zähne, während der vierte den Uebergang von den „Haken" zu den Mittelfeldzähnen bildet und der fünfte ganz wie die anderen gebildet ist, aber doch bei stärkerer Vergrösserung und genauem Zusehen überall die leisen Andeutungen der künftigen Seitenspitzen erkennen lässt. Dieses Exemplar hat im Ganzen 49 Längsreihen, während ausgewachsene deren 57 und theilweise sogar 59 aufweisen.

Zur folgenden Tabelle ist zu bemerken:

1) Des Raumes wegen ist eine Rubrik: „Breite der Radula" weggelassen; dieselbe ist für H. cellaria ca. 1,0, für Draparnaldi etwa 1,5—1,7, für glabra 1—1,2 mm.

2) Die Rubrik „Querreihen auf 0,5" mm ist so zu verstehen, dass die betreffende Ziffer nicht durch Berechnung aus der Länge der Radula und Zahl der Querreihen erhalten wurde, sondern durch Messung ungefähr in der Mitte der Länge; die Zahlen sind nicht absolut genau, sondern annähernd, denn ersteres hätte bei der immerhin vorkommenden Variation doch wenig Werth, und an beiden Enden der Radula ist die Grösse der Zähne oft sehr verschieden;

das Maass von 0,5 statt 1 mm ist in meinen Notizen der Vergleichung mit kleineren Arten wegen gewählt.

3) Notizen über Monstrositäten habe ich weggelassen, da sie nicht hierher gehören und bei anderer Gelegenheit verwerthet werden sollen.

4) Die Ziffern der beiden ersten Columnen bedeuten Millimeter; u. vor denselben = ungefähr.

Art und No. des Präparats	Geh.-Durchmesser	Länge der Radula	Zahl d. Querreihen	Querreihen auf 0,5	Zahl d. Längsreihen	Formel
H. cellaria 1	u. 10	3,5	36	u. 5	29	$\frac{m}{3}+\frac{3}{3}+11$
„ 6	8	3,0	35	„ 6	25	$\frac{m}{3}+\frac{2}{3}+\frac{1}{2}+9$
„ 2	6,5	2,3	31	„ 7	25	idem
„ 3	4,5	1,6	31	„ 9	23	$\frac{m}{3}+\frac{2}{3}+\frac{1}{2}+8$
„ 4	12,5	4,1	36	4	29 (30)	$\frac{m}{3}+\frac{3}{3}+11$ (12)
H. Draparn. 3	u. 14	5,2	31	3	25	$\frac{m}{3}+\frac{3}{3}+\frac{1}{2}+8$
„ 1	„	5,0	29	3	25	idem
„ 2	„	4,7	29	3	25	„
„ 5	u. 7	?	?	5	23	$\frac{m}{3}+\frac{2}{3}+\frac{1}{2}+8$
„ 4	14,5	6,3	39	3	27	$\frac{m}{3}+\frac{3}{3}+10$
H. glabra 1	u. 13	4,0	62	7,5	57	$\frac{m}{3}+\frac{5}{3}+23$
„ 2	„ 12	3,4	57	7,5	57	idem
„ 4	6	2,4	42	9	49	$\frac{m}{3}+\frac{4}{3}+20$

Recapituliren wir kurz, so sehen wir mit zunehmender Grösse des Thieres: a) Wachsthum der Radula; b) Grösserwerden der Zähne und zwar rascheres als die Längenzunahme der Radula; c) Vermehrung der Zähne und zwar durch Zunahme der Zahl sowohl der Längs- als der Querreihen; d) Umbilduug von einfachen Zähnen der Seitenfelder zu 3spitzigen des Mittelfeldes. — Ich wiederhole, die wichtigsten Aufschlüsse werden wir bei der Untersuchung sehr junger Thiere zu erwarten haben. Indessen sind obige Resultate und namentlich in Bezug auf die Umbildung, das für uns wichtigste, evident bei den 3 Arten einheitliche, wenn auch die Untersuchung namentlich bei H. Draparnaldi zu wünschen übrig lässt, und sind unbedingt nicht auf individuelle Variationen zurückzuführen.

Daraus erhellt nun aber auch, dass wir bei der Angabe von Formel und Grösse der Radula zum Zwecke der Artunterscheidung noch sehr vorsichtig zu Werke gehen müssen; so z. B. sollten ohne Weiteres gemachte Angaben sich immer auf ausgewachsene Exemplare beziehen. Uebrigens wird unter andern dann auch die Frage ins Auge zu fassen sein, ob nach abgeschlossenem Wachsthum des Thieres keine Veränderungen an der Radula mehr vorkommen, was wohl leichter an andern Arten mit, durch Lippenbildung, deutlich vollendetem Wachsthum der Schale geschehen kann. Es eröffnet sich hier ein weites, nicht leicht zu erschöpfendes Feld der Thätigkeit, um so mehr, als die Radula-Untersuchungen selbst für viele einheimische Arten und Gruppen erst noch in den Anfängen begriffen sind.

Siebe-Conchylien
aus Böhmen, Krain, Istrien, Dalmatien und den Abruzzen.

Von

Dr. O. Böttger.

Herr J. Stussiner, ein hervorragender österreichischer Coleopterologe, hat mir einige Proben von Mikromollusken, die er auf seinen Jagdzügen auf Insekten beiläufig mitgesammelt hatte, zur Untersuchung überlassen, mit der Bitte, das Ergebniss der Untersuchung zu veröffentlichen. Ich komme dieser Aufforderung um so lieber nach, als einige der zu erwähnenden Arten noch nicht aus den betreffenden Provinzen Oesterreichs in der Literatur verzeichnet zu sein scheinen, von einigen anderen aber genauere

Angaben ihres beschränkten Vorkommens nur erwünscht sein können. Für die willkommene Bereicherung meiner Sammlung namentlich an den seltenen Zospeum-Arten darf ich wohl überdies hier Herrn J. Stussiner meinen Dank auch öffentlich aussprechen.

1. Aus Böhmen.

Patula rotundata (Müll.) St. Prokops-Höhle bei Hlubocep nächst Prag, 4. 2. 73 an feuchten Wänden kriechend.

2. Aus Krain.

Buliminus (Ena) obscurus (Müll.) An Baumwurzeln am Waldesrande, 12. 81 bei Rosenbach nächst Laibach.

Pupa (Pagodina) pagodula Desm. Vor der Hirschthalergrotte 1880 bei Franzdorf nächst Laibach gesiebt.

Pupa (Sphyradium) truncatella Pfr. In den Moräutscher Grotten in Oberkrain 1873.

Zospeum Schmidti Frauenf. var. ebendaselbst, zahlreich.

" " " *typ.* In der Pasica-Grotte am Krimberg bei Laibach 1873, zahlreich (aber weder *Z. pulchellum* Freyer, noch *nycteum* Bgt., *aglenum* Bgt. oder *amoenum* Frauenf., die aus derselben Höhle aufgezählt werden).

Zospeum lautum Frauenf. In den Moräutscher Grotten in Oberkrain 1873 nicht häufig.

Zospeum Frauenfeldi (Freyer) ebendaselbst, 2 Exemplare.

3. Aus Istrien.

Helix (Acanthinula) aculeata Müll. Insel Veglia im Quarnero, gesiebt 1879 und Pola, im Rizziwäldchen, gesiebt 6. 79.

Pupa (Orcula) doliolum (Brug.) Insel Veglia, gesiebt 1879.

" *(Isthmia) claustralis* Gredl. Pola, im Rizziwäldchen gesiebt. Für Istrien wohl neu.

Pupa (Vertigo) angustior Jeffr. ebendaselbst.

Clausilia (Pirostoma) filograna Rossm. *typ.* Im Walde bei Illyrisch-Castelnuovo, gesiebt 1879.

Carychium minimum (Müll.) *var.* Pola, im Rizziwäldchen, gesiebt 1879. Totalform ganz wie *C. minimum var. tridentatum* Risso, aber die Sculptur der Schale und die Bezahnung wie bei dem Typus von *C. minimum* (Müll.).

4. Aus Süddalmatien.

(Sämmtliche zu nennende Arten im Eichwäldchen 10. 81 bei Spizza-Sutomore gesiebt.)

Patula pygmaea (Drap.)

Pupa (Pagodina) pagodula Desm. *typ.*, Uebergänge zur *var. gracilis* und *var. gracilis* Bttg.

Pupa (Isthmia) Strobeli Gredl. 2 Exemplare. Für Dalmatien neue Art.

5. Aus den Abruzzen.

(Auf dem Mte. Nero in Calabrien, 1880 gesammelt.)

Patula rotundata (Müll.)

Clausilia (Clausiliastra) laminata (Mtg.)

Ueber einige Nacktschnecken von Ost-Afrika aus dem Berliner Zoologischen Museum.

Durch die gütige Vermittlung meines geehrten Freundes, Herrn Prof. Ed. v. Martens, sind mir aus dem Berliner Museum einige Nacktschnecken zur Untersuchung überlassen worden, welche theils von Ostafrika, theils von Madagascar stammen. Das geschah, nachdem ich die Gattung Elisa*) von Madagascar beschrieben und mich erkundigt hatte, ob wohl im Berliner Museum ähnliche Thiere aufbewahrt würden.

*) Jahrbuch I. 1883.

Zu meiner nicht geringen Freude fanden sich in der That 3 Exemplare genannter Gattung in der Sendung und zwar von Ostafrika, eins aus Taita (auch Teita), von Hildebrandt gesammelt, und zwei andere, von Dr. Fischer gesammelt, aus Witu, beides Landschaften zwischen Zanzibar und Mombas, in der Küstenregion.

Alle drei Stücke scheinen mir einer und der nämlichen Spezies anzugehören und zeigen die von mir beschriebenen Gattungsmerkmale. Mantel ohne Oeffnung in seinem hinteren Ende, aber mit einem deutlich bemerkbaren Knöpfchen an dieser Stelle, mit den schlitzartigen Grübchen zu beiden Seiten der hinteren Mantelspitze. Kiel von der Mantelspitze bis zum Körperende. Grosse Schleimpore. Dreitheilige Sohle. Geschlechtsöffnung zur Seite der beiden rechten Fühler. Kiefer wie bei Limax. Innere Schale mit fast medianem Nucleus, mit Anwachsstreifen und häutigem Rande. Die Zunge nicht untersucht.

An einem Exemplare, welches auch, statt eines Höckerchens auf dem Mantel, da einen kleinen Eindruck zeigt, der aber kein Loch bildet, sondern eher zufällig ist, ist die Sohle, namentlich in ihrer hinteren Partie, wie mit kleinen Wärzchen besetzt, was mir an keinem anderen so auffiel. Doch vermag ich nicht zu entscheiden, ob man es mit einer normalen Bildung zu thun hat.

Alle drei Thiere befinden sich nämlich in einem scheinbar durch die Conservirung veränderten Zustand, der sich wesentlich von dem unterscheidet, welchen die Stücke von Elisa bella m. von Madagascar zeigen. Diese sind fast sämmtlich wie eben gefangen, die Haut ist hell gefärbt, vielfach noch mit Schleim überzogen und die schöne dunkle Zeichnung auf dem klaren Grunde ist erkennbar. Nur ein paar einzige sind von weicher Beschaffenheit, durchaus dunkelbraun und nichts von Zeichnung lässt sich wahrnehmen. So wie die letzteren sind mehr oder weniger die drei Stücke aus Taita und Witu. Wenn nun auch die bedeutendere Grösse, denn sie sind von etwa 50 bis über 80 mm lang, schliessen lässt, dass eine andere Art vorliegt, so wage ich doch nicht, allein auf diesen Umstand hin einen Namen aufzustellen. Warten wir also ab, bis aus gleichen Fundorten Stücke gesandt werden, welche in besserem Stande eintreffen und eine zweifellose Bestimmung zulassen.

Nicht weniger erfreut war ich, in der Sendung 2 Nacktschnecken zu empfangen, welche mit einiger Leichtigkeit bei Dendrolimax Dohrn untergebracht werden können. An einer hängt der Schlund heraus, so dass Kiefer und Zunge völlig frei liegen. Der Kiefer ist fast wie bei Dendrolimax, glatt, ohne Rippen, ohne vorspringende Mitte, und wenn einmal die Zunge abgenommen und unter das Microscop gelegt werden darf, so dürfte meine Meinung bestätigt werden.

Doch haben wir wohl in diesen beiden Stücken eine andere Spezies als Heynemanni, die einzige seither bekannte, vor uns, welche Annahme schon deshalb eine gewisse Berechtigung hat, weil es wenig wahrscheinlich ist, dass auf der Prinzeninsel, also in dem Westen Afrika's und aus Usambala (auch Usambara), nördlich von Mombas in Ost-Afrika, dem Fundort dieser Schnecken, eine und die nämliche Spezies lebe. Es zeigen sich aber noch mehr Merkmale, die zur Unterscheidung von Spezies dienen können. Das Loch im hinteren Mantelende ist noch feiner wie bei Heynemanni, wie mit einer feinen Nadel gestochen, scheint den Mantel nicht zu durchbohren und ist bis ins äusserste Ende gerückt, so dass es auf einem der beiden Stücke schwer zu bemerken ist. Dieses Stück scheint überhaupt vertrocknet gewesen zu sein und auch auf seinem Mantel ist eine Bildung nicht ohne Mühe zu sehen, die bei dem anderen sofort sehr auffällt und zwar um so mehr, als sie sonst bei nackten Arten nicht bekannt ist. Der Mantel zeigt nämlich starke, längliche Runzeln, die auch längs des Körpers verlaufen. Besonders auf dem aufgewachsenen Theil ist diese merkwürdige Bildung entwickelt, während auf dem gelüfteten Theil die Runzeln rundlicher werden und keine Reihen mehr formiren. Solche Längsrunzeln habe ich am Dendrolimax Heynemanni nicht gesehen. In meiner Beschreibung von der Gattung habe ich damals bemerkt, dass die Runzelung nicht mehr sichtbar sei. Vor Kurzem erhielt ich allerdings zwei Exemplare dieser Spezies, welche Herr Professor Greeff in Marburg auf der Insel St. Thoma gesammelt hatte, die eine Runzelung auf dem Mantel leicht erkennen lassen; sie besteht aber nicht aus gestreckten, sondern runden Erhöhungen, was kaum von einer verschiedenartigen Zusammenziehung des Mantels herrührt. Endlich ist hervorzuheben, dass die westafrikanischen Stücke weiss (seltener citronengelb) sind und zwar „weiss“ nicht in dem manchmal vorkommenden Sinne von „farblos“ gebraucht, sondern die Haut ist mit einem kreideweissen Pigment gesättigt. Eine solche Farbe findet sich bei den ostafrikanischen Exemplaren nicht, wenigstens nicht in beschriebenem Maasse, sondern nur in seltenen, weissen, kleinen Stellen zwischen den Runzeln des Körpers, nicht des Mantels, und sonst sind die Thiere eins grün, oben dunkler, nach den Seiten und unter dem Mantel gelb; das andere gelb nur mit einem grünen Anflug oben.

Bis nun von diesem interessanten Thiere, welches überdies grösser als Heynemanni ist, mehr Exemplare gesammelt und in einem solchen Stande gesandt werden, der eine ausführliche Beschreibung des Arttypus zulässt, was ja bei einzelnen Stücken so schwierig ist, möchte ich ihm, zu Ehren des rastlosen Malacologen, den Namen Martensi beilegen.

Dendrolimax zeigt mir jetzt auch am hinteren Ende des Mantels, wo der Körper sichtbar wird, je eine schlitzartige Grube, zu beiden Seiten der Spitze, die bei dieser Gattung durch eine Rinne verbunden sind, welche die Mantelspitze vom Körper abtrennt.

Endlich fanden sich in der Sendung 7 kleine Limaces von etwa 10 mm Länge, die mir junge Thierchen zu sein schienen, wie wir sie etwa von Limax cinereo-niger zusammen auf einem Häufchen, wenn sie eben ein paar Tage ausgeschlüpft sind, finden. Sie sind von der bekannten gedrungenen Gestalt, hinten mit einem kurzen Kielchen am Schwanzende, sonst einfach in Form und Farbe, nirgends ein Merkmal, welches besonders hervorgehoben zu werden erlaubte. Es ist merkwürdig, dass so etwas im centralen Madagascar vorkommt, wo die Stücke von Hildebrandt gesammelt wurden. Aufklärung bleibt späterer Zeit vorbehalten.

Sachsenhausen, 15. October 1882.

D. F. Heynemann.

Nachtrag

zu meiner Mittheilung über die ostafrikanischen Nacktschnecken im Berliner Museum.

Nachdem diese Bemerkungen niedergeschrieben und der Redaction übergeben waren, sah ich mich veranlasst, Herrn von Martens zu ersuchen, mir die Originalabbildung von Buchholz jener Art von der Goldküste zu senden, welche in der B.'schen Sammlung nicht mehr aufzufinden war, aber einstweilen als Urocyclus Buchholzi Mart. in den Monatsberichten der königl. Akademie der Wissensch. zu Berlin, 27. April 1876 unter Beigabe einer schwarzen Copie des farbigen Originals publicirt wurde. Durch die Betrachtung des Originals gelangte ich zur Ansicht, dass die Möglichkeit nicht fern liegt, in dem abgebildeten Thiere den Dendrolimax Martensi (wenn nicht eine sehr verwandte Spezies) wieder zu erkennen, trotzdem dass die Fundorte so gar weit von einander entfernt liegen. Indessen ist zu berücksichtigen, dass auf der Figur von B. nichts von dem Loch im Mantel zu bemerken und davon auch nichts schriftlich beigesetzt ist. Nicht eher also bis an der Goldküste weiteres Material gesammelt und dann untersucht wird, lässt sich über die Identität beider Arten und vom Urocyclus Buchholzi über die Zugehörigkeit zur Gattung Dendrolimax entscheiden. Fehlt aber das Loch, so ist das Thier überhaupt kein Urocyclus.

Kleinere Mittheilungen.

(**Ueber die Meermollusken der Loandaküste**) bemerkt Pechuel-Lösche: „Die nimmer rastende Brandung scheint die Ansiedelung von Schnecken und Muscheln am Küstensaume gänzlich zu vereiteln; denn man findet selten genug an den Strand geworfene Gehäuse. In den geschützten Winkeln der Baien von Cabinda, Pontanegra und Loango kommen sie dagegen vor und werden von umherwatenden Frauen und Mädchen eifrig gesucht. Dort sammelte ich mit deren Hülfe mehrere Arten Conus, Oliva, Cypraea und eine zart purpurfarbig angehauchte, mit gedrungenen Dornen bewehrte Murex; ferner auch zwei Arten Mytilus, ein Cardium und eine prächtig orangefarben abgetönte, mit feinen Stacheln besetzte Spondylus-Art. Sie alle werden gegessen, ein häufiges Dolium benutzt man jedoch nicht. Keine der angeführten, ausser Murex und Spondylus, zeichnet sich durch Farbenschönheit aus, und letztere sind wiederum seltene Stücke.

Grosse, und wenn sie eine Zeit lang im Seewasser gelegen haben, sehr wohlschmeckende Austern, fischt man besonders in der Lagune von Tschissambo und im Banya in bedeutender Menge. Während der Monate Juli, August und September werden sie korbweise zu Markte gebracht und um einen Spottpreis ausgeboten, obwohl Jedermann sie begehrt. Einige Meilen aufwärts von der Mündung des Banya namentlich entwickelt sich um diese Zeit ein reiches Leben; die Bevölkerung der Umgegend zieht an die Ufer, taucht nach Austern und räuchert die in erstaunlicher Fülle gewonnenen Thiere. Dort sind auch die Schalen in mächtigen Haufen aufgeschüttet, die oft buhnengleich am Ufer ausspringen. Man wird durch sie lebhaft an die südamerikanischen Sambaquis und die bekannten nordischen Kjökkenmöddings erinnert."

Die Grenze zwischen der paläarctischen und der orientalisch tropischen Fauna (im Sinne von Wallace) liegt nach **Doederlein** zwischen Oshima und Kiushiu. Für die Seefauna wird sie characterisirt durch die Grenze der riffbildenden Korallen, welche nördlich von den Bonin-Inseln verläuft. *K.*

Die ohnehin schon etwas problematisch gewordene Grenze zwischen den Monomyariern und Dimyariern, droht sich nach einer brieflichen Mittheilung von Dall an den Herausgeber ganz zu verwischen. Dall hat nämlich unter der Ausbeute des Blake eine austernartige Form gefunden, welche zwei deutliche Schliessmuskeln, einen an jeder Seite, besitzt; er errichtet für dieselbe eine neue Gattung **Margariona**. Die Schale ist perlmutterartig. *K.*

Nach mehrfach an anderen Objecten gemachten günstigen Erfahrungen glaube ich zum **Präpariren der Schneckenzungen** Eau de Javelle (Unterchlorigsaures Kali) empfehlen zu können. Dasselbe wird kalt angewandt. Der Kopf der Schnecke wird in Eau de Javelle gelegt, bis die fleischigen Theile alle aufgelöst sind, die Radula wird alsdann herausgenommen, in etwas Essigsäure völlig gereinigt, alsdann in Weingeist und später in Nelkenöl gelegt, aus welchem sie dann in Canadabalsam eingebettet werden kann. Das umständliche Kochen in Kalilauge fällt also ganz fort.

Frankfurt, im November 1882. Dr. F. C. Noll.

Mit einer Sendung Insekten, welche Herr Amtsrichter Müller in Lauterbach aus Chile empfing, kam auch ein Exemplar einer Nacktschnecke, welches mir zur Bestimmung übergeben wurde. Es war leicht, das Thier als **Limax variegatus Drap.** zu erkennen und so ist ein neuer Fundort für diese Art zu verzeichnen, die bekannter Weise eine so grosse Verbreitung auf dem Erdboden hat.

D. F. Heynemann.

Literaturbericht.

Mojsisovicz und Neumayr, Beiträge zur Palaeontologie Oestreich-Ungarns. — Erster Band. — Wien bei A. Hölder 1882.

Wir können dieses glänzend ausgestattete Unternehmen, welchem wir den besten Erfolg und gedeihlichen Fortgang wünschen, nicht besser bezeichnen denn als auf Oestreich-Ungarn beschränkte Palaeontographica. Wie diese altbekannte Zeitschrift bringt es nur abgeschlossene Originalabhandlungen in zwangloser Reihenfolge, aber beschränkt auf den Raum der östreichisch-ungarischen Monarchie. Der vorliegende, in 1881 erschienene erste Band enthält folgende, auf Mollusken bezügliche Arbeiten:

p. 1. *Zugmayer, H.*, Untersuchungen über rhätische Brachiopoden. Taf. 1—4. — Neu: Gen. Thecospira für Thecidea Haidingeri mit spiraliger Anordnung der durch eine freie Kalkrinne gestützten Arme; — Ferner Terebratula gregariaeformis t. 1 fig. 26. 29; — Ter. rhaetica t. 1 fig. 30. 31; — Waldheimia Waldeggiana t. 2 fig. 11; — Thecidea rhaetica t. 2 fig. 16; — Spirifer Kossenensis t. 3 fig. 2. 3. 13; — Sp. Suessi t. 5 fig. 14—19. — Rhynchonella Starhembergica t. 4 fig. 19—21; — Crania Starhembergensis t. 4 fig. 34.

p. 111. *Uhlig, V.*, die Jurabildungen der Umgegend von Brünn. Neu: Peltoceras instabilis t. 14 fig. 1; t. 16 fig. 1. 2; — P. nodopetens t. 15 fig. 1; — P. intercissum t. 14 fig. 2; — Perna cordati t. 17 fig. 1. 2.

p. 183. *Alth, A. von*, die Versteinerungen des Nizniower Kalksteins. Mit Taf. 18—29. Aus den in Galizien den Grünsand unterlagernden aber auch noch zur Kreide gehörenden Schichten werden als neu beschrieben: Pteroceras granulatum t. 21 fig. 4; — Rostellaria semicostata t. 18 fig. 14; — Chenopus expansus t. 18 fig. 2; — Ch. macrodactylus t. 22 fig. 17; — Ch. subcingulatus t. 22 fig. 7; — Ch. scutatus t. 22 fig. 10; — Alaria nodoso-carinata t. 18 fig. 3; — Eustoma Puschi t. 18 fig. 8; — E. tyraicum t. 18 fig. 6; — Natica lineata (der Name schon vergeben) t. 19 fig. 7; — N. pulchella (der Name schon ver-vergeben) t. 19 fig. 10; — Nerita podolica t. 24 fig. 18; — Pileolus clathratus t 24 fig. 1; — P. acutecostatus t. 29 fig. 10; — Neritopsis podolica t. 25 fig. 9; — Chemnitzia scalariaeformis t. 21 fig. 13; — Ch. minuta t. 24 fig. 7; — Ch. obtusa t. 24 fig. 21; — Ch. laevis t. 25 fig. 4; — Nerinea tyraica t. 21. fig. 1; — N. Struckmanni t. 20 fig. 9. 13 — N. Credneri t. 18 fig. 17. 18; — N. impresse — notata t. 20 fig. 17. 18; — N. decussata t. 22 fig. 9; — N. sublaevis t. 25 fig. 3; — N. galiciana t. 22 fig. 15; — N. uniserialis t. 24 fig. 8; — N. lineata t. 21 fig. 9; — N. carinata t. 21 fig. 6; — N. coniformis t. 22 fig. 21; — N. angulosa t. 24 fig. 16; — N. ovalis t. 18 fig. 4; — Cerithium Pauli t. 21 fig. 3; — C. inaequale t. 21 fig. 10; — C. podolicum t. 21 fig. 5; — C. suprajurense t. 24 fig. 14; — C. tyraicum t. 28 fig. 19; — C. supranodosum t. 24

fig. 25; — C. uniseriale t. 24 fig. 9; — C. turbinoideum t. 23 fig. 8; — Ceritella suprajurensis t. 24 fig. 15; — C. scalata t. 24 fig. 12; — Turritella bacillus t. 22 fig. 18; — Rissoina minuta t. 24 fig. 13; — Solarium bifidum t. 24 fig. 22; — S. laevigatum t. 24 fig. 24; — S. supraplanum t. 24 fig. 23; — Trochus dentatus (schon vergeben) t. 23 fig. 11; — Tr. nodosocostatus t. 23 fig. 17; — Tr. basinodosus t. 24 fig. 16; — Tr. lineatus t. 23 fig. 7; — Tr. obtusatus t. 28 fig. 9; — Tr. costellatus t. 24 fig. 11; — Tr. tyraicus t. 23 fig. 3; — Turbo tuberculato-costatus t. 23 fig. 1; — Tr. variecinctus t. 23 fig. 15; — T. sulcatus t. 23 fig. 5; — T. tyraicus t. 23 fig. 3; — T. pusillus t. 24 fig. 20; — T. simplex t. 23 fig. 16; — T. scalariformis t. 29 fig. 20; — T. nodosocostatus t. 23 fig. 4. 9; — T. elatus t. 23 fig. 6; — Pleurotomaria Laubei t. 23 fig. 13; — Pl. bilineata t. 25 fig. 10; — Emarginula podolica t. 24 fig. 10; — Actaeonina impresso-notata t. 23 fig. 14; — Act. scalata t. 23 fig. 10; — Act. declivis t. 22 fig. 20; — Act. triticum t. 22 fig. 19; — Act. elongata t. 25 fig. 7; — Act. volutaeformis t. 25 fig. 8. — Gastrochaena striata t. 26 fig. 12. — Goniomya galiciana t. 25 fig. 16; — G. radiata t. 25 fig. 17; — Pholadomya cincta t. 25 fig. 12; — Machomya sinuata t. 25 fig. 18; — M. inaequistriata t. 25 fig. 19; — M. elongata t. 25 fig. 15; — Cyprina galiciana p. 269; — Cardium tyraicum t. 27 fig. 6; — C. orbiculare t. 29 fig. 7: — Corbicella complanata t. 25 fig. 23; — C. oblonga t. 25 fig. 24; — C. podolica t. 25 fig. 20; — C. radiata t. 29 fig. 11; — Cardita Struckmanni t. 27 fig. 1. 5; — Astarte marginata t. 29 fig. 13; — A. diversecostata t. 26 fig. 13 a; — Diceras podolicum t. 27 fig. 2; — Cucullaea elongata t. 26 fig. 2; — C. Haueri t. 29 fig. 15; — C. tyraica t. 26 fig. 3. 4; — Nucula subaequilatera t. 29 fig. 16; — Gervillia macrodon t. 27 fig. 7; — Avicula subobliqua t. 27 fig 8; — Av. tyraica t. 27 fig. 12. 13; — Av. subcarinata t. 27 fig. 10; — Av. crassitesta t. 27 fig. 4; — Pecten gracilis t. 27 fig. 15. 16; — Ostrea concentrice-plicata t. 27 fig. 19; — Anomia divaricata t. 27 fig. 23. — Terebratula podolica t. 28 fig. 5.

p. 333. *Zugmayer*, *H.*, die Verbindung der Spiralkegel von Spirigera oxycolpos. Mit Holzschnitt.

— Zweiter Band. Lfg. 1—3.

p. 32. *Brusina, Spir.*, Orygoceras, eine neue Gasteropodengattung der Melanopsiden-Mergel Dalmatiens. — Mit Tafel XI.

p. 47. *Nowak, Ottomar,* über böhmische, thüringische, Greifensteiner und Harzer Tentaculiten. Taf. XII und XIII. — Neu Styliola striatula t. 13 fig. 31—37.

p. 73. *Wöhner, Dr. Franz,* Beiträge zur Kenntniss der tieferen Zonen des unteren Lias in den nördlichen Alpen. Erster Theil. Mit Taf. XIV—XXI. — Neu Aegoceras extracostatum t. 14 fig. 1; — Aeg. haploptychum t. 17 fig. 1—4; — Aeg. anisophyllum t. 18 fig. 7; t. 19 fig. 1—3; — Aeg. Panzneri t. 15, fig. 1. 2.; — Aeg. stenoptychum t. 20 fig. 2; — Aeg. circacostatum t. 16 fig. 5; — Aeg. euptychum t. 20 fig. 3—5; — Aeg. diploptychum t. 21 fig. 1; — Aeg. latimontanum t. 20 fig. 1.

The Journal of the Asiatic Society of Bengal. Vol. LI. Part. II. 1882.

p. 1. *Möllendorff, O. von,* on a Collection of Japanese Clausiliae, made by Brigade Surgeon R. Hungerford in 1881. — With Plate I. — Neu: Cl. Hungerfordiana p. 2 t. 1 fig. 1; — Cl. oostoma p. 4 t. 1 fig. 2; — Cl. gracilispira p. 5 t. 1 fig. 3; — Cl. sericina p. 6 t. 1 fig. 4; — Cl. caryostoma p. 6 t. 1 fig. 5; — Cl. aethiops p. 7 t. 1 fig. 6; — Cl. tetraptyx p. 7 t. 1 fig. 7; — Cl. fusangensis p. 8 t. 1 fig. 8, nebst var. minor p. 9; — Cl. rectaluna p. 9 t. 1 fig. 9; — Cl. aptychia p. 10 t. 1 fig. 10. — 21 Arten werden aufgeführt.

p. 11. — —, Clausilia Nevilliana, a new Species from the Nicobars. (t. 1 fig. 11.)

p. 12. — —, Description of some new Asiatic Clausiliae. — Cl. (Pseudonenia) Andersoniana p. 12 t. 1 fig. 12 von Mergui; — Cl. micropeas p. 12; Cl. subulina p. 13 von Japan.

Zoologischer Anzeiger V. No. 123.

p. 548. *Schulgin, M. A.,* zur Physiologie des Eies. — Enthält Angaben über die Eier von Vermetus und Nassa.

p. 550. *Bergh, Dr. R.,* über die Gattung Rhodope. — Der Verfasser bestreitet entschieden die Nudibranchiennatur von Rhodope und ihre Verwandtschaft mit Tethys. Iherings Angaben darüber seien irrig. — Das Nervensysten von Tethys weicht in keiner Weise von dem der Aeolidiaden ab. „Hätte Ihering bei der Untersuchung der Centralnervenmasse von Tethys dasselbe aus seiner die Ganglien ausgleichenden Kapsel herausgelöst, dann wäre er nicht zu seiner unglücklichen Ansicht von der ganz niedrigen, den Uebergang zu den Turbellarien vermittelnden Stellung der Tethys gekommen, und überhaupt vielleicht nicht zu seiner Annahme von der Herkunft einer grossen Gruppe der Gastropoden von den Turbellarien und also vielleicht nicht zu der wenig wahrscheinlichen Behauptung einer polyphyletischen Herkunft der Mollusken. Jedenfalls hätte er dann wohl die Turbellarien in nächste Verbindung mit den im Aeusseren theilweise so auffallend ähnlichen Limapontiaden gesetzt. Diese letzteren sind aber keineswegs die ursprünglichsten Formen der so gestaltenreichen Gruppe der Ascoglossen; vielmehr sind solche unter den Oxynoiden oder in deren Nachbarschaft zu suchen, und zwar diese von den Steganobranchien herstammend und als der Nudibranchiaten-Urform nahe verwandt zu betrachten."—

Le Naturaliste. 4me Année. No. 20. 15. Oct. 1882.

p. 158. *Jousseaume, Dr.,* Note sur le développement des Coquilles. Bemerkungen über die Verschiedenheiten in der Windungsrichtung der Embryonalschalen und des definitiven Gehäuses.

Bulletino della Società malacologica italiana. Vol. VIII. No. 2.

p. 97. *Statuti, A.,* Catalogo sistematico e sinonimicò dei Molluschi terrestri e fluviatili viventi nella provincia romana (contin.)

p. 129. *Adami, G. B.,* Nuove forme italiane del Genere Unio. — Neu U. Stephaninii, Moltenii, opisodartos.

p. 139. *Paulucci, M.,* Note Malacologiche sulla Fauna terrestre e fluviale dell' Isola di Sardegna. Neu Hyalina albinella p. 149 t. 1 fig. 1; — Hyal. Nevilliana p. 150 t. 1 fig. 3; — Hyal. Antoniana p. 161 t. 2 fig. 3; — Hyal. Porroi p. 162 t. 2 fig. 4; — Hyal. Isseliana p. 165 t. 9 fig. 13; — Hyal. (Vitrea) petricola p. 180 t. 2 fig. 6; — Hyal. Targioniana p. 182 t. 2 fig. 7; — Helix (Campylaea) Carotii p. 203 t. 3 fig. 1; — Hel. (Macularia) Gennarii p. 206 t. 3 fig. 2; — Hel. serpentina var. trica p. 213 (Icon. fig. 1181); var. Isarae p. 214 t. 4 fig. 7; — Hel. hospitans var. alabastrina p. 225 t. 6 fig. 1; — Hel. Carae var. adjaciensis p. 228 t. 6 fig. 3; — Hel. Cenestinensis var. suburbana p. 230 t. 6 fig. 5; — Hel. pudiosa p. 231 t. 3 fig. 6; — Hel. villica p. 233 t. 3 fig. 3; — Hel. (Xerophila) tuta p. 245 t. 7 fig. 1; — Hel. Hillyeriana p. 251 t. 7 fig. 4; — Hel. Dohrni p. 252 t. 7 fig. 3.

Jahrbücher der Deutschen Malakozoologischen Gesellschaft. 1882. Heft IV.

p. 283. *Hesse, P.,* eine Reise nach Griechenland. — Mit Taf. 12.

p. 337. *Möllendorff, Dr. O. F. von,* Materialien zur Fauna von China.

p. 356. *Verkrüzen, T. A.,* Buccinum L.

p. 366. *Jickeli, Dr. C. F.*, Diagnosen neuer Conchylien.
p. 370. *Dohrn, Dr. H.*, Aufzählung der Nanina-Arten Madagascars.
p. 377. *Dunker, Guilielmus*, de Molluscis nonnullis terrestribus Americae australis. — Mit Taf. 11.

Proceedings of the Zoological Society of London. 1882. Part. II.

p. 375. *Smith, Edgar A.*, a Contribution to the Molluscan Fauna of Madagascar. With pl. 21 und 22. (Cfr. pag. 142.)

Arnold, C., Mollusken der Umgegend Lübecks und der Travemünder Bucht. — In Archiv Fr. Naturg. Mecklenburg XXXVI. p. 1 16.

Zusammen 97 Arten, 7 Nacktschnecken, 77 Einschaler, 12 Zweischaler; aus der Travemünder Bucht 17 Lamellibranchier, 9 Opisthobranchier, 15 Prosobranchier, 1 Cephalopode.

Rossmässler's Iconographie der Europäischen Land- und Süsswasser-Mollusken. Neue Folge, erster Band. Lfg. 1 u. 2. — Mit 10 Tafeln.

Tafeln 1—4 enthielten ausser einigen rückständigen Daudebardia und Vitrina ausschliesslich Hyalina, von denen H. tetuanensis (fig. 20) und H. hyblensis (fig. 40) zum erstenmal abgebildet werden. Taf. 5 bringt Hel. helvola typica (fig. 44) nebst der Varietät die Martens abgebildet, eine Anzahl Fruticicolen aus Turkestan, Copien nach Martens, und einige griechische Arten (Redtenbacheri, Grelloisi, euboea, Westerlundi). — Taf. 6 bringt den Iberus von Tetuan nebst der zum ersten Mal abgebildeten Hel. Oberndorferi (fig. 62). — Taf. 7 die schon früher in den Jahrbüchern abgebildete abnorme Hel. Codringtoni, Hel. Dupotetiana var. rugosa von Nemours, die neuerdings von Dohrn beschriebene Varietät von Hel. kurdistana aus Samarkand und Hel. Christophi Bttg. — Taf. 8—10 sind Hel. lactea und punctata gewidmet und bringen die vom Verfasser auf seiner letzten Reise gesammelten Formen zur Abbildung.

Gesellschafts-Angelegenheiten.

Neue Mitglieder.

Herr *Carl Reuleaux*, Ingenieur, München, Landwehrstrasse No. 57 p.

Herr *William Cash* Esq., F. G. S., Halifax, 38 Elmfield Terrace.

Herr *Jul. Heucke*, Dresden, Ferdinandstrasse 10 p.

Wohnorts-Veränderung.

Herr *Dr. O. Reinhardt* wohnt jetzt Berlin, S. O., Michaelkirchstrasse 43.

Herr *R. Jetschin* wohnt jetzt Berlin, S. O., Michaelkirchstrasse 20.

Eingegangene Zahlungen.

Reuleaux, M. Mk. 23.— ; Kinkelin, F. 12.—.

Redigirt von Dr. W. Kobelt. — Druck von Kumpf & Reis in Frankfurt a. M.
Verlag von Moritz Diesterweg in Frankfurt a. M.

LINNÆA
No. 23.

TAUSCH-CATALOG 1882 No. 1.

der deutschen malakozoologischen Gesellschaft.

Conchylien

aus dem europäisch-arctischen Faunengebiet

geordnet resp. numerirt nach Weinkauff's Catalog Creuznach 1873.
Die genaueren Fundorte werden auf den Etiquetten angegeben.
(Fortsetzung).

	Mk.
Actaeon	
452. tornatilis L. . . .	0,20-40
Volvula	
455. acuminata Brug. . .	0,50-1
Cylichna	
456. cylindracea Mtg. . .	0,20-40
457. alba Lovén	0,10-30
459. nitidula L.	0,20-40
462. umbilicata Mtg. . .	0,10-20
466. Jeffreysi, Wkff. . .	0,20-40
Utriculus	
467. truncatus Mtg. . .	0,10-20
468. mamillatus Phil. . .	0,10-20
469 obtusus Mtg. . . .	0,10-20
471. hyalina Turt. . . .	0,50-1
Bulla	
474. striata Brug. . . .	0,20-50
475. hydatis L.	0,10-50
var. cornea Lam. . .	0,10-30
478. propingua Jeffr. . .	1—2
Scaphander	
480. lignarius L. . . .	0,20-1
Akera	
484. bullata Müller . .	0,20-50
Philine	
485. aperta L.	0,20-50
488. scabra Müller . . .	0,30-50
489. catena Mtg. . . .	0,20-40
491. quadrata S. W. . .	0,50-80
Oxynoe	
501. Sieboldi Krohn . .	0,20-50
Lobiger	
502. Philippii Krohn . .	0,20-60
Aplysia	
505. depilans L. . . .	0,30-50
506. punctata Cuv. . .	0,20-40
Pleurobranchus	
520. membranacus Mtg. .	0,30-50

	Mk.
Umbrella	
528. mediterranea Lam. .	1—2
Assiminea	
711. Grayana Leach . .	0,10-20
Melampus	
714. bidentatus Mtg. . .	0,20-30
715. myosotis Drap. . .	0,20-30
Otina	
716. otis Turt.	0,20-40
Siphonaria	
717. algesirae (Sénégal) .	0,30-60
Gadinia	
718. Garnoti Payr. . .	0,20-50
Calyptraea	
720. chinensis L. . . .	0,20-40
Capulus	
722. hungaricus L. . . .	0,50-1
Crepidula	
721. unguiformis L. . .	0,20-50
724. Moulinsi Mich. . .	0,20-50
Neritina	
725. viridis L.	0,10-20
Phasianella	
727. pullus L.	0,10-20
728. tenuis Mich. . . .	0,10-20
729. speciosa v. Mühlf. .	0,10-20
Turbo	
730. rugosus L.	0,50-1
731. sanguineus L. . . .	0,20-30
Cyclostrema	
734. Cutlereanum Cl. . .	0,20-40
736. serpuloides Mtg. . .	0,20-30
738. striatum Phil. . . .	0,20-30
739. basistriatum Jeffr. .	0,50-80
Mölleria	
740. costulata Möller . .	0,20-50
Craspedotus	
741. limbatus Phil. . . .	0,40-80

	Mk.		Mk.
Clanculus		810. conica Schum. . .	0,30-60
742. corallinus Gm. . .	0,20-40	811. elongata Costa . .	0,20-30
743. cruciatus L. . . .	0,10-20	812. Huzardi Payr. . .	0,20-40
744. Jussieui Payr. . .	0,10-20	**Tectura**	
Trochus		816. pellucida L. . . .	0,20-50
745. turbinatus Born . .	0,20-30	817. testudinalis Müller .	0,20-30
746. articulatus Lam. . .	0,20-30	818. virginea „ .	0,20-80
747. crassus Pult. . . .	0,10-20	819. Gussoni Costa . .	0,20-40
748. zizyphinus L. . . .	0,20-60	**Patella**	
749. conulus L.	0,20-50	820. ferruginia Gm. . .	0,80-1,20
751. Lauguieri Payr. . .	0,10-30	821. lusitanica	0,30-50
753. granulatus Born . .	0,20-60	822. vulgata L.	0,10-20
755. millegranus Phil. .	0,20-50	var. caerulea L.	0,10-30
757. exiguus Pult. . . .	0,10-20	**Chiton**	
758. unidentatus Pil. . .	0,30-50	824. discrepans Brown .	0,30-40
759. striatus L.	0,10-20	827. cinereus L. . . .	0,20-30
764. Richardi Payr. . .	0,20-40	729. albus L.	0,20-40
765. umbilicaris L. . .	0,10-20	831. Polii Phil.	0,30-40
766. cinerarius L. . . .	0,10-20	832. ruber L.	0,20-40
767. obliquatus Gmel. . .	0,10-20	833. laevis Penn. . . .	0,20-40
768. divaricatus L. . .	0,10-20	834. marmoreus Fabr. .	0,20-30
772. villicus	0,10-30	835. fulvus Wood . . .	0,50-1
774. varius L.	0,10-30	836. Siculus Gray . . .	0,30-50
775. tumidus Mtg. . . .	0,30-50	837. Cajetanus Poli . .	0,50
776. Adansoni Payr. . .	0,10-20	**Dentalium**	
777. turbinoides Desh. .	0,20-40	842. entalis L.	0,20
780. albidus Gm. . . .	0,20-50	844. abyssorum Sars . .	0.20-30
782. Fermonii Payr. . .	0,10-30	845. dentalis Lam. . .	0,20-30
783. magus L.	0,20-1	846. rufescens Phil. . .	0,30-50
785. fanulum Gm. . . .	0,20-50	**Siphonodentalium**	
Margarita		847. quinquangulare Forb.	0,20
786. groenlandica Chemn.	0,20-30	848. vitreum Sars . . .	0,50-1
788. cinerea (Gld.) Couth.	0,20-50	849. Lofotensis Sars . .	0,40-50
789. helicina Fabr. . .	0,20-30	**Cadulus**	
792. amabilis Jeffr. . .	1—3	851. subfusiformis Sars .	0,20-40
obscura Couth. . . .	0,20-50	**Dischides**	
varicosa Migh. . . .	0,50-80	bifissus Wood . . .	0,20-30
Haliotis		**Hyalaea**	
797. tuberculata L. . .	0,20-50	853. tridentata Forsk . .	0,20-30
Fissurella		855. inflexa Les. . . .	0,20
798. costaria Defr. . . .	0,30-60	**Clio**	
800. graeca L.	0,20-40	857. pyramidata Lam. .	0,20-40
802. gibba Phil. . . .	0,20-30	**Carinaria**	
Puncturella		872. mediterranea Per. et L.	2—3
804. Noachina L. . . .	0,20-40	**Argonauta**	
Emarginula		878. argo Linné . . .	3—10
806. fissura L.	0,20-50	**Spirula**	
807. solidula Costa . . .	0,20-40	951. Peroni Lam. . . .	0,30-1
808. cancellata Phil. . .	0,20-50		

Bivalven.

	Mk.
Gastrochaena	
955. dubia Penn. . . .	0,40-80
Teredo	
956. norwegica Spengl. .	0,50-1
957. navalis L.	0,50-1
960. malleolus Turt. . .	0,50-1
Xylophaga	
963. dorsalis Turt. . . .	0,50-3
Pholas	
964. dactylus L. . . .	0,50-1
965. candida L.	0,50-80
967. parva Penn. . . .	0,50-80
Solen	
969. vagina L.	0,20-50
970. siliqua L.	0,20-50
971. ensis L.	0,20-40
Cultellus	
973. pellucidus Penn. . .	0,30
Ceratisolen	
974. legumen L. . . .	0,20-50
Solecurtus	
975. strigillatus L. . . .	0,30-80
976. candidus Ren. . .	0,30 60
978. coarctatus Gm. . .	0,40-60
Saxicava	
979 arctica L.	0,20-40
Panopaea	
980. glycimeris Born . .	5 – 15
981. arctica Lm. (norvegica)	5 —25
Glycimerls	
983. siliqua Spengl. . .	1-2,50
Mya	
985. arenaria L. . . .	0,20-1
986. truncata L. . . .	0,20-1
Corbulomya	
987. mediterranea Phil. .	0,20-30
988. ovata Forb. . . .	0,50-1
Corbula	
990. gibba Olivi . . .	0,10-30
var. rosea Brown . .	0,20-30
Neaera	
991. cuspidata Olivi . .	0,50-2
992. rostrata Spengl. . .	0,50-1
993. costellata Desh. . .	0,50-1
995. abbreviata Forb. . .	0,50-1
996. obesa Lov.	0,50-1
997. lamellosa Sars . .	0,80-1,20
Pandora	
1003. pinna Mtg. . . .	0,30-40
1004. inaequivalvis L. .	0,20-30

	Mk.
Lyonsia	
1006. norvegica Chemn. .	1—2
corruscans Sc. . . .	1-1,20
Thracia	
1009. papyracea Poli . .	0,50-1
var. villosiuscula . .	0,50-80
1010. truncata Bean. . .	0,50-2
1011. corbuloides Desh. .	0,50-1,50
1015. praetenuis Pult. .	0,30-60
Lutraria	
1016. elliptica Lam. . .	0,50-1,50
1017. oblonga Chemn. .	0,50-1,50
Mactra	
1019. ponderosa Phil. . .	1 - 3
1020. helvacea Chemn. .	1—2
1021. sultorum L. . . .	0,20-40
var. lactea Gmelin . .	0,20-1
1022. subtruncata Mtg. .	0,20-30
1023. solida L.	0,20-60
var. elliptica Brown. .	0,20-40
Mesodesma	
1025. cornea Poli . . .	0,20-30
Syndosmia	
1026. alba S. Wood . .	0,20-30
1027. intermedia Thomps.	0,20-30
1028. prismatica Mtg. . .	0,20-40
1029. tenuis Mtg. . . .	0,20-30
Scrobicularia	
1031. plana D. C. . . .	0,20-40
1032. Cottardi Payr. . .	0,50-60
Capsa	
1033. fragilis L. . . .	0,20-30
Donax	
1034. trunculus L. . . .	0,10-20
1035. vittatus Jeffr. . .	0,20-40
1036. semistriatus Poli .	0,30-40
1037. politus Poli . . .	0,30-40
Psammobia	
1038. vespertina Chemn. .	0,30-40
1039. faroensis	0,40-60
1040. costulata Turt. . .	0,40-60
1041. tellinella Lam. . .	0,30-40
Tellina	
1044. cumana Costa . .	0,20-30
1045. baltica L. . . .	0,10-20
var. attenuata Jeffr. .	0,10-20
1046. calcarea Chemn. .	0,20-60
1047. crassa Penn. . . .	0,20-40
1047. nitida Poli . . .	0,10-20
1049. planata L. . . .	0,20-30
1050. incarnata L. . . .	0,10-30

	Mk.
1051. exigua Poli . . .	0,10-20
1053. fabula Gm. . . .	0,10 20
1055. balaustina L. . .	0,20-40
1057. donacina L. . . .	0,20-30
1058. pulchella Lam. . .	0,20-40
1059. serrata Ren. . .	0,80-1,20
Petricola	
1061. lithophaga Relz .	0,20-50
Venerupis	
1062. irus L.	0,10
Lucinopsis	
1063. substriata Mtg. . .	0,20-40
1065. undata Penn. . .	0,20-60
Cypricardia	
1066. lithophagella Lam.	0,40-80
Cyamium	
1067. minutum Fabr. .	0,10-20
Tapes	
1068. decussatus L. . .	0,10 30
1069. edulis Chemn. . .	0,10-30
1070. laeta Poli . . .	0,10-30
var. bicolor	0,10-30
1071. aureus Gm. . . .	0,20-30
1072. pallustra Mtg. . .	0,20-50
1073. geographicus Gm. .	0,10-30
Venus	
1075. verrucosa L. . . .	0,30-60
1076. casina L.	0,30-1
1079. gallina L. . . .	0,10-20
var. striatula D. C. . .	0,10-30
1080. ovata Penn. . . .	0,10-30
1081. fasciata Don. . .	0,10-40
1082. fluctuosa Gld. . .	0,50-1
Cytherea	
1083. chione L.	0.60-1, 20
1084. rudis Poli . . .	0,40-1
Artemis	
1085. exoleta L. . . .	0,20-40
1087. lupinus Poli . . .	0,20-30
Circe	
1088. minima Mtg. . .	0,20-20
Astarte	
1089. fusca Poli . . .	0,30-40

	Mk.
1090. borealis Chemn. .	0,50-1
1092. sulcata D. C. . .	0,40-60
var. elliptica. (species)	1
1094. compressa Mtg.	
(Banksii)	0,20-40
1095. triangularis Mtg. .	0,30-40
crebricostata Forbes .	0,50-1,50
pulchella Jonas . . .	1—2
Cyprina	
1099. islandica L. . .	0,40-1
Isocardia	
1105. cor. L.	1—2
Kelliella	
1106. abyssicola Forb.. .	0,10-20
Cardium	
1107. hians Brocchi . .	4—8
1108. erinaceum Lam. .	1—2
1109. aculeatum L. . .	0,50-1
1110. echinatum L. . .	0,30-30
1111. paucicostatum Sow.	0,30-1
1112. tuberculatum L. .	0,20-60
1113. papillosum Poli .	0.20-30
1114. nodosum Turt. .	0,10-30
1115. exiguum Gmel. . .	0,20-30
1116. minimum Phil. . .	0,10-20
1117. fasciatum Mtg. . .	0,20-30
1118. groenlandicum Chmn.	1—3
1119. islandicum Chemn .	1—2
1120. edule L..	0,10-20
var. maxima (Tromsoe)	0,50
1121. elegantulum Möller	1
1122. oblongum Chemn. .	0,40-80
1123 norwegicum Spengl.	0,20-80
Chama	
1124. gryphoides L. . .	0,20-50
Cardita	
1126. antiquata Poli . .	0,20-60
1127. aculeata	0,20-40
1128. calyculata . . .	0,20-30
Diplodonta	
1132. rotundata Mtg. . .	0,20-80
Ungulina	
1134. oblonga Daud. . .	1-1,50

Bei **sofortiger** Baarzahlung wird Rabatt gewährt.
Mitgliedern des Tauschvereins 10%, Nichtmitgliedern 5%.

Gelder und Postpackete bitten wir speciell an A. **Müller** zu adressiren, Briefe einfach an die

„LINNÆA", Naturhist. Institut
Frankfurt a. M., gr. Eschenheimerstr. 45.

Druck von Kumpf & Reis in Frankfurt a. M.

	Mk.
Helix	
argillacea Fér. Timor	0,60-80
„ forma minor „	0,50
atacta Pfeiff. Halmah.	1—2
ambrosia Angas Salom. I.	0,50-80
arrosa Gould Californ.	0,50-80
Bonplandi Lam. Cuba	1
berlandiana Mor. Texas	0,30-50
bigonia Fér. Philipp.	0,50-60
Boivini Petit Admir. I.	1
Brocheri Gutier Cuba	0,80-1
californiensis Lea Calif.	1
capensis Pfr Cap	0,50
cerina Mor. Madag.	3
caeca Guppy Trinidad	0,20-30
Caldwelli Benz Maur.	0,30-50
Clotho Fér. Madag.	1,50
dictyodes Pfr. N.-Guinea	1-1,50
exarata Pfr. Californ.	0,30-50
erinaceus „ Salom. I.	1-1,20
eronea Albers Ceylon	0,60
exceptiuncula Fér. Halm.	5—8
fidelis Gray Californ.	0,60-1
formosa Pfr. I. Antigua	1
funebris Crosse Madag.	1,20
gallopavonis Val. Turks-I.	0,50-60
gallinula Pfr. Polillo-I.	2-2,50
Ghiesbrechti Nyst. Mexico	4—5
Grayi Pfr. Austral.	0,60-1
griseola Pfr. Mexico	0,30-40
imperator Montf. Cuba	8—9
incei Pfr. Austral.	1-1,20
invalida Adams Jamaica	0,50
Lais Pfr. Sali babu	0,60-1
lanx Fér. Madag.	1—2
leucophthalmaDohrn I.Sang.	6-7,50
loxotropis Pfeiff. Halmah.	3-3.50
magnifica Fér. Madag.	3
marginelloides d'Orb Cuba	1,20
Macgregori Cox N. Hibern.	1-1,20
migratoria Pfr. Salom. Ins.	0,60-80
monochroa Lea Austr.	2—3
Mackensi Ad. & Reeve Japan	1-1,50
ovum reguli Lea Cuba	0,60-80
parilis Fér. Guadel.	0,80-1
pachystyla Pfr. Austr.	2
pazensis Poey Cuba	1,20
peracutissima C. B. Ad. Jam.	2
pellis-serpentis Chem. Bras.	3—4
pileus Müll. N.-Guinea	3
pyrostoma Fér. I. Ternate	15—22
pyrrhozona Phil. China	0,60-80
Phoenix Pfr. Ceylon	1-1,50
semicastanea Pfr. Austral.	1-1,20
Souverbiana Fischer Madag.	2—3
suavis Gundl. Cuba	1-1,20
subconica Ad. Jamaica	1
sepulchralis Fér. Madag.	0,80-1,50
tenera Rheinh. Japan	0,30-40
touranensis Soul. Cochinch.	0,60-80
tomentosa Pfr. Borneo	0,60-80
tranquebarica Fabr. Madras	1
unidentata Chem. Seychellen	1-1,50
viridis Fér. Madag.	1-1,50
Waltoni Reeve Ceylon	2—3
zonalis Fér. Halmah.	3
zonulata Fér. N.-Guinea	5
Cochlostyla	
annulata Sow. Philippin.	0,60
„ var. unicolor „	0,50
Brugierana Pfr. „	1,50
Broderipi Pfr. „	1-1,50
balteata Sow. „	0,50-80
boholensis Brod. „	1,50-2
Calobapta Jonas „	1—2
chrysalichiformis Lam. „	2—3
Dryas Brod. „	1
dubiosa Pfr. „	1—2
fulgetrum Brod. „	3
florida Sow.	2-2,50
intorta Sow.	0,80-1
iloconensis Sow. „	0,50
luzonica Sow.	1-1,50
lignaria Pfr.	2—3
mirabilis Fér.	1—2
nympha Pfr.	1-1,50
pithogastra Fér. „	2-2,50
philippinensis Pfeiff. „	2—3
pulcherrima Sow. „	1—2
Roissiana Fér.	0,50-1
sarcinosa Fér. „	10—15
stabilis Sow.	1
simplex Jonas „	1
subcarinata Pfeiff. „	2,50
sphaerica Sow. „	1-1,20
tukanensis Pfr. „	0,50-60
Valenciennesi Eyd. „	1-1,20
zebuensis Brod. „	2—3
zonifera Sow.	1—2
„ f. albina „	1,20

Bulimus

bahiensis Mor.	Bahia	0,50
Bleinvilleanus Pfr.	Venez.	2-2,50
bivaricosus Gask.	N.-Hebrid.	2—3
caledonicus Petit	N.-Caled.	3-4,50
Cleryi Petit	Salom. Ins.	3-4,50
coloratus Nyst.	Venez	2-2,50
crenulatus Pfr.	Chile	0,60-80
daedalus Desh.	Mondevid.	0,60-1
dentatus Wood	Urug.	0,60-1
fibratus Mart	N.-Caled.	2—3
Founacki Hombr.	Salom. I.	1-1,50
fulminans Nyst.	Cumana	2-2,50
Funki Nyst.	„	1—2
fulguratus Say	Viti-I.	1-1.50
glaber Desh.	Venezuela	0,80-1,20
irroratus Reeve	Quito	4—5
janeirensis Sow.	Brasilien	2-2,50
Lichtensteini Alb.	Peru	3-4,50
Malleatus Say	Viti-Ins	1-1,80
miltocheilus Reeve	Salom. I.	1,20-2,50
morosus Gould	Viti-Ins.	1-1,80
Moritzianus Pfr.	Peru	1,50-2,50
pachychilus Pfr.	Chile	0,80-1,50
planidens Mich.	Bras.	2—3
plectostylus Pfr.	N.-Granad.	2-2,50
pulicarius Reeve	„	1-1,50
pseudocaledonicus Mnt.	N.-C.	3-3,50
Pancheri Crosse	„	1-1,50
rosaceus King	Peru	0,50-1
sanchristovalensis Cox	Sal. I.	2—3
Sellersi Cox	„	1-1,50
Strangei Pfr.	„	0,60-1
Scutchburyanus Pfr.	N.-Cal.	0,80-1

Bulimulus

albus Sow.	Chile	0,40-50
angiostomus Wagn.	Bras.	1-1,50
constrictus Pfr.	Angost.	1-1,50
chilensis Lesson	Chile	1
coquimbensis Lessen	„	1
exilis Gmel.	Guadeloup.	0,20
erythrostomus Sow.	Chile	0,60
Laurenti Sow.	Peru	0,20-30
Lobbei Reeve	Marañon	2
multifasciata Lam.	Guad.	1
Mariae Albers	Mexico	0,40-60
mutabilis Brod	Peru	0,50-1
nigrofasciatus Pfr	N.-Gran.	0,60-80
peruvianus Brug.	Peru	0,60-1
punctatus Ant.	Himal.	0,20-30
sanguineus Barcl.	Maur.	1-1,20
schiedeanus Pfr.	Mexico	0,40
scutulatus Brod	Peru	1
scalariformis „	„	4,40-50
terebralis Pfr.	Chile	0,60
virgulatus Fér.	St. Thomas	0,20

Achatina

balleata Reeve	Gambia	3—4
fulica Fér.	Maur.	1
Knorri Jonas	Afr. occ.	2—3
marginata Sow.	„	1—2
panthera Fér.	Madag.	1—2
Petersi v. Mart.	Mozamb.	3-4,50
purpurea Chem.	Liberia	1-2,50
variegata Lam.	„	1—2

Limicolaria

Adansoni Pfr.	Sénégal	1—3
aedilis Parr.	Sennaar	2—3
Kordofana Parr.	Kordof	2-2,50
Rüppelliana Pfr.	Abess.	2—3
flammea Müll.	Sierra Leone	1-2,50
turris Pfeiff.	„	1—2
sennariensis Pfr.	Sennaar	2
turbinata Lea	Liberia	1-1,20
„ var. rosea	„	1,50
„ „ unicolor	„	2

Perideris

alabaster Rang	Prinz.-I.	1-1,50
interstincta Pfr.	Cap Palm.	2—3

Carelia

Cumingiana Pfr.	Sandw.-I.	3

Orthalicus

gallina-sultana Chm.	Venez.	1-3,50
phlogerus d'Orb	Angost.	1—2
zebra Müll. div. var.	Venez.	0,20-50

Eucalodium

grandis Pfr.	Mexico	4—5

Macroceramus

claudens Gundlach	Cuba	0,20-30
„ f. major	„	0,40
festus Gundl.	„	0,20
elegans Pfr.	„	0,30-50
amplus Gould	„	1
Gossei Pfr.	Jamaica	0,20-30
Kieneri Pfr	Honduras	0,80
tenuiplicatus Pfr.	Haiti	0,80
cryptopleurus „	„	0,60
Jeanneleti Gould	Cuba	1
Poeyi Pfeiff.	„	0,40-50
signatus Gould	Tortola	0,30-40
cylindricus Gray	„	0,20-30
„ f. maj.=Guildingi Pf.	Cuba	0,30

LINNÆA
No. 31.

TAUSCH-CATALOG 1882 No. 3
der deutschen malakozoologischen Gesellschaft.

Conchylien
aus dem europäisch-arctischen Faunengebiet
geordnet resp. numerirt nach Weinkauff's Catalog Creuznach 1873.
Die genaueren Fundorte werden auf den Etiquetten angegeben.
(Schluss.)

		Mk.
	Lucina	
1138.	borealis L.	0,30-1,50
1139.	spinifera Mtg. . .	0,20-60
1140.	reticulata Poli . .	0,10-30
1141.	divaricatus L.. . .	0,20-50
1142.	lacteus L.	0,20-30
	Axinus	
1144.	flexuosus Mtg.. . .	0,10-50
1145.	croulinensis Jeffr. .	0,20-30
1146.	ferruginosus Forb. .	0,10-30
	Gouldi Phil. . . .	0,40-60
	Bornia	
1149.	corbuloides Phil. . .	0,20-30
	Kellia	
1150.	Geoffroyi Payr. . .	0,30-50
1151.	suborbicularis Mtg. .	0,30-50
	Poronia	
1153.	rubra Mtg.. . . .	0,20-30
	Montacuta	
1154.	bidentata Mtg. . .	0,20-50
1155.	ferruginosa Mtg. . .	0,20-50
1159.	Dawsoni Jeffr. . .	0,20-30
	Maltzani Verkr. . .	0,60-1
	Lepton	
1160.	nitidum Turt. . . .	0,20-50
	Galeoma	
1164.	Turtoni Sow. . . .	0,80-1,20
	Solenomya	
1165.	togata Poli	0,80-1,50
	Pectunculus	
1170.	glycimeris L. . . .	0,20-80
1171.	bimaculatus Poli . .	0,50-1,50
1172.	insubricus Broc. . .	0,20-50
	Arca	
1173.	Noae L.	0,20-1
1174.	tetragona Poli . . .	0,40-80
1175.	barbata L.	0,20-80
1176.	lactea L.	0,10-20
1177.	diluvii Lam. . . .	0,50-1,50
	Cucullaea	
1184.	pectunculoides Sc. .	0,20-50

		Mk.
	Nucula	
1185.	sulcata Bronn. . .	0,20-40
1186.	nucleus L.	0,20-30
	Var. radiata Hanl. .	0,30-40
1187.	nitida Sow. . . .	0,20-40
1189.	tenuis Mtg. . . .	0,20-40
	Var. expansa Tor. .	0,40-80
1190.	tumidula Malm. . .	0,30-50
1192.	lenticula Möller . .	0,80-1
1193.	delphinodonta Migh.	0,20-40
	proxima Say . . .	0,20-30
	Yoldia	
1195.	limatula Say . . .	0,80-2
1196.	thraciaeformis . . .	5—10
1197.	lucida Lov. . . .	0,30-60
1198.	nana Sars = L. frigida Torr.	0,50-1
1201.	hyberborea Lov. . .	1—2
	myalis Couth. . . .	1—2
	Leda	
1202.	pella L.	0,20-40
1203.	commutata Phil. . .	0,50-1
1204.	caudata Don. . . .	0,20-50
	Var. brevirostris Jeffr.	0,40-60
1205.	rostrata Chemn. . .	0,20-50
	Var. buccata Möller .	0,30-60
1208.	tenuis Ph. = pygmaea aut.	0,20-50
1209.	obtusa Sars . . .	2—5
	Crenella	
1213.	faba Fabr.	0,20-40
1214.	decussata Mtg. . .	0,10-20
1216.	glandula Totten . .	0,50-1
	Modiolaria	
1217.	discors L.	0,30-80
1218.	laevigata Gray . .	0,20-30
1219.	nigra Gray	0,30-1,20
1220.	corrugata Steenst. .	0,30-80
1221.	Petagnae Scachi . .	0,20-30
1222.	marmorata Forb. . .	0,20-50
1223.	costulata Risso . .	0,20-50
	Modiola	
1225.	modiolus L. . . .	0,30-1

	Mk.
1226. barbata L.	0,20-40
1227. phaseolina Phil. . .	0,10-30
1228. adriatica Lam. . .	0,20-30
plicatula Lam. . .	0,50-2
Mytilus	
1230. edulis L.	0,10-30
Var. galloprovincialis L.	0,20-50
1231. pictus Born. . . .	0,50-60
1232. minimus Poli . . .	0,10-20
Lithodomus	
1234. lithophagus L. . .	0,40-60
1235. aristatus Dillw. . .	0,40-1
Avicula	
1236. tarentina Lam. . .	0,50-1
Pinna	
1237. pectinata L. . . .	1—2
1239. nobilis L.	0,50-2,50
Lima	
1240. excavata Chemn. . .	3—5
1241. squamosa Lam. . .	0,30-50
1242. inflata Chemn. . .	0,30-50
1243. hians Gm.	0,30-60
1244. Loscombi Sow. . .	0,50-1
1245. elliptica Jeffr. . . .	0,60-1
1246. subauriculata Mtg. .	0,40-1
Pecten	
1248. pusio L. (Hinnites). .	0,30-2
1249. varius L.	0,20-1
Var. niveus . . .	1—2
1250. islandicus Müller . .	0,50-3
1252. Philippii Recl. . .	2
1253. opercularis L. . . .	0,20-60
1254. glaber L.	0,20-50
1255. flexuosus Poli . . .	0,30-80
1256. pes lutrae L. . . .	0,20-1
1258. Bruei payr. . . .	0,40-80
1259. tigrinus Müller . .	0,30-60
1260. hyalinus Poli . . .	0,30-60
1261. striatus Müller . .	0,40-80
1262. Testae Biv. . . .	0,30-40
1267. vitreus Chemn. . .	0,30-60

	Mk.
1269. maximus L. . . .	0,50-1
1270. Jacobaeus L. . . .	0,50-2
tenuicostat. Mgh. & Ad.	1—5
irradians Lam. . . .	0,80-1,80
Spondylus	
1271. gaederopus L. . . .	1—4
1372. Gussonae Costa . .	2—4
Ostrea	
1273. edulis L.	0,20-1
1274. lamellosa Broc. . .	0,40-1
1275. cristata Born. . . .	0,50-1
1279. plicata Chemn. . .	0,30-80
virginiana Lam. . .	0,40-1
Anomia	
1281. ephippium L. . . .	0,20-50
var. squamula L. .	0,20-50
Terebratula	
1283. vitrea Gm.	1—2
1284. cranium Müller . .	0,50-1,20
Terebratulina	
1287. caput serpentis L. .	0,50-1
Megerlea	
1288. truncata L. . . .	0,20-50
Platydia	
1289. anomoides Sc. . . .	0,30-80
Argiope	
1292. decollata Chemn. . .	0,30-50
1293. cuneata Risso . . .	0,30-60
1294. neapolitana Sc. . .	0,30-80
Thecidea	
1296. mediterranea Risso .	0,30-80
Rhynchonella	
1297. psittacea Gmel. . .	1—3
Crania	
1299. anomala Müller . .	0,20-1
Janthina	
1309. pallida Phil. . . .	0,40-80
1310. rotundata Leach. . .	0,50-1
prolongata Blein. . .	0,50-1,50

Bei **sofortiger** Baarzahlung erhalten Mitglieder des Tauschvereins 10 % Rabatt.

Sammlungen von Seeconchylien aus dem europäisch-arctischen Faunengebiet, wichtig für das Studium der Tertiärpetrefacten, werden zu nachstehenden Netto-Preisen geliefert:

100 Species	. . . .	Mk. 20
200 „	. . . .	„ 60
300 „	. . . .	„ 150

Gelder und Postpackete bitten wir speciell an **A. Müller** zu adressiren.

Briefe einfach an die **„LINNÆA", Naturhist. Institut**

Frankfurt a. M., gr. Eschenheimerstr. 45.

Druck von Kumpf & Reis in Frankfurt am Main.

		Mk.
Truncatella		
acuticostata Mouss.	Pamnota	0,30-40
caribaeensis Sow.	Jam.	0,20-30
californica Pfr.	Calif.	0,10 20
cylindrica Poey	Cuba	0,20-30
granum Gundl.	Viti-Ins.	0,20-30
Guerini Villa	Maur.	0,20-30
pulchella Pfr.	Cuba	0,20-30
semicostata Montr.	N.-Cal.	0,20-30
scalaris Mich.	Cuba	0,20-30
semicostulata Jick.	Dahlak	0,20
Stimpsoni Stearns	Calif.	0,20
striatula Menke	Austr.	0,20-30
teres Pfr.	m. rubr.	0,20-30
valida Pfr.	Austr.	0,20-30
vitiana Gould	Viti-Ins.	0,20
Diplomatina		
pullula Bens.	India	0,40-50
exilis Blandf.	„	0,30-40
Blandfordiana Bens.	„	0,40-50
pachycheilus „	„	0,20-30
Cyclotus		
jamaicensis Chem.	Jamaica	0,50-60
Blanchetianus Mor.	Bras.	1-1,20
Dysoni Pfr.	Mexico	0,50-1
seminudus Ad.	Jam.	0,50-60
translucidus Sow.	Trinidad	0,50
Pterocyclus		
mindaiensis Bock	Borneo	0,50-60
Alycaeus		
expatriatus Blandf.	Nilgiri	0,50-60
graphicus Bens.	„	0,50-60
Reinhardti Mörch	Nicol.	0,20-30
sculptilis Bens.	„	0,30-40
stylifer „	„	0,50-60
Hybocystis		
gravida Bens.	Moulmein	2—3
Craspedopoma		
lucidum Lowe	Madeira	0,30-40
Cyclophorus		
aurantiacus Schum.	Salanga	2—3
Beauianus Petit	Guad.	0,30-50
deplanatus Pfr.	India	1—2
Leai Tryon	Andam. I.	0,60-1
mexicanus Menke	Mexico	1—2
Cantori Phil.	Salanga	0,60-80
strigatus Gould	Samoa	0,30-40
upolensis Mous.	Upolu	0,30-40
Woodianus Sow.	Philip.	0,80-1,20
Leptopoma		
acutimarginatum Sow.	Phil.	1-1,20
vitreum Lesson	Salanga	0,20-30

		Mk.
Tomocyclos		
Gealei Crosse	Guatemala	1-1,50
simulacrum Mor.	„	0,80-1,50
Megalommastoma		
antillarum Sow.	St. Thom.	0,30-40
Cataulus		
austenianus Bens.	Ceylon	1-1,50
pyramidatus Pfr.	„	1—2
Pupinella		
rufa Sow.	Japan	0,30-40
Pupina		
arctata Bens.	Burmah.	0,60-80
difficilis O. Semp.	Palaos	0,20-40
meridionalis Phil.	Austr.	0,30-40
Vescoi Mor.	Cochinch.	0,30-40
Registoma		
ambiguum Semp.	Luzon	0,20-30
grande „	„	0,20-30
Choanopoma		
echinus Wright	Cuba	1—2
hystrix „	„	1—2
fimbriatulum Sow.	Jam.	0,30-40
putre Gundl.	Cuba	0-60-80
scabriculum Sow.	Jam.	0,60-80
tr. ctum Gundl.	Cuba	0,40-60
Ctenopoma		
bilabiatum d'Orb	Cuba	0,60-80
degenatum Pocy	„	0,40-60
enode Gundl.	,	0,40-50
rugulosum Pfr.	„	0,40-60
semicoronatum Gundl.	„	0,40-60
Adamsiella		
Grayana Pfr.	Jam.	0,50-60
ignilabris Ad.	„	0,30-50
variabilis „	,	0,30-40
xanthostoma Sow.	„	0,30-50
Otopoma		
Listeri Gray	Maur.	0,30-40
var. minor	„	0,20-30
haemastomum Ant.	„	0,30-40
conoideum Pfr.	„	0,30-40
undulatum Sow.	„	0,30-40
naticoides Rel.	Socotora	2—4
Cyclostomus		
albus Sow.	Jam.	0,10-20
articulatus Gray	Rodr.	0,60-1
Banksianus Sow.	Jam.	0,30-40
var. hyacinthinum Ad.	„	0,30-40
balteatus Say	Madag.	0,80-1,20
Barclayanus Pfr.	Maur.	0,60-1
Chevalieri Ad.	Jam.	0,20-30

		Mk.
Cuverianus Petit	Madag.	3—5
carinatus Born.	Maur.	1—2
campanulatus Pfr.	Madag.	1-1,50
filostriatus Sow.	„	0,80-1
Jayanus Ad.	Jam.	0,10-20
madagascariensis Gray	Mad.	1-1,50
Michaudi Grat.	„	0,80-1
pulchellus Sow.	„	0,80-1
scaber Ad.	Maur.	0,30-50
tricarinatus Müll.	„	0,80-1,50
unicolor Pfr.	„	0,60-1
var. sulcatus	„	0,50-1
zonulatus Fér.	Madag.	1-1,50

Tudora

		Mk.
armata Ad.	Jam.	0,40-50
augustae „	„	0,20-30
columna Wood	„	0,40-60
fecunda Ad.	„	0,40-60
megachila Pot. et Mich.	Curaçao	0,40-50
pupoides Mor.	Cuba	0,40-60
versicolor Pfr.	Curaçao	0,40-50

Cistula

		Mk.
aripennis Guppy	Trinidad	0,40-50
bilabris Mke.	St. Thomas	0,30-40
pupiformis Sow.	Anguilla	0,30-40
rufilabris Beck	St. Croix	0,10-20
Sauliae Sow.	Jam.	0,40-50

Chondropoma

		Mk.
candeanum d'Orb	Cuba	0,50-60
canescens Pfr.	„	0,50-60
cordovanum Pfr.	Mexico	0,40-50
dentatum Say	Cuba	0,50-60
lituratum Pfr.	Haiti	0,50-60
marginalbum Gundl.	Cuba	0,50-60
NewcombianumAd.	St.Thom.	0,20-30
obesum Mke.	Cuba	0,30-50
Pfeiferianum Pocy	„	0,60-80
pictum Pfr.	Cuba	0,60-80
Poeyanum d'Orb	„	0,50-60
revinctum Poey	„	0,50-60
Rollei Weinl.	Haiti	0,20-30
Shuttleworthi Pfr.	Cuba	0,60-80
tenebrosum Mor.	„	0,60-80
violaceum Pfr.	„	0,50-60

Omphalotropis

		Mk.
affinis Pease	Cooks-I.	0,20-30
clavulus Mor.	Maur.	0,20-30
Cheynei Dohrn	Palaos	0,10-20
expanilabris Pfr.	Maur.	0,20-30

		Mk.
globosa Bens.	Maur.	0,20-30
maritima Cr.	N.-Caled.	0,20-30
multilirata Pfr.	Maur.	0,20-30
ochrostoma Pease	Cooks-I.	0,20-30
Rangei Mich.	Maur.	0,20-30
rubens Q. & Gaim.	„	0,20-30
scitula Gould	Tahiti	0,20-30

Trochatella

		Mk.
regina Mor.	Cuba	1-1,50
pulchella Gray	Jam.	0,10-20
grayana Pfr.	„	0,30-40
Tankervillei Gray	„	1—2

Lucidella

		Mk.
aureola Fér.	Jam.	0,10-20
var. granulosa Ad.	„	0,10-20

Helicina

		Mk.
acutissima Sow.	Bohol	0,30-40
Adamsiana Pfr.	Jam.	0,20
Adamanaica Bens.	And. I.	0,30-40
angulata Sow.	Bras.	0,30-40
aracanensis Blanf.	Pegu	0,30-40
aurantia Gray	Jam.	0,30-40
bayamensis Poey	Cuba	0,68-80
bellula Gundl.	„	0,40-60
colorata Pease	Paumotu	0,20-30
depressa Gray	Jam.	0,20-30
Dysoni Pfr.	Trinidad	0,30-40
discoidea Pease	Tahiti	0,20-30
fasciata Lam.	Guadel.	0,20-30
jamaicensis Sow.	Jam.	0,10-20
miniata Less.	Rorabora	0,20-30
Maugeri Gray	Raiatea	0,30-40
modiana Gassies	N.-Cal.	0,20-30
musiva Gould	Tahiti	0,20-30
neritella Lam.	Jam.	0,20-40
orbiculata Say	Georgia	0,20-30
rubromarginata Gundl.	Cuba	0,30-40
pisum Phil.	Tavaje	0,20-30
parvula Pease	Cooks-I.	0,20-30
Sagraiana d'Orb	Cuba	0,60-1
subfusca Mke.	St. Thom.	0,20-30
submarginata Gray	Cuba	0,40-50
tahitensis Pease	Tahiti	0,20
variabilis Wagn.	Bras.	0,20-30

Alcadia

		Mk.
Browni Gray	Jam.	0,20-30
var. lutea	„	0,20-30
major Ad.	„	0,30-40
palliata Ad.	„	0,20-30

Bei **sofortiger** Baarzahlung erhalten Mitglieder des Tauschvereins 10 % Rabatt.

Gelder und Postpackete bitten wir speciell an Dr. A. **Müller** zu adressiren.

Briefe einfach an die **„LINNÆA", Naturhist. Institut**

		Mk.
Murex		
adustus Lam.	Ceylon	0,50-1,50
axicornis „	„	2—3
brevispina „	„	0,50-1,20
Cumingi Ad.	Philipp.	1-2,50
endivia L.	Antillen	2—5
erythrostomus Sw.	Calif.	0,50-1,50
fasciatus Sow.	Sénégal	0,80-1,20
foraminiferus Tapp.	Maur.	0,30-50
gibbosus Lam.	Sénégal	2—3
haustellum L.	Philipp.	0,80-1,50
lyratus Ad.	Sénégal	1—3
microphyllus Lam.	Bras.	2—3
nodatus Reeve	Philipp.	2-2,50
pinnatus Wood	China	1—3
rota Sow.	M. rubr.	2-3,50
scorpio L.	Phil.	3—6
talienwhanensis Cr.	N.-Cal.	1—2
tetragonus Brod	Maur.	0,30-60
Trophon		
crassilabrum Gray	Chile	1-1,50
Geversianus Pall.	Magell.-St.	2—4
Cyrtulus		
serotinus Hinds	Austr.	2—4
Triumphis		
avellana Reeve	Austr.	1—2
Pleurotoma		
abbreviata Reeve	Maur.	0,50-1
albocostata Sow.	„	0,40-60
australis Boissy	China	1,50-3
babylonica Lam.	Philipp.	1-2,50
Barcliensis H. Ad.	Maur.	0,40-50
bijubata Reeve	Philipp.	0,50-60
carbonaria Reeve	Sénégal	1-1,50
cincta Lam.	Maur.	0,40-50
cingulifera Lam.	„	0,50-1
crassilabrum Reeve	Philipp.	1
diadema Kiener	Sénégal	1-2,50
exasperata Reeve	Maur.	0,50-1,20
Garnonsi „	„	0,80-1,20
grandis Gray	China	3—6
Hindsi Reeve	Philipp.	0,80
marmorata Lam.	Malacca	1-2,50
nigrozonata Weink.	Philipp.	1—2
nodifera Lam.	Malacca	1-1,50
occata Hinds	Veragua	1
ornata d'Orb	St. Thomas	0,20-30
pustulosa Reeve	Maur.	0,30-50
roseotincta Mtr.	„	1-1,50
sacerdos Reeve	Sénégal	1—2
spurca Hinds	N.-Guinea	1

		Mk.
tigrina Lam.	Philipp.	0,50-1,20
tornata Dillw.	Java	4—5
violacea Hinds	N.-Guinea	1
virgo Lam.	Philipp.	4—7
Mangilia		
abyssicola Reeve	Philipp.	1
astricta „	„	1
crassilabrum „	„	1
columbelloides „	„	1
marginelloides „	„	0,80-1
pura „	„	1
vittata Hinds		1
Daphnella		
daedalia Pease	Austr.	0,30-50
patula Reeve	Philipp.	0,60-1
lactea Reeve	„	0,60-1
ornata Hinds	Viti-I.	0,30-50
Triton		
aquatilis Reeve	M. rubr.	0,50-1
decapitatus „	Maur.	0,30-40
labiosus Wood	Austr.	0,50-1
mundus Gould	Maur.	0,30-40
moritinctus Reeve	„	0,80-1,50
retusus Lam.	Ceylon	1—3
sculptilis Reeve	Maur.	0,40-50
sinensis Reeve	China	1—2
tuberosus Lam.	Maur.	0,40-1
rubecula L.	„	0,40-1
vespaceus Lam.		0,30-40
Persona		
anus L.	Maur.	0,50-2
Epidromus		
maculosus Mart.	Philipp.	1-2,50
Cumingi Dohrn	Maur.	1—2
obscurus Reeve	„	1—2
nitidulus Sow.	I. Annaa	1-1,20
tortuosus Reeve	Philipp.	1—2
Ranella		
anceps Lam.	Maur.	0,50-1
albivaricosa Reeve	Philipp.	0,50-1,20
bufonia Gmel.	Maur.	0,50-1
cruentata Sow.	„	0,40-1
concinna Dunker	M. rubr.	0,50-60
foliata Brod	Maur.	3
gyrina L.	Philipp.	0,60-80
granifera Lam.	Maur.	0,30-60
margaritula Desh.	Philipp.	0,50-80
pusilla Brod.	Maur.	0,30-40
siphonata Reeve	Philipp.	0-60-1
tuberculata Brod.	„	0,30-50

		Mk.
Buccinum		
maculatum Mart.	N.-Seel.	1-1,50
testudineum "	"	0,80-1,20
lineolatum Lam.	"	0,50-80
Cominella		
porcata Gmel.	Cap	1-1,50
Bullia		
vittata L.	Ceylon	0,20-40
polita Lam.	Sénégal	0,30-50
Phos		
Blainvillei Manl.	Andaman	0,50-60
Grateloupiana Pet.	Sénégal	1-1,50
guadeloupensis Grat.	Guadel.	0,40-60
roseatus Hinds	Maur.	0,50-60
senticosus L.	Austr.	0,50-1,20
Cyllene		
lyrata Lam.	Sénégal	1
Nassa		
arcularia L.	Oc. ind.	0,10-30
var. minor	"	0,10-20
Bronni Phil.	Java	0,20-30
bimaculosa A. Ad.	Philipp.	0,30-40
canaliculata Lam.	Java	0,50-60
compta A. Ad.	Maur.	0,30-40
concinna Sow.	"	0,20-40
crenulata "	Malacca	0,30-50
coronata Brug.	Philipp.	0,20-30
dispar A. Ad.	"	0,20-40
fossata Gould	Calif.	0,50-1
Glans L.	Oc. ind.	0,50-1
gaudiosa Hinds	Andam.	0,20-30
hispida Ad.	Philipp.	0,20-30
horrida Dkr.	"	0,20-30
Kieneri Ant.	Maur.	0,20-30
Kraussi Phil.	Panama	0,20-40
maculata A. Ad.	Sénégal	0,30-40
margaritifera Dkr.	Philipp.	0,20-30
miga Brug.	Sénégal	0,20-30
" var. fasciata	"	0,40
" " caerulea	"	0,80
multigranosa Dkr.	Ind. occ.	0,20
picta Dkr.	Maur.	0,30-40
punctata A. Ad.	"	0,30-40
papillosa L.	"	0,50-1
plicata Gmel.	m. rubrum.	0,20-30
pullus L.	Philipp.	0,20-30
reticosa A. Ad.	"	0,20-30
sertula A. Ad.	Maur.	0,20-30
suturalis L.	Philipp.	0,30-50
taenia Gmel.	"	0,30-60

		Mk.
thersites Brug.	Philipp.	0,20-40
var. minima	"	0,30
tegula Reeve	Calif.	0,30-40
Eburna		
areolata Lam.	China	1—2
lutosa "	N.-Seel.	1-2,50
spirata L.	Ceylon	0,60-2
Purpura		
aperta Blainv.	Am. centr.	1—2
Floridana Conr.	Florida	0,30-50
Forbesi Dunker	Sénégal	0,40-60
haemastoma L.	"	0,20-50
neritoidea L.	"	0,40-60
mancinella L.	Philipp.	0,40-80
melones Duclos	Columb.	0,30-60
persica Lam.	Maur.	0,50-1,20
patula L.	"	0,30-1
hippocastanum L.	Ceylon	0,30-60
serta Brug.	Philipp.	0,30-50
Ricinula		
albolabris Blainv.	M. rubr.	0,30-50
arachnoides Lam.	"	0,30-50
bicatenata Reeve	"	0,30-50
iodostoma Less.	N.-Seel.	0,50-1,50
horrida L.	Philipp.	0,20-60
clathrata Lam.	Maur.	0,60-1
morus Lam.	"	0,20-40
spectrum Reeve	Philipp.	0,30-50
Monoceros		
crassilabrum Lam.	Chile	1—2
glabratum "	"	1—2
engonatum Sow.	Calif.	0,40-50
lapilloides "	"	0,30-50
Latiaxis		
Mawae Griff. (sehr schön)	China	50,00
Coralliophila		
costularis Blainv.	Maur.	0,50-80
madreporarum Sow.	"	0,40-80
neritoidea L.	"	0,30-1
Rapa		
papyracea Lam.	Philipp.	2—5
Leptoconchus		
Lamarki Desh.	Maur.	0,60-1
Cumingi "	"	0,80-1,50
Rueppelli "	"	1
Robillardi Lienard	"	0,40-1
striatus Rueppell	"	0,50-1
Magilus		
antiquus Montf.	Maur.	1—3
microcephalus Sow.	"	1—3

Jahrbücher

der Deutschen

Malakozoologischen Gesellschaft

nebst

Nachrichtsblatt.

Redigirt

von

Dr. W. Kobelt.

Neunter Jahrgang 1882.

Heft I.

1. Januar 1882.

FRANKFURT AM MAIN.

Verlag von MORITZ DIESTERWEG.

Inhalt.

Literatur.

Druck von Kumpf & Reis in Frankfurt a. M.

Jahrbücher

der Deutschen

Malakozoologischen Gesellschaft

nebst

Nachrichtsblatt.

Redigirt

von

Dr. W. Kobelt.

Neunter Jahrgang 1882.

Heft II.

1. April 1882.

Frankfurt am Main.

Verlag von MORITZ DIESTERWEG.

Inhalt.

Literatur.

Druck von Kumpf & Reis in Frankfurt a. M.

er

der Deutschen

Malakozoologischen Gesellschaft

nebst

Nachrichtsblatt.

Redigirt

von

Dr. W. Kobelt.

Neunter Jahrgang 1882.

Heft III.

1. Juli 1882.

FRANKFURT AM MAIN.

Verlag von MORITZ DIESTERWEG.

Die colorirten Tafeln 9 und 10 werden mit dem nächsten Hefte ausgegeben.

Inhalt.

Druck von Kumpf & Reis in Frankfurt a. M.

Jahrbücher

der Deutschen

Malakozoologischen Gesellschaft

nebst

Nachrichtsblatt.

Redigirt

von

Dr. W. Kobelt.

Neunter Jahrgang 1882.

Heft IV.

1. October 1882.

Frankfurt am Main.

Verlag von MORITZ DIESTERWEG.

Inhalt.

Literatur.

Lightning Source UK Ltd.
Milton Keynes UK
UKHW01f2218200818
327530UK00016B/1263/P

9 780282 674397